생물인류학

Introduction to Biological Anthropology

박선주 지음

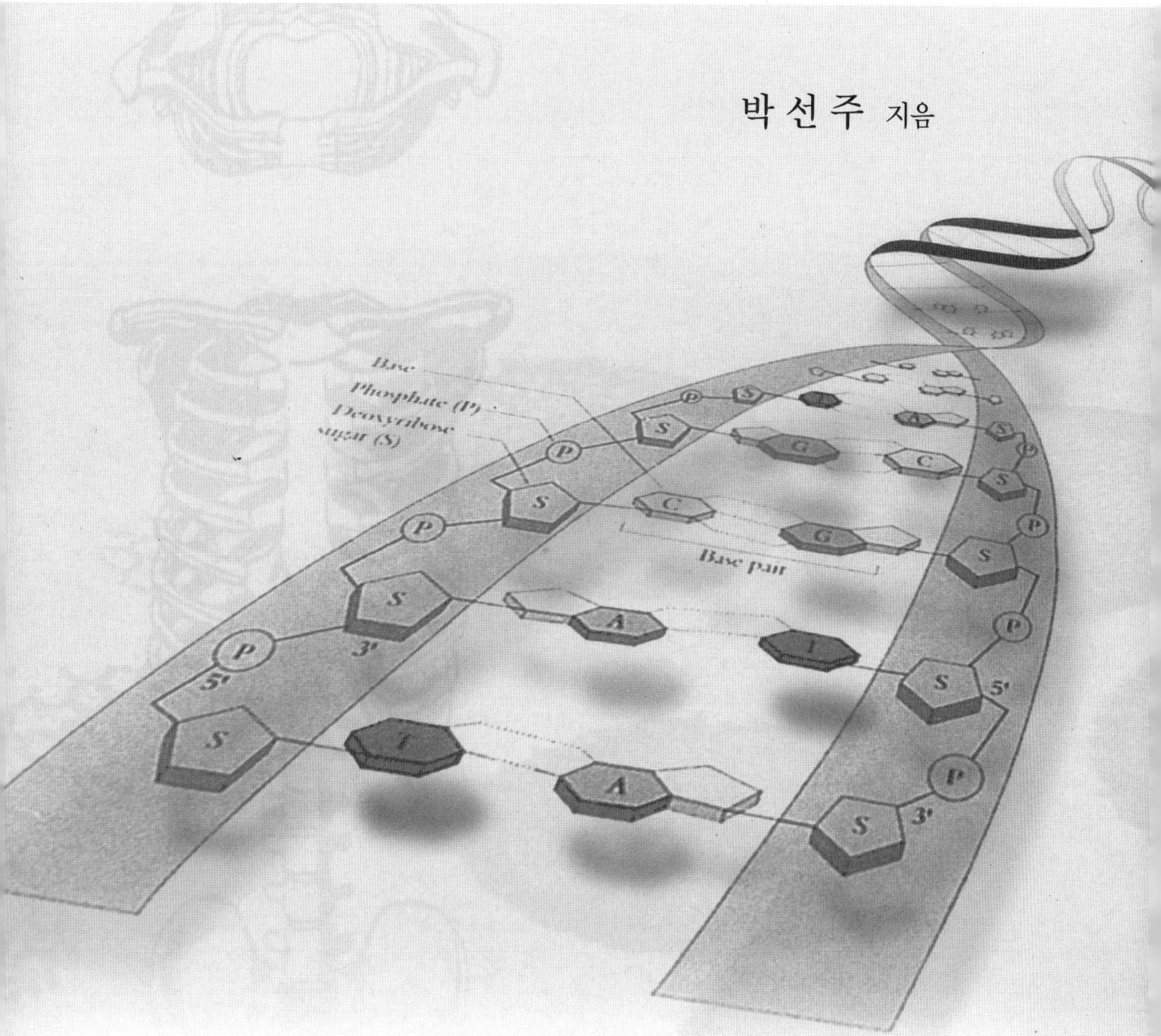

충북대학교 출판부

생물인류학

저 자 : 박 선 주
발행처 : 충북대학교 출판부
발행인 : 김 승 택
주 소 : (361-763) 충북 청주시 흥덕구 성봉로 410
전 화 : (043) 261-2952, 3014
팩 스 : (043) 274-1256
이메일 : presscbu@chungbuk.ac.kr
등 록 : 제1983-2001-7호

초판1쇄 : 2003. 12. 25.
초판2쇄 : 2011. 08. 08.
인 쇄 처 : 뒷목문화사 043)273-5000

ISBN 978-89-7295-179-7 93470

값 25,000원

아내와 사라, 노플에게

책 머리에

☞ 오늘날의 세상은 옛날 사람들이 생각했던 세상처럼 단순하지가 않다. 불과 2~3백년 전까지도 사람들은 자기들이 살고 있는 세계를 두루 볼 수 있었으며 자기들이 본 현상들을 거의 다 이해할 수 있다고 믿었다. 아주 단순한 사고를 했던 시대였지만 이런 사고의 세계가 계속될 수는 없었다. 사람들은 점차 지구상의 동식물들이 어디서 시작했으며, 어떻게 과거로부터 현재까지 진행되어 왔는지를 묻기 시작하였다. 특히 지구에서 가장 복잡한 존재인 인간자신에 대해 묻기 시작하였으니, 우리는 언제, 어디서 왔는지? 우리들의 다양한 모습과 일상생활에서 보이는 행위들은 어떻게 해서 일어나는가? 등등을….

이런 의문에 대한 실마리는 인류학이란 학문을 통해서 얻을 수 있다. 인류학anthropology이란 뜻은 고대 희랍어인 anthropus(=man;사람)와 logia(=study of ; 학)라는 두 개의 단어로 이루어졌는데, 16세기 전후에 유럽이외의 세계를 여행한 유럽사람들이 유럽이외의 다른 지역에서 본 사람들의 외모라든지, 그들의 행위 및 그들이 일상생활에서 사용하는 기술들이 자신들과 다름을 알게 되고 이를 서술하면서 인류학이란 용어가 처음으로 사용되었다.

인류학의 한 분야인 생물인류학(체질인류학)은 진화를 바탕으로 과거에서부터 현재에 이르기까지 인류를 포함한 영장류에 대한 생물학적 특징을 연구하는데, 특히 인류가 어떻게 변화해 왔는가를 분자단계에서 종의 단계까지 연구하는 학문으로 독자적인 종합적 연구 방법론을 가지고 있다.

생물인류학에 관한 많은 자료와 연구업적은 이미 16세기의 유능한 해부학자였던 에드워드 타이슨 등에 의해 이루어졌는데, 그는 이 때에 이미 사람의 몸과 유인원의 몸을 해부하여 직접 비교함으로써 이 분야의 선구자로 알려져 있다. 그러나 현대 생물인류학의 직접적인 출발은 찰스 다윈의 『종의 기원The Origin of Species by Means of Natural Selection(1859)』부터 시작된다. 진화에 관한 다윈의 업적은 그 동안 강조되었던 여러 원리와 견해들을 괄목할 만하게 변화시켰다.

다윈 이전이나 이후에도 오랫동안 생물인류학자들의 연구는 인류를 '인종적 특징'에 따라 분류하는데 모아졌다. 그러나 과거에 인류에 관한 체질연구는 철저히 유럽 우월주의 입장에서 진행되었으며, 이에 편승하여 유럽의 식민주의는 인종의 형태에 따른 편견을 부추기며 이를 해외로 전파시키는 데 크게 기여하였다. 유럽사람들은 다른 종족을 연구할 때는 '과학' 이란 말로 치장을 하였으며 이들은 유럽사람들에 비해 열등하다고 단정하였다.

지난 반세기 동안 발전한 유전학과 고동물학 및 동물행태학 등의 발달과 사회가치에 대한 변화 등에 힘입어 생물인류학자들의 인류의 다양성에 관한 이해가 급격히 증가하였다. 그 결과 오늘날 생물인류학은 지금 살아있거나, 또는 절멸된 인류를 연구함으로써 인류가 환경에 어떻게 적응을 하며 진화해 왔고, 또 진화해 갈 것인가를 중요 연구대상으로 한다.

이 책은 그 학문의 중요성에 비해 학계에 극히 생소한 학문인 생물인류학을 관련학과 대학원생과 일반 대학생들에게 이해시키고자 쓰여졌다. 1992년에 처음으로 이 분야의 개론서를『체질인류학』이란 이름으로 국내에 소개하였을 때만 해도 이 분야에 관한 연구와 소개는 극히 미미하였다. 지난 10여 년 간 이 분야의 학문을 우리 학계에 소개하고 정착시키고자 했으나 우리의 전반적인 학문 수준이 이를 수용하기에는 역부족으로 더 많은 시간과 노력이 필요하다는 생각이다. 그러나 외국에서 이 분야는 더욱 눈부시게 발전하였으며 최근에 비약적으로 발전한 유전학의 성과에 힘입어 인류의 다양성이 집중적으로 연구되었고 90년대에 오면서 학계에서는 체질인류학 대신 생물인류학이란 용어를 사용하기 시작하였다.

지난 10 여 년 동안 학생들을 가르치며 국제학계의 새로운 연구를 접하면서 체질인류학을 개정할 필요를 절실히 느끼고 준비하던 중 충북대학교 발전기금으로 2001년에 일년간 미국 버클리대학교에서 연구를 할 수 있었다. 2002년 봄 귀국이후 기존의 체질인류학을 최근 학계의 경향에 맞추어 생물인류학으로 명칭을 바꾸고 그 내용을 대폭 보강하여 마무리할 수 있었다.

내용은 지금까지 진행된 생물인류학의 연구성과를 바탕으로 크게 4 부로 나누고 영역에 따라 다시 세분화하여 모두 14 장으로 구성하였다;

제 1 부에서는 인류의 진화human evolution에 관한 기본적인 내용을 소개하였다. 1장에서는 인류학의 정의를 살펴보고, 2장에서는 인류유전학을 기술하였다. 3장과 4장에서는 각각 소진화와 대진화를 다루었으며 5장에서는 화석기록을 소개하였다.

제 2 부에서 영장류primates에 관한 전반적인 내용을 다루었는데, 6장에서는 영장류의 정의와 분류를 기술하였고, 7장에서 영장류의 기원과 진화를 설명하였다.

제 3 부에서는 3 장으로 구성하여 인류의 기원과 진화를 기술하였다. 8장에서는 플라이오-플라이스토세 호미니드를 소개하였고, 9장에서는 호모의 기원을 기술하였으며, 10장에서는 늦은 시기의 호모를 다루었다.

제 4 부는 4 장으로 구성하여 인류의 다양성human variation을 다루었다. 11장에서는 인

류의 다양성을 기술하였으며, 12장에서는 오늘날 우리 사회에서 많은 관심을 갖고 있는 인류의 환경에 대한 적응과 성을 다루었다. 13장에서는 인류의 질병과 인구통계학을 기술하였고, 14장에서는 사회생물학을 다루었다.

끝으로 부록에서는 인류학적 조사방법을 소개하였다. 내용들을 효과적으로 전달하기 위해 많은 그림과 사진을 넣었으며 낱말들은 가능한 한 우리말 사용을 원칙으로 하였다.

오늘날 생명과학의 발달은 양면성을 지니고 있어 기존의 도덕관이나 윤리관으로는 감당해낼 수 없는 새로운 가치가 요구되는 결과를 우리에게 가져다주고 있다. 실제로 많은 사람들은 생명과학의 연구성과를 단지 상업적으로만 인식하고 인간이 과학을 통제할 수 있다고 생각하는데 생물인류학은 이런 오만함에서 비롯되는 종교, 도덕, 윤리적 문제들(예: 인류의 기원문제, 인간복제, 낙태, 정신박약아, 대리모, 유전적 질병소유자들의 사회수용, 인간의 이기심과 공격성, 다양한 성의 문제)을 깊이 생각함으로써 인간이 존엄성을 다시 한번 되씹어 볼 수 있게 도와준다.

이렇게 인간연구의 종합학문인 생물인류학을 선진국의 대학에서는 위의 내용을 포괄하는〈체질인류학개론 또는 생물인류학개론Introduction to physical anthropology 또는 biological anthropology〉이란 과목으로 전학년에게 교양과목으로 개설되어 학생들로 하여금 인간이 무엇이며, 인류가 지구상의 생명체에서 차지하는 위치를 살펴보게 하고 인류의 다양성을 이해하도록 하며 나아가 각 분야에 관한 과목을 학부와 대학원에서 개설하고 있다. 이에 비해 우리는 대학의 수가 200여 개가 넘는데도 불구하고 〈체질인류학〉 또는 〈생물인류학〉 과목이 전공과목으로 개설되어 있는 학교는 겨우 서너 개 대학 정도인 실정이다. 나아가 전 학년을 상대로 교양과목이 개설된 대학은 전무한 실정이며, 심지어 관련학과 대학원에서도 일부의 내용만을 거론하고 있는 현실이다. 최근에는 대학의 학제변경에 따라 학과목이 개편되는 과정에서 그나마 명맥도 유지하기 어려운 현실을 보면서 우리의 척박한 학문적 토양에서 새로운 학문의 정착이 얼마나 어려운 일인지를 실감할 수 있다.

우리는 인류가 주어진 환경에 적응하며 살아가는 능력이 있음을 알 수 있다. 그러나 과학문명의 발달은 과거의 인류가 경험하지 못했던 많은 문제들을 우리에게 제기하고 있다. 이렇게 복잡한 문제를 안고 있는 인류를 바로 이해하기 위해서는 인류의 연구를 바탕으로 하는 학문, 특히 생물학적 입장에서 연구한 생물인류학의 내용들이 중·고등학교 뿐만 아니라 모든 대학에서 학생들에게 소개되고 대학원에서 전문연구가 이루어져야 한다. 생물인류학 같이 자연과학과 인문과학을 연결해서 다루는 과목들이 대학에서 개설되어 학생들을 교육할 때 오늘날 우리의 대학이 참 인간보다는 물질만능을 추구하는 비인간적인 지식인과 기능인만을 양성해내고 있다는 비난을 면할 수 있다. 이 책이 그런 기대에 작으나마 보탬이 되기를 바라는 바이다.

이 책은 여러 분들의 도움으로 쓰여졌다. 체질인류학이 무엇인지도 모르는 시절에 이 분야를 공부하도록 길을 인도해 주신 은사 손보기 교수님, 그리고 체질인류학이란 학문을 깨워주신 미국 주립 캘리포니아 버클리대학교 인류학과의 은사인 F.C. Howell 교수와 T. White 교수는 내가 잊지 못할 분들이다. 같이 공부하던 버클리대학교 인류연구소의 여러 친구들 또한 나에게 이 책을 쓸 용기를 주었다. 감사의 마음을 전한다.

또한 초판부터 개정판을 끝내기까지 도와준 여러분들, 특히 원고교정에 애를 쓴 충북대학교 고고미술사학과 인류진화 연구실의 이은경 선생과, 문형순, 임나혁, 우은진, 이혜진님에게 감사를 전하며 일년간 미국에서 연구를 할 수 있도록 도와주신 충북대학교 총장님을 비롯한 관계자 여러분들과, 버클리대학교 한국학센터의 여러분들에게 감사를 드린다. 원고가 마무리되기까지 많은 도움을 주신 충북대학교 고고미술사학과의 이융조, 고 권학수 교수님을 비롯한 학과 교수님들로부터 무언의 도움을 받았다. 더불어 이 책을 출판할 수 있도록 결정해주신 충북대학교 출판부장님을 위시한 여러분들의 도움에 깊이 감사드린다. 무엇보다도 오랜 동안 떨어져 있으면서도 사랑과 희생으로 감싸준 아내와 아이들에게 모든 마음을 전한다.

끝으로 이 책에서는 가능한 모든 낱말을 우리말로 쓰고자 노력하였다. 그 결과 이 책을 읽는 도중 생소하게 느껴지는 낱말들과 자주 대하게 될 것이다. 더욱 좋은 낱말들이 찾아지기를 바라며 내용에서 찾아지는 모든 잘못은 저자에게 있음을 말씀드린다.

2003년 10월
개신벌 연구실에서

차 례

제 1 부 진화의 배경

제 2 부 자연계에서 인류의 자리

제 3 부　인류의 기원과 진화

부 록

제1부 진화의 배경

제1장 생물인류학

☞ 오늘날 사람들은 인류학이란 학문에 많은 호기심과 흥미를 가지고 있다. 그런데 사람들은 인류학이란 학문을 어떻게 이해하고 있을까? 어떤 사람들은 인류학이란 인간의 특성을 연구하는 흥미로운 학문이라고 생각하며, 또 다른 사람들은 지금은 사라져버린 문명과 파괴된 옛 문화의 흔적을 찾아 연구하는 학문이라고 생각한다.

실제로 인류학은 일반사람들에게는 매우 생소한 학문이며 심지어 인류학자조차 각기 다른 관점에서 이해하고 있다. 많은 사람들은 인류학자란 헬메트를 쓰고 파이프를 비스듬히 문 채 숲 속에서 침팬지를 연구하며, 옛사람의 뼈대를 발굴하거나 아니면 원시집단사람들의 사회생활을 조사하거나, 사라져 버린 언어를 조사하는 사람들로 이해하고 있다. 침팬지 연구로 잘 알려진 제인 구달Jane Goodall과, 사모아섬의 원주민 연구로 유명한 마가렛 미드Margaret Meed, 호미니드 연구로 이름을 날린 도날드 죠한슨Donald Johanson, 그리고 고릴라 연구로 일생을 마감한 다이안 포싸Dian Fossa 등이 실제로 우리에게 잘 알려진 인류학자들이다. 20세기에 사람들에게 잘 알려진 인디아나 죤스Indiana Jones는 바로 이들의 활동이 집대성된, 영화 속에서만 존재하는 인류학자이다.

이렇게 인류학자들은 인류의 조상에 관한 연구뿐 아니라 영장류, 원시사회 구조, 친족관계, 비교 종교, 및 무속 등 그 연구대상이 아주 광범하고 연구방법 또한 매우 다양하다는 것을 알 수 있다. 그러나 한가지 분명한 사실은 이렇게 인류학의 연구가 다양하여도 결국 모든 연구의 초점은 인간이 무엇인지를 규명하기 위해 모아진다는 사실이다.

인류학이란?

고인류학계의 전통적인 정의에 따르면 인류학이란 '인간을 연구를 하는 학문'이라고 한다. 물론 이런 정의는 기억하기는 좋으나 정의로써는 쓸모가 없다. 왜냐하면 대다수의 학문들이 인간을 연구대상으로 하고 있지만 이들을 인류학의 한 분야로 볼 수는 없기 때문이다. 그러면 오늘날 인류학의 정의는 무엇일까? 하는 질문에 "인류학이란 인간의 문화적 그리고 생물학적 변화와 진화에 관한 학문"이라고 정의되는데, 이 정의는 바로 인간의 문화와 생물학적인 특성에 관한 것이다. 문화란 배워서 얻어지는 것으로 문화는 사회적이고 경제적인 시스템과 결혼관습, 종교, 철학, 그리고 본능보다는 배워 얻어지는 모든 행위를 포함한다. 인류학에서 문화와 생물학적 특성의 결합은 매우 중요하며 이런 점에서 다른 학문과 구분이 된다. 그러나 생물인류학자는 인간의 문화행위보다는 인간생물학의 특수한 분야에 관심을 가지며, 사회-문화인류학자는 문화행위에 더 많은 관심을 가진다. 앞에서 지적한 차이가 있지만 인류학은 인간을 이해하는데 절대로 필요한 문화와 생물학 분야를 모두 포괄하는 학문이다.

생물학과 문화

인류학자는 인간을 배워서 얻어진 행위와 생물학적 특성이라는 면에서 이해해야 한다. 인간은 자신이 속한 문화관습에 따라 삶을 영위하는데, 성적충동에 관한 표현조차 문화적인 관습에 따라 의해 결정된다. 즉 비록 성적충동의 근원은 생물학적 요인에 있지만 이를 표현하는 방법들은 우리가 속한 사회의 관습에 따라 표현되기 때문이다. 인간이 지닌 기술의 발달 또한 배워서 이루어지는 것이다. 그럼에도 불구하고 인간은 문화적 존재만은 아닌 생물학적 특성을 지닌 존재이다. 인간은 먹고, 마시고 또 주위의 환경에 영향을 받는 그런 존재이다. 인간의 생물학적 특성은 문화행위를 일부 제한한다. 모든 인간 사회는 아이들이 스스로 살 수 있을 때까지 보살펴주는 나름대로의 사회구조를 가지고 있으며 동물들에 비해 아이들은 스스로를 돌볼 능력이 없는 것 등이 그 예이다.

인류학은 문화적 특성과 생물학적 특성뿐 아니라 이들 사이의 상호작용에도 관심을 가진다. 인간은 단지 문화적이거나 생물학적 존재가 아니며 또한 단순히 이들의 특성을 함께 지닌 그런 존재도 아니다. 인간은 문화적 특성과 생물학적 특성이 서로 영향을 미치는 그런 존재이다. 따라서 인간을 생물-문화적인 측면에서 이해하고자 하는 것이 이 책의 기본방침으로 우리는 이들 사이의 상호작용에 관한 많은 예들을 볼 수 있다. 그 중 한 예로 출산율과 사망률과 관련이 있는 인구의 증가를 들 수 있다. 어떤 시기에 출산율이 사망률을 앞지르면 인구는 증가하는데 이런 경우 인구 증가는 생물학적 요인에 의해 영향을 받는다. 이와 함께 경제구조라든지 결혼유형 또한 인구증가에 영향을 끼치는 것을 알 수 있다.

한편 다양한 문화적 요인들, 예를 들어 기술혁신과 이념적 결정 같은 것들이 출산율에 영향을 끼치며 의학의 발달과 의료시설의 변화에 의해 사망률이 줄어든다. 더 나아가 생물학적 요인이 문화변화를 가져오는데 20세기 후반에 출산율의 감소로 21세기 초반에 대학정원에 비해 지원학생이 모자라는 현상이 바로 그 좋은 예이다. 학생정원의 감소는 학교재정에 영향을 미쳐 교육구조가 재편되고 관련된 여러 분야로 파급효과가 나타날 것이다. 실제로 인구의 감소는 우리가 예상했던 것보다 더욱 복잡한 결과를 초래할지도 모른다. 이렇게 인구감소 과정을 통해 문화요인이 생물학적 요인에 어떻게 영향을 끼치는지, 또 그 반대 현상은 어떻게 일어나는지를 가늠하는 것이 무엇보다도 중요한 과제이다.

생물학적-문화적 특성에 의해 인류학은 전체론적 학문으로 자리하여 인간에 관한 모든 면들에 관심을 가진다. 인구감소 같은 경우가 한 예로 사회학자는 인구감소가 사회구조에 어떤 영향을 미치는지에 관심을 가지며 심리학자는 인구증가로 인해 사람들이 어떻게 스트레스를 받는지 알고자 하는데 반해 인류학자는 인구증가에 따른 모든 가능한 면들, 예를 들어 식량문제, 인간의 번식력, 종교, 질병, 사회구조, 정치제도사이의 관계를 알고자 한다.

인류학이 지닌 이런 생물학적-문화적인 특성 때문에 대학에서 이 분야를 자연과학 영역으로 구분해야 하는지, 아니면 인문사회과학 영역으로 분류해야 하는지에 어려움이 있다. 대다수 대학의 경우, 인류학과는 사회과학 영역에 자리하는데 이는 역사적으로 인류학자들이 문화인류학에 관심을 가졌기 때문이다. 이에 반해 생물인류학(체질인류학)은 인문과학이나 자연과학 영역에 강좌가 개설되고 있다.

진화의 증거

이 책에서 다루는 궁극적 목표는 인류의 변이와 진화 및 적응에 관한 것이다. 따라서 과거와 현재에 걸쳐 인류집단에 진화가 어떻게 일어났는지를 설명해 주는 많은 과학적 증거들이 제시된다. 먼저 화석기록들이 진화의 증거로 제시되며 살아있는 생명체의 비교 또한 진화의 증거이다.

진화의 증거들이 서로 닮았을 때 이렇게 닮은 모습을 나누어 지니고 있는 까닭은 무엇일까? 하는 의문에 만일 초월적 존재에 의해서라고 대답한다면 이는 검증할 수가 없다는 점에서 과학적이라고 할 수 없다. 진화론에서는 이들이 공통조상으로부터 진화했기에 서로 닮은 점을 지니고 있다고 설명한다.

끝으로 진화에 관한 증거는 실험실과 야외조사에서 얻어진다. 인류를 포함한 생명체의 진화론적 변화를 가져오는 메커니즘에 대한 연구가 그것이다.

변이variation : 인류학의 중요 연구 중 하나는 변이에 관한 것이다. 일반적으로 변이란 개인이나 집단 내에서 보이는 차이를 말한다. 인류학자는 인류집단에서 보이는 생물학적 특성과 문화특성의 차이와 유사성에 관심을 가진다. 인류학자는 집단에서 보이는 유사성과 특별한 환경과 문화를 지닌 집단에서 나타나는 특수한 행위와 생물학적 특성을 비교하여 일반화 하고자 한다. 한 주민집단은 다른 집단주민과 어떻게 다른가? 만일 다르다면 왜 다른가? 하는 것들이 바로 변이에 관한 질문이다. 이때 인류학자들은 문화 특징과 생물학적 특징을 같은 무게로 다룬다. 모든 인류문화는 같은 결혼관습을 가지고 있는지? 또 어떤 집단의 결혼관습은 왜 그런 유형을 보이는지 등등이 문화 특징에 속하는 실례이며, 생물학적 특징으로 대표되는 예로는 살색의 변이를 들 수 있다. 인류집단은 살색에 따라 구분될 수 있는지? 또는 집단 내에서 살색에 차이가 있는지? 환경에 따라 살색의 분포 유형을 구별할 수 있는지? 하는 것들이 생물학적 특징에 속하는 내용이다.

진화evolution : 진화란 생명체가 세대를 지나면서 변하는 것을 말한다. 인류학자들은 문화진화와 생물학적 진화에 관심을 가진다. 인류문화와 생물학적 특성은 언제 그리고 왜 변하는가? 하는 점에 관해 연구를 하는데 문화특성의 한 예로 결혼제도를 들 수 있다. 즉 특정한 결혼제도는 언제, 어떻게, 그리고 시간이 지나면서 왜 변하는가? 하는 것이 그것이다. 생물학적 특성의 연구로 살색에 대한 연구를 들 수 있는데 최초의 인류는 어떤 살색을 지니고 있었을까? 그리고 시간이 지남에 따라 언제, 어디서, 왜, 그리고 어떻게 살색이 변했는가 하는 내용들이 연구대상이다.

적응adaptation : 변이와 진화에 관한 연구 이외에 인류학자들은 적응의 과정을 연구대상으로 한다. 넓은 의미에서 적응이란 이로운 방향으로의 변화를 의미한다. 개인이나 집단에게 이로운 생물학적인 면이나 행위를 적응이라고 할 수 있다. 문화적응은 의복이나 주거지 및 식량생산 같은 기술적인 방안을 말하는데 이런 기술은 인류를 발전시킨다. 또한 사회조직과 행위를 규제하는 규율도 문화적응에 속한다. 예를 들어 어떤 사회에서 아이를 낳은 후에 여성과의 성 관계는 당분간 피해야 한다는 믿음은 인구증가율에 영향을 미친다는 점에서 적응의 한 예이다.

문화적응은 집단의 개개 구성원에게 각기 다르게 영향을 끼친다. 즉 어떤 구성원에게 적응인 것이 다른 구성원에게는 아닐 수 있기 때문이다. 예를 들어 새로 공포되는 세금에 관한 법률이 어떤 집단에게는 이익을 주나 다른 집단에게는 불이익을 줄 수 있다는 것이 그것이다. 또한 인구증가의 감소가 어떤 환경에는 이롭지만 다른 환경에는 불리하다는 것도 한 예이다.

적응은 생물학적인 특성을 지니고 있다. 어떤 생물학적 적응은 생리적이며 신진대사의 변화를 의미한다. 예를 들어 날씨가 매우 더울 때 땀을 흘리는 것은 바로 짧은 기간의 생리적 대응으로 땀을 통해 몸의 열을 식힘으로 몸은 일정한 체온을 유지한다. 추울 때 몸이 떠는 것도 생물학적 적응의 한 경우이다. 추울 때 떨면 몸에서 신진대사율이 증가하며 몸에 열이 나게 한다.

생물학적 적응은 또한 유전적인 경우가 있다. 여러 세대를 걸치면서 생긴 유전자의 변화는 생물학적 특성에 변이를 불러온다. 적도지역에서 사는 사람들의 피부색이 검은 것은 오랜 기간의 적응의 예로 검은 피부는 태양의 자외선으로부터 피부를 보호해주는 역할을 한다.

인류학자는 문화적응과 생물학적 적응의 본질을 이해하기 위해 인류의 변이와 진화의 유형을 살펴본다. 이럴 때 어떤 경우는 분명하게 설명을 할 수 있는가 하면 다른 경우는 더욱 연구가 필요한 경우가 있다. 적응에 관해 말할 때 항상 두 개의 중요한 규칙을 염두에 두어야 한다. 첫째, 적응은 특별한 환경에서만 특별히 일어난다는 것으로 어떤 환경에 적응인 것이 다른 환경에는 아닐 수 있다는 것이며 둘째, 모든 행위와 생물학적인 면이 꼭 적응의 결과는 아니라는 점이다. 예를 들어 사람의 아래턱 끝이 앞으로 나온 것은 적응에 따른 기능적인 결과가 아니라 턱에서 성장률이 다르기 때문이라는 점을 알아야 한다.

인류학의 여러 영역들

일반적으로 인류학은 인간은 무엇인지, 어떻게 그들이 진화해 왔는지, 그리고 인류는 서로가 어떻게 다른지를 연구 대상으로 한다. 따라서 인류학의 연구대상은 크게 "인류의 기원과 진화 및 변이와 적응"에 관한 것이라고 앞에서 밝힌바 있다

이렇게 인류학은 아주 넓은 범위를 연구대상으로 하고 있기 때문에 크게 네 영역으로 구분되어 연구를 진행하며, 비록 각 영역에서 연구하는 입장이 조금씩은 다르지만 추구하는 내용은 서로 같다. 구분된 영역들은 문화인류학cultural anthropology, 고고학 archaeology(인류고고학 anthropological archaeology), 언어인류학linguistic anthropology, 생물(체질)인류학 biological (physical)anthropology 이며, 다섯 번 째 영역으로 응용인류학applied anthropology을 주장하는 학자들도 있는데 이 분야는 인류학적인 발견을 동시기의 사건과 주제에 응용하고자 한다.

인간은 지구상에서 가장 복잡한 생명체라고 할 수 있다. 따라서 인간이 정말로 자신을 이해하려면 인간행위를 이해해야 하고 그런 점에서 인류학의 여러 영역들은 이에 대한 답을 줄 수 있을 것이다. 실제로 오늘날 인류학의 연구는 영역간의 벽을 넘어 함께 진행되고 있다.

문화인류학cultural anthropology

초기의 문화인류학자들은 대부분 '원시사회 사람'들의 생활을 주요 연구대상으로 하였다. 19세기 말 까지 학자들은 태평양, 아메리카, 오스트레일리아, 아프리카 및 아시아 등 여러 지역에 존재했던 비서구문화들이 유럽의 식민주의와 기술의 영향아래 소멸되는 것을 깨

달았다. 인류학자들은 이들의 문화와 언어 및 사회관계 등의 유산을 보존하기 위해서 구제발굴을 시작하였다. 그 결과 비록 많은 문화들이 사라져갔지만 이들의 노력에 의해서 기록으로 남게 되었다. 사라져간 문화들을 연구하는 과정에서 우리는 한 문화가 붕괴됨에 따라 일어나는 질병이나 대학살, 그리고 여기에 수반되어 인간이 느끼는 무기력 등은 문화뿐만 아니라 그 주변문화와 인간까지도 말살하는 결과를 가져왔다는 사실을 알게 되었다.

최근에 문화인류학자들은 현대 산업사회를 연구하기 위해 원시사회 연구에 사용되었던 현장방법을 이용한다. 이 가운데 중요한 방법은 실제로 현장에서 관찰하는 것으로, 학자들은 주민들과 함께 그들의 언어를 사용해가며 생활함으로써 그들의 생활과 사고를 이해하려고 한다. 또한 문화인류학자들은 사회 안에서 어떤 형태의 행위가 가장 적절한가를 찾고자 한다.

어린이들은 사회화되는 과정에서 사회의 규범 등을 배운다. 어른이 되어가면서 아이들은 무의식적으로 사회 내에서 다른 행위들도 배우게 된다. 개인은 그 집안의 전통을 따르게 되며, 어느 신을 경배해야 하는지를 알게 되고, 어떻게 배우는지를 선택하고, 언제 수확을 하며, 또 사냥을 해야 하는지 등을 배운다. 이런 규범들을 배움으로써 이들은 과거의 그들이 살던 환경에 잘 적응하였으며 다음 세대에게 자신들의 문화를 전달하게 된다.

인간은 배움을 통해 문화를 소유하게 되는데 이런 배움의 행위는 환경에 따라 변화한다. 또한 환경에 따라 변하는 행위가 궁극적으로 문화를 변화시킨다는 점에서 행위변화의 유형은 인류학자들에게 중요한 연구분야이다.

문화변화는 인간의 생물학적 위치에 커다란 영향을 준다. 예를 들어 농업경제에 기반을 둔 사회에서 갑작스럽게 경제적인 이유로 팔아야 할 농산물인 목화를 먹는 경우가 있는데 이는 건강에 해를 끼친다. 이민 또한 인간에게 새로운 질병과 음식, 그리고 새로운 짝을 선택할 수 있는 기회를 제공한다. 이와 반대로 어떤 집단의 생물학적 특징이 문화에 영향을 미친다. 한 예로 굶주리는 집단의 사람들은 영양공급이 좋은 사람들처럼 행동할 수 없다. 생물학적 변화와 문화변화는 독립적으로 일어나기도 한다. 인류 집단의 문화에 변화가 생기지 않을 경우, 변하지 않는 문화는 환경에 어떤 영향을 미치고, 또한 인류집단과 여기에 속한 개인은 환경에 어떻게 대처하는가를 분석함으로써 문화인류학자는 우리들로 하여금 인간 자신을 잘 이해할 수 있도록 도와준다.

고고학 archaeology 또는 인류고고학anthropological archaeology

인류학의 또 다른 분야인 고고학 또는 인류고고학은 크게 선사고고학과 역사고고학으로 나누어진다. 특히 선사고고학은 고고학자들의 연구를 과거까지 연장시켜 옛사람들이 남겨

놓은 문화행위를 연구한다. 즉 지금은 소멸된 사회들이 당시의 환경과는 어떤 관계에 있었는지, 또 어떻게 한 문화가 오랜 동안 한 곳에서 지속될 수 있었는지를 연구한다. 하지만 불행히도 이 분야의 연구대상은 당시 문화기술을 보여주는 돌연모와 뼈연모, 토기, 부서진 동물뼈 및 불에 그을린 바위와 같이 완전하지 않은 자료이기 때문에 고고학자들은 이 불완전한 자료들을 통해 과거의 문화를 재현할 수 있게끔 정교한 분석 방법 등을 개발해 왔다.

그러나 이런 과학적인 분석방법들만을 가지고 당시의 사회조직이나, 신앙, 또는 결혼관행 같은 것들을 정확히 알 수 없다. 그 결과 때때로 고고학자들은 직관에 의존하기도 하며 또한 그들이 남긴 무덤의 흔적과 불의 사용 및 당시 행위를 나타내주는 증거들을 종합해서 결론을 내린다.

남겨진 유적과 유물을 바탕으로 소멸된 문화를 복원할 때 고고학자들은 문화인류학자와 생물인류학자들의 도움을 받는다. 오늘날 살고 있는 일부 집단들은 농사가 아니라 채소나 과일, 곤충이나 새알 등을 채집하거나, 또는 사냥에 의해서 식량을 얻는다. 약 1만 년 전 농업이 시작되기 전까지 모든 인류사회는 채집과 수렵경제에 의존했었다. 그래서 고고학자들이 조사하는 많은 유적들에서는 수렵 · 채집인들이 남긴 유물들이 발견된다. 따라서 오늘날 살고 있는 수렵 · 채집인들의 생활을 통해서 고고학자들은 선사문화를 이해하고 복원할 수 있다.

선사인류들이 남겨놓은 유물들을 연구하는 것 이외에 당시 사회의 복원은 현대인들의 생활을 이해하는데 도움을 준다. 인류학자들은 문화발달의 내면을 살펴봄으로써 오늘날 사람들이 독특한 특성을 지니게 된 이유를 알 수 있다. 또한 고고학 자료들을 통해서 현재 인류사회에서 보여지는 이민 형태나, 인구밀도, 질병, 및 식량 획득행위 등을 이해할 수 있다.

언어인류학linguistic anthropology

언어는 인간에서만 보이는 특별한 행위로 언어인류학에서 다룬다. 언어인류학에서는 문자가 없는 사회에서 사용되는 언어의 분석과 언어의 진화에 관한 일반적 내용을 연구대상으로 한다. 언어인류학의 중요 연구 중 하나는 언어가 문화형성에 어느 정도 관련이 있는지를 살펴보는 일이다. 문화전달에 언어는 필요한가? 언어는 인류문화에 대한 생각과 실행에 관한 정보를 제공하는가? 하는 것들이다.

생물인류학 또한 인류의 변이와 진화를 연구할 때 언어인류학의 연구성과에 도움을 받는다. 인류와 유인원을 비교할 때 언어는 인류만이 사용하는 특징인가? 하는 것이 그 중 하나이다. 만일 인류만이 언어를 사용한다면 인류와 유인원사이의 생물학적 면과 행위에서 어떤 차이가 있는가? 하는 점이 연구대상이다. 언어학은 또한 언어가 인류 진화과정에서 언제, 그리고 왜 시작됐는지를 살펴본다.

생물(체질)인류학biological(physical) anthropology

생물인류학은 과거부터 현재에 이르기까지 인류의 생물학적 진화와 변이를 연구한다. 20세기 초반에 생물인류학은 체질인류학으로 불리었는데 연구는 과거와 현재 인류의 체질적인 변이와 영장류를 연구대상으로 하였으며 이론적인 기반이 비교적 약했다. 1950년대에 체질인류학자들은 급속히 연구가 진행된 유전학과 진화과학에 영향을 받게 되었다. 그 결과 체질인류학자들은 생물학적 과정 특히 유전학에 관심을 갖게 되었다. 따라서 생물학적 과정에 대한 초점을 강조하기 위해 생물인류학이란 용어가 사용되기 시작하였다. 오늘날 대개의 경우 체질인류학과 생물인류학은 같은 뜻으로 사용된다.

생물인류학은 진화를 바탕으로 인류 자신을 주된 연구대상으로 하여 인류가 어떻게 변화해왔는가를 분자단계에서 종 단계까지 연구하며, 독자적으로 종합적 방법론multidisciplinary method을 가지고 있다. 생물인류학은 그 연구대상이 매우 광범위하기 때문에 크게 고인류학paleoanthropology, 영장류학primatology, 및 인류의 다양성human variation 연구로 나누어진다.

생물인류학의 한 분야인 고인류학은 인류의 생물학적 역사를 다루는 분야로 호미니드(우리와 모든 인류의 조상을 뜻함) 화석들을 통해서 인류의 조상이 어떤 모양을 지니고 있었는지를 알고자 한다. 호미니드 화석들의 연구를 통해서 인류진화를 연구하는 고인류학자들은 생물학적 특징과 행위와의 관계를 밝히며 과거 인간의 행위를 복원하는 고고학자들을 도와준다.

생물인류학의 또 다른 분야인 영장류학은 인류와 가장 가까운 영장류의 진화와 행위를 연구하며, 또한 오늘날 현존하는 다양한 인류와 그들의 생물학적인 환경 적응방법 등을 연구한다. 모든 인류는 왜 연모를 만들고 말을 할 수 있는지에 대한 해답의 일부는 인류와 가장 가까운 영장류인 원숭이와 유인원, 특히 침팬지에 대한 생물학적 특성과 행위를 살펴봄으로써 얻어진다.

인류의 다양성 연구에서는 인류가 다른 영장류와 어떻게, 그리고 왜 다른가를 생물학적 입장에서 다루며 또한 인류의 경우, 문화와 생물학적 특성이 어떻게 상호 관련이 있는지를 연구대상으로 한다. 인류유전학과 인구학, 체질적인 성장과 발달, 그리고 인류의 질병과 건강이 바로 그것이다. 생물인류학 초기에 인류의 다양성에 관한 연구는 일부학자들만이 관심을 가졌으나 오늘날에는 생물인류학에서는 가장 중요한 연구대상의 하나이다. 생물인류학은 위에 언급한 연구를 위해서 진화생물학, 해부학 및 비교해부학, 그리고 지질학이 필수적으로 뒷받침되어야 한다.

생물인류학 발달의 역사적 배경과 전망

생물(체질)인류학에 관한 많은 지식들은 16세기에 얻어졌는데, 이는 에드워드 타이슨Edward Tyson (1650-1708)이라는 유능한 해부학자가 사람과 유인원을 직접 해부하여 서로 비교하고 연구함으로써 이루어졌다. 그러나 현대 생물인류학의 출발은 찰스 다윈Charles Darwin의『종의 기원』에서부터 시작된다. 다윈 이전이나 이후 오랜 동안 체질인류학자들은 사람들을 '인종적인 특징'에 따라 분류하였다. 체질인류학자들은 어째서 유럽인은 대개가 키가 큰가, 대다수의 아시아인은 왜 머리가 큰가?, 사하라 이남지역의 사람들 살색은 무엇인가? 등을 조사하였다. 화석증거들도 이와 같은 방법으로 분류되었다. 중국에서 발견된 화석을 자바에서 발견된 화석과 비교할 때 만일 시기는 같아도 모양이 서로 다르면 두 지역에서 나온 화석들은 서로 다른 종으로 구분되었다.

인간의 행위 또한 편협하게 해석되었다. 사하라 이남의 주민들은 게으르고, 유태인은 탐욕스러우며, 아시아인들은 이해할 수 없는 존재로 생각되었으나 북유럽사람들에 대한 연구는 별로 없었다. 이때 어떤 집단 내에서 나타나는 다양성은 무시한 반면 집단과 집단사이에서 보이는 차이들은 모두 중요시하였다. 유럽의 식민주의는 이런 편협한 견해를 부추기면서 이를 해외로 전파하는데 크게 공헌하였다. 유럽이외 지역에 사는 사람들을 연구할 때는 '과학적'이란 말로 치장하였으며, 이들은 유럽사람들보다는 열등하다고 단정하였다. 따라서 유럽이외의 사람들은 변하지 않는 존재로 단정하는 것은 쉬운 일이었다.

지난 수 십 년 사이에 유전학과 고동물학, 동물형태학의 발달과 사회가치의 변화에 힘입어 과거에 살았고 또 현재에 살고 있는 인류가 다양하다는 사실을 크게 깨닫기 시작하였다. 오늘날 우리는 인류가 매우 다양하다는 사실을 알고 있으며, 학자들은 더 이상 인종에 대한 연구는 하지 않는다.

오늘날 생물인류학자들은 실제로 야외에서 사람들을 대상으로 연구한다. 지금 살아 있거나 아니면 절멸된 사람들뿐만 아니라 집단 내의 변이와 집단사이의 변이는 모두 흥미 있는 연구대상이다. 인류가 어떻게 진화해왔으며, 오늘날의 인류는 어떻게 변하고 있는지는 이들 변이를 연구함으로써 답을 얻을 수가 있다.

진화는 환경에 적응하는 방향으로 진행된다. 다시 말해서 사냥을 해서 음식을 쉽게 얻을 수 있으며, 기후나 맹수, 질병 또는 인류가 생존할 수 있는 능력에 영향을 미치는 모든 종류의 요인을 극복할 때 진화는 그 방향으로 진행되어간다. 진화라는 관점에서 볼 때 인류에서 보이는 다양성이란 바로 늘 변화하는 환경에 적응해서 살아 남을 수 있는 능력을 의미한다. 만일 인류에게 다양성이 없다면 인류는 그들이 살고 있는 환경의 변화에 적응할 수 없다.

인류가 환경의 변화에 적응하는 방법은 동물들의 방법과 비슷하다. 인류는 진화 과정중 생물학적으로 적응하며 행위를 변화시켜 문화적으로 적응할 수 있다. 이 두 가지 적응 방법은 서로가 밀접한 관계가 있으며 인간의 생물학적 적응은 바로 문화적 적응력에 크게 영향을 미친다. 400만 년 이전에 살았던 인류의 가장 먼 조상은 불을 조절한다던 지, 죽은 사람을 묻거나 또는 서로 의사를 전달할 수 있는 생물학적 능력이 없었다. 반대로 기술이 고도로 발달하고 주거 환경 또한 급속히 발달해 가는 오늘날에 살고 있는 인류는 적응이라는 면에서 볼 때 생물학적으로는 별로 발달된 형태는 아니다. 이런 점에서 인류의 생물학적 특징과 문화와의 관계는 매우 복잡하며 생물인류학은 인류가 가지고 있는 지금의 문제들을 포괄하고 있다고 하겠다.

최근까지 서구사회는 인간이 자연을 지배할 수 있고 또 하여야 한다고 믿었다. 인간은 바로 신의 밑에 자리하며, 세상과 세상의 모든 일들은 신에 의해서 개척되었다고 생각하였다. 그러나 오늘날 우리는 서양 사람들 이외의 인류가 오래 전부터 존재했었다는 사실을 안다. 또한 인간은 자연의 일부이자 분리할 수 없는 존재라는 것을 인식하며 인간은 환경의 영향 아래에서 살아남는 방법을 배워야 한다는 사실을 안다. 인간이 주어진 환경에 문화적으로 적응한다는 것은 인간의 생물적 특징과 관계가 있다는 사실도 알고 있다.

지구의 자원은 무한하지 않으며, 인간의 몸 또한 완전하게 환경에 적응할 수 없다. 만일 인간에게 참고 견디는 능력이 있다면 인간의 생물학적 속성과 행위는 서로 상호 보충하여 완전하게 되야 한다. 어떤 학자들은 인간이 조상으로부터 받은 생물학적 속성에서 볼 때 인간은 작은 집단으로 나누어 살아가는 삶이 가장 이상적이라고 한다. 만일 수 평방 킬로미터 내의 도시에서 많은 수의 사람이 함께 살면 인간은 스스로를 제어하는 능력을 잃게 되고 그 결과 도시에서는 공포와 불안, 그리고 폭력이 증가하는데 이는 바로 생물학적으로 적응할 수 없는 생활여건 때문이라고 주장한다.

인류학자들이 알고자 하는 중요한 의문 중의 하나는 전쟁에 대한 인간의 성향에 관한 것으로 인간의 생물학적 속성과 행위사이에는 어떤 관계가 있는가에 있다. 전쟁이란 인간이 살아오면서 문화에 의해서 습득되는 행위일까? 아니면 인간은 본래 공격적인 동물의 성향을 가지고 진화해 왔는가? 인간이 만들어내는 가공할 무기는 단지 커다란 이빨과 긴 발톱을 대신해서 문화적으로 만들어진 대용품인가? 하는 내용들이 그것이다. 인류는 미래에 올지도 모를 대학살을 미리 예방하기 위해서 인간에서 보이는 공격성향의 원인에 대해 더 많은 연구를 해야만 한다. 인간의 공격성은 과연 유전적으로 전달되어 진화하는가? 아니면 인간이 사회화되는 과정에서 배워지는 행위일까? 하는 것들이다. 인간의 두뇌는 엄청난 양의 변화를 수용한다. 따라서 생물인류학자는 이런 변화가 일어날 수 있는 가능성의 한계가 어디까지인가를 찾아야 하는데 이런 질문들은 현실에서 느끼는 것이며 동시에 학문적인 관심사이다.

진화론 안내

진화라는 개념은 생물체를 연구하는 모든 과학의 중심 주제로, 이 개념만큼 인간과 그들이 몸담고 있는 세계를 바탕 짓는 생각도 없다. 살아 있는 모든 생명체에 작용하는 진화는 아직도 완전히 증명되지 않은 하나의 이론이라고 주장하는 학자들도 있다. 그러나 우리는 진화가 이론이 아닌 사실이라는 것을 증명할 수 있는 많은 증거들을 가지고 있다. 오늘날 살아있거나, 죽었거나, 또는 사라졌거나 모든 동물과 식물은 서로 관련이 있으며 이들은 어떤 최초의 생명체로부터 시작되었다.

모든 동물과 식물이 서로 관련이 있다는 사실은 불과 100 여 년 전 찰스 다윈과 알프레드 러셀 월러스Alfred Russel Wallce의 연구에 의해 알려지기 시작했다. 다윈과 월러스 이전의 자연학자와 철학자들은 동물과 식물들의 모습은 세월이 지남에 따라 부분적으로 변화된다고 믿었다. 그러나 그들은 동물과 식물에게 변화를 가져오는 요인이 무엇인지를 알지 못했다. 많은 위대한 생각이 그랬던 것처럼 자연선택에 의해 진화가 일어난다는 다윈과 월러스의 생각은 그 내용이 복잡하지 않고 간단하다. 그러나 다윈과 월러스는 자연선택이 진화의 요인이라는 사실은 알았지만 개체변이가 일어나는 원인과 부모의 특징이 자식에게서 나타나는 이유는 알지 못했다.

지난 반세기 동안 유전학자들은 다윈과 월러스가 관심을 가졌던 생명체를 '종'과 '개인' 그리고 '세포'와 '분자' 단위까지 연구하여 개인의 유전적 특징이 다음 세대에 어떻게 전달되는지를 밝히고 있다. 이들을 연구하는 진화생물학은 인류진화에 관한 기본틀을 제시해 준다.

진화에 관한 연구사적 배경

많은 일반적 가설처럼 진화에 관한 이론들 또한 불변의 내용은 아니다. 과학적 조사는 역동적인 과정으로 새로운 증거는 과거의 생각들을 보충해주고 내용을 명확하게 해주지만 보다 중요한 것은 이를 부정할 수도 있다는 점이다. 이렇게 과학은 역동적인 과정이기에 진화에 관한 이론들이 단기간에 성립된 것은 아니다.

진화생물학에서 진화라는 개념을 인간에게 적용할 때 가장 중요한 주제는 "인류는 어디서 시작되었을까?, 인류는 시간이 지남에 따라 어떻게 우리 자신인 현생인류로 진화해왔는가?, 그리고 우리는 지금도 변하고 있는가?" 하는 것들이다. 진화는 사실로써 과학적 증거들에 의해 증명되고 진화의 개념은 모든 과학 분야에 엄청난 영향을 미쳤다. 그럼에도 불구하고 진화에 관한 자세한 내용에 대해서는 학자사이에 이견이 있으며, 이들은 진화가 생명체에 어떻게 적용되는지를 보다 정확하게 설명하고자 한다. 여기서는 먼저 진화개념이 어떻게 시작되고 연구가 진행되어 왔는지를 설명하기로 한다.

생물학에서 진화를 이해하기 위해서는 챨스 다윈(1809~1882)부터 이야기를 시작해야 한다. 그는 진화에 대한 생각을 일깨우고, 이를 설명하고 증명하였다. 그러나 실제 진화라는 개념은 다윈 이전에 학자들에 의해 사용되었다. 다윈의 업적은 과거에 다른 학자들이 미쳐 생각하지 못했던 자료들을 정리하고 이를 논리적이고 과학적 방법으로 증명하였다는 데에 있다.

다윈이 진화에 관해서 어떻게 공헌을 했는지를 이해하기 위해 다윈 이전에 진화에 관한 생각은 어떠했는지를 먼저 살펴보기로 한다. 진화에 관한 여러 주장은 다윈 이전의 시기, 다윈의 시대 그리고 다윈 이후 현대 진화론의 성립 시기로 크게 나누어 볼 수 있다. 다윈 이전의 시기는 다시 계몽주의 이전의 시기(이 시기는 다시 '쥬대오-크리스챤 전통의 시기(Judeo-Christian Tradition)' 및 '중세 르네상스 시기'로 나누어 질 수 있다)와 '18~19 세기'로 나누어 볼 수 있다.

다윈 이전의 시기 : 계몽주의 이전의 시기

진화의 개념은 간단히 "생명체는 시간이 지남에 따라 변하고 때때로 변화에 의해 새로운 생명체가 생겨난다" 고 정의한다고 앞에서 설명하였다. 이런 진화에 대한 개념은 다윈이 살던 시기에는 이미 새로운 것이 아니었다. 이미 기원 전 6 세기에 그리스의 아낙시만더 Anaximander는 인간은 다른 형태의 생명체, 즉 물고기로부터 생겨났다고 생각하였다. 비록 그의 생각은 받아들여지지 않았지만 인간의 기원을 초자연적이 아니라 논리적으로 설명하려 했다는 데에 의의가 있다. 다시 말해 그의 논리는 동물이 어떻게 살던 환경에서 살아남을 수 있을까? 하는 의문에 근거를 두었는데 이런 의문은 다윈의 가설에 기초가 되는 것이다. 이후 200년 동안 생명체에 관해 많은 연구가 있으나 실제로 현대 진화론의 바탕은 17세기에 유럽에서 시작되었다.

계몽주의 이전의 시기 중 쥬대오-크리스챤 전통의 시대를 지배하던 관념은 우주와 지구상의 모든 생명체는 오직 하나님 한 분에 의해 창조되었다는 성경의 창세기에 바탕을 두고 있다. 즉 성경의 창세기는 생명의 기원과 존재에 대해서 언급하고 있으며 또 하느님의 형상을 닮은 인류가 어떻게 시작되었는지를 설명하고 있다. 지구의 모든 생명체들은 오늘날의 모습대로 태초에 만들어졌으며 '대홍수'만이 이들을 변화를 시켰다고 주장한다. 즉 창세기의 아담과 이브, 에덴의 동산, 대홍수와 노아의 방주같은 내용이 사실로 받아 들여졌다. 지구와 생명체는 초자연적인 존재에 의해 6일만에 창조되었고 지구와 생명체는 창조될 당시의 모습을 그대로 지니고 있다고 믿었다. 이러한 성경의 내용은 중세에 이르기까지 유럽에서는 절대적인 진실이었다.

그림 1.1. 아르마의 대주교 어셔. 그는 성경에 근거하여 지구가 BC 4004년 전에 만들어졌다고 계산하였다.

에이레 출신의 대주교인 제임스 어셔 James Usser(1581~1656)는 성경의 창세기를 근거로 지구의 나이를 계산하였다(그림 1.1) 1650년에 그는 지구는 BC 4004년 10월 23일 일요일 정오에 창조되었다고 발표하였다. 지구는 단지 6,000 여 년 전에 만들어진 것이다.

성경 내용에 근거하여 지구의 나이를 계산한 방법은 아마도 기원 전 4 세기 그리스의 철학자인 플라톤과 아리스토텔레스의 영향을 받았기 때문이다. 에쎈셜리즘essentiolism이 그 중 하나로 이 관념은 본질적 실재는 이상적이거나 절대불변의 형태로 존재하며 우리가 인식하는 존재는 단지 이의 부정확한 사본이라는 것이다. 한 예로 개를 들어보면 우리가 보는 여러 종류의 개는 절대불변의 형태의 개로부터 변형된 것이라는 것이다. 성경 내용에 이 관념을 적용하면 지구의 생명체는 절대불변의 모습으로 창조되었으며 현재 존재하는 것들은 이 절대 불변한 존재의 변형인 것이다.

두 번째 관념은 '절대 존재대사슬'이라는 것이다. 이 관념에 따르면 실체의 절대불변의 형태는 모두가 동등한 것이 아니라 사다리 형태로, 가장 간단한 형태에서 좀더 복잡한 형태로 마침내는 가장 완전한 형태로 정렬된다는 것이다. 성경의 창세기에는 창조에 관해 두 개의 다른 내용이 있는데 그 하나가 인간은 가장 늦게 창조되었다는 것이며(Gen. 1), 또 다른 내용은 인간이 가장 먼저 창조되었다는 것(Gen. 2)이다. 어떤 쪽을 택하던 인간은 가장 완전한 형태로 창조되었다는 데에 일치를 보인다. 이런 두 개의 철학적인 관념은 후에 진화에 관한 학문발달에 강력한 영향을 미친다.

유럽에서 중세 이후 점차 성경에 기초한 자연세계에 관한 지식은 지속될 수 없었다. 우셔와 같은 시기의 자연과학자나 철학자들은 성경이 아닌 지구 자체로부터 지구에 관한 지식을 얻고자 하였다. 예를 들어 17 세기 이후 단순히 자연의 한 부분으로 인식되던 식물과 동물의 화석이 로버트 후크Robert Hooke(1635~1703) 등에 의해 재인식되기 시작하여 과거에 창조되었다가 절멸된 잔재거나 아직도 다른 형태로 변해 존재하는 것으로 인식되었다.

나아가 후크는 이런 절멸과 변화는 지구가 창조된 이래 지속적으로 변화해 왔다고 주장하였다. 그는 노아의 홍수를 아마도 지진에 의한 현상이며 지구가 변하는 상태이기에 만일 환경에 변화가 심하면 그 환경에서 살던 존재는 변하거나 절멸한다고 생각하였다. 지구가 변한다는 그의 생각은 지구 표면 아래의 암석과 토양의 조사를 바탕으로 하고 있다.

암석과 토양이 퇴적된 것을 층위라고 하며 이를 연구하는 학문을 층위학stratigraphy이라 한다. 이를 연구한 최초의 대표되는 학자로는 덴마크의 니콜라스 스테노Nicholas Steno(1638~1686)를 꼽는다. 그에 따르면 층위는 물에 의해 연속적으로 퇴적된 층들로 아래층은 이른 시기에, 그리고 위층은 늦은 시기에 형성되었다고 생각하였다. 각 층위의 암석과 토양 그리고 여기에 포함된 화석들은 층위가 형성된 당시의 자연상태를 보여준다. 실제 지구와 여기서 살던 생명체는 변하지 않는다는 생각은 이제 더 이상 받아 들여 지지 않으며 과거의 변화는 오늘날의 세계를 관찰함으로써 가늠할 수 있다.

그러나 스테노와 후크는 여전히 성경의 연대기를 믿었다. 스테노는 물에 의해 퇴적된 연속된 층위는 크게 두 개로 구분되는데 그 중 한 층은 조물주가 최초로 땅과 식물과 동물을 창조할 때 지구를 덮고 있던 물에 의해 생긴 것이며 두 번째는 노아의 홍수 때에 퇴적된 것으로 생각하였다. 그러나 지질학적 기록은 지구가 엄청난 시간에 걸쳐 변화한 것을 나타내는데 반해 성경은 단지 6,000년의 역사만을 이야기하고 있다. 스테노와 후크는 6,000년이라는 짧은 시간에 지구에 그 많은 변화를 가져올 수 있었던 것은 지구에 엄청난 천재지변, 창조 및 홍수와 관련이 있는 지진이나 화산 폭발 같은 사건이 있었다고 생각하였다. 이런 사고를 가진 사람들을 천지격변설 지지자(카타스트로피스트)라 한다.

한편 르네상스 시기를 전후해서 유럽 사람들은 세계 여러 곳을 탐험하여 많은 새로운 지식을 얻게 되었다. 콜롬부스의 아메리카 대륙 발견은 당시 유럽사회의 세계관에 커다란 충격을 불러 일으켰다. 유럽인들은 아메리카 인디언들을 불완전하게 유럽 사람을 닮은 존재로 생각하였다. 이들을 통해서 유럽과는 다른 형태의 사회 조직과 종교, 인류 사회가 존재한다는 사실을 알게 되었다.

무어인의 유럽 침공과 인쇄술 및 총포의 발견은 유럽 사회에 커다란 변화를 가져왔으며, 사상의 발달과 코페르니쿠스 등의 연구에 의해 천체에 대한 이해가 확대되었다. 이제 사람이 더 이상 우주의 중심이 아니고 유럽이 더 이상 평평한 모양을 하고 있는 지구의 중심이 아니라는 중요한 '인식의 변화'가 일어나기 시작했다.

다윈 이전의 시기 : 18~19 세기

18~19세기에 오면 유럽사회는 자연의 법칙에 대한 관심이 싹트고 있었으나 아직도 자연의 모든 현상은 조물주의 의도에 의한 것이라고 믿었다. 린네가 이 시기에 자연계 연구의 대표적 인물이다. 한편 유럽인들의 과학적 사고에 절대적 변화를 가져온 대표적인 학자는 린네 이외에 쿠비에, 부퐁, 후톤, 라이엘, 에라스무스 다윈, 라마르크 그리고 말더스 등을 꼽을 수 있다.

생명체의 분류체계를 세운 카로루스 린네 Carolus Linneanus(1707~1778)는 지구의 생명체는 불변이라고 생각하였다. 린네는 처음에 모든 식물과 동물의 모습 및 종류는 조물주에 의해 창조되었다고 생각하였다. 이런 그의 생각은 1758년에 발표된 『자연의 체계 systema naturae』에 잘 나타나 있다(그림 1.2). 그러나 점차 자연에 대한 통찰력으로 그는 생명체에 변화가 있었던 것을 인식했으나 그럼에도 불구하고 린네는 여전히 어떤 변화도 조물주에 의해 예정되었으며 최초의 창조 범위 안에서 일어난다고 믿었다. 예를 들어 새로운 종은 처음 창조된 종들과 교배를 통해서 생겨났다는 것이 그의 생각이었다. 또 다른 에쎈셜리즘으로 여전히 인식의 한계성을 극복하지 못한 것을 보여준다.

그림 1.2. 『자연의 체계』표지. 스웨덴의 과학자인 린네는 이 책에서 처음으로 슬기사람 *homo sapiens*라는 이름을 사용하였으며, 현대생물학에서 사용하는 이중명명법 binomial nomenclature system을 소개하였다.

가장 잘 알려진 천지격변설catastrophysm의 지지자로 불란서의 자연학자인 죠지 쿠비에Georges Cuvier(1769~1832)를 꼽을 수 있다(그림.1.3). 그는 각 생명체의 원형은 창조되었으며 원형 생명체와 환경은 서로에 맞게 구성되었다고 생각했는데 이 생각도 에쎈셜리즘의 한 예이다. 쿠비에는 기후의 차이가 원형 생명체에 변화를 가져올 수 있으나 그 정도는 미미했으며 또한 남겨진 화석을 이용하여 원형을 복원할 수 있다고 생각했다. 쿠비에는 일부 화석과 살아있는 생명체를 비교하여 생명체의 전체 모습을 복원하고자 했는데 이런 방법은 후에 비교해부학의 효시가 되었다.

쿠비에는 지구에 대한 전체적인 창조의 계

그림 1.3. 『카타스트로피즘』을 주창한 프랑스의 비교해부학자인 죠지 쿠비에

획이 조물주에 의해 여러 차례 변했기에 지구의 생명체가 크게 변했으며, 이런 변화는 생명체의 절멸과 새로운 창조의 원인인 일련의 대격변에 의해 생겼다고 믿었다. 따라서 쿠비에게 변화는 단지 발전을 뜻하는 것으로 세계가 바뀌는 것은 진화하는 것이 아니라 부분적으로 옛 것이 새로운 형태로 변경되는 것을 의미할 뿐이었다. 나아가 인간은 조물주의 가장 귀하고 완전한 형태로, 늦게 창조되었다는 의미가 담겨 있는 것으로 이는 분명히 존재 대사슬이라는 개념으로부터 영향을 받았음을 알 수 있다. 이런 천지격변설은 대중에게 인기가 있었으나 성경의 인식 내에서 자연의 증거를 받아들여야 했기에 본질적으로 과학적 관찰과 실험을 용납하지 않았다.

불란서의 부퐁Comte de Buffon(1707~1788)은 비록 지구에 격변적인 사건들이 일어났지만 매우 드문 일로 정상적인 자연의 과정은 아니라고 결론지었다. 대신 지구의 역사는 주로 일정하게 지속적으로 반복되는 운동에 의해 생겼다고 설명하였다. 부퐁이 말하는 운동이란 지구형성에 작용하는 파도와 해류 같은 바다의 움직임을 말하는 것으로 육지에서 바람과 물에 의한 풍화작용은 그리 중요하게 생각하지 않았다.

부퐁은 지구형성에 관한 지질학적 역사의 많은 부분은 매일 정상적으로 일정하게 반복되는 과정으로 설명이 가능하다고 믿었다. 이런 생각을 균일설uniformitarianism이라고 부른다. 지구의 층위에서 기록된 모든 변화의 과정을 살펴보면 지구의 나이는 6,000년보다 훨씬 오래되었다고 그는 주장하였다. 그런 점에서 부퐁은 지구의 나이가 오래되었다고 믿는 최초의 학자 중에 하나였다.

균일설을 육지의 변화에 처음 응용한 학자로는 스코트랜드의 제임스 허튼James Hutton(1726~1797)을 들 수 있다(그림.1.4). 지구의 역사는 층위에서 보듯이 다음의 3 단계의 과정을 겪친다고 그는 생각했다; "1) 바다 밑에서 층위가 퇴적되고 2) 층위는 압력에 의해 굳어지고 지구내부의 열로 인해 해수면 위로 솟아오르며 3) 물과 바람 및 부식 등에 의해 침식된다"는 것이 그것이다.

허튼은 침식작용은 식물이 자라는데 필요한 토양을 만들어 내고, 식물은 동물과 사람을 먹여 살리고, 새로운 땅은 바다 밑에서 침식작용에 의해 생성된 퇴적에 의해 형성되는 자동 조절 체계라고 설명하였다. 이런 체계는 6천년 이상의 시간이 필요하기에 지구의 나이는 아주 오래됐다고 생각하였다.

챨스 라이엘Charles Lyell(1797~1875)은 허튼이 죽던 해에 스코트랜드에서 출생하였다(그림.1.5). 균일설에 대한 라이엘의 생각은 아주 특별했기에 그는 균일설을 대표하는 학자로 알려져 있다. 라이엘은 허튼이 주장했던 것처럼 지구의 지질학적 변화는 시간에 상관없이 천천히, 일정하게, 동일한 과정을 반복하기에 현재 지구에서 진행되는 과정을 통해서 지구의 과거를 설명할 수 있다고 생각하였다.

라이엘은 더 나아가 지구는 시간에 상관없이 같은 모습을 지녔다고 믿었다. 물론 변화는 있지만 지구와 생명체의 전체적인 모습에서의 변화는 아니라고 생각했다. 나아가 이런 변화는 커다란 주기를 띠고 있는데 그 예로 공룡은 어느 순간에 절멸하였지만 궁극적으로 다시 나타난다고 가정하였다.

위에서 언급한 균일설의 주요 내용들이 오늘날에도 수용되고 있는데 그 내용은;

1. 과거에 지구를 형성하고 변화시킨 과정들은 오늘날 진행되고 있는 과정과 같다.
2. 층위 기록을 연구하면 지구의 과거 역사를 복원할 수 있다.
3. 층위 기록을 통해 보면 지질학적 과정은 많은 시간을 필요로 했다.

로 요약된다.

그림 1.4. 『균일설』을 처음 주장한 지질학자인 제임스 허튼

그러나 지구의 변화가 일정한 비율로 천천히 진행된다는 라이엘의 생각은 잘못된 것으로 천지격변 같은 사건은 지구 역사상 여러 차례 일어났다. 라이엘은 화산폭발이나 지진 같은 사건이 특정한 지역의 생명체와 지질구조에 영향을 끼친다는 것을 알고 있었다. 그러나 45 억 년의 지구 역사상 적어도 5 차례의 주요격변이 있었다. 그 중 가장 큰 사건은 아니지만 가장 잘 알려진 사건은 6천5백만 년 전에 일어난 대절멸 사건으로 혜성이 지구와 충돌하여 엄청난 환경의 변화를 초래하였고 그 결과 공룡을 포함하여 지구 생명체의 75 %가 절멸하였다. 이런 대절멸 사건은 스테노와 후크 및 쿠비에

그림 1.5. 『지질학 원론』의 저자인 찰스 라이엘

등이 언급한 성경에 근거를 둔 사건이 아니고 비규칙적이고 자연발생적으로 일어난 사건으로 지구의 역사를 근본적으로 변화시켰다.

오늘날 지구의 변화는 주기적이고 지속적으로 반복해서 일어났다는 라이엘의 생각은 정확하지 못했다는 것을 알 수 있는 데 지구의 역사는 복잡한 사건들의 연속이며 공룡은 절멸했고 다시 나타나지 않는다. 그러나 라이엘의 주장은 엄청난 영향을 끼쳤다. 그는 지질학적 자료에 의한 실험과 그 결과를 자연과학의 영역에 첨가하였다. 예를 들어 라이엘은 미시시피 삼각주 형성에 필요한 시간을 십만 년 정도로 계산하였는데 실제 삼각주의 연대는 그리 오래되지 않았으니 이는 그의 주장과는 다르게 삼각주의 퇴적비율은 일정하지 않았고 퇴적양의 계산방법도 부정확했기 때문이다.

앞에서 언급한 스테노와 허튼, 그리고 라이엘을 위시한 많은 학자들의 연구에 의해 지구의 모습은 초자연적인 힘이 아닌 자연적으로 형성됐으며, 지구의 역사에 관한 자료는 지구 자체에서 얻어야지 신앙체계로부터 가늠해서는 안된 다는 것이 밝혀졌다. 그 결과 19 세기 초 지구의 모습은 일정한 변화가 서로 작용하면서 형성되었다는 생각이 널리 퍼졌다. 1830년과 1803년에 라이엘은 이런 생각을 『지질학원론principle of geology』에 기술하였다. 3권으로 된 이 책은 당시 학계에 엄청난 파장을 몰고 왔다. 균일설의 지지자들은 이 책의 내용을 열광적으로 받아들인 반면 천지격변설 지지자들로부터는 격렬한 비판을 받았다. 1831년 라이엘의 『지질학원론』은 과학적 조사를 위해 세계일주를 떠나는 다윈의 짐 속에 들어 있었다.

18~19세기에 학계는 점차 자연에 대한 관찰과 새로운 해석을 시도하면서 생명체는 변화를 겪었으며 이런 변화는 균일설의 입장에서 과학적으로 설명하고자 하였다. 그러나 소위 '종의 변형transmutation of species' 이라는 생각은 지구가 변하였다는 생각보다 더 격렬한 논쟁을 일으켰다. 만일 생명체가 오랜 시간 끝에 자연적인 과정을 거쳐 생겨나고, 또 변했다면 이런 과정은 인간에게도 똑같이 적용되어야하기 때문이다. 이는 부분적으로 생물학적 변화의 설명을 조물주에 뜻에 기초한 천지격변설로 설명하는 쿠비에의 생각과는 다른 것이

다. 따라서 생명체의 진화가 학계에 널리 수용된 후에 진화가 어떻게 일어났느냐 하는 문제가 제기되었다.

균일설의 입장에서 진화가 어떻게 일어났는지를 규명하고자 한 사람으로 다윈의 할아버지인 에라스무스 다윈Erasmus Darwin(1731~1802)이 있으며, 다윈에게 가장 영향을 끼친 사람으로 불란서의 자연학자인 라마르크Jean Baptist de Lamarck(1744~1829)를 꼽을 수 있다. 라마르크는 식물과 동물은 그들의 환경에 영향을 받는다고 강조하였다(그림.1.6). 즉 살아있는 생명체는 생존에 필요한 육체적 특성과 행위를 지니고 있어 만일 환경이 바뀌면 생명체도 살아남기 위해 변해야 한다는 것이다.

그림 1.6. 『용불용설』을 내세운 프랑스의 박물학자인 라마르크

라마르크는 생명체는 많은 변화를 겪고 이런 변화는 환경과 관련이 있다는 것을 정확하게 이해하고 있었다. 그러나 그는 이런 변화가 일어나고 진화가 어떻게 진행되는지에 대해서는 잘 알지 못했다. 라마르크는 생물학적 변화가 특별한 방향으로 진행하지 않는다는 것을 몰랐다. 오히려 그는 진화가 한쪽 방향으로 진행되는데 이때 불완전한 형태가 완전한 형태로 진행된다고 보았던 점에서 존재대사슬 가설의 영향을 받은 결과라 할 수 있다. 라마르크는 어떤 종이 가장 완전하고 또 복잡한지를 알고 있다고 생각했다. 이는 진화가 앞으로 진행한다는 것으로 생명체가 시간이 지남에 따라 변하면 최소한 인간은 그 방향으로 향해 변한다는 것이다. 나아가 라마르크는 '획득형질은 유전한다'고 생각하였는데 이 생각은 1809년에 『철학적 동물학philosophie zoologique』에서 체계를 정립하였다.

라마르크는 '획득형질은 유전한다'는 주장의 예로 기린의 목을 들었다. 그의 가설에 따르면 본래 기린의 목은 짧았는데 살던 환경이 변하여 먹이인 잎사귀가 나무에 높이 달려있게 되었다. 이렇게 되자 기린은 먹이인 잎사귀를 먹기 위해 목을 길게 늘려야 했으며 이렇게 얻어진 기다란 목은 자연히 자손에게 전해졌고 자손은 그 특징을 이어 받아 목이 길어졌다는 것이다.

라마르크의 가설이 유행했던 까닭의 하나는 이 가설이 최초로 진화에 관해 자세하고 과학적인 방법을 사용하였다는 점이다. 그는 자기의 가설을 부정하는 자료들을 검증하는 방

그림 1.7. 『인구론』의 토마스 R. 말더스. 그의 연구는 자연선택 이론의 기초가 되었다.

법을 택하였는데 이는 불분명한 주제를 설명하는 좋은 방법이기도 했다. 그의 가설에 따르면 생명체는 시간이 지남에 따라 변하는 것은 분명한 일이며 적어도 생명체는 특별한 방향으로 진행되고, 생명체에게 유전되는 것에 의존하는 작용에 의해 변했다고 믿었다. 라마르크는 이를 '의지will'라 불렀고, 절멸하는 생명체는 없으며 화석 생명체는 많은 변화를 경험한 오늘날의 것들과는 다르게 보인다고 생각했다.

그러나 라마르크의 가설에는 많은 문제가 있다. 생명체가 살아있는 동안에 획득한 특성은 자식에게 전해지지 않으며, 생명체의 의지가 어떻게 색깔을 바꿀 수 있으며, 새로운 기관을 만들거나, 또는 기린의 목을 더 길게 할 수 있는 지는 검증할 수가 없기 때문이다.

찰스 다윈과 알프레드 월러스가 독자적으로 자연선택이론을 세우는데 크게 영향을 끼친 연구로 말더스Thomas Robert Malthus(1766~1834)의 "인구론(an essay on the principle of population ; 1798)"을 들 수 있다(그림.1.7). 말더스는 인구론에서 "인구성장은 자연적 요인에 의해 제한을 받지 않고 그 수가 기하급수적으로 증가하여 매 세대마다 수가 곱에 달하나 식량생산은 산술급수적으로 증가한다"고 언급하였다. 그는 생명체들은 그 수를 증가시키려는 충동을 '생존경쟁'이라는 방법으로 나타내는데 인간은 이런 충동을 인위적인 방법으로 제한한다고 지적하였다.

다윈은 이런 말더스의 생각을 차용하여 자연선택이 바로 진화의 요인으로 인식하였다. 생존경쟁이란 점에서 볼 때 적응도가 높은 개체는 적응도가 낮은 개체보다 살아남을 확률이 높은데 다윈은 종이 아닌 개체에 생존경쟁이 서로 작용한다는 점을 인식하고 있었다. 다윈 이전의 학자들은 종은 변하지 않는 기본단위이며, 종 안에서 개체는 별로 중요하지 않다고 생각했다. 따라서 이들은 개체에서 일어나는 변화를 관찰할 수 없었으나 다윈은 개체의 변이를 통해 선택이 어떻게 작용하는지를 설명할 수 있었다. 다윈은 이런 개체의 특이성을 바탕으로 진화의 메커니즘을 자연선택으로 설정하였다. 이때 자연선택은 실제로 개체의 적응능력을 불문하고 개체에 작용하나 진화라는 개념은 집단에 적용된다.

찰스 다윈이 태어날 때 세상은 생물학적 변화를 수용하고 있었으나 변화의 메커니즘에 대해서는 알지 못했다. 학계는 라마르크처럼 균일설을 지지하는 학자와 쿠비에의 천지격변설을 선호하는 학자들로 나누어져 있었다. 이런 당시의 학문적 배경을 바탕으로 한 세기 이상 끌어온 논쟁에 다윈이 처음으로 과학적 논거에 근거해 변화의 메커니즘을 제시하였다.

다윈의 시대 : 찰스 다윈 Charles Darwin (1809~1882)

찰스 다윈의 생애와 그의 과학적 업적은 인류 과학사에 흥미진진한 이야기 중의 하나이다. 찰스 다윈은 영국의 부유한 가정에서 태어나 10살 때부터 이미 자연계와 그 존재에 관심을 가지고 있었다. 1825년에 에딘버러에서 의학을 전공하고자 했으나 부모의 뜻에 따라 목사가 되기 위해 전공을 바꿨으며 목사가 되기 위해 캠브리지 대학으로 옮겼다(그림.1.8).

대학시절에 다윈의 성적은 뛰어난 편은 아니었으나 자연과학에 관한 호기심이 왕성했으며 그는 여기서 식물학자(꽃가루 전공)인 헨슬로Henslow를 만나게 됐다. 당시 대학의 연구 분위기는 오늘날과는 달랐으니 자연에 대한 사람들의 마음은 닫혀 있어서 자연에 대해 질문하고 증명하며, 심지어 사고하는 것조차도 법에 저촉되는 일이었다. 단지 소수의 학자들만이 학교 밖에서 자연과학을 강의하고 토론하였다. 헨슬로도 그 중의 한 사람으로 젊은 다윈으로 하여금 자연과학자의 자격으로 구축함 '비글호'에 타도록 추천하였다. 이때 다윈의 나이는 23살이었다.

항해는 5년 동안 계속되었다 (그림.1.9). 다윈은 이 조사 기간 중 많은 일들을 관찰하였으

그림 1.8. 비글호의 항해에서 돌아온 31세 때의 찰스 다윈

그림 1.9. 박물학자이자 탐험가인 알프레드 R. 월러스

며 다양한 책들을 읽었다. 다윈은 그가 읽은 책들 중 라이엘의『지질학 원론』에서 많은 영향을 받았는데 이 책은 후톤의 '균일설'의 입장을 견지하고 있었다. 다윈은 항해 중에 기착하는 지역에서 발견되는 화석과 그 지역의 지리적 변화를 관찰하였으며, 섬에 살고 있는 동물들을 분류하였다.

1837년, 그의 나이 27살 때 영국으로 돌아온 다윈은 저술을 시작하였는데 주로 '비글호' 여행에 관한 내용과 산호초에 관한 것들이었다. 식물과 동물들의 교배와 생태에 관해 연구를 진행시키던 다윈은 1839년까지는 그의 유명한 진화론의 윤곽을 마련하였다. 1842년에 35쪽 정도의 이론의 초고를 마치고 2년 후인 1844년에 그 내용을 240쪽으로 확대하였다. 다윈은 1830년 대 후반에 자연선택에 관한 가설의 기초를 세웠으나 일반에게 이해시키기 위해서는 20년이라는 세월을 더 기다려야 했다. 1850년대 후반에 월러스는 독자적인 연구를 통해 다윈과 같은 결론에 도달하였다. 월러스는 자신의 연구를 다윈에게 알렸으며 이에 자극을 받은 다윈의 친구들은 1858년에 두 사람의 연구를 함께 왕립 린네 학회에서 발표하도록 하였다. 이들의 발표는 학계에서 일부 논쟁을 불러 일으켰는데 논쟁은 당시 잘 알려져 지지를 받고 있던 격변설에 근거한 진화가 아닐 뿐 아니라 진화는 특별한 방향으로 진행되며, 방향을 조절한다던 지 아니면 생명체의 의지 같은 것을 주장하는 라마르크의 가설과도 다른 다윈의 생각에 모아졌다. 다윈도 절멸을 인정하였지만 절멸만이 만족한 설명은 아니었다.

1859년 다윈은 자신의 연구를『자연선택에 의한 종의 기원 the origin of species by means of natural selection』이라는 이름으로 출판하였다. 다윈 자신도 놀랐듯이 출판 첫날에 책은 매진이 되었다.『종의 기원』에서 다윈은 인류의 진화에 대해서 아주 짧게 언급하였다; " light will be thrown on the origin of man and his history." 그럼에도 불구하고 즉각 격렬한 비판이 일어났다. 다윈이 주장한 "인류는 다른 모든 생물과 관련이 있다."는 주장에 대해 모든 사람이 받아들일 준비가 충분히 되어 있지 않았기 때문이다. 특히 당시의 만화는 신랄하게 다윈을 풍자하였다.

실제로 다윈은 그의 이론을 발표하기를 꺼려했으니 이는 첫째 다윈 자신이 이론의 발표에 의해 야기될 결과에 두려움을 가지고 있었으며, 둘째는 자신의 신앙심 때문에, 그리고 끝으로 자신이 관찰할 수 없는 것에 대한 더 많은 증거들을 원했기 때문이었다. 이제 진화의 메커니즘인 자연선택은 중요한 과학적 성과로 자리하였으며 과학적 논리를 대표하는 실례가 되었다.

다윈은 학자들이 관심을 두지 않았던 사실에 주목하였다. 비글호를 타고 세계를 여행하며(1831~1836) 다윈은 살아있는 종들 내에서 믿을 수 없는 정도로 변이가 있다는 것을 깨달았다. 만일 라마르크의 주장이 옳다면 같은 환경에 반응하는 종의 구성원은 아주 똑같아야 한다. 그러나 다윈이 관찰한 결과는 이와 다르게 종이 어떻게 적응하든 변이는 항상 존재한다는 사실이다. 다윈은 집에서 기르는 비둘기들을 관찰한 결과 비둘기가 새끼를 낳을 때 각 세대마다 변이가 나타난다는 것을 알았다. 비둘기들은 세대마다 짝을 선택하였고 그 결과 자식들은 부모를 닮았다고 다윈은 생각하였다. 그 결과 원하지 않는 특성은 제한되고 원하는 특성만이 축적되었다는 것이다.

다윈은 자연에서도 비둘기와 똑같은 일이 일어난다고 생각하였다. 다시 말해 종에서 일단의 자연변이는 개체의 적응력에 차이를 가져오고, 환경에 더 잘 적응하는 개체는 생산에 성공할 가능성이 높으며, 생산에 성공한 개체의 특성은 적응력이 낮은 개체의 것보다 후손에게 더 전해진다는 것이다. 시간이 지남에 따라 어떤 특성은 축적되고 어떤 특성은 감소되거나 없어지며, 종이 적응하는 환경이 변하면 어떤 특성의 적응력도 변하고 이에 따라 변화도 진행된다고 믿었다.

라마르크는 변이는 필요할 때 일어난다고 생각했으나 다윈은 변이는 이미 존재했다고 이해하였다. 다윈은 변이가 어디서 오는지 알지 못했으나 자연에서 생명체는 선택되며, 환경에 잘 적응하는 개체가 재생산에 더 잘 성공한다는 것을 알았다.

다윈의 연구는 아래와 같이 간단히 설명될 수 있다;

첫째 : 생명체는 그들 집단의 규모를 일정하게 유지하기 위한 수보다 더 많은 자식을 생산한다. 따라서 어린 개체의 사망율이 높고,

둘째 : 각각의 개체 안에서 많은 변이variation가 있는데 이때 특별한 특징을 가진 개체가 환경에 더 잘 적응하며 적응에 실패한 개체는 도태된다. 다윈의 이런 두 번째 생각은 말더스의 '인구론'에서 빌려왔다.

셋째 : 자식들은 부모를 매우 닮았는데, 이는 부모의 인자가 자식에게 전달되어 유지되었기 때문이며, 각 세대는 차츰 생기는 변화에 의해 적응의 정도를 높인다.

이런 변이의 과정과 환경에 더 잘 적응하는 개체의 선택을 다윈은 자연선택natural selection이라고 부르며 바로 진화의 직접적 요인으로 파악하였다. 자연선택이란 개념은 사람으로 하여금 사물에 대한 인식의 혁명을 가져오게 했다.

다윈의 업적은 진화를 발견하지는 않았지만 진화에 관한 증거와 이론을 제공하였다는데 있다. 다시 말해 종들은 하나하나 창조된 것이 아니며, 자연선택이 생물사이에서 변화의 직접원인이라는 점을 밝혔다는 데에 그의 업적이 있다. 이때 다윈이 사용한 증거로는 끊임없

이 나타나는 화석들과 화석들의 남은 부분, 살아있는 동물들의 몸의 구조에 관한 해부학적 비교자료 및 동물 자신들을 번식시키는 데 필요한 지식을 들고 있다. 이런 것들을 근거로 다윈은 진화론을 주창하였는데 그는 진화를 '자손에서 나타나는 변화a change as a descent with modification'로 정의하였다. 이어 1871년에 간행된『인간의 후예』등의 저서는 인류의 의식에 혁명적 변화를 가져왔다. 이제 다윈에게는 인간이 더 이상 생물세계의 주역이 아니었다.

지난 100여 년 간 '모든 생명체는 초자연적의 힘에 의해 만들어진 것이 아니라는' 다윈의 진화론은 인류의 모든 면에 강력한 영향을 미쳤다. 많은 사람들은 이런 점에서 일찍이 자연선택이 생물의 진화요인이었다고 생각할 지 모르나 실제로는 많은 논란이 1930년대까지 이어졌다. 다윈은 그의 진화론을 구상하는 과정에서 개체변이가 일어나는 이유를 알지 못해 생물이 살아 있을 때 얻어진 특징들은 다음 세대에 전해진다는 라마르크의 연구결과에 의존하였다. 그러나 왜 변이가 일어나는지는 멘델 때에 와서야 설명이 가능하였다.

자연선택의 예 : 진화에 관한 고전인 예로 페퍼 나방peppered moth을 들 수 있다. 영국에서 살고 있는 이 나방은 수 백년간 흰색에 검은 반점의 날개를 가지고 있었다. 바로 light bark 나무에서 살기에 알맞은 보호색으로, 이 지역에서 사는 새들은 이들을 발견하기가 쉽지 않았다. 이 나방 중 돌연변이에 의해 검은 날개를 가진 나방이 소수 있었다. 그런데 이들은 새들에게 쉽게 발견되어 잡혀 먹히기 때문에 다음 세대로 그들의 유전자를 전할 기회가 매우 적었다. 그러나 영국의 산업 혁명 시기 중 공장의 연료로 사용하는 석탄에서 나온 매연으로 인해 light bark 나무의 색깔이 검게 변하였다. 이런 산업에 따른 검은색화industrial melanism에 의한 자연선택의 결과로 인해 흰색에 검은 반점을 지닌 나방이 새들의 눈에 잘 띄게 되었다. 점차적으로 이들의 수가 감소되었으며 검은 색깔의 나방은 살아남아 검은 색을 다음 세대에게 전해 줄 수 있었다. 환경의 변화가 나방의 적응도에 변화를 가져온 것이다. 진화의 용어로 보면 검은색의 나방는 선택되었으며selected for, 흰색의 나방은 도태되었다selected against고 한다. 후에 매연 방지법이 제정되면서 환경이 복원되자 상황은 반대로 변하였다. 흰색의 나방이 살아 남았으며 selected for, 검은색의 나방은 수가 감소selected against 되었다.

이렇게 페퍼 나방의 예는 잘 알려진 자연선택의 예이다. 여기서 우리는 진화에 관한 중요한 법칙을 몇 개 들 수 있다; 첫째 생명체가 지닌 특성 중 어떤 특성이 좋고 또 어떤 특성이 나쁘다고 말 할 수 없으니 좋고 나쁨은 바로 환경에 따라 선택되기 때문이다. 둘째 진화는 한 방향으로 진행되지는 않는다는 점이다. 예로 페퍼 나방의 경우, 진화는 흰색에서 검은색으로 다시 흰색으로 바뀌었다. 셋째 진화는 혼자 일어나지 않는다는 점이다. 진화는 환경이 변한다든지 다른 종들이 변하기 때문에 일어난다. 예를 들어 인류문화의 발달은 환경의 변화를 가져오고 그 결과 나방으로 하여금 진화를 일으키게 하였다. 끝으로 나방의 연구를 통해 진화 과정 중에 변이의 중요성을 인식하게 하였다. 만약 검은색을 띤 나방이 없었다면 숲이 검게 변했을 때 나방은 숲에 살아남지 못했을 것이다.

자연선택에 대응하는 뜻으로 인위선택이 있는데, 이는 인간이 어떤 생명체를 죽이기 위해서 사용하는 화학약품에 대해 내성이 생길 때 일어난다. 인위선택의 좋은 예로 바퀴벌레를 들 수 있다. 바퀴벌레는 환경에 적응도가 아주 높은 생명체로 암수 한 쌍은 일년에 약 1백만 마리의 새끼를 낳는다. 미국의 저임금 가정 중 97.5 % 가 한 가정 당 최소한 160마리 이상, 평균 35,000 마리 정도를 가지고 있다고 보고되고 있다. 이들은 쓰레기통 옆, 부엌, 식당 테이블, 그리고 가전제품 등에 살고 있는데 이들을 잡기 위해 많은 약품들이 개발되고 있으나, 이 약품들에 대한 내성이 생긴 새로운 바퀴벌레가 생겨나는데 이를 자연선택에 비해 인위선택이라고 한다. 이렇게 인간이 만든 약품에 내성이 생겨 적응도가 높아졌을 때 이를 인위선택이 일어났다고 한다.

다윈 이후의 시기 : 현대 진화론의 성립

다윈은 진화를 일으키는 메커니즘은 설명하였으나 진화에 관한 모든 것을 설명할 수는 없었다. 진화론이 발표된 이후 많은 학자들은 진화의 요인이 자연선택이라는 다윈의 이론을 지지하였으나 비판적인 견해는 주로 다윈이 설명할 수 없는 것들에 집중되었다. 가장 중요한 질문은 생명체에 변이가 왜 생기는지에 관한 것이었다. 자연선택은 변이에 작용하지만 변이가 왜 생기는지는 설명할 수 없었기 때문이었다. 부모가 지닌 특징은 어떻게 물려받는가? 하는 것도 중요한 논쟁에 하나였다. 다윈은 자식이 부모의 특징을 물려받는 것은 알았으나 그 메커니즘을 알지 못하였다. 새로운 형태와 구조를 지닌 생명체는 어떻게 생겨나는가 하는 것도 주요 질문의 하나였다.

다윈이 『종의 기원』을 집필할 당시 오늘날 체코의 한 수도승이 다윈이 알고자 했던 변이의 원인에 대해 연구를 하였다. 그레고리 멘델Gregor Mendel(1822~1884)이었다(그림 1.10). 그는 수년간 학계에는 발표하지 않고 여러 종류의 식물과 동물을 연구하던 중 특히 수도원 정원에서 재배하던 완두콩 실험을 통해 유전학의 기본법칙을 수립하였다.

멘델의 연구 이전에 사람들은 유전이란 정자와 난자의 유전적 정보가 물감이 섞이는 것처럼 한데 뒤섞이는 것으로 생각하였다. 그러나 멘델의 실험은 유전의 유형이 이와 다르다는 것을 보여주었다. 즉 유전적 정보는 명확하게 구별되는 단위(유전자)로 유전되며 유전자

그림 1.10. 집단유전학의 기초를 세운 그레고리 멘델

는 자식에게서 뒤섞여 나타나지 않는다는 것이다.

멘델은 노란색의 완두콩을 녹색의 완두콩과 교배시키는 실험을 하였다(그림 1.11). 두 가지 색이 뒤섞인 완두콩이 생길 것이라는 가정을 뒤집고 모두 노란색의 완두콩이 생겨났는데 이런 결과는 한 색깔이 다른 색깔보다 우세하다는 것을 의미하는 것이다.

멘델이 새로 얻은 노란색 콩을 다시 교배했을 때 어떤 콩은 노란색을 띠고, 또 어떤 콩은 녹색을 지닌다는 사실을 알았다. 녹색을 띤 콩의 유전자가 한 세대를 건너뛰어 나타난 것이다. 이때 노란색과 녹색의 비율은 거의 3 : 1로 나타났다. 이를 바탕으로 멘델은 유전의 과정을 간단하게 수학적으로 표시할 수 있다고 생각하였다. 여러 실험을 통해 멘델은 여러 유전의 법칙을 공식화하였다. 멘델의 연구는 그의 생애 중에는 알려지지 않다가 1900년에 다시 알려졌다. 이런 멘델의 연구를 기리기 위해 유전에 관한 학문을 멘델의 유전학이라고 한다.

멘델의 법칙들은 생물학적 변이의 원인을 설명할 뿐만 아니라 왜 / 어떻게 자식이 부모를 닮는 가를 설명해 주었다. 이렇게 유전학과 생물학적 변이의 기본적 법칙에 의해 자연선택과 새로운 종의 출현을 분명하게 설명할 수 있게 되었다.

멘델이 언제 죽었는지는 잘 알 수 없으며 다윈은 멘델의 연구를 알지 못했다. 1900년에 세 명의 학자들이 독자적으로 유전에 관한 자료를 찾을 때까지 멘델의 연구는 수도원의 도서관에서 잠자고 있었다. 그들은 멘델의 연구가 단지 완두콩에 대한 흥미 있는 연구 이상의 의미를 지니고 있음을 깨달았다. 다윈이 알고자 했던 내용들이 멘델의 연구에 있었던 것이다.

20세기 초반 멘델의 유전학 연구를 이어받은 새로운 학파가 출현하였는데, 휴고 드 브리 Hugo de Vries가 이끄는 유전학자들은 진화의 변화를 가져오는 주요요인은 유전물질의 변화라고 주장하였다.

현대 진화론은 다윈과 월러스의 연구 뿐 아니라 1930년부터 1959년 사이에 발달한 유전학, 동물학, 발생학, 생리학과 수학 등등의 학문의 발달에 힘입어 성립되었다. 새로운 연구성과는 점차 쥴리안 헉스리Julian Huxley가 주창한 '현대 진화론modern synthetic theory of evolution' 이라는 이름으로 통합되는 분위기가 성숙하였다. 1947년 생물학의 각 분야 학자들은 미국 프린스톤에서 모임을 갖고 서로의 연구를 결집하였으니 쥴리안 헉슬리와 데오도시우스 도브쟌스키Theodosius Dobzhansky, 언스트 마이어Ernst Mayr, 써웰 라이트Sewell Wright, 레드야드 스테빈스G. Ledyard Stebbins, 죠지 게이로드 심슨Gorge Gaylord Simpson등이 각 분야를 대표한 학자들이다.

현대 진화론에서는 진화를 "한 집단의 유전자 구성빈도가 세대가 지남에 따라 변하는 것a change in allele from one generation to another"이라고 정의하고 있다. 현대 진화론의 주된 내용은 '서로 다른 재생산different reproduction' 이라는 개념을 바탕으로 점진적인 진화phyletic gradualism와 개체 내에서의 변이variation를 인정하였다. 또한 현대 진화론에서는 돌연변이mutation, 유전자 표이genetic drift, 유전자 이동gene flow, 그리고 자연선택

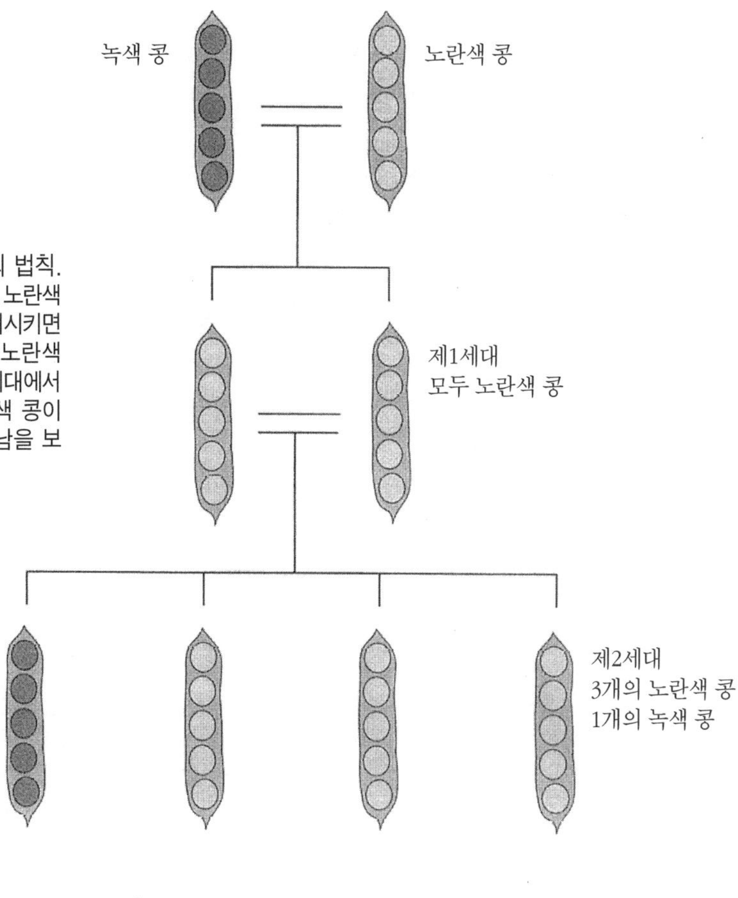

그림 1.11. 멘델의 법칙. 그의 연구에 의하면 노란색 콩과 녹색 콩을 교배시키면 1세대에서는 모두 노란색 콩이 나타나지만 2세대에서는 노란색 콩과 녹색 콩이 3:1의 비율로 나타남을 보여준다.

natural selection을 진화의 요인으로 들며 이 중 자연선택이 진화를 추진시키는 요인으로 인정하였다.

이렇게 현대 진화론에서는 다윈의 자연선택이 검증되고 또 유용하다는 것이 증명되었으며 새로운 증거들이 보충되었으며 다윈의 진화론에서 설명할 수 없었던 많은 의문들이 해결되었다.

1972년 미국 고동물학자인 스티븐 제이 굴드Stephen Jay Gould와 니일 엘드리지Nile Eldridge는 생물체의 진화를 급격한 변화인 소위 계단평형설punctuated equilibrium로 설명하였다. 다윈의 점진적 진화론에 따르면 다른 시기에 살던 동물사이의 중간형이 화석기록으로 발견되지 않는 것은 '지질상의 기록이 불완전하기 때문the imperfection of the geological records' 이라고 설명한다.

이에 반해 굴드와 엘드리지는 불완전한 기록 그 자체가 진화 중 변화의 방법을 나타내는 증거라고 주장한다. 즉 생명체는 한동안 형태가 변하지 않고 있다가 어느 시점에서 갑자기 변화하기 때문에 중간형이 나타나지 않는다고 주장한다. 이들의 가설은 1950년대에 마이어에 의해 제기된 '타지역 분화allopatric speciation' 와 같은 가설로 새로운 종은 '유전혁명'이 일어날 수 있는 고립된 작은 집단 내에서 일어나며 이때 생겨난 새로운 종은 기존의 커다란 집단의 전체 유전 특징과 섞이지 않는다고 주장한다.

20세기에 오면서 학자들은 다윈의 자연선택 이론과 멘델의 유전학 연구성과를 확대하였다. 새로운 내용과 연구와 더불어 1950년대의 유전자 구조의 발견과 이에 따른 엄청난 연구성과는 지난 백년동안 많은 학자들의 연구를 바탕으로 이루어진 성과이다. 현대진화론을 연구하는 학자들은 이 분야에 관한 연구가 눈부시게 발전했으나 아직도 갈 길이 멀다는 데에는 대체로 의견을 같이한다.

종교와 과학

진화론이 성립된 이래 많은 논쟁이 있어 왔으며 사람들은 진화론을 받아들이는데 두려움조차 느꼈다. 인류와 유인원이 공통조상으로부터 갈라져 나왔다는 생각을 사람들은 받아들이기를 거부하였다. 인간만이 고귀한 존재라는 사고를 떨쳐낼 수가 없었기 때문이다. 또 다른 갈등은 종교적인 견해와 충돌이다. 미국에서는 여러 주에서 공립학교에서는 진화론을 가르칠 수 없게 법으로 규정했었으며 1960년대까지 이런 법들이 지속되었다. 그러나 오늘날까지도 진화론을 공립학교에서 가르치는 문제는 여전히 논쟁의 대상이다. 1999년에 미국의 캔사스주에서는 고등학교까지 진화론을 가르치지 못하도록 규정하였다. 가장 유명한 반진화론 논쟁으로 1925년에 미국 테네씨주의 데이톤dayton이란 마을에서 일어난 스코프 사건scopes monkey trial을 꼽을 수 있다. 이 사건은 'inherited the wind'라는 제목으로 영화화되어 더욱 유명해졌다. 그러나 후에 이 사건은 데이톤을 세상에 알리기 위해 마을 사람들이 조작한 것으로 판명되었다.

1981년에 미국의 아칸사스주는 공립학교에서 창조론 대신에 '과학적 창조론 scientific creationism'을 진화론과 동등하게 가르칠 것을 법(Act 590)으로 공표하였다. 여기서 과학적 창조론이란 무엇인가?, 또 과학적 창조론은 과학시간에 가르칠 수 있는 내용인가 하는 의문이 제기되는데 이때 의문의 핵심은 과학적 창조론이 과학이냐? 하는 점이다. 아칸사스주에서 제정된 법안에 따르면 과학적 창조론에 관한 정의는 그 어느 내용도 과학적으로 증명할 수 없는 것들이다.

과학의 정의

진화에 관해 말하기 전에 먼저 과학이 무엇인가를 살펴보기로 하자. 과학이란 사실을 증명하기 위해 어떤 생각, 즉 가정(가설)을 설정하고 이를 구체화하며, 이 가설을 비판하는 시험과 실험을 통해 검증해야 한다. 여기서는 과학을 정의하는 이런 요소들을 살펴보기로 한다.

사실facts : 진화는 사실이 아니라 이론이라는 주장과 진화는 사실이라는 서로 상반되는 주장이 대립하고 있다. 실제로 진화는 하나의 이론일까 아니면 사실일까? 하는 논쟁은 사실과 이론을 잘 구분하지 못하기 때문으로 진화는 사실과 이론 모두에 맞는다. 사실이란 분명하게 입증할 수 있는 일로 지구는 둥글다는 것과 물체를 던졌을 때 땅으로 떨어지는 것은 사실이다. 마찬가지로 진화는 하나의 사실로 살아있는 생명체는 과거에 변하였으며 오늘날도 계속해서 변하고 있다. 오늘날 살아있는 생명체 중 어떤 것은 수 백만 년 전에는 존재하지 않았다. 인류의 조상은 과거에는 살았으나 지금은 존재하지 않는다. 어떤 생명체는 생물학적 구조가 완전하게 변한 것도 있다. 말이 그 경우로 처음에는 5개의 발가락이 있었으나 3개로 줄었다가 마침내 1개만 남아있다. 인류는 조상에 비해 두뇌가 더 커지고 이빨은 작아졌다. 어떤 변화는 분명히 짧은 시간 중에 일어난 것을 알 수 있다. 인류의 이빨이 작아진 것은 불과 1만년 사이에 일어난 일로 이런 내용들은 모두 입증할 수 있는 사실이다.

가정hypotheses : 가정은 분명하게 관찰된 사실의 설명을 의미한다. 예를 들어 중력은 사실이며 또한 관찰된다. 중력은 설명할 수가 있으며, 또한 초인종이 왜 울리는가를 검증할 수 있다.

검증testability : 가정이 과학적이기 위해서는 반드시 비판적인 시험과 실험을 통한 검증이 필요하다. 중력이 있다는 것은 검증될 수 있다. 따라서 검증할 수 없는 가정은 과학적 가정이 아니다. 물론 그런 가정이 거짓인지 진실인지를 의미하는 것은 아니라 단지 검증할 수 없다는 점이다. 예를 들어 그 동안 발견된 모든 화석들은 하느님이 인간을 혼란스럽게 하기 위해 땅속에 묻어 두었다는 가설은 검증할 수 있는 객관적인 방법이 없기 때문에 과학적 가정이 아니다.

진화에 관한 많은 가정은 검증될 수 있다. 예를 들어 화석기록들은 진화에 대한 지식으로 설명될 수 있는데 인류는 공룡이 절멸된 이후에 진화했다는 것이 그것이다. 만일 이런 내용이 부정된다면 공룡이 살기 이전이나 또는 같은 시기에 인류가 살았다는 것을 증명해야 하는데 그런 증거를 어디에서도 찾을 수 없다. 기독교의 창세기에 기록된 천지창조를 보면 내용을 검증할 방법도, 이를 부정할 방법도 없기 때문에 과학적이라고 말할 수 없다.

가설theory : 가설과 가정은 때로는 같은 의미로 사용되나 자연과학에서 가설은 가정과 다른 뜻으로 사용된다. 가설은 반복적으로 검증이 된 일단의 가정들을 말하는 것으로 진화가 바로 그 예이다.

창조론과 진화론

다윈이 『종의 기원』에서 인간과 동물은 관련이 있다는 암시를 제시함으로서 진화론과 창조론은 생명체 중 특히 인간문제에 관해 심각한 논쟁을 계속해 오고 있다. 창조론과 진화론을 비교하기 전에 인류사회에 나타나는 신화myth가 무엇을 의미하는지를 먼저 이해하는 것이 진화론과 창조론을 이해하는 데 도움이 된다.

신화란 "밖으로 표출된 역사적 사건들이 항상 관습적인 이야기 형태로 나타나는 것을 의미하는데, 이때 역사적 사건이란 당시 살던 사람들의 세계관이나 그들이 실제로 행하고 믿고, 또 그들이 경험한 자연현상을 표현한 것"으로 정의한다. 지구상에는 지금까지 많은 사회들이 문화를 가지고 있는데 이들 문화는 대개가 나름대로의 탄생신화를 가지고 있음을 알 수 있다. 이들 탄생신화와 창조론의 차이는 무엇일까?

창조론자들은 하느님이 우주와 만물을 창조했다고 믿는 사람들을 말하는데 이런 점에서 본다면 대다수의 많은 사람들이 창조론자라고 할 수 있다. 그러나 지난 1세기동안 진화론에 관한 논쟁이 진행되면서 창조론자들에게는 새로운 이름이 붙여졌으니 이들은 모든 종류의 살아있는 생명은 조물주에 의해 직접 만들어졌으며, 어떤 생명도 변화되어 오지 않았다고 믿기 때문에 반진화론자anti-evolutionists라고 불려질 수 있다.

오늘날 창조론자들은 주로 미국을 중심으로 활동을 벌이고 있다. 미국 내에서 창조론은 정통파 그리스도교인들에 의해 주도된다. 정통 그리스도교주의christian fundamentalism는 미국 사회운동의 하나로 제1차 세계대전 후 급격히 변해가는 사회에 대항해서 발생하였다.

이들의 주의 · 주장은 다음과 같은 5개의 믿음의 강령을 바탕으로 하고 있다;

1. 성경내용에 오류는 없음 (the inerrancy of the bible).
2. 예수의 신성성 (the divinity of Jenus)
3. 처녀잉태 (the virgin birth)
4. 그리스도가 십자가에 못박힘으로써 인류의 죄가 속죄를 받음 (the atonement of mankind's sins by the crucifixion of Christ)
5. 예수의 부활과 최후의 재림 (his resurrection and eventual second coming)

오늘날 미국에서 정통 그리스도교를 신봉하는 이들은 1960년대 미국을 휩쓸던 사회와 사상사의 대혼란과, 나치즘, 허무주의, 공산주의 등의 모든 사상과 모든 반기독교식 믿음과 행동의 근원은 바로 진화론을 가르쳤기 때문이라고 주장한다.

창조론 모델에 따르면 모든 생물체들은 아래와 같은 특별한 과정을 통해 나타났다고 주장한다;

제 1 단계 : 창조는 초월된 존재(하나님)에 의해 이루어졌으며 지구는 처음 부터 완전하게 창조되었고 이때 지구의 대기권은 안전한 막으로 덮혀 있었다. 인간은 특별히 창조되었으며 결코 부패되지 않았다.

제 2 단계 : 지구위에 몰락과 죽음 부패가 생겨나고 안전막이 점차 퇴조하기 시작한다. 성경에서 보이는 뱀에 의한 유혹이 사건의 발단이다.

제 3 단계 : 지구에 대홍수가 도래하였으며 지구는 거의 40일간 물로 덮혀 있었다. 이 기간중 지구상의 모든 지질상의 층위들이 만들어졌으며, 그때까지 지구상에 존재했던 생물 중에 생존자들은 한 배(노아의 방주)에 있었다.

제 4 단계 : 홍수가 물러가고 지구에 존재하던 에너지에 의해 빙하가 만들어 졌으며, 지구를 둘러싸고 있던 안전막이 붕괴되어 생명체의 수명이 감소되었다.

여기서 창조론자들의 진정한 의도에 대한 의문이 제기된다. 창조론자들의 의도는 공립학교에서 과학을 가르치는 데에 있어서의 변혁, 즉 과학과 창조론을 같은 비중으로 가르치길 희망한다. 그러나 실제로 그들의 목적은 스코프 시대의 사고와 그 이후에 일어났던 움직임을 현재로 끌어오려는 의도이며, 더 이상 성경에 나타나는 신앙상의 측면에서 창조를 이야기하지 않고 대신 '과학적 창조론' 을 주장한다. 창조론자들은 그들의 견해가 성서적이 아니라 다윈의 이론처럼 과학이론이라고 주장한다. 창조론자들은 공립학교 교과과정에 창조론의 견해를 도입하고자 하며 그들은 자기들의 이론이 과학적이고 그들이 오늘날의 갈릴레오라고 표현한다.

이렇게 미국에서 시작된 '과학적 창조론'이 최근에 국내에 소개되었고 이를 받아들이는 기독교 신자와 학자들이 조직한 창조학회를 중심으로 활동하고 있다. 이들은 미국의 창조학회와 창조론자들의 주장과 활동을 받아들이고 있으며 심지어 그들이 주장하는 과학적 창조론의 내용을 충분히 이해하지 못하고 있는 경우도 있다. 한 예로 창조론을 지지하는 소수의 학자들은 중고등학교 생물교과서를 창조론의 입장에서 서술하고 이를 공립학교의 교과서로 채택하여 가르치길 요구하고 있다.

그러나 문제는 창조론이 과학이냐 아니냐하는 데에 있다. 위에서 언급한 여러 창조 모델 중에 창조론자들의 주장은 명백히 성경의 창세기를 바탕으로 하고 있다는 점이다. 그러면 힌두교나 불교 또는 체로키의 모델은 어떻게 이해되야 하는가? 하는 문제가 대두된다. 이들을 비교종교학 교실에서 가르친다면 별 문제가 없으나, 창조론자들은 자기네의 모델만을 공립학교에서 의무로 가르치길 바라며 이를 법으로 제정하기를 바라는 데에 문제가 있다. 그러나 우리나라 헌법에는 신앙의 자유를 보장하고 종교와 국가를 분리하고 있는데 특정한 종교를 강제로 가르치라는 것은 문제가 있다.

미국 창조학회장인 모리스는 성경과 진화론이 조화를 이루는 것은 불가능하며, 단지 그들의 모델 중 '과학 이론'만이 교과서에 포함되어야 한다고 말한다. 그러나 문제는 창조론의 모델 모두가 성경에 근거해서 만들어졌다는 데 있다. 따라서 '과학적 창조론'이란 성경에 기초를 둔 정통그리스도교인들의 견해일 뿐이라고 할 수 있다. 이런 점에도 불구하고 문제의 심각성은 공립학교에서 창조론을 지지하는 사람들이 급속히 발전하는 지식이나 복잡한 사회를 이해할 만 한 준비가 되어있지 않다는 데에 있다.

창조론에 반해 과학이란 무엇인가? 미국 하버드대학에서 "과학시간의 역사를 1859년부터 1950년까지 조사해 보았더니 놀랍게도 교과과정에 과학, 수학 또는 그 중에 한 과목만이 매년 매 학기에 포함되고 있을 뿐이다. 오늘날에도 단지 10%의 학생들이 과학 과목을 수강하고 있을 뿐이다. 우리나라 대학에서도 같은 실정이다. 학생들은 졸업 때까지 겨우 한 과목의 자연과학개론을 수강할 뿐이다. 그러나 과학이 오늘날 우리에게 미치는 영향과 공헌은 과거에 우리가 경험하지 못한 엄청난 양으로 발전하였으나, 우리 대학에서는 오히려 과학 과목을 줄여오고 있으니, 우리 사회에 미치는 과학의 효과는 극대화되어 가는 반면 학생들은 이런 효과를 소화하고 이해할 훈련이 되어 있지 않는 데에 문제가 있다.

과학은 어떤 생각, 즉 가설을 설정하고 이를 구체화한다. 그리고 이 가설을 비판하는 시험과 실험을 통해야 한다. 과학은 '절대 진리'를 다루지 않으며, 비종교이며 어떤 현상을 초월한 설명으로 대신하지 않으며 관찰을 통해 설명하고자 한다. 이에 반해 창조론은 절대 진리를 바탕으로, 질문은 있으나 이에 답하는 대답은 없으니 어떤 증거나 자료도 그들의 마음을 변하게 할 수 없다.

과학자들은 그들이 찾고자하는 답을 얻기 위해 질문을 가질 수 있으며, 때로는 잘못된 해답을 얻게 되는 수도 있다. 과학은 어떤 일들이 잘못 증명될 수도 있다는 것을 전제로 하고 있다. 그러나 창조론은 잘못을 증명할 수 없다는 점에서 과학이라고 규정할 수 가 없다. 미국에서는 스코프사건이후 소련에서 스푸트니크 인공위성을 쏘아 올리자 이에 자극을 받아 과학교육이 강조되기 전까지 창조론을 '사실'로서 가르쳐 왔다. 한국에서도 창조론을 과학시간에 가르쳐야 한다는 주장이 창조학회를 중심으로 의견이 제시되고 있으며, 중고등학교 생물교과서에서 다루어야한다는 주장이 제기되고 일부 학자들에 의해 소송이 제기되고 있는데, 그 내용은 앞에서 주장한 바와 다름이 없이 미국의 창조론자들의 의견을 따르고 있는 실정이다.

한편 미국에서는 과학성 창조론을 입법화하는 데에 대해 강력한 반대 움직임이 노벨 수상자들을 중심으로 전개되고 있는데 이들은 "신앙의 생각을 과학시간에 가르친다는 것은 과학교육에 큰 손실을 가져오는 것이며 이는 과학과 종교사이에 잘못된 갈등을 세우는 결과를 가져오게 한다. 나아가 우리 젊은 세대에게 과학 사고를 갖게 하는데 문제를 주며 점차 과학사회에서 일어나는 문제들에 대처하는 우리들의 능력을 저하시킨다" 라고 창조론을 과학시간에 가르쳤을 때의 문제점을 지적하고 있다.

끝으로 1981년에 교황 폴 2세의 말을 상기해보자. 그는 "우주의 창조와 우주론은 사람들과 종교사이에서 커다란 흥미를 일으켜왔다. 성경 그 차체는 우리에게 어떻게 우주가 시작되었고, 이루어졌나를 말해주는 것으로 이는 우리에게 우주 발생에 관한 답을 제시해 주는 것이 아니라 신과 인간과의, 그리고 우주와 인간과의 정확한 관계를 제시하는 것이다. 성경은 단지 세상은 하느님에 의해 만들어졌음을 알리는 것이며 이런 진실(?)을 가르치기 위해 성경이 쓰여진 때에 통용되던 우주론이라는 용어를 성경이 차용하였다." 라고 말한 내용을 음미할 필요가 있다.

제2장 유전학의 이해

☞ 인간의 행위는 생물학적 특성의 결과일까 아니면 문화의 소산일까? 하는 질문은 인류 역사에 끊임없이 제기되어 오고 있다. 그러나 이런 질문은 문화적인 그리고 정치적 논쟁의 산물일 뿐 인류학자들은 별로 이런 문제에 개의치 않는다. 왜냐하면 인간의 행위는 생물학적이고 문화적 요인의 복합적인 결과이기 때문이다.

인간의 생물학적 변이와 진화를 이해하기 위해서는 먼저 유전학의 성과를 살펴보아야 한다. 이 장에서는 인류유전학 연구의 시작인 분자단위에서 유전자의 구성과 기능에 관해 살펴본다. 또 부모의 유전적 특성이 어느 정도 자식에서 나타나는가? 또 부모의 특성은 어떻게 유전되는가? 하는 유전의 과정을 설명한다. 유전의 과정에 관한 많은 연구는 멘델에 의해 이루어졌기에 이에 관한 연구를 멘델의 유전학이라고도 한다.

분자유전학 : 분자단위

다윈의 이론의 주요 내용은 변이와 유전, 그리고 적응으로 요약될 수 있다. 이 중 사람을 구성하는 가장 작은 단위인 분자단위에서 변이와 유전이 어떻게 일어나는지 살펴보자.

다윈은 자연선택이 집단에서 일어나는 변이의 원인이라고 생각하였다. 만일 어떤 집단에서 배우자를 선택할 때 작은 발을 가진 사람은 아이를 낳을 수 없다고 한다면 여러 세대를 지난 후에는 큰 발을 가진 사람들이 많아질 것이다. 시간이 지난 후 작은 발을 가진 사람들이 다시 만들어질 수 있을까?, 그리고 계속해서 더욱 더 큰 발을 가진 사람들을 만들어 낼 수 있을까? 하는 의문이 생기는데 이렇게 집단에서 보이는 변이의 요인이 무엇인지가 바로 다윈이 해결하지 못한 문제였다.

다윈은 집단 내에 변이가 있다는 것을 알았으며, 이러한 변이들 중 어떤 개체는 다른 개체보다 환경에 더 잘 적응한다는 것을 알았다. 다시 말해 환경에 적응도가 높은 개체가 더 잘 번식한다는 뜻으로 이때 적응도는 개체가 재생산을 더 잘 할 수 있는 능력을 말한다. 다윈은 환경에 더 잘 적응하는 원숭이가 어떻게 더 많은 새끼를 나을 수 있는가를 설명할 수는 있었으나, 어떤 원숭이가 어떤 방법으로 더 잘 적응하는지는 알지 못했다. 다윈 당시에는 유전이라는 것에 대해서 오늘날 우리가 알고 있는 수준까지 이르지 못해 사람들은 자식의 해부학적 · 생물학적 특성은 부모의 특성을 섞어 놓은 것blending inheritance 으로 생각했다.

『종의 기원』이 발간되기 3년 전인 1856년에 멘델은 완두콩을 관찰하여 유전은 섞임이 아니라 특성이 일정한 규칙을 가지고 나타난다는 사실을 알았다. 이런 내용은 다윈이 결코 알지 못했던 획기적인 발견이었으나 학계는 1900년대 초까지 멘델의 유전에 대한 연구의 중요성을 알지 못하였다.

염색체와 유전자

핵산은 세포의 핵 안에 자리하고 있다. 핵산의 또 다른 형태는 세포에 있는 미토콘드리온에 자리한다(그림.2.1). 핵산은 단백질로 연결되어 가닥을 이루는데 이를 염색체라고 하며 세포의 핵 안에서 자리한다. 성염색체를 제외하고 모든 염색체는 쌍으로 존재하며 대부분

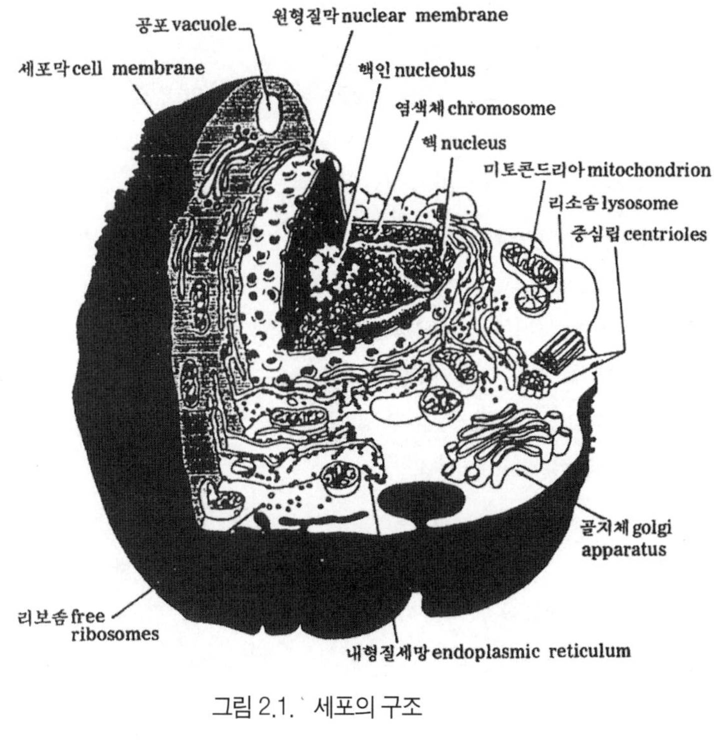

그림 2.1. 세포의 구조

의 생명체의 세포는 모두 쌍으로 된 염색체를 지니고 있다. 예를 들어 인간은 23 쌍의 염색체를 가지고 있으며 침팬지는 24쌍을, 그리고 초파리는 4쌍의 염색체를 가지고 있다. 어떤 식물체는 수 천 쌍의 염색체를 가지고 있다. 이때 염색체의 수와 생명체의 지능이나 생물학적 복잡성과는 관련이 없다.

사람 몸의 세포는 일부 세포를 제외하고 염색체와 핵산의 완전한 집합체이다. 예를 들어 신경세포는 뼈세포를 위한 핵산을 지니고 있으며, 뼈세포는 신경세포를 위한 핵산을 지니고 있는 것이 그것이다. 이때 각기 다른 세포에서 어떤 유전자가 바르게 작용해야 하는지를 조절하는 기능이 있다고 가늠되는데 아직까지 이 조절기능은 정확하게 알려져 있지 않다.

대립형질은 쌍으로 나타난다. 멘델은 부모의 형질이 자식에게로 전달되며 이때 부모 양쪽으로부터 각각 1개씩의 형질을 물려받는다는 것을 밝혔다. 어떤 특별한 염색체는 무작위로 전달된다. 성염색체가 만들어질 때마다 염색체의 50%가 전달될 기회가 있다. 여기서는 염색체와 유전자에 관련된 내용을 살펴보자.

멘델의 독립적 분류의 법칙law of independent assortment : 멘델의 실험을 통해 유전과 성세포를 만드는 또 다른 가능성을 알 수 있었다. 멘델의 독립적 분류의 법칙에 따르면 어떤 한 쌍의 염색체의 분리는 다른 쌍의 염색체의 분리에 영향을 끼치지 않는다고 한다. 다시 말해 분리된 쌍으로부터의 염색체는 독립적으로 유전된다는 것이다.

예를 들어 세 쌍의 염색체를 각각 A, B, C라고 하고 각 쌍의 염색체에 1 또는 2라고 염색체에 번호를 준다면 염색체의 총수는 6이다(A1, A2, B1, B2, C1, C2). 성세포가 만들어 질 때 A1 염색체가 나타날 확률은 50%이고 A2 염색체도 같은 비율로 나타날 것이며 B와 C의 경우도 같은 정도로 나타난다. 멘델의 독립적 분리의 법칙은 한 쌍의 염색체가 분리되어도 다른 염색체의 분리에는 영향을 끼치지 않는다고 앞에서 설명하였는데 이는 성세포가 A1,B1,C1 인자를 포함한 성세포는 A1,B1,C2인자를 포함한 성세포와 같다는 것을 말한다. 따라서 ABC의 경우 모두 8개의 가능한 결과가 나타날 수 있다(A1B1C1, A1B1C2, A1B2C1, A1B2C2, A2B1C1,A2B1C2, A2B2C1, A2B2C2). 이는 한사람이 부모 양쪽으로부터 8개의 가능한 성세포를 물려받을 수 있음을 뜻하는 것으로 자식이 물려받을 수 있는 전체 성세포는 8x8 =64개이다.

독립적 분리란 염색체가 뒤섞여 다른 짝을 이루게 하는 강력한 메커니즘이며 이런 까닭에 생명체가 유전적으로 다양하게 나타날 수 있는 것이다. 사람의 경우 23쌍의 염색체를 가지고 있는데 성세포가 짝을 이룰 수 있는 가능성은 2에 28승으로 8,388,608번의 가능한 짝을 이룰 수 있다. 부모 양쪽으로부터는 최고 70,368,744,177,664 종류의 유전적으로 다른 자식이 만들어질 수 있다는 것을 의미한다.

동일 결합linkage : 멘델의 독립적 분리 법칙에서 중요한 내용 중 하나는 유전자가 독립적으로 유전한다는 것이다. 감수분열 중에 분리되는 것은 대립형질이 아니라 염색체로 같은 염색체에 대립형질이 있을 때 이들은 함께 유전된다. 이를 동일결합이라고 한다. 결합된 대립형질은 독립적으로 유전되지 않는데 이는 이들이 같은 염색체에 있기 때문이다.

교차crossing over : 교차는 감수분열 중 쌍으로 된 염색체사이에서 핵산의 마디가 서로 교환하는 것을 말한다. 예를 들어 같은 염색체에 두 개의 좌위가 있는데 첫번째 자리에는 A 형질 또는 a 형질이, 그리고 두 번째 자리에는 B 또는 b 형질이 있을 때 유전형은 Aa와 Bb가 될 수 있다. 이 두 좌위가 같은 염색체에 있기 때문에 결합에 의해 두 개의 시스템이 유전될 것으로 생각한다. 즉 성염색체는 A와 B, 또는 a와 b 가 될 것이다. 이때 A 형질을 지닌 자식은 B 형질을 물려받을 것으로 예상되며, a 형질을 물려받은 자식은 b 형질이 유전될 것으로 예상된다. 그러나 감수분열 중 염색체 쌍들은 교차라는 과정을 통해 유전자를 교환한다. 예를 들어 a 형질을 포함한 유전자일부가 다른 염색체의 A 형질을 포함한 유전자일부와 교환될 수 있다는 점이다. 따라서 a 형질에 B 형질을 지니거나 A형질에 b형질을 지닌 성염색체가 생겨날 수 있다. 교차는 유전적 성질을 바꾸는 것은 아니라 형질들은 여전히 같으나 다른 결합이 일어난 것이다. 이렇게 교차는 새로운 유전자 결합의 형태로 많은 유전적 변이를 제공하는 메커니즘의 하나이다(그림.2.2).

성염색체와 성의 결정 : 사람의 염색체는 23 쌍인데 그 중 개인의 성을 결정하는 1쌍의 성염색체가 있다. 성염색체에는 X 염색체와 Y 염색체가 있는데 여성은 XX 염색체를 가지고

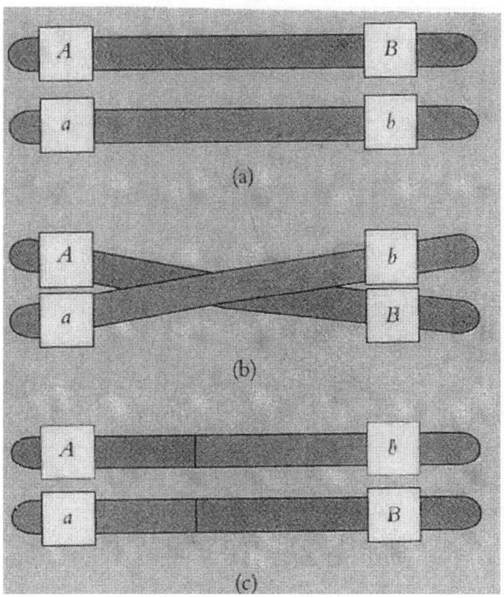

그림 2.2. 감수분열 중의 교차.
교차는 유전성질을 재결합시키거나 새로운 특성이 나타나게 한다. A와b를 각각 노란색과 초록색을 지닌 형질이라고 할 때 a)는 각각 AB, ab 형질을 지닌 염색체이다. b)는 감수분열 중 염색체가 손상되어 교차가 일어난다. c)의 경우, A 형질은 b 형질과 짝을 짓고 a 형질은 B와 짝을 이룬다.

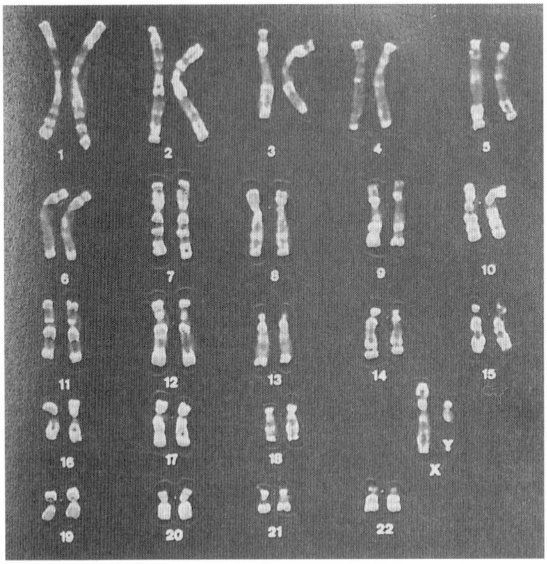

그림 2.3. 23쌍의 사람 염색체. 세포를 착색하면 세포가 분열할 때 X,Y 염색체를 현미경으로 관찰할 수 있다.

있고 남성은 XY 염색체를 가지고 있다(그림.2.3).

Y 염색체는 X 염색체보다 아주 작다. 따라서 X 염색체에서 발견되는 모든 유전자는 거의 Y 염색체에서 발견되지 않는다. 남성은 단지 어떤 특성을 위한 대립형질을 하나만 갖는데 이는 Y 염색체가 핵산과 일치하는 부분이 결여되어 있음을 뜻한다. 그러므로 남성은 하나의 특성을 갖기 위해 한 개의 대립형질만 필요한데 반면 여성은 같은 형질을 부모 양쪽으로부터 받아야 한다. 예로 혈우병hemophilia을 들 수 있는 데 이 유전적 질환은 혈액응고가 정상적으로 일어나지 않기 때문에 생긴다. 혈우병을 일으키는 인자는 열성으로 X 염색체 마디에서 찾아지는 데 이는 Y 염색체에 일치하는 부분을 갖고 있지 않다. 만일 여성이 혈우병이면 이 여성은 부모 양쪽으로부터 혈우병 인자를 물려받았기 때문이나 이런 경우는 드문 경우이다. 이에 반해 남성은 어머니로부터 물려받는 X 염색체만이 필요할 뿐이다. 그 결과 여성보다 남성에서 혈우병이 더 잘 나타난다.

유사분열mitosis과 감수분열meiosis : 핵산의 두 가지 중요기능은 단백질의 생산과 유전정보의 조절 기능이다. 생명체는 단세포로 시작되어 다세포로 변하며 단세포내의 유전정보는 모든 다세포로 전달된다. 핵산은 유사분열이라는 세포의 복제과정을 통해 자신을 복제한다. 하나의 세포가 분열하면 각각의 염색체는 복사하고 분열한다. 개개의 염색체는 자신을 복제하고 세포가 분열을 마치면 두 개의 세포는 본래의 세포와 똑같은 염색체를 가진다.

한 세대에서 다음 세대로 정보가 전해질 때 과정은 다르며 부모의 유전정보는 성세포(정자와 난자)를 통해 자식에게로 전달된다. 이때 일반세포는 46개(23쌍)의 염색체를 지니는데 비해 성세포는 23개의 염색체를 지닌다. 아이는 23개의 염색체는 아버지로부터, 그리고 23개의 염색체는 어머니로부터 받아 46개의 염색체를 가진다. 성세포는 감수분열을 통해 만들어지며 감수분열은 하나의 세포가 분열되어 두 개의 염색체를 복제해 내는 것을 말한다(그림.2.4,5).

감수분열의 과정은 유전을 이해하는데 아주 중요하다. 왜냐하면 한 쌍의 염색체 중 하나

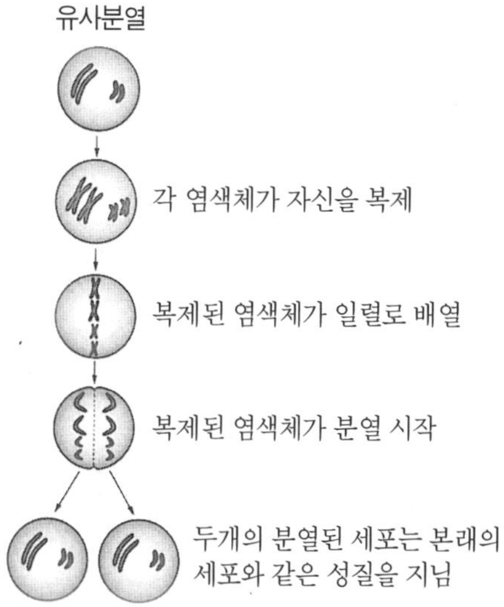

그림 2.4. **유사분열**. 세포가 분열하여 자신의 염색체를 복사하고 분열하는 과정을 말한다.

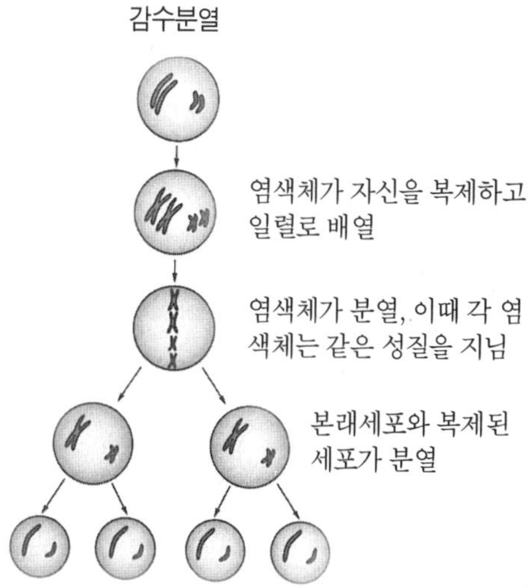

그림 2.5. **감수분열**. 한 개의 세포가 분열하여 두 개의 염색체를 복제해내는 과정을 말한다.

만이 기능성 성세포에서 발견되는데 이는 자식은 부모 중 한쪽으로부터 절반의 유전정보를 물려받으며 나머지 절반은 다른 쪽으로부터 물려받는 것을 의미한다.

핵산DNA의 모습

"부모의 유전자들은 어떻게 자식들에게로 전해지는가?" 를 생각해보자. 사람은 어른의 경우 60조의 세포로 구성되어 있는데, 이것은 다시 46개의 염색체(chromosome : chromo = color, soma=body)를 가지고 있는 세포와 23개의 염색체를 가지고 있는 세포로 나누어진다. 23개의 염색체를 가지고 있는 세포를 생식세포라 하며 정자와 난자가 이에 속하며 이 정자와 난자가 결합하여 사람이 만들어진다. 수정된 난자인 접합자는 어른의 세포처럼 46개의 염색체를 갖고 있다. 이 접합자는 수없이 많은 분열을 하여 마침내 하나의 독립된 사람을 만든다 (그림.2.6).

인간의 유전물질은 어떤 구조를 지니고 있을까? 1cm를 10등분하면 1mm가 되는데 이 1mm를 100등분하면 1 마이크론으로 이 길이가 염색체의 평균길이와 같다. 첫 번째 염색체는 오래 전에 현미경을 통해서 착색된 세포 안에서 관찰되었다. 정자와 만나 수정된 난자 zygote는 계속해서 유사분열을 거듭하여 새로운 생명체를 만들어낸다. 마지막에 만들어진 사람은 처음에 수정된 난자보다 약 400억 배로 커진다. 이때에도 생식세포를 제외하고 모든 세포는 여전히 46개의 염색체를 가지고 있다. 새로운 생명체를 만드는 정보는 바로 이

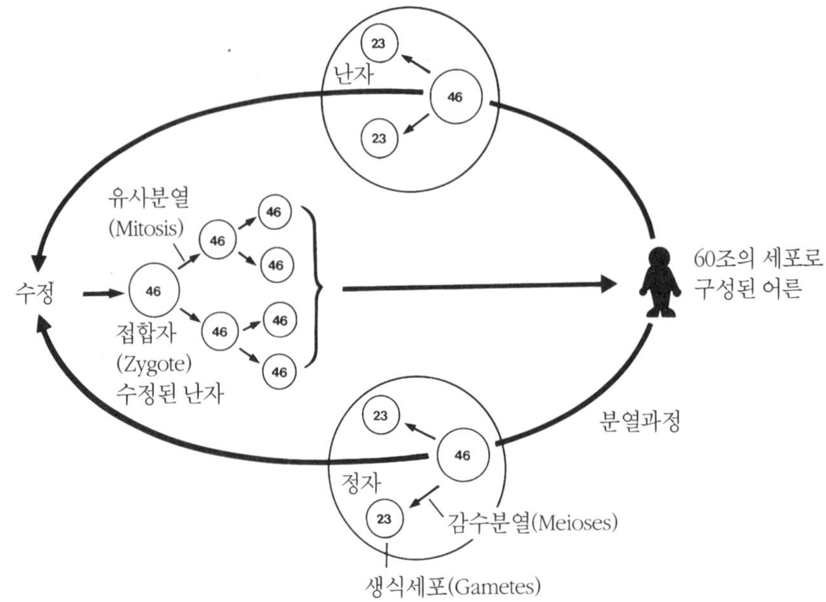

그림 2.6. 생명의 순환

염색체에서 발견된다. 이 정보들은 염색체내에 있는 유전물질인 유전인자에 저장되어 있다. 바로 멘델이 말한 유전인자genetic particle이다. 이 유전인자가 생명체의 기능을 조절하며 다음 세대로 자신들을 전달하는 기능을 가지고 있다.

분자단계에서 핵산deoxyribonucleic acid(=DNA)의 구조와 기능은 유전학의 중요한 연구대상이다. 핵산은 생물체의 구조를 결정짓고 필요한 유전정보를 옮기는 역할을 한다. 여기서 유전의 과정은 유전정보를 전달하는 과정이거나 또는 생물체 구조가 필요로 하는 정보를 전달하는 것을 말한다. 따라서 진화란 한 세대에서 다음 세대로 유전정보를 전달하는 것이며 이때 유전정보는 변할 수도 있다.

오늘날 우리는 유전자 연구를 통해서 어떻게 이들이 다음 세대로 자신들을 전하는지를 알 수 있으며 그 과정 또한 잘 알려져 있다. 그러나 유전인자들의 어떤 기능이 생명체의 성장을 조절하는지, 또 기타 다른 활동들에 대해서도 많은 연구가 이루어지고 있으나 그 과정들은 완전히 이해되고 있지 않다.

여기서는 유전의 과정과 진화를 이해하기 위해서 핵산의 기본적인 구조와 기능을 살펴보기로 한다.

핵산DNA의 구조 : 염색체는 핵산과 단백질로 이루어져 있다. 과거에 유전인자를 포함하고 있는 것이 핵산인지 아니면 단백질인지에 대한 논쟁이 있었으나 1952년에 핵산이 유전

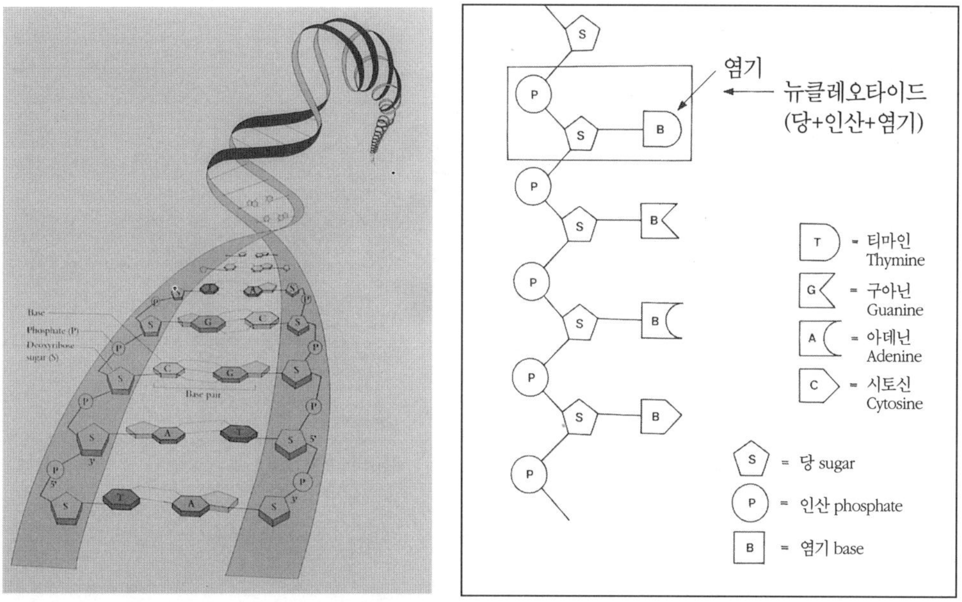

그림 2.7. 핵산DNA의 화학적 얼개. 핵산의 기본얼개인 뉴클레오티드는 당과 인산 그리고 염기 로 구성되며 쌍으로 이루어진다. 염기는 아데닌(A), 구아닌(G), 시토신(C) 및 티마인(T) 이 있다. 이때 염기A는 반드시 염기T와 마주하고 염기C는 염기G와 마주한다.

자를 가지고 있음이 알려졌다. 핵산은 지구상에 있는 수많은 과분자의 하나이다.

1952년에 왓슨과 클릭Watson & Crick이 핵산의 구조를 규명하였는데, 이는 생물학에서 아주 중요한 발견이었다. 핵산의 구조는 사다리가 나선형으로 뒤틀려 있는 모습을 하고 있다. 핵산의 기본구조는 당sugar과 인산염phospate 그리고 염기base의 세 개 물질로 구성되었는데 이때 사다리의 발판을 염기라고 하며 4개의 화학물질로 되어있다. 아데닌A(adenine), 티마인 T(thymine), 구아닌G(guanine), 그리고 시토신C(cytocine)이 그것이다 (그림.2.7).

핵산의 기본구조인 뉴클레오티드nucleotide는 쌍으로 이루어져 있는데 염기 A는 염기 T와 마주하고, 염기 C는 염기 T와 마주한다. 이런 염기의 결합이 영어 단어처럼 3개의 기본쌍이 모여 하나의 낱말을 만든다. 이 낱말을 코돈codon이라 부르고 (예.: UGU, CGC 등등) 각 낱말들은 하나의 특별한 아미노산을 나타낸다. 이런 체계를 '트리플레트 코드'라고 한다.

이런 핵산의 화학적 기본구조에 의해 핵산은 두 가지 중요한 기능을 가지고 있다는 것이 밝혀졌다; 첫째는 핵산이 세포에서 어떻게 복제될 수 있는 지를 알려주며, 두 번째는 핵산이 어떻게 세포의 기능을 조절하는지를 설명할 수 있게 되었다. 왓슨과 클릭은 이 연구로

표 2.1 아미노산의 종류와 약자

아미노산	약자	아미노산	약자
Alanine	Ala	Leucine	Leu
Arginine	Arg	Lysine	Lys
Asparagine	Asn	Methionine	Met
Aspartic acid	Asp	Phenylanine	Phe
Cystenine	Cys	Proline	Pro
Glutamic acid	Glu	Serine	Ser
Glutamine	Gln	Threonine	Thr
Glycine	Gly	Tryptophan	Trp
Histidine*	His	Tyrosine	Tyr
Isoleucine	Lle	Valine	Val

* Histidine 는 어린이들에게 필수적인 아미노산이다.

노벨상을 수상하였으나 당시 사람들은 그들에게는 이해될 수 없는 이런 기초과학의 효율성에 의문을 가졌다.

만일 같은 사람의 혀와 췌장에서 세포를 떼어내어 핵산을 비교해보면 이들이 동일한 성질을 가지고 있음을 알 수 있다. 서로 다른 두 사람의 혀에서 추출한 핵산은 성질이 약간 다르다. 사람과 침팬지에서 나온 핵산은 약 98.4%가 서로 같은 성질을 나타내며, 오직 1.6%만이 서로 다를 뿐이다. 사람과 도마뱀의 차이는 더 크다. 다시 말해서 서로 아주 다른 생명체는 핵산의 구조에서 역시 상당한 차이를 보인다.

사람은 약 30억 개의 염기 쌍이 모여서 된 핵산들로 이루어져 있다. 만일 이들의 길이를 똑바로 잰다면 약 2.7m 가 된다. 각 세포마다 저장된 정보가 단지 염기에 따라 인쇄된다면 이는 아마도 3 년간 일간 신문에 기록된 양과 같다고 한다. 이런 뭉치가 바로 사람의 기본구조로 사람과 같은 유기체는 이 구조로부터 단백질 합성과정을 통해서 만들어진다.

세포는 단백질을 만드는 공장이며, 단백질은 구조단백질과 효소단백질로 구분된다. 구조단백질은 유기체의 구조를 결정하는 기능을 갖고 있으며, 효소단백질은 체내에서 일어나는 화학작용들의 양을 조절하는 기능을 갖고 있다. 핵산과 같이 단백질은 뉴클레오티드가 모여서 이루어진 과분자 물질로서 3개의 뉴클레오티드가 모여서 하나의 아미노산을 만드는데 인간을 구성하는 아미노산은 모두 20개가 있다(표 2.1)

핵산DNA의 기능 : 핵산은 자신을 복제할 수 있는데 핵산이 어떻게 자신을 복제할 수 있는 지를 살펴보자. 핵산 띠의 한쪽 염기 배열이 GGTCTC이면 반대쪽은 CCAGAG 로 배열되는 데 염기 G와 C가 마주하고 T는 A와 마주하기 때문이다. 이때 3 개의 뉴클레오티드-예를 들어 CCA, GAG 등-가 모여 하나의 아미노산이 되고 4개의 아미노산이 모여 폴리펩타이

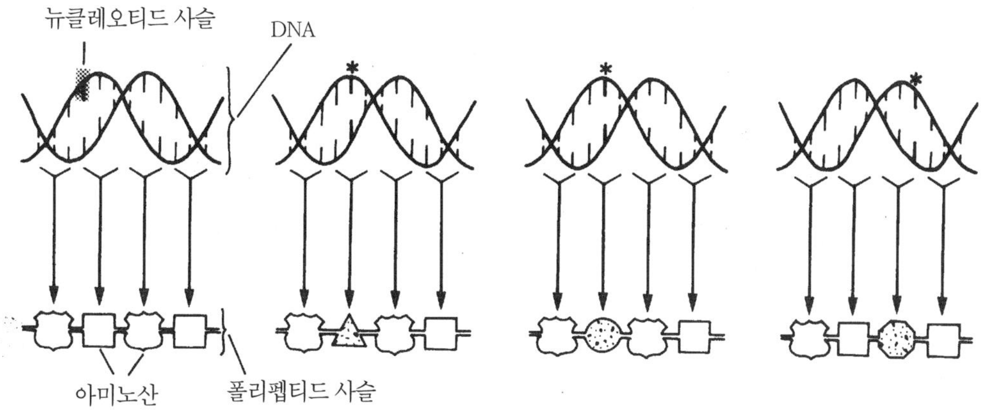

그림 2.8. 뉴클레어티드 · 아미노산 · 단백질의구성관계. 뉴클레오티드 3쌍이 모여 하나의 아미노산이 되고 아미노산 4개가 모여 단백질을 구성한다.

드 또는 단백질을 구성한다(그림.2.8).

생명체를 구성하는 단백질은 큰 구조물질이다. 한 예로 헤모글로빈은 600 개의 아미노산들로 이루어져 있다. 사람의 몸은 50,000개의 단백질들로 구성되어 있는데 아미노산들의 배열 순서가 단백질의 특성(기능/모양)을 결정한다. 단백질 합성은 핵nucleus에서부터 시작된다. 전달 RNA (mRNA : massenger ribonuclei acid * 이후 mRNA로 부름)는 단백질을 만들기 위해서 세포의 핵에 있는 DNA로부터 정보를 읽는다. mRNA는 이 정보를 가진 채 핵 밖으로 이동하여, 세포에 있는 리보좀으로 간다. 이 과정 중에 리보좀에 있는 전환 RNA (tRNA : transfer RNA * 이후 tRNA로 부름)는 아미노산에 붙어 있는데, mRNA로부터 정보를 받아, 이 아미노산을 리보좀으로 전환시킨다. 이때의 리보좀은 생성되는 단백질의 일부이며, 여기서 염기를 나타내는 낱말인 코드는 모든 생물체에서 똑같이 쓰인다(그림.2.9).

핵산을 정확히 이해하는 것은 매우 중요하다. 왜냐하면 이를 통해서 어떤 윤리에 관한 일에 결정을 내려야 할 필요가 있기 때문이다. 처음에 핵산에 관한 많은 기초과학 연구는 바이러스와 박테리아를 대상으로 이루어졌다. 박테리아처럼 핵이 없는 세포들을 프로카리오트prokaliotes라고 한다. 사람의 소화기관인 장에 살고 있는 박테리아인 E. coli를 바탕으로 많은 연구가 이루어져 있다. 이 박테리아는 500만개의 핵산 기본 쌍을 가지고 있다. 초기의 유전코드에 관한 연구는 대개 이런 박테리아같은 프로카리오트의 구조에 집중되었다. 1977년에 와서야 처음으로 핵을 가진 생명체인 유카리오트eukaliotes에 대한 연구가 시작되었다. 유카리오트의 경우, 핵산 분자 중 어떤 기본 쌍은 단백질을 생산하지 않는다는 사실이 밝혀졌다. 이렇게 단백질을 생산하지 않는 핵산의 마디를 안마디intron라고 하며, 안마디와

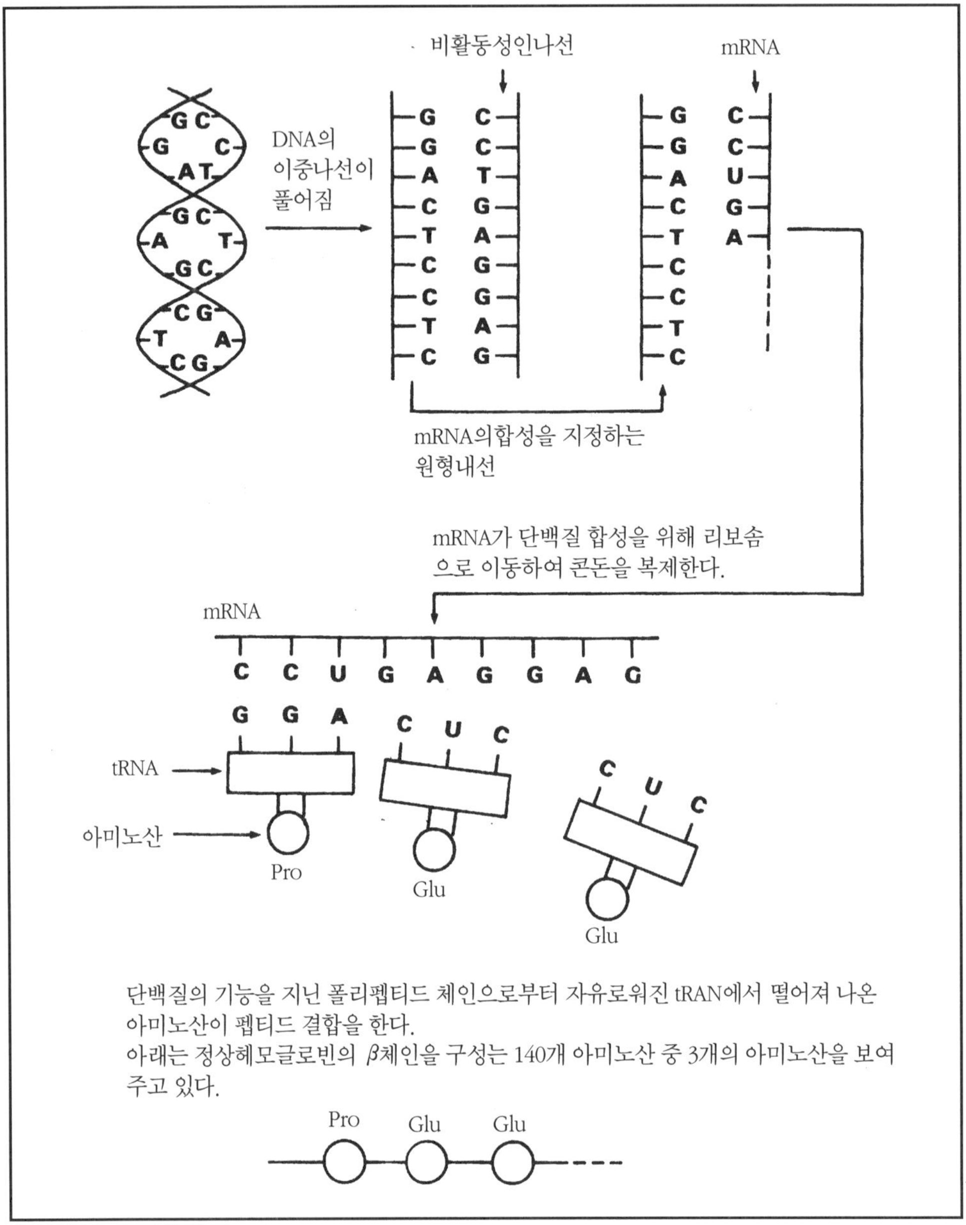

그림 2.9 단백질의 합성과정

안마디 사이에 있는 마디를 사이마디exon라고 한다(그림.2.10). 바로 이 핵산의 사이마디들이 단백질을 만든다. 따라서 유카리오트인 경우 유전자는 염색체의 일부분이라고 할 수 있다(그림.2.11). 한편 안마디의 기능은 아직 알려져 있지 않다.

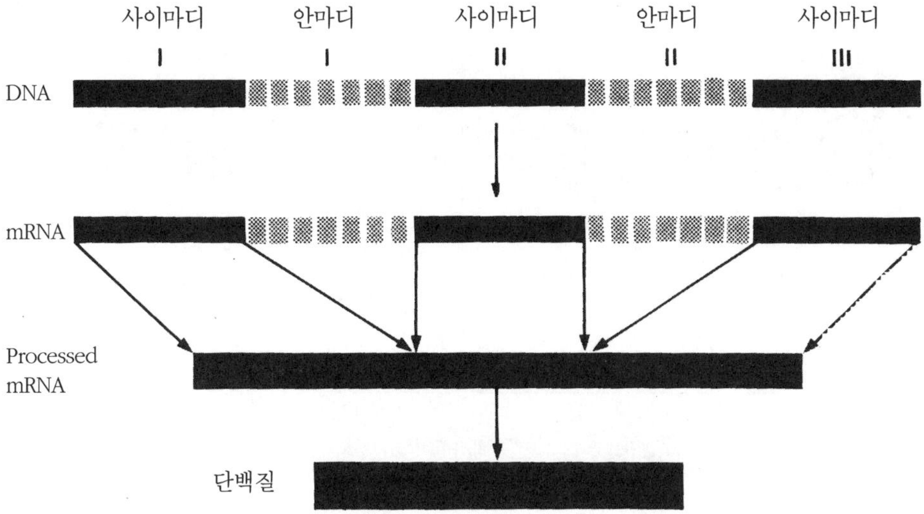

그림 2.10. 단백질을 구성하는 핵산의 마디들. 사이마디exon 만이 단백질을 만든다. 첫 번째 만들어진 mRNA가 안마디intron를 버리고 진행mRNA로 변한다.

지금까지 핵산의 구조와 기능을 간단히 살펴보았다. 만일 핵산의 구조와 기능을 잘 이해한다면 생명체에서 유전정보가 어떻게 전달되는지 그리고 유전적 변화가 왜 일어나는지를 알 수 있게 해준다.

과거에 유전자는 그 기능에 의해 정의되었으나 오늘날 핵산은 더 넓은 의미로 정의한다. 왜냐하면 커다란 핵산마디는 복합적인 기능을 가지고 있기 때문이다. 단백질을 구성하기 위해서 많은 유전정보(마디)가 필요하다. 예를 들어 핏속의 헤모글로빈은 4개의 단백질 체인으로 구성되어 있으며 각 체인에는 핵산마디가 그 체인의 단백질을 구성하고 있다.

유전자는 단백질을 구성하는 기능 이외에 몸의 생물학적 과정을 조절하는 기능을 가지고 있다. 예를 들어 몸 안에서 우유소화에 필요한 효소의 생산을 조절하는 기능이 그것이다. 바로 조절 유전자로 알려져 있는데 이들이 몸의 기능을 조절하는 기능을 가지고 있다.

조절유전자는 진화에서 중요한 역할을 가지고 있을 것으로 가늠된다. 예를 들어 구조 유전자가 98% 이상 닮은 인간과 침팬지가 그 모습이 아주 다른 까닭을 설명해 줄 것이다. 인간과 침팬지가 다른 모습을 보이는 것은 성장 발달시기에 조절 유전자가 머리크기, 얼굴 및 다른 육체적 모습에 각기 다르게 역할을 하기 때문이다. 조절유전자에 관한 또 다른 예로 이빨이 없는 새와 발가락이 하나 뿐인 말을 들 수 있다.

1980년대에 호메오박스 유전자homeobox genes로 알려진 일단의 조절 유전자군이 발견

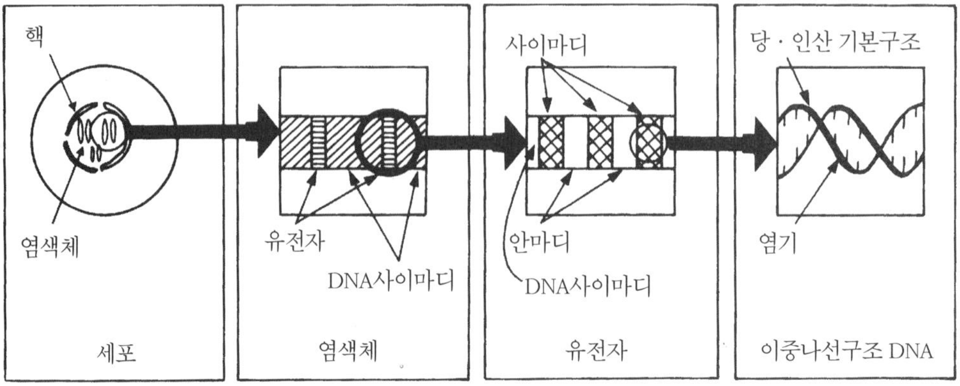

그림 2.11. 세포에서 DNA까지의 구조

되었다. 이 유전자는 60개의 아미노산으로 이루어져 태아의 성장을 조절하는데 특별히 태아의 각 부분의 성장을 조절한다. 이 유전자군은 곤충이나 쥐 그리고 인간 같은 생명체에서 서로 닮았다. 초기의 연구에 의하면 태아의 성장과정 중에 심장과 몸통 그리고 꼬리는 단지 한번 진화가 일어난다고 한다. 이 유전자군에 관한 또 다른 예는 곤충 날개의 성장에서 찾아진다. 어떤 곤충은 날개가 있고 어떤 곤충은 없다. 최근의 연구에 의하면 날개는 모든 곤충의 공통조상에서 한번 성장한다고 한다. 그러나 늦은 시기의 형태에서 호메오박스 유전자는 성장을 저지한다는 것이 밝혀졌다. 다시 말해 날개가 없는 곤충도 날개에 필요한 유전정보를 가지고 있으나 단지 '기능이 정지' 했을 뿐이다.

유전형과 표현형gynotypes/phynotypes

유전자란 단백질을 만들기 위해서 코드로 이루어진, 정보를 가진 핵산의 연결고리이다. 이 정보는 핵산에 있는 염기가 나열된 순서에 따라 다르다. 한 쌍으로 이루어져 있는 염색체 내에 유전자가 있는 자리를 좌위 (복수는 로사이 loci, 단수인 경우 로카스 locus)라 한다. 어떤 한 유전자의 자리에 다른 정보가 들어가 변한 유전자를 대립형질alleles이라고 부른다. 예를 들어 인간은 유전자 자리인 한 좌위에 2개의 대립형질을 가지는데 사람의 혈액의 경우 MN시스템의 대립형질은 M과 N이며 ABO시스템의 대립형질은 3개이나 한 좌위에는 두 개의 유전자가 자리한다. 같은 집단에서도 어떤 개체는 한 좌위에 많은 수의 다른 성질의 유전인자가 있는 경우가 있다. 그런 예로 초파리를 들 수 있는데 초파리는 눈의 색깔을 결정하는 좌위가 하나 있다. 어떤 초파리는 이 자리에 단지 2개의 대립유전자가 있다. 그러나 초파리 집단 내에서는 모두 14개의 서로 다른 유전인자가 나타난다. 이 14개의 유전인자 중 하나가 항상 나타날 때 이를 우성인자라고 하며 인자들은 표현형과 유전형의 형태로 나타난다.

멘델의 분리의 법칙law of segrigation : 자식의 유전적 바탕은 부모 양쪽으로부터 물려받는 대립형질에 의해 결정된다. 한 좌위에는 두 개의 대립형질이 있는 데 이들은 한 쌍의 염색체 중 한 쪽에 하나씩 자리한다. 대립형질 중 하나는 어머니로부터 오고, 다른 하나는 아버지로부터 온다. 대립형질은 쌍으로 구성되는데 성염색체가 만들어지면 단지 하나만이 후손에게 전달되며 이를 멘델의 분리의 법칙이라고 한다.

개인의 경우 한 유전자리에 두 개의 대립형질에 의해 유전형이 결정된다. 이때 두 개의 대립형질은 같은 모양일 수도 있고 다를 수 도 있다. 만일 부모 양쪽으로부터 받은 대립형질이 같으면(예 : AA,aa) 표현형은 같은 질(동형)homozygous이며, 같지 않으면(예 : Aa) 다른 질(이형)heterozygous이라고 한다.

실제 개인의 외모로 나타나는 특성을 표현형이라고 한다. 유전형과 표현형의 관계는 어떤 좌위에 자리하는 두 개의 대립형질사이의 관계에 의해 영향을 받는다. 만일 유전형이 같은 질이면 두 개의 대립형질은 같은 유전적 정보를 지니고 있다.

우성과 열성 대립형질dominant and recessive alleles : 다른 질의 경우(예 : Aa), 한 좌위에서 한 대립형질이 다른 대립형질보다 우세하게 나타나면 이를 우성이라고 하며, 반대를 열성 대립형질이라고 한다. 사람의 경우 PTC라는 화학물질 맛을 알 수 있는 유전적 특징이 있다. PTC를 맛볼 수 있는 능력은 한 좌위에 의해 조절되며 음식 같은 외적 조건에 어느 정도 영향을 받는다. PTC 맛을 아는 특성에는 두개의 대립형질이 있는데 대립형질 T는 '맛을 아는 형질' 이며, 대립형질 t는 '맛을 모르는 형질' 이다. 이 두 개의 대립형질에서 세 개의 유전형의 조합이 가능하다. TT와 Tt, 그리고 tt가 그것이다. TT와 tt 는 같은 질의 유전형이며, Tt는 다른 질의 유전형이다.

여기서 표현형과 유전형은 어떤 관계일까? 를 살펴보자. 표현형은 두 개의 대립형질의 관계와 환경에 의해 결정되나 여기서는 가능한 환경의 영향은 무시한 채 대립형질만을 살펴보기로 한다. 만일 유전형이 TT라면, 대립형질 코드는 모두 맛을 알며 표현형은 분명히 '맛을 아는 형질' 을 지닌다. 만일 유전형이 tt 라면 맛을 모르는 코드로 표현형은 '맛을 모르는 형질' 이다.

그러나 Tt의 경우 한 대립형질은 맛을 알고 다른 대립형질은 맛을 모르는 경우인데 주어진 자료만을 가지고는 어떤 형질인지 알 수 없다. 이런 경우 T와 t 대립형질 중 어느 쪽이 우성인지를 알아야 하는데 이는 단지 경험을 통해 결정된다. 이 경우 T 형질이 우성이면 t 형질은 열성이다. 이렇게 유전형이 Tt로 나타나면 T형질이 t 형질을 덮어 버려 유전형이 Tt일 때 표현형은 '맛을 아는 형질' 로 나타난다.

이렇게 우성과 열성 대립형질 관계를 이해하면 멘델의 완두콩 교배 실험에서 이차 세대가 왜 모두 노란색을 띠는지를 알 수 있다. 이런 경우 노란색의 대립형질은 우성이고 녹색의 완두콩은 열성이다. 이렇게 대립형질이 지닌 우성과 열성은 표현형을 결정하는데 우성과 열성이란 용어는 한 대립형질의 빈도나 가치와는 아무런 관련이 없다. 우성의 대립형질은 많을 수도 있고 적을 수도 있으며, 해로울 수도 있고 이로울 수도 있다.

공우성 대립형질 cocdominant alleles : 어떤 대립형질은 공우성을 띠고 있는데 이는 한 유전형에 나타난 두 개의 다른 대립형질이 모두 표현형으로 나타나는 것을 의미한다. 이때 대립형질은 우성도 열성도 아니다. 공우성에 관한 예로 사람의 MN 혈액체계를 들 수 있다. 이 경우 M 형과 N 형의 형질이 있는데 가능한 유전형은 MM, MN, 그리고 NN 형이다.

같은 질의 유전형을 가진 사람의 표현형은 쉽게 결정된다. MM 형의 유전형을 가진 사람은 M 형의 표현형을 지니며, NN 형의 사람은 N 형의 표현형을 지닌다. 한편 다른 질의 유전형인 MN 형의 사람의 경우 M 형과 N 형은 공우성으로 유전형은 MN 형이고 표현형도 MN 형으로 나타난다. 두 개의 대립형질보다 더 많은 복잡한 유전적 체계에서는 우성과 때로는 공우성이 함께 나타나는데 ABO 혈액체계가 그 것이다.

자식에서 나타나는 유전형과 표현형 : 자식은 부모 양쪽으로부터 각각 50%의 유전형과 표현형의 유전인자를 물려받는다. 이를 바탕으로 자식들에게서 유전형과 표현형이 어느 정도로 나타날지를 예상할 수 있다. MN 혈액체계에서 두 쌍의 부모가 각각 MN 형의 유전형을 가지고 있다면 각 부모는 50%의 M 과 N 대립형질을 자식에게 물려 줄 가능성을 지니고 있다. 이런 가능성의 경우 4명의 자식에서 1 명이 MM 유전형을 가지며(25%) 표현형은 M형이고, MN 유전형은 2명으로(50%) 표현형은 MN 형이며, 그리고 NN 유전형은 1명으로(25%) 표현형은 N 형이다. 부모의 다른 유전형들도 이와 같이 자식들에게 자신의 형질을 물려준다.

위에서 자식이 부모로부터 물려받는 유전형질의 가능성을 어떻게 예측할 수 있는 지를 살펴보았다. 그러나 실제로 부모의 유전형질이 예측한대로 자식에게서 나타나는지 않는다는 점을 염두에 두어야 한다. 한 예로 동전을 던져 앞/뒤가 나올 수 있는 확률은 50/50 이지만 실제로는 40/60도 나타날 수 있기 때문이다.

이런 점에서 가능성 분석은 열성인자가 흥미로운 결과를 가져올 수 있다는 것을 알려준다. 즉 아이는 부모와 다른 표현형을 보일 수도 있다는 것이 그것이다. 한 예로 부모 모두가 PTC 맛을 아는 유전자 자리에 Tt 라는 유전형을 가지고 있을 때 부모는 모두 '맛을 아는'

표현형으로 나타난다. 이런 경우 앞에서 설명한 것처럼 아이한테서 예상되는 유전형은 각각 25%가 TT 형이고 50%가 Tt, 그리고 25%가 tt 유전형을 지닌다. 앞에서 본 유전형에 의하면 75%가 '맛을 아는' 표현형이고, 25%가 '맛을 모르는' 표현형으로 이 아이들은 부모와는 다른 표현형으로 나타나고 있다. 또 다른 예로 부모 한 쪽이 Tt 유전형이고 다른 한 쪽이 tt 형일 때이다.

열성의 특성은 한 세대를 건너 뛰어 나타나는데 이 점이 유전질환의 문제점을 부각시킨다. 예를 들어 cystic fibrosis는 같은 질의 열성인자를 지닐 때 나타난다. 그러나 다른 질의 유전형을 지닌 부모는 이런 질환을 걱정할 필요가 없으나 자식의 경우는 25%가 같은 질의 인자를 가지게 된다. 유전적 질환을 가지게 되는 것이다.

복합적 체질특성

앞에서 간단하고 분명하게 유전적 특성을 보여주는 MN 혈액그룹의 경우에 대해 살펴보았다. 왜냐하면 이런 특징은 뚜렷한 유전형태를 지닌 하나의 유전자 자리(좌위)에 의해 결정되기 때문이다. MN 혈액그룹의 특징은 분명하게 구별되기에 표현형은 제한되어 나타난다. 만일 MN 혈액 시스템에서 M 이나 N, 또는 MN 표현형을 가졌다면 중간형의 표현형은 나타날 수 없다. MN 표현형 또한 환경의 영향을 받지 않고 완전하게 유전적인 요인에 의해 생겨난다. 혈액을 전부 바꾸기 전에 MN 혈액 그룹의 표현형은 평생동안 변하지 않는다.

이런 간단하고 분명한 특징은 멘델의 유전의 기본을 설명하는데 아주 유용하다. 그러나 모든 특성이 간단하고 표현형이 제한되어 있으며 또 환경에 영향을 받지 않는다는 생각은 잘못이다. 인류의 진화 중에 흥미로운 특징인 피부색이나 몸의 크기 머리크기 및 지능 같은 특징은 이런 범주에 속하지 않기 때문이다. 이런 특성은 한 개 이상의 유전자에 의해 복잡한 유전방법으로 상속되며 또한 환경의 영향을 받는다. 복잡한 유전적 결합과 환경의 영향에 의해 어떤 특성이 연속적으로 분포되는 것을 보여주는데 사람의 키가 그 예이다. 즉 사람의 키를 '작다', '중간' 아니면 '크다'라고 3등분하던지, 7 등분 또는 20등분할 수가 없다. 사람의 키는 1700mm, 1701mm, 1799.65mm 등 등급 없이 셀 수 없이 나타난다. 따라서 복잡한 특성은 절대 가치보다는 평균 가치로 설명한다. 일반적으로 한국남성의 키는 160cm에서 173cm 정도에 속하지 2m 이상 되는 사람의 키는 아주 드물다.

여러 유전 특성과 발현 polygenetic trait and pleiotropy : 많은 복합 특성은 두 개 이상의 좌위에 의해 일어난다. 만일 여러 개의 좌위가 하나의 유전적 특성을 조절한다면 많은 다른 유전형과 표현형이 나타날 수 있다. 사람의 피부색과 키 같은 많은 특성은 여러 개의 유전자가 결합한 결과이다. 하나의 대립형질 또한 여러 특성을 나타내는 데 이렇게 여러 특성에

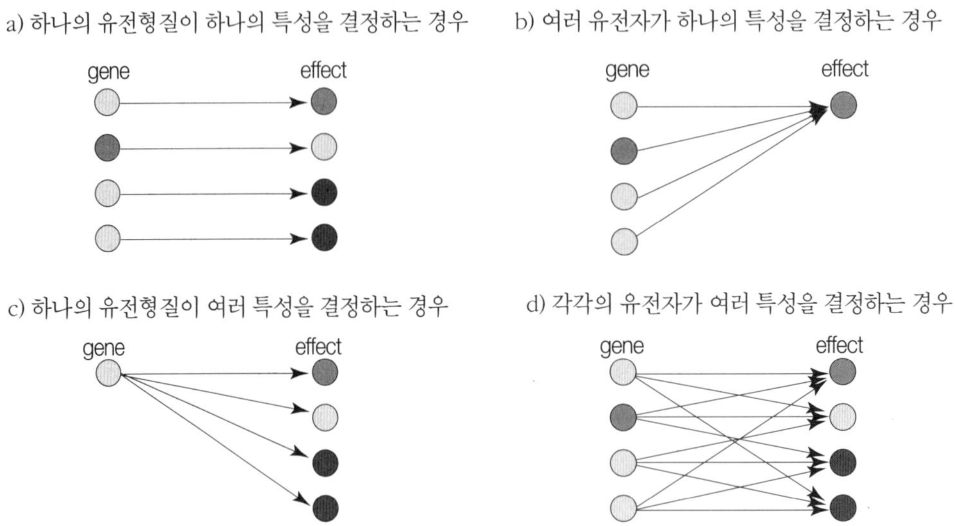

그림 2.12. 유전형질과 생물학적 결과와의 관계

영향을 미치는 하나의 대립형질을 여러 발현pleiotropy라고 한다. 닭의 경우 흰 깃털을 만드는 대립형질 중 하나가 몸의 크기를 조절하는 역할도 한다. 사람의 경우 낫꼴적혈구의 대립형질 인자는 핏속의 헤모글로빈의 구조와 몸의 전체 성장과 건강에 영향을 미친다.

여러 유전특성과 여러 발현의 개념은 서로 관련된 생물학적 시스템의 본질을 제고하는 데에 중요하다. 유전자 하나가 특성을 결정하는 간단하고 분명한 유전적 특성분석은 유전학을 이해하는데 유용하나 생명체의 구조는 이렇게 간단하고 독립적인 유전자 자리에 의해 결정되는 않는다는 점을 염두에 두어야한다.

그림 2.12은 유전자의 상호작용이 어떻게 일어나는지를 보여준다. 그림 2.12a는 하나의 유전자가 하나의 특성을 결정하는 것이며, 그림 2.12b는 여러 유전자가 하나의 유전특징을 보여준다. 그림 2.16c는 가장 실제적인 예로 하나의 유전인자가 여러 영향을 주며 2.16d는 여러 개의 유전인자가 각각 영향을 미쳐 여러 원인을 일키는 경우를 말한다. 이런 경우 특성은 여러 유전적 영향과 여러 발현의 영향에 의해 일어난다. 나아가 모든 유전인자가 미치는 영향이 다르고, 어느 것은 우성이고, 또 어느 것은 열성이며 환경적 요소 또한 영향을 미치기에 실제로 일어나는 유전적 특성은 훨씬 더 복잡하다. 따라서 복잡한 유전적 특성의 연구는 매우 어려워 복잡한 수학적인 방법이 요구된다.

유전성인의 상속도heritability : 복잡한 유전 특성은 유전과 환경이 함께 어우러져 나타난다. 이런 복잡한 특성에 관한 측정을 유전성인의 상속도라고 하는데 이는 특정한 집단에서 유전적 변이의 원인이 되는 하나의 특성에 대한 모든 변이의 비율을 말한다. (여기서 비율은 집단에 따라 다르다) 복잡한 특성은 변이를 나타나는데, 예를 들어 어떤 사람은 다른 사람보다 키가 크고, 어떤 사람은 머리가 더 긴 것이 그것이다. 우리가 보는 변이는 모든 표현형 변이이다. 이 변이 중 일부는 유전적 요인에 의해서인데 어떤 사람은 키가 더 큰 유전적 요인을 가졌기 때문이다. 유전적 요인에 의한 변이를 유전적 변이라 하며 전체 변이의 일부는 환경적 요인이 원인이다. 예를 들어 어떤 사람들은 음식에 의해 키에 영향을 받는다. 이를 환경적 변이라 한다. 따라서 모든 변이는 두 요소 즉 유전적 변이와 환경적 변이에 의해 결정된다. 유전성인의 상속도는 간단하게 유전적 변이에서 기인하는 모든 변이의 비율이다;

$$\text{유전성인의 상속도} = \frac{\text{유전적 변이}}{\text{모든 변이}} = \frac{\text{유전적 변이}}{\text{유전적 변이} + \text{환경적 변이}}$$

유전성인의 상속도는 유전적/환경적 구성성분을 평가할 수 있는 친척과 환경적 요소를 비교하는 복잡한 방법들을 사용하는 이런 공식을 통해 계산된다. 유전성인 상속도의 범위는 0(유전적 변이가 없음)부터 1(환경적 변이가 없음)까지이다. 유전성인 상속도가 0.5 이상이면 변이의 대부분은 유전적 변이 때문으로 설명한다.

비록 유전성인 상속도가 유용하지만 이 개념이 잘못 오해 될 수도 있다. 즉 높은 유전성인 상속도를 보이는 특성이 있을 때 이 특성은 환경적 영향은 거의 없고 유전적 영향 때문이라고 결론짓는다. 그러나 특별한 환경에서 유전적 변이의 상대적 측정이 문제가 된다. 사람의 키를 예로 들어보자. 키에 영향을 미칠 수 있는 음식과 질병 그리고 다른 환경요소들에서 변이를 별로 보이지 않는 특정한 주민집단의 경우 환경적 변이는 낮다. 따라서 유전성인 상속도는 높다. 만일 환경변이가 바뀌어 주민 집단 안에서 음식이나 다른 요인들에 커다란 차이가 나면 환경변이는 증가하고 유전성인 상속도는 낮아진다. 이렇게 유전성인 상속도는 주민집단사이에 그 값이 변하는 상대적인 측정이며, 유전자가 어떤 유전적 특성을 어느 정도 조절하는 지를 말해주지 않는다. 즉 이는 단지 변이의 상대적인 측정을 말해 줄뿐이다.

주요 유전자들 : 최근에 유전학 연구는 주요 유전자 연구에 많은 성과를 올리고 있다. 주요 유전자 모델에서 유전적 변이의 상당수는 하나의 좌위 때문인 것을 보여주고 있다. 유전적 특성이 지속적으로 분포되는 것은 환경 영향의 결과이며 다른 좌위들에 의해 일부 영향을 받는다. 모든 좌위가 동등하게 영향을 끼친다는 여러 유전자 모델에 비해 단일 주요 유전자 모델은 하나의 좌위가 가장 큰 영향을 미친다고 주장한다. 때때로 하나의 주요 유전자에 의해 조절되는 특성은 하나의 여러 유전자의 특성처럼 같은 형태의 분포를 보인다. 통계

분석의 발달은 주요 유전자에 대한 시험을 가능하게 해준다.

돌연변이

앞에서 이미 보았듯이 유전 과정에서 자식에게 새로운 유전자 결합이 일어나는데 감수분열 중에 염색체의 독립적인 분류와 염색체의 교차가 그 원인이다. 과거의 진화를 설명하기 위해서 새로운 대립형질과 변이가 만들어지는 메커니즘이 필요한데 다윈은 그 메커니즘인 돌연변이에 대해 알지 못했다.

돌연변이의 진화적 의미

돌연변이는 유전자 코드의 변화로 모든 유전적 변이의 절대적 요인이다. 돌연변이는 방사능이나 음식, 또는 공해 같은 수많은 환경요인에 의해 일어나는데 환경변화와 돌연변이의 증가와의 관계가 연구의 대상이다. 인류문명의 산업화에 따른 후유증으로 개인은 위험에 노출되었을 뿐만 아니라 성세포에 영향을 미쳐 우리 후손의 미래에도 부정적인 영향을 미친다. 실험실에서 초파리를 방사능에 노출시켜 돌연변이의 비율을 증가시킨 실험 결과가 이를 증명한다. 그러나 아직까지 인간과 동물이 방사능에 노출될 때 입는 영향에 대해 별로 알려져 있지 않다. 2차 세계 대전 중 원폭에 피폭된 일본의 경우 방사능에 노출된 아이들의 성세포에 어느 정도의 돌연변이가 발생했는지는 잘 알지 못한다(부모의 경우 몸의 세포에 돌연변이는 잘 알려져 있지만).

실험실에서 동물에게 실시된 연구가 있지만 이를 인간에게 적용하기에는 실험규모와 방법론적으로 어려움이 있을 뿐 아니라 동물의 경우 핵산의 회복능력이 사람에 비해 높을 가능성이 있어 문제가 있다. 돌연변이는 모든 세포에서 일어날 수 있으나 무엇보다 중요한 점은 성세포에서 일어난다는 점이다. 예를 들어 손가락 끝의 피부세포에 생기는 돌연변이는 자식에게 전달되지 않기 때문에 진화상 의미가 없다.

돌연변이는 무작위로 일어나는데 이는 특정한 돌연변이가 언제 일어나는지 예측할 수 없으며 돌연변이가 일어난다 하드라도 어떤 표현형을 나타날지를 모른다는 뜻으로 주어진 시간에 주어진 좌위에서 일어날 수 있는 돌연변이의 가능성을 예상할 뿐이다. 또한 돌연변이의 무작위성은 돌연변이가 필요할 때 나타나지 않는 다는 것이다. 많은 모기가 살충제에 저항력이 새기는데 이는 돌연변이가 살충제에 내성이 생긴 집단에 있었기 때문이다. 만일 돌연변이가 없었다면 모기는 죽었을 것이다.

돌연변이는 특정한 형태의 돌연변이와 환경에 의해 다른 영향을 미칠 수 있다. 돌연변이에 대한 일반적인 견해에 따르면 돌연변이는 대개가 생명체에 나쁜 것으로 알려져 왔다. 대표적인 비교는 유전자 코드와 자동차 엔진의 비교를 들 수 있다. 만일 자동차 엔진의 부속을 무작위로 바꾸면 자동차는 움직이지 않거나 바꾸기 전보다 상태가 나빠질 것이라는 것과 같은 맥락이다.

한편 어떤 돌연변이는 생명체에 이로운데 이들은 재생산과 생존능력을 증진시킬 수 있도록 생명체를 변화시킨다. 최근에 어떤 돌연변이는 중성이라는 것이 밝혀졌다. 이런 사실은 유전적 변화가 생존과 재생산에 어떻게 영향을 주는지 알 수 없다는 것을 보여준다. 유전학자들 사이에 중성 돌연변이의 상대적 빈도에 관해 논쟁이 계속되고 있다. 일부는 많은 돌연변이는 중성이라고 주장하는데 반해 다른 일부는 많은 돌연변이의 영향을 찾아낸다는 것은 어렵다고 보고하고 있다. 돌연변이가 이로운지, 중성인지, 아니면 해로운지는 상당부분 환경에 달려있지만 어떤 환경에 해로운 유전적 변형은 다른 환경에 이로운 경우가 있다.

돌연변이의 형태

오늘날 돌연변이는 많은 요인들에 의해 일어나는 것으로 알려져 있다. 돌연변이는 핵산의 기본구조 뿐 아니라 핵산의 마디 그리고 염색체 전체가 변해서 일어난다. 핵산의 기본구조 하나가 바뀌어 일어나는 대표되는 예로 낫꼴적혈구 대립형질을 들 수 있다. 사람의 적혈구(붉은 핏톨)가 기형이 되면 산소를 효과적으로 신체에 공급하지 못하는 데 그 결과 '낫꼴(겸상) 적혈구 빈혈증 sickle cell anemia'이 생기며 몸이 약해져 마침내는 죽게된다. 이 특별한 형질은 헤모글로빈의 베타 고리의 여섯 번 째 아미노산에 일어난 돌연변이가 원인이다. 정상적인 베타 헤모글로빈 형질의 핵산은 아미노산 중에 구르타민산(CTC)을 만드는데, 낫꼴 적혈구의 돌연변이는 염기 T대신에 A를 생성하여 그 결과 발라인 아미노산(CAC)이 생긴다. 이 작은 변화가 적혈구 전체의 구조를 변하게 하여 낫꼴적혈구 빈혈증을 일으킨다.

이렇게 염기 하나가 바뀌면 돌연변이가 일어나며 염기가 삭제 또는 더해져도 일어나고 유전정보는 바뀐다. 핵산의 마디도 복사되거나 한 장소에서 다른 장소로 이동하며, 또 핵산의 마디는 서로 교차할 때 더해지거나 없어진다.

염색체가 지닌 유전정보도 염색체 마디나 전체에 의해 삭제되거나 복사된다. 예를 들어 한 쌍의 염색체 중 염색체 하나를 잃을 수도 있고(monosomy=one chromosome) 아니면 복사가 일어나 염색체는 세 개trisomy가 되기도 한다. 세 개의 염색체는 다운 증후군의 원인이 되는데 이는 머리의 모습에 어떤 특징이 나타나며, 발육부진과 정신지체를 보인다. 다운 증후군은 21번째 염색체가 하나 더 복사되어 47 개의 염색체를 갖는 경우이거나 아니면 21번째 염색체에 돌연변이가 생기거나 다른 염색체와 교환을 할 경우에 발생한다.

여러 염색체의 돌연변이는 성염색체에서 일어난다. 터너 증후군은 X염색체가 하나만 있을 때 발생하는데 45개의 염색체를 갖으며 남성을 여성화한다. 터너 증후군을 가진 사람은 난자가 발달하지 못해 불임이 된다. 클라이너팰터klinefelter 증후군은 x 염색체를 하나 더 지닌 남자에서 일어난다. 이 경우 남자는 XXY의 결합으로 47개의 염색체를 갖는데 이 증후군의 사람은 작은 고환을 갖고 생산력이 떨어진다.

돌연변이의 비율

많은 경우에 돌연변이가 일어나는 비율을 정확하게 결정하기는 힘들지만 특정한 돌연변이가 일어날 확률은 아주 드물다. 돌연변이의 비율을 결정할 때의 문제는 여러 개의 다른 염기의 순서가 같은 아미노산을 나타낸다는 사실이다. 예를 들어 글리사인glycine 아미노산은 CCA 순서에 의해 결정된다. 만일 돌연변이가 세 번째 염기자리에서 일어나 A가 G로 바뀌어 CCG가 되도 글리사인을 만든다. 이런 경우 돌연변이는 발생했으나 생화학적 변화는 없어 중성으로 간주되며 관찰되는 변화가 없기에 돌연변이가 일어났는지를 알 수 없다.

또한 돌연변이가 우성인자에서 일어나면 돌연변이가 일어난 것은 보다 분명해진다. 왜냐하면 한 개의 돌연변이 종의 유전자를 지닌 이형접합체는 돌연변이 종의 표현형을 보이기 때문이다. 만일 돌연변이 종의 인자가 열성일 때 표현형으로 나타나려면 두 개의 돌연변이 종의 인자가 필요한데 이런 경우는 그리 흔하지 않다. 이럴 때 열성의 돌연변이 종 인자는 나타나지 않는다.

돌연변이를 식별 할 때의 또 다른 문제는 임신여부를 알기 전에 해로운 돌연변이에 의해 자연유산이 일어나는 것이다. 대략 임신한 사람의 15% 가 자연유산을 하며 그 중 50%는 특정한 염색체에 의해 일어난다. 그러나 여자가 임신을 했을 때 한 달이나 그 이상이 되도 임신한 사실을 모르며 많은 여성들이 임신 후 2~3 주 내에 자연히 유산을 한다는 연구보고가 있다. 그럴 경우 임산부를 바탕으로 한 돌연변이 비율의 예측은 실제보다 작게 나타난다.

이런 문제들에도 불구하고 돌연변이 비율의 범위에 대한 연구가 있는데 사람의 경우 단일 염기에 의한 돌연변이는 1 백 만개의 성염색체에 1~100개의 돌연변이가 일어난다고 한다. 이는 한 개의 성세포의 한 좌위에서 돌연변이가 일어날 확률은 0.000001부터 0.0001까지 임을 의미한다.

이렇게 볼 때 한가지 분명한 점은 돌연변이가 일어날 확률은 일반적으로 낮다는 것이다. 이런 낮은 가능성 때문에 돌연변이는 진화적으로 특별한 의미가 없다고 생각하는 경우도 있는데 이는 단일 특정 좌위의 경우에는 가능하다. 그러나 사람의 염색체는 많은 좌위를 가지고 있는데 아직까지 정확한 수는 알려져 있지 않으나 한 염색체에 100,000개의 좌위가 있다고 가늠된다. 개인에게 한 특정한 좌위에서 돌연변이가 일어날 가능성은 낮으나 좌위에서 돌연변이가 일어날 가능성은 매우 높다. 한 예로 100,000개의 좌위에서 돌연변이가 일어날 확률이 1/100,000(0.00001) 정도라고 한다. 통계적으로 개인에서 적어도 돌연변이가 하나 일어날 확률은 63%이다. 25명의 집단을 가정해 볼 때 이 집단에서 적어도 돌연변이가 하나 일어날 확률은 99.999%가 된다.

돌연변이가 어떤 좌위에서는 잘 나타나지는 않으나 개인에게 적어도 하나의 새로운 돌연변이가 일어날 가능성은 높다. 따라서 모든 인류집단에서 한 세대 안에 돌연변이는 흔히 나타난다. 사실 모든 사람은 적어도 한 개 이상의 치명적인 열성 돌연변이 종의 인자를 가지고 있다는 점을 알아야 한다.

유전자 재결합

모든 생명체에게 위에 언급한 사실들은 똑같이 적용된다. 그러나 서로 다른 '종' 들이 지니고 있는 정보는 서로 각기 다르다. 유전학의 발달은 다른 '종' 들에서 핵산을 추출하여 서로 결합시킬 수 있는데 이를 '유전자 재결합' 이라고 한다. 1972년에 처음으로 동물들의 핵산을 분리하여 다른 동물의 핵산과 서로 결합할 수 있는 기술이 세상에 알려지게 되었다. 이 기술의 발달로 사람의 유전자를 추출하여 박테리아에게로 옮길 수 있으며(그림 2.13) 최

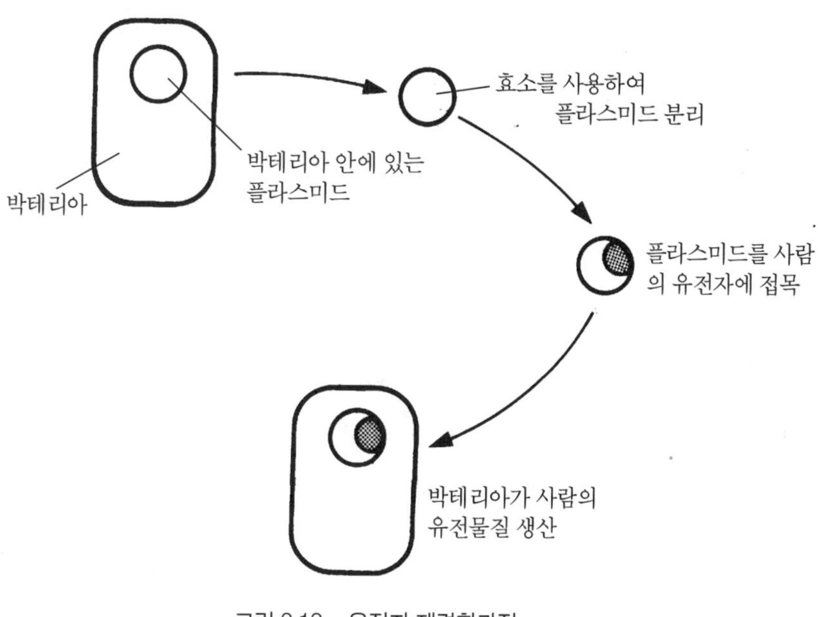

그림 2.13. 유전자 재결합과정

근에는 인간의 체세포를 복제하여 인간복제를 성공시켰다는 보고가 있다.

이런 기술의 발달은 물리학에서 원자를 분리시킨 것보다 더 큰 영향을 인류의 생활과 사고에 미치고 있다. 즉 이 기술을 가지고 인간을 구성하고 있는 여러 정보들, 예를 들어 인간의 몸 구조와 크기, 머리칼과 눈의 색깔들이 왜 다르게 나타나는지를 설명할 수 있다. 뿐만 아니라 인간을 복제하고 인간의 질병을 유발하는 원인과 지능 및 행위 등을 설명해 줄 수 있는 인자를 한 쌍씩 조사할 수 있으며 이들을 다른 동물들의 핵산과 비교할 수 있다.

1953년 왓슨과 클릭이 핵산의 구조를 확정한 이후 50년이 지난 오늘날 우리는 '생명의 신비' 에 관한 수수께끼를 일부 풀기 시작하고 있다. 그러나 아직 해결해야 할 많은 문제들이 남아 있다. 즉 유전자 무리들이 서로 어울려지는 방법이나 식물세포와 동물세포가 서로 다른 이유 등이 그것이다. 부모의 얼굴을 닮은 자식의 얼굴은 어떻게 만들어지며 사람의 경우 나이와 죽음을 어떻게 조절하는가 등등에 대한 답은 아마 곧 얻을 수 있으리라 생각된다.

유전자 재결합의 기술은 의학분야와 농업분야에서 아주 유용하게 쓰인다. 인슐린이 필요한 사람들을 위해 박테리아를 이용해서 인슐린을 대량 생산할 수 있으며, 인터페론 또한 대량 생산된다.

인류 역사상 유전자를 이용하는 방법은 전혀 새로운 발견이 아니다. 이미 수 천년 전부터 가축과 식용식물들의 수확을 늘이기 위해서 이 방법이 이용되어 왔다. 인류는 알이 큰 옥수수를 보관함으로써 우수한 종자를 보전하여 생산량을 증가시켜왔는데 이런 '인위적 선택' 이 한 방법이다.

최근에 많은 해충들이 살충제에 면역을 가지고 있음이 밝혀졌다. 이것도 일종의 진화의 과정이다. 해충제가 사용될 때마다 살아남아 이 해충제에 대한 면역성을 다음 세대에 전하는 해충이 있다. 따라서 농부는 더욱 강하고, 더욱 비싼 해충제를 사용해야 하는데 핵산 합성 기술은 이런 문제를 해결할 수 있다. 한 예로 옥수수 뿌리에 살고 있는 어떤 박테리아는 옥수수 질병에 대항할 수 있는 유전자를 이미 가지고 있다. 이 박테리아를 핵산 합성으로 양산한다면 장차 해충제가 필요 없는 때가 올 것이다. 그러나 유전적으로 변화된 생명체가 환경에 적응할 수 있는 지에는 많은 논란이 있다 1981년에 미국의 대법원은 인간이 새로운 생명을 만드는 일을 특허로 인정한다는 판결을 내린 이후 2000년대까지 핵산 합성에 따른 시장가치는 1500~1000억 달러 이상이 되었다.

이외에도 핵산 연구로 최근까지 많은 발견들이 이루어졌다. 그리스인들은 "어린아이의 성을 결정하는 것은 성교할 때 남자의 흥분정도에 달려있다" 고 믿어, 남자가 흥분할수록 잉태될 아이가 남자일 가능성이 높다고 믿었다. 최근의 연구는 태아가 남자인지를 결정하는 Y 염색체의 위치를 알아냈다. 따라서 앞으로 인간은 아이의 성을 원하는 대로 조절할 수 가 있을 것이다. 또 다른 것으로는 근육영양실조를 일으키는 유전자와 이를 가지고 있는 단백질의 발견을 들 수 있다. 이것의 발견으로 이 병에 대한 치료가 곧 가능해질 것이다. 법의학에서는 핵산 정자 식별법을 이용하면 1/200 억의 오차로 강간범을 가려낼 수 있다.

한편으로 핵산 합성에 관한 연구는 과학적, 윤리적, 그리고 도덕적 논란을 불러일으키고 있다. 과연 사람을 구성하고 있는 모든 유전자가 밝혀질 수 있을까? 하는 점이다. 오늘날 우리는 단지 사람의 유전자 전체 구조 중 단지 0.2% 만 알고 있다. 핵산 합성기술이 처음 개발되던 1970년대에 사람들은 기술적 실수로 어떤 재앙이 생기지 않을까 우려했었다. 물론 그동안 행하여진 수많은 실험결과 어떤 해로운 일도 아직까지는 인간에게 일어나지 않았다. 그러나 최근에 복제에 성공한 양인 돌리가 조로 현상을 보이다 죽은 것은 간과할 수 없는 문제이다.

환경 내에서 유전적으로 변화된 생명체에 대해서는 논란이 있는데 어떤 생태학자는 변화된 생명체는 "어떤 문제를 야기할 것이다" 라고 하는 반면 어떤 학자들은 "문제가 없다" 라고 주장하고 있다. 그러나 이 기술이 인체에 해로운 독극물을 생산할 가능성을 배제할 수 없다. 한 예로 1942년 2차 세계대전 중 독일은 생화학 무기들을 생산하기 시작하였다. 1969년에 닉슨 대통령은 미국 내에서 모든 공격적인 생화학무기의 생산을 금지시켰다. 1972년에 미국과 구 소련은 생화학무기 생산금지조약협정에 조인하였으며, 많은 나라가 이 조약에 가입하였다. 최근의 소식들에 따르면 미국 국방성은 유전적으로 질병을 유발하는 이들 무기연구를 위해 많은 연구비를 과학자들에게 제공하고 있다고 한다. 미국 국방성관리들은 이 생화학무기들이 단지 방어용이라고 하나, 어쨌든 과학자들은 선택의 기로에 서있게 되었다.

핵산을 이용한 기초과학이 인류에게 미칠 영향에 대해 살펴보는 것은 이 연구가 필연적으로 가져오는 결과인 윤리적인 결정(예 : 인간복제, 낙태 등)을 내려야하는 경우가 있다는 점에서 매우 중요하다. 한 예로 헌팅톤병은 성인에게 일어나는 병으로 신경계통에 이상이 생겨 급격히 회복할 수 없는 상태로 병이 진행되어 마침내는 뇌에 구멍을 만들게 한다. 1983년에 이 병을 일으키는 유전자를 발견한 이래, 어떤 사람이 이 질병에 걸리는지를 알게 되었다. 과다 콜레스테롤hypercholesterolemia은 유전적인 병으로 이는 핏속에 콜레스테롤 양을 증가시켜 심장마비의 원인이 되기도 한다.

만일 위에 열거한 질환의 유전자를 가진 사람들이 있다고 가정하자. 그들이 직업을 갖기 위해 시험을 보았을 때, 만일 회사측이 이들에 관한 유전적 자료들을 갖고 있다면 회사측은 이들을 채용할까? 하는 문제가 대두된다. 바로 핵산을 연구하면서 대두되는 질문은 이런 종류의 정보를 어떻게 처리해야 하는가에 있다.

유전학과 행위

아마도 유전학에서 가장 논쟁이 되는 주제는 사람의 행위가 유전적 요인에 의해 조절되느냐? 하는 점이다. 논쟁은 학문적 입장에서 출발하기보다는 사회적 관심에서 시작되었다. 문제는 유전학의 기본 개념을 잘못 이해하거나 아니면 진실과는 상관없이 사회적 또는 정치적 목적을 지지하기 위해 과학적 사실로 포장한다는 점으로, 논쟁의 상당수는 인종개념에 관한 것이다. 인종문제에 관한 내용은 뒷장에서 살펴보고 여기서는 유전자와 사람의 행위사이의 관계를 보기로 한다.

지능이나 부끄럼 같은 행위는 유전자에 의해서일까(nature : 본성) 아니면 육체적 · 문화적 환경 때문일까(nurture : 교육) 하는 점이 논쟁이다. 이런 행위가 본성 때문이냐 아니면 교육 때문이냐에 대한 논쟁은 서구사회에서는 오랜 동안 논의되었다. 학자들 사이에 일반적으로 유행하는 견해는 당시의 연구와 그 시대의 사회적 · 문화적 분위기를 반영한다. 과학자들도 편견을 가지고 있음을 염두에 두어야 하는데 과학사에서 볼 때 문화적 믿음이 방법론과 과학적 결과에 영향을 미쳐왔다는 점을 알 수 있다.

19 세기초에 유행했던 견해는 본성이 행위를 결정하는데 더 중요한 요인이었다고 생각했으며 특히 지능이 그 대표되는 관심의 대상이었으나 1920~30년대에는 교육 같은 환경 요인이 본성을 대신하여 연구의 대상이었다.

그러나 사실 인간의 행위가 유전적이냐 아니면 환경 요인에 의한 것이냐 하는 논쟁은 의미가 없다. 왜냐하면 이들 두 요인이 모두 행위에 중요한 영향을 미치기 때문이다. 따라서 관심은 어느 요인이 중요한 지가 아니라 두 요인이 어떻게 상호작용을 하느냐에 있다. 예를 들어 영장류의 어미가 보여주는 행위는 그들이 속한 사회집단 속에서 배워 얻어진 것이다. 좋은 어미를 가진 암놈은 좋은 어미가 된다는 것이다. 암놈 침팬지는 어미의 행위를 사회화 과정의 한 부분으로 따라 배운다. 이런 경우 행위에 영향을 미치는 유전적 요소는 없을까 하는 문제이다.

한편 젖먹이동물과 물고기사이에서 부모의 역할을 살펴보자. 물고기는 젖먹이동물보다 자식을 덜 돌본다. 젖먹이동물은 특히 어미와 자식사이에 가까운 결합을 보이나 물고기는 환경에 관계없이 젖먹이 동물만큼 자식을 돌보지 않는다. 유전적 요인이 작용하고 있기 때문이다. 이렇게 유전적 요인(본성)과 환경 요인(교육)은 분명히 모두 어미의 행위를 결정하는데 중요한 요인들이다.

유전학과 환경이 함께 하면 무슨 일이 일어날까? 만일 사람의 행위가 어느 정도 유전에 의한다면 다른 유전인자를 가진 사람들은 태어날 때부터 차이가 있을까 하는 점 이 또한 연구의 대상이다. 물고기의 경우 유전적 차이 때문에 어떤 암놈은 자동적으로 좋은 어미가 될 수 있는지 없는지가 관심의 대상이다. 이렇게 유전적 차이에 따라 행위가 달라질 뿐 아니라 환경 요소도 중요한 원인이다. 그러나 사람의 근시는 유전적이나 안경 등을 사용함으로써 극복할 수 있다.

또 다른 문제는 가끔 종의 단위부터 개인까지를 통틀어 추정한다는 점이다. 평균적으로 젖먹이동물은 물고기보다 부모의 보살핌이 필요하다는 사실에 근거해서 사람은 유전적 요인 때문에 행위에서 차이를 분명하게 보여준다라고 말할 수는 없다. 왜냐하면 사람은 같은 유전인자를 지니고 있기 때문에 행위에서 유전적 변이는 존재하지 않기 때문이다.

제3장 소진화 Microevolution

☞ 생물학적 진화는 시간에 따른 유전적 변화로 크게 소진화microevolution와 대진화macroevolution로 구분한다. 유전학은 집단을 연구대상으로 하는데 한 세대에서 다음 세대로 가면서 집단 안에서 발생하는 유전자 빈도의 변화는 소진화의 과정이고, 세대를 거쳐 오랜 기간 동안 집단의 변화와 새로운 종의 출현은 대진화의 연구내용이다. 이 장에서는 소진화의 일반적 원리를 설명한다.

집단 유전학

소진화는 세대를 거치면서 유전자 빈도에 변화를 일으키는 것을 말한다고 설명하였다. 소진화 연구는 개인의 특정한 유전형과 표현형에 관한 것이 아니라 모든 사람의 전체적 유형에 초점을 맞춘다. 따라서 사람들의 일반적 유전인자의 상대적 빈도라든지 유전형, 표현형 등등을 연구대상으로 하여 시간이 지나면서 이런 것들의 빈도에 분명히 변화가 생기면 그 원인이 무엇인지를 설명하고자 한다.

집단의 정의

진화이론에서 주민집단이라는 용어가 자주 사용되는데 이때 주민집단이란 같은 무리에서 짝을 선택하는 집단을 말한다. 물론 어떤 무리에서 주민집단의 짝을 구할 때의 범위를 어디까지로 정하느냐 하는 점이 문제이다. 예를 들어 한 마을의 99 %가 그 마을에서 태어난 사람들과 결혼을 한다면 이 경우는 위의 정의와 정확히 일치한다. 그러나 80 %만이 짝을 짓는다면, 아니 50 % 뿐 이라면, 이럴 경우 번식집단으로의 주민집단은 어느 선에서 결정되어야 하는가 하는 점이다.

실제로 주민집단이란 대개가 기본적으로 지리적 그리고 정치적 경계에 근거해 결정된다. 작은 섬 같이 고립된 곳에서 주민집단은 쉽게 정의되지만 대개의 경우 마을이나 촌락 같은 지리적 지역 단위가 사용된다. 왜냐하면 많은 주민집단은 뚜렷한 지리적인 경계를 지니고 있기 때문에 지역 단위가 때로는 가장 좋은 기준이 된다. 이때 마을 같은 지역 단위는 종교가 다른 사람들(아집단)subpopulation 로 이루어져서는 안된다. 에이레 사람들의 마을이 이런 기준에 맞는 데 이들 주민의 대부분은 같은 종교, 같은 사회 계층 그리고 같은 직업을 갖고 있다. 반대로 뉴욕 같은 대도시는 각기 다른 인종과 다양한 종교를 믿는 사람, 그리고 각계 각층의 사람들이 있는데 이런 경우 아집단은 이런 요인에 의해 구분되는 단위를 말한다.

많은 경우 주민집단의 정의는 특정한 연구테마에 따라 결정된다. 예를 들어 연구의 목적이 생물학적 변이 안에서 공간적 변화를 찾는데 있다면 주민집단은 지리적 조건에 의해 정의되는 것이 타당하다. 만일 연구의 목적이 민족집단 안에서 유전적 변이를 찾는데 있다면 그때는 민족이 주민집단을 정의하는데 이용되어야 한다.

주민집단을 정의하는데 또 다른 문제는 전체 주민집단과 개별 주민집단의 차이를 결정하는 것이다. 소진화 이론은 특별히 다음 세대로 자신의 유전자를 보내는 사람들을 다룬다. 전체 주민집단이란 번식을 할 수 있든지 또는 없든지에 상관없이 모든 사람을 말한다. 따라서 개별 주민집단은 다음과 같은 요인 때문에 전체 주민집단보다 수가 적다. 즉 전체 주민집단의 어떤 사람들은 짝짓기 하기에는 너무 나이가 많거나 적다. 그리고 문화요인과 지리적 분포에 의해 짝을 선택하는데 제한을 받아 결과적으로 어떤 사람은 자식을 생산하지 못한다. 주민집단이 정의되면 주민집단 안에서 유전형과 유전자의 빈도를 결정하기 위한 소진화적 분석이 가능하다.

유전형과 유전자의 빈도

진화를 이해하기 위해서는 주민집단의 유전상태를 살펴보아야 한다. 진화라는 개념은 집단에 적용되는 것이지 개인에게 적용되는 것이 아니기 때문이다. 진화란 집단이 다양한 환경과 변화에 대해 적응하는 것을 뜻한다. 다시 말해 자연선택은 개인에게서 일어나나, 진화는 개인이 아닌 집단에서 유전상태의 빈도가 변화될 때를 의미한다. 따라서 한 집단의 유전상태는 그 집단 내에서 일어나는 유전자의 빈도를 조사함으로써 알 수 있다.

유전형 빈도란 집단 안에서 다른 유전형의 상대적 비율을 측정하는 것이다. 마찬가지로 유전자 빈도란 집단 안에서 유전자의 상대적 비율을 간단히 측정하는 것이다. 유전형 빈도는 유전형을 지닌 사람의 수를 전체 집단의 수로 나누어 얻는다.

한 집단의 유전상태에 관한 빈도를 알기 위해서 MN 혈액형 집단을 예로 들어보자. MN

혈액체계의 경우 표현형으로는 M, MN, N 형이 나타나고, 유전형으로는 MM, MN, NN 형이 나타난다. 부모가 아이를 갖는다면 태어날 아이가 지닐 수 있는 MN 혈액형들은 아래와 같다 ;

부모가 모두 MM 형일 때 : 자식은 100 % 가 MM 형
부모가 MM 과 NN 형일 때 : 자식은 100 % 가 MN 형
부모가 MM 과 MN 형일 때 : 자식은 50 % 가 MM 형이고 50 %가 MN 형
부모가 모두 NN 형일 때 : 자식은 100 % 가 NN 형

위의 내용을 예로 들어보자. 예를 들어 200명의 MN 혈액체계를 가진 집단이 있다고 가정할 때 이 중에서 98명은 MM 유전형을, 84명은 MN 유전형을, 그리고 18명은 NN 유전형을 지녔다고 한다면 유전형의 빈도는 :

MM 형질의 빈도 = 98/200 = 0.49
MN 형질의 빈도 = 84/200 = 0.42
NN 형질의 빈도 = 18/200 = 0.09

이때 모든 유전형의 빈도는 1이다 (예 : 0.49+0.42+0.09= 1).

유전형질 빈도는 유전형질의 수를 전체 유전형질 수로 나누어 얻어진다. 예를 들어 200명이 가지고 있는 유전형질의 수는 한사람이 두 개의 유전형질을 가지고 있기에 전체 수는 400이다. 이때 M 형질의 빈도를 계산하면 :

MM 형질의 경우, M 형질의 빈도 = 98 x 2 = 196
MN 형질의 경우, M 형질의 빈도 = 84 x 1 = 84
NN 형질의 경우, M 형질의 빈도 = 18 x 0 = 0

M 유전형을 나타내는 M 형질의 합은 196 + 84 + 0 =280 이다.
따라서 200 명의 집단에서 ;

M 형질이 나타나는 빈도는 280/400 = 0.7
N 형질이 나타나는 빈도는 120/400 = 0.3 (또는 1-0.7 = 0.3)

로 나타난다.

또 다른 예를 들어보자 ;

"무작위로 충북대학병원에 있는 500명의 환자들의 기록을 조사해본 결과 MN 표현형을 가진 환자들이 M형이 180명, MN형이 240명, N형이 80명으로 나타났을 때",

우리가 이 자료에서 알 수 있는 사실은 다음과 같다;

유전형	사람 수	모든 유전형질 수	M형질 수	N 형질 수
MM	180	360	360	0
MN	240	480	240	240
NN	80	160	0	160
전체	500	1000	600	400

이때 유전 형질의 빈도는 아래와 같다 ;

1. 이 집단의 모든 유전형질 수 : 1,000
2. M 형질의 수는 : 180 X 2 + 240 = 600, (N 형질의 수는 : 400)
3. M 형질의 빈도는 : 600/1,000 = 0.6
4. N 형질의 빈도는 : 400/1,000 = 0.4 (또는 1-0.6 =0.4)

이렇게 유전형질의 빈도 수를 결정하기 위해 유전형질을 계산하는 방법은 유전형을 가진 개인의 수가 결정될 때에만 사용된다. 만일 유전형질의 하나가 우성이면 가능하지 않으며 다른 방법을 사용해야 한다. 하나의 좌위에 두 개 이상의 유전형질이 있을 때도 특별한 방법으로 유전형질의 빈도를 계산해야 한다

하르디-와인베르그 평형등식Hardy-Weinberg Equilibrium

소진화 이론의 수학등식으로는 멘델의 법칙과 하르디-와인베르그 평형등식을 사용한다. 1908 년에 영국의 수학자와 독일의 물리학자가 한 집단 내에서 유전인자의 빈도가 나타나는 관계를 관찰하여 '하르디-와인버거 평형등식(hardy-weinberg equilibrium)' 이라는 모델을 만들었다. 하르디G.H. Hardy와 와인베르그W.Weinberg가 독자적으로 연구한 이 모델은 짝짓기는 무작위로 일어나며 진화는 일어나지 않는다는 가정 아래 미래에 나타날 유전형의 빈도를 수학적 도식으로 예측하는 방법이다.

많은 소진화의 모델은 하나의 좌위에 두 개의 유전형질(A와 a)이 있다고 가정한다. 편의상 유전형질 A의 빈도를 p로 표시하고 또 다른 형질 a의 빈도를 q로 간단히 표시한다. 이때 하르디-와인베르그 평형등식 모델은 주어진 유전형질의 빈도인 p와 q를 사용하여 예상되

는 유전형의 빈도를 다음과 같이 표시한다 :

AA 의 빈도 = p^2

Aa 의 빈도 = 2pq

aa 의 빈도 = q^2

두 개의 유전형질을 가진 하나의 집단(A 과 a)에서 P가 0.6이고 q가 0.4 일 때 하르디 -와인베르그의 등식 모델을 이용하여 예상되는 유전형의 빈도를 계산하면;

$AA = (0.6)^2 = 0.36$

$Aa = 2(0.6)(0.4) = 0.48$

$aa = (0.4)^2 = 0.16$

로 나타난다.

이를 다음과 같은 가정에 적용해보자 ;

"아이를 갖고자 하는 사람 500 명이 어느 한 곳에서 만나 짝을 지었다면 이때 서로 다른 유전형질이 정자와 난자에서 나타나는데 그 결과 자식들에서 나타나는 빈도는 아래와 같이 계산된다."

	A (0.6)	a (0.4)
A (0.6)	0.36	0.24
a (0.4)	0.24	0.16

따라서 만일 짝을 이룬 사람 중 100명이 임신을 했을 경우, 자식에서 나타날 수 있는 빈도는 AA형이 36명, Aa형이 48명, aa형이 16명으로 계산된다. 만일 500명이 임신을 했다고 가정한다면 자식에서 나타나는 AA형은 180명이고, Aa형이 240명, 그리고 aa형이 80명으로 나타난다. 이 결과는 위에서와 똑같은 빈도로 나타난다. 이렇게 하르디-와인베르그 평형등식 모델은 한 세대에서 다음 세대로 이어질 때 유전형질의 빈도가 변하지 않는다는 것을 전제로 한다.

하디-와인버거는 자신들의 등식을 p2 + 2pq + q2 = 1 로 표시하였는데, 여기서 p2 = AA를 의미하고 Aa는 2pq로, 그리고 q2는 aa를 나타낸다. 그러나 실제로 이 등식은 평형이 아니라 정체를 나타내며 다음과 같은 조건에서만 등식의 성립이 가능하다 :

1. 짝짓기는 집단 내에서 무작위로 일어나야 한다(random mating). 이는 집단내의 사람은 누구와도 짝짓기를 할 기회를 갖아야 한다는 것을 뜻한다.
2. 집단의 규모가 커서 샘플에 의한 유전형질의 빈도에 변이가 없어야 한다 (no genetic

drift).

3. 집단사이에 주민 이동이 없어야 한다(no gene flow).
4. 집단 내에서 새로운 유전형이 생겨서는 안된다 (no mutation)
5. 다른 유전형의 생산력과 사망률에 차이가 없어야 한다 (no natural selection)

한 주민집단에서 예상되는 유전형의 빈도와 실제 관찰된 빈도사이에 차이가 없으면 그 집단에 하르디-와인베르그 평형등식이 성립한다. 그러나 한 집단에서 예상한 유전형과 관찰된 유전형의 빈도가 같지 않으면 그 집단에서는 하르디-와인베르그 평형등식은 성립하지 않는다. 그러나 실제로 위에서 언급한 조건은 성립할 수가 없다.

주민집단에 하르디-와인베르그 평형등식이 성립할 수 없는 데는 다음과 같이 두 가지 이유가 있다. 관찰된 유전형과 예상한 유전형의 빈도는 진화의 요인과 선택적인 짝의 선택에 의해 달라진다. 진화의 요인은 실제로 시간이 지나면서 유전형질의 빈도에 변화를 주는데 이런 진화의 요인으로 돌연변이mutation, 유전자 표이genetic drift, 유전자 이동gene flow, 그리고 자연선택natural selection이 있다.

만일 한 세대의 주민집단에서 어떤 유전형질의 빈도가 0.5로 관찰되었는데 다음 세대에 그 집단에서 같은 형질의 빈도가 0.4로 나타나면 그 주민집단에 진화가 일어난 것이다. 이 때 변화는 오직 돌연변이와 유전자 편재, 유전자 이동 그리고 자연선택에 의해 일어난다. 집단에 커다란 변화가 있으면 돌연변이는 주요 변화의 요인이 아니다. 왜냐하면 돌연변이는 단지 단일 세대의 주어진 좌위에 작은 변화만을 가져오기 때문이다. 이런 경우 자연선택과 유전자 편재 그리고 유전자 이동이 유전형질의 빈도에 더 큰 변화를 가져온 요인으로 간주된다. 주민의 이주율과 집단의 크기, 환경의 변이 그리고 다른 생존율 같은 요인들도 한 집단의 변화를 설명하는데 필요하다.

무작위 짝짓기는 짝을 고르는 시스템의 한 유형이며 선택적 짝짓기도 집단에서 짝을 선택하는 유형이다. 선택적 짝짓기는 생물학적으로 관련 있는 개인들이 짝을 짓는 동계번식과 외모가 닮았는지에 따른 짝짓기인 선택결혼(동류교배)이 있다. 짝짓기 시스템은 유전형질의 빈도를 변화시키지는 않으나 빈도의 변화율에 영향을 미친다.

진화의 요인

현대진화론에서는 돌연변이와 유전자 표이, 유전자 이동, 자연선택을 진화의 요인으로 규정하고 있는데, 바로 이 4개의 요인들이 하르디-와인버거 평형등식을 성립시키는 가정에 변화를 일으키는 진화요인들이다.

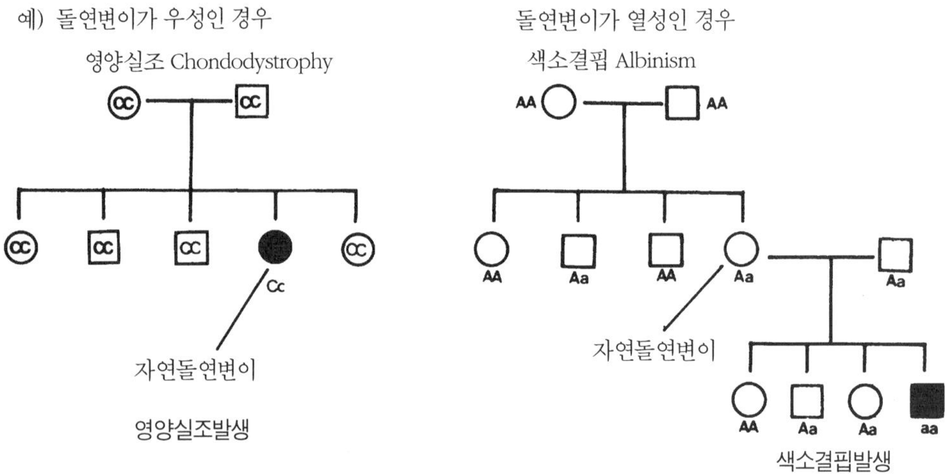

그림 3.1. 돌연변이가 발생하는 예

돌연변이

돌연변이는 주민집단에 새로운 유전형질을 만든다. 따라서 다른 유전형질의 빈도는 시간이 지나면서 변한다. 예를 들어 모두 유전형 AA를 가진 100 명의 집단이 있을 때 A 유전형질의 빈도수는 1.0이다. 다음 세대에 A 형질 중의 하나가 a로 변했다면, 그리고 주민집단의 크기가 변하지 않았다면 그 집단에는 199개의 A 유전형질과 1개의 a 형질이 있게 된다. A 형질의 빈도는 1.0에서 0.995로, 그리고 a 형질의 빈도는 0.0에서 0.005로 변하였다.

돌연변이는 또한 반대 방향으로 진행된다. a 유전형질은 본래의 A 형질로 돌아갈 수 있다. 주민집단에서 본래로 돌아가는 돌연변이 비율에 대해서는 아직까지 잘 알려져 있지 않으나 일반적 돌연변이 율에 비해 미미한 것으로 보여진다.

돌연변이는 진화에 직접적 요인이나 돌연변이 비율은 낮으며 유전형질 빈도에 중요한 변화를 가져오지 않는다. 오히려 다른 요인들이 유전 형질들의 빈도를 증가시키거나 감소시킨다.

많은 유전적 특성은 다형성polymorphysm이다. 유전적 다형성은 빈도가 너무 커서 돌연변이만의 결과라고 할 수 없는 두 개 또는 그 이상의 유전형질을 가진 좌위이다. 기준은 모든 유전형질의 빈도수가 0.01을 넘을 때로 돌연변이가 아닌 다른 요인이 원인이다. 예를 들어 A 형질의 빈도가 0.999인 좌위와 a 형질의 빈도가 0.001인 좌위는 오직 하나의 유전형질만이 0.01을 넘기에 다형성이라고 하지 않는다. 그러나 만일 A 형질의 빈도수가 0.2이고 a 형질의 빈도수가 0.8이라면 이는 유전적 다형성을 보이고 있다. 모든 유전형질의 빈도가

0.01을 넘고 있기 때문이다. 이런 빈도는 자연선택과 유전자 편재 그리고 유전자 이동 등이 원인이다.

돌연변이는 우성과 열성에서 모두 나타나는데 그 예는 그림 3.1과 같다;

유전자 표이

유전자 표이는 한 세대에서 다음 세대로 이어지면서 유전형질의 빈도가 무작위로 변화되는 경우를 말하는 것으로 이런 변화는 가능성에 의해 생긴다. 이런 무작위 변화의 가능성은 동전을 던져 앞뒤가 나올 확률에서 그 예를 들 수 있다. 동전을 던져 앞뒤가 나올 확률은 각각 50%가 된다. 하지만 실제로 동전을 열 번 던졌을 때는 다른 확률로 나타난다. 그러나 열 개의 동전을 되풀이해 던질 수록 동전의 앞과 뒤가 나올 확률은 50 : 50 에 가까워진다.

유전자 표이가 주민집단에서 발생하는 예를 살펴보자. 한 예로 두 개의 크고 작은 규모의 집단이 있는데 이때 큰 집단은 50,000명의 주민이 있으며, 작은 집단은 50명의 주민으로 이루어져 있다고 가정해보자. 작은 주민집단에서 유전형질 A의 빈도를 조사해 본 결과 49명이 A 형질을 가졌고, 나머지 1명은 a 형질을 가지고 있으며, 큰 집단의 경우 49,000명이 A 형질을 그리고 1,000명이 a 형질을 가지고 있다고 했을 때, 이 두 집단의 경우 a 형질의 빈도 수는 각각 0.01 이다.

만일 두 번째 집단에 속하는 a 형질의 사람이 사고로 자식을 낳지 못했을 때 다음 세대에 나타나는 a 대립형질의 빈도는 0 이다. 그러나 커다란 집단 내에서 한 명의 a 혈액형을 지닌 사람이 사고가 났을 때, 이는 집단의 혈액형의 구성에 큰 영향을 주지 않는다. 이렇게 작은 집단 내에서 우연히 유전자 구성의 비율에 변화가 생길 때 이를 유전자 표이라고 한다.

유전자 표이의 다른 형태로 분가유전founder effect을 들 수 있는데 분가유전은 작은 집단이 다른 장소에서 새로운 집단을 이루었을 때 일어난다. 이 작은 집단은 단순히 주어진 기회 때문에 커다란 어미집단과는 아주 다른 유전인자의 빈도를 갖게 된다. 예로 50,000명의 주민으로 구성된 집단에서 50명이 새 지역으로 이주했다고 가정했을 때, 만일 어떤 기회에 이들이 모두 A 형질을 갖게 된다면 이 분가집단은 a 형질이 전혀 없는 새로운 집단을 형성한다.

유전자 이동

진화의 세 번째 요인으로 유전자 이동이 있다. 여기서 유전자 이동은 한 집단에서 다른 집단으로 유전형질이 이동하는 것을 말한다. 가끔 이민이 유전자 이동과 같은 의미로 사용되나 엄밀히 이들 사이에 차이가 있다. 이민이란 개인이 한 장소에서 다른 장소로 거의 영

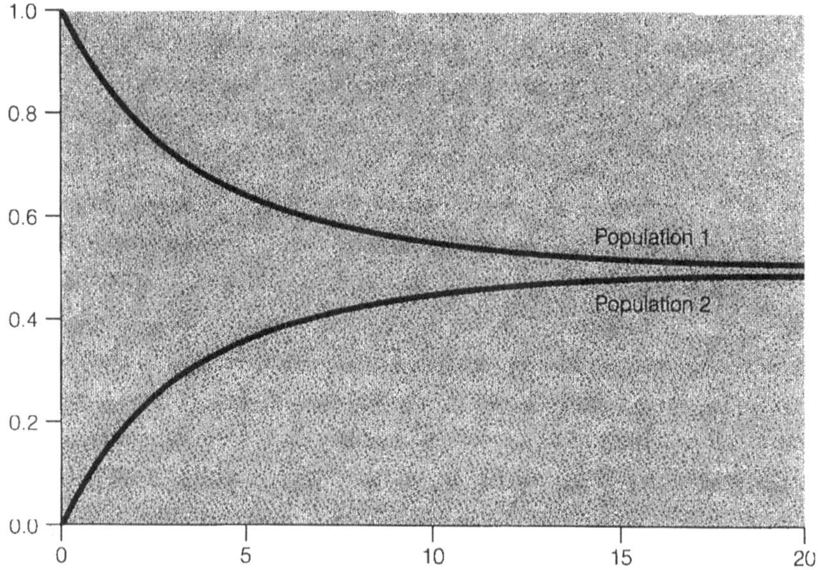

그림 3.2. 유전자 이동의 효과. 집단 1은 대립형질의 빈도가 0.1이고, 집단2의 대립형질의 빈도가 0.0이라고 가정할 때 두 집단이 각 세대마다 10 %의 유전자가 이동하면 세대가 지나면서 두 집단사이의 유전적 형질은 비슷해진다.

구히 이동하는 것을 뜻하기 때문이다.

유전자 이동은 적어도 두 주민 집단사이에 유전형질의 이동이 있어야 한다. 유전자 이동이 일어나면 두 주민 집단은 유전적으로 섞여 서로 닮는다. 하나의 유전적 좌위에 두 개의 유전형질 A 와 a 가 있는 주민집단 1과 2 있을 때 집단 1의 모든 사람은 A 형질을 그리고 집단 2는 a 형질을 가지고 있다고 하면 두 집단의 유전형질의 빈도는 :

주민집단 1	주민집단 2
A형질의 빈도 = 1.0	A형질의 빈도 = 0.0
a형질의 빈도 = 0.0	a형질의 빈도 = 1.0

로 표시된다.

집단 1의 주민 중 10%가 집단 2로(또는 반대로) 이동했을 때 이를 유전자 이동이라고 한다. 유전자 이동이 일어나면 집단 1에서 A 형질의 빈도는 90%가 되고 a 형질은 10%가 되고 집단 2는 10%의 A 형질과 90%의 a 형질을 갖게 된다. 여전히 두 집단사이의 형질은 다르지만 유전자 이동이 계속해서 진행되면 두 집단은 유전적으로 점점 닮아간다. 유전자 이동이

20 세대 정도 지나면 두 집단 유전적 형질의 빈도는 비슷해진다(그림.3.2).

이렇게 두 집단의 유전형질이 비슷해지는 것 이외에 유전자 이동은 집단 내에서 새로운 변이를 가져올 수 있다. 예를 들어 새로운 유전형질(a) 하나가 유전자 이동으로 집단 1에 전해 질 수 있으며 돌연변이에 의해 새로 생긴 형질이 집단에 퍼져 나갈 수 있는 것이 그것이다.

그러면 유전자 이동에 영향을 미치는 요인을 살펴보자. 먼저 주민집단사이에 일어나는 유전자 이동에 영향을 미치는 요인으로 환경과 문화 요인을 들 수 있는데, 특히 지리적인 거리가 이민과 유전자 이동의 주요 결정 요인이다. 두 집단에 멀리 떨어져 있을수록 짝을 교환하는 정도가 떨어진다. 또한 인종의 차이와 문화 차이도 또한 유전자 이동에 영향을 미친다.

자연선택

진화의 추진요인인 자연선택은 유전적 변이를 선별하는 기능을 가지고 있다. 자연선택은 어떤 개체가 환경에 더 잘 적응했을 때 더 많은 자식을 가질 수 있음을 뜻한다. 자연선택은 새로운 유전적 변이를 만들 수는 없으나 유전형질의 상대적 빈도 수를 변화시킨다.

자연선택에서 적응도가 주요 연구대상인데 적응도란 '개체가 살아남고 자식을 재생산할 가능성'을 말하는 것으로 그 정도는 계산될 수 있다. 예를 들어 하나의 좌위에 두 개의 유전형질인 A와 a가 있다고 하면 유전형은 AA, Aa, 그리고 aa로 표시된다. 만일 AA 와 Aa 형질을 지닌 모든 개체는 살아 자식을 생산하고, aa 형질을 가진 개체의 경우 절반만이 살아 자식을 생산한다면, aa 형질의 적응도는 AA 형질의 절반이다. 이렇게 적응도는 살아남아 생산된 개체의 비율을 의미한다.

자연선택은 생물의 진화에 지대한 영향을 미친다. 자연선택이 인간의 진화에 미치는 대표적인 예로는 우유소화와 평행다형현상balanced polymorphism의 실례인 낫꼴(겸상)적혈구 빈혈증과 피부색의 다양성 등이 대표로 인용된다.

자연선택의 예 1 : 우유소화 : 우유는 4%의 지방과 3%의 단백질, 5%의 탄수화물, 1%의 미네랄, 그리고 87%의 물로 구성되어 있다. 우유에 함유되어 있는 탄수화물인 락토제는 사람 몸 속에 있는 락타제라는 효소에 의해 분해된다. 사람에게는 락타제를 생산하는 유전자가 있는데 아이가 세살 정도가 되어 젖을 뗄 때에는 정상으로 락타제 생산이 중단된다. 이것은 아이 몸에 있는 조절유전자가 구조유전자를 조절해서 생겨나는 것으로 더 이상 이 효소는 생산되지 않는다.

표 3.1 집단에 따른 우유의 락토제를 소화시킬 수 없는 빈도수

미국 백인	2-19
핀란드사람	18
스위스사람	12
스웨덴사람	4
미국 흑인	70-77
아프리카 이보족	99
아프리카 반투족	90
플라니족	22
타이사람	99
미국 동양계	95-100
오스트레일리아 원주민	85

(Leher and Libber, 1976에서 인용)

만일 어른의 몸에 있는 조절유전자가 구조유전자로 하여금 더 이상 락타제를 만들지 못하게 하면 어떻게 어른들이 우유를 마실 수 있을까? 세상의 많은 어른들은 우유를 소화시킬 수 없으니 만일 우유를 마셨을 때는 위에 복통과 설사 및 가스가 차는 증세 등으로 고생하게 된다. 그러나 실제로 우유는 사람에게 중요한 음식으로 많은 사람들이 마시고 있으나 어느 집단은 우유를 마시는데 많은 문제를 지니고 있다(표 3.1).

지구상에 살고 있는 인간집단에서 보이는 이런 현상을 어떻게 설명할 수 있나? 약 15,000년 전 인간이 처음으로 우유를 생산하는 동물들을 사육하기 시작하였는데 그 이전에 살던 사람들은 우유를 마실 기회가 없었기 때문에 몸 안에서 락타제를 만들어 낼 필요가 없었다. 그러나 우유를 생산해 내는 동물을 가축화하면서 점차 사람들에게는 어른이 된 후에도 락타제를 생산해야하는 필요성이 생기고, 따라서 조절유전자에 돌연변이가 생겼는데, 특히 이런 변이는 목축을 하는 집단에게는 절대적으로 필요하였다. 따라서 목축을 하며 살아가는 집단의 어른들도 우유를 마실 수 있게 되었다.

어떤 집단이 락타제에 적응한다는 사실은 생물학뿐만 아니라 정치 · 문화에서도 매우 중요하다. 예로 '우유는 몸에 좋다'는 구호는 중국사람에게는 좋은 구호가 아니다 . 왜냐하면 80%에 달하는 중국사람은 락토제를 분해시킬 수 없기 때문이며 이런 구호는 유럽 중심적인 사고의 발상이라고 할 수 있다. 실제로 어른이 우유를 마실 수 있다는 것 자체가 비정상적인 행위이기 때문이다.

만일 우리가 르완다의 굶어 죽어 가는 빈민에게 락토제가 들어있는 우유를 구호물자로 보낸다면, 그들은 설사와 복통으로 고생을 할 것이며 아마도 그들은 우리가 도와주려는 것이 아니라 독약을 넣어 보낸 것으로 생각할 것이다. 따라서 락토제에 면역이 있는지의 여부

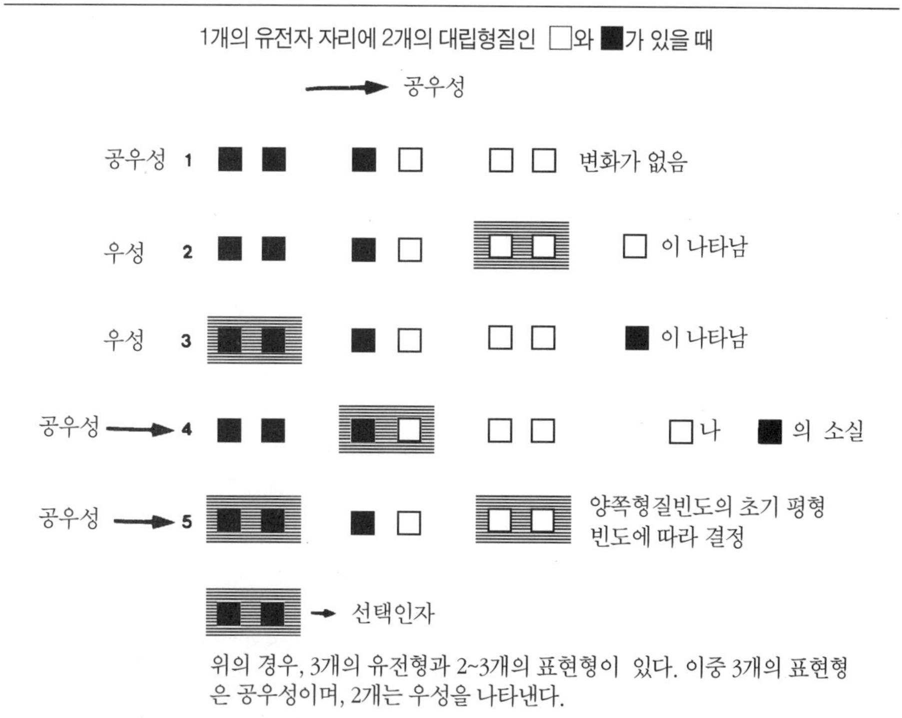

그림 3.3. 유전인자가 공우성을 띤 경우의 표현형

는 정치상, 또 생물학적으로 중요한 의미가 있다.

자연선택의 예 2 : 낫꼴(겸상)적혈구 빈혈증 sickle -cell anemia(평형 다형현상) : 표현형 단계에서 하나의 좌위에 두개의 대립형질이 있을 때 자연선택이 어떻게 작용하는지를 살펴보자. 아래의 예는 한 좌위에 두 개의 상대형질이 있는 경우로, 서로 우성이 없는 두개 인자가 공우성codominant을 띠고 있는 경우이다.

이때에 나타날 수 있는 표현형은 그림 3.3과 같다;

그림 3.3 중 1 번의 상황은 실제로 일어나지 않는다. 한 집단 내에서 두 개의 대립형질을 유지하기 위해서는 5번처럼 집단 내에서 이형접합체heterozygote를 선호해야만 가능하다. 이렇게 한 집단 내에서 이형의 형질을 유지하는 경우를 평형다형현상이라고 한다. 평형다형현상은 한 집단 내에서 두 개 또는 그 이상의 유전인자가 실제로 나타나는 것으로 그 빈도가 1~2% 보다 더 나타나는 현상을 말한다.

사람의 경우 많은 유전자 자리는 여러 형태의 대립형질 인자가 있는데 (polymorphic : 多型), 이는 세계 도처에 평형다형현상이 있음을 뜻하며 대표적인 예인 낫꼴(겸상)적혈구 빈혈증을 살펴본다.

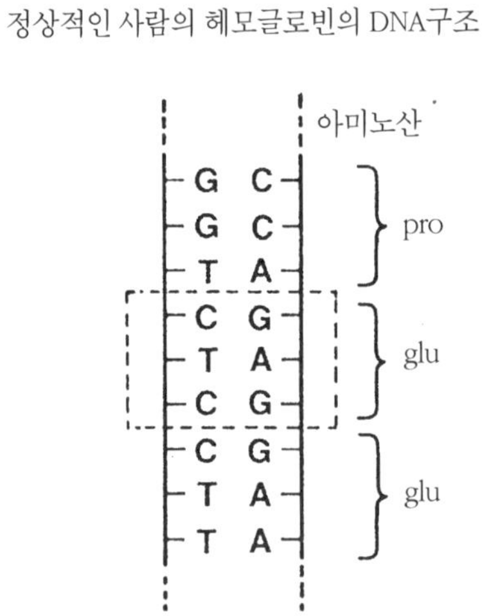

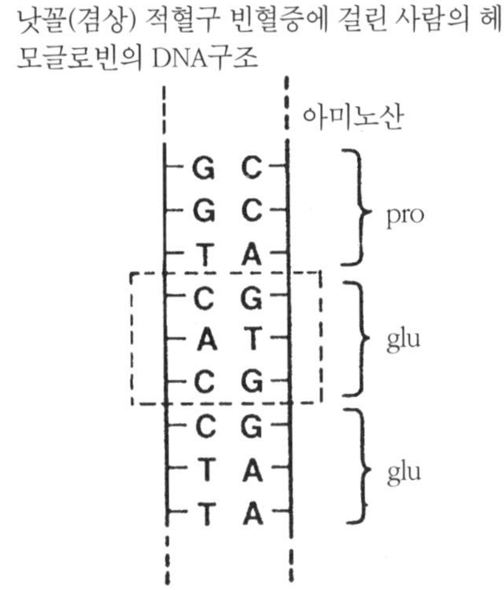

그림 3.4. 정상적인 사람과 낫꼴(겸상)적혈구 빈혈증에 걸린 사람의 헤모글로빈. 글르타민을 구성하는 유전자에 교체가 일어나 발라인으로 변했다(CGTACG---〉CGATCG)

피는 실제로 액체 속에 있는 작은 입자들로, 혈액은 피가 흐르는 것을 멈추게 하는 혈소판과 백혈구, 적혈구로 이루어져 있다. 이때 백혈구 하나에 적혈구가 500개의 비율로 있으며 1mm^{2}의 혈액에는 약 500만 개의 적혈구가 있다. 매 2초마다 약 200만 개의 적혈구가 간장과 비장에서 파괴되며, 필요한 양의 적혈구는 골수로부터 공급받는다.

적혈구는 접시 모양으로 가운데가 움푹 파여 있다. 적혈구 안쪽에는 약 200~300만개의 헤모글로빈이 있는데, 헤모글로빈은 적혈구의 90~95%를 형성하는 단백질로 아주 복잡한 구조의 분자물 이다.

헤모글로빈은 다른 단백질과 같이 단백질 합성에 의해 만들어진다. 헤모글로빈을 가지고 있는 핵산의 부분은 4번 염색체자리에 있는데 약 438개의 기본염기로 이루어져 있다. 낫꼴(겸상)적혈구 빈혈증을 일으키는 헤모글로빈은 정상의 헤모글로빈을 만들기 위해 글루타민산이 들어가야 할 자리에 염기자리의 발라인valine이 대신 들어감으로써 생겨난 단백질인데 그 영향은 적혈구에서 나타난다(그림 3.4).

적혈구는 형체가 없어 물처럼 자유롭게 순환기관을 돌아다닐 수 있다. 이때 적혈구에 있는 헤모글로빈은 산소를 몸의 각 기관과 조직들 그리고 뇌에 공급하는 역할을 하며, 또한 몸의 조직에서 생긴 탄산가스를 폐로 운반한다.

헤모글로빈은 하나는 정상의 그리고 또 다른 하나는 비정상인 2개의 대립형질을 가지고 있는데 같은 형의 비정상인 대립형질을 가진 사람의 경우, 적혈구가 산소를 잃을 때 다수의 적혈구가 반달모양으로 변하는데 바로 이런 모양의 적혈구가 질병의 원인이 된다. 이렇게

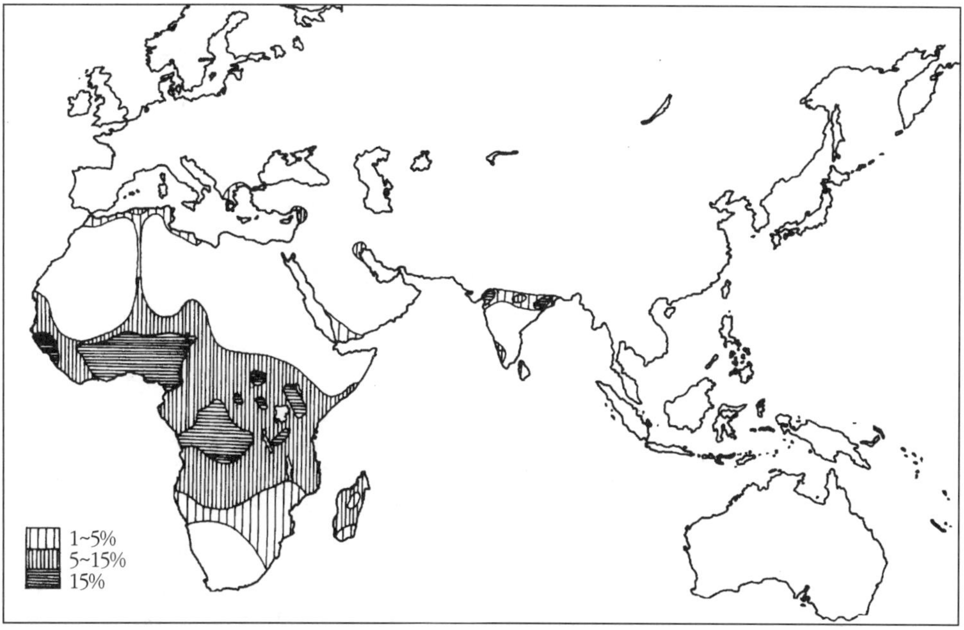

그림 3.5. 낫끌적혈구 빈혈증이 발병하는 지역

모양이 바뀐 적혈구들은 피 속에서 잘 움직이지 못하고 서로 엉켜 핏줄을 막히게 한다. 따라서 살아 있는 몸의 조직들은 산소를 공급받지 못하며 많은 적혈구들이 파괴된다. 이런 경우에 바로 빈혈증이라고 부르는 증상이 나타나며, 이런 질환을 가진 사람은 몸이 무기력해지며 점차 쇠약해지게 된다.

두 대립형질은 A와 S라고 표시하는데 A는 정상이며 S는 비정상인 대립형질이다. 이때 가능한 유전형은 AA, AS 그리고 SS 가 되며, 대문자는 바로 이들이 공우성임을 표시한다. 이때 AS 형질을 가진 사람은 정상이나 산소가 부족하며 SS 형질을 가진 사람은 비장 등의 이상으로 고생을 하다가 서구이외의 세계에서는 대개가 결혼이전에 사망한다. 만일 그들이 결혼하여 자식을 낳기 전에 사망을 하면 대립형질의 빈도는 급격히 떨어져 마침내 빈도는 0이 되어야한다. 그러나 아직도 서아프리카에 있는 부족들은 S인자를 가진 사람의 빈도수가 0.2 정도 되는 점에서 볼 때, S형질인자를 가진 사람이 어떤 점에서는 정상인자를 가진 사람보다 유리한 점이 있다고 여겨졌으며 이런 사실은 오래 전부터 알려져 왔다. 이렇게 S 형질인자가 높은 빈도를 나타내는 것은 아주 높은 빈도의 돌연변이가 원인일지도 모른다고 학자들은 한동안 믿어왔었으나, 돌연변이에 의해서라고 하기에는 빈도수가 너무 높았다.

1954년 영국사람인 엘리슨이 S형질의 분포지역을 조사한 결과, 이 형질은 중앙아프리카의 양쪽 해안 지역에 주로 분포되어 있는데 이런 분포는 바로 말라리아가 퍼져 있는 지역과

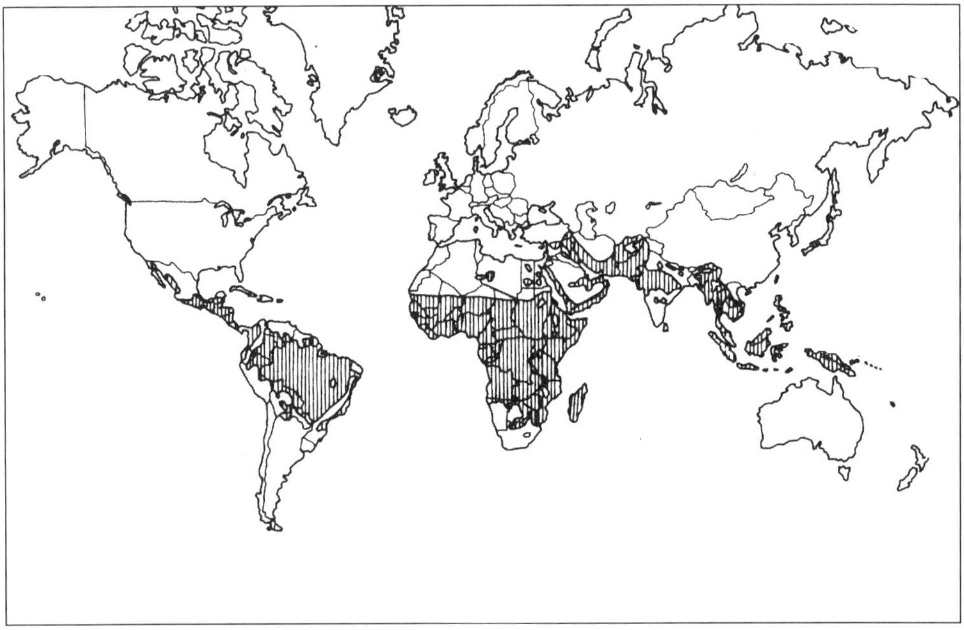

그림 3.6. 말라리아가 발병하는 지역. 낫꼴적혈구 빈혈증이 발병하는 지역과 일치한다.

일치된다는 사실을 알았다(그림.3.5, 3.6). 오늘날 지구상에서는 약 20억 명의 사람이 말라리아에 노출되어 있으며, 일년에 3억 정도의 사람이 말라리아에 감염되어 그 중 2백~3백만 명의 사람이 매년 죽어간다.

말라리아의 감염은 4개의 플라스모다움 기생충 중에 하나를 가지고 있는 감비 모기a. gambiae가 사람을 물었을 때에 발병한다. 스포로자이트sporozite라고 불리는 이 기생충이 모기의 부리로부터 피 속으로 들어가서 약 20분이 지나면 간에 도달하게 되는데 간은 사람 몸의 면역체계의 보호를 받지 않는다. 여기서 이 기생충은 분열을 시작 하여 메로조이트merozoite라는 형태로 변한다. 마침내 세포가 파열되고 이 메로조이트가 적혈구 속으로 침입하는데 이때까지 걸리는 시간은 약 20분 정도이다. 이들은 피 속에서 계속 그 숫자가 늘어나며 간헐적으로 적혈구를 파괴시키고 계속해서 다른 적혈구 속으로 침투하는데, 말라리아에 걸렸을 때 생기는 오한과 고열은 바로 이 적혈구들이 파괴될 때 생기는 것으로 여겨진다. 오한과 고열은 말라리아에 걸린 사람이 빈혈과 뇌에 손상을 일으키거나 아니면 신장이 파괴되어 죽을 때까지 계속되며, 개인의 면역체계나 약을 투여하여 치료가 되어야만 오한과 고열이 멈춘다.

학자들은 낫꼴(겸상)적혈구 빈혈증과 말라리아 사이에는 어떤 관련이 있으리라고 생각하여 15명의 정상인자를 가진 사람과 15명의 비정상인자를 가진 30명의 지원자들에게 말라리아충을 주사하는 실험을 하였다. 그 결과 정상인자를 가진 사람의 경우 15명의 지원자 중 14명이 말라리아에 감염되었고, 비정상인자를 가진 사람은 15명 중 단지 2명만이 감염되었다는 결과를 얻었다. 다시 말해 S형질이 말라리아에 대해 저항성을 가지고 있음을 뜻하는 것이다.

리빙스톤은 인류의 진화에 문화가 미치는 효과를 살펴보았다. 그는 어떤 지역에서는 S형질의 빈도가 0.2에 달하며, 어떤 지역에서는 전혀 나타나지 않는다는 사실에 주목하여 환경이 이 형질의 발생과 관련이 있다고 생각하게 되었으며, 말라리아의 75%는 단일 모기에 의해 발병한다는 사실에 관심을 집중하였다. 곤충학자들에 따르면 말라리아를 옮기는 모기는 그늘진 곳의 흐르는 물에서는 살 수 없으나 햇빛이 비치는 곳에서 자라는 풀과 함께 고여있는 물에서는 잘 산다고 한다.

리빙스톤은 언어학 자료들과 고고학 자료들을 살펴 본 끝에 2천년 내지 3천년 전에 소위 화전농업이라는 '스위던 농업swidden agriculture 또는 화전 농업slash and burn argricul-ture' 이 낫꼴(겸상)적혈구빈혈증이 높게 나타나는 지역에 널리 퍼져있다는 사실을 알았다. 이런 농업방식은 열대 삼림지대의 생태계에 결정적인 변화를 가져왔다. 이런 지역은 처음 몇 년 동안은 농사를 짓기에 아주 좋은 장소였으나 곧 흙 속에 있는 유기질이 다 없어져 척박한 땅으로 변한다. 물은 이렇게 굳어진 토양의 표면에 고이고, 나무가 없어 그늘이 생겨나지 않는 땅위로 햇빛이 비추어 모기가 살기에 알맞은 환경이 되었다.

이런 환경과 더불어 농업은 채집이나 사냥 때보다 더 많은 인력을 필요로 하며 인구의 증가를 수반한다. 농업경제에서 늘어난 인구는 정착생활을 하게 되며, 따라서 마을을 형성하게 되었다. 마을은 풀로 이엉을 덮은 구조물로 이루어졌는데 이렇게 풀로 덮은 지붕은 바로 모기들의 서식처로 더 없이 좋은 장소가 되었다. 그 결과 모기의 서식처가 된 이들 지역은 일반적으로 말라리아가 들끓으며, 이런 환경에서는 AS 이형형질인자를 지닌 사람이 더 살기가 좋다. 최근에 농업이 소개된 지역에서는 S 형질이 매우 낮은 빈도로 나타나며, 정착마을이 아닌 이동하는 주거 형태를 지닌 피그미족의 거주 구조는 모기가 살기에 적당한 환경이 아니기에 S 형질이 전혀 나타나지 않는다는 사실은 낫꼴(겸상)적혈구빈혈증이 일종의 환경에 따른 질병임을 알 수 있다.

비록 SS 동형형질을 가진 사람들이 죽더라도 집단 전체로 볼 때는 빈도 수에 별로 영향을 주지 않는다. 오늘날 미국흑인들의 9%정도가 S 형질을 보유하고 있으며, 이들 중 0.25%가 SS 형질을 가지고 있다고 보고되고 있다. 흑인들이 미국 대륙에서 살아온 지 200년이 지난 오늘날 S형질의 빈도수가 위의 통계수치처럼 떨어졌는데 이는 바로 S형질에 알맞은 환경상의 요인이 없기 때문이다. 결과적으로 농경문화는 인류의 생물학적 진화에 영향을 끼쳤으니 바로 생태계와 문화는 서로 밀접하게 맞물려 있다는 것을 보여주는 한 예이다.

자연선택의 예 3 : 피부색 : 인류의 피부색은 복잡한 특성으로 이에 관한 여러 연구에 의하면 피부색은 몇 개의 좌위가 관련이 있는지는 분명하지 않으나 자연선택인 평형다형현상의 대표적인 예 중에 하나이다. 피부색은 유전적 요인이 강하지만 태양 같은 환경요인도 영향을 미친다.

피부색은 세 개의 색소에 의해 결정된다. 그 하나가 멜라닌 색소로 피부색의 명암에 영향을 준다. 멜라닌은 세포에서 분비되는 갈색의 색소로 피부 밑에 있는데 인류는 모두 똑같은 수의 멜라닌을 생산하는 세포를 지니고 있다. 피부의 검은 정도는 실제로 얼마나 많은 세포가 멜라닌을 생산하는지 그리고 그들이 어떻게 무리를 짓는지에 달려있다. 멜라닌이 많이 모일수록 피부는 검어진다.

피부색에 영향을 미치는 또 다른 색소는 헤모글로빈으로 붉은 색을 띠고 있다. 피부가 약한 사람은 멜라닌 색소가 적고 붉은 색이 살갗을 통해 비친다. 백인의 핑크빛 피부가 이 경우이다. 세 번째 색소는 노란색을 띠는 카로틴으로 음식에 포함되어 있다. 카로틴은 음식으로부터 얻어지는 노란 색소인 데 많은 아시아인들이 지닌 노란 피부와는 별 관련이 없고 이들의 피부색은 피부의 바깥 층이 두텁기 때문이다.

피부색은 또한 성과 나이에 의해 어느 정도 영향을 받는다. 일반적으로 남자는 여자보다 피부가 더 검은 데 이는 아마도 멜라닌을 생산하는 성호르몬의 차이로 여겨진다. 나이 또한 피부색에 영향을 주는데 특히 여성의 경우 나이가 들어가면서 피부가 검어지는 것이 그 예이다.

피부색의 분포는 위도와 관련이 있는데 적도에 가까운 원주민일수록 검어지고 적도에서 멀어질수록 희어진다. 그러나 피부색은 계속적인 특징으로 '희다' 또는 '검다'는 구분을 명확하게 할 수 없다. 이렇게 위도에 따라 피부색이 다른 것은 자외선을 받는 정도와 관련이 있는데 자외선은 적도에서 가장 강하고 적도에서 멀어질수록 약해지며 심지어 구름이 끼면 그 정도가 약해지기 때문이다.

자외선은 피부에서 멜라닌 색소를 생성하게 하여 피부를 그을리며 자외선에 너무 많이 노출되면 피부가 화상을 입는다. 과다한 자외선은 피부암을 유발할 수 있는 데 노출되는 양이 많을수록 피부암에 걸릴 가능성이 높다. 유럽출신의 미국인의 경우 마사츠셋 주보다 텍사스 주에 사는 사람의 피부암 발병률이 높다는 연구가 있다. 검은 피부를 가진 사람은 피부암에 걸릴 확률이 낮은데 이는 피부표면 밑에 멜라닌 색소가 두텁게 싸여 자외선을 방지하기 때문이다. 피부암은 위도와 피부색깔에 따라 다르게 나타나며 자외선의 양은 적도에서 가장 강하기 때문에 이런 환경에서 검은 색의 피부는 피부암을 방지하는데 이점이 있다.

일단의 학자들은 피부암은 대부분 자식을 생산한 나이 든 사람에서 나타나기 때문에 자연선택 과정에 별 영향을 주지 않기에 피부암을 선택적 요인으로 다루는 것에 이견을 보인다. 즉 피부암은 인류의 피부색 진화에 크게 영향을 끼치지 않는다고 한다. 그러나 이런 주장을 뒤받침 할 충분한 증거가 없다는 데에 문제가 있다. 나이지리아와 탄자니아에서 알바이노albino를 대상으로 한 연구에 의하면 이들은 20세 이전에 피부암과 전암성 병소를 지니고 있다고 한다. 같은 지역의 검은 색 피부를 가진 주민과 비교해 보면 알바이노는 특히 자외선에 심하게 피부를 상하며 알바이노는 일찍 사망하는 것으로 밝혀졌다. 따라서 피부암은 태양에 노출된 이른 시기의 인류에게 강력한 선택적 요인이었을 것이다.

화상 또한 자연선택의 중요한 요인으로 심한 화상은 감염을 일으키고 몸의 땀 조절 기능을 저하시킬 수 있다. 검은 피부는 이런 영향을 덜 받기 때문에 선택적일 수 있다. 그러나 피부암과 화상과 관련된 자연선택은 사람들의 피부색이 왜 다른 지를 일부 설명해 줄 수는 있으나 모든 현상을 다 설명해주지는 못한다. 예를 들어 적도에서 멀어질수록 자외선은 약해지고 밝은 피부를 가진 주민들에서 피부암과 화상이 덜 나타나는 것은 알 수 있으나 왜 위도가 높은 지역의 주민들이 밝은 피부를 가지는지는 설명 못한다. 다시 말해 검은 피부를 가진 사람이 적도지역에서 피부암과 화상에 걸린 확률이 적다는 것은 말할 수 있지만 적도에서 멀리 떨어진 주민집단이 밝은 피부를 지니는 원인을 설명하지는 못한다.

비타민 D 가설 : 자외선은 사람의 뼈대 성장에 필요한 비타민 D의 합성에 중요한 영향을 끼친다. 오늘날 우리는 비타민 D를 비타민 정제나 우유 등을 통해 섭취하는데 이는 최근에 인류가 개발한 방법이다. 어째든 인류는 비타민 D를 음식이나 자외선에 의한 화학적 합성을 통해 생성된 것들을 통해 얻는다. 예를 들어 생선기름 같은 음식은 비타민 D를 풍부히 함유하고 있으나 모든 사람들이 쉽게 얻을 수는 없다. 과거 대부분의 인류집단은 비타민 D를 태양으로부터 얻었다.

비타민 D 합성은 자외선과 관련이 있으므로 자외선이 가장 강하게 내려 쪼이는 적도지역에서 더 많이 생성된다. 사람에게 비타민 D는 너무 많거나 적어도 문제가 된다. 비타민 D를 너무 과다하게 섭취하면 연조직에 석회화가 일어나고 신장기능에 장애가 생기며, 부족하면 뼈대 성장과 발육에 문제가 생겨 각기병 같은 병이 생긴다. 이런 건강의 문제는 인류의 출산과 사망률에 영향을 미친다. 한 예로 어린 여자아이가 각기병에 걸리면 어른이 됐을 때 골반 기형의 원인이 되어 정상적인 출산을 할 수가 없게 한다. 유럽출신 미국 여성은 2 %가 골반의 기형을 보이는데 반해 아프리카 출신 미국여성에서는 15 %가 나타난다. 이런 차이는 아마도 피부색의 차이 때문으로 검은 색의 피부가 비타민 D를 충분히 흡수하지 못하기 때문인 것으로 가늠된다.

피부색의 진화와 관련하여 인류에게 가장 적당한 양의 비타민 D는 어느 정도일까 하는 것이 비타민 D 가설의 핵심이다. 이 가설에 의하면 자외선이 가장 많이 내려 쪼이는 적도에 가까운 지역에서 검은 색의 피부는 지나친 비타민 D의 생성을 막는 역할을 하고 적도에서 멀어진 지역에서 검은 색의 피부는 햇빛을 너무 차단하여 비타민 D의 결핍을 초래한다는 것이다. 따라서 이 지역에서는 자연선택에 의해 밝은 색의 피부가 더 유리하다는 것이다.

비타민 D 가설은 각기 다른 환경에서 인류의 검은 색과 밝은 색의 피부가 환경에 적응하여 분포하는 것을 설명해 주고 있다. 적도지역에서 사는 집단은 검은 색의 피부를 지니고 위도가 높은 지역에서 사는 집단은 밝은 색의 피부를 지닌다는 비타민 D 가설은 비록 논리적이기는 하나 일단의 학자들은 밝은 색의 피부를 지닌 사람이 오랜 동안 자외선에 노출되어도 비타민 D의 독성을 가지지 않는다고 주장한다. 또 다른 예로 각기병은 도시화에 따른 질병이며 검은 색 피부는 비타민 D를 합성하는데 밝은 색 피부만큼 효과적이지는 않으나 적당한 양의 비타민 D를 생성하고 유지하는 데 효과적이라는 연구가 있다. 나아가 북반부 지역의 기후에서도 필요한 양의 비타민 D를 생성하고 유지하고 있다고 한다. 간단히 말해 각기병과 비타민 D의 결핍은 최근 도시화된 지역과 빈곤층과 관련이 있다. 인류 조상의 경우 검은 색의 피부는 비타민 D를 생성하고 유지하는 데 별다른 불편함이 없다고 할 수 있다.

인류의 피부색의 분포를 설명하는 데 비타민 D 가설을 대신하는 가설로 추위에 의한 부상 가설을 들 수 있다. 추운 기후에서 검은 색 피부를 가진 사람은 밝은 색 피부를 가진 사람보다 동상에 더 잘 걸린다는 연구가 그것이다. 그 예로 한국전쟁에서 흑인 미국병사가 백인 미국병사보다 4 배 이상 동상에 걸렸다는 연구보고를 들 수 있다. 이들 연구는 추운 북반부 지역에서는 밝은 색의 피부보다는 검은 색의 피부가 동상에 더 잘 걸린다는 것을 나타내주며 동물실험도 같은 결과를 보여준다.

인류의 진화과정을 보면 밝은 색의 피부가 북반부의 기후에 알맞게 적응한 결과이다. 이른 시기의 인류의 조상은 아프리카의 적도를 포함한 사바나지역에서 살다가 호모 때에 아프리카를 떠나 북반부의 추운 지역으로 이주하였다. 새로운 지역은 자외선의 양이 먼저 살던 지역에 비해 적으면서 검은 색의 피부를 지녀야 할 선택적 요인이 감소하고 피부암과 화상의 위험성이 감소하였다. 오늘날 인류는 문화방법으로 추위를 방지하지만 우리의 조상은 피부색으로 동상을 방지하였다.

오늘날 적도지역에서는 검은 색의 피부가 피부암과 화상을 방지하는 선택적 요인이며 추운 지역에서는 밝은 색의 피부가 동상을 방지하는 데 더 유용하다는 가설을 뒷받침할 더 많은 연구가 요구되며 다양한 피부를 지니게 되는 다른 요인들에 대한 연구도 함께 진행 중이다. 예를 들어 자외선이 면역체계에 영향을 미친다는 연구가 그것이다.

진화요인의 상호작용

지금까지 4개의 진화요인을 개별적으로 살펴보았다. 그러나 실제로 진화는 이 요인들이 상호 작용하여 유전형질의 빈도를 변화시킨다. 돌연변이가 새로운 유전형질을 만들며 유전자 표이와 유전자 이동 그리고 자연선택이 돌연변이로 생긴 유전형질의 빈도를 변화시킨다. 때때로 진화의 요인은 함께 작용하나 때로는 역으로도 작용한다. 진화요인의 상호작용은 다른 유전형질의 생화학적 · 물리적 영향과 우성인자의 유무, 집단의 크기와 분포, 그리고 환경 등에 의해 영향을 받는다. 많은 생물인류학자들은 이 요인들을 인류 집단유전학의 중요 연구과제로 삼고 있다.

일반적으로 유전자 표이, 유전자 이동, 자연선택과 같은 진화의 요인이 집단사이와 집단내에서 어떻게 유전적 변이를 증가시키고 또 감소시키는지를 알고자 한다(돌연변이는 비록 새로운 유전형질을 만들지만 한 세대에서 유전형질의 빈도의 변화가 낮기 때문에 무시한다). 주민집단에서 변이가 증가하는 것은 집단내의 개인사이가 유전적으로 더 달라지는 것을 뜻하며 반대로 변이가 감소하면 사이가 가까워지는 것을 의미한다. 집단의 경우도 이와 같다

먼저 유전형질 빈도의 변이에 대한 유전자 표이와 유전자 이동 및 자연선택의 영향을 살펴보자. 유전자 표이는 한 주민집단으로부터 유전형질이 이동하는 것으로 한 집단의 변이를 감소시킨다. 한편 유전자 표이는 무작위적 사건이며 다른 주민집단에서 독립적으로 일어나기 때문에 유전자 표이의 유형은 집단에 따라 다르게 나타난다. 그럼에도 평균적으로 유전자 표이는 집단에 변이를 증가시킨다. 유전자 이동은 한 집단에 새로운 유전형질을 소개하며 집단 내에 변이를 증가시킬 수도 있지만 대부분의 경우 집단에서 변이를 감소시키는 역할을 한다.

자연선택은 한 집단에서 특정한 선택의 유형과 초기 유전형질의 빈도에 의해서 그 집단에서의 변이를 증가시키거나 감소시킨다. 예를 들어 열성의 동형접합자에 자연선택이 작용하면 한 유전형질이 점차 줄어들어 결과적으로 변이가 감소한다. 반대로 유익한 돌연변이에 자연선택이 작용하면 돌연변이형 유전형질의 빈도가 증가하여 그 집단의 변이를 증가시킨다. 자연선택은 환경의 변화에 의해서 집단의 변이를 증가시키거나 감소시킨다. 만일 두 주민집단이 비슷한 환경을 가지고 있다면 두 집단에서 자연선택은 같은 방법으로 일어날 것이며 따라서 그들 사이의 유전적 차이는 줄어들 것이다. 반면 두 집단이 다른 환경을 가

지고 있으면 이와 반대되는 결과를 나타낼 것이다.

진화요인들은 서로가 같거나 또는 반대의 영향을 미친다. 예를 들어 유전자 편재와 유전자 이동은 집단과 집단의 변이에 반대되는 영향을 미친다. 만일 이들 요인이 같은 시기에 작용하면 이때는 서로 반작용을 한다.

진화요인의 상호작용에 관한 여러 경우 중 먼저 돌연변이와 유전자 표이가 어떻게 서로 작용하는 지를 살펴보자. 돌연변이는 새로운 유전형질을 만들어 그 빈도를 변화시키며, 유전자 표이는 한 세대에서 다음 세대로 유전형질의 빈도를 무작위로 변화시킨다. 이 요인이 같은 시기에 작용하면 유전자 표이는 돌연변이에 의해 생긴 유전형질의 빈도를 증가시키거나 감소시킨다. 만일 한 집단의 주민들이 A 형질을 가지고 있는데 그 중 한 사람이 돌연변이로 a 형질을 가졌다고 한다면 이 사람은 50%의 가능성으로 A 형질이나 a 형질을 다음 세대로 전할 수 있다. 이때 돌연변이로 생긴 새로운 유전형질은 무작위적 기회로 없어지거나 증가할 수 있다. 자연선택과 유전자 이동도 또 다른 예이다. 자연선택은 돌연변이로 생긴 해로운 열성 형질의 빈도를 감소시킨다. 유전자 이동은 집단 중의 변이에 대해 유전자 표이와 같은 영향을 끼친다.

많은 소진화의 이론들은 이런 진화요인의 상호작용을 설명하기 위해 수학적 방법을 사용하는데 역동적인 집단의 연구를 위해서는 꼭 필요한 방법이다. 한편 유전적 변이를 해석할 때 다음과 같은 점을 염두에 두어야 한다. 만일 집단이 규모가 크면 유전자 표이는 별로 큰 영향을 미치지 않는다는 점이다. 유전자 이동이 끼치는 영향은 이주율을 통해 어느 정도 계산할 수 있다. 자연선택은 계급이 다른 유전형 중에 번식력과 사망률을 살펴봄으로써 설명할 수 있다.

무작위적 짝짓기

하르디-와인베르그 평형등식은 무작위로 짝짓기를 할 때 성립된다고 앞에서 설명하였다. 주민집단의 경우 동계교배 같은 무작위적 짝짓기에 의해 가끔 편차를 보인다. 인류사회에서 사람은 어느 정도 근친교배를 하나 일반적으로 사촌이나 또는 더 가까운 인척의 교배는 제한하고 있다. 근친교배는 어떤 유전적 영향을 일으키나? 하는 문제에 대해 살펴보자. 가까운 인척 관계일수록 조상으로부터 비슷한 유전형질을 더 많이 물려받는다. 따라서 근친교배는 동형의 유전형을 가질 가능성이 증가한다. 예를 들어 사촌끼리 짝짓기를 하여 태어난 자식은 모르는 사람사이에서 태어난 자식보다 동형의 유전형이 6.25% 더 많이 나타날 가능성을 가지고 있다.

근친교배는 때때로 유전적으로 해로운 영향을 끼친다. 근친교배로 태어난 아이가 출산

후 일년 이내에 선천적인 출산 결함에 의한 사고와 사망률은 모르는 사람들 사이에서 태어난 아이보다 훨씬 높다는 연구결과들이 있다. 또 다른 연구들은 근친교배로 태어난 아이들에서 저능아가 더 많다고 보고하고 있다. 실제로 다른 동물에 비해 인류의 경우 근친교배는 낮은 편인데 이는 근친교배로 인한 높은 유아 사망률과 더불어 사회가 근친교배를 금기시하기 때문이다.

생물학적으로 보면 근친교배의 진화적 영향은 유전형의 빈도를 변화시키는 것이지 유전형질 자체를 변화시키는 것은 아니다. 그러나 근친교배는 시간이 지남에 따라 유전형질 빈도의 변화율에 영향을 끼친다. 예를 들어 자연선택이 동형의 접합자에 작용하면 근친교배는 더 많은 동형접합자를 만들어내고 자연선택의 율은 변할 것이 바로 그것이다.

선택적 짝짓기는 작위적인 짝짓기의 한 유형으로 이 경우 사람들은 짝을 택할 때 생물학적으로 비슷한 사람을 택한다. 가장 대표되는 예가 피부색을 기준으로 짝을 선택하는 것이다. 이 경우도 진화 중 근친교배와 같은 영향을 주는데 즉 유전형의 빈도는 변하여도 유전형질의 빈도는 변하지 않는다.

제4장 대진화 Macroevolution

☞ 앞의 2 장과 3 장에서 진화를 이해하기 위해 분자단위부터 개인, 그리고 주민 집단에 관한 연구인 소진화를 살펴보았다. 이렇게 살아있는 개체를 관찰하고 연구하는 소진화는 비교적 이해가 쉬운 편이다. 그러나 오랜 시간동안 진행되는 진화의 변화는 이해가 쉽지 않다. 이렇게 수만 또는 수 백만 년이라는 기간 중에 진행되는 종 단위의 변화가 대진화의 연구대상이다.

일반적으로 과학적 창조론에서 거론하는 진화는 대진화를 말하는 것이다. 창조론에서는 수천 · 수백 만년 동안에 걸쳐 진행된 변화를 사람들이 직접 관찰할 수 없기에 과학적 증명이 불가능하다고 한다. 그러나 많은 과학들, 예를 들어 지질학과 천문학 같은 분야에서 과학적 근거를 제시한다. 지질학적 기록들이 한 증거로 이들을 통해 변화의 사실을 확인할 수 있고 대진화가 실제로 일어났다는 것을 증명할 수 있다.

대진화에 관한 이론 중 가장 큰 주제는 아마도 새로운 종의 출현에 관한 것인데 이에 관한 내용은 중요한 화석기록의 변화를 통해 설명된다. 예를 들어 어떤 종은 계속 살아있는데 어떤 종은 왜 절멸했을까? ; 새가 날게 된 것은 어떤 진화 요인에 의해서 일까?; 인류의 조상은 상대적으로 짧은 시간 중에 여러 차례 변하였는데 바퀴벌레는 수백 만년 동안 전혀 변하지 않는 까닭은 무엇일까? 하는 것들이다.

새로운 종의 출현은 오늘날에도 관찰된다. 사람들은 새로운 종을 만들고 인공번식을 통해 조절한다. 열대어들이 그런 예이며 자연적으로 생기는 초파리나 달팽이 등도 또 다른 예이다. 그러나 새로운 종의 형성에 관한 대부분의 지식은 화석기록의 분석을 통해 얻어진다.

종의 정의

다윈은 『종의 기원』에서 새로운 종은 어떻게 생기는가? 하는 문제에 대해 많이 언급하지는 않았으나 대신 진화 중 변화에 대한 기본적 본질을 규명하면 새로운 종의 형성을 설명할 수 있다고 생각하였다. 실제로 종의 형성에 관한 모델은 다르지만 소진화의 과정을 사용하면 이를 설명할 수 있다.

종의 개념들

동물의 종을 구분할 때는 크게 두 가지 방법에 따라 이루어진다. 첫째가 형태적인 특징을 기준으로 하는 방법이다. 이 방법은 그리스의 아리스토텔레스로부터 린네에 이르기까지 사용되던 방법으로 종들을 외모에 따라 구별하였으니, 만일 외모가 아주 다르면 두 개의 서로 다른 종들로 구분하였다.

오늘날 살아 있는 동물의 경우에는 '생물학적 종의 개념biological species concept'을 적용하여 구분한다. 이때 종의 개념은 동물 암 · 수가 서로 교배할 수 있는지에 달려 있다. 이 개념에 따르면 종이란 서로 짝을 찾아서 새끼를 낳을 수 있는 무리로서 이들은 다른 무리들과는 짝을 짓지 않는다. 실제로 두 무리의 동물들이 같은 종에 속하는지의 여부는 쉽게 알 수 있다. 한 예로 두 마리의 새가 서로 비슷하게 닮았으나 그들이 짝을 찾는 소리가 다르면 서로 교미를 않는다. 서로가 다른 종이기 때문이다. 동물들에서 이런 차이는 쉽게 알 수가 있다. 대표되는 예로 노새를 들 수 있는데 노새는 말과 당나귀의 교배로 얻어진다. 그러나 노새는 서로 교배를 하여 자식을 낳을 수가 없기 때문에 말과 당나귀는 같은 종이 아니다.

위에서 말한 방법들은 살아 있는 동물들인 경우에는 문제가 없으나, 화석인 경우에는 문제가 일어난다. 만일 긴 송곳니를 가진 고양이과에 속하는 머리뼈를 발견한다면 이 동물화석이 오늘날에 살고 있는 사자와 같은 종에 속하는 지를 잘 알지 못한다. 이렇게 화석인 경우에는 생물학적 개념인 짝을 지어 새끼를 나을 수 있는 지를 증거 할 수 있는 직접적인 방법이 없기 때문이다. 따라서 고동물학에서는 '옛날 (고)종 paleospecies' 개념을 사용하고 있다.

동물의 종을 구분할 때 부딪치는 또 다른 문제는 동물들은 시간이 지남에 따라 진화를 통해서 모습이 변하는데 반해 린네의 명명법은 변치 않는다는 점이다. 즉 동물은 진화 중에 중간형이 나타나는데 비해 린네의 명명법은 이들 중간형의 이름을 나타낼 수가 없다.

종의 변화 방법

생물학적 종의 개념은 살아있는 두 개 이상의 집단을 비교하는 데에 유용하다. 이 개념은 과거에 살던 종이 진화할 때 변화의 방법을 설명하는 데에 응용되는데 서행진화anagenesis와 파행진화cladogenesis가 그것이다.

서행진화에 따르면 한 종은 시간이 지나면서 점진적으로 변하는 것으로 진화는 A 형태에

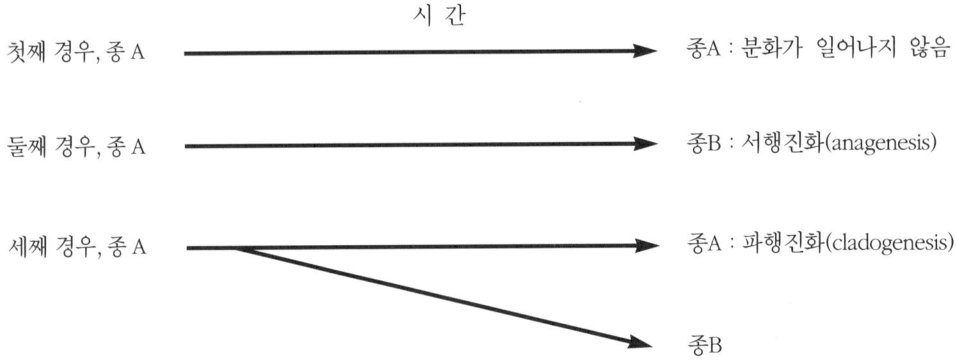

그림 4.1. 종의 분화 방법들

서 B 형태로, 그리고 C 형태로 진행된다. 이 방법에 따른 진화 중 변화는 직선으로 일어나지만 종의 이름을 결정 할 때 문제가 생긴다. A 형태는 B 형태와는 다른 종인가 하는 점이다. 예를 들어 인류의 진화에서 살펴보자. 곧선사람은 정말로 슬기사람과 다른 종일까? 다른 종으로 볼 경우 생물학적 종의 개념을 적용하는데 문제가 생긴다. 이런 문제에 대해 학자들은 종의 개념을 일부 변경시켜 적용한다. 위에서 언급한 '옛날 종' 개념이 그것이다

그러나 서행진화는 대진화를 충분히 설명하지 못한다. 따라서 새로운 종은 어디서 생겨나는가? 하는 질문에 파행진화cladogenesis가 설명을 한다. 파행진화는 본래의 종으로부터 하나 또는 그 이상의 새로운 종이 갈라지는 것을 말한다. 그림 4.1 에서처럼 처음 종 A가 갈라져 새로운 종 B를 만들며 이들은 같은 시기에 살고 종 B에서 종 C가 생겨난다. 처음 한 종에서 나중에 세 종으로 생겨난 것이다. 이때 새로운 종으로 분화가 일어나도록 한 요인들은 그림 4.1에서 설명하기로 한다.

화석들에서 진화 중 관계가 분명하지 않을 때 어떻게 종에 이름을 붙이는가 하는 점이 문제이다. 앞에서 린네의 분류방법으로는 중간형의 화석에 이름을 줄 수 없다고 설명하였다. 따라서 종에 이름을 주는 것은 학자들에 따라서 다를 수가 있다는 것을 염두에 두어야 한다.

위의 표에서 새로운 종은 둘째 경우인 서행진화 (하나의 종이 점진적으로 다른 종으로 변하는 현상)와 셋째 경우인 파행진화 (하나의 종이 시간이 지남에 따라 둘 이상의 종으로 갈라지는 현상)에 의해 일어난다. 이때 파행진화는 같은 지역에서 일어나는 '같은 지역 분화 sympatric speciation'와 다른 지역에서 일어나는 '다른 지역 분화allopatric speciation'로 다시 나누어진다(그림.4.2).

'같은 지역 분화'는 같은 종에 속하는 동물 중, 분화된 두 개 이상의 무리들이 같은 지역에서 사는 것을 의미한다. 이때 한 동물 무리는 다른 동물 무리들과는 염색체의 변화나 다

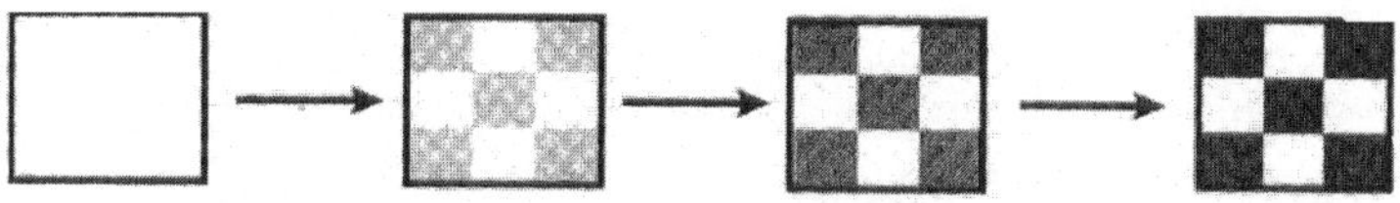

a) 같은 지역 분화: 같은 지역 내에서 각기 다른 적응을 선호 할 때 분화가 일어난다.

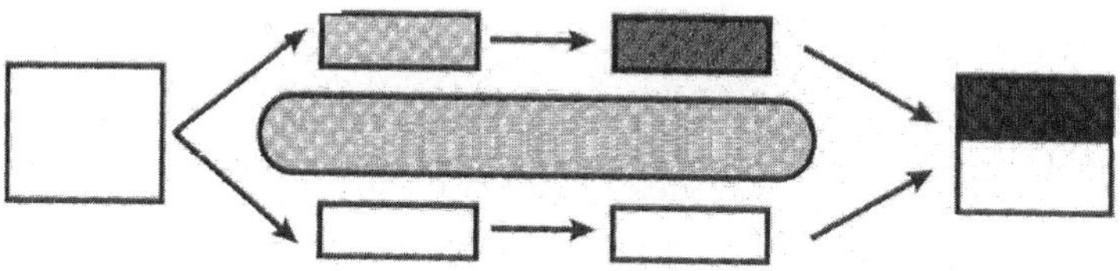

b) 다른 지역 분화 : 한 종이 자연지형 등의 장애에 의해 격리되어 분화가 일어난 경우 분화된 집단은 나중에 다시 만나도 자식을 생산하지 못하고 두 개의 종으로 분리된다.

그림 4.2. 지역에 따른 분화방법.

른 유전적 변화에 의해서 분리되고, 이 두 무리의 동물들은 서로 짝을 찾을 수가 없으며, 그 결과 분화가 일어난다.

'다른 지역 분화'는 하나의 동물 무리가 다른 동물 무리로부터 떨어져 나갈 때 일어난다. 예로 같은 종에 속하는 세 개의 다른 동물 무리가 있는데 이들 모두가 서로들 사이에서 짝을 구할 수 있다고 (이는 교미에 의해 서로 유전물질을 교환함을 뜻함) 가정해보자. 만일 하나의 동물 무리가 다른 두 동물 무리로부터 격리된다면 이 무리는 시간이 흐름에 따라 변할 것이다. 세월이 지나서 이 무리가 다시 본래의 두 무리들과 다시 결합할 기회가 주어진다면 이들은 서로들 사이에서 짝을 구할 수 있거나 아니면 짝을 구할 수 없을 수도 있다. 이때 짝을 구할 수 없는 경우를 분화가 일어났다고 한다.

동물이 짝을 구해 새끼를 낳는 행위는 여러 방법으로 영향을 받는다. 즉 한 몸안에 양성을 가지고 있는 경우는 동물이 신체적 변화로 인해 육체적인 결합을 막는데 이 경우를 '짝짓기 전 방법' 이라고 한다. '짝진 뒤 방법'은 배우자나 접합자가 죽거나 자식을 낳았어도 적응성이 떨어지거나, 아니면 자라면서 발육이 불량한 경우를 말한다. 따라서 분화 이후에 한 지역에서 다같이 살게 되어도 많은 일들이 일어난다.

분류학

동물의 분류학에 관해서는 앞에서 간단하게 살펴보았다. 이 장에서는 생물학적 분류에 관계된 내용과 방법들에 관해 살펴보기로 한다.

분류학과 진화 : 린네의 분류방법

종의 기원을 이해하기 위해서는 '종의 개념'이 먼저 정의되어야 하며, 종의 정의를 설명하기 전에 먼저 이와 관련된 대진화와 종의 기원이 생물학적 분류의 원리에 따라야 한다.

지구에 살고 있는 생물 중 지금까지 약 170만 종이 알려져 있다. 이 가운데 꽃가루를 가진 식물이 25,000 종이고, 등뼈동물이 47,000종, 그리고 750,000 종이 곤충류이다. 실제로는 더 많은 생물들이 살고 있을 것으로 여겨지는데, 특히 열대삼림지대에는 약 3천만 종에 달하는 곤충류들이 살고 있으리라고 여겨진다. 이렇게 많은 생물의 다양성을 연구하는 분야를 계통학systematics이라고 한다. 분류학taxanomy은 계통학의 한 방법으로 인류가 어떻게 진화해 왔는가를 살펴보는 데 절대로 필요하다.

계통학자들을 포함해서 사람들은 지구에 살고 있는 생물의 다양성을 표시하기 위해서 그들 나름대로의 방법들을 가지고 있다. 그 예로 아프리카의 칼라하리 지역에는 많은 동물들이 살고 있다. 만일 우리가 탄 비행기가 이 지역에서 추락했다고 가정해보자. 배가 고픈 우리에게 기니아 닭은 먹음직스런 음식일 것이다. 그러나 이를 잡기는 그리 쉽지 않으며 이를 표현하는 말과 방법이 문화권에 따라 다르다..

1700년대에 각기 다른 문화권에 사는 사람들이 생물을 표시할 수 있는 체계적인 방법에 대해 연구하기 시작했다. 린네가 처음으로 생물계를 분류하여 『자연체계』에 소개하였다. 1730년에 이 책이 처음 출판되었을 때 린네는 28세였다. 이 책에서 그는 "이 세상에는 신이 창조한 만큼의 많은 생물들이 있다(There are as many species as the Creation produced)."고 하였다. 그러나 1762년 판에서 린네는 생물의 속genus은 변하지 않으나 종species은 변할 수 있다고 말하였다. 1766년 마지막 판에서 린네는 그간의 생각을 완전히 바꾸어서 "아마도 새로운 종들이 있을 수 있다"고 인정하게 되었다. 처음에 린네는 생물들은 불변성이라고 확고하게 믿었으나, 점차로 그는 하느님이 진화를 하는 작은 수의 생물들을 만드셨다고 생각하였다. 린네의 생물에 대한 이런 인식의 변화는 그 자신이 연구한 생물들이 서로 관련이 있다는 사실을 알고 난 후부터이다.

현대 분류학 체계는 생물계를 크게 동물계와 식물계로 나눈다. 이들 중에서 같은 이름을 가지고 있는 무리를 택손taxon이라고 하는데, 이는 하나의 종을 나타내며, 이 무리들이 모여서 택사taxa를 이룬다. 이때 서로 관련이 있는 동식물들을 구별하는 기준은 이들이 서로 나누어 지닌 해부학상의 특징의 유사한 정도에 따라 분류된다.

현대 분류학 체계의 한 예를 살펴보자. 경마장에 가면 말과 기수가 함께 달리는 것을 볼 수 있는데 이들을 구분하기 위해서 속과 종의 이름을 사용한다. 이때 속의 이름은 대문자로 나타내고 종의 이름은 소문자를 쓴다. 속과 종의 이름은 이탤릭체로 표기하거나 밑줄을 긋는다. 분류체계에 따른 말과 사람의 분류는 아래와 같다(표 4.1).

표 4.1에서 말과 사람은 둘 다 동물로 같은 계, 문, 강에 속하나 목의 단계에서부터 갈라진다. 이 단계부터 말과 사람은 서로 다른 텍사이다. 이렇게 생물의 이름을 정하는 방법은 170만 종이나 되는 모든 동식물들을 분류하기 위해서 정해졌다. 이때 각각의 동식물들은 두 개의 이름을 갖고 있는데 이를 '린네 또는 이중 이름 명명법 linnaeuan 또는 bionomial nomenclature' 이라고 한다.

표 4.1 린네의 분류체계에 따른 말과 사람의 분류

	말	사람
계 (界: Kingdom)	동물계 (Animalia)	
문 (門: Phylum)	척색동물문 (Chordata)	
강 (綱: Class)	젖먹이동물강 (Mammalia)	
목 (目: Order)	기제류목 (Perissodactyla)	영장류목 (Primates)
과 (科: Family)	말과 (Equidae)	사람과 (Hominidae)
속 (屬: Genus)	말속 (Equus)	사람속 (Homo)
종 (種: Species)	말 (*Equus caballus*)	사람 (*Homo sapiens*)

이렇게 생물의 이름을 정할 때는 국제협약에 따라야 한다. 규약에는 두 개의 중요한 규칙이 있는데, 첫째가 '우선의 규칙law of priority' 으로, 이는 처음 지어진 이름에 우선권이 있으며 한번 정해진 이름은 변경될 수 없음을 뜻한다. 둘째는 '대표 형태의 규칙law of type' 으로 이는 새로운 종의 이름을 만들려 할 때는 반드시 대표되는 표본이 하나 있어야 한다는 뜻이다. 이렇게 생물의 이름을 정해주는 분야를 분류학이라고 한다.

이 책에서는 영장류 중의 하나인 인류에 대한 연구를 주제로 하고 있다. 따라서 영장류에 속하는 인류는 어디로부터 시작되었나를 살펴보자 (표 4.2참조). 인류는 등골 동물 문에 속하며 아문 단계에서 등뼈동물로 구분되어진다. 이 등뼈동물 중에서 사람은 젖먹이동물 강으로 분류되며 아강에서 다시 태반을 지닌 젖먹이동물로 분류되고, 이 태반 젖먹이동물 중에서 인류는 영장류 목에 속한다.

오늘날 지구상에는 약 180종의 영장류가 남아있으며, 인류는 그 중의 한 종이다. 린네는 영장류를 다른 동물의 무리로부터 분리시켜 놓았는데, 이는 인류가 이 무리에 속해 있기 때문이다. 영장류primate란 말은 라틴어의 'primus' 곧 '첫째' 라는 뜻에서 유래되었다. 일부 학자들은 린네의 분류가 너무 '인류를 중심' 으로 이루어졌다고 비판하고 있으나, 그가 살았던 18세기를 돌이켜 본다면 그의 이런 분류를 이해할 수 있다.

영장류는 생물학적으로 볼 때 단지 설치류나 박쥐 등과 같은 급에 속하는 젖먹이동물일 뿐이다. 인류 이외의 다른 영장류들 또한 인류학자들에게 매우 중요하다. 왜냐하면 이들에 대한 연구를 통해 인류의 신체적 특징과 생리 현상 및 행동 그리고 진화 등에 대해 더 잘 이해할 수 있기 때문이다. 이 영장류들은 약 6천5백만 년 전부터 서로 같은 길을 따라 진화해 왔다. 진화론의 입장에서 살아있는 영장류는 진화에 대한 '모델'을 제공하기 때문에 우리는 이들을 연구함으로써 인류 조상의 행위가 어떠했는가를 추론할 수 있다.

영장류가 진화해 온 과정을 살펴볼 때 우리가 한 가지 염두에 두어야 할 점은 오늘날 살고 있는 유인원은 결코 인류가 될 수가 없다는 것이며, 이는 인류와 오늘날 살고 있는 유인원은 공통 조상에서 갈라져 나온 진화의 마지막 산물이기 때문이다.

분류의 방법

우리는 가끔 두 종류의 동물이 닮은 점을 볼 수 있는데 이는 여러 이유가 있다. 첫째는 이들이 아주 가까운 공통조상으로부터 갈라져 왔기 때문으로 사람과 원숭이가 다섯 손가락을 지니고 있는 것이 한 예이다. 둘째는 두 종류의 동물이 진화과정 중 독자적으로 같은 특징을 발전시켰기 때문이다. 종달새와 박쥐는 조상은 다르지만 날라 다니는 것이 그것이다. 독자적인 진화의 결과 같은 특징을 지니게 된 것은 가까운 조상으로부터 시작된 평행진화parallel evolution때문일 수도 있으며, 같은 특징은 비교적 가까운 조상으로부터 갈라져 나온 것은 상근진화convergent evolution 때문이기도 하다. 그러나 동물의 진화관계를 복원하기 위해서는 닮은 점은 평행진화나 상근진화보다는 공통조상으로부터 갈라져왔기 때문이라는 점에 초점을 맞춘다.

동형특징과 유사특징 : 동물의 진화관계를 밝히기 위해서 먼저 동물의 생물학적 특징과 구조 그리고 기능을 살펴보아야 한다. 동형특징은 구조는 비슷하나 기능은 같던지 아니면 다른 것으로 사람과 박쥐 팔뼈의 경우, 뼈의 기본 구조는 같으나 크기와 모양 및 기능은 같지 않다. 이런 경우의 뼈를 동형구조라고 하는데 이는 공통조상으로부터 갈라져 왔기 때문이다.

한편 박쥐와 곤충처럼 같은 기능을 가졌으나 구조가 다른 특징을 유사특징이라고 한다. 이런 경우 박쥐와 곤충은 진화 관계를 보여주는 구조는 없지만 진화가 같은 기능을 갖게끔 작용하였다. 이렇게 박쥐와 곤충의 날개의 발달은 상근진화를 나타낸다(그림 4.3)

'본래 지닌 특징'과 '나누어 지닌 특징' : 생물학적 특징은 '본래 지닌 특징'과 '나누어

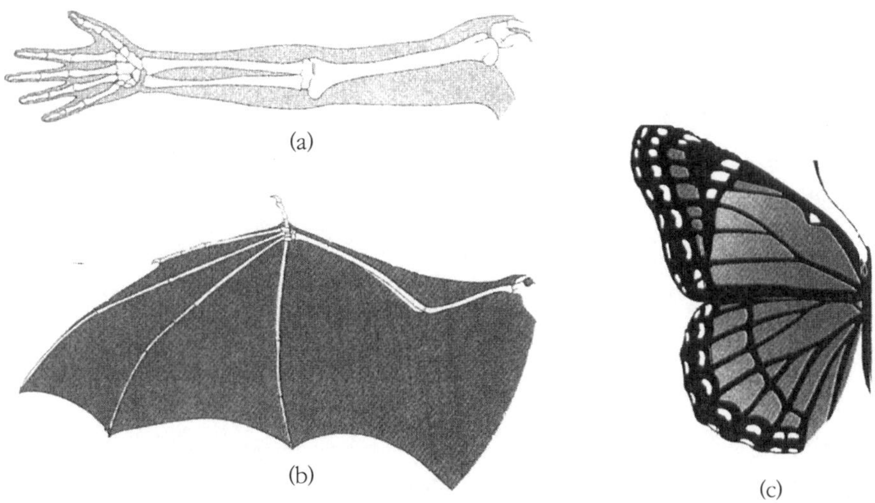

(a) (b) (c)

그림 4.3. **동형특징과 유사특징.** 사람의 팔(a)과 박쥐의 날개(b)는 기능이 다르나 진화상 연관이 있을 때 이들은 동형특징을 지녔다 하고, 박쥐의 팔(b)과 곤충의 날개(c)는 같은 기능을 가졌으나 진화상 관계가 없는 경우 유사특징을 지녔다고 한다.

지닌 특징'으로 구분된다. 오래 전부터 지녀 온 특징을 본래 지닌 특징 primitive character 이라 하고, 조상으로부터 물려받은 특징을 나누어 지닌 derived character 특징이라고 한다. 예를 들어 사람과 말의 발가락은 다섯 개인데 이는 둘 다 젖먹이동물이기에 때문으로 이를 본래 지닌 특징이라 한다.

본래 지닌 특징과 나누어 지닌 특징은 상대적이다. 즉 어느 단계에서 본래 지닌 특징은 다른 단계에서는 나누어 지닌 특징이기 때문이다. 예를 들어 오늘날 살고 있는 사람과 유인원은 꼬리가 없는데 유인원과 사람을 비교하면 꼬리가 없는 것은 본래 지닌 특징이다. 이들이 꼬리가 없는 것은 공통조상으로부터 갈라져 왔기 때문이다. 반면에 원숭이는 꼬리가 있는데 원숭이를 유인원과 비교하면 꼬리가 없는 유인원은 나누어 지닌 특징을 지니고 있다.

이렇게 본래 지닌 특징과 나누어 지닌 특징은 상대적이기에 동물이 지닌 특징이 본래 지닌 특징인지 아니면 나누어 지닌 특징인지는 조상의 조건을 알지 못하고는 단정할 수 없다는 점을 염두에 두어야 한다.

동물의 분류방법

동물을 분류할 때 제기되는 문제는 분류방법이 다양하다는 점이다. 여기서는 일반적으로 사용되는 방법을 살펴본다.

전체 비교방법phenetics : 전체적으로 닮은 점을 바탕으로 분류하는 방법을 전체 비교방법이라고 한다. 이 방법에서는 닮은 점이 공통조상으로부터 왔기 때문이던 아니면 평행진화의 결과이던 상관하지 않는다. 만일 평행진화가 아주 공통적으로 일어났다면 전체 비교분류는 실제보다 진화 관계가 더 가까운 것으로 나타난다. 그 결과 공통조상을 가지지 않은 종들이 같은 무리로 분류된다. 예를 들어 전체 비교방법에 따라 악어와 도마뱀은 파충류로 분류되고 새는 조류aves로 항상 자리한다. 비록 이 방법은 전체적으로 닮은 점을 중요시하는 전통적인 방법에는 부합되나 문제는 새와 악어가 도마뱀보다 아주 더 가깝다는 데에 있다.

클라디스틱 방법cladistics : 클라디스틱 방법은 진화 관계에 초점을 맞춘다. 이 방법에서는 새와 악어는 같은 무리로, 그리고 도마뱀은 다른 무리로 분류한다. 클라디스틱 방법의 원리는 동물을 분류할 때 '나누어 지닌 특징'을 서로 지니고 있는 지에 둔다. 예를 들어 사람과 원숭이는 모두 다섯 개의 손가락/발가락을 가지고 있지만 이들의 관계를 규명하는데 이용되지 않는다. 손가락 개수는 '본래 지닌 특징'이기 때문이다. 반면에 사람의 커다란 두뇌는 원숭이나 유인원과의 진화 관계를 밝히는데 사용할 수가 없다. 그러나 커다란 두뇌는 사람만이 지니고 있는 특징이기 때문에 사용된다. 이렇게 클라디스틱 방법에서는 단지 '나누어 지닌 특징'만이 두 종사이의 진화 관계를 결정하는 데에 이용된다. 그 예로 사람과 유인원만이 나누어 지닌 어깨 구조의 해부학적 특징을 들 수 있다. 비교해부학과 화석기록에 의하면 이들이 비슷한 어깨 구조를 지니고 있는 것은 이 특징들을 공통조상으로부터 물려받았기 때문이다.

클라디스틱 분류방법의 문제는 평행진화를 거의 무시한다는 점이다. 그러나 평행진화에 대한 화석기록들의 예가 많이 있다. 또 다른 문제는 이 방법은 본래 지닌 특징이냐 아니면 나누어 지닌 특징이냐 중 한 쪽만을 택한다는 점이다. 따라서 연속되는 특징의 경우에 문제가 된다. 예를 들어 '크다, 작다' 했을 때 이를 구분하는 기준이 무엇이냐 하는 점이다. 이런 문제들에도 불구하고 클라디스틱 분류방법은 생물인류학자들이 즐겨 사용하는 방법이다.

등뼈동물

사람도 다른 동물들처럼 린네의 분류방식에 따라 구분되는데(표 4.2), 사람을 등뼈동물이문 단계에서부터 살펴보자.

동물계는 분류학에서 가장 포괄적인 분류단계의 하나이다. 모든 생명체는 다섯 개의 계로 구분되는데 : 식물계, 동물계, 균류계, 그리고 분열균계bacteria 가 그것이다. 계는 음식과 이동성에 따라 구분하는데 식물은 광합성을 통해 영양을 공급받고 동물은 음식을 입을 통해 체내로 섭취한다.

표 4.2 분류학으로 본 사람의 분류

분류단계	슬기사람
kingdom 계 界	동물계 animals
phylum 문 門	척색동물 chordates
subphylum 아문 亞門	등뼈동물 vertebrates
class 강 綱	젖먹이동물 mammals
subclass 아강 亞綱	태반동물 placental mammals
order 목 目	영장류 primates
suborder 아목 亞目	앤스로포이드 anthropoids
superfamily 초과 超科	인류초과 hominoids
family 과 科	인류과 hominids
genus 속 屬	인류속 homo
species 종 種	슬기사람 homo sapiens

이런 점에서 사람은 동물계로 분류된다. 동물은 음식을 얻기 위해 신경과 감각조직 및 운동 시스템이 잘 발달되어 있다.

한편 사람은 척수spinal cord를 지니고 있는 동물이기에 척색동물 문chordata에 속한다. 척색동물의 특징은 등 쪽 내부로 발달한 유연한 뼈대notochord가 있다는 점인데 이 뼈대는 몸을 받쳐주고 힘을 주는 역할을 한다.

사람은 등뼈동물 아문vertebrates에 속한다. 등뼈동물의 특징은 등 뼈대를 중심으로 좌우가 거의 같은 몸집을 이루고 있다는 점이다. 사람을 가운선(정중선)으로 나눌 때를 생각하면 된다. 등뼈동물의 또 다른 특징은 척수를 감싸주는 등뼈vertebrae가 있다는 점이다. 신경조직은 뼈로 둘러 싸였으며 두뇌로 들어가는 척수의 끝이 넓어진다.

사람의 일반적인 생물학적 구조는 다른 등뼈동물에서도 찾을 수 있다. 등뼈동물인 사람과 새 그리고 고래를 비교해 보면 이들의 기본적 뼈대 구조는 같다는 것을 알 수 있다. 말의 경우 발가락뼈가 하나인 것은 진화과정 중에 특수화한 까닭이다.

등뼈동물 아문 단계에서는 젖먹이동물을 위시하여 물뭍동물(양서류), 파충류, 새 그리고 물고기 등의 강의 단계로 다시 구분된다. 사람은 젖먹이동물(강)에 속하기 때문에 생물학적 특성과 행위의 많은 부분은 젖먹이동물과 닮았다.

젖먹이동물

최초의 원시적인 젖먹이동물은 대략 2억만년 전에 살던 이른 시기의 파충류로부터 진화하였다. 오늘날 젖먹이동물과 파충류에서 보이는 차이는 오랜 세월동안 각기 다른 방향으로 진화해 온 결과이다. 따라서 과거로 갈수록 이들의 차이는 구별하기가 쉽지 않다.

젖먹이동물과 파충류는 진화라는 관점에서 관련이 있기 때문에 이들의 지닌 자신들만의 독특한 특징을 비교하는 것이 분류에 유용하다. 오늘날의 젖먹이동물은 재생산과 체온조절, 이빨과 뼈대의 얼개 및 행위에서 파충류와 다르다.

재생산 : 젖먹이동물의 대부분은 태반동물로 암놈의 몸 안에서 태아를 키운다. 그러나 캥거루 같은 마수피얼이나 모노트림에 속하는 오리너구리platypus는 알을 생산한다.

젖먹이동물의 특징인 태반은 임신 중에 암놈의 몸 안에 발달하는 기관이다. 태반은 모체와 자식사이의 순환시스템으로 영양과 산소 그리고 항체를 태아에게 운반해 줄 뿐 만 아니라 폐기물들을 걸러내는 역할을 한다. 태반을 가진 동물은 파충류처럼 태반이 없는 동물에 비해 태아의 보존 등 생존의 기회를 극대화하는 효과를 지니고 있다.

젖먹이동물의 큰 특징 중 하나는 암놈이 새끼에게 젖을 공급하는 기관을 가지고 있다는 것이다. 면역체 또한 젖을 통해 새끼에게 전달되는데 이렇게 새끼에게 영양과 면역체를 공급할 수 있는 구조를 지니고 있어 새끼의 생존능력을 증가시킨다. 그러나 이런 이점이 있는 반면 자식을 키우는데 어미의 에너지가 많이 들어 한번에 자식을 많이 출산하지 못한다.

젖먹이동물의 새끼는 태어나기 전이나 태어난 후에도 부모의 보살핌은 파충류에 비해 오래 지속된다. 임신과 양육에는 많은 에너지가 필요하기 때문에 새끼의 수와 부모의 보살핌은 균형을 이룬다. 즉 젖먹이동물은 다른 동물에 비해 적은 수의 새끼를 키우는 대신 자식을 돌보는 노력이 많이 요구된다. 태반과 수유 구조의 발달은 새끼를 돌보기 위해 극대화된 생물학적 특징이다.

진화의 관점에서 볼 때 새끼를 조금 갖고 많은 보살펴 주는 것이 유리할까? 아니면 새끼를 많이 갖는 대신 적게 보살피는 것 유리할까? 하는 문제가 있다. 이 질문의 대답은 두 방법이 다 유리한 점과 불리한 점이 있다는 것으로 새끼를 많이 가지는 것은 환경이 급격히 변할 때 유리하며 좀더 안정된 환경에서는 새끼가 적어 많이 보살필 수 있다는 점이 유리하다.

사람은 젖먹이동물로써 자식을 적게 가지는 대신 키우는데 많은 보살핌을 준다. 하지만 사람은 가까운 유인원보다는 자식을 더 가지며 더 많이 보살핀다. 사람은 아이가 충분히 자라기 전에 또 다른 아이를 갖는다는 점에서 유인원과 다르다. 따라서 사람은 같은 기간 내에 유인원보다 더 많은 아이를 갖는다.

체온조절 : 젖먹이동물은 항온동물로 어떤 상황에서도 거의 일정한 체온을 유지한다. 이에 반해 냉온동물인 파충류는 일정하게 체온을 유지할 수 없기 때문에 신진대사를 왕성하

게 하고 몸을 따듯하게 하기 위해서 외부로부터 열을 받아야한다. 젖먹이동물은 여러 방법으로 체온을 일정하게 유지한다. 머리털과 체모는 몸의 열을 보존하는 역할을 한다. 기온의 변화에 혈관의 확장과 수축도 체온조절의 한 방법이다. 젖먹이동물은 음식을 몸 안에서 태워 몸의 체온을 일정하게 유지하게 한다.

이런 특징 때문에 젖먹이동물은 환경의 변화에도 폭 넓게 적응한다. 그러나 적응력이 높은 대신 많은 양의 음식이 필요하다. 만일 환경이 변해 필요한 음식을 충분히 얻지 못하면 젖먹이동물의 생존은 파충류보다 더 불리해진다. 이는 진화 중 어떤 특징이 이점이 있으면 반드시 이에 상응하는 대가가 있음을 보여주는 것이다.

사람은 물론 다른 젖먹이동물보다 기본적으로 체온조절 능력이 뛰어나다. 다양한 기술로 추위와 더위를 조절할 수 있기 때문이다. 불과 의복이 사람이 가장 일찍이 발견한 조절기술이며 냉난방의 발달은 사람의 생물학적 한계를 뛰어 넘게 해주고 있다.

이빨의 얼개와 기능 : 인류를 포함한 영장류의 이빨의 얼개는 고인류학자들에게 인류의 진화에 관해 많은 정보를 제공한다. 인류의 이빨에서 찾아지는 특징은 영장류를 비롯하여 젖먹이동물 모두에게 적용된다(그림.4.4).

젖먹이동물은 앞니incisor, 송곳니canine, 옆니premolar, 어금니molar를 가지고 있는데

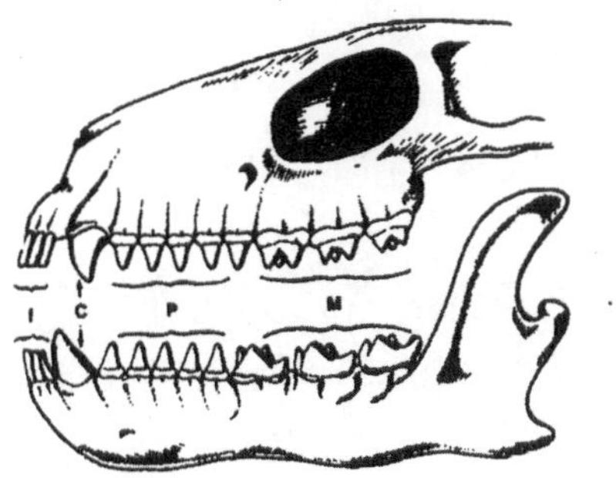

a) 위 · 아래 이빨의 기본형태

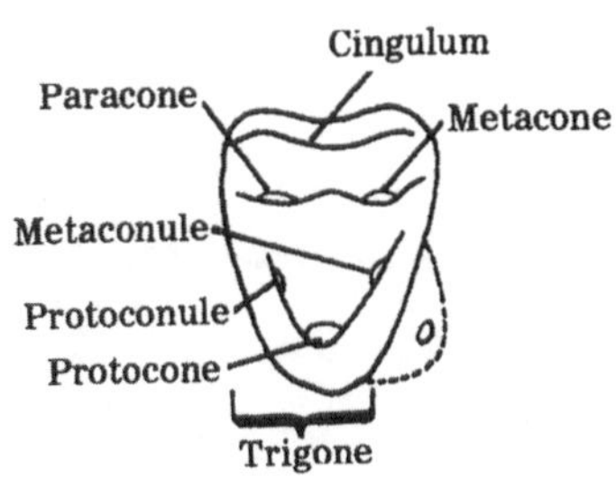

b) 왼쪽 위어금니의 씹는 면의 도드리

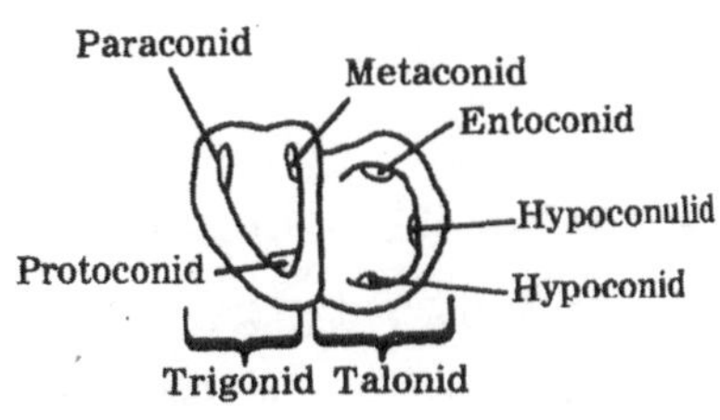

c) 아래 왼쪽 어금니 씹는 면의 도드리

그림 4.4. 젖먹이동물의 이빨의 기본형태

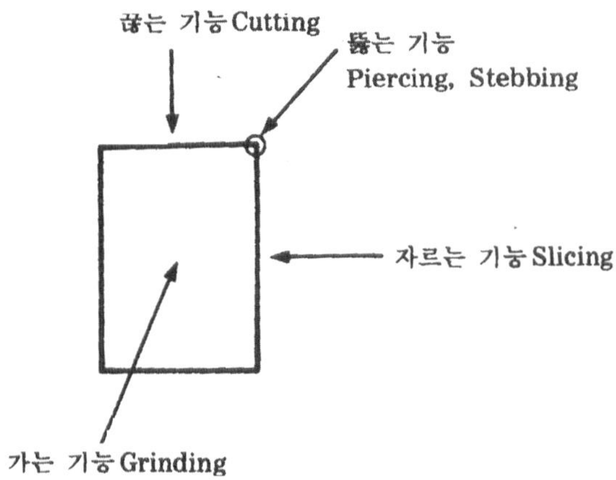

그림 4.5. 이빨의 기능

모양이 서로 다르다. 젖먹이동물들은 종류에 따라 이빨 틀에 있는 이빨의 수에 차이가 있는데 이빨의 수를 계산할 때는 위.아래턱의 가운선을 기준으로 나누어 이빨의 수를 센다.

인류를 포함한 영장류의 이빨은 발달해 오는 과정에서 젖먹이동물의 기본적인 이빨 얼개를 지니고 있다. 젖먹이동물의 앞니는 비교적 작고 편편한 모양을 하고 있다. 송곳니는 크고, 이빨 끝이 날카로우며 다른 이빨보다 더 솟아나 있다. 옆니는 작은 편이며, 씹는 면이 볼록 솟아나 있는데 이를 도드리cusp라고 부른다. 또한 옆니는 이빨 표면 사기질에 돌아가면서 덧띠가 발달해 있었는데 진화과정 중 이 덧띠는 옆니와 어금니에서 곁도드리로 변하였다.

도드리의 모양은 영장류를 분류할 때의 특징으로 이용된다. 그 예로 원숭이는 도드리와 도드리가 서로 연결되는 바이로포돈트bilophodont인 데 반해 사람과 유인원은 도드리가 이빨표면에 파인 홈groove(또는fissure)에 의해서 각기 분리된다. 젖먹이동물의 이빨의 기능을 이해하기 위해서 이빨을 작은 사각모양으로 생각해 보는 것이 유용하다 (그림.4.5). 이빨은 그 뿌리에 의해 위, 아래턱 몸체에 박혀 있는데, 이빨의 모양은 섭취하는 음식과 밀접한 관계가 있다. 예로 사람의 앞니는 날을 사용하며, 송곳니는 뾰족한 면을, 그리고 어금니는 음식을 갈기 위해 편평한 면을 사용한다.

서로 다른 형태의 동물들은 서로 다른 음식물을 취한다. 예로 많은 작은 영장류들은 곤충을 잡아먹는데 곤충으로부터 영양을 얻기 위해서 그들은 곤충을 감싸고 있는 단단한 각질을 부수어야 한다. 그래서 그들의 이빨은 날카롭고 뾰족하며 사각의 모서리가 강조된다.

나뭇잎을 먹는 동물은 잎을 소화하기 쉽게 작은 조각으로 잘라야 한다. 따라서 이빨은 편평하고 날과 같은 형태를 지니고 있다. 사각의 각을 주로 사용하는데 이 위아랫니의 날은 마치 가위처럼 잎을 자른다. 낱알을 먹는 동물은 평평한 이빨 면을 가지고 있는데 이는 낱알을 갈기 위한 것이다.

뼈대 얼개 : 젖먹이동물과 파충류는 등뼈동물의 기본적 뼈대구조를 같이 지니고 있지만 운동에서는 많은 차이를 보인다. 파충류의 경우 사지는 몸통 밖으로 나와 있는데 비해 젖먹이동물의 사지는 어깨와 엉덩뼈와 같은 선상에 자리한다. 이런 구조 때문에 젖먹이동물은 매우 효과적으로 그리고 빠르게 움직일 수 있으며 몸의 무게가 잘 유지된다. 사람은 두발로 걷는 점에서 다른 젖먹이동물과 차이가 나는데 특히 다리는 엉덩뼈 안쪽으로 휘어져 있어 두발로 걷기에 효과적이다.

행위 : 젖먹이동물의 두뇌는 비슷한 구조를 가지고 있으나 크기와 두뇌의 비율 그리고 기능에서 차이가 난다. 두뇌는 뒷머리, 가운머리 및 앞머리 부위로 3 등분되는데, 뒷머리 부위는 듣기와 균형, 및 반사행위와 관련이 있고 숨쉬기 같은 자동기능을 조절한다. 가운머리 부위는 보는 기능을 담당하고, 앞머리 부위는 냄새를 맞는 역할을 담당한다. 파충류는 상대적으로 큰 가운부위와 뒷머리 부위를 지니고 있어 보기와 듣기가 발달해 있다. 특히 가운머리 부위가 큰 데 이는 감각기능과 몸의 움직임이 균형을 이루게 하는 기능이 발달했기 때문이다.

젖먹이동물의 두뇌의 구조와 중요한 기능을 살펴보자. 젖먹이동물의 앞머리 부위는 특히 발달해 있는데 감각기능과 균형을 조절하는 기능을 지니고 있다. 특히 앞머리 부위의 대뇌(큰골)cerebrum는 배우기, 기억하기, 그리고 지능을 담당한다.

대뇌는 두뇌의 가장 큰 부위로 주름이 파여 있는데 수많은 두뇌 세포가 자리한다. 두뇌는 전체적으로 몸을 지탱하고 정보를 주고받는 기능을 지니고 있다. 젖먹이동물은 파충류보다 융통성 있게 반응하고, 배우기에 더 의존하며, 행위는 덜 본능적이다. 배우기는 자극에 의해 일어나며 새로운 상황에 빠르게 반응하고 실수를 되풀이하지 않는 능력을 지니고 있다. 새로운 행위는 계속해서 발전하고 배우기라는 과정을 통해 자식에게로 전달되는데 특히 사람은 이런 과정을 많이 겪는다. 비록 사람의 행위의 상당부분이 문화적이긴 하지만 배우기를 통해 자식에게 지식을 전달할 수 있는 것은 바로 두뇌의 특성 때문이다.

젖먹이동물이 가진 행위의 융통성은 자식을 생산하는 유형에서 찾을 수 있다. 일반적으로 부모의 보살핌에 의존하는 동물일수록 지능이 더욱 뛰어나고 본능보다 배우는 데 의존한다. 자식을 적극적으로 보살피기 위해 부모의 지능과 새로운 행위를 배우는 능력이 발달한다. 자식은 부모로부터 배우기 위해 더 많은 시간이 요구된다. 이렇게 어린 시절이 길어지면 그만큼 돌봐야 하는 노력도 더 필요하다. 그 결과 자식은 충분히 성장할 때까지 보호를 받는 기간이 길어진다.

젖먹이동물의 특징은 모두 특징이 서로 관련이 있다는 것이다. 자식을 생산하는 행위는 배우기, 지능 그리고 사회행위들과 관련이 있다. 체온을 유지하기 위해 음식과 이빨이 관련이 있으며, 항온동물은 체온을 일정하게 유지하기 위해서 계속적으로 음식을 먹어 에너지를 만들어야 한다. 자식을 생산하기 위해서도 많은 에너지가 필요한데 이를 위한 음식이 필요하다. 이렇게 젖먹이동물의 특징은 복잡한 특성이 한데 어우러져 나타나는 데에 있다.

대진화의 유형

진화의 요인은 시간이 지남에 따라 집단을 변화시키며 새로운 종을 만들어 낸다. 찰스 다윈이 『종의 기원』에서 설명하고자 했던 것은 새로운 종이 어떻게 출현하느냐? 하는 것이다. 책의 머리말에서 다윈은 새로운 종이 출현하는 것을 '불가사의 중의 불가사의' 라고 기술하고 있다. 여기서는 새로운 종이 어떻게 출현하는 지, 진화의 과정이 새로운 종의 출현에 어떻게 작용하며, 종은 어떻게 분화하는 지, 또 종의 진화 가계도가 의미하는 것은 무엇인지 하는 것 등을 살펴보기로 한다.

새로운 종의 출현

종이란 번식이라는 면에서 다른 종들과는 구분되는 것으로 각기 다른 종의 구성원끼리는 짝을 지을 수가 없고 그 결과 새끼를 낳을 수 없다. 그러면 종들 사이에서 서로 교배하는 것을 방해하는 요인은 무엇인지를 살펴보자. 이렇게 두 집단 사이에서 자식생산을 저지하는 것을 고립번식 메커니즘이라고 한다. 이런 고립번식 메커니즘을 유발하는 요인으로는 생태적 및 계절적 요인, 성적행위와 생식기관의 구조적 차이, 꽃가루를 받아들이는 작용, 배우자 고립, 혼혈의 생존 불가능성, 혼혈의 중성화 등 다양한 원인을 들 수 있다. 그래서 새로운 종의 출현은 수태할 능력이 있는 자손의 생산을 방해하는 집단에서 고립번식 메커니즘을 유발하는 요인에 중대한 변화가 일어난 것을 의미한다.

이런 중대한 변화는 우연한 것으로 종들의 차이는 각 집단에 달리 작용하는 돌연변이, 유전자 이동, 유전자 표이 및 자연선택 등의 과정을 통해서 일어난다. 예를 들어 지리적으로 넓은 범위에서 살고 있는 종의 경우, 한 지역에서 사는 집단은 그들이 사는 특별한 환경에 맞게 적응한다. 만일 강의 흐름이 바뀌거나, 빙하가 발달하거나 아니면 자원이 고갈되는 등 환경의 변화가 일어나면, 비록 같은 종이지만, 종을 구성하는 집단들은 지리적으로 구분된다. 시간이 지나면서 각 집단은 서로 유전자 교환을 하지 못한 채 그들만의 환경에 계속해서 적응하며 자신들만의 유전형과 표현형 특징을 축적할 것이다. 우연한 기회에 특징 중 하나 또는 그 이상이 고립번식 메커니즘의 원인이 된다. 세월이 지나 지형적 장애가 없어지면 두 집단이 다시 섞여져도 교배가 일어나지 않을 수도 있다. 서로 분리된 종으로 분화가 일어난 것이다.

변이가 거의 없는 종이라 할지라도 만일 작은 집단이 다른 집단들과 달리 고립된다면 분화는 일어날 수 있다. 한 예로 집단은 지역적 환경에 반응하고 그 집단에 작용하는 진화의 과정은 고립번식 메커니즘의 요인이 되는 특성을 발전시킨다. 시간이 지나면서 작은 집단의 후손은 모집단으로부터 분리된 종이 되며 후에 두 집단이 다시 합쳐진다 해도 집단사이의 교배는 일어날 수 없으며 자식을 생산할 수가 없다. 종 안에서 어떤 무리들이 표현형에 커다란 영향을 미치는 돌연변이를 나누어 가질 때 분화는 가속되는 데 이런 돌연변이를 큰돌연변이macromutation라 한다. 큰돌연변이는 대부분 유해하나 기회에 따라 해가 없거나 이로울 수도 있다. 이런 경우 자연선택에 의해 특성이 유지되고 다른 집단과는 고립되어 적응하는데 작은 집단일수록 빠르게 적응한다. 이렇게 분화는 큰돌연변이에 의해 빨리 진행된다.

이렇게 유전형과 표현형의 차이를 유발하는 진화 과정은 일정하게 진행되고, 새로운 종의 출현을 가능하게 하는 조건도 계속 발생하며 분화도 일반적인 현상으로 자리한다.

생명체의 다양한 진화

지금까지 지구상에는 얼마나 많은 종이 살아왔는지, 또 지금은 얼마나 살고 있는지는 정확하게 알 수는 없지만 약 170 만 종의 이름이 알려져 있으나 실제로는 이에 몇 배 되는 종이 있었던 것으로 가늠된다. 새로운 종은 오늘날에도 보고되고 있는데 일년에 평균 16 종 정도의 새로운 종류의 쥐와 박쥐가 발견된다. 수천 종의 박테리아도 발견되는데 그 중 한 종은 지하 4 킬로미터의 좁은 공간에 화씨 235도 이상의 조건에서도 존재한다. 실제로 바다 속 화산근처의 뜨거운 물이나 생명체가 살 수 없는 염분이 많은 물 같은 극한 조건에서 사는 단세포 생명체는 과거에는 알려지지 않았던 것들이다. 이들은 새로운 생명의 실체로 지구 생물총량의 한 부분으로 간주되어야 한다. 따라서 지금까지 알려진 지구에 존재하는 종의 수효는 재고되어야 한다.

위에서 말한 것처럼 생명체의 수가 아무리 많아도 이들 사이에 많은 유사성을 찾을 수 있는데 이는 모든 생명체는 기본적으로 20 개의 아미노산으로 구성된 단백질로 이루어져 있기 때문이다. 다시 말해 지구에서 살았던 , 그리고 살고 있는 수많은 종들은 단일기원으로 수없이 분화라는 작용에 의해 갈라져 나갔다.

새로운 종이 살아남기 위해서는 자연선택에 따른 적응이 요구되는데 이때 종이 지닌 특성이 적응할 수 있는 환경, 즉 '생태적 기회'가 필요하다. 이런 기회가 충분하면 분화는 수 없이 일어나며, 분화로 생겨난 종은 여러 지역으로 퍼져 나간다. 이렇게 종들이 퍼져나가는 것을 '적응방사adaptive radiation'라고 한다. 진화란 결국 다른 환경으로 진행되는 적응방사와 진화과정에서 나타나는 활동에 관한 이야기이다. 종의 적응방사를 촉진시키는 생태적 기회는 아래와 같은 환경 조건이 필요하다;

1. 서로 닮은 종이 없어 종들 사이에 경쟁이 별로 없는 환경일 때,
2. 광범위한 절멸이 일어나 경쟁관계에 있는 종들이 없을 때,
3. 분화된 종이 환경에 적응하면서 특징이 일반화되고, 성공적으로 다른 지역으로 퍼져 나가며 그 지역에 먼저 있던 종을 대신 할 때.

첫 번째 조건을 보여주는 예로 다윈의 핀치새를 들 수 있다. 핀치새는 13 종류의 무리가 갈라파고스 섬들에서 살고 있다. 갈라파고스 섬들은 남미 에콰도르에서 서쪽 500마일 떨어진 태평양에 화산폭발로 생겨난 19개의 작은 섬으로 이루어져 있다. 다윈이 세계일주 중 기착했던 곳 중의 하나이다. 50만 년 전에 최초로 남아메리카 본토에서 작은 무리의 핀치새가 바람에 의해 이 섬들에 날려왔으며 다른 새들이 살지 않은 섬들로 퍼져 나갔다. 오늘날 육지에서 사는 씨앗을 먹는 종은 씨앗 크기에 맞는 주둥이를 지니고 있다. 종의 일부는 선인장을 먹이로 하며, 어떤 종은 나무에서 곤충을 먹이로 한다. 이들의 주둥이 또한 먹이에 맞게 발달해 있다. 어떤 종은 커다란 새의 몸에 상처를 내어 그 피를 마시고 산다. '흡혈 핀치'가 그것이다.

일반적으로 새는 동물이 살지 않은 지역으로 적응방사를 잘하는 경우 중의 하나이다. 새의 조상은 1억5천만년 전에 살던 공룡으로부터 진화했다. 새의 조상이 깃털을 지니고 하늘을 날라 다닐 때도 경쟁은 없었다. 이런 진화 조건에 의해 9,000 종 이상의 다양한 종이 생겨났는데 모두가 기본구조는 같다.

젖먹이동물도 대절멸 사건에 의해 생긴 새로운 환경에 성공적으로 적응한 경우이다. 6천5백만 년 전 공룡과 다른 동물들이 절멸할 당시 젖먹이동물은 대개가 작은 몸집에 나무쥐나 쥐처럼 생겼으며 야행성이었다. 대절멸 사건 이후 젖먹이동물에게는 경쟁자가 없는 새로운 환경이 기다리고 있었다. 젖먹이동물은 급속히 번성하여 4천만년 전에는 우리가 아는 대부분의 동물이 출현하였다.

영장류의 경우 신체적 특징이 일반화되어 쉽게 여러 지역으로 퍼져나가 번성할 수 있었다. 3천5백만 년 전 원숭이가 처음으로 나타나는데 이들은 원시적 영장류인 프로시미안보다 더 일반화된 특징을 지니고 있었다. 원숭이들은 커다란 두뇌에 주행성이며 나뭇잎과 열매, 및 곤충을 먹는 잡식성으로 나무 위에서 잘 적응하며 살았다. 원숭이가 분화하면서 새로운 지역으로 퍼져 나가며 점차 프로시미안이 살던 지역을 차지하였다. 중 · 남미대륙에서

는 원숭이만이 서식하며 북미대륙에서 프로시미안은 절멸하였다. 구대륙의 경우 프로시미안은 변경지역으로 밀려났다. 오늘날 아프리카대륙에서는 몇 종이 관찰되나 대부분은 남아시아와 마다카스카르섬에서 살고 있다. 단일 종의 경우인 인류를 살펴보면 위에서 살펴본 유형이 반복된다는 것을 알 수 있으니, 인류의 진화과정에서 더 일반화된 특징을 지닌 새로운 호미니드가 지형적으로 그리고 생태적으로 먼저 살던 호미니드를 대신하는 것이 그것이다.

분화

새로운 종들의 출현은 화석기록을 통해 알 수 있다. 집단간의 유전적 차이는 진화요인의 결과라는 것을 우리는 알고 있다. 한 집단이 새로운 종이 되기 위해서는 그 집단의 유전적 차이 때문에 본래의 종과 교배가 일어나지 않아야 한다. 즉 한 집단은 본래의 집단과 재생산이 일어나지 않아야 한다는 것이다.

재생산적 분리reproductive isolation : 재생산적 분리란 자식을 만들 수 없게 하는 유전적 변화를 말한다. 그러면 어떻게 이런 일이 일어날 수 있을까? 원인은 진화의 요인들 때문이다. 부모 종으로부터 새로운 종이 갈라져 나오는 것을 분화라 하는데 분화의 첫 번째 단계는 집단사이에 유전자 이동이 금지되거나 줄어들어야 한다. 왜냐하면 유전자 이동은 집단의 유전적 차이를 감소시켜 마지막에서는 모든 집단을 같은 종이 되게 하기 때문이다.

동물들을 격리시키는 가장 일반적인 형태는 지리적 격리에 의해서 일어난다. 두 집단이 강이나 산맥 및 길 같은 물리적인 경계에 의해 분리된다면 집단사이에 유전자 이동이 끊어진다. 두 집단이 고립되어 있는 동안 한 집단에서 일어난 유전적 변화가 다른 집단으로 전달되지 않는다. 지리적 거리는 사람같이 잘 이동하는 경우에도 유전자 이동을 제한하며 다른 동물의 경우 그 효과가 더욱 크다.

유전적 차이 genetic divergence : 격리는 분화 과정의 첫 번째 단계이다. 그러나 격리 자체만을 통해서 분화가 일어난다고는 할 수 없다. 유전자 이동의 제한이 분화의 기회를 제공한다. 다른 진화의 요인들도 고립된 집단에서 근친교배가 더 이상 일어날 수 없도록 영향을 끼친다.

진화의 요인들은 어떻게 분화를 일으킬까? 돌연변이는 집단에서 독립적으로 변이를 증가시킨다. 유전자 이동이 없는 상황에서 개인의 돌연변이는 집단에 축적되어 고립된 집단을 유전적으로 차이지게 한다. 작은 집단의 경우 유전자 표이가 유전형질의 빈도에 영향을 끼친다. 덧붙여 두 집단이 분리된 환경에 있다면 자연선택이 집단의 유전적 차이를 일으킨다.

유전자 이동이 제한을 받으면 다른 진화의 요인들이 집단을 유전적으로 차이지게 한다. 이런 과정이 계속되어 두 집단이 더 이상 교배를 할 수 없고 자식을 생산할 수 없으면 그들은 분리된 다른 종이 된다.

유전적 차이를 만들어 내는 진화요인의 역할에 관해 많은 논쟁이 있다. 여러 해동안 분화는 단지 자연선택의 산물로 생각하였다. 즉 두 집단이 다른 환경에서 살면 여기에 자연선택이 작용하여 두 집단을 다르게 만든다는 것이었다. 이렇게 분화는 계속된 다른 적응의 결과로 이해되었다. 최근에 작은 집단에 돌연변이와 유전자 표이가 미치는 영향에 관심을 갖게 되었고 그 결과 이들 요인에 의해 가끔 새로운 종이 작은 집단으로부터 발생한다는 것이 밝혀졌다.

적응방사adaptive radiation : 분화의 과정을 통해 최소한 두 종이 생겨나는데 본래의 종과 새로운 종이 그것이다. 어떤 상황에서 많은 새로운 종들은 짧은 시간에 펴져 나간다. 이렇게 빠르게 종이 펴져 나가는 것은 환경조건의 변화와 관련이 있다. 새로운 환경이 생기던지, 아니면 특정한 환경에 새롭게 적응을 하던지 하면 많은 새로운 종들은 적응방사를 한다.

새로운 환경은 가끔 다른 종들로 하여금 종말을 고하게 한다. 중생대 · 신생대 경계에서 일어난 공룡의 대절멸이 그것이다. 공룡이 절멸하자 그 빈자리에 젖먹이동물이 적응을 하였으며 동시에 꽃가루를 가진 식물이 번성하여 새로운 환경을 제공하였다. 그 결과 젖먹이동물이 번성을 누리게 되었다.

대진화의 속도와 방법

지난 반세기 동안 대진화에 관한 연구 중 중요한 주제는 변화의 속도와 방법에 관한 것이다. 새로운 종은 얼마나 빠르게 만들어지나? 분화는 작은 집단에서 일어날까 아니면 큰 집단에서 일어날까? 그리고 새로운 종을 만들어내는 진화의 요인은 무엇일까? 등등의 의문은 모두 변화의 속도와 방법에 관한 것들이다. 오늘날 대진화의 속도와 방법은 진화점진론phyletic gradualism과 계단평형설punctuated equribrium로 설명되고 있다.

찰스 다윈은 자연선택이 진화의 요인이라고 생각하였으며, 자연선택을 종의 개체가 지속적으로 변화를 선호하거나 아니면 거절하여 개체를 환경에 맞게 조율하는 기능을 가진 것으로 파악하였다. 이렇게 지속적인 자연선택은 마침내 종을 크게 변화시켜 새로운 종을 출현하게 한다. 즉 자연선택은 집단들이 환경에 달리 적응할 때 변이를 만들게 하며 이렇게 생긴 변이는 마침내 다른 개체와 다른 모양을 갖추게 되며 다른 종이 된다. 다윈은 이런 과정이 천천히, 느리게 진행된다고 생각하였다. 다윈이 주장한 진화점진론의 핵심 내용이다.

다윈의 진화점진론에 따르면 종의 진화가계는 가지가 단정하게 갈라진다. 이는 시간이 지남에 따라 집단은 천천히, 조금씩 지속적으로 변하면서 자연선택에 의해 주어진 환경에 적응하며 마침내는 다른 종이 된다는 것을 의미한다. 다윈는 이를 'an interminable number of intermediate forms …… linking together all the species …… by (fine) gradation' (1989 : 271-272) 라고 기술하고 있다.

이런 다윈의 가설은 모든 진화선상에서 미세하게 변화된 중간형을 찾을 수가 없다는 문제를 지니고 있다. 다윈은 이런 문제를 불완전한 지질학적 기록 때문이라고 설명하고 있다. 그러나 화석기록을 보면 종은 오랜 동안 변하지 않은 상태를 유지하다가 갑자기 새로운 종으로 나타난 것으로 보인다. 한 예로 화석기록으로 알려진 최초의 새는 공룡과 새의 특징이 50/50의 비율로 나타나지 않는다. 오히려 시조새인 아르케어테리스archeopteryx는 분명히 깃털을 지닌 공룡이다. 이 화석에서 분명히 알 수 있는 것은 진화는 작은 변화가 천천히 지속적으로 축적되며 진행되는 것이 아니라 깃털의 진화가 아주 빠르게 진행되었다는 것이다.

인류의 기원을 보면 인류는 유인원을 닮은 모습에서 인류를 닮은 모습으로 천천히 지속적으로 변하지 않았음을 알 수 있다. 400만 년 전 최초의 인류는 똑바로 선 유인원이다. 변화는 전체적으로 천천히 진행된 것이 아니라 두발 걷기가 우선적으로 빠르게 진행된 것이다.

다윈이 주장한 가설의 또 다른 문제는 이론적인 데에 있다. 다윈이 주장한 것처럼 자연선택이 선호하는 작은 변이가 이를 지닌 개체에 이롭다면, 그 개체가 지닌 어떤 특징이 발달할 때 각 단계에서 적응상 이점이 있어야 한다. 예를 들어 깃털이 1/100, 1/10, 또는 1/4 등등으로 나타날 때 이런 비율로 깃털을 가진 새들이 자식을 생산하는데 더 이점이 있을까? 하는 점이다. 하지만 자연선택이 종에서 어떻게 일어났는지를 현미경 조사처럼 정밀하게 세세한 차이를 조사할 수 없다는 점이다. 설사 자연선택이 있다 하더라도 종에서 많은 변이가 있었는지는 알 수 없으며, 오히려 자연선택은 단지 재생산 결과에 차이를 만드는 역할을 할 뿐 이다. 이는 물론 자연선택이 종이 살아있는 동안에 변화를 주지 않는다는 것을 의미하는 것은 아니다.

종의 생존에 중요한 특성은 환경조건에 의해 변한다. 이에 관한 선구자적인 연구로 피터와 로즈마리의 다윈의 핀치새 연구를 들 수 있다. 이들의 연구에 따르면 핀치새 무리의 부리 크기가 1~2밀리미터 정도 차이 나는데 이는 먹이에 영향을 미치는 가뭄 같은 갑작스런 환경의 변화에 적응하기 위해서 변했다는 것이다. 불과 미세한 변화이지만 핀치새의 생존에 영향을 미친 것이다. 다시 환경이 정상으로 돌아오면 부리의 평균 크기는 전의 크기로 돌아오기도 한다. 이런 변화를 일으키는 선택을 '진동선택osciliating selection' 이라

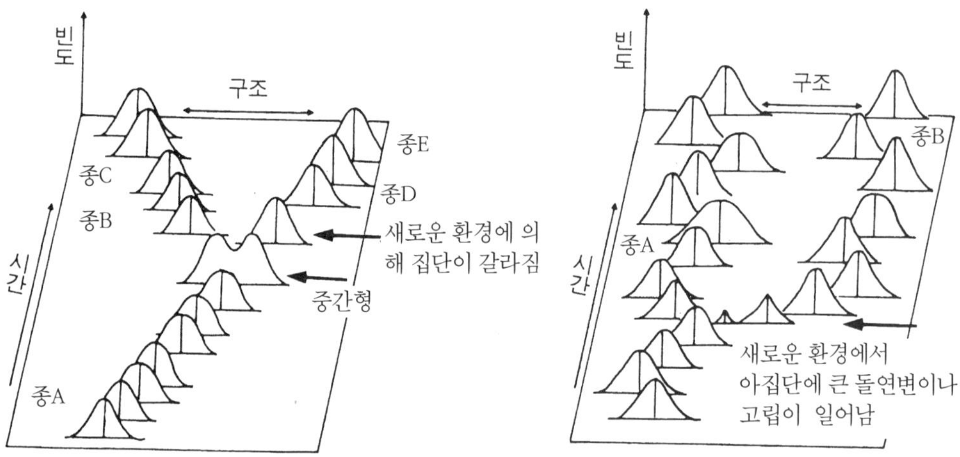

(a) 다윈의 점진진화론

(b) 계단평형론

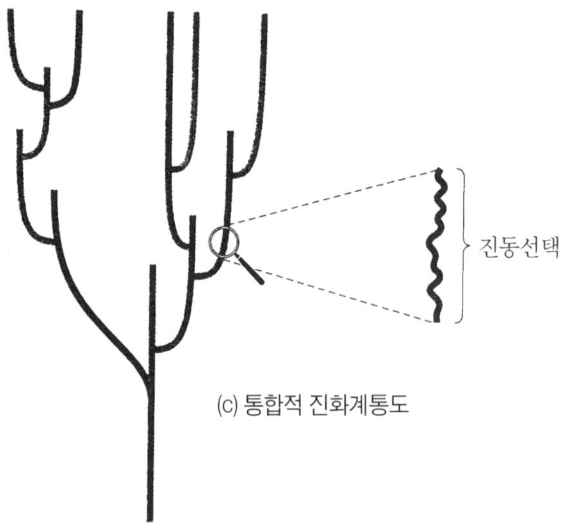

(c) 통합적 진화계통도

그림 4.6. 진화의 모델들. (a) 다윈의 점진진화론-진화는 천천히 지속적으로 진행되어 새 종이 생긴다. (b) 계단평형론-진화는 정체되었다가 갑자기 진행된다. (c) 통합적 진화계통도- 진화는 관목과 같은 모습이며 환경에 더 잘 적응하는 개체에 자연선택이 나타난다.

고 한다.

여기서 염두에 두어야 할 것은 자연선택은 기본적으로 환경에 종이 적응하게 하는 역할을 하는 것이지 자연선택 자체가 진화의 주체는 아니라는 점이다. 따라서 정상적으로 종은 생존 중에 스스로는 변하지 않는다. 대신 새로운 종은 지형적 분리나 돌연변이 또는 이들 결합에 의해 집단이 고립되면서 생겨난다. 이때 고립된 집단은 적응의 정도에 따라 구분되는데 이를 자연선택이라고 한다. 즉 적응도가 높은 집단은 적응도가 낮은 집단보다 생존 가능성이 더 높다.

계단평형설에 따르면 환경에 관한 종의 적응평형이 본래 종의 집단에서 갈라져 나온 새로운 종의 진화에 의해 중단된다. 이때 본래 종은 당분간 변하지 않은 채로 남아있다는 것이다. 1972년 굴드와 엘드리지에 의해 주장된 이 가설에 의하면 진화는 천천히 갈라지는 것이 아니라 많은 잔가지를 갖은 관목 같은 형태로 진행된다는 것이다. 이 잔가지들이 진화의 산물로 새로운 종이 된다. 많은 잔가지는 짧은 시간 중에 절멸하며 그 중 긴 가지가 새로운 종으로 자리한다.

진화점진론과 계단평형설은 화석기록이 무엇을 의미하는가를 설명해주는 모델들이다. 따라서 어느 모델이 화석기록을 더 잘 설명하는지를 결정하는 것은 어려운 일은 아니지만 문제는 화석기록이 완전하지 못하다는 데에 있다. 가장 큰 문제는 과거에 살았던 모든 생명체의 화석이 없다는 것으로 대개의 경우 생명체의 극히 일부분을 가지고 있을 뿐이다. 이렇게 화석기록이 없는 경우가 불완전한 기록 때문인지 아니면 계단평형설의 근거인지를 알 수가 없다. 따라서 점진적인 진화과정을 계단평형설로 잘못 이해할 수도 있는데 지질학적 기록에서 50,000년에 걸쳐 진행된 점진적인 변화가 "빠르게" 진행된 것처럼도 보여진다.

어떤 생명체는 다른 것보다 더 잘 보존되기 때문에 진화점진론인지 계단평형론인지를 구별할 수 있다. 예를 들어 바다 속에 사는 무척추동물의 경우 화석기록이 거의 완전하게 남아 두 모델 중에 어느 쪽이 타당한지를 쉽게 결정할 수 있다. 계단평형론을 받쳐주는 많은 바다 무척추동물의 예가 보고되고도 있다.

실제로 화석기록에서는 각기 진화점진론과 계단평형론을 지지해주는 경우가 많이 있기에 어느 모델이 더 타당하다고 말할 수는 없다. 단지 두 모델은 진화의 속도와 방법에 대해 극단적인 생각을 보여주고 있는 것으로 대진화를 설명하는데 어느 모델이 타당한가는 특정한 종류의 생명체와 환경조건에 따라 결정된다. 따라서 다른 조건아래서 진화의 속도와 방법을 결정하는 요인들을 찾아내는 것이 진화생물학의 중요 연구과제이다(그림.4.6).

어찌됐든 지구 생명체의 진화는 라마르크나 다른 학자들이 생각했던 것처럼 사다리 같은 모습이나 아니면 존재대사슬 가설이 주장하는 것처럼 복잡한 존재로 천천히 변해 가는 그런 과정이 아니라 진화의 모습은 우리가 생각했던 것보다 훨씬 복잡하게 뒤엉켜 있는 관목 같은 모습을 띠고 있으리라 가늠된다.

절멸과 대절멸

대진화의 중요한 연구대상 중 하나는 절멸에 대한 것이다. 지금까지 지구에 존재했던 종의 99%는 절멸했다고 한다. 역사시대에서도 종의 절멸은 계속되고 있다. 그러면 이런 종의 절멸은 왜 일어날까? 에 대해 살펴보자. 어떤 종은 변화된 환경에 더 이상 적응하지 못하면

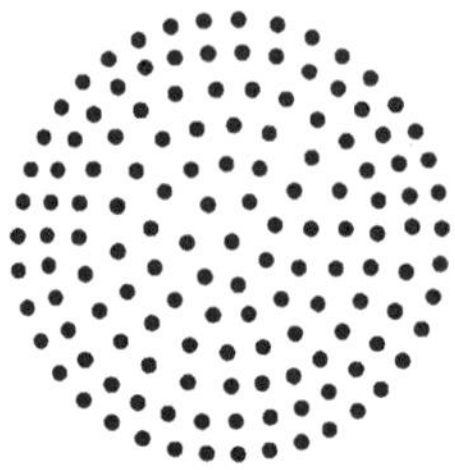

(a) 개체사이의 진화관계 관계를 알 수 없다.

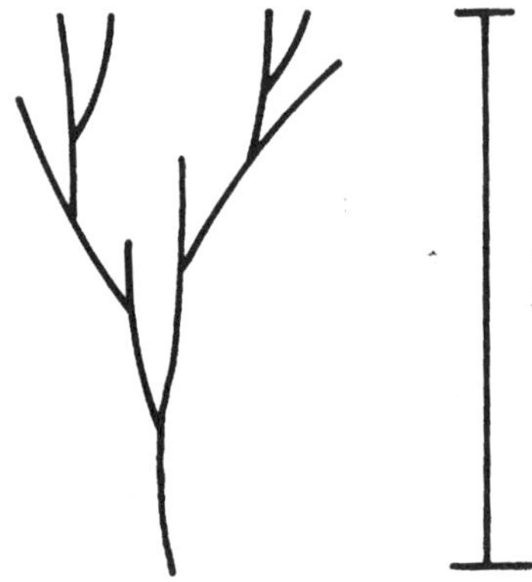

(b) 개체의 진화관계 를 나타낸다.

그림 4.7. 종의 진화관계

죽는다. 이 종의 죽음에 대한 정확한 원인은 상황에 따라 변한다. 빠른 생태적 변화가 종에게 적대적인 환경을 가져오는데, 예를 들어 기온이 변하면 환경이 변하여 식량자원에 변화를 주는 것이 그 예이다. 그 결과 환경에 의존하는 종의 적응에 문제가 생겨 새로운 환경에 더 잘 적응하는 종과의 경쟁에서 지고 마침내 절멸하게 된다.

절멸이란 사실 모든 종들이 필연적으로 맞게되는 운명이다. 자연선택은 한 종에게 변화에 적응할 수 있는 능력을 제공하는 놀라운 메커니즘이나 항상 작용하는 것은 아니다. 환경이 빠르게 변하거나 적응하는 유전적 변이가 없으면 그 종은 절멸을 피할 수 없다.

화석기록에 의하면 절멸은 지구상에 생명체가 생겨난 이래 항상 일어났다. 또한 최근의 연구에 의하면 때때로 수많은 수의 생명체가 한꺼번에 절멸했다는 것을 밝혀주는데 이런 사건을 대절멸이라 한다. 이에 가장 대표되는 예로는 6천5백만 년 전에 일어난 공룡의 절멸 사건을 들 수 있다. 물론 가장 큰 규모의 대절멸은 2억2천5백만 년 전에 일어났는데 지구 생명체의 약 95%가 절멸하였다. 이런 대절멸은 갑작스런 환경의 변화가 원인이었다. 한가지 흥미로운 것은 2억5천만 년 중에 일어난 절멸은 2천6백만 년을 주기로 반복된다는 보고가 있다. 이런 절멸의 주기성을 지구의 자전과 혜성들과의 작용으로 설명하고 있으나 더욱 분명한 증거가 필요하다.

최근의 연구에 의하면 절멸은 가끔 무작위로 영향을 끼칠지도 모른다는 것을 보여준다. 특별한 원인 없이 어떤 종은 절멸하지만 어떤 종은 생존하는 것이 그것이다. 한 종이 생존하는 것은 적응의 능력과는 관계없이 단지 행운에 의해서 일 수 도 있다. 이렇게 본다면 진화의 역사는 본질적으로 예측할 수 없는 사건의 연속을 보여주는 것이라 할 수 있다. 굴드는 진화의 역사란 전통적으로 교과서에서 말하듯이 시간이 지남에 따라 종들의 다양성이 변하는 것을 보여 주는 것이 아니라, 살아있는 다양한 종들을 통해 과거에 존재했던 종들의 일부를 찾아 기록하는 것이라고 주장한다. 미래의 모든 진화유형은 현재 살아있는 종들의 변화에 의해 결정된다.

그림 4.7의 왼쪽그림에서 각각의 점은 다른 동물의 개체를 나타내는데, 이때 각 동물사이의 관계는 알 수가 없다. 오른쪽 그림은 서로 다른 개체들간의 진화 관계를 보여주는데, 각 동물의 조상들은 지금은 절멸되었지만 오래 전에 서로 관련이 있음을 알 수 있다. 하나 하나의 가지들을 가계lineage 라고 부르는데 이는 하나의 동물이 시간에 따라 변하는 것을 나타낸다. 이렇게 시간을 따라서 이루어지는 생물의 진화의 선후관계를 연구하는 분야를 진화계통학phylogeny이라고 한다.

지금까지 대진화에 관한 여러 내용들을 살펴보았다. 오늘날 사람들은 진화에 관한 많은 생각들을 잘못 이해하여 고정된 관념으로 새기고 있다. 진화를 말할 때 종종 사용되는 '적자생존' 이란 용어는 진화를 다루는 학문에서 만들어 낸 것으로 생각하나 사실은 그러하지 않은 경우가 매우 많다. 또한 많은 사람들은 자연선택에 관해 기본적인 이해는 가지고 있으나 자연선택의 본질을 제대로 이해하지 못하는 문제를 지니고 있는데 예를 들어 몸집이 클수록 더 좋다; 새로운 것이 더 좋다; 자연선택은 항상 작용한다; 진화는 주어진 방향으로 진행된다; 하는 것들이다. 또한 생물학적 구조에 관한 오해로 자연선택은 항상 완전한 생명체를 만들어 낸다거나 모든 생명체는 환경에 적응한다 하는 등등의 것들이다.

제5장 화석기록들

☞ 진화의 연속성은 화석의 연대를 알지 못하고는 논의 될 수 없기 때문에 이 장에서는 화석기록을 분석하는 방법의 기초가 되는 화석기록의 연대를 측정하는 방법에 대해 살펴본다. 이 장의 전반부에서는 화석기록의 연대 측정방법을 다루고 후반부에서는 최초의 영장류가 출현하기 이전의 생명의 진화에 관한 배경을 다룬다.

화석기록 분석의 방법들

화석기록으로부터 대진화에 관한 정보를 어떻게 얻을 수 있을까? 하는 질문에 대한 해답은 먼저 화석들의 연대를 결정해야 한다는 것이다. 진화란 시간과 함께 진행되는 과정이기에 화석의 연대가 무엇보다 중요하다. 만일 화석의 연대를 알 수 없다면 진화의 변화가 어떻게 일어났는지를 이해할 수 없다.

화석의 연대를 결정하는데는 크게 두 가지 방법이 있다. 상대 연대측정과 절대 연대측정이 그것이다. 상대 연대측정은 어느 화석이 더 오래됐는지는 말해주지만 정확한 연대는 결정하지 못하나 절대 연대측정은 화석의 정확한 연대를 결정해 준다.

화석의 정확한 연대를 말할 때 b.p.라는 용어를 사용하는데 이는 '현재 이전before present'라는 의미로 여기서 현재란 1950년을 나타낸다. 일부는 b.c.(예수 이전 before christ)라는 용어를 사용하나 대부분은 b.p.를 사용한다. 예를 들어 50,000b.p는 1950년부터 50,000년 전 이전이라는 뜻이다.

상대 연대측정 Relative Dating Methods

화석이 남겨진 유적의 연대는 상대 연대측정과 절대 연대측정에 의해 알 수 있다. 이때 상대 연대측정이란 단지 유적과 유물 그리고 이와 관련된 동물들이 어느 것이 더 오래 되고 나중인지만을 알려주는데 반해 절대 연대측정은 이들의 실제 연대를 알려준다. 연대측정 중 상대 연대측정이 먼저 발달했으며 실제로 많은 유적이 이 방법으로 연대가 측정되었다. 절대 연대측정은 상대 연대측정에 비해 나중에 발전하였는데 이 방법에 의한 측정연대는 표준상대 연대측정의 수치와 일치했을 때에만 그 신뢰성을 인정받을 수가 있다.

상대 연대측정은 층위를 기본으로 한다. 층위학은 '퇴적의 법칙the principle of superposition'을 바탕으로 하는데 이는 같은 유적의 경우 층위에 교란이 없을 때 밑층의 퇴적은 위층의 퇴적보다 연대가 더 오래된 것임을 의미한다. 그러나 '퇴적의 법칙'을 이용하여 연대를 추정할 경우 가장 큰 문제는 층위가 형성되지 않은 유적에서는 이 방법을 사용할 수 없다는 점이다.

같은 성질의 퇴적층이 형성되어 있지 않은 유적층위의 상대연대는 층을 구성하는 지질성질의 같은 점과 다른 점을 바탕으로 한다. 이때 각 층의 암석의 특징과 그리고 물리.화학성질 및 층에 포함된 동물화석 등이 그 기준이 된다. 특히 동물화석을 바탕으로 하는 경우를 동물층위학biostratigraphy이라고 하며 지층에 포함된 동물화석으로는 쥐(mimomys/alvicola 유럽)와 말, 코끼리 및 돼지(아프리카) 등이 기준화석으로 사용된다. 한편 퇴적의 화학성질을 이용하는 방법으로는 불소를 이용하는 연대측정이 대표되는 방법이다.

우리는 과거에 일어났던 변화의 과정들을 잘 알 수가 없으며, 또한 지금의 자료들을 가지고는 과거에 일어났던 변화들을 자세히 설명할 수도 없다. 과거에 일어났던 일들을 처음 연구했던 사람으로 스테노W. Steno를 꼽을 수 있다. 그는 1600년대 중반에 살았던 인물로 1668년에 목사자격을 얻기 전에 이미 해부학을 공부하여 상어에 관한 전문가가 되어 있었다. 말타 지역에서 그는 암석에 박혀있는 상어 이빨들을 발견하였는데, 그는 이 이빨들이 정말로 상어 이빨이며 암석이 되기 전에 그 속에 박혀 있었다고 주장하였다.

스테노는 바위들은 밑에서부터 위로 올라가면서 쌓여지는데 이때 가장 밑바닥에 있는 바위가 제일 오래된 것이라고 하며 이런 법칙을 '퇴적의 법칙'이라고 불렀다. 암석과 모래, 뻘들은 산이나 들에서 냇물이나 강물에 씻겨 강 하류의 삼각주로 옮겨져 쌓였다가 시간이 흐름에 따라 바위로 변하였다고 그는 생각하였다. 스테노는 퇴적과 층위 그리고 퇴적과 층위가 어떤 관계가 있는지를 연구한 결과, 퇴적에서 보이는 층들은 바로 대홍수의 결과에 의해 생겨났다고 생각하였는데 이런 주장을 넵튜니즘neptunism이라고 한다.

1700년대 후반에 와서 이런 스테노의 주장은 허튼에 의해 도전을 받는다. 허튼은 지구는 매우 활동적이며, 지질적 변화는 반복된다고 생각하여 균일설을 세웠는데, 후에 라이엘이 그의 저서인 『지질학 원리』에서 이 이론을 소개하였다. 허튼의 균일설에 따르면 과거에 지구상에서 일어났던 자연의 변화 과정은 오늘날 자연이 변하는 과정과 같은 형태로 변하였기 때문에 오늘날의 증거들을 통해서 과거에 일어났던 변화의 과정들을 이해할 수 있다고 한다. 이 이론은 후에 다윈을 위시한 많은 학자들에게 영향을 주었다.

1800년대 초기에 경제상 이유에서 천연자원을 찾기 위한 지질 탐사가 시작되었다. 당시 자연학자들은 조물주는 후에 사람들이 천연자원을 필요로 할 것을 미리 알고 있었기에 이 자원들을 바위 속에 넣어두었다고 생각하였다. 한 예로 1860년 대 미국의 지질학자인 아가지즈Agassiz는 '빙하는 조물주가 인간을 위해 온대지역의 땅을 비옥하게 하기 위해 땅을 경작한 방편' 이라고 생각하였다. 이때에 지질학자들은 암석 중 화산암이 제일 처음으로 형성된 바위이며, 수성암은 그 다음에 형성되었으며, 마지막으로 수성암의 일부가 변해서 된 암석을 변성암이라고 분류하였다. 제3기에 만들어진 암석들은 수성암이며, 빙하의 퇴적 작용에 의해 만들어진 암석들은 제 4 기에 만들어졌다고 생각했다.

1900년대 초에 영국의 운하건설자인 스미스William Smith는 운하 건설 중에 발견되는 화석들을 수집하던 중, 같은 종류(목을 뜻함)의 동물들의 화석은 항상 같은 층에서 발견된다는 사실에 주목하였다. 스미스는 이렇게 같은 종류의 동물들이 같은 층에서 발견되는 사실을 '화석연속의 법칙principle of faunal succession" 이라고 정의하였는데, 이 법칙은 오늘날 층위에 관한 연구분야인 층위학의 기본을 이루고 있다.

절대 연대측정 Absolute Dating Methods

고고학 유적지의 연대를 가늠하는 데에는 동물화석 층위 연대측정이 가장 기본적으로 이용되지만 절대 연대측정 또한 이에 못지 않게 중요하다. 절대 연대측정은 어떤 지역의 지질역사에 별로 상관없이 층위의 연대를 나타내 주며, 나아가 지역에 상관없이 전 세계의 어느 곳에서나 층을 구성하고 있는 물리 · 화학적 구조물에 대해 사용될 수 있다. 1940년대부터 50년대에 걸쳐 시작된 절대 연대측정은 유적지의 연대 결정에 중요한 변화를 가져왔다.

한 예로 1960년대까지 우리가 추정할 수 있는 인류화석이 출토된 유적의 최상한의 연대는 고작 100 만 년 전 정도였다. 그러나 이런 시간의 개념은 1960년대 초반에 근본적으로 바뀌기 시작했다. 올두바이 골짝에서 실시된 포타슘/아르곤 측정방법이 그 효시라고 할 수 있는데 이 유적의 연대는 175만~185만 년 전으로 그 전까지 인류학자들이 생각했던 연대를 훨씬 뛰어넘는 연대였다. 최근에 보다 정밀한 아르곤/아르곤 측정이 동아프리카의 여러 유적지에서 실시되었다.

화석이 출토된 유적의 정확한 연대를 밝히는 방사성 동위원소 절대연대 측정방법으로는 포타슘/아르곤 측정방법, 핵분열 트랙, 우라늄 측정, 방사성 탄소연대 측정방법, 그리고 열형광 측정방법 등이 있으며, 방사성 동위원소를 이용하지 않는 절대연대 측정방법으로는 바다퇴적물 분석과 아미노산 분석, 고지자기 분석방법이 있다.

모든 방사성 연대측정 방법은 자연적으로 진행되는 방사성 동위원소의 성질을 이용한다. 방사성 물질이 붕괴되는 과정 중 방사성 원자는 한 동위원소에서 다른 동위원소로 변화한다. 예를 들어 가장 잘 알려진 방사성 탄소연대 측정방법의 경우 탄소14는 질소14로 붕괴되어 간다. 이때 각 동위원소의 붕괴 양은 일정하며 동위원소의 붕괴시간을 반감기라고 한다.

방사성 탄소 동위원소 측정방법 : 살아있는 생명체는 탄소를 함유하고 있다. 식물은 공기 중에서 탄산가스를 흡수하여 탄소12를 얻으며 동물은 이 식물로부터 탄소12를 얻는다. 한편 대기권에는 탄소12의 동위원소인 탄소 14가 존재한다. 생명체는 탄소14와 탄소 12를 모두 지니고 있는데 살아 있을 때는 탄소 12와 탄소14의 양이 일정하다. 생명체가 죽으면 탄소 14는 더 이상 체내에 섭취되지 못하고 오히려 체내에 축적된 탄소 14는 붕괴하기 시작한다.

방사성 동위원소가 붕괴되는 비율로 연대를 측정하는 방사성 탄소연대의 경우 탄소14의 원자가 반으로 줄어드는데 걸리는 시간은 5,370년이며, 나머지 반이 또 반으로 줄어드는데 걸리는 시간은 11,460이고(5730×2), 나머지가 반으로 또 반감되는 데 걸리는 시간은 17,190년(5730×3)이 필요하다. 만일 시료가 2000년에 분석되었다면 실제 연대는 17,140 b.p.가 된다.

이론상 탄소를 함유한 모든 시료는 연대를 측정할 수 있으나 실제 뼈는 모든 경우 신뢰도가 떨어진다. 왜냐하면 뼈가 화석화되는 과정에서 화학적 변화에 의해 탄소가 대치되기 때문이다. 대개의 경우 숯이 가장 좋은 시료이다. 탄소연대 측정방법을 사용할 때는 다음과 같은 점에 주의해야 한다. 먼저 시료가 오염되지 않았나를 검토해야 한다. 또 다른 문제는 지난 반세기 동안 대기권의 오염 정도가 변한 데에 있으나 이는 기술적으로 어느 정도 조절이 가능하다.

기술적으로 시료에는 탄소14가 언제나 남아 있지만 재래적인 방법으로는 30,000~2,5000년이 지나면 시료에 남은 소량의 탄소14의 양을 계산할 수 없으나 최근에 발달한 방법에 따르면 방사성 탄소 연대 측정방법은 50,000년 전까지의 연대를 측정 할 수 있다. 그러나 이 방법은 가까운 시기에 일어난 인류진화 연구에는 매우 유용하지만 지구의 역사를 측정하는 데는 도움이 되지를 않는다.

포타슘-아르곤 측정방법 : 또 다른 절대연대 측정방법으로 포타슘-아르곤potassium-argon 측정방법이 있다. 포타슘 동위원소가 아르곤 가스로 붕괴할 때의 반감기는 13억 1천

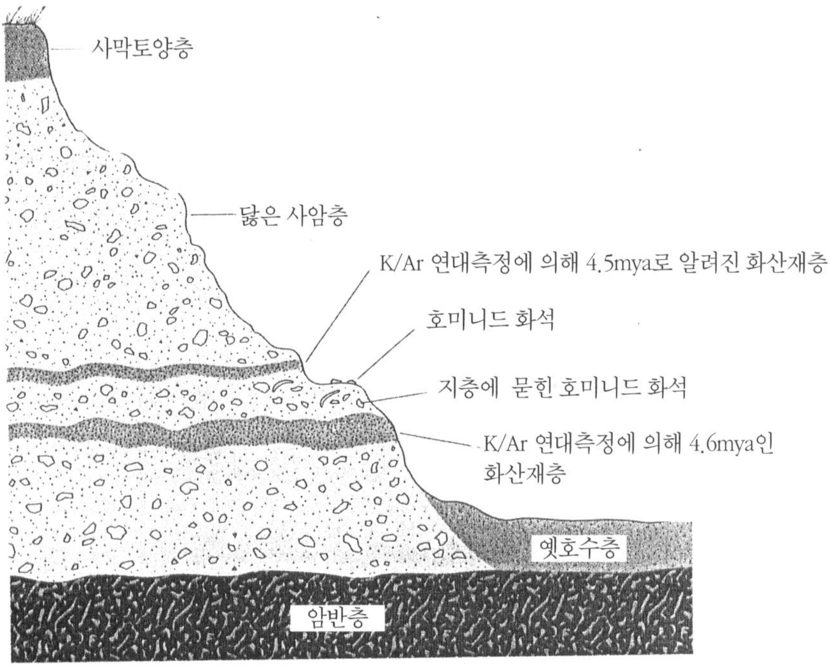

그림 5.1. 포타슘-아르곤 측정방법에 따른 연대. 호미니드 화석이 460만~450만 년 층 사이에서 출토되었다면 이 화석의 연대는 460만~450만 년 전으로 인정된다.

만년이 걸린다. 이런 반감기 때문에 시료는 십만 년 이상의 연대일 경우에만 가능하다.

포타슘-아르곤 측정방법은 시료에 처음에는 아르곤 가스가 없어야 하며 화산 폭발로 생긴 바위나 화산재가 시료로 이용된다. 따라서 화산폭발로 생긴 시료에 아르곤 가스가 있으면 이는 방사성 붕괴가 일어난 것이다. K/40과 A/40의 비율을 계산하면 반감기를 계산할 수 있고 그 시료가 형성된 시기를 밝힐 수 있다.

포타슘-아르곤 측정방법을 사용하여 화석의 연대를 직접 밝힐 수는 없으나 화석과 관련된 층의 연대를 밝힘으로써 화석의 연대를 알 수 있다. 예를 들어 화석이 460만 년과 450만 년 전 층 사이에서 출토되었다면 화석의 연대는 450만 년 전으로 결정한다(그림.5.1). 다행히도 인류의 조상의 화석들이 출토된 동아프리카는 많은 화산활동이 있어 유적과 화석의 연대를 정확하게 밝힐 수가 있다. 최근에 아르곤 동위원소를 이용한 방법이 사용되는데 이는 A/39가 A/40으로 붕괴되는 것을 이용한다. 레이져 기술을 이용하여 아주 작은 양의 시료로도 연대측정이 가능하다.

고지자기 측정방법 : 고지자기 측정방법paleomagnetic method은 지구의 자기의 변화를 바탕으로 연대를 측정한다. 나침반을 보면 바늘은 북쪽을 향하고 있으나 과거에는 이와 반

대되는 경우도 있었다. 지구의 자극이 남쪽으로 기울었기 때문이다. 이렇게 자극이 반대되는 현상을 이용하여 어떤 바위의 연대를 측정할 수 있다. 바위가 처음 형성될 때 자기의 방향은 정상(북쪽)이나 기운(남쪽)으로 향해 있다. 포타슘-아르곤 측정방법을 사용하여 고지자기의 양극성을 나타내는 도표를 800만 년 전부터 시작해서 작성하였다. 양극성은 시간에 따라 달라지며 다른 유형을 보인다. 따라서 바위의 일부를 도표와 비교하여 시간을 결정한다.

다른 절대연대 측정방법들 : 많은 절대연대 측정이 주어진 상황에 따라 사용된다. 고고학자들은 10,000년 이내의 연대를 측정하는 방법으로 나무테 나이찾기 방법dendrochronology을 이용한다. 나무의 나이테의 두께는 성장할 시기의 섭취하는 수분과 기타 요인에 의해 결정된다. 이런 나무테의 두께를 근거로 학자들은 나무테 변화에 관한 표준도표를 만든다. 만일 선사유적지 등에서 나무가 출토되면 이의 두께를 비교하여 연대를 가늠한다.

절대 연대측정법의 하나로 핵분열 트랙 측정방법fission-track method이 있다. 이 방법은 화산암의 일종인 흑요석에 우라늄 붕괴가 일어날 때 흑요석 표면에 작은 흔적track이 남는데 이 흔적은 일정한 비유로 나타나며 이 흔적의 수를 계산하여 흑요석의 연대를 측정한다.

열형광 가열 측정방법thermoluminescence method은 열을 받은 물체에는 갇힌 전자가 축적되는데 이를 이용하여 연대를 측정한다. 이 방법으로 도자기와 청동제품, 그리고 불에 탄 푸린트 등의 연대를 측정한다. 측정할 수 있는 연대는 100만 년 전 이내이다.

전자회전공명 방법electron spin resonance method 은 비교적 최신의 방법으로 뼈나 조가비에 있는 방해석 결정CaCO3 에 갇혀 있는 방사성원자를 관찰함으로써 연대를 측정한다. 연대는 100만 년 정도도 가능하나 30만 년 전 정도까지 가장 잘 측정된다.

분자 생물 시계

분자 생물 시계는 최근에 발달한 절대 연대측정으로, 다른 측정방법과는 다르게 현재 살아있는 동물들을 바탕으로 한다. 이 방법은 동물간의 단백질이나 핵산DNA에서 보이는 차이가 일정한 비율로 축적되는 원리를 이용하고 있는데 비율은 화석기록을 통해서 분화가 일어난 시간을 알 수 있는 동물들이 얼마나 다른지를 조사하여 얻어진다. 이때 비율은 한 동물이 자신의 공통조상으로부터 갈라져 나온 시간을 결정하는데 이용된다.

따라서 유인원과 구대륙 원숭이가 2천5백만 년 전에 갈라졌다고 가정할 때 최근에 발달한 DNA 혼합자료에 따르면 인류의 조상과 침팬지는 550백만 년 전에 갈라졌으며, 고릴라와는 770백만 년 전에, 긴 팔 성성원숭이와는 1천6백4십 만 년 전에, 그리고 오랑우탄과는 1천2백2십만 년 전에 공통조상으로부터 갈라져 나왔다. 이들이 분화된 추정연대는 화석을 바탕으로 오랑우탄이 1천2백만 년 전에 분화되었다는 주장과 거의 일치한다. 실제로 오랑우탄이 1천7백만 년 전에 갈라져 나갔다고 한다면 인류의 조상과 침팬지는 770만 년 전에 분화되었고 고릴라, 오랑우탄, 긴 팔 성성원숭이 및 구대륙 원숭이는 각각 1천1백만 년 전, 1천7백만 년 전, 2천3백만 년 전 그리고 3천4백만 년 전에 갈라져 나갔을 것이다. 그리고 이러한 방법을 현대사람에게 적용시키면 현생인류인 슬기 사람은 20만 년 전에 아프리카에서 출현한 것으로 보여진다.

분자생물학 연대측정방법을 처음 인류의 진화라는 주제에 접목시키고자 할 때 이 방법에 관해 많은 논쟁이 있었다. 왜냐하면 화석으로 추정된 연대와 분자생물학 방법으로 얻은 연대가 서로 다르게 나타나기 때문이다. 논쟁의 초점은 단백질이나 핵산의 분화비율이 일정하지 않다는 주장과 이에 반해 화석기록만으로는 진화 중 분화가 일어난 시기를 잘 알 수 없다는 데에 있다. 또한 분자생물학 연대측정방법에 의문을 가지는 학자들은 아주 가까운 종들 사이에 바이러스로 인해 유전물질이 서로 전달될 수 있는 가능성이 존재한다는 점을 우려하고 있으며 이러한 것은 실제 그들이 공통조상으로부터 갈라져 나온 실제 시기보다 아주 늦은 시기에 공통조상을 가졌던 것으로 나타나기도 한다.

그러나 이러한 문제들이 있음에도 불구하고 분자생물학 연대측정방법은 인도 대륙에서 발견된 화석기록을 바탕으로 인류의 조상이 1천4백만~1천2백만 년 전에 분화되어 나왔다는 당시의 고인류학계를 풍미하던 가설들을 재평가하게 하였다. 1960년대와 1970년대의 연구 결과이다. 이러한 재평가의 노력과 그 동안 새로이 찾아진 화석들을 바탕으로 대부분의 고인류학자들은 인류와 침팬지가 분화된 시기를 800만~500만 년 전일 것으로 짐작하는데 이 시기는 분자생물학 연구결과와 일치하는 시기이다. 실제로 다른 분자생물학과 화석기록들도 이 결과를 뒷받침해 준다.

과거의 복원

화석과 고고학 유적의 연대 측정과 더불어 동물화석학과 고생태학 그리고 고동물학이 진화의 사건을 설명하고 과거를 복원하는데 필요하다.

동물화석학 : 이른 시기의 호미니드나 다른 동물의 행위를 설명하고 그들이 살았던 환경을 복원하기 위해서 집단의 크기와 음식, 식육류의 유무, 그리고 생태상의 조건 등등 많은 자료를 이용한다. 특히 유적지에서 출토된 동물화석과 부스러진 뼈들을 통해서 이를 남긴 주체와 환경을 복원할 수 있으며 동물이 죽은 후에 무슨 일이 진행되었지를 밝힐 수 있는데 동물화석학taphonomy이 이를 담당한다.

동물화석학은 어느 뼈가 더 화석화가 잘 되었는지 또 물에 쓸려간 뼈들은 어떤 흔적이 남는지, 그리고 식육류와 호미니드가 남긴 뼈들은 어떻게 차이가 나는지에 관한 정보를 제공한다. 출토된 뼈화석이 처음에 묻혔는지 아니면 이동해서 묻혔는지도 연구대상이다.

이렇게 유적지에서 발견되는 부서진 뼈화석들을 남긴 요인으로는 크게 사람과 식육류 그리고 자연의 작용을 들 수 있는데 이들 요인을 구분하기 위해서 형태에 의한 구분과 많은 통계적인 방법들이 개발되어 있다.

고생태학 : 과거를 복원하려면 과거의 동식물의 모습과 그들이 살았던 환경에 관한 정보가 필요하다. 동물들은 주로 무엇을 먹었을까? 어떤 동물이 식육류이고 어떤 동물이 먹이감이었을까? 당시에 식생은 어떠한가?, 생존에 필요한 물은 어디서 찾았을까? 등등 옛 환경을 연구하는 분야를 고생태학paleoecology이라고 한다.

옛 환경을 복원하는 많은 방법이 있는데 당시의 식생을 재구성하는 방법으로 꽃가루를 연구하는 화분학을 들 수 있다. 유적지에서 발견된 꽃가루를 분석하여 당시의 식생뿐만 아니라 기후와 강우량 그리고 계절적 변화 등 당시의 환경을 복원할 수 있다. 또한 꽃가루 분석 이외에 동물화석의 이빨을 조사하는 방법도 있다. 초식동물의 이빨 표면에 남겨진 흔적을 현미경으로 관찰하면 그 동물이 어떤 종류의 식물을 먹이로 했는지를 알 수 있는데 이를 통해 당시의 식생을 추론할 수 있다. 이빨구조에 대한 화학적 분석 또한 한 방법이다. 예를 들어 이빨에 있는 스트론티움과 칼시윰의 비율을 통해 그 동물이 초식성인지 식육류인지를 밝힐 수 있는데 초식동물의 경우 스트론티움의 비율이 높기 때문이다.

종의 구분 : 유적지에서 출토된 화석자료들을 이용해서 연대를 측정하고 화석을 남긴 요인 및 당시의 환경을 복원하는 방법에 대해 살펴보았다. 이런 일련의 연구와 함께 유적에 남겨진 동물화석의 종을 분류하고 이를 바탕으로 진화계통도를 구성하는 것이 중요한 과제이다.

앞에서 지적했듯이 화석만으로는 교배가 가능한 지를 직접 알 수는 없지만 화석의 모양을 이용하여 종을 구별한다. 해부학적 특징을 찾아 다른 화석 및 살아있는 비슷한 동물과 비교하는 것으로 이때 변이의 폭range of variation을 항상 염두에 두어야 한다. 즉 두 표본을 비교하였을 때 모양은 비슷하나 크기가 정상적인 변이의 범위를 벗어나면 이때는 다른 종으로 분류해야 한다는 것이다.

이런 방법은 문제가 있는데 한 종에 속하는 개체가 변이의 범위를 주의하지 않으면 다른 종으로 분류될 수도 있다. 예를 들어 암놈과 수놈 고릴라는 머리뼈의 크기와 모양이 아

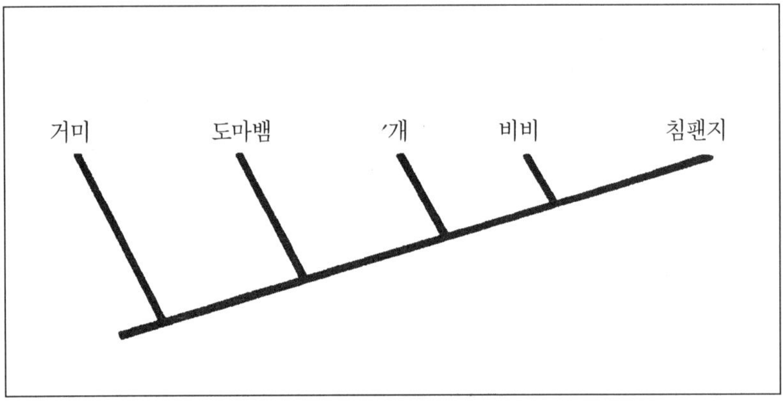

그림 5.2. 계통분화그림cladogram으로 본 동물의 닮은 정도

주 차이가 난다. 이런 차이는 성별이 다르기 때문에도 나타난다. 따라서 크기를 비교할 때 변이의 범위를 벗어나는 것은 종이 다를 때와 성적 차이 때문이라는 것을 염두에 두어야 한다.

종을 분류할 때 또 다른 문제는 학자들 사이에 바탕되는 견해가 다르기 때문이다. 즉 어떤 학자들은 종 안에서 변이의 폭이 크기 때문에 새로운 종으로 분류하기보다는 기존에 알려진 종의 범주로 간단하게 분류하는데 이를 '모으기lumper'라고 한다. 반대로 화석들에서 작은 차이가 있어도 이를 분화된 종으로 보는 경우를 '가르기splitter'라고 한다.

진화 계통도의 복원

동물의 분류는 동물들이 서로 닮은 정도를 따져서 이루어진다. 동물의 닮은 정도를 보여주는 계통분화그림cladogram은 동물들 사이에 서로 닮은 해부학적 특징들이 개체들만의 지닌 특징인지, 아니면 공통 조상으로부터 물려받은 것인지에 따라서 결정된다(그림.5.2). 우리는 현재 살아있는 동물들의 특징을 비교함으로써 동물들의 진화 역사에 대한 자료를 얻을 수 있다.

위의 계통분화그림은 시간의 앞 · 뒤 관계를 나타내지는 않고 단지 서로의 닮은 정도만을 나타내는 것으로 침팬지와 거미의 조상은 비비와 침팬지의 조상보다 오래전에 살았음을 보여주고 있으나, 그 때가 언제였는지는 말하여 주지 않는다. 여기에 바로 시간의 개념을 도입했을 때 이를 진화계통도phylogenetic tree 라고 부른다(그림.5.3).

다시 말해 진화계통도는 동물이 진화해오는 과정 중에 조상과 후손간의 관계를 알려준다. 이렇게 동물의 조상-후손간의 관계를 보여주는 진화계통도를 만드는 방법과 특성, 방법

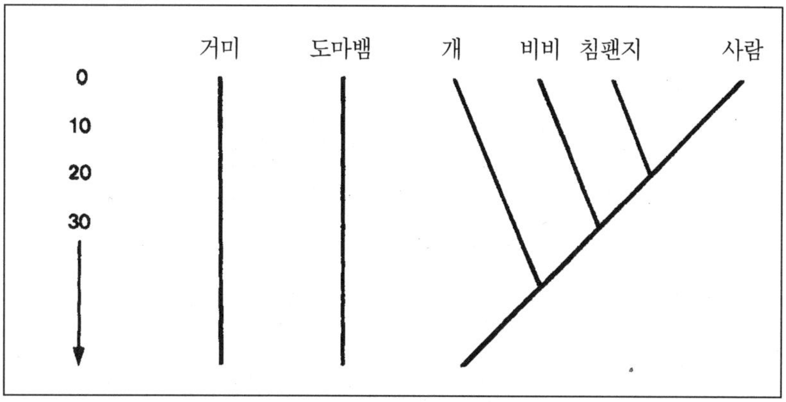

그림 5.3. 진화계통도 phylogenetic tree

의 한계 등에 대해 살펴본다. 일반적으로 진화계통도는 살아있는 동물의 해부학적 특징을 비교하는 비교해부학, 분자생물학, 그리고 뼈화석을 비교하고 연구하는 고동물학의 비교 방법에 의해서 복원된다.

비교해부학 : 과거부터 일반으로 사용된 방법으로 근육조직 대 근육조직, 신경조직 대 신경조직의 비교 등, 살아있는 동물의 해부학적 특징을 연구대상으로 하는 비교해부학은 조상-후손간의 관계를 정하는데 매우 중요하다.

비교해부학 연구방법의 한계는 오직 살아 있는 동물에서만 이 방법의 완전적용이 가능하다는 점이다. 따라서 서로 닮은 두 동물이 공동조상으로부터 언제 분화가 일어나는 지는 알지 못하고, 단지 추측이 가능할 뿐이다. 서로 닮은 두 동물들을 보았을 때 어느 한 동물도 다른 한 동물의 조상이 아니라는 점을 염두에 두어야 하는데 이는 이들이 진화발전 단계의 마지막 산물이기 때문이다. 따라서 두 동물의 조상은 이들을 서로 섞어 놓은 모양과 같다고 생각하는 것은 단지 상상일 뿐이다.

이 방법의 또 다른 한계는 신체상 서로 닮은 특징들이 다른 종들 사이에서도 진화되어 나타난다는 사실이다. 그 예로 상어와 돌핀 그리고 물고기 도마뱀 ichthyosaur (fish-lizard)의 지느러미를 들 수 있다. 이들은 몸의 위와 옆에 지느러미를 가지고 있는데 바로 옆모습이 서로 닮았다. 그러나 이렇게 닮은 모양은 서로가 관계없이 각각 독자적으로 진화된 것이다.

이렇게 동물들이 닮은 모양을 갖는 것은 진화상 관계이거나, 아니면 각기 독자적인 발달 때문이다. 어떤 특징이 같은 조상으로부터 나와 모양이 닮았을 때를 상동관계homology라 하며, 독자 진화의 결과에 의했을 때를 유사관계analogy라고 한다. 따라서 위에서 예로 본

상어, 돌핀, 물고기, 도마뱀의 지느러미는 유사관계임을 알 수 있다. 이렇게 동물사이의 상동·유사관계는 이들의 겉모습과 내부구조를 살펴봄으로써 알 수 있다.

분자생물학 : 이 방법은 동물들을 구성하고 있는 분자들의 닮은 정도를 찾아보는 것이다. 다양하고 복잡한 구조를 가지고 있는 분자를 이용하여 진화계통도를 구성하는 데는 아래와 같은 방법들이 있다.

면역학 : 동물들의 면역체계를 이용하는 방법이다. 예로 사람의 단백질을 토끼에 주입하면 토끼의 면역체계는 사람의 단백질에 대해 특별한 항체를 만든다. 이 항체들이 사람의 피와 섞이면 완전한 반작용이 일어난다. 만일 말의 피와 섞이면 반작용은 거의 일어나지 않으나, 침팬지의 피와 섞이면 거의 완전한 반작용 반응이 일어난다. 이렇게 면역의 방법을 통해 동물들의 멀고 가까운 관계를 추정할 수 있다.

단백질의 배열 : 사람과 고릴라에서 헤모글로빈 같은 단백질들을 추출할 수 있는데 이렇게 추출된 단백질을 구성하는 아미노산의 배열이 각각 어떻게 이루어져 있는가를 알 수 있다. 예로 사람과 고릴라의 경우는 단지 몇 개의 아미노산의 배열이 서로 다를 뿐이다. 이 방법은 DNA가 동물들 사이에 어떻게 다른가를 알게 해주는 간접 방법 중의 하나이다. 만일 사람과 개의 단백질을 비교하면 그 차이는 더욱 커지는 것을 알 수 있다.

핵산(DNA)교배 : 이 방법은 두 개의 다른 동물의 DNA를 녹여 DNA를 이루고 있는 가닥(strain)들을 분리한 후, 그 혼합물을 섞어 식힌 다음 두 동물의 DNA가 어느 정도 서로 혼합되는가를 계산하는 방법이다. 이 방법으로 조사한 결과, 침팬지와 사람은 1.6% 정도의 유전상의 거리가 있는 것으로 밝혀졌는데, 이는 바로 사람의 유전자 중에서 1000 쌍의 염기를 무작위로 추출했을 때 침팬지는 단지 16 쌍의 염기가 사람의 것과 다르며, 나머지 984 쌍의 염기는 서로 같음을 뜻한다. 사람과 개의 경우는 약 25% 가 서로 다르다.

이 방법은 동물사이의 모든 유전자를 비교할 수 있기 때문에 매우 믿을 수 있는 방법이라고 할 수 있다. 왜냐하면 동물 개개의 진화의 역사는 그들의 유전자 안에 암호로 저장되어 있기 때문에 DNA가 변화하는 정도를 계산할 수 있다면 동물들이 분화되어 나간 시간이 계산될 수 있다.

분자생물학의 문제점 : 위에서 언급한 방법들은 동물의 진화과정을 이해하는데 중요한 자료를 제공해 주기는 하나 다음과 같은 문제를 지니고 있다. 즉 동물의 형태상 변화는 항상 구조상 변화와 일치하지 않는다는 점이다. 게놈genome에서 일어나는 변화는 DNA를 구성하고 있는 유전 마디인 intron 에서처럼 동물의 외모에는 나타나지 않는다. 그러나 게놈의 유전적 변화는 상당부분이 일정한 비율로 일어난다. 어떻게 이런 변화가 구조상의 변화 없이 생겨날 수 있는지가 의문이다.

돌연변이의 상당수는 중립neutral의 성질을 갖고 있기 때문에 유전자의 구조에 아무런 영향을 주지 않으나 단백질들은 서로가 다른 비율로 진화한다. 따라서 단백질에서 찾아지는 분자상의 변화가 진화과정 관계를 구성하는데 이용되고 있다.

오늘날 당면하고 있는 문제는 화석과 지질 자료에서 일어나는 논란이 분자시계를 계산하는 데에서도 똑같이 일어난다. 즉 분자를 이용한 방법에는 아래와 같은 문제를 가지고 있다;

첫째, 분자상의 연구방법은 오늘날 절멸된 동물에서는 적용될 수 없고 단지 살아 있는 동물에서만 적용되며,

둘째, 이 방법으로는 분화의 순서만을 알 수 있을 뿐, 화석기록에서 필요한 분화가 언제 일어났는지를 정확히 알 수 없다는 점이다.

한 예로 분자시계는 침팬지와 사람이 수 백만 년 전까지 공통조상을 가졌다는 사실은 명백하게 보여주고는 있으나 이들이 어디에서 살았으며, 어떻게 생겼으며, 무엇을 먹고, 그리고 어떤 형태의 사회행위를 영위했는지를 말해주지는 않는다. 그러나 분자시계는 화석 자료들과 함께 사용될 때 좋은 결과를 나타낸다.

영장류 이전의 진화

이른 시기의 생명체에 관한 지식은 인류의 짧은 진화과정을 이해하는데 도움이 된다. 호미니드의 시작은 약 700만 년 전부터이고 호모는 250만 년 전부터 출현한다. 천문학자들은 우주의 나이를 150억 년 정도로 계산하고 있다. 지질학적 기록에 따르면 지구의 나이는 46억 년 정도이다. 이렇게 호미니드의 역사는 지구의 나이에 비하면 아주 짧은 시간임을 알 수 있다.

지질학적 시간의 이해

우리는 우주의 나이와 지구의 나이가 어느 정도인지를 잘 인식하지 못한다. 1977년에 천문학자인 칼 사강 Carl Sagan은 이런 시간의 개념을 인식시키기 위해 우주의 형성부터 지금까지의 기간을 1년 기간으로 축소한 우주 달력cosmic calendar이라는 일정표를 만들었다. 이 일정표에 따르면 우주는 1월1일 자정에 만들어졌고, 은하계는 5월1일에, 태양계는 9월9

일에, 지구는 9월 14일에 각각 만들어졌다. 지구에 생명체가 나타난 것은 9월25일 정도이고 단세포 생명체는 10월9일에 생겨났다. 11월 12일에 광합성 식물이 처음 등장하였고 15일에는 세포에 핵이 있는 생명체인 유카리오트가 나타난다. 일년 중 11개월이 지나도 인류는 아직 보이지 않는다.

12월1일까지 지구에 중요한 산소대기권이 형성되고, 17일에 무척추동물이 출현한다. 최초의 물고기와 등뼈동물은 12월 9일에 나타나며, 12월 22일 경에 곤충과 물뭍동물이 모습을 보인다. 파충류는 23일 선을 보이고, 25일에는 최초로 젖먹이짐승이 출현한다. 28일에 공룡이 절멸하며 최초의 영장류가 선을 보인다. 12월31일 마지막 날이 되서야 유인원과 인류가 출현한다.

마지막 날 오후 9시에 최초의 인류가 나타난다. 불의 사용은 오후 11시22분에 처음 보이고, 농업은 오후 11시59분35초에 처음 시작되며 로마제국은 오후 11시59분56초에 성립된다. 르네쌍스는 바로 자정 1초 전에 시작되며 중세 이후의 역사는 모두 1초 내에 일어난 사건들이다.

이렇게 지구의 나이를 인식하는 것은 쉬운 일이 아니다. 따라서 지질학자와 고동물학자들은 지구의 나이를 이해하기 쉽게 몇 단계로 나누어 표시한다. 지구의 역사는 크게 두 개의 계(界)eons로 구분하며 이는 대(代)era, 기(紀)periods 그리고 세(世)epochs의 단위로 세분된다.

선캠브리안 계(대)precambrian eon는 46억 년 전부터 5억4천5백만 년 전(b.p.)까지를 가르친다. 이 기간 중에 최초로 생명체가 출현하는데 단세포와 다세포 생명체의 출현이 그것이나 최초의 생명에 관한 직접적인 화석 증거는 미약하다. 따라서 지구의 초기 조건과 실험실에서의 연구를 종합하여 가능한 생명의 시초를 추정한다.

생명체에 관한 연구에 의하면 지구에서 최초의 생명은 화학적 진화과정에서 생겨났을 것으로 가늠한다. 1950년대에 실험실에서 진행된 연구에 의해 아미노산은 지구의 초기 조건과 같은 상태에서 생성될 수 있다는 것이 밝혀졌다. 일단의 과학자들은 화학적 진화과정은 어떤 화학적 형태와 반응에서 더 잘 일어난다고 주장한다. 이런 모델들은 화학적 유사성을 선 생물prebiotic세계에서의 변이와 자연선택으로 받아들인다. 그러나 이에 반대되는 가설들도 많이 있다는 점을 염두에 두어야 한다.

지구의 시간 구분

화석기록에 따르면 화석화된 미세한 세포들이 35억 년 만 전의 화석에서 관찰되며 광합성의 시작을 위시하여 주목할 만한 생물학적 다양성이 나타나는 것을 알 수 있다. 세포분열의 증거는 8억5천만년 전의 지층에서 발견되며 다세포 생명체는 적어도 7억5천만년 전에 나타난다는 증거가 있다. 5억4천5백만 년 전에 현생계顯生界phanerozoic(대)가 시작되며 이는 다시 고생대paleozoic, 중생대mesozoic, 그리고 신생대cenozoic로 나누어진다(표 5.1).

고생대 : 고생대는 5억4천5백만 년 전부터 2억4천5백만 년 전까지 지속된다. 고생대의 가장 이른 기간은 캄브리아기로 많은 생명체가 이 시기에 빠르게 진화하였다. 그 결과 '캄브리아기 폭발cambrian explosion이라는 용어가 사용된다. 창조론자들은 갑작스런 생명체의 증가를 순간적인 창조의 증거라고 주장한다. 그러나 사실 갑작스런 증가는 수백 · 수천만 년 사이에 일어났다는 것을 알아야 한다.

표 5.1 지구의 현생계(대)의 구분

(단위 : 백만년)

	代 era	紀period	연대	주요 진화사건들
현생계	신생대	제 4 기	1.8~현재	호모 속의 진화
		제 3 기	65~1.8	영장류의 출현; 호미니드 출현
	중생대	백악기	145~65	공룡의 절멸; 최초의 새와 태반동물
		쥐라기	210~145	공룡의 번성; 최초의 새 같은 파충류
		삼엽기	245~210	최초의 공룡; 알을 낳는 젖먹이동물
	고생대	페름기	290~245	파충류 방사; 젖먹이동물 닮은 파충류
		카보니페로스기	360~290	양서류 방사; 최초의 파충류와 곤충
		데본기	410~360	물고기; 최초의 양서류; 최초의 삼림
		실루리아기	440~410	턱이 있는 최초의 물고기; 육지식물
		오르도비스기	505~440	턱이 없는 물고기 같은 이른 등뼈동물; 삼엽충과 등뼈 없는 동물
		캄브리아기	545-505	생명의 급증; 바다 등뼈 없는 동물

고생대 초기에 살던 등뼈동물 중에 특별히 관심을 가지는 것은 턱이 없는 물고기의 출현이다. 이 시기의 물고기는 다른 등뼈동물들과 닮은 등뼈구조를 보이나 턱과 이빨이 없다. 턱이 없는 물고기는 여러 형태가 있는데 수천만 년을 성공적으로 살아남았다. 오늘날 이들 중 단지 두 종류의 물고기만이 살아있는데 먹장어hagfish와 칠성장어lamprey가 그것이다.

턱이 없는 물고기 중 일부는 덴틴이라는 단단한 물질로 머리를 갑옷처럼 감싸고 있다. 최초의 이빨은 입 안쪽에 덴틴이 삐죽 솟아난 형태였으나 다양한 음식을 먹기에는 좋은 역할을 하였다. 시간이 지나며 이런 이빨은 더욱 발달하였고 턱이 생겨났다. 이때 물고기의 턱은 새와 젖먹이동물의 발생학적 발달을 통해 물고기의 아가미에 뼈와 핏줄이 어떻게 턱을

그림 5.4. 고생대에 살던 젖먹이동물을 닮은 파충류인 디메트로돈dimetrodon

형성했는지를 가늠할 수 있다.

고생대 중에 일어난 또 다른 중요한 진화 중 사건은 이른 시기의 물뭍동물(양서류)이 땅으로 올라간 것으로 이 시기의 물뭍동물은 물 속에서 살던 존재와 오늘날 살고있는 물뭍동물의 중간형이다. 그 예로 3억 6천만년 전에 살던 아칸쏘스테가acanthostega를 들 수 있는데 이 존재는 다리가 달린 물고기이다. 땅위로 올라온 물뭍동물은 시간이 지나면서 오늘날 살고 있는 모양의 물뭍동물로 진화해 갔다. 한편 땅에서 성공적으로 살아남은 이른 시기의 물뭍동물 중 일부는 카보니페로스기에 파충류로 변해 갔다. 이런 변화는 더 이상 물기 있는 환경이 필요 없는 늘 축축하게 젖어있는 가죽 같은 껍질을 가진 알이 생겨났기 때문이다. 페름기에 파충류의 적응 방사가 시작되어 이후 2억만년 동안 지구에서 가장 번성하였다.

젖먹이동물과 새들은 파충류로부터 진화하였는데 파충류로부터 진화한 젖먹이동물의 경우 그 중간형이 있었을 것으로 가늠된다. 많은 사람들은 이 중간형이 오늘날의 파충류와 젖먹이동물이 섞인 모습으로 생각하나 이는 진화에 대해 잘못 생각한 까닭이다. 오늘날의 파충류와 젖먹이동물의 모습은 수천 만 년 전 한 공통조상으로부터 갈라져 나온 이후 각자의 길로 진화해 온 결과이다. 중생대 최초의 파충류는 오늘날의 파충류와는 꼭 같아 보이지 않는다. 사실 가장 이른 시기의 파충류는 쎄랍시드therapsids나 또는 젖먹이동물 같은 파충류들로 이들을 어떻게 분류해야 할 지는 분명하지 않다.

(a)트라이케라톱스

(b) 티라노사우루스

그림 5.5. 백악기의 공룡들

그러나 쎄랍시드는 파충류의 특징을 더 많이 지니고 있기 때문에 일단은 파충류로 분류하나 젖먹이동물처럼 다른 모양의 이빨을 지니고 있기에 젖먹이동물 같은 파충류아과 부른다. 쎄랍시드는 페름기에 적응방사하며 형태와 크기가 다양해진다. 디메트로돈dimetrodon 같은 것이 대표되는 젖먹이동물 같은 파충류이다(그림.5.4). 쎄랍시드의 이빨은 땅에서 식물을 먹이로 하기에 알맞게 발달하였다. 쎄랍시드 무리는 비록 성공적으로 번성하였으나 중생대에 번성하던 진짜 파충류에 의해 대체되었다. 그러나 화석기록에 의하면 이들의 일부는 거의 6천만년 전까지 생존했던 것으로 밝혀졌다.

중생대 : 중생대는 2억4천5백만 년 전부터 6천5백만 년 전까지 지속되었으며 종종 '파충류의 시대 age of reptiles'라고도 불린다. 지구에서 파충류가 가장 번성했던 시기이기 때문이다. 이 시기의 파충류 중 공룡이 가장 번성하였다(그림.5.5). 공룡의 주요 특징은 다리와 골반의 구조에 있다. 많은 공룡은 두발로 걸어 다녔으며 어떤 종류는 아주 빠르게 움직일 수 있었다. 이에 반해 쎄랍시드는 이빨이 솟아난 것 이외에는 이른 시기에 땅에서 살던 등뼈동물과 별 차이가 없었다. 이들은 빨리 이동하지도 못했고 공격이나 방어능력이 거의 없었다. 페롬기에는 그런 적응이 필요가 없었기 때문이다. 쎄랍시드에 비해 공룡의 조상들은 빨리 움직일 수 있었을 뿐만 아니라 많은 공룡은 먹이를 잡기에 필요한 강력한 손과 이빨을 지녔다. 공룡은 마침내 지구에서 가장 번성하게 되고 쎄랍시드는 그 수가 점차 줄어들었다가 절멸하였다. 그러나 쎄랍시드의 일부는 절멸하기 전에 젖먹이동물로 진화해 갔다.

삼엽기 중에 알을 낳는 젖먹이동물인 모노트림monotremes이 진화했는데 이 중 일부가 오늘날까지 살아있는데 오리너구리platypus가 그것이다. 최초의 태반동물은 공룡의 전성시기인 쥬라기에 진화했으며 새를 닮은 파충류도 이 시기에 진화했다. 백악기 말이 되면 공룡은 절멸하고 젖먹이동물이 번성하기 시작했다.

대절멸 사건

지금까지 아득한 세월동안 지구에서 진행된 생명의 역사를 아주 간략하게 설명하였다. 생명의 역사 중에 공룡의 절멸은 사람들에게 아주 흥미로운 사건이다. 많은 사람들은 젖먹이동물의 출현이 공룡의 절멸을 가져왔다고 생각한다. 젖먹이동물은 효과적인 재생산, 체온조절 능력, 그리고 무엇보다도 사회적인 학습 시스템 등을 가지고 있기 때문이다. 그러나 공룡의 절멸은 이렇게 간단히 설명할 수가 없다. 공룡도 체온을 조절할 수 있었고, 복잡한 사회조직을 지녔던 것으로 밝혀지기 때문이다. 또한 공룡과 젖먹이동물은 상당기간 동안을 함께 살았으나 공룡이 번성할 때에 젖먹이동물은 살기에 상당한 제한을 받았다. 대부분의 젖먹이동물은 몸집이 작았고 아마도 야행성이었으며 곤충들과 함께 나무에서 살았다. 공룡이 절멸하고 꽃가루 식물이 번성하자 젖먹이동물이 점차 번성하기 시작했는데 그전까지 젖먹이동물은 공룡의 그늘에 묻혀 있었다. 진화는 기회에 따라 일어난다는 것을 보여주는 것이다.

여러 해 동안 학자들은 백악기 · 팔레오세 경계를 지구에서 살았던 생명체들의 역사에 중대한 위기가 왔던 시기로 생각해 왔다. 당시 바다 속에 쌓인 퇴적물을 연구해 본 결과 많은 플랑크톤과 다른 생물들이 이 경계시기에 멸종되었음을 알았다. 살아남아 있던 공룡들도 이 시기에 절멸하였으며 이 짧은 시기 이후에 다양한 종류의 젖먹이동물들이 지구에 나타났다. 오늘날 중생대와 신생대의 경계에서 일어난 공룡의 대절멸과 젖먹이동물의 출현을 가져온 지질적 변화가 왜 일어났는지에 관해 많은 가설이 있다.

중생대말 공룡의 절멸에 관한 가설 중에 하나는 식생이 꽃가루식물로 전환되었기 때문이라는 설도 있다. 절멸에 관한 대부분의 가설은 지구온도의 하강처럼 환경의 변화에 원인을 두고 있다. 기온이 떨어지면 항온동물인 젖먹이동물은 냉혈동물인 파충류보다 살아남기가 더 쉽다는 것이다. 그러나 문제는 어떤 공룡들은 항온동물이라는 증거가 있다는 점이다. 최근에 공룡의 절멸은 아스테로이드 또는 혜성이 지구와 충돌함으로써 절멸했다는 가설이다. 혜성의 충돌로 생긴 먼지가 태양을 차단함으로써 기온이 하강하고 식생대에 변화가 일어나며 모든 생태계에 변화가 일어 공룡이 절멸했다는 내용이다. 최근에는 인도 대륙 같은 지역에서 생긴 화산폭발이 혜성의 충돌과 같이 진행되었기 때문이라는 가설이 설득력 있다.

여러 가설들이 있지만 공통점은 분명히 백악기 · 팔레오세 경계에 공룡은 절멸하고 젖먹이동물이 그 자리를 대신하여 지구의 주인이 되었다는 점이다. 젖먹이동물들에게 새로운 기회가 주어져 번성의 길로 들어선 것이다. 6천5백만 년 동안의 "젖먹이동물의 시대age of mammals' 인 신생대가 시작된 것이다. 이 시기 초반에 나무에서 살던 새로운 젖먹이동물인 영장류의 연구가 우리의 기본적 목표이다

아스테로이드Asteroid 혜성에 의한 절멸설 : 학자들은 백악기 · 팔레오세 경계시기에 지구에서 일어난 생명체의 절멸과 진화는 왜 일어났는지를 규명하고자 노력해오고 있다. 1979년 미국 캘리포니아 주립 버클리대학교의 물리학자인 루이스 알바레즈와 그의 아들이자 같은 대학교의 지질학자인 월터 알바레즈는 지구상에서는 별로 존재하지 않는 원소인 이리디움iridium이 백악기 · 팔레오세 경계시기의 층에서만 상당히 검출된다는 것을 알았다. 이를 바탕으로 알바레즈 부자는 이 시기에 지

그림 5.6. 혜성충돌(아스테로이드)이론을 주창한 알바레즈 부자

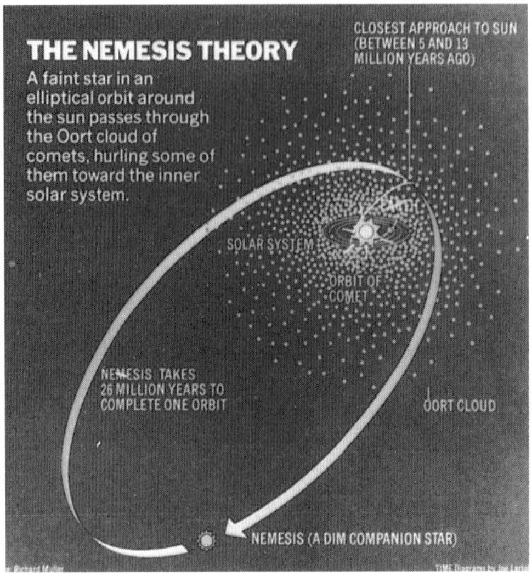

그림 5.7. 절멸의 주기성 이론중 하나인 니메시스 항성 이론

구상의 생명체를 붕괴시킨 한 커다란 혜성의 존재를 가정하였다(그림 5.6).

이들은 백악기 · 팔레오세 경계시기에 이 혜성이 지구와 충돌하였는데 충돌로 인한 충격과 위력은 약 50 메가톤의 수소폭탄의 폭발과 맞먹는 효과를 가져왔으며, 폭발의 결과로 생긴 먼지가 대기를 뒤덮어 태양열을 차단하자 공룡 같은 냉혈동물들은 절멸하게 되었다고 주장한다.

만일 6천5백만 년 전에 대절멸이 없었더라면 공룡 같은 파충류들은 아마도 지금까지 살았을 지도 모른다는 점에서 대절멸은 생물의 진화과정에서 매우 중대한 사건이다. 커다란 파충류의 절멸은 결과로 인류의 조상을 포함한 다른 생물들이 살아 남을 수 있는 기회를 제공하는 계기가 되었다.

절멸의 주기성 이론(니메시스Nemesis 항성 이론) : 한편 다른 학자들은 지구상에서 생명체의 멸종의 주기성에 대해서 연구를 진행하고 있다. 지구의 역사에서 볼 때 많은 생물체의 멸종이 있어 왔는데 이런 현상은 약 2천6백만 년을 주기로 반복되어 나타난다. 이를 연구하는 학자들에 따르면 이런 멸종의 주기성은 아마도 태양이나 태양계의 조직, 또는 우주 안에서 진행되는 운동 같은 작용과 관련이 있다고 생각한다. 즉 우주에서는 태양계에 영향을 미치는 니메시스라는 항성이 있는데 이 항성은 주기적으로 우주의 물체를 태양계 밖에서부터 안쪽으로 잡아당긴다고 한다. 이때 잡아 당겨져 태양계로 들어온 물체가 지구와 충돌하고 그 결과 지구상의 생명체의 절멸이 일어나는데 이런 현상은 일정한 주기를 가지고 반복해서 진행되어 온다고 주장한다(그림 5.7).

제2부 자연계에서 인류의 자리

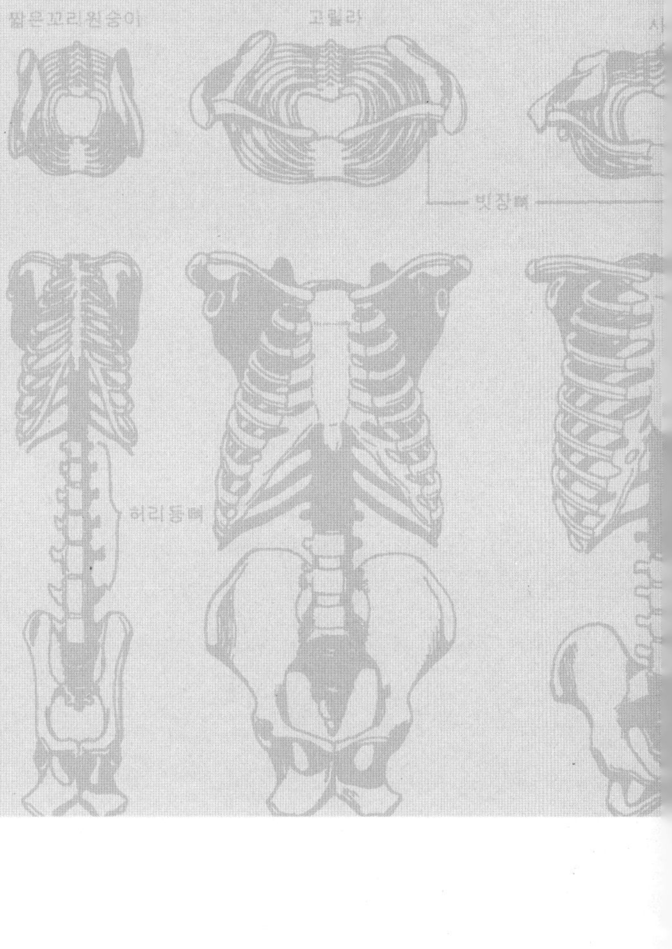

第6장 영 장 류

☞ 자연계에서 인류의 자리를 이해하려면 인류가 속해있는 젖먹이동물의 한 목order인 영장류를 이해해야 한다. 인류는 유인원과 원숭이 그리고 프로시미안과 같이 영장류로 분류되기 때문이다. 이 장에서는 살아있는 영장류의 정의와 특성 및 분류에 관해 살펴본다. 살아있는 영장류로는 프로시미안과 앤스로포이드로 분류되는 신대륙·구대륙 원숭이 및 유인원과 사람이 있다.

영장류의 정의

영장류는 몸의 크기라든가 모습, 그리고 행위 등에서 많은 다양성을 보여주고 있기 때문에 영장류라고 규정하는 데 있어 신체의 어느 특징이 가장 적절한 기준이 되는지는 명확하지 않다. 그럼에도 불구하고 일반으로 영장류로 규정할 수 있는 몇 개의 해부학적 및 생리학적 특징이 찾아지는데 이는 영장류가 나무 위에서 살았기 때문이다.

영장류의 특징과 기원

오늘날 살아 있는 영장류에서 프로시미안prosimian(prosimii) 영장류와 앤스로포이드 anthropoid 영장류는 서로를 쉽게 구분할 수 있지만 먼 옛날로 돌아가면 갈수록 오늘날 영장류에서 보이는 특징들은 잘 나타나지 않는다. 젖먹이동물은 중생대가 끝나고 신생대가 시작되는 약 6천5백만 년 전부터 지구상에서 널리 퍼져 살기 시작하였으며, 영장류의 가장 이른 조상도 이 시기에 발견되었다. 이후 오랜 시간에 걸쳐 영장류들은 환경에 적응하며 자신들의 해부학적·생리학적 특징을 간직하였는데 이들이 지니고 있는 신체상의 특징은 다음과 같다.

1. 영장류는 일반화된 뼈대를 가지고 있다. 즉 이들은 많은 젖먹이동물에서는 보이지 않는 빗장뼈와 5개의 발가락을 가지고 있다(그림.6.1).

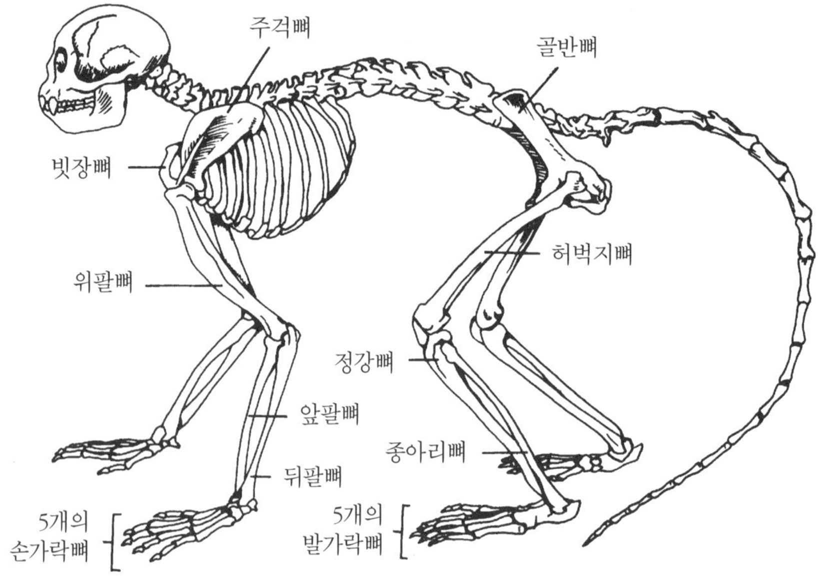

그림 6.1. 영장류의 뼈대 얼개

2. 영장류는 물체를 움켜쥘 수 있는 손과 발을 가지고 있는데, 이때 엄지 손가락과 엄지발가락은 밖으로 향하여 있으며 대개의 영장류는 손가락과 발가락 끝에 편편한 손톱과 발톱(nail)을 가지고 있다(그림.6.2).
3. 영장류는 발달된 시각과 퇴화된 후각을 가지고 있다. 따라서 눈은 상대로 커지고 뼈로 된 눈굴레로 보호되고 있다(그림.6.3). 주둥이는 얼굴 쪽으로 줄어들었고, 눈은 정면을 향해 있어 그 결과 미간이 좁아졌다.
4. 영장류는 다른 젖먹이동물에 비해 커다란 뇌를 가지고 있는데 뇌에서 시각을 담

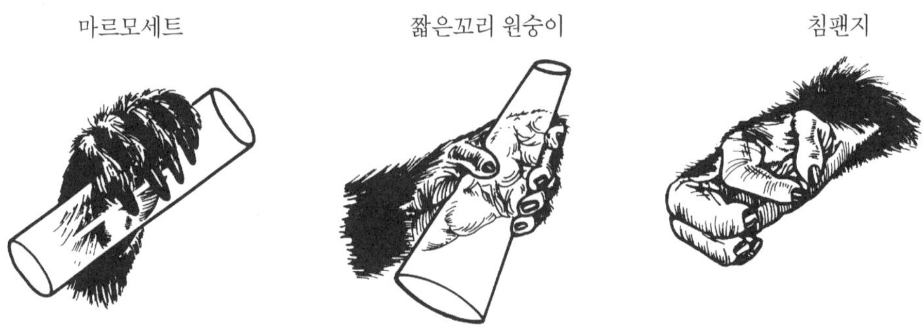

그림 6.2. 영장류가 물체를 잡을 때의 손가락과 손톱의 모습

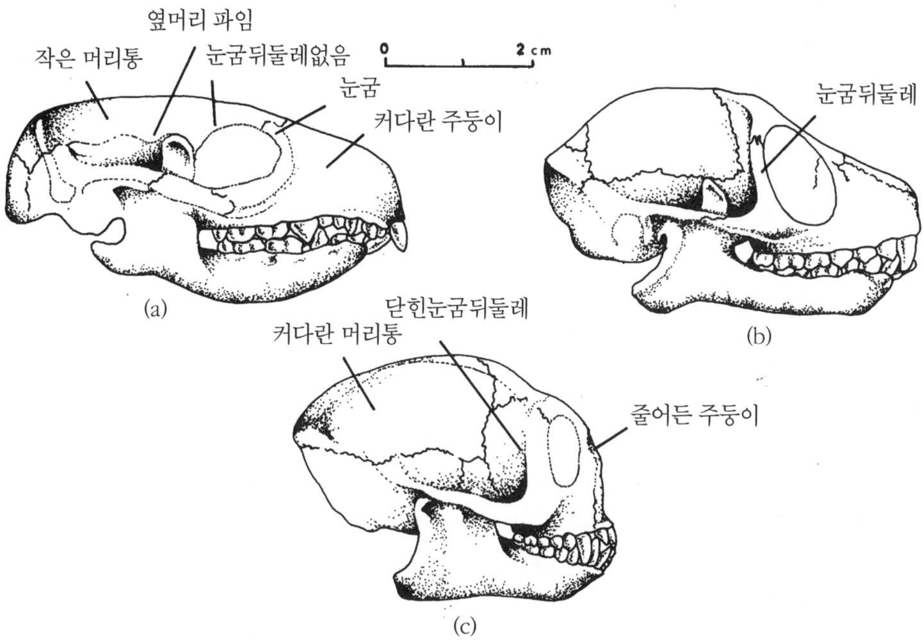

그림 6.3. 영장류와 비영장류의 머리뼈 비교 (a)는 식충류인 고슴도치이고 (b)는 프로시미안인 여우원숭이이며 (c)는 신대륙원숭이인 칼리스릿스의 머리뼈이다.

당한 부분은 잘 발달되어 있으나, 냄새를 담당하는 부분은 잘 발달되어 있지 않다.

5. 영장류는 일반화된 이빨을 가지고 있으며(앞니, 송곳니, 옆니, 어금니), 영장류의 종류에 따라 꼬리가 있고 없으며, 앞 팔과 뒤 팔사이의 길이 비율도 종류에 따라 차이가 난다.
6. 영장류는 일정한 형태의 출산행위를 가지고 있다. 그들은 적은 수의 새끼를 생산하며, 이들을 키우는 데 많은 시간을 보낸다. 새끼들은 오랜 동안 부모에게 의지하여 배우며 자란다. 한 예로 여우원숭이lemur는 126 일만에 출산을 하고, 2년이 지나면 어른이 되며 11 살정도가 되면 죽는다. 또 다른 예로 원숭이들은 임신부터 출산하는데 걸리는 기간이 168일 정도이며, 18 달간의 유아기를 지나 6살까지 어린아이로 보내며, 20 살 정도가 되면 죽는다. 사람은 출산기간이 약 266일 정도이며 6 살까지가 유아기, 14 살까지가 어린아이기 이며, 어른이 된 후 약 60~70세까지 산다. 이렇게 보면 영장류들은 다른 젖먹이동물에 비해 '삶의 기간'이 점차 길어지는 것을 알 수 있다.

위에서 영장류를 정의하는 몇 개의 해부학적 · 생리학적 특징을 살펴보았는데 "왜 이런 특징들이 영장류의 진화과정 중에 생겨났는가"를 살펴보자. 이에 대한 답은 1920년대의 신경해부학자인 스미스G.E.Smith가 처음으로 시도하였다. 그에 따르면 영장류의 조상들은 나무쥐shrew처럼 생겼으며 나무에서 살았는데, 이렇게 나무 위에서의 생활이 위에서 언급한 특징들의 원인이 되었다고 한다. 그의 '나무 위 생활 이론the arboreal theory'에 의하면 '냄새를 맡는 능력'은 나무 위의 생활에 별로 도움이 되지 못하였기 때문에 영장류의 후각기관은 퇴화하였고, 대신 시각이 발달하였는데, 특히 입체 시각이 발달하였다고 한다. 이런 입체적인 시각의 발달로 거리를 정확히 측정할 수 있는 능력이 생겼고 눈의 위치도 머리 앞쪽으로 이동하게 되었다고 주장하였다.

손은 주둥이가 하던 역할을 대신함으로써 정교해졌고, 길고 뾰족한 손톱은 점차 없어지고 손톱 앞에 촉감이 발달하였다. 손과 발은 나무를 움켜잡기에 편리하도록 변하였다. 따라서 나무쥐 같은 동물이 여우원숭이가 되었을 것이며, 이들이 후에 원숭이가 되었을 것이라고 설명하고 있다. 이런 그의 이론은 한 가지 사실만을 제외하고는 매우 설득력 있는 이론이다.

한편 영장류학자인 카트밀Matt Cartmill은 스미스의 '나무 위 생활이론'에 의문을 제기하였다. 그는 다람쥐가 머리 양 쪽에 눈이 위치하고 있으며, 잘 발달된 후각과 가늘고 긴 발톱을 가지고 있음에도 불구하고 나무 위에서 잘 살아가고 있는 사실에 주목하여, 스미스의 '나무 위 생활이론'은 영장류 진화를 소재로 한 소설이라고 비판하였다. 카트밀은 스미스의 이론에 맞지 않는 또 다른 동물을 예로 들고 있으니, 어떤 오스트레일리아 산 마수피얼marsupial은 7 천만년 간 나무 위에서 살아왔는데도 불구하고, 뾰족한 손톱과 잘 발달된 후각을 지니고 있으며, 눈은 머리 좌우에 위치하고 있어 나무 위에서 사는 생활에도 불구하고 신체상의 변화가 없이 살아왔다며 스미스의 이론에 반론을 제기하였다.

카트밀은 스미스의 이론을 일부 차용해서 자신의 새로운 이론인 '사냥을 위한 시각 발달 이론the visual predation theory'을 내세웠는데 그의 이론을 요약하면 아래와 같다 ;

"영장류의 조상은 땅위에 살던 식충류로 나무 잎 사이로 냄새를 맡으며 곤충인 음식을 찾으러 다녔다. 밀림지대 땅바닥에서는 먹이에 대한 경쟁이 치열하나, 바로 땅바닥 위층인 카노피에는 먹이들이 풍부하게 흩어져 살고 있었다. 영장류의 조상은 위층에 있는 풍부한 음식을 얻기 위해서 땅바닥에서 나무위로 자리를 옮겼다. 그러나 카노피를 돌아다니며 곤충을 주식으로 하던 식충류들은 나무 위에서 살면서 딱딱한 열매를 먹는 다람쥐와는 다른 문제를 갖게 되었다. 다람쥐는 먹을 때 소리를 많이 내지만 먹이는 도망을 가지 않고 제자리에 있었으나, 곤충들은 소리에 매우 민감하게 반응을 하여 재빨리 도망을 쳐버렸다. 따라서

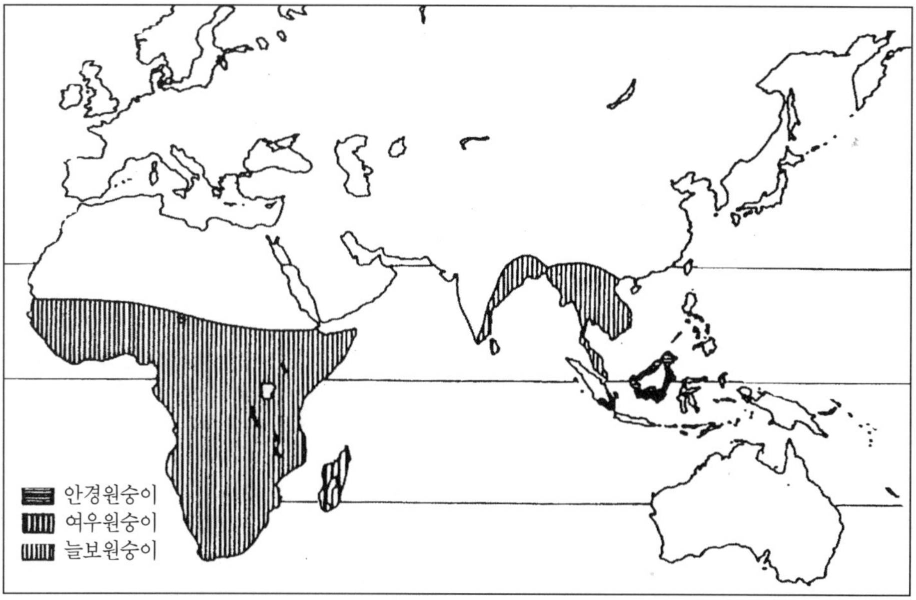

그림 6.4. 살아있는 프로시미안의 분포도

영장류의 조상은 그들의 곤충먹이를 더 쉽게 찾고자 신체의 어떤 부분을 특징 지워서 발달시켜야만 했다. 그 결과, 시력은 먹이인 곤충까지의 거리를 정확히 측정할 수 있도록 발달했으며, 발은 나무를 움켜잡을 수 있도록 발달함으로써, 두 손으로는 곤충을 잡을 수가 있었다. 시각은 두 눈을 사용함으로써 더욱 발달되었고, 날카롭던 손톱은 편편하게 변해 나무를 잡는 데 편리해졌다."

카트밀에게 있어 영장류란 사냥을 위해서 시력이 변한 동물을 조상으로 하는 동물의 집단으로 간주하고 있다고 할 수 있다.

영장류의 생태

오늘날 지구상에서 살고 있는 영장류는 180 종류 정도가 되는데, 대부분은 북위 25도와 남위 30도 사이의 열대지방에 한정되어 살고 있다. 즉 이들 중 약 80% 정도가 남아메리카와 마다카스카르, 아프리카 및 유라시아의 열대 삼림지대에 걸쳐 살고 있으며, 일부는 사바나와 준 사막지대에서 살고 있으나 오스트레일리아에서는 보이지 않는다(그림.6.4, 6.5).

살아있는 영장류와 사람은 서로의 관계가 가까우면 가까울수록 더욱 닮아 보인다. 동물학자들은 이들의 환경에 대한 적응도를 알기 위해서 반드시 관찰방법을 사용한다. 이들은 동물들이 환경에 서로 다르게 적응하는 것과 신체적 특징사이에서는 어떤 관계가 있는지를

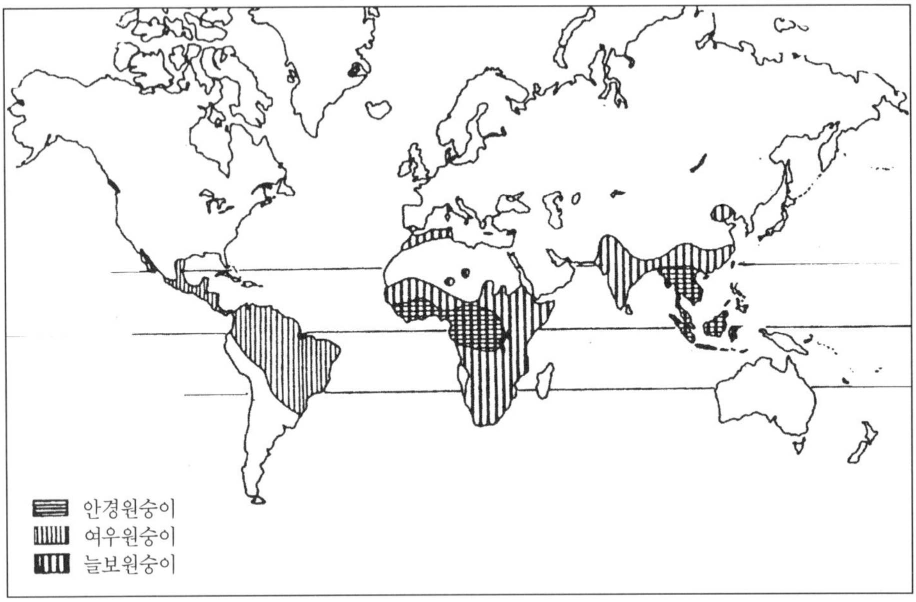

그림 6.5. 살아있는 앤스로포이드의 분포도

알고자 한다.

오늘날 많은 생물학자들이 세포나 세포보다 조금 큰 단위에서 연구를 진행시키고 있다. 이때 보다 중요한 것은 동물은 그 전체로서 연구되어져야 한다는 점이다. 그러나 실제로 동물을 전체로서 연구한다는 것은 생물학에서는 가장 어려운 과제 중 하나이다. 이런 점에서 동물을 환경과 동물과의 관계라는 입장에서 연구하는 '생태학ecology'은 중요한 연구 분야로 인식되고 있다.

생물 중 특히 동물과 그들이 살고 있는 환경과의 관계를 연구하는 (동물)생태학에서 다루는 가장 중요한 대상은 동물과 그들이 섭취하는 음식과의 관계이다. 이를 위해서 생태학에서 사용되는 몇 개의 기본용어를 살펴 볼 필요가 있다. 동물이 사는 장소를 '본고장habitat'이라고 하며, '삶터niche'(생태조건을 가진 터전의 뜻)는 이들이 매일 매일 지내는 장소를 말한다. '분포구역range'은 동물이 얼마나 펴져 있는가를 나타낼 때 쓰인다.

모든 동물들은 그들의 '삶터'에 적응한다. 진화란 기회에 따른 것으로 환경은 동물에게 진화할 수 있는 기회를 제공하고 동물은 이 환경에 따라 변한다. '원'영장류proto-primates가 진화할 수 있었던 원인도 바로 환경에 있었으며, 이들은 환경의 이점을 살려서 진화가 진행되었다. 생명체의 진화는 어떤 정해진 목표에 도달하기 위한 것이 아니라 기회에 따라 일어나는 것이다.

영장류의 행위

영장류의 식성과 걷기 방법, 사회행위는 우리가 가장 관심을 가지고 있는 영장류의 행위에 관한 연구분야인데 행위란 동물들을 특징지어 주는 것 중의 하나이며, 행위는 동물이 살고 있는 모든 환경(사회적 환경과 자연적 환경)과의 상호작용에 의해 이루어진다고 정의할 수 있다.

영장류는 크게 작은 몸집의 프로시미안과 보다 큰 몸집을 가진 앤스로포이드로 나누어지며 생활 유형에 따라 야행성과 주행성으로 구분된다. 대다수의 프로시미안은 야행성인데 반해 많은 수의 앤스로포이드는 주행성이다. 프로시미안 같은 야행성 영장류는 살아가는데 주행성 영장류보다 많은 이점이 있으니 밤에는 식육류로부터 도망치기가 용이할 뿐만 아니라 특히 식육류가 주행성인 경우에 위험성은 거의 없다. 또 다른 이점으로 대낮의 열로부터 보호된다는 점을 들 수 있고, 또한 곤충 같은 음식들은 밤에 손쉽게 얻어진다는 점이다. 그러나 이런 이점들이 있는 반면 야행성 프로시미안은 밤에 물체를 보기가 쉽지 않다는 단점을 지니고 있다.

한편 영장류를 연구할 때는 이들의 활동과 자연환경과의 관계라는 측면에서 살펴봐야 한다. 이를 위해서는 영장류가 어떻게 땅을 이용하는지에 연구 초점을 맞추어야 한다(그림.6.6). 동물이 아침에 일어나서 잠들 때까지 돌아다니는 구역을 '한 낮의 활동영역' 이라고 하며, 어른이 되어서 돌아다닐 수 있는 지역의 범위를 '주거활동영역' 이라고 한다. 지역이란 말은 특별한 의미로 주거활동영역의 일부를 의미하는데 실제로 자기가 사용하는 지역을 말한다. 중심영역이란 개념 또한 주거활동영역의 일부로 항상 살고 있는 영역의 범위

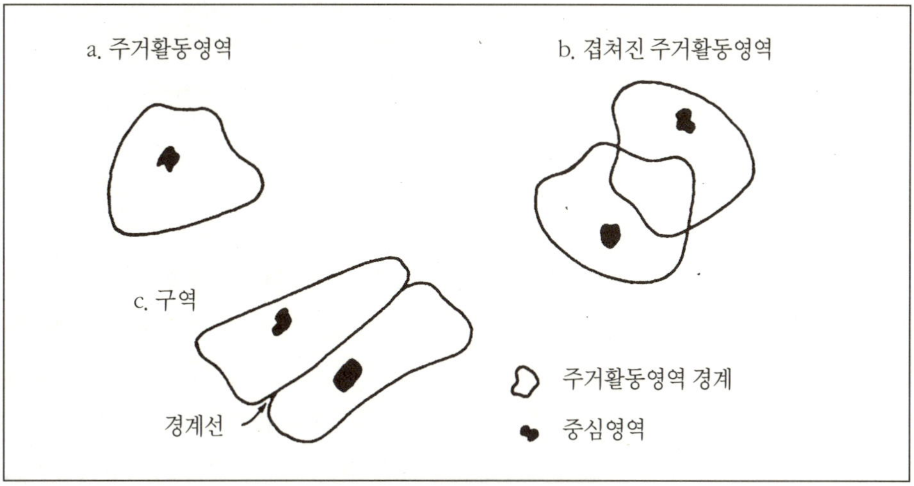

그림 6.6. 영장류의 행동범위

를 말한다. 영장류의 행위를 보다 정확히 이해하려면 바로 위에서 언급한 '땅의 이용' 이라는 측면에서 접근하는 것이 이들의 행위를 보다 정확히 이해하는데 도움을 준다. 실제로 대부분의 영장류는 숲속의 바닥이나 위 부분이 아니면 나무 중간 부분에서 살고 있다.

영장류의 식성과 걷기 방법

영장류의 식성과 걷기 방법은 동물의 몸집 크기와 밀접한 관계가 있으며, 나아가 몸집의 크기는 영장류의 사회구성, 그리고 거주지 등을 연구하는데 가장 중요한 기준이 된다. 영장류는 종류에 따라 몸집의 크기가 다른데, 그 중 사람의 몸집이 가장 큰 편에 속한다. 영장류의 몸집은 100g 정도의 몸무게를 가진 안경쥐 원숭이로부터 180kg 보다 큰 고릴라에 이르기까지 다양하다. 이렇게 다양한 동물 몸집의 크기가 신체 다른 부분의 성장이나 또는 행위와 어떻게 관계가 있는지를 연구하는 학문을 '대비 성장 측정학allometry' 이라고 한다.

영장류의 경우 몸의 크기와 음식물은 밀접하게 관련되어 있는데, 일반적으로 영장류가 먹는 음식물은 식충류와 과일류 그리고 잎사귀로 나누어진다. 만일 어떤 영장류가 식충류와 과일 그리고 잎사귀를 각각 33 % 씩 먹는다면 그 영장류의 식성은 고르다고 할 수 있다. 하지만 어떤 원숭이는 잎사귀만을 먹으며, 늘보원숭이는 식충류만을 섭취하며, 어떤 원숭이와 침팬지 등의 유인원은 주로 과일을 먹는다. 어떤 원숭이는 과일과 잎사귀를 먹고, 어떤 원숭이는 식충류와 과일을 먹는다. 그러나 식충류와 잎사귀를 함께 먹는 영장류는 거의 없다(그림.6.7).

식충류를 먹는 영장류와 식충류와 과일을 함께 먹는 영장류는 작은 몸집을 가지고 있으며, 잎사귀를 먹는 영장류와 잎사귀와 과일을 같이 먹는 영장류는 몸집이 크다. 예로 몸무게가 1kg인 영장류는 매일 150 마리 정도의 귀뚜라미를 먹어야 하는데, 따라서 몸무게가 10kg정도 나가는 식충류 영장류는 매일 1500 마리 정도의 귀뚜라미를 잡아야만 한다. 만일 한 지역에서 음식물인 곤충의 숫자가 제한된다면, 이에 따라서 식충류 영장류의 몸집 크기가 제한된다.

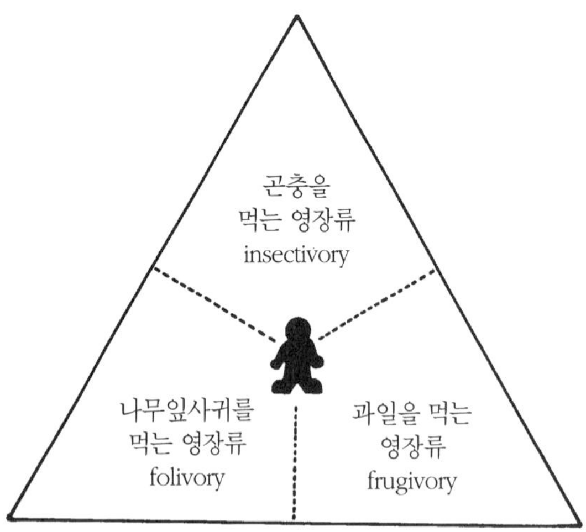

그림 6.7. 식성에 따른 영장류의 구분

다른 예로 잎사귀를 먹이로 하는 영장류의 경우, 먹이를 찾기는 쉬우나 소화시키기는 어렵다. 즉 잎사귀들은 씹기가 힘들며 영양분은 세로로즈에 함께 섞여 있으며 가끔 독성을 지니고 있다. 독성은 잎사귀들이 자신을 먹는 동물들로부터 멀리하게 하는 효과 있는 방어수단인데, 이런 성질을 가진 잎사귀를 소화시키기 위해서는 많은 시간과 큰 소화기관이 필요하다. 따라서 잎사귀를 주식으로 하는 영장류는 커다란 몸집을 지니고 있다.

과일은 영장류가 가장 좋아하는 음식물이며, 또한 많은 칼로리를 지니고 있으나 단백질의 양이 많지 않으며 이들이 계절을 탄다는 단점을 가지고 있다. 따라서 과일을 주식으로 하는 영장류는 작은 소화기관을 가지고 있으며 결과로 잎사귀를 먹는 영장류보다는 작은 몸집을 가지고 있다.

영장류의 몸집은 걷는 방법과 밀접한 관계를 가지고 있다. 어떤 영장류는 나무 위에서 네발을 이용하여arboreal quadrupeds이동을 하며, 쥐여우 원숭이같은 프로시미안 영장류는 땅위를 깡충깡충 뛴다leaper. 한편 팔을 사용하여 움직이는 방법suspensory이 있는데, 커다란 몸집을 가진 영장류는 대개가 이 방법으로 이동을 한다. 이런 걷기 방법을 가진 영장류 중 두 팔을 사용하여 빨리 움직이는 긴팔 원숭이 같은 영장류를 양팔로 이동하는 영장류brachiator라고 한다. 영장류 중 가장 큰 몸집을 가진 고릴라는 땅위에서 네 발로 돌아다니며terrestrial quadrupeds 침팬지는 나무 위에서는 두 팔을 사용하며 땅위를 다닐 때는 네발을 사용하는데, 이때 침팬지는 고릴라처럼 손마디 바깥 면을 땅에 짚고 걷는다knuckle walking. 끝으로 영장류 중에서 사람만이 유일하게 땅 위에서 두발로 걸어다닌다bipedal locomotion. 이렇게 영장류의 각기 다른 '걷기 방법'은 사람과 사람 이외의 영장류를 구분하는 특징의 하나로 이용된다.

영장류의 사회구조

영장류 사회란 함께 살아가는 영장류들의 무리를 뜻하는데 이들이 보여주는 사회행위는 영장류가 그들의 사회에 적응하는 중요한 방법이다. 영장류는 계급사회에서 살고 있기 때문에 지도자나, 개인 또는 일단의 무리에 의해 통솔된다. 무리에는 친구와 적, 그리고 일반적인 관계를 나누는 부류 등이 섞여 있으며 또 무리 중에는 인기가 있는 놈과 없는 놈 그리고 평범한 놈 등이 있다.

영장류의 어린 새끼들은 그들의 사회에서 살아갈 수 있도록 사회행위와 더불어 소리와 행동(움직임) 등을 포함한 복잡한 의사소통 방법을 배워야 한다. 바로 이런 점들이 인간사회에서 일어나는 행위와 같기 때문에 인류학자들로 하여금 영장류를 연구하게 만든다. 그러나 영장류 연구를 통해 인류의 행위에 관해 너무 많은 것을 얻으려고 하는 데는 문제가 있음을 알아야 한다.

가장 작은 몸집의 프로시미안 영장류를 제외하고 대개의 영장류는 무리를 지어서 사는데 이렇게 무리를 지어 사는 데는 좋은 점과 나쁜 점이 있다.

떼를 지어 살 때의 이점과 불리한 점

이점	불리한 점
배우자 선택 용이 사냥의 경우; 사냥 대상물의 발견 용이 맹수로부터 방어 용이 음식획득이 용이 집단에서의 지식 전달 가능 음식물의 보호	배우자 선택을 위한 경쟁 맹수에게 쉽게 노출 음식을 얻기 위한 경쟁

영장류의 사회행위의 유형은 아프리카에서 살고 있는 영장류의 무리 구조연구를 통해 비교적 잘 알려져 있다. 영장류 무리의 구조에 대한 연구를 위해서 '공간분포'와 '무리구성'이란 두 가지의 요인을 살펴볼 필요가 있다. '공간분포'는 이 무리들이 어디에서 살며 어떻게 분포되었는가를 뜻하며, '무리구성'은 무리에 속해 있는 개개의 숫자나 종류들을 말한다.

우리가 아프리카에 가서 영장류들의 사회행위를 관찰한다면, 먼저 혼자서 살아가는solitary 영장류를 볼 수 있는데, 이들은 서로가 소리로 신호를 하거나 또는 냄새와 특별한 체액을 땅위에 흘리는 방법으로 신호를 전달하기도 한다.

다른 사회형태로 암수짝consort pair을 들 수 있는데, 이는 수컷 한 마리와 암컷 한 마리가 한동안 함께 사는 형태를 말한다. 이들은 어미/아비와 자식들로 구성된 가족단위로 이들의 결합은(암놈과 수놈) 오래 지속되는데 이런 유형의 사회결합은 영장류에는 매우 희귀한 형태이다.

떼congery는 결합이 강하지 않은 무리를 나타낸다. 예로 한 떼의 원숭이들이 과일을 따먹기 위해서 한 나무에 몰리다가 과일을 다 따먹으면 다시 흩어지는데 이런 유형의 사회결합을 말한다.

이외에 암수 섞인 무리troops는 많은 암놈과 수놈 그리고 그들의 자식들이 낮에 활동할 때 함께 무리를 이루는 것을 말하며, 수왕암무리harem는 수놈 하나에 많은 암놈과 새끼들로 구성된 형태이며, 외쪽무리band는 오직 한쪽의 성을 가진 놈들로 구성된 무리를 말한다.

위에서 언급한 영장류의 사회구조유형(표6.1)은 비록 모든 종류의 사회유형을 포함하고 있지는 않으나 영장류가 공간상으로 어떻게 분포되어 있는 가를 살펴보는데는 매우 편리하다.

표 6.1 공간상 분포로 본 영장류의 사회유형

침팬지 : 암놈 어미와 새끼로 구성되며, 수놈 아비는 암놈과 새끼로부터 떨어져서 외쪽무리에서 산다.
고릴라 : 수놈 아비 한 마리와 여러 암놈 및 새끼로 구성되나, 다른 수놈들은 무리 밖에서 혼자 산다. 새끼 수놈은 자라 성인이 되면 집단을 이탈하여 다른 집단의 암놈과 짝을 짓는다.
긴팔원숭이 : 암놈 어미와 수놈 아비 및 새끼의 가족단위로 이루어져 있다.
질라다 비비 : 수왕암무리와 남자 무리가 함께 뒤섞인 형태의 구조를 이루고 있다.
부쉬베비 : 어미 하나와 새끼들로 구성된 무리로 이루어져 있으며, 암놈들이 사는 구역은 혼자 살고 있는 수놈들의 구역과 겹친다.

한때 영장류의 행위는 동물원 등에서 관찰되었는데 이렇게 동물원에서 관찰된 행위는 정확하지 못하다는 사실을 알게 된 지는 얼마 되지 않는다. 그 동안 동물원에서 이루어진 연구는 영장류의 사회행위에 대해 잘못 설명되었으니, 울안에 가두어 놓은 결과 이들은 비정상 행위를 나타내었다는 사실이 밝혀졌다. 따라서 학자들은 영장류를 연구하기 위해서 야외로 나가기 시작하였다. 야외 연구는 먼저 방법보다 훨씬 진전된 방법이긴 하지만 아직도 잘못된 결론이 나타나고 있음을 알게 되었다. 오늘날 영장류의 행위를 연구하는 학자들은 영장류가 가끔 그들이 처해 있는 생태적 조건에 따라 다른 행위를 보여준다는 사실을 알게 되었다.

영장류에 대한 초기 연구에 따르면 어떤 종의 경우는 배우는 과정 중에 행위가 특이하게 나타나거나, 아니면 태어날 때부터 그 특징을 이미 지니고 났다고 생각하였다. 물론 어떤 행위들은 태어날 때부터 지니고 있는 것으로 알려져 있다. 예를 들어 흰개미 종류인 터마이트 개미는 태어날 때부터 지니고 있는 행위의 결과로써 멋진 터널과 식민지를 건설한다. 그러나 영장류의 많은 행위들은 그들이 배워서 얻어지는 것이지 태어날 때부터 지니고 나오는 것이 아니기 때문에 그들의 사회행위는 신축성이 있다.

영장류의 분류

영장류의 분류는 학술적으로 '아목 단계suborder' 에서 프로시미prosimii (=prosimians)와 앤스로포이대anthropoidea(=anthropoids)로 구분하는 방법(표 6.2)과 안경원숭이tarsids와 늘보원숭이lorisids가 어디에 속하느냐에 따라 하프로라이니haplorhine(앤스로포이드에 안경원숭이 포함)와 스트렙시라이니strepsirhines(프로시미안에서 안경원숭이를 제외)로 구분하는 방법이 있다 (표6.3). 이때 앤스로포이드와 프로시미안은 일반 명칭으로 이들의 구분은 몸의 크기, 음식, 행위 등을 기준으로 한다. 이에 반해 가지치기 방법은 해부학상의

표 6.2 전통적인 영장류의 분류

Order	Primates				
Suborder	Prosimii (prosimians)		Anthropoidea (anthropoids)		
Infraorder	Lemuriformes	Tarsiiformes (tarsiers)	Platyrrhini (New World anthropoids)	Catarrhini (Old World anthropoids)	
Superfamily	Lemuroidea	Lorisoidea	Ceboides (New World monkeys)	Cercopithecoidea (Old World monkeys)	Hominoidea (apes and humans)

표 6.3 Strepsirhini와 Haplorhini를 바탕으로 한 영장류 분류

Order	Primates				
Suborder	Strepsirhini (strepsirhines)		Haplorhini (hapliorhines)		
Infraorder	Lemuriformes	Tarsiformes (tarsiers)	Platyrrhini (New World anthropoids)	Catarrhini (Old World anthropoids)	
Superfamily	Lemuroidea (lemurs)	Lorisoidea (lories)	Ceboides (New World monkey)	Cercopithecoidea (Old World monkey)	Hominoidea (apes & human)

특징을 기준으로 하는데 특히 코의 모습을 기준으로 한다. 위의 두 방법 중 어느 쪽이 더 좋은 방법이라고 말할 수는 없으니 진화는 우리를 위해 일어나는 것이 아니기 때문이다.

프로시미안 영장류

프로시미안은 학술이름인 프로시미의 일반적인 이름으로 "시미안(원숭이와 유인원) 이전" 이란 뜻이다. 생물학적으로 프로시미안은 원숭이와 유인원보다 더 원시적이며 이른 시기의 영장류의 조상과 더 닮았다.

프로시미안은 야행성 동물로서 사람이 접근하기 어려운 지역에서 살며, 또한 인류와는 닮은 데가 별로 없기 때문에 인류학자들은 이들에게 많은 관심을 보이지 않는다. 그러나 오늘날 살고 있는 프로시미안을 잘 관찰해보면 상당히 매력 있는 동물임을 알 수 있는데, 이는 영장류 역사상 처음 3천만 년 동안 살았던 영장류는 오직 프로시미안 뿐이기 때문이다.

프로시미안의 특징들 : 프로시미안은 종류에 따라 영장류가 지닌 일반적인 특징 중 한가지 이상이 결여되어 있다. 천연색 시력의 결여와 하나뿐인 뾰족한 손톱과 발톱이 그것이다.

그림 6.8. 식충류들. 이들은 중생대의 특수화된 식충류로부터 진화해왔다고 알려졌다.

또 다른 원시적인 특징은 앤스로포이드 보다 냄새를 맡는 기관이 더 발달해 있다는 것이며 두뇌가 몸집에 비해 앤스로포이드 보다 작은 것도 특징 중의 하나이다. 프로시미안은 작은 몸매에 혼자 지내며 야행성이다. 많은 프로시미안은 깡충깡충뛰기를 하거나 나무에 달라붙어 있다가 공중을 날아 이동하기도 한다.

프로시미안은 종류에 따라 다양한 모습을 보인다. 어떤 종류는 커다란 몸집에 큰 사회조직을 이루며 주행성이다. 이런 특징 때문에 분류에 어려움이 있지만 프로시미안은 일반적인 모습과 또 특별한 모습을 모두 지니고 있다.

오늘날 프로시미안 영장류 중 여우원숭이와 다우벤토니과, 꼬리짧은 여우원숭이는 아프리카의 마다카스카르섬에서 살고 있는데 이 섬은 지구에서 4번째로 큰 섬으로 길이는 약 1,600km 이상이다. 아프리카 대륙 동쪽에 위치하고 있으며 생태계는 열대삼림지대로부터 사바나에 이르기까지 다양한데, 프로시미안 영장류는 삼림지대에 살고 있다. 이 섬은 약 5천만년 전 팔레오세에 아프리카 대륙으로부터 떨어져 나왔는데, 그 이후 이 섬에 고립된 프로시미안 영장류가 이 지역에서 번창하였으며, 그 결과 마다카스카르 섬은 오늘날 프로시미안 영장류 연구의 중심지가 되어 있다. 한편 늘보원숭이는 아프리카와 동남아시아에서 살고 있고, 안경원숭이는 동남아시아에서 살고 있다(그림 6.8, 6.9, 6.10).

나무 뒤쥐tree shrew : 영장류는 아니지만 영장류와 닮은 뒤쥐sorex 속에 속하는 나무 뒤쥐는 실제로는 쥐가 아니며 또한 나무에서 살지 않는다. 구대륙의 열대지방에 모두 18 종이 분포되어 살고 있으며, 평균크기는 다람쥐만 하며 식충류이다. 나무 뒤쥐는 매우 빨리 성장하여 생후 4개월 후에는 성숙한 개체가 된다. 둥근 손톱대신에 날카로운 손톱, 그리고 긴 코를 가지고 있으며, 머리 양쪽에 눈이 자리하고 있다. 일반으로 나무 뒤쥐는 영장류에서 보이는 해부학상의 특징이 별로 없어서 영장류로 분류되지는 않고 있지만, 이들은 영장류의 조상들과 닮았으리라고 여겨진다.

그림 6.9. 마다카스카르에서 살고 있는 여우원숭이들

여우 원숭이Lemur : 첫 번째 프로시미안 영장류로 여우원숭이를 꼽을 수 있는데 이 종류에는 여우 원숭이과, 짧은꼬리 여우원숭이, 다우벤토니과 등의 3 과가 있으며, 이들 모두가 마다카스카르 섬에서 살고 있다.

여우 원숭이과에 속하는 영장류는 대개가 나무 위에서 살고 있으며 그 중 쥐여우 원숭이 mouse lemur가 가장 작으며 이들은 주로 곤충이나 과일을 먹으며 산다. 이때 쥐여우 원숭이는 난장이 여우 원숭이처럼 영양분을 꼬리에 저장했다가 가뭄이 드는 계절이나 동면 때에 이를 사용한다. 이들은 야행성 영장류이다.

여우 원숭이속에는 많은 종들이 있는데 이들 중 몸집이 큰 종류는 대개가 주행성이다. 알락 여우원숭이는 잡식이며 대개가 땅위에서 살고, 붉은 여우원숭이는 나뭇잎을 먹으며 산다. 이들은 새끼를 한 마리만 낳으며, 영장류의 특징인 입체적인 시각을 가지고 있으나 아직도 긴 주둥이와 축축하게 젖은 코를 지니고 있다.

여우 원숭이과에 속하는 영장류는 앞니와 송곳니가 마치 머리빗 같이 생겼는데, 이런 이빨은 털을 손질하거나 음식을 먹는데 이용되며, 또한 나무줄기에서 스며 나오는 고무 같은 것을 잡아 다니는데 쓰인다.

여우 원숭이 중에 가장 큰 무리는 짧은꼬리 여우원숭이과에 속하는 종류로 모두 3 개의 속으로 구성되어 있다. 그 중 아바하이avahi가 가장 작은 몸집을 지니고 있고 야행성이며, 이외의 속들은 주행성이다.

프로시미안 중에서 인드리indrii가 가장 큰 몸집을 가지고 있는데 주로 나뭇잎을 먹으며 살며 일부일처제를 유지하고 있다. 인드리는 '바로 서서 뛰어오르는 걷기' 방법을 지니고 있기 때문에 멀리 점프할 수 있으며 이에 필요한 긴 뒷발을 가지고 있다.

다우벤토니과에 속하는 아이-아이aye-aye는 여우 원숭이 중에서 특히 특수화된 해부학적 특징을 지닌 프로시미안이다. 몸무게는 약 2~3 kg 정도이며, 설치류를 닮은 앞니들을 가지

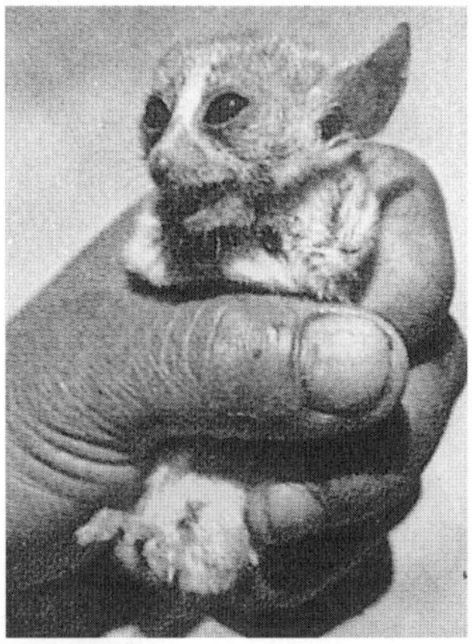

a b c
d

a. 알록꼬리 원숭이
b. 쥐 여우 원숭이
c. 안경 원숭이
d. 스마트라 늘보원숭이

사진 6.10. 프로시미안 영장류들. a, b는 아프리카에서 살고, c, d는 아시아에서 산다.

고 있고 나무그루터기에서 산다.

아이-아이는 매우 긴 손가락과 발가락 그리고 뾰족한 긴 손톱과 발톱을 가지고 있는데 그 중 하나가 아주 길다. 이 긴 손가락으로 나무에 구멍을 뚫어 먹이들의 움직이는 소리를 듣는다. 그리고는 나무를 갉아낸 다음 긴 손가락을 창 끝 같이 사용하여 먹이를 찔러 나무 밖으로 꺼낸다. 이런 특징 때문에 아이-아이는 딱다구리 영장류라고도 불린다.

늘보원숭이lories : 늘보 원숭이과에 속하는 프로시미안 원숭이는 마다카스카르섬 이외에 아프리카와 동남아시아에서 살고 있다. 이 영장류는 머리빗 모양의 이빨을 가지고 있는 등 여러 면에서 여우 원숭이와 닮은 해부학상의 특징을 지니고 있다. 모두가 야행성이며 땅 위를 매우 천천히 기어서 움직인다.

아프리카대륙에서 살고 있는 포토potto와 앙완티보angwantibo는 천천히 움직이는 점에서는 서로 닮았으나, 포토는 길쭉한 몸매를 지니고 있는데 비해 앙완티보는 통통한 몸매를 가지고 있다. 모두 야행성으로 과일과 곤충 그리고 껌을 먹는다. 몸무게는 몇 그램에서 몇

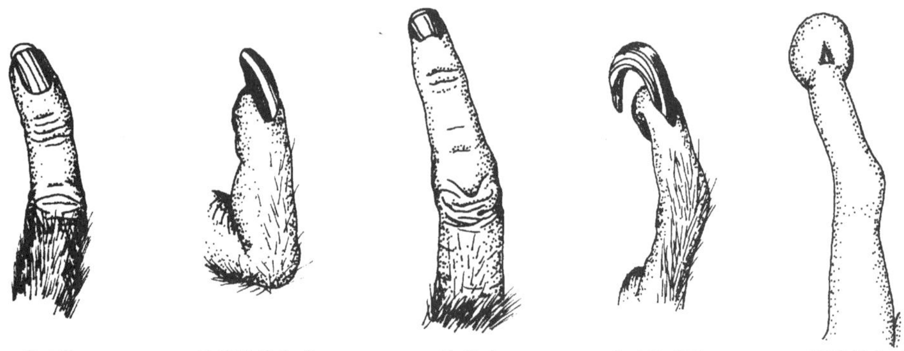

그림 6.11. 안경원숭이와 다른 프로시미안의 손가락 비교

킬로그램에 이르기까지 다양하다. 부쉬베비bush baby는 행동이 민첩하고 재빠른 점을 제외하고는 다른 늘보원숭이와 비슷하다.

안경원숭이tarsier : 안경 원숭이과 프로시미안은 안경원숭이 1 속에 3 종의 안경원숭이로 구성되어 있다. 다른 프로시미안들은 윗입술에 붙어있는 축축하고 윤기 있는 코를 가지고 있어 스트렙시라이니로 분류된다. 그러나 안경 원숭이는 앤스로포이드와 같이 마른 코를 가지고 있어 이를 하프로라이니로 분류하고 있다.

안경 원숭이의 발가락은 매우 길어(그림 6.11) 한 나무 가지에서 다른 나무 가지로 뛰어 옮기는데 매우 유용하다. 몸무게는 약 100g 정도이며 매일 몸무게의 10% 정도의 음식을 먹는다. 야행성으로 식충류이다. 눈알이 매우 커서 각각의 눈알 무게는 머리두뇌 전체보다 더 무게가 나간다.

앤스로포이드 영장류

앤스로포이드 영장류는 고등 영장류로 원숭이와 호미노이드(유인원과 인류)로 구성되어 있다. 앤스로포이드에 속하는 원숭이는 지구에 현재 133종이 살고 있다. 이들은 쎄비드과, 칼리스리시드과 그리고 짧은꼬리 원숭이과 원숭이들로 구분된다. 앤스로포이드 원숭이는 프로시미안과는 다른 신체상의 특징을 지니고 있다. 한편 호미노이드 영장류는 유인원으로 알려진 하일로바티드과hylobatidae와 성성원숭이과pongidae, 그리고 인류과hominidae로 구성된다.

앤스로포이드의 특징 : 앤스로포이드는 커다란 두뇌를 가지고 있는데, 두뇌 중에 냄새를 맡는 부위가 줄었으며, 물체를 색깔을 지닌 채로 볼 수 있고, 물체를 입체 구조로 볼 수 있다. 주둥이는 짧게 줄어 냄새를 맡는 능력이 퇴화했다.

앤스로포이드는 프로시미안과는 다르게 주행성 동물로 이들은 프로시미안보다 더 넓게 퍼져 살았다. 앤스로포이드는 프로시미안보다 더 발달된 손과 시각을 지니고 있고, 두뇌의 협력기능은 보다 더 발달했으며 프로시미안보다 더 긴 성장기간을 거치게 된다.

뼈대로 볼 때 앤스로포이드는 눈굼 둘레뼈가 완전히 붙어 있어, 그 결과 프로시미안과는 다르게 눈알과 턱을 움직이는 힘살들이 서로 분리되어 있다. 앤스로포이드의 아래턱뼈는 좌우가 함께 붙어 있는데 이렇게 아래턱의 좌우 두 부분이 붙는 면을 '아래턱 이음새 mandibular symphysis'라고 부른다. 프로시미안의 경우 아래턱 뼈는 서로 붙지 않으며 좌우로 나뉘어져 있다. 팔뼈와 다리뼈들은 프로시미안에 비해 앤스로포이드가 거의 비슷한 크기를 하고 있다.

원숭이들 : 앤스로포이드는 원숭이와 호미노이드로 구성되는 데 실제로 사람들은 원숭이와 유인원을 가끔 혼동한다. 원숭이는 꼬리가 있고 유인원과 사람은 꼬리가 없다. 유인원 및 사람과 비교해 볼 때 원숭이는 몸집에 비해 작은 두뇌를 지니고 있다. 원숭이는 주로 네발 걷기를 하며 사지는 거의 같은 길이를 지니고 있다. 유인원은 다리보다 긴 팔을 가지고 있고 사람은 팔보다 긴 다리를 지니고 있다.

원숭이는 해부학적 특징에 따라 밑아목infraorder 단계에서 납작코 원숭이platyrrhini와 좁은코 원숭이catarrhini로 구분된다(표 6.4). 이들의 구분은 해부학적 특징에 의해서이며, 진화과정에서 서로 다른 지역에서 다른 방향으로 발전해 왔다. 따라서 이들은 지역에 따라 납작코 원숭이는 신대륙 원숭이new world monkeys(사진 6.12)로, 좁은코 원숭이는 구대륙 원숭이old world monkeys(그림 6.13, 6.14)로 나누어진다. 여기서 신대륙이란 중앙아메리카와 남아메리카를 의미하고 구대륙이란 아프리카와 유라시아 대륙을 칭한다.

신대륙 원숭이(납작코 원숭이) : 신대륙 원숭이인 납작코 원숭이는 1 초과 (쎄보이드초과), 2 과 (쎄비드과와 칼리스리시드과)로 구성되어 있다. 이들은 모두 나무 위에서 살며 깡충깡충 뛰거나, 팔을 이용해서 이동하거나 네 발로 나무 위를 돌아다니는 걷기 방법을 지니고 있다. 이빨의 구성은 앞니 2, 송곳니 1, 옆니 3, 어금니 3 (2 : 1 : 3 : 3)로 되어 있으며 물체를 움켜 쥘 수 있는 꼬리가 있고 주로 나무에서 산다. 신대륙 원숭이 중 많은 원숭이들은 2명의 새끼를 갖고 있는데 주로 수놈이 새끼를 돌본다.

신대륙 원숭이는 구대륙 원숭이에서 더 이상 볼 수 없는 앤스로포이드 진화 과정 중의 일반적인 특징을 지니고 있으며, 구대륙 원숭이의 조상이 되는 화석 원숭이들과 가장 가까운 살아있는 화석이라는 점에서 중요하다. 나아가 이들은 팔레오세와 이오세 중에 시작된 프로시미안 영장류가 어떻게 환경에 적응하여 번성했는가를 살피는 데 중요한 실마리를 제공

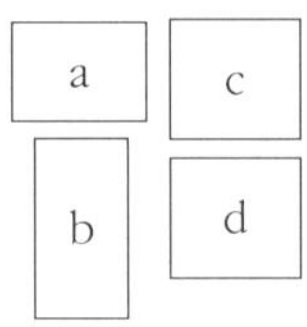

사진 6.12. 신대륙 세비드 원숭이들. a)털거미 원숭이 b) 거미 원숭이 c)카프린 원숭이 d)다람쥐 원숭이

한다.

쎄비드과 원숭이는 11 속, 30 종의 원숭이가 있다. 이들은 중앙아메리카의 멕시코에서부터 남아메리카 대륙의 열대와 아열대 상록수의 삼림지대에서 살고 있다. 쎄비드과 원숭이들은 대개가 나무 가지를 감아쥘 수 있는 꼬리를 가지고 있다.

몸집은 큰 원숭이의 경우, 9 kg 정도까지 나가며 세 개의 어금니와 둥근 손톱을 가지고 있다. 이들은 나무 위에서 살며 대개가 낮에 활동한다. 그러나 다람쥐 원숭이squirrel monkey, 거미 원숭이spider monkey, 짖는 원숭이howler monkey, 그리고 부엉 원숭이owl monkey 등은 밤에 주로 활동을 한다. 커다란 눈과 기타 신체상의 특징들은 프로시미안 영장류에서 찾아지는 특징을 지니고 있다.

a)보넷 짧은 꼬리 원숭이 b) 베르벳 원숭이 c) 블루 원숭이

사진 6.13. 구대륙 짧은 꼬리 원숭이들

칼리스리시드과 원숭이는 좀 더 특수화된 모습을 지니고 있다. 이들은 5 속 21 종으로 이루어져 있으며, 중앙아메리카 남부 지역과 남아메리카 대륙의 북부지역에 퍼져 살고 있다. 열대 우림 삼림지대와 회랑을 이루는 삼림 및 사바나 경계지대에 걸쳐 산다. 몸무게는 450g이 채 되지 않으며 뾰족한 손톱을 갖고 있다. 과일과, 곤충 그리고 껌을 먹는다.

구대륙 원숭이 (좁은 코 원숭이) : 구대륙 원숭이는 짧은꼬리 원숭이초과에 짧은꼬리 원숭이과가 있으며, 이는 다시 콜로바인 원숭이와 짧은꼬리 원숭이 아과로 나누어진다. 모두 82종의 구대륙 원숭이가 알려져 있다.

표 6.4 앤스로포이드 영장류의 분류

아목 (Suborder)	앤스로포이대 (Anthropoidae)			
밑아목 (Infraorder)	납작코 원숭이 (Platyrrhini)		좁은코 원숭이 (Cartarrhini)	
초과 (Superfamily)	쎄보이드초과 (Ceboidea)		짧은꼬리 원숭이초과 (Cercopithecoidea)	호미노이드초과 (Hominoidea)
과 (Family)	쎄비드과 (Cebidae)	칼리스리시드과 (Callithricidae)	짧은꼬리 원숭이과 (Cercopithecidae)	
아과 (Subfamily)	콜로바인 원숭이 (Colobine)		짧은꼬리 원숭이 (Cercopithecine)	

a)아프리카 콜로바인 원숭이

b)하누만 랭그르 원숭이

사진 6.14. 구대륙 콜로바인 원숭이들

구대륙 원숭이는 신대륙 원숭이에 비해 매우 번성한 무리로 이들의 코 구멍은 사이가 넓으며 반달모양의 코 구멍을 가지고 있다. 이빨은 앞니 2, 송곳니 1, 옆니 2 그리고 어금니 3 (2 : 1 : 2 : 3)가 있다. 고막은 귀구멍속 끝에 있으며 어금니는 이랑bilophodont 도드리를 지니고 있다. 구대륙 원숭이는 한 쌍의 붉은 색을 띤 굳은 엉덩판이 발달해 있고 신대륙 원숭이와 달리 땅 위에서 산다.

콜로바인 원숭이는 나뭇잎을 주식으로 하기 때문에 해부학적으로 짧은꼬리 원숭이와 다른 특징을 지니고 있다. 이들은 잎사귀를 갈아서 먹기 때문에 이런 운동을 위해 큰 턱과 잘 발달된 턱 근육을 지니고 있다. 어금니는 높고 날카로운 날을 가지고 있는데 이런 형태의 이빨 날은 잎사귀를 자르는 데 알맞다. 볼에는 주머니가 없으며, 뒷다리는 길지 않다.

콜로바인 원숭이들의 내장은 소낭으로 된 많은 주머니나 방들로 나누어져 있는데 여기에 셀로로즈를 분해시키는 박테리아가 살고 있다. 이들은 주로 아시아의 삼림지대에서 서식하며 아프리카에는 1 속이 살고 있다.

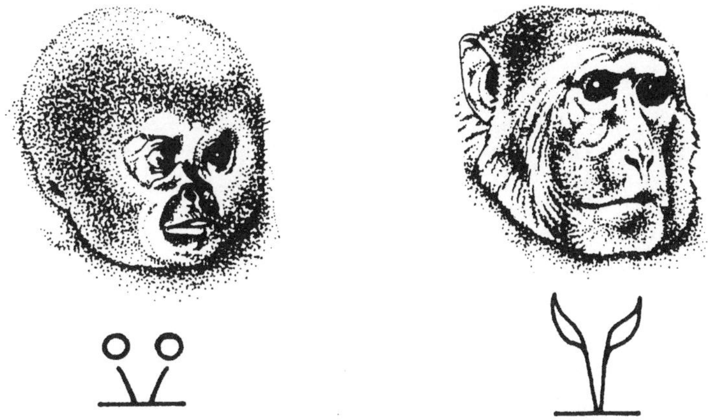

신대륙 원숭이 구대륙 원숭이

그림 6.15. 신대륙 원숭이와 구대륙 원숭이의 코굼 모습

짧은꼬리 원숭이는 8 속 45 종으로 구성되어 있다. 이들의 턱은 크지 않으며 에나멜 부분이 낮은 이빨을 가지고 있으며 소화기관은 복잡하지 않고 단순하다. 볼에 주머니 같은 부분이 있어 음식을 저장 할 수 있다. 이들은 주로 과일을 주식으로 하며 몸무게는 1.5~4.5 kg의 작은 종류로부터 31~36 kg에 달하는 큰 종류까지 다양하다.

이외에 긴코 원숭이proboscis monkey와 랑그르 원숭이langur monkey 등의 구대륙 원숭이는 아시아 대륙에서 살고 있다.

비비 원숭이baboon는 많은 종류가 있는데 이들은 영장류 중에서 가장 사회적인 동물로 20~200 마리가 넓은 지역에서 함께 생활한다. 수놈은 아버지로서 중요한 사회구실을 하며 새끼들은 오랫동안 보살핌을 받는다.

신대륙 원숭이와 구대륙 원숭이의 차이 : 신대륙 원숭이인 납작코 원숭이는 'plate-like nose' 라는 뜻으로, 구대륙 원숭이와는 구분되게 납작한 모양의 코를 갖고 있다. 좁은 코 원숭이는 'narrow nose' 란 뜻으로, 구대륙 원숭이들이 지니고 있는 뾰족한 형태의 코를 나타낸다 (그림 6.15).

구대륙원숭이는 이빨의 구성이 앞니 2, 송곳니 1, 옆니 2, 어금니 3 (2 : 1 : 2 : 3)으로 되어 있는데 이런 구성은 사람의 이빨 구성과 같다. 이에 반해 신대륙원숭이는 앞니 2, 송곳니 1, 옆니 3, 어금니 3개 (2 : 1 : 3 : 3)를 가지고 있다.

구대륙 원숭이와 신대륙 원숭이를 구분하는 또 다른 특징으로 귀에 있는 고막의 위치를

a) 긴팔 원숭이 기본

b)오랑우탄

c)고릴라

d)침팬지

사진 6.16. 유인원과의 유인원들

들 수 있다. 구대륙 원숭이는 고막이 머리뼈 안쪽, 즉 귀 안에 있는데 반해 신대륙 원숭이는 머리뼈 표면, 즉 귀 표면에 있다.

유인원들 : 호미노이드는 원숭이와 더불어 가장 중요한 살아있는 앤스로포이드의 무리인데 하일로바티드과와 성성원숭이과(이들을 유인원이라고 한다), 그리고 인류과인 호미니드과로 구성된다. 여기서는 인류과를 제외한 유인원에 관해 살펴보기로 한다(사진 6.16).

유인원과 사람의 관계는 오랜 동안 흥미와 상상의 대상이었다. 이들 관계를 보여주는 가장 기억에 남는 일은 1933년에 제작된 영화 킹콩에서 찾을 수 있다. 이 거대한 고릴라는 '머리뼈 섬' 에서 생포되어 전시를 위해 뉴욕으로 오게 되는 내용으로 영화는 킹콩과 사람의 행위를 같은 정도로 비교하고자 하였다. 킹콩은 사랑과 호기심 같은 감정과 행위를 보여주는데 이는 사람의 복사판으로 사람이 킹콩이고 킹콩이 사람이었다. 야수에서 우리 자신을 볼 수 있었고, 우리 자신에서 야수를 볼 수 있었다.

유인원인 하이로바티드과와 성성원숭이과는 각각 작은 유인원과 큰 유인원으로도 불린다. 유인원은 모두 4 속, 13 종이 있는데, 그 중 9 종이 작은 유인원으로 긴팔원숭이와 큰 긴팔원숭이가 여기에 속한다.

유인원 중 4 종이 큰 유인원으로 보통 크기의 몸집을 침팬지인 팬 트로글로다이트*pan troglodytes*와 피그미 침팬지인 팬 팬니스쿠스 *p.paniscus*, 오랑우탄인 팬 피그미우스*pan pygmaeus*, 그리고 고릴라인 고릴라 고릴라*gorilla gorilla*가 여기에 속한다

유인원의 특징 : 유인원과 사람은 생물학적 특징과 행위에서 아주 닮았다. 여기서는 이들의 일반적인 특징을 살펴보기로 한다.

유인원은 원숭이와 달리 꼬리가 없으며 다른 특징은 크기에서 찾아진다; 일반적으로 유인원과 사람은 원숭이보다 크다. 몸집과 두뇌의 비율에서 볼 때 유인원의 두뇌는 원숭이의 것 보다 크다. 또한 유인원의 두뇌는 원숭이에 비해 훨씬 복잡한데 이는 지능과 학습능력이 더 뛰어난 것을 의미한다. 유인원은 대부분의 시간과 노력을 자식을 키우는데 투자한다.

유인원은 구대륙원숭이처럼 2 : 1 : 2 : 3의 이빨을 가지고 있다. 어금니의 구조는 원숭이와 다르다. 가장 뚜렷한 차이는 아래 어금니에서 찾아지는데 유인원은 5 개의 도드리를 지니고 있는 반면에 원숭이는 4 개를 지니고 있다. 유인원의 도드리는 깊게 파인 골에 의해 Y 자를 만들고 있는데 이런 형태를 Y5형이라고 한다. 이런 이빨의 형태는 유인원과 원숭이를 구분하는 데에 도움이 된다.

유인원의 또 다른 중요한 특징은 윗몸과 어깨의 구조에서 찾아진다. 유인원은 아무 불편없이 팔을 머리 위까지 올릴 수 있으나 원숭이는 올릴 수 없다. 이는 다음과 같이 몸의 구조에 차이가 있기 때문이다; 첫째 유인원은 원숭이보다 더 길고 굳센 빗장뼈를 가지고 있고, 둘째 유인원의 어깨 관절이 매우 유연하고 반경이 크게 어깨를 돌릴 수 있으며, 셋째 유인

원의 주걱뼈는 좀 더 몸 뒤쪽으로 향해 있으나 원숭이는 가슴 쪽으로 향해 있기 때문이다. 또한 유인원의 어깨 관절은 바깥을 향해 있는 반면 원숭이의 것은 밑으로 향해 있다.

대부분의 유인원은 앞쪽 사지가 뒤쪽 사지보다 길다. 단 현생인류는 이와 반대이다. 이런 특징은 몸을 세워 걷는데 도움이 된다. 유인원의 경우 긴 앞 쪽 사지는 나무에 매달리는데 유리하다. 덧붙여 일반적으로 유인원은 긴 손가락을 지니고 있어 나무 가지를 잡고 이동하는 데 편리하다. 유인원의 손목 관절에는 작은 뼈들이 손등뼈와 아래팔뼈 사이에 있어 손목을 유연하게 움직이도록 도와준다.

오늘날 살고 있거나 또는 과거에 살았던 유인원을 막론하고 이들에게서 가장 뚜렷한 해부학적 특징으로 걷기 방법을 들 수 있는데 양팔을 번갈아 매달려 이동 방법brachiation 또는 몸을 흔들어 이동하는 방법 swinging이 바로 대표적인 걷기 방법이다. 오늘날 놀이터에서 한 손으로 봉에 매달려 손을 엇갈려가며 봉을 잡고 몸을 움직이는 놀이기구monkey bars가 이런 특징을 보여주는 예이다.

지금까지 유인원인 호미노이드의 해부학적 특징을 간단히 설명하였다. 영장류의 해부학적 차이는 다음에서 자세히 비교하기로 한다.

호미노이드의 분류

2천만년 전부터 800만년 전 사이에 많은 종류의 호미노이드가 살고 있었으나 오늘날에는 몇 종류만이 남아 있다. 살아있는 호미노이드는 작은 유인원, 큰 유인원 그리고 사람으로

표 6.5 살아있는 호미노이들의 전통적인 분류

과	속	종	일반이름
Hylobatidae	Hylobates	agilis	Agile gibbon
(lesser apes)	Hylobates	concolor	Crested gibbon
	Hylobates	hoolock	Hoolock gibbon
	Hylobates	klossi	Kloss' s gibbon
	Hylobates	lar	White-handed gibbon
	Hylobates	moloch	Silver gibbon
	Symphalangus	syndactylus	Siamang
Pongidae	Gorilla	gorilla	Gorilla
(great apes)	Pan	paniscus	Bonobo(pygmy chimpanzee)
	Pan	troglodytes	Chimpanzee(common chimpanzee)
	Pongo	pygmaeus	Orangutan
Hominidae	Homo	sapiens	Human
(human)			

Bramblett(1994)

표 6.6 전통적인 호미노이드의 분류

Superfamily	Hominoidea(hominoids)		
Family	Hylobatidae	Pongidae	Hominidae
일반이름	Hylobatids (작은 유인원) 기본 시아망	Pongids (큰 유인원) 오랑우탄 고릴라 침팬지 보노보	Hominids (인류) 인류

크게 나누어진다. 작은 유인원은 긴 큰 팔 원숭이gibbon(6 종)와 긴팔 원숭이siamang(1 종)가 있는 데 유인원 중 사람과는 가장 먼 관계이다. 큰 유인원으로는 아시아의 오랑우탄과 아프리카 유인원인 고릴라와 침팬지 그리고 피그미 침팬지인 보노보가 있다. 표 6.5에 소개된 유인원들은 호미노이드로 분류될 수 있는 해부학적 특징들을 나누어 지니고 있다.

분류에 관한 모델 : 호미노이드의 분류에 관한 모델은 분류하는 방법에 따라 다르다. 해부학적, 생화학적 그리고 유전학적 분석에 따르면 작은 유인원은 큰 유인원 및 사람과는 완전히 다르게 분류된다. 다시 말하면 큰 유인원과 사람은 작은 유인원들보다 서로 닮았다.

큰 유인원과 사람과의 관계는 오랜 동안 논쟁의 대상이다. 전통적인 분류에서는 모든 큰 유인원은 폰지대pongidae로, 사람은 호미니대hominidae로 분류하는데 이는 큰 유인원은 서로가 닮았지만 사람과는 닮지 않았다는 것을 뜻한다. 사람을 특별한 존재로 인식하는 이 모델은 오늘날 더 이상 받아들여지지 않는다.

오늘날 해부학 및 유전학 자료는 사람과 아프리카 유인원이 아주 가깝다는 것을 보여주고 있다. 침팬지와 사람에 대한 단백질 차이와 핵산의 배열에 관한 대표되는 연구들에 따르면 침팬지와 사람은 98% 이상 서로 닮았는데 이는 사람과 아프리카 유인원이 거의 같은 시기에 한 공통조상으로부터 갈라졌음을 뜻한다.

표6.6의 전통적인 호미노이드의 분류는 아직도 학계에서 널리 이용되고 있는데 이는 사람을 유인원과는 다른 독립된 존재로 보기 때문이다. 이는 비록 사람은 특별하다는 데에 많은 의문이 있지만 아직까지는 해부학적 특징이나 행위 및 진화 등에서 사람을 유인원과 분리하는 것이 더 타당하다고 생각되기 때문이다. 표 6.6는 모든 해부학적 특징과 행위의 닮은 점을 강조하는 전체 비교 방법phenetics에 따라 분류한 것인데 전체적으로 진화의 유사성을 나타내는 것은 아니다.

표 6.7 유전과 진화관계를 강조한 새로운 분류

Superfamily	Hominoidea(hominoids)			
Family	Hylobatidae	Pongidae	Hominidae	
Subfamily			Paninae	Homininae
일반 이름	Hylobatids (작은 유인원) 기본 시아망	Pongids (큰 유인원) 오랑우탄	아프리카 유인원 침팬지 고릴라 보노보	인류

이에 반해 표 6.7은 가지치기 방법에 따른 분류로 이 방법은 아프리카 유인원과 사람을 인류과에 속하는 아과로 분류한다. 이 분류는 아프리카 유인원과 사람사이의 유전적 및 해부학적 관계를 정확하게 보여주며 이들이 아시아 유인원과는 분리되는 무리라는 것을 보여준다. 따라서 일반적으로 사용되는 유인원이란 용어의 사용은 다시 검토되어야 하나 종종 인류의 진화를 말할 때 사용되는 유인원은 전통적인 견해를 그대로 반영하는 것이다.

표에서 보듯이 같은 이름이지만 혼란을 주는 호미니드란 용어를 볼 수 있다. 표 6.6에서 호미니드는 인류만을 나타내지만 표6.7에서는 인류와 아프리카 유인원을 뜻한다. 이런 혼란을 줄이기 위해 이 책에서는 전통적인 견해를 따르기로 한다. 이 경우 염두에 둘 것은 전체 비교방법은 공통조상으로부터의 진화관계를 보여주지는 못한다는 점이다.

호미노이드 분류의 또 다른 문제는 세 종류의 아프리카 유인원과 인류와의 정확한 관계의 설정이다. 이들 세 종류의 유인원은 인류보다 자기들 사이가 더 유사한가? 하는 점이다. 그림 6.17은 이 문제에 관한 두 개의 주요한 설명으로 이 그림에 따르면 침팬지와 보노보는 같은 무리에 속한다. 첫 번째 그림에서 세 종류의 아프리카 유인원은 인류와 구분된다. 바로 전통적인 견해를 나타내고 있다. 반면에 두 번째 그림에 따르면 침팬지와 보노보 및 인류는 같은 무리에 속하고 고릴라와 구분된다. 그림 6.17에서 볼 수 있듯이 어느 모델이 이들의 진화관계를 잘 보여주는지에 관해 학자들 사이에 뜨거운 논쟁이 계속되고 있다. 오늘날 이에 관한 많은 유전적 증거들이 보고되고 있으나 어느 모델이 정확한지에 대해 여전히 의견의 일치를 보지 못하고 있다. 그림6.17에서 보이는 유인원들과 인류의 모두가 유전적으로 유사하여 어느 종류가 가장 유사한지를 판정할 수 없기 때문이다.

큰 유인원사이의 진화 관계를 정확하게 밝힐 수는 없으나 한가지 분명한 것은 아프리카 유인원은 인류와 가장 가깝다는 점이다. 유인원들 사이의 관계는 더욱 연구가 필요하나 이

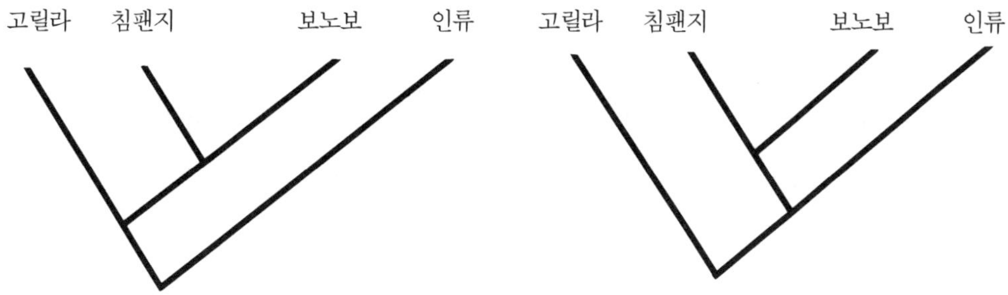

a : 아프리카 유인원은 인류보다 서로가 더 가깝다는 것을 타나낸다.
b : 침팬지, 보노보, 인류는 서로가 가깝고 고릴라와는 구분된다.

그림 6.17. 인류와 아프리카 유인원들의 진화관계

들 세 종류는 비교적 멀지 않은 과거에 공통조상으로부터 진화해 왔다는 점은 확실하다.

살아있는 유인원들

유인원은 생화학적 및 해부학적으로 사람과 가장 가깝게 닮았으며, 실제로 이들이 가장 두드러지게 영장류의 특징을 지니고 있다. 비록 영장류의 진화과정 중에 지금 살고 있는 유인원이 가장 발달한 형태인 것처럼 보이나 주의할 것은 오늘날 살아 있는 형태들은 진화과정 중의 산물이라는 사실을 알아야 한다.

작은 유인원들 (긴팔원숭이와 큰 긴팔원숭이) : 긴팔원숭이 속에는 9 종의 작은 유인원들이 있는데 이들은 인도 동부지역에서 방글라데시, 미얀마, 인도차이나, 말레이시아, 수마트라, 서부 자바, 보르네오를 거쳐 남 중국에 이르는 지역에 분포하고 있다.

긴팔원숭이(시아망)와 큰 긴팔원숭이(기본)는 가장 대표되는 작은 유인원으로 열대 우기상록 활엽수 삼림과 준 열대 침엽수 삼림에서 산다. 이들의 얼굴 모양은 매우 다양하며 두 팔로 몸을 흔들어 이동한다. 긴팔원숭이와 큰 긴팔원숭이는 1 미터 정도의 키에 매우 가늘고 작은 몸매를 지니고 있으나, 몸에 비해서 긴 팔과 긴 손목 그리고 작은 엄지를 갖고 있다. 이들에게서 성에 따른 크기의 차이는 볼 수 없으며 모든 유인원들처럼 꼬리가 없다.

긴팔원숭이는 두 팔만을 사용하여 몸을 이동하는 영장류로 대표되며 땅위에서는 거의 볼 수 없다. 이들은 대개가 과일을 주식으로 하지만 때때로 작은 새들과 곤충들을 먹이로 한다.

가족은 일부일처제로 수놈 아비 한 마리와 암놈 어미 한 마리, 그리고 새끼들로 구성된다. 새끼는 4 살 정도가 될 때까지 함께 지내다가 4 살 정도가 되면 아비에 의해 살던 지역에서 내쫓긴다. 기본은 자기들의 관할지역을 철저히 지키는데 약 40~300 에이커 정도의 지역을 다른 무리로부터 지킨다. 서로 이웃하는 관할 구역사이에 사람이 사는 지역은 없다. 지역을 방어하는 방법으로는 대개 소리를 지르나 때로는 몸싸움을 하는 경우도 있다. 암놈과 수놈이 번갈아 가면서 소리를 질러서 대항을 하는데 이를 듀엣duets이라 부른다. 성에 따른 차이가 없는 점은 아마도 이렇게 가족을 지키기 위해서 수놈과 같이 행동하는 데서부터 기인한다고 여겨진다.

큰 긴팔원숭이는 긴팔원숭이보다 약간 큰 몸집에 검은 색의 털을 가지고 있으며 혀에는 공기주머니가 있는데 이는 특별한 소리를 내는 데 사용된다. 긴팔원숭이는 절대로 네 발로 걷지 않으며 땅위에서 두 손바닥을 벌리고는 두 발로 걷는다.

큰 유인원 (오랑우탄, 고릴라 및 침팬지) : 오랑우탄은 '숲 속의 사람'이라는 뜻이며 아시아에 살고 있는 큰 유인원이다. 붉은 갈색 털이 가장 눈에 띠는 외모로 성인 남자만큼이나 큰 몸집을 가지고 있다. 보르네오와 수마트라에서 숲 속에서 살고 있는데 지금 멸종의 위기에 처해 있다. 수놈들은 시간의 대다수를 땅위에서 보내며 몸무게는 평균 80~90kg 이고 암놈은 33~45 kg 정도이다. 빙하기에는 지금 살고 있는 지역보다 더 널리 퍼져 중국 지역에서도 살았다.

수놈 오랑우탄은 항상 혼자 있으며 새끼들과 같이 살고 있는 여러 마리의 암놈 어미들의 영역을 어슬렁거리며, 교미할 암놈과 음식을 구하러 돌아다닌다. 짝을 지어 사는 것은 아주 드물며, 서로 소리를 통해서 또는 냄새로써 자기의 영역을 지킨다.

오랑우탄은 매우 긴 팔을 가지고 있는데 두 팔을 쳐들면 키가 약 2.5m정도가 되며 휘어진 손가락과 발가락을 가지고 있다. 수놈은 암놈에 비해 아주 큰 몸집을 가지고 있고, 나무를 천천히 오르고 과일과 열매 그리고 잎사귀들을 주식으로 한다.

고릴라는 1800 년대 중반까지는 서유럽세계에 알려져 있지 않았다. 이들은 아프리카 콩고의 우기 삼림지대와 리프트 골짝 서쪽인 중앙 아프리카의 산악기슭에서 산다. 고릴라는 땅위에서 살고 있으며 영장류 중에서 가장 큰 몸집을 가지고 있는데, 성인 수놈은 몸무게가 230kg 정도 나가며 암놈은 수놈의 약 절반 가량의 몸무게로, 암 · 수놈 사이의 몸무게는 크게 차이가 나며 두 발로 서있는 시간도 많다. 고릴라는 긴 팔을 갖고 있으며 손마디 바깥 면을 땅에 짚고 걷는다. 늙은 수놈은 등의 털이 갈색과 흰색으로 '은빛 등silverbacks 고릴라'라고도 불린다.

고릴라는 음식으로는 야채만 먹으며, 특히 '대나무 잎'을 좋아한다. 가족은 환경에 따라 그 크기가 달라지기는 하지만, 가장 대표되는 구성은 한 마리 또는 그 이상의 은빛 등을 가진 수놈과 이보다는 젊은, 검은 색의 등을 가진 2~3마리의 수놈과 최고 6마리 정도의 암놈

사진 6.18. 제인 구달과 침팬지

들과 새끼들로 이루어져 있다. 고릴라는 전혀 자기 영역을 고집하지 않아 다른 그룹과 다투지 않는다. 고릴라는 밀림 속에서 살기 때문에 이들의 행위를 연구하기가 곤란하다. 따라서 오랫동안 고릴라는 난폭한 맹수로서 인식되었으나 최근의 연구들에 따르면 이들은 아주 얌전한 동물임이 밝혀졌다.

침팬지는 팬 속genus *pan*으로 분류되며, 보통 침팬지와 피그미 침팬지(보노보)의 두 종이 있다. 이들은 아프리카의 우기 삼림지역의 숲 속이나 숲 가장자리에서 살며 몸의 크기는 긴팔원숭이와 고릴라 몸집의 중간에 속한다.

침팬지의 경우 암놈은 수놈보다 몸의 크기가 10% 정도가 작아 암놈 · 수놈 사이의 차이는 그리 큰 편이 아니다. 침팬지는 땅위를 다닐 때는 손마디 바깥 면으로 땅을 짚고 걸으며 숲 속의 나무에서는 팔을 이용해서 움직인다. 때로는 두 방법을 모두 쓴다. 침팬지는 대개가 과일을 주식으로 하나 때로는 작은 동물과 원숭이 그리고 작은 비비를 잡아서 먹기도 한다.

침팬지의 행위 연구로 이름난 제인 구달Jane Goodall은 이들의 사회행위를 30년 이상 연구하였는데(사진 6.18), 침팬지는 40살 정도까지 살기 때문에 구달처럼 오랫동안 연구를 하는 것이 매우 중요하다. 처음에 침팬지는 전원을 좋아하고 평화스러운 동물로서 인식되었으나, 오늘날 이는 사실이 아님이 밝혀졌다. 침팬지는 50~100마리가 5~8 평방 마일 정도의 지역에서 모여 살며, 만일 다른 침팬지가 그들의 영역에 들어오면 이를 잡아서 때리고 물고 때로는 죽여 버리기조차 한다(아래 Box 참조).

인류와 가장 가까운 영장류는 어떤 행위를 보일까?

인류의 기원과 진화를 이해하기 위해 인류와 가까운 영장류 중 비비와 침팬지의 행위에 관해 살펴보기로 한다. 앞장에서 말했듯이 과거에 영장류의 행위는 동물원이나 실험실에서 이루어졌는데 영장류의 행위가 잘못 이해되었다는 것이 나중에 밝혀졌다. 오늘날 생태학에서 영장류의 행위관찰은 야외나 자연조건에서 진행되고 있으며 많은 연구가 영장류가 환경에 어떻게 적응하는지를 밝혀주고 있다.

비비 Baboons

사진 6.19. 맹수의 위협에 대항하는 어른 수놈 비비의 모습

아프리카 삼림과 사바나지대에는 5 종류의 비비가 서식하고 있는데 이들은 모두 속 파피오genus *papio*로 분류된다. 오랜 동안 인류학자들은 비비가 그들의 사회조직의 복잡성과 인류의 조상이 살았던 사바나라는 환경에서 살기 때문에 관심을 가졌다.

비비는 20~200 마리가 무리를 지어 산다. 비비의 행위 중 가장 두드러진 행위 중 하나는 수놈사이에서 벌어지는 우두머리가 되기 위한 공격적 경쟁이다. 수놈은 암놈에 비해 거의 두 배나 되는 몸집에다 크고 날카로운 송곳니를 지니고 있다(그림 6.19). 수놈 중 가장 크고, 힘이 세며 영리한 놈이 우두머리가 되는데 무리의 지도자이며 결정권자이다. 우두머리는 음식을 제일 먼저 먹을 자격이 있으며 암놈도 먼저 차지할 권리가 주어진다. 우두머리는 자식을 만들어 자신의 특성을 전할 수 있어 자신의 유전적 우세를 유지하고 지킬 수 있다. 또한 무리의 암놈과 새끼들을 위험으로부터 보호하고 지키는 것이 우두머리와 그리고 그와 가까운 젊은 무리들의 역할이다(그림 6.20).

일반적으로 수놈은 암놈보다 모든 면에서 우위를 점하고 있다. 이티오피아에서 서식하는 하마드리아스 비비의 경우 수놈들은 여러 마리의 암놈을 거느리고 있는데 이런 사회조직을 하렘이라고 한다. 수놈은 하렘에 속해있는 암놈에게 거칠고 폭력적인 방법으로 친근함을 보이고 성적관계를 갖기에 하렘에 속한 암놈의 몸에서 많은 상처를 찾을 수 있다.

이런 비비의 행위를 관찰한 이른 시기의 학자들은 비비의 사회조직을 '수놈이 폭력적인 방법으로 지배하는, 위계질서가 서 있는 전제적인 암수 섞인 무리 troops'로 묘사하였다. 전통적으로 비비 무리에게 '암수 섞인 무리'라는 용어를 사용하였다. 암놈은 새끼를 낳고 키우는 역할을 하였으며 조직 안에서 암놈의 지위는 모든 수놈보다 낮았고, 암놈의 사회적 지위는 짝지은 수놈의 지위에 따라 결정되었다고 믿었다.

최근에 진행된 연구에 의하면 비비의 사회는 과거에 생각했던 것 보다 훨씬 더 복잡하고 변화가 많은 것으로 밝혀지고 있다. 수놈 비비가 우두머리가 되기 위해 다투고, 사회적으로 영향을 미치고 다른 비비나 식육류로부터 무리를 보호하는 행위는 하마드리아스 수놈 비비

그림 6.20. 비비 무리의 이동모습

가 폭력적인 방법으로 하렘을 유지하는 방법과 관련이 있는 것으로 생각되나 수놈사이에서 보이는 틀에 박히고 조직화된 위계질서가 모든 비비의 사회조직의 중심은 아닌 것처럼 보인다. 예를 들어 아프리카 적도에서 사는 올리브 비비의 경우 사회조직은 암놈과 암놈 그리고 암놈과 수놈사이의 우의에 바탕을 둔 '사회연합의 연계' 에 기초하고 있다. 이런 형태의 조직에서 우의는 매우 강해 수놈은 자기의 새끼가 아니라도 암놈의 새끼를 돌보아 준다. 수놈의 사회적 위치를 대신해 이런 관계는 누구와 짝을 짓는 가에 따라 결정된다. 이렇게 물리적인 힘에 의해 정해지는 것이 아닌 개인의 경험과 기술, 능력 등에 근거를 둔 사회조직인데, 이 경우 무리의 중심이 되고 세대간에 결속이 강한 젊은 무리가 있다면 이는 암놈들의 역할과 관련이 있다. 수놈은 전에 생각했던 것보다 더 역동적이지만 무리 안에서 확고한 자리를 차지하지 못한다. 사실 무리에서 가장 중요한 경쟁은 수놈보다는 암놈사이에서 있는데 암놈은 자신과 새끼들에게 필요한 먹이를 더 많이 얻기 위해 서로 경쟁을 한다. 결국 짝을 선택하는 것은 암놈의 특권이다.

발정한 암놈에게 수놈이 먼저 구애를 하지만 짝을 선택하는 것은 암놈의 몫이다. 이런 행위들은 포괄적 적응과 수놈의 재생산 전략을 보여주는 예들이다. 수놈 비비는 암놈과 새끼들을 보호하는 행위를 발전시키는데 이는 새끼들을 자신의 자식으로 여기며 암놈은 언젠가 자신의 새끼를 갖는다고 생각하기 때문이다. 나아가 다른 무리에 속한 수놈이 접근하지 못하도록 함으로써 자신의 재생산 기회를 강화시킨다. 동시에 수놈은 암놈보다 더 기동성이 있으며 다른 무리에 속하는 암놈에게 자신의 유전자를 전하고자 한다.

한편 암놈은 다른 암놈들과 제휴하고 짝을 선택함으로써 자신의 재생산 능력을 강화하고 새끼를 잘 키우고자 하며 가까운 친척들의 재생산을 통해 자신들의 유전자를 전하고자 한다. 이를 시행하는 개인 유전자의 전체적인 유전자가 증가하기 때문에 행위는 시간이 지나면서 진화한다.

과거 비비의 사회조직에 관한 연구는 이들이 사바나에서 생존하기 위해 영장류는 엄격히 조직 된 수놈 위주의 군대 같은 구조가 필요했다고 생각하였다. 이를 바탕으로 이른 시기 사바나에서 살던 호미니드는 아마도 이와 비슷한 행위를 가졌으며 현대 사회체계도 어느 정도 이의 변형이라고 결론지었다.

인류는 비비와 가장 일반적인 영장류의 특성을 나누어 가졌다. 인류와 비비가 나누어 지닌 유사성은 바로 이와 같은 영장류의 일반적 행위의 범주 안에서 진화했기 때문이다. 그러나 인간이 특별하게 보이는 것은 이들과 분리돼서 독자적으로 진화한 결과이다.

그럼에도 불구하고 그들은 제각기 진화를 해왔지만 가족관계와 집단 안에서 협력관계, 무리의 방어, 개인인식 같은 사회조직을 살펴보면 비비와 인간 그리고 침팬지와 보노보는 비슷한 양상을 보인다. 이런 사회조직은 적어도 영장류가 어떻게 적응하였는 지를 말해주며, 어떻게 이른 시기 호미니드의 생존이 가능했는지를 가늠하게 해준다. 특히 침팬지와 보노보 같이 인간과 더 가까운 영장류의 연구는 이런 추론을 더욱 뒷받침해준다.

침팬지

유인원에 관한 생태학 관찰 중 가장 괄목할만한 연구로 제인 구달의 침팬지 연구와 다이안 포싸의 고릴라 연구, 그리고 비르테 갈디카의 오랑우탄 연구를 꼽는다. 이들의 연구는 나름대로 흥미가 있으며 사회조직에 관한 영장류의 다양한 기본 유형을 잘 설명하고 있다.

오랑우탄은 아시아 유인원으로 약 1,100만 년 전 이전에 분화되었다. 고릴라는 침팬지처럼 유전학적으로 인간과 가깝고 기본적인 사회행위도 여러 면에서 같지만 특수화된 유인원이다. 침팬지와는 다르게 많은 시간을 땅위에서 보내며 주로 땅위의 식물을 먹는 채식성 영장류이다. 고릴라는 연모를 만들거나 사용하지는 않는다. (최근에 관찰에 의하면 오랑우탄은 간단한 연모를 사용한다는 연구가 있다.) 여기서는 주로 인류와 가장 가까운 침팬지에 관해 살펴보기로 한다.

침팬지의 생태에 관한 많은 연구는 지난 30년 동안 탄자니아의 국립 곰베강 공원에서 연구를 진행한 제인 구달에 의해 이루어졌다. 구달은 침팬지의 행위에 관한 많은 연구뿐만 아니라 침팬지의 모습과 생리적 특징에 관해서도 연구하였다. 그의 행위연구는 침팬지들의 사회관계를 밝히는 데 초점이 모아졌는데 이는 인간자신의 행위를 이해하는 데 도움이 된다.

침팬지의 경우 어미와 자식의 관계는 대부분 젖먹이동물의 경우처럼 아주 밀접하다. 침팬지들은 커다랗고 복잡한 두뇌를 가졌지만 성장하기 전까지 많은 것을 배워야 한다. 따라서 어미와 자식간의 결합은 특별히 오래 지속되고 중요하며 이런 상호 관련성은 침팬지가 살아있는 동안 계속적으로 영향을 미친다. 변변치 못한 어미 밑에서 자란 자식은 자라서도 변변치 못한 어미가 되는 것이 그 예이다. 침팬지는 어미를 도와 동생들을 돌봐주며 가끔 동생들은 자라서도 밀접한 관계를 유지한다. 이렇게 자식을 기르고 이를 통해 형성된 가족 사이의 결합은 일생동안 유지된다.

영장류의 차이점

영장류의 차이는 유인원과 원숭이, 그리고 유인원과 사람의 해부학적, 기능적 차이를 비교해본다.

유인원과 원숭이와의 해부학적 차이점 : 유인원과 원숭이는 앤스로포이드 아목에 속해 있으나 해부학적으로 서로를 구분할 수 있는 특징들을 가지고 있다 (그림 6.21).

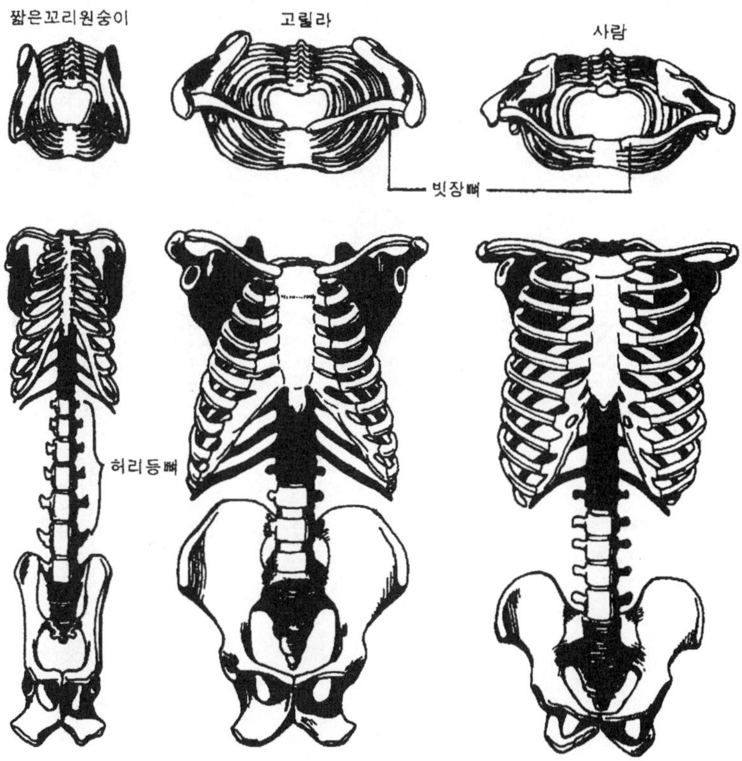

그림 6.21. 원숭이 · 고릴라 · 사람 뼈대의 얼개

1. 원숭이와 유인원을 가장 쉽게 구분하는 방법은 몸체에 꼬리를 갖고 있는지에 있다. 대다수의 원숭이는 꼬리를 갖고 있는 반면에 유인원은 꼬리가 없다.
2. 몸의 크기에 따른 비율을 볼 때 원숭이는 유인원에 비해 몸통이 길며, 위에서 본 유인원의 몸통은 사람의 몸통처럼 앞뒤보다는 좌우 길이가 긴, 타원형 모습을 지니고 있는데 비해 원숭이의 몸통은 앞뒤/좌우 길이가 비슷한 둥근형이다.
3. 원숭이의 주걱뼈는 둥근 몸통 양옆에 차지하고 있으나 유인원의 주걱뼈는 사람처럼 몸통 뒤쪽에 위치하고 있다.
4. 원숭이는 앞 팔과 뒷다리의 길이가 같은 데 비해 유인원은 앞 팔이 뒷다리에 비해 더 길다.
5. 빗장뼈의 경우, 유인원의 빗장뼈가 원숭이의 빗장뼈보다 길며, 주걱뼈를 뒤로 미는 역할을 한다.
6. 유인원의 엉덩뼈는 짧고 넓적한 편인데 비해 원숭이의 골반은 길고 좁은 모양을 하고 있다.
7. 위팔뼈의 머리부분은 유인원의 경우 원숭이보다 더 둥글며, 원숭이의 손목은 유인원의 손목보다 자유롭지 못하다.
8. 유인원의 몸체와 원숭이의 몸체는 둘 다 곧게 서 있으나 유인원의 몸체가 원숭이의 몸체에 비해 더 곧게 서 있다.

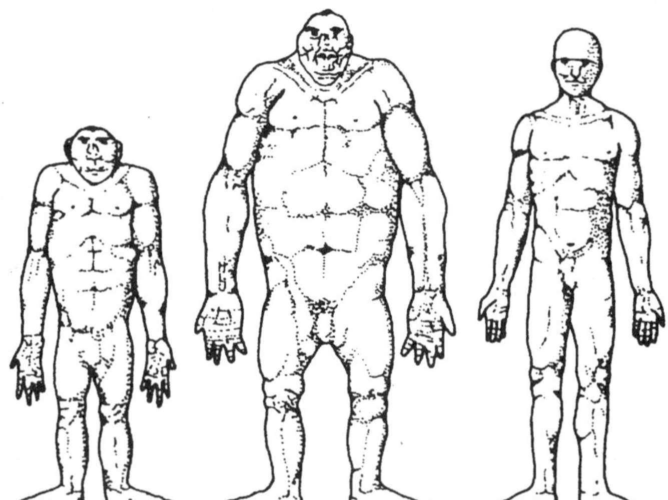

그림 6.22. 유인원과 사람의 몸체와 사지 비교

9. 원숭이는 어금니의 도드리가 두개씩 서로 이어져 이랑모양을 하고 있는데 반해 유인원은 뭉뚝한 모양의 다섯 개의 도드리를 갖고 있으며 이들 도드리 사이에는 골이 파여 있다.

이처럼 유인원과 원숭이를 구분하는 특징들은 영장류의 진화과정에서 나타나는 독특한 특징들novelities로, 이런 특징들은 인류초과인 호미노이드에게서 나타나는 '공통으로 나누어 받은 특징들shared derived characters' 이다. 위에서 언급한 특징의 많은 부분은 사람과 유인원의 공통조상의 걷기 방법과 직접으로 관계가 있으니 이들의 공통조상은 팔을 이용하여 몸을 이동하였던 존재였다. 사람은 이렇게 몸을 이동했던 습관이 아직도 남아 있다.

유인원과 사람의 해부학상 · 기능상 차이점 : 유인원과 사람을 비교해 보면 다음과 같은 차이점을 찾아 볼 수 있다(그림 6.22, 6.23);

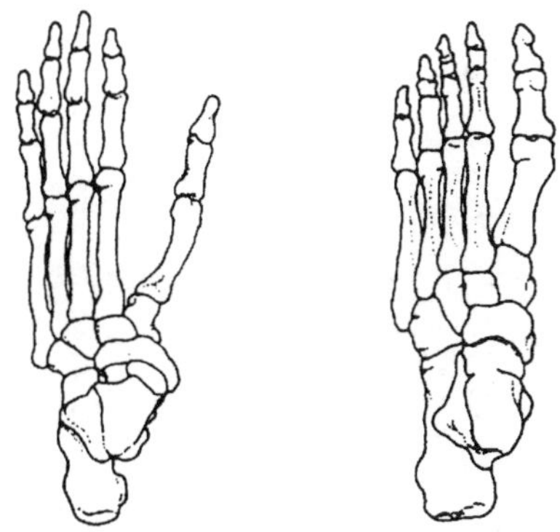

그림 6.23. 고릴라와 사람의 발뼈

머리뼈의 비교

1. 유인원의 두뇌 크기는 사람 두뇌 크기의 3분의 1 정도이다.
2. 사람의 얼굴은 편편하고 몸의 전체 크기에서 볼 때 유인원에 비해서는 아주 작은 얼굴을 지니고 있다.
3. 사람의 잇몸과 입천장은 넓은 포물선형인데 반해 유인원은 길고 좁은 사각형 U자형으로 앞쪽 두 귀퉁이에 커다란 송곳니가 튀어나와 있다.
4. 중추 신경굼은 유인원의 경우 머리 뒤쪽으로 나 있는데 반해 사람의 경우는 머리 바닥에 위치하고 있다.

뼈대 각 부분의 비교

1. 사람의 경우 걸을 때 발 뒤굼치가 땅에서 받는 충격을 막는 구실을 하고, 가운데가 움푹 파여진 발바닥이 충격을 줄이는 데 도움이 된다.
2. 유인원은 사람과 다르게 옆으로 비켜나간 엄지 발가락을 가지고 있다.
3. 무릎 관절의 경우 사람과 유인원은 각기 다른 특징을 지니고 있다. 사람의 경우 무릎

의 가장자리가 허벅지뼈 끝의 파여진 부분 안에 자리하고 있고 허벅지는 몸 중앙선으로 향하여 각이 져 있다. 유인원의 경우 허벅지는 납작하고 무릎이 닿는 부분이 얇게 파여 있다. 다리는 밖으로 향하여 굽어 있다.

4. 사람의 엉덩뼈는 접시모양으로 둥글고 짧은데 비해 유인원은 길고 좁은 엉덩뼈를 지니고 있다. 등뼈는 사람이 S 자 모양인데 비해 유인원은 등이 굽어서 마치 둥근 교각을 가진 다리와 같은 모양이다.
5. 사람은 긴 엄지 손가락과 짧은 손가락을 가지고 있는 데 비해 유인원은 긴손가락에 짧은 엄지 손가락을 가지고 있다.
6. 사람의 경우 위팔과 허벅지 길이가 거의 같은데 비해 유인원은 위팔뼈가 더 길다.
7. 유인원의 빗장뼈는 사람에 비해 더 크며 어깨 쪽이 사람보다 올라가 있다.

위에서 언급한 차이점 이외에 다른 점들은 다음과 같다 ;

몸집의 크기에서 사람과 유인원을 구분할 수 있다. 성에 따른 몸집의 차이는 유인원은 그 종류에 따라 차이가 난다. 예로 침팬지는 암수사이에 차이가 별로 없으나 고릴라와 오랑우탄은 암수사이의 차이가 크게 나타난다. 사람은 성에 따른 남녀의 차이가 크지 않다.

송곳니에서 볼 때 사람은 성에 따른 차이가 없으며, 가슴과 음경은 다른 유인원과 비교해 볼 때 몸의 크기에 비해 매우 큰 편이다.

사람과 유인원의 차이는 엉덩이힘살gluteus muscle에서 분명하게 구분된다. 사람의 넙적하고 휘어져 있는 엉덩뼈에는 두 개의 힘살(gluteus medius와 gluteus maxinus)이 붙어 있는데, 이 힘살들은 다리를 밖에서 안으로(옆에서 옆으로)잡아 당긴다. 이를 밖돌리기abduction라 한다. 이 힘살들은 사람이 걸을 때 한 발이 땅에 닿기 전 중력의 중심을 잡아당겨 몸의 균형을 유지시키는 구실을 한다. 유인원은 이런 엉덩뼈와 힘살을 갖고 있지 않아서 두 발로 걸을 때 온 몸이 좌우로 움직인다.

침팬지와 사람과의 차이 : 침팬지는 습관으로 '손마디 바깥 면을 땅에 짚고 걷기'를 하나 때때로 두 발로 걷기도 하는 데 그때는 몸의 중심이 좌우로 움직인다. 이는 침팬지의 근육과 뼈대 구조가 사람이 두 발로 서서 걷게 하여 주는 근육과 뼈대의 구조와는 다르기 때문이다. 그러나 에너지의 사용이란 면에서 볼 때 네 발로 걷는 침팬지에 필요한 에너지는 두 발로 걷는 사람과 비교해서 별로 차이가 없다. 침팬지는 맹수로부터 도망하는데는 사람만큼 효과를 지닌다.

침팬지들은 과일과 채소 그리고 비타민과 미네랄이 들어있는 과자를 먹는데 그들이 쇠창살을 두드릴 때 보면 사람보다 5~7 배정도 더 힘이 세며 약 1 kg 정도의 물체를 들 수 있다.

또한 특별한 훈련을 받은 침팬지들은 많은 사람들 앞에서도 아무 영향을 받지 않는다.

사람들과 친숙해진 침팬지들이 다시 야생상태로 되는데는 많은 시간이 걸린다. 왜냐하면 그들에게 야생에서 살아남는 기술을 가르치고 무엇을 먹을지, 무엇을 피해야 할지 등 생존에 필요한 적응력을 키우는데는 많은 시간이 필요하기 때문이다. 또 다른 중요한 이유는 이 침팬지들을 위해서 남겨진 지역이 지구상에는 거의 없다는 점이다. 이들이 살 수 있는 환경은 이미 살아있는 야생 침팬지들이 점거하고 있으며 어느 침팬지이건 다시 야생상태로 가는데는 이들에 의해 방해를 받는다.

침팬지들은 자주 사용되는 말들을 이해하며, 나이가 들면 사람처럼 목소리가 변하며 지화법을 아는 침팬지가 다른 침팬지들에게 이를 가르칠 수 있다는 주장도 있다.

지금까지 알려진 많은 침팬지의 행위는 실내에서도 조사되었다. 한 예로 미국 캘리포니아의 마린 월드에서 기르고 있는 침팬지들은 서로 사이좋게 잘 지내는데 왜냐하면 이들은 서로 같이 지낼 기회가 많기 때문이다. 이들은 몽둥이나 나무 가지들을 무기처럼 사용하고 다른 침팬지에게 겁을 주기 위해 소리를 지르기도 한다.

침팬지가 어미로써의 행위인 새끼를 옮기는 일은 본능적이거나 아니면 단순히 어미에 의해서 배워지는 것으로 어미는 어릴 때 배운 대로 갓 태어난 새끼는 가슴에 안고 다른 새끼는 등에 업고 다닌다.

침팬지는 다른 소리들을 많이 낸다. 그들은 기쁠 때와 슬플 때, 화날 때와 즐거울 때, 그리고 음식을 취할 때 등등의 경우 각기 다른 소리를 낸다. 침팬지들은 매우 사회적이며 행동은 상냥하고 때로는 공격적이기도 하다. 전에는 침팬지를 애완동물로 키우기가 쉬운 일이었으나 오늘날에는 점점 어려워질 것이다. 왜냐하면 침팬지는 사회동물로 흥미가 있는 것이지 혼자 있게 하는 것은 옳은 일이 아니라는 사실이 밝혀졌기 때문이다.

침팬지의 이빨구성은 2 : 1 : 2 : 3으로 사람과 같고, 어린이는 5살 내지 7살이 되면 어른으로 바뀐다. 침팬지는 감기, 수두, 홍역과 사람들이 걸리는 병에 다 걸리며 치료약들도 사람에게 쓰는 것들과 똑같다. 침팬지의 수태기간은 8~9달이며 4살까지 부모들이 돌보아준다.

유인원에 관한 중요 이해

호미노이드 영장류의 수는 별로 많지 않으나 우리와 매우 가까운 관계에 있기에 중요한 연구대상이다. 그러나 지난 반세기동안 유인원에 관한 우리의 지식은 부정확하였는데 이에 관한 가장 연극적인 예로 거대한 고릴라인 킹콩의 출현을 들 수 있다.

킹콩은 지난 40년 동안 유인원을 극도로 상징화한 것이다. 그러나 재미있는 사실은 실제로 고릴라는 킹콩을 닮지 않았다는 점이다. 오랑우탄과 침팬지 또한 영화에서 그려지는 그런 이미지를 닮지 않았다. 우리는 지금까지 유인원에 대해 많은 연구를 진행시키고 있으나 이들에 대해서 아직도 모르는 많은 행위가 있다.

1세기 전 유럽의 탐험가들은 아프리카의 숲 속에 살고 있는 무서운 동물의 이야기를 가지고 유럽으로 돌아 왔다. 그러나 오늘날 우리는 고릴라가 더 이상 공격적이 아니라는 사실을 알고 있고, 그들이 보여주는 행위는 다만 침입자가 놀라 도망가도록 하는 경고용 방법임을 알고 있다. 실제로 고릴라는 매우 평화로운 동물이며 그들은 대부분의 시간을 먹고 놀고 잠자는 데 보낸다. 고릴라는 채식동물로 커다란 몸집을 유지하기 위해서 많은 양의 잎사귀를 먹는다.

오랑우탄에 대해서는 별로 알려져 있지 않은데, 오랑우탄이란 말은 말레이시아에서는 '숲 속의 사람' 이란 뜻이다. 그들 생활의 대부분을 나무에서 지낸다. 긴 손가락들은 오랑우탄이 나무에서 살기에 알맞은 생활습성을 지니고 있다는 것을 보여준다. 이들은 나무에 잠자리를 만들고는 대부분의 시간을 먹는 데 보낸다.

침팬지는 주어진 환경에 가장 잘 적응하고 모험을 좋아하는 유인원이다. 이들은 아주 호기심이 많으며 매우 영리하다. 침팬지는 사람과 함께 살도록 훈련될 수 있는데, 한 예로 루시라는 이름을 가진 침팬지는 일생을 사람과 함께 살아 왔으며 200개의 미국식 표현 언어를 배웠다.

인류와 유인원을 구분하는 가장 뚜렷한 차이 중에 하나는 '말' 을 할 수 있는지에 달려 있다. 말이란 단어들을 써서 문장을 만들고 이를 가지고 시공을 초월하여서 우리의 의사를 서로 소통하게 한다.

1970년대에 침팬지에게 몸짓언어나 컴퓨터를 이용하여 말하는 법을 가르치려는 노력이 있었다. 미국 마사추세츠 공과대학(MIT)의 언어학자인 놈 촘스키Noam Chomsky는 '말이란 사람에게만 있다' 고 결론을 내렸는데 이에 대해 테러스 Terrace는 촘스키의 주장이 일부 틀렸다고 반박하며 님 침스키란 침팬지가 사인으로 의사를 표현하는 것을 예로 들었다. 그의 주장에 따르면 이 침팬지가 신호로 의사를 전달할 수 있으며, 침스키와 같이 일하면 할수록 이 침팬지가 더욱 더 신호를 익힐 수 있음을 알 수 있었다고 보고하고 있다.

테러스는 다른 동물들도 말을 배울 수 있는지를 알기 위해 클레버 한스Clever Hans라는 '영리한 말' 을 가르쳤는데 이 말은 지난 세기에 유럽과 미국에서 선을 보였다. 한스라는 이 말은 "2+2=?"같은 질문에 답하기 위해서 굽으로 바닥을 두드렸으나 실제로 이 말은 영리하지 않았으며, 조련사가 주는 어떤 암시에 따라서 그의 발을 두드렸을 뿐이다.

테러스는 침팬지가 이미 알고 있는 단어들을 사용하여 생각을 만들어 낼 수 있도록 문법의 법칙들을 사용할 수 있는지 알고자 하였다. 그러나 그는 "침팬지는 사람처럼 문법을 사용하여 생각을 표현할 수 없으며, 또한 동물들은 대사를 가르쳐 준 후에야 단지 가끔 신호를 보낸다."고 결론지었다.

한편 미국 스탠포드 대학교의 패터슨은 코코라는 고릴라를 연구하였는데 그는 테러스와는 반대되는 결론에 도달하였는데 말이란 더 이상 인간의 전유물이 아니라고 주장한다. 또 다른 예로 미국 죠지아주의 요크 영장류 센터에 있는 라나라는 침팬지는 펀칭버튼을 이용하여 문장을 만들고 서로 의사를 교환하는 방법을 배웠다. 플로리다주에 있는 한 야생동물 연구소에서는 일단의 실험실의 침팬지들을 섬에 풀어 주어 그들이 정상적인 생활로 되돌아갈 수 있는지를 실험하였다.

위에서 살펴본 몇몇 실례에서 볼 수 있듯이 오늘날 유인원이 말을 배울 수 있는 능력이 있는지에 대해서 많은 논란이 있다. 그러나 오늘날 사람들은 1970년대보다는 유인원이 말을 배울 수 있다는 데에 회의를 가지게 되었다. 왜냐하면 침팬지와 고릴라의 발성구조는 사람의 발성구조와는 다르기 때문에 이들에게 말을 가르치라는 것은 별로 소득이 없다는 것이 밝혀졌기 때문이다.

어떤 의미로는 유인원의 의사전달의 연구는 유인원이 자신들 그대로이기보다는 좀 더 사람처럼 보인다는 점을 강조하기 위한 생각에서 기인하지 않았나 한다. 실례로 침팬지의 경우 사냥은 사람과는 다르게 기회에 달렸으며, 이들이 연모를 사용한다는 것은 갈라파고스 섬에 사는 핀치새들이 그들의 주둥이를 사용하는 것과 비슷하지, 사람이 연모를 사용하는 것과는 다르다는 것을 알 수 있다.

오늘날 40,000에서 100,000마리 정도의 오랑우탄과 5,000~9,000 마리의 삼림 고릴라, 그리고 1,000 마리가 채 되지 못하는 산악 고릴라들이 살아 있을 뿐이다. 이들은 오늘날 지구에서 생태계가 파괴됨으로 인해 멸종의 위기에 처해 있는 동물 중의 하나로 이는 인류에게 모든 책임이 있다.

사람과 가장 가까운 유인원의 오늘날 상황은 어떠한지 생태학 측면에서 살펴보기로 하자. 식물대는 열대 우림 삼림지대로부터 사바나 숲, 사바나, 그리고 사막 순으로 변하는데 영장류는 이 지역에서 나누어져 산다. 그 예로 콜로바인 원숭이는 우기 삼림지대에서 살고, 비비를 포함한 다른 영장류들은 사바나지대에서 산다. 따라서 이들의 지역 분포에 따라 대륙을 나눌 수 있으며, 또한 대륙을 24시간의 활동 사이클에 따라 나누기도 한다.

큰 유인원은 모두 열대 우림 지대에서 살고 있는데, 오랑우탄은 수마트라와 자바 등에 살며, 아프리카 산 유인원은 아프리카 적도의 우림 지대에서 산다. 이들 모두는 서식지가 황폐되어서 멸종의 위험에 처해 있으며, 동남아시아의 숲은 자꾸 벌목되어가 여기서 살고 있는 오랑우탄들 또한 다음 세기에는 아주 멸종될 운명에 처해 있다. 열대 우림 지대는 지구에서 생물들이 가장 다양하게 살 수 있는 곳인데 오늘날에는 1 시간당 약 400에이커씩의 삼림이 개발이란 명목으로 파괴되어 가고 있다. 그 결과 지금까지 알려지지 않은 많은 생물들이 매일 지구에서 영원히 사라져가고 있다.

대부분의 생태학자들은 중생대 말에 일어났던 생물의 대절멸의 사건과 같은 형태의 절멸이 앞으로 예견된다고 생각한다. 앞으로 일어난 생물의 멸종은 아스테로이드 혜성과의 충돌 같은 자연에 의한 재난의 결과가 아니라 바로 사람에 의한 자연의 파괴행위에 기인한다고 생각한다.

사람에 의한 자연파괴의 결과 무엇이 멸종될 것인가? 같은 규모의 지역에서 볼 때 온대 삼림지대에 살고 있는 나무에는 약 60여종의 동물들이 살고 있다. 또한 우기 삼림지대에 있는 한 그루의 나무에서는 약 26속 43종의 개미가 살고 있다. 이들은 영국에서 살고 있는 모든 개미의 종류와 맞먹는다. 사실 지금까지 우리는 단지 이들의 종류가 다양하다는 점을 겨우 인식하고 연구를 시작하였을 뿐, 많은 생물들이 우리가 알기 전에 사라져가고 있다. 잘 알려진 열대 생태학자인 단 얀젠Dan Janzen은 " 자연 파괴와 이에 따른 생명체의 멸종 상태는 이미 심각한 수준에 도달하고 있으며, 그리고 남아있는 숲들도 이미 황폐화 되어가는 중이다." 라고 문제의 심각성을 경고하고 있다.

많은 사람들은 이런 사실들이 우리에게 별로 중요하지 않다고 생각할지도 모른다. 왜냐하면 우리는 열대지역에 살고 있지 않기 때문이다. 그러나 이런 숲들은 아직 우리가 발견하기 못한 유용한 것들을 간직하고 있다. 한 예로 미국 국립 암연구소에서는 암의 치료제를 우기 삼림지대에서 자라는 식물에서 구하는 연구를 진행 중이다. 어떤 지역에서는 식물의 1% 정도만이 연구되었을 뿐이다.

오늘날 학자들이 지적하기를 숲의 멸종 속도가 아주 빨라서 어떤 식물이 유용하다는 것을 알았을 때는 이미 때가 늦어서 벌써 그 식물은 다 파괴되어 버릴 것이라고 경고하고 있다. 한편 브라질에서는 벌목을 원하는 목재 회사나 목장들 그리고 광산들에 의해 이 지역에서 살고 있는 인디언들의 숲이 파괴되어 간다.

오늘날 지구상에 살고 있는 영장류의 1/3이상이 멸종이라는 위험한 상태에 직면하여 있다. 그 예로 브라질 동부지역의 낮은 지대 숲 속에 사는 황금 사자털 타마린 원숭이golden lion tamarin는 그 숫자가 겨우 300마리 정도이다. 이런 종류의 영장류는 대개 식량을 필요로 하는, 그리고 숲 지대를 그대로 보존할 수 없는 그런 개발도상국가들에 살고 있다. 따라서 이들의 보존문제는 국제사회사이에 사회, 정치, 경제 그리고 과학방법으로 해결해야 할 문제들이다.

한편 유인원들은 아직도 음식으로, 또 스포츠라는 취미를 위해서 사냥되고 있으며, 의학적 실험을 위해서 포획되고 있다. 특히 침팬지는 사람과 생화학적으로 비슷한 구조를 갖고 있기에 여러 연구와 의학실험에 사용된다. 예로 이들은 오늘날 사람에게 치명적인 후천성 면역결핍증AIDS의 치료를 위해 인위적으로 균에 감염되는데 이런 연구를 위해 이들을 희생한다는 것은 우리를 딜레마에 빠지게 한다. 즉 멸종되어 가는 동물들을 희생시켜 가뜩이나 포화상태에 이른 사람이란 '종'을 더욱 더 포화 상태로 이끌어간다는 것이 합리한 일일까 하는 비판이 일어난다.

동물원에서 동물을 잡는 것도 야생동물들에게는 하나의 위험이다. 그러나 미국의 샌디애고 동물원 등에서는 야생동물을 위한 공원을 만들어서 많은 수의 고릴라를 키우고 보호하고 있다. 그러나 이런 노력에도 불구하고 고릴라와 오랑우탄은 지구상에서 거의 멸종 상태이며, 번식이 빠른 편인 침팬지도 위험한 상태에 이르고 있는 실정이다.

유인원은 지구 어느 곳에서나 살 수 있는 사람과는 다르게 주로 숲에서만 사는데, 이들은 사람처럼 그들의 사회에서 적응하며 제 몫을 할 수 있도록 많은 사회의 기술 그리고 살아남을 수 있는 기술들도 배워야 한다. 오늘날 살고 있는 유인원은 어느 정도 특수화되었지만 만일 우리가 조심스러이 이들의 해부학적 특징과 행위 및 사회조직 등을 연구한다면 사람의 조상과 유인원사이에서 서로 닮은 점을 찾을 수 있다는 점에서 유인원에 관한 연구는 사람의 조상을 이해하는데 절대 필요한 분야이다.

제 7 장 영장류의 기원과 진화

☞ 영장류의 기원을 이해하기 위해서는 백악기의 지구환경을 살펴보아야 한다. 백악기의 지구 모습은 오늘날의 모습과는 매우 다른데, 아주 이른 백악기에 지구의 육지는 라우라시아laurasia와 곤도와나랜드gondowanaland로 이루어졌으며 당시 남아메리카는 아직 아프리카와 붙어 있었으나 1억2천5백만 년 전에 이르면 두 대륙은 점차 분리되기 시작한다. 그리고 마침내는 7천~8천만 년 전에 좁지만 점점 팽창해 가는 남대서양에 의해 두 대륙은 분리되었고 남아메리카와 북아메리카는 백악기 중에 서로 분리되었으나 북아메리카는 여전히 그린랜드를 경계로 유럽과 맞닿아 있었다. 이 당시 지구의 기후는 매우 온난했고 적도와 극지대의 기온은 별로 차이가 없었으며 지구의 남반부와 북반부에는 온대삼림이 높은 위도까지 발달해 있었다.

백악기 늦은 시기부터 올리고세까지

일반적으로 '공룡의 시대'로 알려진 백악기 전까지 지구에는 꽃가루가 없는 식물이 주를 이루고 있었으나 백악기 중에 꽃가루가 있는 식물이 나타나 꽃가루가 없는 식물을 대신하였고, 과일즙과 견과류 그리고 열매를 맺는 식물이 번성하였다. 새들과 젖먹이동물들은 먹을 수 있는 식물과 곤충들이 증가함에 따라 그 종류가 이전보다 더욱 다양해졌다. 그러므로 백악기의 모든 젖먹이동물의 어금니는 곤충류를 씹기에 알맞은 형태로 발달하였다. 아마도 가장 이른 시기의 영장류가 곤충을 먹이로 하였으나 그들의 어금니가 낮고 도드리가 덜 뾰족하며 오히려 뭉뚝한 점으로 보아 식충류보다는 과일이나 열매 또는 이와 비슷한 음식을 더 많이 먹었던 것으로 여겨진다.

영장류의 조상은 백악기의 식충류를 닮은 동물로부터 시작되었다. 북미 대륙의 동 몬타나의 늦은 백악기 층에서 최초의 영장류의 조상으로 알려진 퓨가토리우스*purgatorius*의 어금니가 발견되었다. 이의 화석은 초기 팔레오세 층에서 계속 발견되었다. 퓨가토리우스는 당시에 살았던 유일한 식충류로 중기와 후기 팔레오세에 그 종류가 다양해지고 수적으로 번성하였던 것으로 보인다.

최초의 영장류 : 팔레오세 영장류

공룡과 함께 살던 젖먹이동물로부터 진화한 최초의 영장류는 약 6천 5백만 년 전 중생대 말인 백악기 / 팔레오세의 경계시기에 처음 나타났으며 몇 천만 년 동안에는 프로시미안 영장류만이 살았다(표 7.1). 백악기 말에 북아메리카의 기후는 아열대였으며, 오리주둥이 공룡duck- billed di.과 트라이케라톱스*triceratops*, 그리고 키가 15m나 되는 티라노싸우르스 렉스*tyrannosaurus rex* 같은 거대한 공룡들이 지상에서 살고 있었다. 숲 속에서는 잘 보이는 않았지만 최초의 젖먹이동물인 마수피얼과 멀티튜베르큐레이트multituberculates 식충류 등이 살고 있었다.

여러 해 동안 학자들은 백악기와 팔레오세 경계를 지구에서 살던 생명체들에게 중대한 위기가 왔던 시기로 생각해 왔다. 당시 바다 속에 쌓인 퇴적물을 연구해 본 결과 많은 플랑크톤과 생물들이 이 경계시기에 멸종되었음을 알 수 있었고, 공룡들도 이 시기에 절멸하였으며 이 짧은 시기 이후에 다양한 종류의 젖먹이동물들이 지구에 나타났다. 지구의 모습은 백악기 말기 때와는 다르게 남미대륙과 북미대륙이 바다를 사이에 두고 마주하고 있었고 북미대륙과 유럽은 여전히 붙어 있었으며 기후는 온난하여 열대와 아열대 삼림은 위도 중간까지 확대되어 있었다.

지금까지 가장 잘 알려진 팔레오세 영장류의 화석은 주로 북미대륙 서부지역과 서부유럽에서 발견되는데 오늘날 이 두 대륙사이에는 바다와 섬들이 있지만 당시에는 넓은 삼림지대로 연결되어 있었다. 당시에 두 대륙의 환경은 아주 비슷해서 여기서 살던 영장류들은 서로 닮았으며 화석이 발견되는 지역으로 보면 영장류는 북미대륙이나 또는 북미대륙과 유럽이 분리되기 전의 대륙에서 시작되었다고 생각된다. 남미대륙과 아시아에서는 팔레오세의

표 7.1 신생대의 구분

세 epoch	연대(b.p; 백만년)	주요사건들
홀로세 Holocene	0.01-현재	농업과 산업의 발달, 우주 탐험
플라이스토세 Pleistocene	1.8-0.01	인류속의 진화
플라이오세 Pliocene	5-1.8	최초의 인류와 인류 속의 출현
마이오세 Miocene	22-5	유인원의 번성, 유인원과 호미니드 분화
올리고세 Oligocene	38-22	앤스로포이드의 번성
이오세 Eocene	55-38	원시적 프로시미안, 최초의 앤스로포이드
팔레오세 Paleocene	65-55	최초의 영장류?

영장류 화석이 발견되지 않으며 아프리카에서도 아직까지는 이 시기에 살던 영장류의 화석이 발견되고 있지 않으나 영장류의 조상이 살았을 가능성은 큰 것으로 여겨진다.

팔레오세 영장류는 그 종류가 다양함에도 불구하고 완전한 화석은 없고 모두가 조각난 아래턱과 낱개의 이빨로만 찾아지고 있다. 특히 머리뼈와 사지뼈는 거의 없으며 중요한 머리뼈도 보존상태가 매우 나쁘다. 지금까지 알려진 팔레오세 영장류는 쥐부터 집 고양이 크기의 몸집(0.1~5Kg)을 지녔으며, 몸의 크기와 이빨의 형태로 보아 곤충과 과일 그리고 열매 등을 주식으로 했던 잡식성이었다. 이 시기를 대표하는 영장류 중에 하나인 플레시아다피스의 경우 머리뼈는 매우 원시적인 특징을 지니고 있는데 커다란 주둥이와 서로 양쪽으로 떨어져 자리한 눈은 이 영장류가 발달된 후각과 어느 정도 입체적으로 발달한 시각을 가

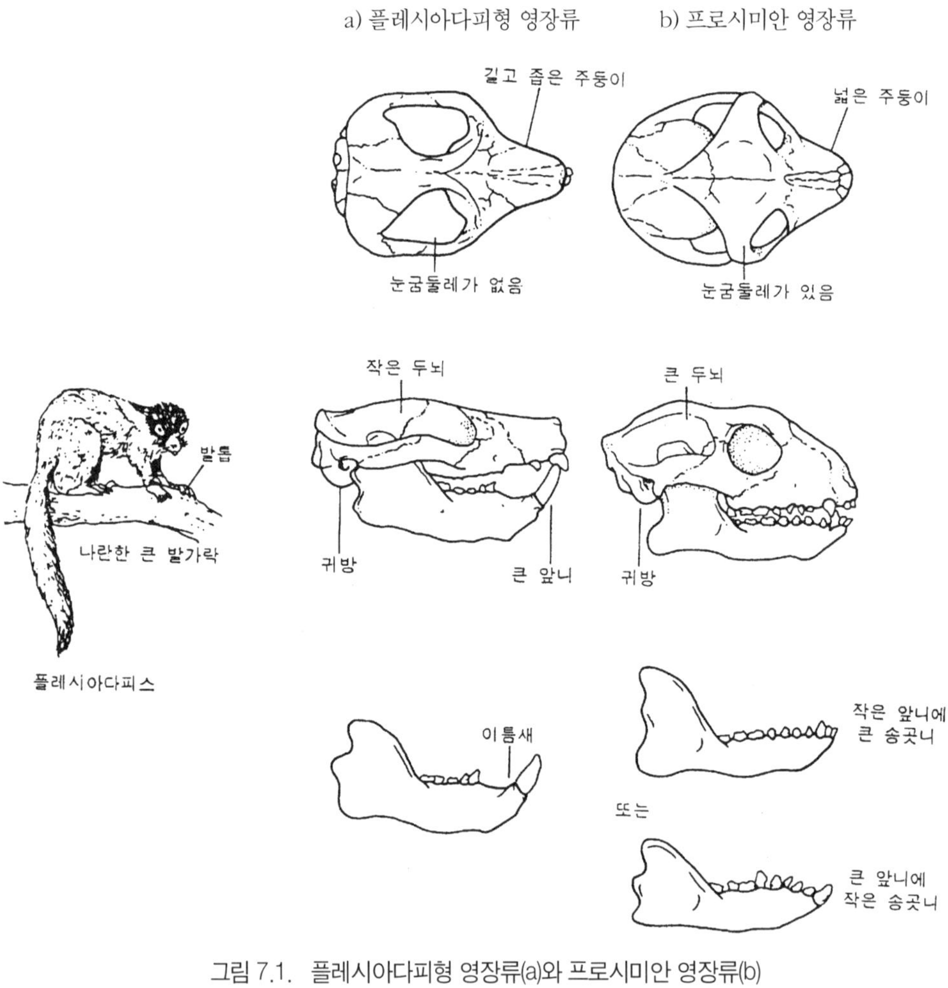

그림 7.1. 플레시아다피형 영장류(a)와 프로시미안 영장류(b)

졌음을 보여준다. 눈굼 둘레뼈는 완전하게 이어져 있지 않으며 뒷머리뼈가 원시적인 특징을 지니고 있다. 팔꿈치와 발목의 구조는 나무를 오르는데 편리하도록 되어 있으나 손끝은 넓적한 손톱 대신 날카로운 손톱을 지니고 있으며 늦은 시기의 영장류처럼 잡기에 편리한 손과 발을 지니지 않았다.

전체적인 모습으로 보아 팔레오세 영장류는 오늘날 열대지역에서 사는 다람쥐를 닮았을 것으로 생각되는데 바로 이런 모습 때문에 팔레오세 영장류를 영장류로 분류하는 데에 이의를 제기하는 학자도 있다. 그러나 무엇보다도 어금니가 늦은 시기의 영장류와 매우 닮았기 때문에 이들을 영장류로 분류하는 데는 큰 문제가 없다는 주장이 우세하다. 귀의 구조가 영장류의 구조와 같은 점도 이들을 영장류로 분류하는 하나의 기준이 된다. 그러나 영장류의 관계는 먼저 어금니의 구조에 바탕을 두고 있으며 팔레오세에 살던 영장류도 이를 근거로 해서 알려져 있다.

다만 흥미로운 점은 팔레오세 영장류의 수가 많고 종류가 다양함에도 불구하고 이오세 이후 영장류와의 관계가 확실하지 않다는 점이다. 팔레오세 영장류 중 가장 이른 시기의 영장류로 알려진 퓨가토리우스는 이오세 이후 영장류의 조상으로 간주되나 이 영장류가 직접 진화한 조상인지는 분명하지 않다. 오히려 퓨가토리우스는 팔레오세 늦은 시기에 나타나는 특수화된 특징을 지닌 영장류로 진화했을 가능성이 더 높다.

유럽과 북미대륙에서 출토되는 팔레오세 영장류는 늦은시기 영장류에서는 나타나지 않는 특수화된 원시적 특징을 지니고 있기 때문에 이들은 플레시아다피스로 대표되는 자신들의 아목단계인 플레시아다피형plesiadapiform 영장류로 분류된다(그림 7.1). 플레시아다피형의 영장류는 이오세에는 나타나지 않는데 이는 아마도 쥐목에 속하는 동물과 더 발달한 영장류와의 경쟁에서 실패하여 절멸했기 때문으로 알려져 있다. 그리고 좀 더 진화한 영장류의 시작 또한 아직까지 확실하게 알려져 있지는 않으나 중기 팔레오세의 일부 화석에 따르면 이들은 아시아의 남중국에서 시작되었을 가능성이 매우 크다. 이에 반해 올리고세 이후의 프로시미안은 아프리카에서 시작되었을 것으로 알려져 있다.

이오세 영장류

[현대의 여명]이란 뜻을 지닌 이오세가 되면 떨어졌던 기온이 점차 상승하기 시작하는데, 이 시기에 지구에는 최초의 짝굽동물(=우제류 : artiodactylar : pig-like mammals)과 홀굽동물(=기제류 : perissiodactylar : horse-like mammals)이 출현한다. 바로 오늘날 동물의 조상들로서 분류할 수 있는 동물들이 처음으로 나타나기 시작한 시기인 것이다. 이오세 초기에 유럽과 북아메리카 대륙은 여전히 붙어 있었으며, 여기서 살고 있었던 영장류들은 서로 비

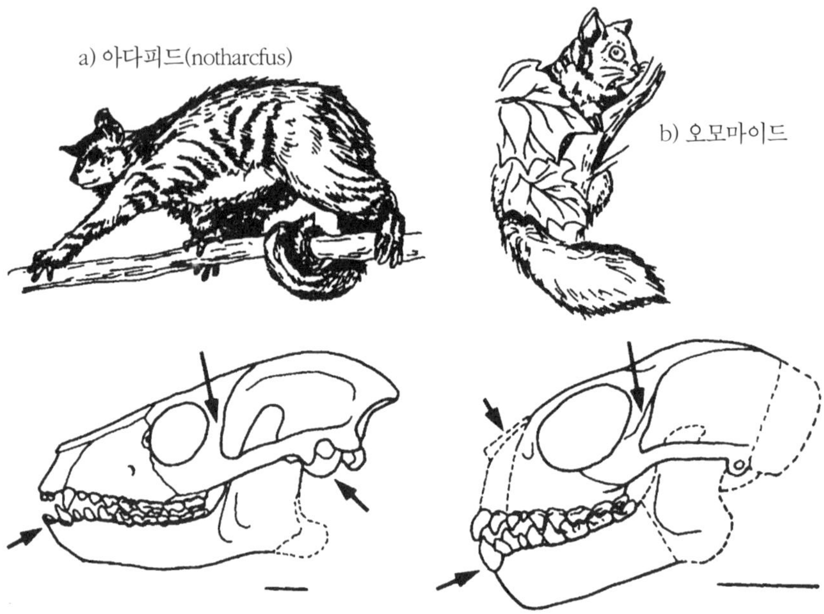

그림 7.2. 아다피드(a)와 오모마이드(b) 영장류. 아다피드는 오모마이드보다 몸집은 더 크고 주둥이는 기나 눈굼은 오모마이드보다 작다.

슷하게 닮아 있었다. 한편 이오세 동안 플레시아다피형의 동물들은 그 수가 점점 줄어들기 시작하고, 열대지역은 북극선 한계선까지 확장되며 유럽과 북아메리카 대륙이 분리된다.

팔레오세 영장류처럼 이오세 영장류는 주로 북미대륙 서부지역과 서부유럽에서 출토되며 일부는 남아시아와 동아시아에서 출토되기도 한다. 그러나 아직까지 남미대륙과 아프리카에서는 보고되지 않고 있으나 늦은 이오세에 영장류가 남미대륙에 이미 도달했으며 아프리카에도 존재했을 가능성은 크다.

이오세 전에 절멸한 특수화된 플레시아다피형 외에 대부분의 이오세 영장류는 오늘날 살아 있는 프로시미안 중 여우원숭이와 안경원숭이를 닮았다. 이 시기에 나타난 영장류야말로 바로 '현재 살고 있는 영장류의 최초의 조상' 으로 이들의 후손은 영장류 목 중 아목인 프로시미의 하목인 여우원숭이형과 안경원숭이형으로 분류되고 있다.

어떤 종류의 영장류가 늦은 이오세 중에 살았는지는 알지 못하나 이 시기에 프로시미안 영장류는 매우 번성했다. 이들도 단지 아래턱과 낱개의 이빨들로 구분되었으나 머리뼈와 사지뼈들도 비교적 많이 나타나고 있다. 이오세에 살았던 프로시미안 영장류 중 일부는 주행성이며 또 다른 일부는 아프리카에서 사는 갈라고galago나 안경원숭이처럼 야행성이다. 출토된 뼈대 화석으로 보아 당시의 여우원숭이형의 프로시미안은 안경원숭이형 프로시미안보다 몸집이 더 컸고 전체적으로 말라가시 여우원숭이 정도의 크기를 지니고 있었다.

이빨과 아래턱으로 가늠해 볼 때 이들은 과일과 나뭇잎을 주로 먹었을 것으로 여겨지며, 작은 몸집의 안경원숭이형 영장류는 곤충을 먹고 살았다. 팔레오세의 플레시아다피형과는 다르게 이오세의 영장류는 나무 등을 움켜지기에 편리한 손과 발을 지니고 있었으며 길고 움직이기에 편한 손가락은 손끝에 둥근 모양의 손톱을 가지고 있었다.

팔레오세 영장류에 비해 이오세 영장류는 눈굼뒤 둘레가 늦은 시기의 영장류처럼 완전히 형성되었다. 이들의 머리뼈는 플레시아다피형 영장류와는 다르게 냄새를 맡는 기관이 줄어들고 시각을 담당한 기관이 더 발달하였다. 주둥이는 줄어들고 눈은 좀 더 앞쪽으로 향해 자리하고 있어 시각이 더 넓어졌으며 머리뼈 안쪽의 냄새를 담당하는 부위는 작은데 반해 시각을 담당하는 부위는 확장되어 있다. 또 머리부피는 플레시아다피형 영장류보다는 매우 크지만 지금 살고 있는 프로시미안보다는 작다.

이오세에 살았던 영장류는 오모마이대omomyidae와 아다피대adapidae의 2과로 오늘날 살고 있는 안경원숭이와 말라가시 여우원숭이와 어느 면에서 매우 닮은 형태이다(그림 7.2). 또한 어떤 이오세 여우원숭이는 손목과 발목이 오늘날의 여우원숭이와 쥐원숭이를 닮았다. 따라서 이렇게 전체적으로 닮은 점을 바탕으로 이오세 여우원숭이를 오늘날의 초과인 여우원숭이 초과로 분류하기도 하지만 이오세의 여우원숭이는 여러 면에서 오늘날의 여우원숭이와는 구분된다. 즉 이오세 여우원숭이는 옆니가 4개이며 일반적으로 낮은 앞니와 송곳니를 가지고 있는데 반해, 오늘날의 여우원숭이는 3개의 옆니를 가지고 있으며 길고 앞으로 튀어나온 머리빗 같은 앞니를 지니고 있다. 따라서 이오세의 여우원숭이를 다른 초과인 아다포이대adapoidea로 구분하는 학자들도 있다. 아마도 아프리카에서 살던 알려지지 않은 아다포이드가 이오세 중에 바다를 건너 말라가시로 이주하여 말라가시 여우원숭이의 조상이 되었을 것으로 보이며 이들이나 이들과 닮은 아다포이드가 또한 오늘날의 아시아와 아프리카에서 살고 있는 여우원숭이의 조상일 가능성도 큰 것으로 보인다.

늦은 이오세에 나타나기 시작한 앤스로포이드는 올리고세에 오면서 그 수가 많아지고 종류도 다양해진다. 한편 늦은 이오세인 4천4백만~4천만년 전 사이에 중부 미얀마(구 버마)에서는 아래턱 조각들이 찾아지는데 이는 적어도 두 종의 앤스로포이드, 즉 앰피피테쿠스 모가운갠시스*amphipithecus mogaungensis*와 폰돈지아 코테리*pondongia cotteri*일 것으로 보여진다. 이 중 비교적 잘 알려진 앰. 모가운갠시스는 긴팔원숭이 정도의 몸집을 지녔을 것으로 계산되었고 그 모습이 프로시미안과는 다르고 앤스로포이드와 유사하다.

올리고세 영장류

늦은 이오세에서 이른 올리고세에 오면 프로시미안 영장류는 유럽에서 보이지 않으며 또한 이들은 아주 늦은 올리고세나 이른 마이오세에 북미대륙에서도 사라진다. 북미대륙에서 올리고세 때 살았던 프로시미안은 모두가 오모마이드omomyids였으며 이들은 수적 · 양적으로는 이오세 때보다 오히려 줄어들었다. 아다포이드adapoids는 늦은 마이오세인 900만 년 전까지 남아시아에서 살았으며 이들의 진화는 아프리카와 아시아에서 올리고세와 그 이후에 지속적으로 일어났다. 마다카스카르 섬을 제외한 모든 지역에서 프로시미안의 수와 다양성은 올리고세 초부터 크게 줄어들었고 이들 중 주로 야행성을 띤 일부만이 살아남게 되었다.

이오세 말부터 떨어지기 시작한 지구의 기온은 올리고세에도 이어져 지구의 식생에 변화를 가져왔다. 열대 삼림지대는 적도 부근으로 축소되었고, 이에 따라 프로시미안 영장류들의 삶도 적도 부근의 아열대 삼림지대로 한정되었다. 프로시미안이 살기에 알맞은 지역이 아프리카와 아시아 등에 남아 있었으나 이들은 앤스로포이드의 출현과 더불어 주행성인 이들의 번성으로 엄청난 영향을 받게 되었다. 이집트의 엘 파윰 저지대el fayum depression에서 출토된 화석들에 따르면 구대륙 원숭이는 이미 3천5백만 년 전인 이른 올리고세 때에 번성하기 시작하였으며, 늦은 올리고세인 2천5백만 년 전에 남미대륙에서 신대륙 원숭이가 나타나기 시작한다는 것을 보여주고 있다.

아프리카 앤스로포이드 : 올리고세 때의 앤스로포이드 화석은 이집트의 엘 파윰 저지대의 3천5백만~ 3천1백 만 년 전 사이의 지층에서 출토되었다. 지층의 연대는 이 지역을 뒤덮고 있는 현무암층에 대한 방사성 연대측정과 지층의 퇴적비율, 그리고 동물상과의 관계를 바탕으로 계산되었다. 화석이 출토된 층은 연중 따뜻하고 습해서 식생이 풍부하며 큰 강물이 굽이쳐 흐르는 드넓은 소택지로 강물을 따라 커다란 나무들이 자라고 있었다.

엘 파윰은 구대륙에서 올리고세 영장류 화석이 출토된 유일한 유적으로 영장류의 화석이 풍부하게 출토되었다. 출토된 화석에 따르면 앤스로포이드는 일찍이 분화되었고 이에 따라 프로시미안의 수가 감소되었음을 알 수 있다. 출토된 천 여 점의 화석을 연구한 결과 4 종류의 앤스로포이드 화석과, 2종의 안경원숭이형의 화석, 그리고 각각 한 종류의 아다포이드 및 여우원숭이의 화석으로 분류되었다.

엘 파윰에서 출토된 앤스로포이드 화석은 모두 7 개의 속으로 분류되는데 가장 중요한 화석 중의 하나는 프로플리오피테쿠스로 이 화석은 늦은 시기의 프로플리로피테쿠스와 이집토피테쿠스*agyptopithecus*의 조상으로 여겨진다.

엘 파윰에서 살던 영장류는 오늘날 살고 있는 영장류 중에서도 작은 크기의 범주에 속하

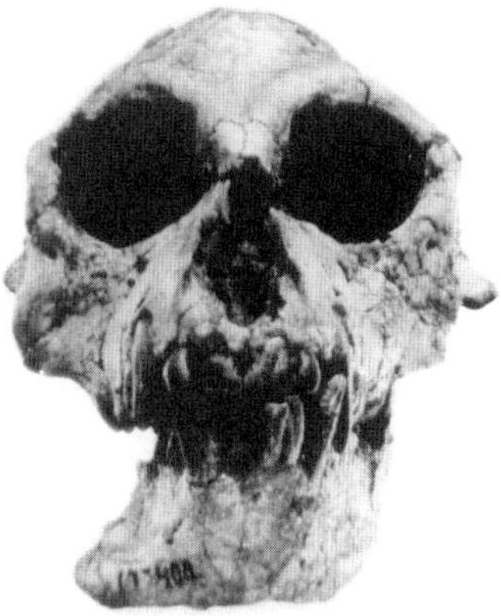
a)

b)

그림 7.3. 이집토피테쿠스의 머리뼈(a)와 리차드 케이가 그린 복원 상상도(b)

는 영장류로, 쥐정도의 작은 몸집(300g)으로부터 긴팔원숭이인 기본의 몸집 크기(5.9kg)에 이르기까지 그 크기가 다양하다. 이들은 모두가 기본적으로는 식충류였으며 과일과 나무 잎사귀도 먹이로 삼았다.

오늘날 살고 있는 같은 크기의 영장류와 비교해 보면 엘 파윰에서 출토된 영장류의 대부분은 나무 위에서 살았다. 나무 위에서 네발로 다니거나 나무를 오르는데 편리한 사지뼈를 지니고 있거나 나무 위에서 네발로 다니거나 깡충깡충 뛰기에 편리한 구조를 가지고 있다. 그러나 두 팔로 몸을 움직이는 영장류의 화석은 없는 것으로 보인다. 얼굴뼈가 남아있는데 모두가 작은 눈을 지니고 있으며 눈의 구조로 보아 늦은 시기 구대륙원숭이처럼 주행성이였을 것으로 여겨진다.

엘 파윰에서 출토된 화석들은 처음에 인류 초과(호미노이드)에 속하는 올리고피테쿠스와 프로플리오피테쿠스, 이집토피테쿠스 그리고 짧은꼬리 원숭이 초과cercopithecoids에 속하는 아피디움과 파라피테쿠스로 분류되었다. 그러나 이러한 분류는 지금까지도 논쟁의 대상이 되고 있으며 최근에는 이들이 인류 초과와 짧은꼬리 원숭이 초과로 분화되기 이전에 살던 앤스로포이드라는 단순한 분류를 주장하는 학자들도 있다.

엘 파윰에서 출토된 화석 중 가장 잘 알려진 이집토피테쿠스의 경우 아래턱과 사지뼈 그리고 머리뼈 조각이 풍부하게 출토되었다(그림 7.3). 이들은 해부학적으로 발달한 형태와 원시적인 특징을 함께 지니고 있는데 발달한 특징 중 가장 뚜렷한 것은 유인원을 닮은 이빨이며, 성에 따른 차이가 송곳니와 아래 앞쪽 앞니에서 보이고 있다.

이집토피테쿠스가 앤스로포이드를 닮은 또 다른 분명한 특징으로는 붙어있는 아래턱의 가운선symphysis과 턱 안쪽에 위아래로 가로지른 마루로 인해 턱이 불거져 있다는 점이다.

냄새를 맡는 부위는 매우 줄어들었으며 시력을 담당하는 부위는 대부분의 프로시미안보다 매우 크다. 또한 프로시미안과는 다르게 컵처럼 생긴 눈굼에는 눈굼둘레가 형성되어 있다. 물론 눈굼둘레는 살아 있는 좁은 코 원숭이의 둘레만큼 완전하지는 못하지만 원시적인 특징을 지닌 넓은 코 원숭이와 닮은 형태이다. 이러한 형태는 딱딱한 껍질이 있는 과일이나 커다란 열매를 먹을 때 앞니에 힘이 걸리기 때문에 나타나는 특징이며 아래턱의 가운선이 붙어버리고, 이 부분이 두터워진 것도 바로 위와 같은 이유 때문인 것으로 보인다.

이집토피테쿠스의 머리뼈 중 가장 원시적인 특징은 길고 앤스로포이드보다 앞으로 튀어나온 다양한 크기의 주둥이에서 찾을 수 있다. 프로시미안과는 다르게 두뇌는 몸집에 비해 크지만 가장 작은 앤스로포이드보다는 작다. 그리고 눈굼뒤줄임은 앤스로포이드보다 심한데 이는 마치 이오세의 아다포이드를 연상하게 한다. 또한 눈의 위치는 앤스로포이드보다 더 옆으로 처져 있으며 귀에는 귀구멍길이 없다.

이집토피테쿠스의 사지뼈 중에는 위팔뼈가 가장 잘 알려져 있는데 위팔뼈에는 원시적인 특징으로 밑부위에 위팔뼈굼이 있으며 이러한 굼은 프로시미안과 일부 넓은 코 원숭이에서 보일 뿐 살아 있는 짧은꼬리 원숭이와 호미니드에서는 보이지 않는 특징이다. 이집토피테쿠스는 두 팔로 이동하거나 또는 두발로 걷기보다는 천천히 나무 위를 네발로 걸어다니는 원숭이와 닮았으며 꼬리가 있었던 것으로 여겨진다. 그러므로 지금까지의 연구에 따르면 이집토피테쿠스의 사지뼈는 머리뼈처럼 원숭이와 유인원의 특징을 모두 지니고 있었던 것으로 파악된다.

이집토피테쿠스 등이 살았던 시기가 호미노이드와 짧은꼬리 원숭이의 분화가 있기 전이든지 후이든지 간에, 이들의 분화는 이른시기 마이오세의 호미노이드가 분화한 요인처럼 먹이가 다르기 때문이지 오늘날의 원숭이와 유인원처럼 걷기방법이 다르기 때문은 아니다.

남아메리카 앤스로포이드 : 남미대륙에서 알려진 가장 오래된 앤스로포이드의 화석은 브라니셀라 볼리비아나*branisella boliviana*로, 같은 개체의 것으로 보이는 두 조각의 위턱과 아래턱으로 이루어져 있다. 처음에 이들 화석은 볼리비아 북부지역의 이른 시기의 올리고세에 형성된 층에서 발견되었는데 연대는 포타슘/아르곤 측정 결과 매우 늦은 올리고세인 2천5백만년 전인 것으로 가늠된다. 이 화석의 위 세 번째 어금니는 크기가 매우 줄어들었으며 이외에 이빨의 다른 특징을 견주어 볼 때 브라니셀라는 분명히 살아 있는 넓은 코 원숭이(쎄보이드)를 닮았다.

남미대륙에서는 제 3기 이른 시기에 영장류의 조상이 살지 않았으므로 넓은 코 원숭이의 조상은 남미대륙이 아닌 다른 대륙에서 진화하여 아마도 늦은 이오세부터 늦은 올리고세 사이에 남미대륙으로 이동하였을 것으로 학자들은 설명한다. 이들의 기원지에 관해서는 학자들 사이에 다소 이견이 있는데 일부 학자는 북미대륙이나 아프리카에서, 또는 아시아에서 북미대륙을 거쳐 남미대륙으로 이동했으리라고 주장하고 있으며, 다른 일부학자는 아시아에서 아프리카를 거치거나, 아니면 아프리카에서 직접 남미대륙으로 건너갔으리라고 주장한다. 그러나 남미대륙은 중기 백악기부터 플라이오세까지 다른 대륙과 연결되어 있지 않았기 때문에 이들이 북미대륙이나 아프리카에서 기원했으리라는 전자의 주장이 더 설득력이 있다.

넓은 코 원숭이의 기원이 어디든지 간에 남미대륙으로 이들이 이동한 것은 우연한 일로 아마 나무 등을 타고 건너갔을 것으로 생각된다. 남미대륙과 북미대륙, 그리고 아프리카는 수백 킬로미터의 바다를 끼고 있으나 대륙들 사이에 있는 섬들이 영장류의 전파에 마치 징검다리 같은 역할을 했을 것이다.

진화가계와 화석으로 볼 때 이른 시기의 넓은 코 원숭이는 올리고세의 엘 파윰 유적에서 출토된 좁은 코 원숭이와 유난히 닮은 모양의 이빨을 지니고 있다. 분자생물학 연구도 넓은 코 원숭이가 오늘날 살아 있는 어느 프로시미안보다도 좁은 코 원숭이를 더 많이 닮았다는 것을 보여준다. 따라서 넓은 코 원숭이와 좁은 코 원숭이는 프로시미안이 아닌 앤스로포이드의 공동조상으로부터 분화됐을 것이다. 새로이 조사된 브라니셀라의 연대에 따르면 이 화석은 가장 이른 시기의 아프리카 앤스로포이드보다 1천만년 후에 나타난다는 것을 보여준다. 따라서 이른 시기의 넓은 코 원숭이는 이른 올리고세에 아프리카에서 살던 앤스로포이드, 즉 엘 파윰 유적에서 출토된 영장류로부터 진화했으리라는 주장이 설득력을 얻고 있다.

마이오세 호미노이드 영장류

고인류학에서 인류의 기원과 진화를 다룰 때는 주로 플라이오세와 플라이스토세에 살던 호미니드를 대상으로 한다. 그러나 인류기원의 역사에 관해 더 깊이 알기 위해서는 마이오세에 번성했던 호미노이드에 대한 연구가 중요하다. 왜냐하면 이 시기에 호미노이드가 가장 번성하고 그 종류가 가장 다양했으며 인류의 기원은 이 시기에 살았던 어떤 무리로부터 시작되었기 때문이다.

마이오세의 자연환경

마이오세는 약 2천4백만 년 전부터 500만 년 전까지 거의 2천만년 동안 지속했다. 구대륙의 원시적인 호미노이드의 화석은 약 2천5백만 년 전에 동아프리카의 늦은 올리고세부터 이른 마이오세의 유적에서 나타난다. 그리고 이들은 2천2백만 년 전부터 1천7백만 년 전까지 동아프리카에서 다양하게 번성하였다. 그 후 약 1천6백만 년 전부터 1천만년 전까지의 중기 마이오세에 이르면 이들이 살던 자연환경이 극적인 변화를 맞이하는데 그 결과 원숭이들이 더 번성하기 시작하였고 호미노이드들은 그 수가 줄어들기 시작하였다.

1천7백만 년 전인 중기 마이오세에 아프리카에서 살던 호미노이드가 처음으로 유라시아 대륙으로 이동한 증거들이 나타나는데 마이오세의 호미노이드는 동아시아와 중국에서는 700만 년 전까지 번성했던 것으로 알려지고 있다. 이러한 이유는 분명하게 알려져 있지 않으며 반대로 아프리카에서는 늦은 마이오세(1천2백~5백만 년 전)까지 호미노이드가 점차 줄어드는 현상을 보인다. 아프리카에서 침팬지와 고릴라의 화석이 발견되지 않는 것은 아마도 아프리카의 열대 우림지역이 이들의 화석을 보존하는데 적합하지 않은 지역이기 때문인 것으로 알려졌었다. 그러나 최근의 동물화석학 연구는 열대 우림 지역에서도 이들의 화석이 잘 보존되고 있는 것을 보여준다.

최근에 남아프리카의 나미비아에서 출토된 호미노이드 아래턱을 제외하고 마이오세에 살던 모든 아프리카 호미노이드 화석은 동아프리카의 적도지대에서 발견된다. 따라서 인류의 기원을 다루기 위해서는 이들이 출토되는 동아프리카 지역의 지질과 고생태학의 연구가 선행되어야 한다.

마이오세의 동아프리카 : 마이오세 이래 동아프리카는 지리적으로는 아라비아 반도를 통해 유라시아대륙과 연결되어 있지만 생태적으로는 다른 모습을 지니고 있다. 마이오세 이른시기 중 동아프리카의 지형은 화산활동에 의해 많은 영향을 받는데 마이오세 늦은 시기까지 화산에서 분출된 용암은 동아프리카의 광범위한 지역을 덮었다. 동아프리카에서 살던 호미노이드 화석은 케냐에 있는 빅토리아 호수 동편 해안을 따라 발달한 마이오세 중에 형성된 화산층 밑의 화산재 띠층에서 발견되었다. 호미노이드 화석이 출토된 화산층과 화산재 띠층은 포타슘/아르곤 연대측정 방법 등에 의해 절대 연대를 밝혀 주는 중요한 자료로 활용된다. 케냐의 루싱가섬에 발달한 화산층에서 발견된 호미노이드 화석의 연대는 1천7백만~1천8백만 년 전 사이의 것으로, 케냐의 송호루songhor와 코루koru지역에 형성된 화산층에서 찾아진 화석은 1천9백만 년 전의 것으로 보고되고 있다. 우간다의 여러 지역에서도 이른시기 마이오세에 속하는 중요한 호미노이드 화석들이 발견되고 있는데 이들의 연대는 약 2천 5백만년 전으로 알려져 있다.

이른시기 마이오세의 동물군은 오늘날 아프리카 저지대의 삼림 생태계에서 살고 있는 동물군과 비슷한 모습을 지녔다. 한편 이른시기 마이오세 동물군에서 짧은꼬리 원숭이(=구대륙원숭이)가 호미노이드보다 수적으로 훨씬 적어 이른시기 마이오세에는 호미노이드가 원숭이보다 더 많은 생태지역을 차지했을 것으로 생각된다.

서부 케냐에 위치한 많은 중기 마이오세의 유적은 1천2백만 년 전에 형성된 용암층 밑에서 발견된다. 이 지역의 모보코섬moboko Island과 포트 테르난port ternan 유적은 호미노이드 화석이 출토된 가장 유명한 유적으로 각 유적의 연대는 각각 1천 5백만 년 전과 1천4백만~1천2백만 년 전으로 계산되었다. 이들 유적은 동아프리카에서 생태 조건이 삼림에서 평원으로 바뀌는 변화를 보여주는 중요한 유적들이다. 한편 동아프리카의 늦은시기 마이오세 동물군에 관해서는 잘 알려져 있지 않아 이 시기의 고생태적 조건들을 잘 알 수가 없다. 중기 마이오세의 서늘하고 메마른 기후는 후기 마이오세와 플라이오세까지 지속되었다.

아마도 이른시기 마이오세에 동아프리카의 적도 지역의 기후는 현재의 기후보다 더 습했을 것으로 생각되는데 이는 오늘날 이 지역 주변에 형성되어 있는 고원 지대가 당시에는 발달하지 않았기 때문이다. 그러므로 골짝 안쪽의 기후는 오늘날의 주변 지형조건에 따른 영향을 덜 받았다. 오늘날과 같은 전형적인 강우의 유형은 중기 내지 늦은 마이오세에 형성되기 시작했으며 그 결과 이른시기 마이오세 때 동아프리카의 기후와 식생은 아마도 오늘날 서쪽 골짝에서 보이는 삼림과 화산활동으로 생긴 산맥, 그리고 저지대의 모습과 다를 바가 없을 것으로 보인다.

마이오세의 유라시아 : 마이오세에 오면 유라시아대륙의 모습이 아프리카처럼 크게 변하기 시작하는데 이 시기에 알프스와 히말라야산맥이 형성되고 테티스해tethys sea가 줄어 들면서 지중해와 흑해 및 카스피해가 형성되었다. 본래 테티스해는 북반부의 라우라시아(오늘날의 북미대륙과 유럽 그리고 아시아가 포함됨)와 남반부의 곤도와나랜드(남미대륙, 아프리카, 앤타티카, 인도 마다카스카르 및 오스트레일리아가 포함됨)를 가로지르는 넓은 바닷길이었다. 2천만~2천5백만 년 전에 테티스해가 확장되면서 남서 유라시아 대륙은 물 속에 잠기는데 이로 인해 아프리카에서 살던 호미노이드를 포함한 동물들이 유라시아로 이동하지 못하게 되었다.

약 2천만년 전에 테티스해가 줄어들기 시작하자 먼저 아프리카에서 살던 젖먹이동물들이 통로를 따라 유라시아로 이동하였다. 마이오세에 살던 호미노이드가 처음 서부유럽(프랑스)에 나타나는 것은 1천6백만 년 전의 일이다. 중기 마이오세부터 유럽에서는 동아프리카의 환경처럼 계절적인 환경과 평원 삼림환경이 나타나는데 이 시기에 테티스해는 계속해서 줄어들어 오늘날의 지중해와 흑해 그리고 카스피해의 모습을 형성하였다.

1천만년 전부터 500만 년 전 사이에 유라시아에는 중요한 동물군의 변화가 일어났다. 환경이 점차 계절성으로 바뀌자 유라시아에서 살던 호미노이드의 생활범위도 점차 줄어드는

데 그 결과 700만 년 전을 전후해서 대부분의 호미노이드가 사라져 버리고 이들 중 일부만 이 남아시아의 아열대와 열대지역에 남았다. 그리고 아시아에서 평원 동물군이 팽창해갈 때 수분이 부족한 지역에서 더 잘 사는 두터운 잎과 줄기를 가진 소위 식생대가 발달하였으며 유라시아의 호미노이드는 절멸해 갔다.

마이오세 말 히말라야산맥이 형성되면서 지구의 기후는 크게 영향을 받았다. 기후의 변화뿐만 아니라 산맥이 솟아나면서 산맥 밑 쪽에 쌓인 두터운 화석층도 함께 솟아올라 여기에 묻혔던 화석들이 노출되었다. 이런 퇴적중의 하나가 인도 서쪽 지역의 시와리크 일대로 이 지역에서는 마이오세 호미노이드 화석들이 출토되었으며 이들은 인류의 기원을 다룰 때 매우 중요한 역할을 담당한다.

전기 마이오세 호미노이드

고인류학에서 영장류의 진화를 다룰 때 마이오세 호미노이드를 크게 세 개의 무리로 구분하는데, 먼저 동아프리카와 유라시아 대륙에서 이른시기와 중기 마이오세에 살던 무리로 드리오모르프dryomorphs가 있는데 이들의 어금니는 얇은 사기질로 덮혀 있다. 두번째 무리는 마이오세 중기에 동아프리카와 유라시아대륙에 살던 라마모르프ramamorphs로 두터워진 사기질의 어금니를 지니고 있다. 그리고 끝으로 유라시아에서 이른시기와 중기의 호미노이드인 플라이오모르프pliomorphs를 들 수 있는데 이들은 옛 모습을 많이 지니고 있다. 이때 '모르프'란 용어는 학명이 아니다.

앞에서 설명했듯이 호미노이드 화석 기록은 늦은 올리고세와 이른 마이오세 중에 처음으로 동아프리카(북부 케냐)에서 찾아진다. 이는 약 2천5백만 년 전의 화석인데 2천2백만~1천7백만 년 전 사이에 점차 번성하고 종류가 다양해진다. 이에 반해 유라시아 대륙에서는 1천6백만 년 전에 처음으로 호미노이드가 출현하고 700만 년 전 경에 대부분의 호미노이드가 사라진다.

1926년 동아프리카 케냐의 코루에서 처음으로 호미노이드 화석이 찾아졌으며 또 1931~1932년에 케냐의 송히루와 루싱가섬에서 많은 전기 마이오세 호미노이드인 프로컨슬proconsul의 화석들이 출토되었다. 이후 이 유적들과 다른 동아프리카 유적에서 이 시기의 많은 호미노이드 화석들이 보고되었다. 대부분의 호미노이드 화석들은 이빨과 아래턱 조각들이지만 그 중 프로컨슬의 경우 머리뼈와 사지뼈가 잘 보존되어 있어 이 화석을 통해 이른시기 호미노이드의 모습과 적응정도를 유추해 볼 수 있다. 프론컨슬에 관해서 최초로 언급된 것은 1933년으로 케냐의 코루에서 발견된 화석이 그 시작이다. 프로컨슬은 매우 이른 마이오세에 동아프리카에서 다양하게 번성한 호미노이드로 지금까지 프로컨슬 아프리카누스

*proconsul africanus*를 중심으로 프. 니앤져*p. nyanzae*, 프. 메이져*p. major*, 그리고 프. 헤셀로니*p. heseloni* 등의 4종이 알려져 있다. 화석이 발견된 초기에 프로컨슬은 커다란 유인원의 하나로 간주되었다. 실제로 1970년대까지 프로컨슬 아프리카누스와 침팬지 그리고 프로컨슬 메이져와 고릴라는 조상과 후손의 관계로 알려지기도 했었다. 그러나 고동물학과 분자생물학의 연구에 따르면 이른시기 마이오세에 이미 유인원의 조상이 나타났던 것으로 밝혀지고 있다.

프로컨슬은 일반적으로 삼림환경에서 살았으며 이들의 머리뼈와 이빨의 구조는 구대륙원숭이와 유인원 그리고 인류 모두를 닮았다. 또한 사지뼈도 호미노이드 영장류와 유인원 그리고 인류와 닮았을 것으로 생각된다.

엄격히 말해 대부분의 이른 마이오세에 살던 프로컨슬처럼 드리오모르프에 속하는 무리는 약한 턱에 얇은 사기질의 이빨을 지니고 있는데, 중기부터 늦은 마이오세에 살던 케냐피테쿠스 및 시바피테쿠스 같은 라마모르프에 속하는 무리들은 굳세 보이는 턱에 두터운 사기질의 이빨을 지니고 있다. 중기부터 늦은 마이오세까지 아프리카와 유라시아 대륙에서 발견된 화석은 대부분 얇은 사기질의 이빨을 지닌 드라이모르프 호미노이드가 줄어들고 두터운 사기질의 이빨을 가진 라마모르프가 증가하기 시작한다. 이는 습기가 많고 비교적 삼림환경이었던 이른 마이오세의 환경이 중기부터 늦은 마이오세에 오면서 메마른 삼림-잡목의 환경으로 바뀌었기 때문이다.

이른 마이오세 호미노이드의 사지뼈는 일반적으로 고등영장류의 특징과 오늘날 살아 있는 호미노이드의 조상으로부터 물려 받은 특징의 일부인 꼬리가 없으며 엉덩이뼈의 확장된 부위ischial tuberosity가 없다.

사지뼈의 경우 이른 마이오세 호미노이드는 오늘날 살아 있는 호미노이드와는 다른 사지뼈 비율을 지니고 있다. 위 사지뼈와 아래 사지뼈의 비율을 나타내는 사지뼈 지수intermembral index는 살아있는 영장류의 걷기방법을 알려주는 한 기준이 된다. 예를 들어 70% 이하의 낮은 사지뼈 지수를 보이는 영장류는 수직으로 나무를 오르내리고, 깡충깡충 뛰는 걷기방법을 지니고 있는데 안경원숭이와 부쉬 베이비가 대표되는 영장류의 예이다. 사지뼈 지수가 70~100사이에 속하는 영장류는 주로 나무 위에서 네 발로 돌아다니며 레수스 원숭이와 비비가 이에 속한다. 그리고 지수가 100~150 사이에 속하는 영장류는 침팬지와 긴팔원숭이처럼 두 팔을 이용하여 몸을 이동한다. 프로컨슬의 경우 사지뼈지수는 85~90 사이로 나무 위에서 네발로 걷는 영장류의 범주에 속한다.

프로컨슬의 손 · 발의 비율 또한 유인원보다는 나무 위에서 네발로 걷는 원숭이와 닮았다. 이들의 손가락의 크기와 형태는 일차적으로 나뭇가지 위에서 살기에 알맞은 모습이다.

그러나 엄지손가락만은 살아 있는 유인원처럼 비교적 길고, 손가락을 돌릴 수 있으며 밖으로 향해 있다. 그리고 손목과 손가락의 모습으로 볼 때 프로컨슬은 손마디로 걷기에 적합하지 않다는 것을 알 수 있다.

프로컨슬의 몸통은 원숭이의 몸통처럼 길며, 등뼈대는 비교적 유연하고, 가슴통은 좁은 모양이며, 손바닥으로 땅을 짚고 걸었던 것으로 보인다. 이에 반해 아프리카에 사는 유인원은 짧고 유연하지 못한 등뼈대에 넓고 낮은 가슴통을 가졌으며 손마디로 걷는다. 따라서 전체적으로 프로컨슬은 오늘날의 영장류와는 다르며 원숭이 같은 특징에 유인원을 닮은 뼈대를 지닌 혼합형의 모습인 것으로 가늠된다. 아마도 프로컨슬의 형태상 특징은 옛 고등영장류를 나타내거나 아니면 좁은 코 영장류의 사지뼈를 닮은 형으로 생각된다.

중기 마이오세 호미노이드

중기 마이오세 호미니드 화석의 대다수는 유라시아(스페인, 그리스, 헝가리, 터키, 인도, 파키스탄, 중국)에서 발견되며 아프리카의 일부 유적지(케냐의 포트 테르난과 마보코 및 나미비아의 오타비 산맥)에서도 보고되고 있다. 이들의 정확한 수효와 진화계통 관계는 학계에서 계속 논쟁 중이다. 이 책에서는 이러한 진화계통상의 모든 문제를 자세히 다루려는 것이 아니고 중기 마이오세에 살았던 다양한 호미노이드의 일반적인 특징을 살펴보고 이들이 인류의 기원에 어떤 영향을 끼쳤는지를 살펴보려고 한다.

이른~중기 마이오세에 걸쳐 인류의 기원과 관련이 있는 호미노이드 화석은 남아시아(파키스탄과 인도)지역과 터키 그리고 중국에서 발견되었다. 그리고 금세기 중 특히 가장 중요한 마이오세 호미노이드 화석은 파키스탄과 인도 접경인 시와리크 언덕에서 발견되었다. 약 1백 개체가 넘는 마이오세 호미노이드의 머리뼈, 이빨 그리고 사지뼈들이 이 지역에서 출토되었는데 동아프리카 마이오세 층에서 발견되는 화산재 띠층과는 다르게 시와리크의 퇴적은 방사성 연대 측정방법이 적합하지 않기 때문에 대부분의 연대는 고자자기와 동물군의 관계에 의해 결정되었다.

시바피테쿠스로 추정된 화석은 남아프리카에서 1천3백만~1천만년 전에 처음으로 나타났으며 1천만~800만년 전에 그 수와 다양성이 절정을 이루다가 800만~500만 년 전 이후부터는 나타나지 않는다.

시와리크에서 출토된 가장 중요한 시바피테쿠스의 화석은 한 개체의 얼굴과 아래턱으로 이 화석을 통해서 시바피테쿠스의 얼굴 구조가 연구되었다. 연구 결과 시바피테쿠스의 얼굴은 프로컨슬이나 다른 살아있는 아프리카의 유인원보다는 오랑우탄과 매우 유사하다는 사실이 밝혀졌다.

사지뼈의 경우 남아시아 유적지에서는 거의 발견되지 않았으며 이빨 또한 보고된 것이 없다. 발뼈와 손가락뼈 몇 개, 그리고 위팔뼈 일부와 앞팔뼈 그리고 허벅지뼈들이 찾아졌는데 이들의 크기는 암놈 고릴라에서 피그미 침팬지 정도의 크기이다. 손가락뼈의 관절이 맞닿는 면은 손바닥을 사용하여 네발로 걷는 영장류를 닮았다. 그러나 손가락뼈의 굽은 정도와 굳세 보이는 모습은 시바피테쿠스가 나뭇가지를 잡고 매달리기에 충분한 손 힘을 가졌으며, 이런 특징으로 보아 이 호미노이드는 나무를 타고 오르며 나무 위에서 네발로 돌아다녔을 것으로 여겨진다. 그러나 사지뼈 중 특히 위팔뼈의 윗부분이 곧지 않고 바깥쪽으로 굽었는데 이런 모습은 오랑우탄보다는 프로컨슬을 닮았으며 바로 이런 특징 때문에 시바피테쿠스와 오랑우탄의 관계에 의문을 제기하기도 한다.

서북 아나토리아anatolia의 파살라pasala유적(터키)에서는 많은 호미노이드 화석이 출토되었다. 700 개의 낱개로 된 이빨과 여러 개의 위턱과 아래턱, 그리고 약 12개의 사지뼈들이 그것이며 유적의 연대는 출토된 동물군을 바탕으로 1천5백 만 년 전으로 추정되었다. 호미노이드 화석은 지역에 따라 시바피테쿠스 속에 속하는 두 개의 종으로 분류되었는가 하면, 학자에 따라서는 두 개의 다른 속으로도 분류되기도 하였다.

터키의 앙카라 서북쪽에서 시바피테쿠스의 얼굴 화석이 한 점 출토되었다. 시바피테쿠스의 화석 중 중요한 위치를 차지하는 이 화석은 입천장과 위 이빨 모두가 포함되어 있는데 이 화석과 파키스탄에서 출토된 화석은 오랑우탄과 닮은 가장 중요한 시바피테쿠스 화석으로 오랑우탄이 이미 1천2백만 년 전에 분화되었음을 뒷받침해 주고 있다.

인류진화의 연구사에서 이 화석이 차지하는 중요성은 진화생물학자들이 주장하는 분화의 시기가 옳다는 것을 증명해 준다는 점이며, 또한 1960년~70년 대에 걸쳐 라마피테쿠스와 그리고 한때 같은 종으로 분류되었던 시바피테쿠스를 인류진화의 가계에서 제외시켰다는 점에서 찾을 수 있다.

1980년대에 중기 마이오세에 속하는 중요한 화석이 남중국 중부지방에 자리한 루펭lufeng지역의 갈탄층에서 발견되었다. 화석이 출토된 퇴적층은 호수와 습지환경으로 이 지역에서의 발굴은 1970년대부터 시작되었으며 그 동안 머리뼈와 아래턱, 이빨과 사지뼈 등을 포함한 많은 호미노이드 화석이 출토되었다. 중국의 고인류학자들은 초기에 이들 화석을 라마피테쿠스와 시바피테쿠스의 두 속으로 분류하였으며 라마피테쿠스는 인류의 조상으로 간주하였다. 그러나 이들 화석에 대한 분류는 아직까지 정확하게 이루어지지 않은 상태이다.

중국에서 출토된 시바피테쿠스와 라마피테쿠스 사이에서 보이는 많은 해부학적 차이는 오랑우탄의 수놈과 암놈에서 보이는 차이의 정도와 비슷하다. 따라서 중국에서 출토된 화석은 단일 종으로 형태상 차이는 성에 따른 차이이거나, 또는 두 개의 속일 가능성도 있는데 이때 이빨과 턱의 경우 시바피테쿠스로 분류된 화석은 오랑우탄과 관계가 있으며, 라마피테쿠스로 분류된 화석은 인류와 관련이 있을 가능성이 있다.

아프리카의 중기 마이오세 때 출토된 호미노이드 화석은 몇 개체가 되지 않는다. 이들 대부분은 케냐의 포트 테르난과 마보코 섬 등에서 출토되었고 북부 나미비아에서도 한 개체가 출토되었다. 동아프리카에서 출토된 화석은 케냐피테쿠스 속*genus kenyapithecus*으로 분류되었으며 나미비아 출토 화석은 새로운 속인 오타비피테쿠스*otavipithecus*로 분류되었다.

마이오세 호미노이드는 남유라시아 대륙에서 위도 북위 50~23도 사이에서 발견되는데 이곳은 서쪽으로는 스페인으로부터 동쪽으로는 중국과 동아프리카를 포함하는 넓은 지역이다. 이들 중 단일 종인 오타비피테쿠스 나미비앤시스*otavipithecus namibiensis*는 마이오세에 아프리카와 유라시아에서 살던 중기 마이오세 호미노이드와는 다른 독특한 특징을 보이고 있으며 남아프리카의 호미노이드 진화단계에서 오스트랄로피테쿠스 전 단계를 보여주는 유일한 증거이다. 오타비피테쿠스는 동물군으로 추정한 연대에 따르면 1천3백만년 전 중기 마이오세 말에 살았던 것으로 보여진다.

플라이오~플라이스토세에 살던 호미니드를 제외한다면 남아프리카에서 오타비피테쿠스에 견줄만한 호미노이드는 발견되지 않았다. 오타비피테쿠스는 프로컨슬보다는 오히려 중기 마이오세에 동아프리카와 유라시아에서 살던 케냐피테쿠스, 시바피테쿠스 그리고 드리오피테쿠스와 더 유사하다. 그러나 이들은 두터운 사기질 어금니의 닳은 정도가 다르며 굳세 보이는 아래턱의 구조 등을 지니고 있다는 점에서 오타비피테쿠스와는 다른 특징을 지니고 있다.

마이오세 호미노이드의 진화가계도

마이오세 호미노이드는 유라시아에서는 한 세기 전부터, 그리고 아프리카에서는 반세기 전부터 알려져 왔지만 이들의 분류와 진화가계에 대해서는 여전히 논쟁이 계속되고 있다. 이는 화석들이 발견되고 보고된 이래로 계통분석방법의 발달과 진화계통학의 개념이 근본적으로 크게 변했기 때문이며 지금도 새로운 분류방법이 계속 소개되고 있다. 따라서 마이오세 호미노이드의 분류와 진화관계를 이해하기 위해서는 먼저 이들에 관한 분류의 연구사적 배경을 살펴보아야 한다.

1960년대 중반에 두 명의 뛰어난 고인류학자인 예일대학교의 엘윈 싸이몬스Elwyn Simons와 데이비드 필빔David Pilbeam은 마이오세 호미노이드를 분류하였는데 이들의 연구는 학계에 엄청난 영향을 끼쳤다. 싸이몬스와 필빔은 호미노이드를 분류할 때 '모으기lumping' 방법을 택하여 그 당시에 알려졌던 아프리카와 유라시아에서 출토된 많은 마이오세 호미노이드를 폰지대에 속하는 단일 아과인 드리오피테씨내dryopithecinae로 분류하였다. 여기에 속하는 대부분의 호미노이드는 드리오피테쿠스 속으로 3개의 아속으로 분류되었는데 유럽에서 출토된 드리오피테씨내인 드리오피테쿠스와 아프리카 출토된 드리오피테씨내인 프로컨슬, 그리고 아시아에서 보고된 드리오피테씨내인 시바피테쿠스가 그것이다.

싸이몬스와 필빔은 드. 아프리카누스를 오늘날의 침팬지의 조상으로, 그리고 드. 메이저를 고릴라의 조상으로 생각하였다. 따라서 싸이몬스와 필빔은 이러한 분류에 따라 아프리카 유인원이 이미 이른 마이오세인 1천8백만~2천만년 전에 분화되었다고 주장하였다. 또한 드리오피테쿠스 시바렌시스*d. sivalensis*는 오랑우탄의 조상으로 추정하였는데 이 주장은 이후에 그 타당성을 인정받고 있다.

기간토피테쿠스*gigantopithecus* 또한 싸이몬스와 필빔이 인정한 드리오피테씨내 중의 하나로 기간토피테쿠스의 한 종인 기. 불랙키*g. blacki*는 중국의 플라이스토세 유적에서 출토되었다. 그리고 나중에 두 번째 종인 기. 빌라스프렌시스*g. bilaspurensis*는 북부 인도의 늦은 마이오세 층에서 발견되었다. 한때 이 두 번째 종은 1970년대의 일부학자들에 의해 기간토피테쿠스와 오스트랄로피테사인스의 중간형으로 알려졌으나 아마도 중국에서 출토된 기간토피테쿠스의 직접적인 조상이었을 것으로 여겨진다. 기간토피테쿠스는 지금까지 알려진 가장 큰 영장류로 몸집으로 보아 땅위에서 살았을 것으로 생각된다.

싸이몬스와 필빔이 확인한 두번째 마이오세 호미노이드는 단일속에 단일종인 라마피테쿠스 판자비쿠스*ramapithecus punjabicus* 뿐이다. 라마피테쿠스는 여러 해 동안 1천4백만~1천2백만 년 전에 살던 가장 이른 시기의 호미니드로 자리매김한 적이 있었다. 이러한 주장은 한동안 고인류학자들의 사고에 엄청난 영향을 끼쳤으나 1980년대에 오면서 라마피테쿠스에 관한 견해가 대폭 바뀌기 시작했다.

세 번째로 알려진 호미노이드는 하일로바티대로 긴팔원숭이인 기본과 그 조상이 여기에 속한다. 한때 대부분의 고인류학자들은 동아프리카에서 출토된 림노피테쿠스*limnopithcus*와 유럽에서 나온 플라이오피테쿠스*pliopithecus* 같은 마이오세 호미노이드를 인류의 조상이 아닌 기본의 조상이라고 생각하기도 했다.

1970년대 중반까지 고인류학계에서는 위에서 언급한 3 종류의 호미노이드의 관계를 바탕으로 마이오세 호미노이드의 가계를 다음과 같이 설명하였다 ; 침팬지와 고릴라, 오랑우탄 그리고 기본은 이른 마이오세인 1천8백만 년 전 경에 분화되었고 인류로 향하는 가계는

1천4백만 년 전에 다른 유인원과 갈라졌다는 것이다. 당시에 영향력 있는 많은 고인류학자들은 침팬지, 고릴라 그리고 오랑우탄이 서로 가까운 사이이며 이들과 인류나 기본과는 먼 사이로 생각했었다. 그 결과 인류와 기본 그리고 큰 유인원(침팬지, 고릴라, 오랑우탄)은 과 단계에서 호미니드과, 하일로바티드과 그리고 퐁지드과로 각각 분류되었으며 이들이 마이오세 호미노이드를 구성한다고 믿었다. 마이오세에 살던, 유인원을 닮은 호미노이드(예 : 드리오피테쿠스, 시바피테쿠스, 프로컨슬)는 퐁지드로 분류되었고, 기본을 닮은 작은 호미노이드(플라이오피테쿠스)는 하이로바티드로, 그리고 라마피테쿠스를 오스트랄로피테쿠

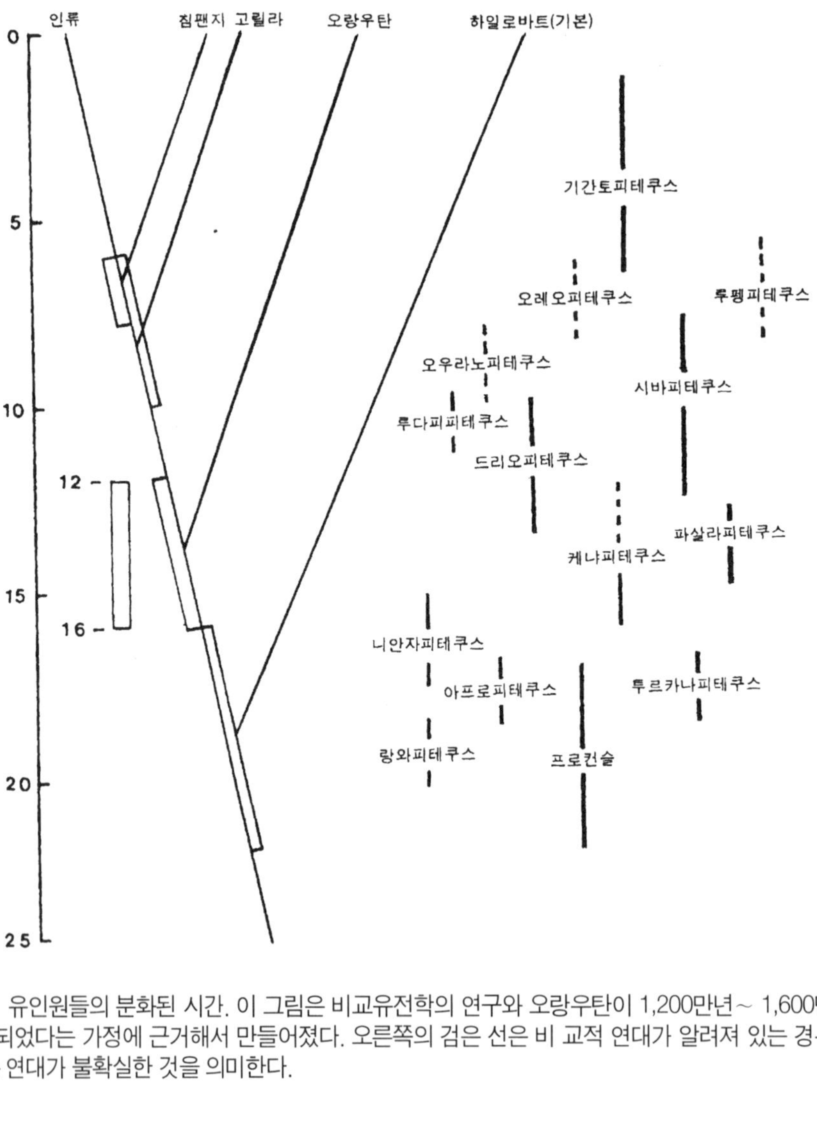

그림 7.4. 유인원들의 분화된 시간. 이 그림은 비교유전학의 연구와 오랑우탄이 1,200만년~ 1,600만년 전에 분화되었다는 가정에 근거해서 만들어졌다. 오른쪽의 검은 선은 비 교적 연대가 알려져 있는 경우이며, 점선은 연대가 불확실한 것을 의미한다.

스처럼 인류를 닮은 화석들은 호미니드로 간주되었다.

그러나 1970년 중반이후 축적된 고인류학계와 분자생물학계의 연구성과는 과거에 이루어진 마이오세 호미노이드의 분류가 지나치게 단순하다는 사실을 밝혀 주었다. 따라서 오늘날 아속으로 분류된 드리오피테쿠스와 프로컨슬 그리고 시바피테쿠스는 속의 단위로 재분류되는 것이 타당하며, 그 동안 축적되어 온 분자생물학의 연구성과와 가지치기 방법의 발달에 힘입어 마이오세 호미노이드의 가계는 새로이 구성되기 시작했다(그림 7.4). 고인류학자들은 전통적인 분류방법이 정확하지 못하다는 점을 깨닫게 되었기 때문이다. 이제까지 연구에 따르면 아프리카 유인원은 오랑우탄보다는 인류에 더 가깝고 인류와 아프리카 유인원은 이른 마이오세나 중기 마이오세가 아닌 늦은 마이오세에 갈라졌다는 사실이 밝혀졌다.

마이오세 호미노이드의 기원지

만일 인류와 아프리카 유인원이 1천만~500만 년 전 사이에 갈라졌으며, 또한 이들이 서로 밀접하게 관련이 있다는 고동물학적, 비교해부학적 그리고 분자생물학의 증거가 받아들여진다면, 이들의 공통조상의 화석은 아마도 아프리카의 중기나 늦은 시기의 마이오세 층에서 발견될 것이다. 그러나 고인류학계에서는 인류와 아프리카 유인원의 공통조상을 아프리카 이외의 지역인 유라시아의 마이오세 층에서 찾고자 하였다. 만일 이런 주장이 옳다면 공통조상으로부터 갈라진 이른 시기의 아프리카 유인원과 인류는, 플라이스토세에 인류가 다시 유라시아로 다시 이주하기 전까지 자신들이 태어난 유라시아에 아무런 족적도 남기지 않은 채 독자적으로 아프리카로 이주하였다는 결론에 도달한다. 그러나 지금까지 찾아진 마이오세 호미노이드의 화석과 분자생물학의 연구는 이런 논리가 성립될 수 없다는 것을 보여주고 있다.

침팬지가 인류와 더 가까운지 아니면 고릴라와 더 가까운지 하는 논쟁은 이들의 공통조상이 어디서 살았는지를 밝혀주지는 못하나 이들의 관계는 이른 시기의 인류가 어떻게 환경에 적응했는지를 밝히는 데는 큰 도움이 된다. 실제로 침팬지-고릴라-인류의 삼각관계에서 침팬지가 인류와 아주 가깝다는 점이 이미 밝혀졌다. 하지만 침팬지와 고릴라는 손마디로 걷지만 인류는 두발로 걷는다. 여기서 두 개의 질문이 제기되는데, 첫째 아프리카 유인원과 인류의 공통조상의 걷기 방법은 무엇이며, 그리고 둘째 침팬지와 인류의 공통조상의 걷기 방법은 무엇일까 하는 점이다. 이런 질문에 대해 다음의 세 가지 설명이 가능한데, 침팬지와 인류의 공통조상이 손마디로 걸었을 가능성이 그 첫 번째이고, 두 번째로 두발걷기를 했을 가능성, 그리고 마지막으로는 아직 알지 못하는 형태의 네발걷기 등이 질문에 가능한 대답이다.

먼저 아프리카 유인원과 인류의 공통조상이 손마디로 걸었다면 고릴라와 침팬지는 공통조상의 걷기 방법을 물려받았으며 인류는 침팬지와 갈라진 후 공통조상의 걷기 특징을 잃어버리고 인류 자신만의 독특한 두발 걷기를 발달시켰다고 할 수 있다. 이런 가정은 상당히 설득력이 있는 설명이다. 반대로 아프리카 유인원과 인류의 공통조상이 두발 걷기의 형태로 걸었다면 고릴라와 침팬지는 공통조상으로 갈라져 나온 이후 공통조상의 걷기 방법을 물려받지 않고 자신들의 독자적인 방법인 손마디로 걷기를 발전시킨 것이다. 그러나 이런 가정은 별로 설득력이 없다. 끝으로 아프리카 유인원과 인류의 공통조상이 네발 걷기를 했다면 고릴라와 침팬지 그리고 인류는 공통조상으로부터 갈라져 나온 이후 각기 독자적인 걷기 방법을 발달시켰다고 할 수 있으나 이런 가정 또한 받아들일 수 없는 가정이다.

그러나 마이오세 호미노이드의 기록은 위와 같은 설명에 일부 이의를 제기하고 있는데 예를 들어 가장 설득력 있는 설명인 마이오세 호미노이드가 손마디로 걸었다는 가정을 증명할 수 있는 사지뼈 화석이 아직 발견되지 않았다는 점이다. 이런 논쟁들은 앞으로 고인류학적 자료들이 새로이 발견된다면 해결될 수 있다. 그러므로 마이오세가 끝나 갈 무렵은 영장류의 진화에 새로운 지평선이 열리는 시기로 평가된다. 마이오세에 번성했던 호미노이드 중의 하나가 다른 영장류들이 결코 적응하지 못했던 방법으로 아프리카와 아시아에 퍼져 나가기 시작한 것이다. 바로 이 적응의 시작이 영장류의 진화 역사 중 가장 불가사의한 인류진화의 시작이다.

마이오세 말 : 인류조상 출현

인류(호미니드)의 진화에서 인류는 유인원과 어떤 관계를 지니고 있을까 하는 의문은 1871년 토마스 헉슬리의 『자연에서의 인류의 자리』에서 어느 정도 설명되고 있다. 이후 이들에 관한 연구는 헉슬리의 생각을 증명하고 보완하는 수준에 머무르고 있는데 헉슬리에 의하면 인류는 살아 있는 유인원으로부터 진화한 것이 아니라 인류와 유인원은 먼 옛날에 공통조상으로부터 갈라져 나왔다고 한다. 그러나 헉슬리가 이런 주장을 펼 당시 그는 단지 두 개체의 네안데르탈사람의 화석만을 알고 있었다. 지금까지 인류의 화석을 찾기 위한 고인류학자들의 노력 끝에 주목할 만한 호미니드 화석 증거들을 찾았으나 아프리카 유인원들 조상의 화석은 거의 찾지 못하였다. 이는 아마도 아프리카 유인원들이 살던 열대 삼림 환경이 이들의 뼈를 화석으로 만들고 보존하기에는 좋은 조건이 아니었기 때문일 것이다.

인류와 유인원(類人猿)

인류와 유인원의 행위 관찰과 비교해부학의 연구, 그리고 유전학 연구는 아프리카에서 사는 유인원이 인류와 가장 가까운 존재이며 이들이 800만~600만 년 전에 공통조상으로부터 갈라져 나왔음을 보여준다.

아프리카 유인원과 인류는 유전학적으로 별 차이가 없지만 해부학적으로는 중요한 차이(그림 2.12)가 있는데 이런 차이는 인류의 두발 걷기 때문에 나타난다. 인류는 두발로 걷기 때문에 유인원보다 등뼈가 더 굽었으며, 머리뼈는 등뼈 꼭대기에 자리하고 있다. 골반의 경우, 인류의 골반은 접시모양으로 둥글고 짧은데 비해 유인원은 길고 좁은 골반을 지니고 있으며, 인류의 앉음뼈는 윗몸을 받쳐 주기 위해 앞쪽으로 향해 굽어 있다. 인류의 무릎뼈는 가장자리가 허벅지 끝의 파인 부분 안쪽에 자리하고 허벅지뼈는 몸 중앙선을 향해 각이 져 있다. 반면에 유인원은 허벅지뼈가 납작하고 무릎뼈가 닿는 부분이 얇게 파여 있으며, 다리는 밖으로 향해 굽어 있다. 발에서도 인류와 유인원의 차이를 볼 수 있는데 인류의 경우 발바닥 가운부분이 움푹 파였으며, 유인원은 인류와 다르게 옆으로 비껴진 엄지발가락을 가지고 있다.

인류와 유인원의 차이는 사지뼈 길이에서도 잘 구분된다. 두발로 걷는 인류는 몸무게의 많은 부분이 아래 사지뼈에 실리기 때문에 아래 사지뼈는 위 사지뼈보다 더 길다. 인류의 팔 무게는 몸무게의 8~9% 정도이나 아래 사지뼈는 38% 정도에 달한다. 그러나 아프리카 유인원의 경우 위 · 아래 사지뼈의 무게는 거의 비슷하다. 예로 침팬지와 비슷한 유인원인 보노보의 경우, 위팔뼈는 몸무게의 14~18% 정도이며 아래 사지뼈는 20~28% 정도이다. 또 고릴라는 위사지뼈의 무게가 몸무게의 14~16%정도인데 비해 아래 사지뼈는 18% 정도이다. 고릴라의 위 · 아래 사지뼈 길이의 균형은 고릴라가 손마디로 걸었다는 것을 뒷받침해 주며, 보노보와 침팬지가 짧은 거리는 두발로 걸어다녔음을 보여준다. 그러므로 몸의 크기와 사지뼈의 구성비율로 볼 때 인류가 고릴라보다는 침팬지와 더 가깝다는 사실을 알 수 있다.

인류와 아프리카 유인원은 유전학적으로 아주 가까운 관계를 보여준다. 침팬지와 보노보는 핵산의 구조 중 99.3%가 같은데 이는 유전적으로 아주 가깝다는 것을 의미하며 인류와 침팬지는 유전적으로 98.4%가 서로 같다. 다시 말해 인류와 침팬지는 해부학적으로 그리고 문화에서 커다란 차이를 보이고 있으나 유전학으로는 겨우 1.6% 정도의 차이를 보일 뿐이다.

이렇게 작은 유전학적 차이를 보이는 경우는 같은 속으로 분류되며, 이런 차이는 생긴 모습은 같으나 종이 다른 동물sibling species에서 대표적으로 나타난다. 그러나 일반적으로 침팬지와 인류는 아주 다른 과로 분류되고 있다. 고릴라의 핵산 구조는 2.3%가 인류와 다르다. 이렇게 인류와 아프리카 유인원이 유전학적으로 가까운 사이인 점을 감안한다면 유전자를 조절하는 조절 메커니즘에서의 돌연변이가 생물학적으로 인류와 유인원들을 다른 종으로 분리시킨 원인이 되었을 것이다.

한편 이런 유전적 차이는 인류와 아프리카 유인원이 공통조상으로부터 다른 시기에 갈라져 나간 것을 의미한다. 동아프리카와 서아프리카에서 사는 침팬지인 팬 트로글로다이트는 1천5백만 년 전부터 갈라졌고, 보노보로 알려진 작은 침팬지인 팬 페니스쿠스는 다른 침팬지와 250만 년 전에 분화되었다. 고릴라는 약 800만 년 전에 침팬지 계열과 갈라진 것으로 알려지고 있으며, 모든 호미니드들의 공통조상도 이 시기에 갈라져 자신의 진화의 길로 접어들었다.

모든 호미니드들의 조상이 침팬지를 더 닮았을까 아니면 고릴라에 더 가까울까 하는 의문은 고인류학계에서 중요한 연구대상이다. 오. 아파렌시스와 오. 아나멘시스, 그리고 더 이른 시기의 아르디피테쿠스 라미두스화석 및 사할렌스로푸스 챠덴시스 화석은 이들이 침팬지와 더 가깝다는 사실을 보여준다. 따라서 호미니드의 공통조상은 검은 색의 머리칼에, 네발로 걸으며, 커다란 두뇌에, 어금니는 얇은 사기질을 지녔고, 그리고 나무에서 살며 과일을 먹는 존재였을 것으로 가늠된다.

또한 오늘날 많은 분자생물학과 미토콘드리아 핵산연구에 따르면 침팬지와 고릴라 또는 인류와 고릴라 사이보다는 인류와 침팬지의 사이가 더 가깝다는 사실이 밝혀지고 있다. 인류와 침팬지 그리고 고릴라에서 일어난 유전 변화의 비율은 아주 비슷하며, 한때 이들은 한 공통조상으로부터 같은 시기에 갈라졌기 때문에 닮은 정도가 서로 같다고 생각되기도 했다. 그러나 최근에 발전한 일련의 핵산 분석연구는 인류와 침팬지가 서로 가장 닮았으며, 다음은 침팬지와 고릴라, 그리고 인류와 고릴라 순서로 닮은 정도를 보여주고 있다.

인류와 유인원의 공통조상

오늘날 고인류학에서 사용되는 '잃어버린 사슬missing link'이라는 말은 그 의미가 잘못 이해되고 있다. 1879년 챨스 다윈이 그의 저서 『인류의 후예』에서 인류와 아프리카 유인원이 한 공통조상의 후손임을 암시한 이후 많은 학자들은 다윈이 말한 공통조상이 인류와 아프리카 유인원의 중간선상에 있으며 이 공통조상을 인류와 유인원의 특징이 반반쯤 섞인 존재로 이해하였다. 그러나 다윈의 생각은 현대 인류와 유인원의 조상을 찾기 위해 시간을 거슬러 올라가면 한 공통의 조상에 도달할 수 있다는 것을 의미하는 것이었다. 따라서 개개 호미니드 화석의 발견은 공통조상으로부터 현대 인류에 이르기까지의 머나먼 진화사슬에 대한 또 다른 고리의 발견이라는 의미를 담고 있다. 결과적으로 각각의 화석은 그들 스스로가 '잃어버린 고리' 자체인 것이다.

다윈은 인류를 포함한 유인원의 먼 조상을 오늘날의 유인원이나 원숭이 또는 그들과 닮은 존재로 생각해서는 안 된다는 점을 강조하였다. 실제로 지금 살고 있는 인류와 유인원에서는 찾아볼 수 없지만 이들의 조상들은 자신들이 처한 환경에 알맞게 자신들의 해부학적 구조를 적응시키면서 살아갔다. 여기서 인류가 유인원으로부터 진화했다면 왜 유인원들은 여전히 유인원으로 남아 있는가 하는 의문이 제기되는데 이런 의문에는 먼저 두 가지 중요한 점이 이해되어야 한다. 첫째, 인류는 살아있는 유인원이 아닌, 먼 옛날에 살던 해부학적으로 좀 더 일반화된 존재로부터 진화했다는 점이며, 둘째, 현대 인류와 마찬가지로 지금 살고 있는 아프리카 유인원은 자신들의 환경에 알맞게 해부학적으로 적응을 하였는데 손마디로 걷기가 그 대표적인 예로 이런 특징은 공통조상에서는 보이지 않는다는 점이다. 공통조상은 일반화된 특징을 지닌 존재였으며, 공통조상과 갈라진 시기로 가까이 갈수록 호미니드들은 더욱 더 유인원과 닮은 모습을 지니고 있었다.

1970년대와 1980년대에 고인류학자들은 인류와 유인원의 공통조상이 마이오세 중기 전후인 1천5백만~2천만년 전 사이에 살았을 것으로 가늠하였다(표 7.2). 이는 인류와 유인원은 아주 먼 시기에 갈라졌으리라는 가정으로, 이러한 가정은 1932년 인도 북서쪽에 자리한 시와리크 언덕에서 발견된 이빨이 있는 작은 위턱조각을 그 바탕으로 하고 있었다. 당시 예일대학교에서 고동물학을 전공하는 대학원생이었던 에드워드 루이스G. Edward Lewis가 이 화석을 발견하였다.

루이스는 이 화석을 라마피테쿠스라고 이름을 지었는데 '라마' 는 인도의 '성스로운 신'을 뜻하며 피테쿠스는 '유인원' 이란 의미이므로 라마피테쿠스는 '성스로운 유인원' 이란 뜻이다. 루이스는 이 위턱조각을 700만~800만 년 전에 살던 인류과의 화석으로 생각하였으나 당시 대부분의 고인류학자들은 이런 그의 생각을 받아들이지 않았다. 그러나 1960년대에 라마피테쿠스와 이보다 늦은 시기의 호미니드가 서로 유사하다는 점이 알려지면서 이 화석은 다시금 호미니드로서의 명성을 날리기 시작했다. 라마피테쿠스는 두터운 어금니의 구조와 짧은 얼굴, 그리고 인류과와 같은 이빨솟기 유형과 작은 송곳니를 지닌 것으로 보여지며 잇몸은 한때 포물선형으로 복원되었다.

이후 루이스 리키는 서부 케냐의 포트 테르난에서 더 오래된 라마피테쿠스의 화석을 찾았다. 이 화석은 1천4백만 년 전의 것으로 시와리크 언덕에서 출토된 화석과 아주 유사하다. 일단의 고인류학자들은 이 화석의 발견에 흥분하여 라마피테쿠스는 가장 이른 시기의 인류의 조상으로 두발로 걸었으며 연모를 사용하여 음식을 얻었고 이들의 자식은 사회학습을 배우기 위해 긴 유아기간을 가진 존재로 묘사하였다.

1970년대 초반까지 라마피테쿠스는 가장 이른시기 인류의 조상으로 자리하였으나 라마피테쿠스에 대한 격렬한 논란은 여전히 계속되었다. 이 화석에 관한 해석 중 가장 치명적인 약점은 해부학적 특징에 있었다. 바로 위턱이 부정확하게 복원되었기 때문이다. 턱이 바로 복원되기 위해서는 턱의 가운부분이 있어야 하는데 시와리크에서 출토된 화석은 바로 이 부분이 없었다. 후에 케냐 등지에서 발견된 같은 종류의 화석들의 턱 가운부분은 라마피테쿠스의 턱이 유인원처럼 'U' 자형에 가깝다는 사실을 보여준다(그림 7.5).

라마피테쿠스가 'U' 자형의 턱을 지녔다는 증거들은 런던 자연사 박물관의 피터 앤듀르스 Peter Andrews와 팬실바니아 주립대학교의 알렌 워커Alan Walker가 라마피테쿠스의 아래턱을 U 자형으로 복원함으로써 보다 확실해졌다. 라마피테쿠스의 이빨이 두터운 사기질을 가졌다는 점을 제외하고는 나중에 나타나는 호미니드와 연관성이 없다는 사실이 밝혀졌다. 그러나 특별히 중요한 점은 이빨의 두터운 사기질이 호미니드를 판가름하는 유일한 기준인가 하는 점이다.

이후 파키스탄의 라마피테쿠스가 출토된 유적에서 시바피테쿠스의 화석이 발견되었는데 이 화석 또한 두터운 사기질의 이빨을 지니고 있었다. 한때 라마피테쿠스는 암놈으로, 그리고 시바피테쿠스는 수놈으로 알려지기도 했으나 이런 주장은 1981년에 와서 취소되었다. 하바드대학교의 인류학자인 데이비드 필빔은 파키스탄에서 출토된 약 800만 년 전의 시바

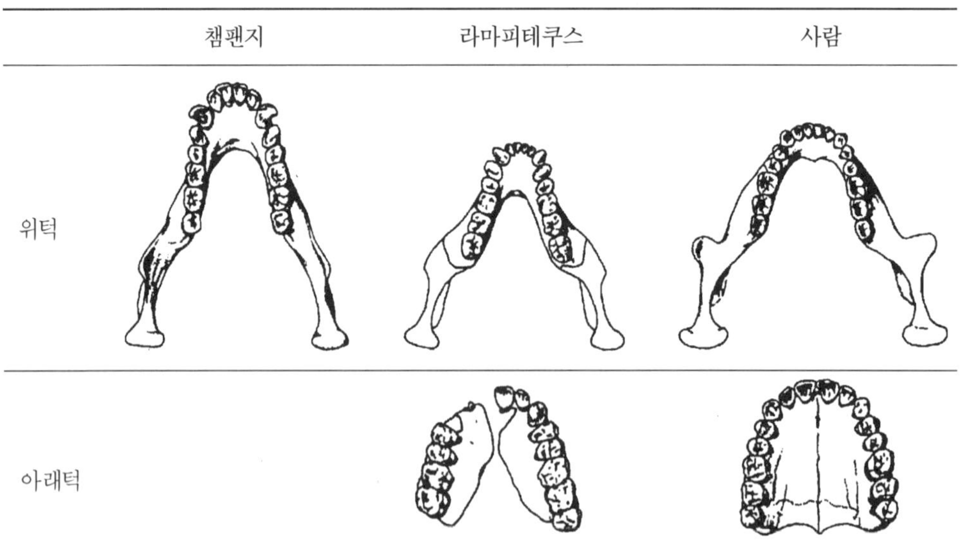

그림 7.5. 침팬지 · 라마피테쿠스 · 사람의 턱 비교

피테쿠스의 머리뼈와 아래턱을 연구한 끝에 시바피테쿠스가 현재 살고 있는 오랑우탄과 놀라울 정도로 닮았다고 발표를 하였다. 그러나 아이러닉하게도 필빔과 그의 스승인 듀크대학교의 엘윈 싸이몬스는 1960~1970년대에 걸쳐 시와리크에서 출토된 라마피테쿠스가 호미니드라고 주장하였으며 이를 증명하기 위해서 이들은 많은 노력을 기울였다.

라마피테쿠스가 호미니드라는 주장에 결정적인 비판을 가한 것은 1960년~70년대에 진행된 분자인류학의 연구이다. 이 연구는 동물의 경우 가까운 사이일수록 혈액의 단백질이 더 닮았다는 점을 바탕으로 한다. 혈액의 단백질 구조를 분석한 결과 인류의 조상과 아프리카에 사는 유인원의 조상은 라마피테쿠스에 의해 알려졌던 시기보다 훨씬 늦게 그들의 공통조상으로부터 갈라졌으며, 구대륙원숭이는 3천만년 전에, 인류와 아프리카 유인원은 800만 년 전에 공통조상으로부터 갈라져 나갔다고 분자시계가 밝히고 있다. 더 나아가 이 연구를 주도했던 캘리포니아 버클리대학교의 빈센트 쎄리치Vincent Sarich는 800만 년 이전의 어떤 화석도 호미니드로 분류될 수 없다고 단언하였다.

오늘날 돌연변이는 일정하다는 가정 하에 계산된 분자시계의 결과에 관해 비판은 있지만 핵산과 분자생물학의 연구는 인류와 아프리카 유인원이 라마피테쿠스가 살았던 시기보다 훨씬 늦게 공통조상으로부터 갈라져 나갔다는 사실을 입증하고 있다.

라마피테쿠스가 한때 이른 시기의 호미니드라고 생각된 적도 있었으나 이제는 호미니드

표 7.2 : 라마피테쿠스 (Genus *Ramapithecus*) 화석이 발견된 유적지

유적지	화석이름	연대(백만 년 전)
아시아		
시와리크 언덕, 인도, 파키스탄 (1910-1932)	라. 판자브쿠스(*r. panjabcus*) 5개의 아래턱과 2개의 위턱 조각	9 ~ 12
(1973-1978)	아래턱을 포함한 43개의 조각들	9 ~ 12
칸디르, 터키 (1974)	아래턱	약 14
파사라, 터키 (1969)	이빨들	약 15
아프리카		
포트 테란, 케냐 (1960)	라. 위케리(*r. wickeri*) 이빨을 포함한 위.아래턱 조각	14
유럽		
아테네, 그리스 (1944)	아래턱	8
루다반야, 헝가리 (1975)	라. 헝가리쿠스(*r. hungaricus*) 7 개의 턱조각과 3 개의 이빨	약 13~14

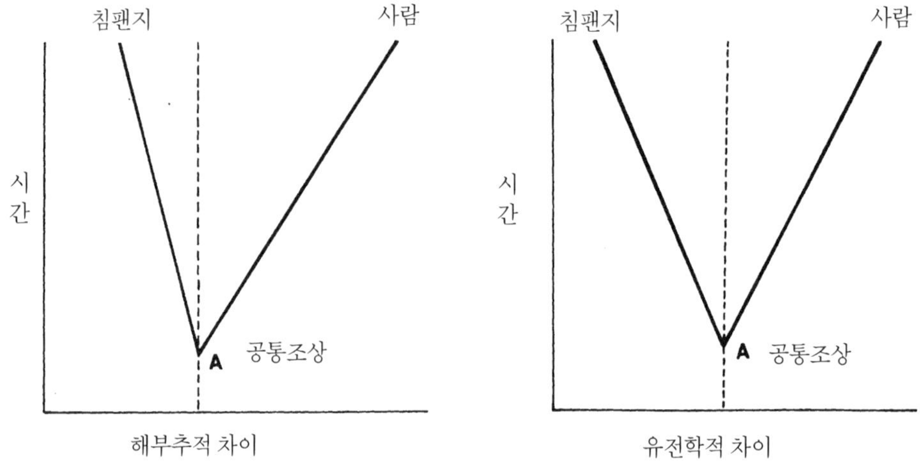

그림 7.6. 침팬지와 사람의 해부학적 · 유전학적 차이 (A=공통조상)

의 자리에서 완전히 물러났다. 인류의 기원에 관한 가설들은 새로운 화석의 발견과 연구에 의해 얼마든지 바뀔 수가 있다는 것을 보여주는 좋은 예이다. 그러나 불행하게도 마이오세 말인 1천만~500만 년 전 사이에 호미니드와 유인원의 진화에 관해서는 거의 알려진 바가 없으며 바로 이 점 때문에 언제 마지막 공통인류가 살았는 지를 가늠하기가 현재로서는 불가능하다.

윌슨과 쎄리치는 1960년대에 침팬지와 인간의 해부학적 및 유전학적 분화를 연구하였다. 이들의 연구에 따르면 침팬지는 해부학적으로 우리의 공통조상으로부터 아주 많이 분화되지 않았으나 인류는 많이 떨어져 있다. 그러나 유전학적으로 볼 때 침팬지와 인류는 똑같은 정도로 분화되었다(그림 7.6).

한편 다른 학자들은 면역체계의 분자들을 이용하여 영장류들의 유전상의 분화 거리를 측정하였다. 윌슨과 쎄리치는 게놈genome에는 규칙적인 변화의 비율이 있다는 것을 알았다. 따라서 사람과 비비사이의 거리는 침팬지와 비비와의 거리와 같으며 신대륙 원숭이와 비비 및 침팬지 또는 사람의 거리가 같다.

침팬지와 사람은 유전자 단계에서 아주 비슷하다. 평균 1000쌍의 염기가 있으면 984개가 같다(98.4%). 이는 놀랄만한 일로 왜냐하면 침팬지와 사람사이에는 많은 신체 및 행위에 차이가 있기 때문이다.

형태상의 진화는 게놈의 분자상 진화를 의미하는 데 게놈은 동물들의 형태를 조절한다. 이때 형태에서 보이는 구조상의 차이는 모든 게놈 중에 작은 부분인 조절유전자에 의해 일어난다. 게놈의 다수는 복제transcription와 변형translation 중에 잘려져 나온 안마디intron

로 이루어져 있다. 그리고 이들은 개체에 영향을 주지 않고도 변할 수 있다.

윌슨과 쎄리치는 육지에 사는 등뼈동물에 있는 알부민 분자를 연구하여 분자시계를 만들었다. 그들의 분자시계에 따르면 고릴라와 침팬지, 그리고 인류는 약 600만~400만 년 전에는 공통부모를 가지고 있었음을 보여주고 있다. 다시 말해 고릴라와 침팬지 및 사람은 위에서 말한 시기에 갈라져 나갔음을 뜻한다. 오랑우탄은 약 800만 년 전에, 그리고 오늘날 살아있는 원숭이들은 1천만년 전에서 1천2백만 년 전에 갈라졌다고 주장하였다.

윌슨과 쎄리치의 주장에 반해 싸이몬스와 필빔은 약 1천만~1천5백만 년 전에 살던 라마피테쿠스가 인류의 조상이라고 주장하며 침팬지와 인류는 라마피테쿠스 이전에 갈라졌다고 주장하였다. 실제로 1970년대까지 고인류학 교과서에 라마피테쿠스는 인류의 조상으로 기술되었다. 그러나 생화학자들은 인류와 침팬지는 약 600만 년 전에 갈라졌다고 주장하고 있으나, 화석증거를 바탕으로 한 고인류학자들은 생화학자들의 주장에 강한 이견을 제시하고 있으며 일부 학자들은 라마피테쿠스를 인류의 조상으로 분류하지 않았다.

1980년대 초에 싸이몬스와 필빔은 새로이 발견된 화석자료들을 바탕으로 라마피테쿠스는 더 이상 두 발로 걷지 않고 네 발로 걸었다고 인정하였다. 그 이후로 다른 화석들의 발견이 라마피테쿠스의 진화상의 위치에 대한 설명에 보탬이 되었다. 그 중 하나가 시바피테쿠스로 이는 라마피테쿠스와 아주 닮았으며, 시바피테쿠스는 나중에 오랑우탄의 조상으로 밝혀졌다. 또 다른 증거는 약 400만 년 전에 살았던 호미니드의 화석으로 이는 라마피테쿠스가 복원되었을 때의 모습보다 유인원을 더 닮았다.

라마피테쿠스의 복원은 복원한 사람의 선입견에 의해서 이루어졌으며, 이런 점에서 볼 때 학자들의 편견이 실제 연구에 어떠한 영향을 주는가에 관심을 두어야 한다. 그러나 라마피테쿠스는 여전히 사람의 조상일 가능성을 가지고 있으며, 또한 유인원의 조상일 가능성을 가지고 있다. 왜냐하면 두 집단이 나타나기 이전에 라마피테쿠스가 이미 분화되었을 것으로 여겨지기 때문이다. 이 화석에서 보여지는 이빨의 두터운 사기질과 작은 송곳니 등은 아마도 진화과정 중에 음식물에 대한 적응으로부터 시작되었다고 가늠된다.

분자생물학의 연구

1969년에 발표된 쎄리치와 윌슨의 연구에 대해 많은 논란이 제기되었는데 특히 화석을 전공하는 학자들로부터 비판이 제기되었다. 쎄리치와 윌슨의 연구는 인류와 유인원이 500만 년 전에 공통조상에서 분화되었음을 보여주고 있다. 다음의 도표는 사람과 유인원의 해부학적 및 분자상의 관계를 나타내준다(그림 7.7).

이 도표에 따르면 모든 유인원은 해부학적으로 많은 모양이 서로 닮았으나, 이에 반해 사

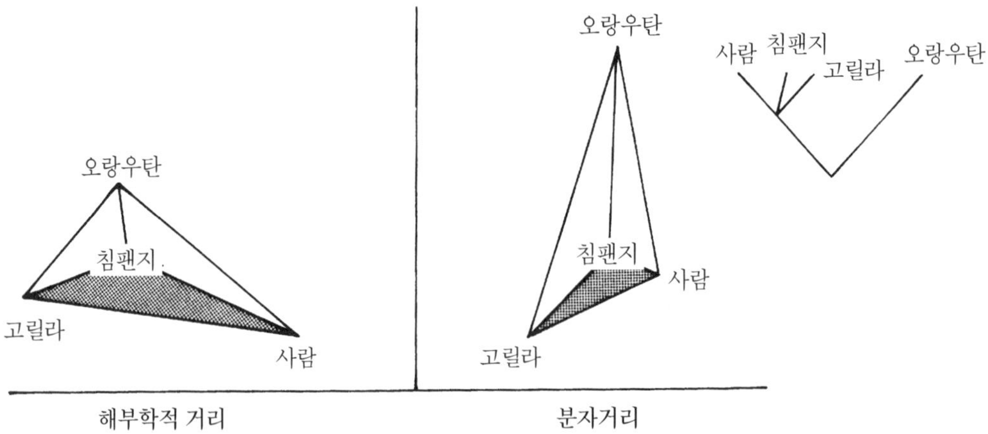

그림 7.7. 유인원과 사람의 해부학적 · 분자 거리

람과는 여러 면에서 닮지 않았다. 그러나 분자상으로 사람과 침팬지, 고릴라는 서로 닮았으나 오랑우탄은 이들로부터 떨어져 있는 것으로 보아 이들 정도는 닮지 않았음을 알 수 있다. 따라서 침팬지와 고릴라, 침팬지와 사람, 사람과 고릴라의 분자상의 거리는 모두 같으며 사람과 침팬지 또는 고릴라에서 오랑우탄까지는 모두 같은 거리를 나타내 주고 있다.

우리는 분자 자료를 통해 공통조상에 대한 새로운 정보를 얻을 수 있으며 이 자료를 가지고 계통분화그림cladogram을 만들 수가 있고, 계속 자료들을 계통분화그림에 첨가하여 다른 영장류와 비교할 수 있다. 이 방법에 따르면 인류와 침팬지는 600만~500만 년 전에 이미 갈라졌으며, 또 다른 분자물질을 사용한 결과 900만~700만 년이란 값을 얻었다.

앞에서 살펴보았던 화석 자료들에 대한 해석을 다시 생각해보자. 필빔과 그 동료는 한 때 1천5백만 년 전에 살았던 라마피테쿠스가 유일한 사람의 조상이라고 주장하였는데 이는 다시 말해 사람과 유인원의 갈라짐이 1천5백만 년 이전에 일어났다는 것을 의미한다. 따라서 호미노이드 화석자료의 해석과 분자상 증거에는 명백하게 차이가 있음을 알 수 있다.

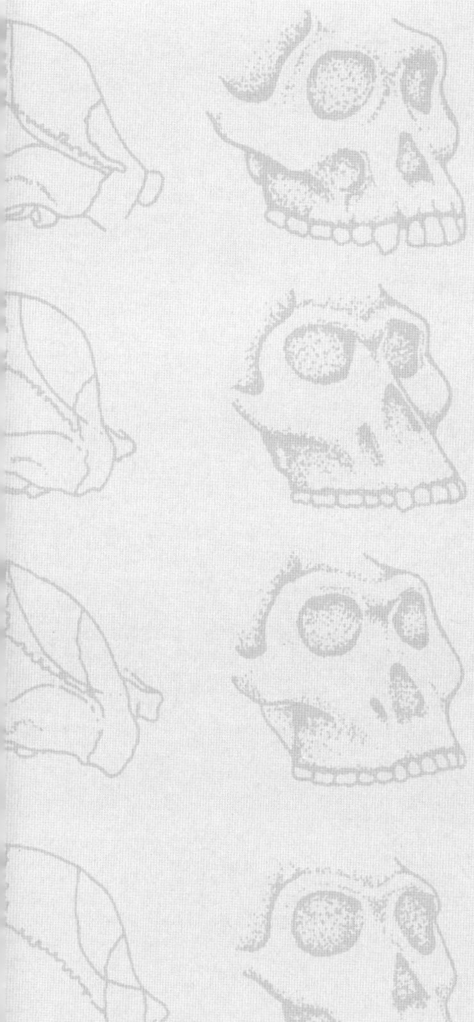

제3부 인류의 기원과 진화

제 8 장 인류의 기원 : 플라이오-플라이스토세 호미니드

제 9 장 이른 시기의 호모

제10장 늦은 시기의 호모

제8장 인류의 기원 : 플라이오-플라이스토세 호미니드

☞ 인류학자들이 자주 질문 받는 내용 중의 하나는 '인류의 시작은 언제부터일까? 라는 것인데 이에 대한 답은 인류를 어떻게 정의하느냐에 달려 있다. 고인류학계에서 인류(호미니드)라는 용어는 일반적으로 "먼 옛날 공동조상으로부터 아프리카 유인원과 갈라져 다른 방향으로 진화해 오는 동안 살았던, 그리고 지금도 살고 있는 두 발로 걷는 모든 영장류를 의미한다." 라고 정의한다. 이 정의에 관한 최근의 연구에 따르면 가장 오래된 인류조상은 약 700만년 전 아프리카에서 살았던 것으로 알려져 있다.

인류과는 두발로 걷는 능력이 있는 여러 종류의 호미니드들로 구성되어 있는데 특히 이른 시기의 호미니드와 늦은 시기의 호미니드인 호모 사이에는 뚜렷한 해부학적 차이가 보여진다. 인류과hominidae에 속하는 화석들은 사헬란스로푸스*sahelanthropus*, 오로린*orrorin*, 아르디피테쿠스*ardipithecus*, 오스트랄로피테쿠스*australopithecus*, 파란스로푸스*paranthropus*(이 속은 오스트랄로피테쿠스로도 분류된다) 및 호모*homo* 의 5개의 속으로 분류된다. 이때 이른 시기의 호미니드인 오스트랄로피테쿠스 속과 파란스로푸스 속으로 분류된 화석 전체를 일반적으로 오스트랄로피테사인스라고 부른다.

인류의 기원과 진화의 과정에 대해서는 많은 논쟁이 있는데, 그 논쟁의 주요 쟁점은 인류가 진화를 했는지 아닌지를 규명하는데 있는 것이 아니라 진화가 언제, 어디서, 어떻게 일어났느냐에 대한 학자들의 각기 다른 설명과 해석에 있다. 고인류학자들은 부서진 뼈화석 조각들을 통해 자신들의 이론을 증명하고자 하기에 학자들 사이에 서로 다른 해석들이 나올 수 있으며 이에 관한 논쟁은 매우 주관적일 수가 있다. 이런 문제들을 극복하고 인류의 기원과 진화에 관한 여러 이론들을 이해하기 위해서는 먼저 고인류학적 증거들인 호미니드 화석에 초점을 맞추어 역사상 기록들을 살펴보아야 하며, 다른 한편으로는 오늘날 살아 있는 영장류 중 사람과 가까운 관계를 가진 영장류를 연구하고 이해하여야 한다.

최초의 호미니드

현재까지 이른 시기의 호미니드로는 사헬란스로푸스와 오로린 및 아르디피테쿠스는 각각 한 종만이 알려져 있는데 사헬란스로푸스 챠덴시스 *sahelanthropus tchadensis*와 오로린 투게넨시스*orrorin tugenensis*, 아르디피테쿠스 라미두스*a. ramidus* 가 그것이다. 오스트랄로피테쿠스로는 오. 아나멘시스*a. anamensis*, 오.아파렌시스*a.afarensis*, 오. 바렐그하자리*a. bahrelghazali*, 오. 갈리 *a.garhi*, 오.아프리카누스*a. africanus*가 알려져 있고 오스트랄로피테쿠스로도 불리우는 파란스로푸스로는 파(오). 이티오피쿠스*p. aethiopicus*, 파(오). 로부스투스*p. robustus* 그리고 파(오). 보이세이*p. boisei* 가 보고되고 있다.

지금까지 가장 이른 시기의 호미니드로 알려진 사헬란스로푸스는 인류와 침팬지가 공통 조상으로부터 분화된 시기에 가장 접근한 시기에 살았다. 머리뼈는 인류에 더 가까운 특징을 지녔으나 사지는 침팬지를 더 닮았다. 오로린은 600만년 전에 두발로 걸었다고 보고되고 있다. 아르디피테쿠스는 500만~400만 년 전에 살았던 호미니드로 유인원과 매우 닮은 특징을 지니고 있다.

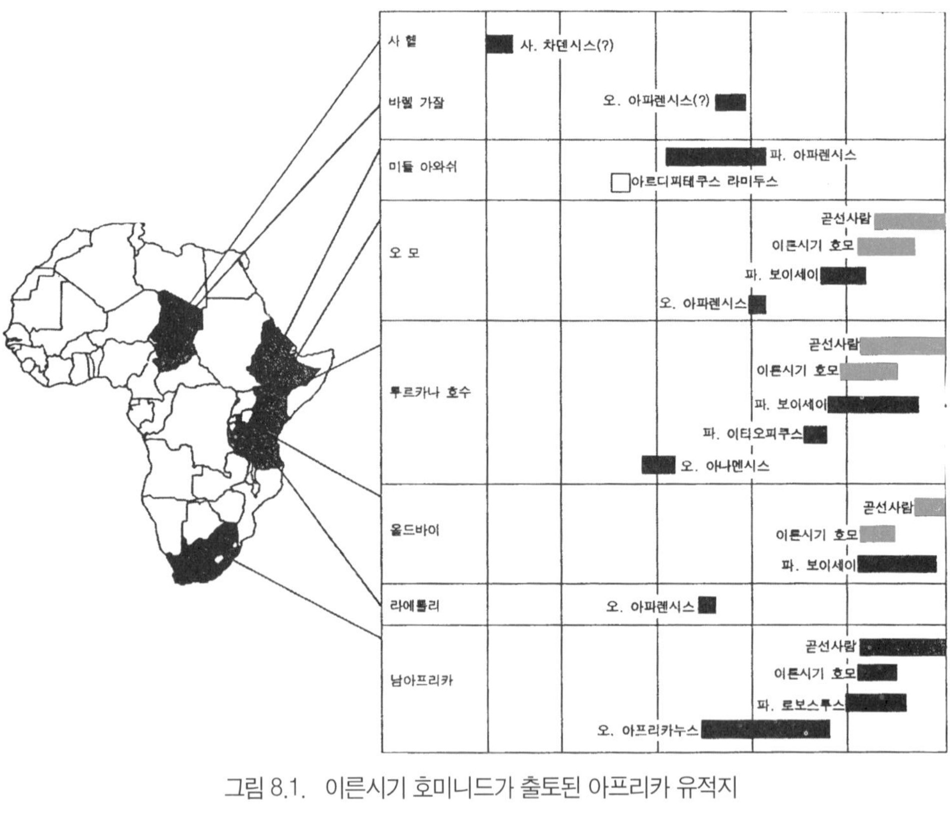

그림 8.1. 이른시기 호미니드가 출토된 아프리카 유적지

오스트랄로피테사인스는 식물성 음식을 먹었는데 특히 파. 로보스투스와 파. 이티오피쿠스 및 파. 보이세이 같은 굳세 보이는 오스트랄로피테사인스는 이런 특징이 뚜렷하게 남아 있다. 두터운 사기질를 지닌 빨리 자라는 옆니와 어금니, 두터운 아래턱, 그리고 발달한 옆머리힘살과 이 힘살이 머리에 걸리는 가운마루 등이 그 특징이다.

이른시기 호미니드의 얼굴은 앞으로 튀어나와 있으나, 늦은 시기의 굳세 보이는 형의 얼굴은 편편한 접시모양을 보이고 있다. 늦은시기 호미니드의 경우 이빨은 앞니에 비해 옆니와 어금니가 크고 머리뼈는 작으며 머리용량은 400~530cc 정도이고, 머리에 비해 상대적으로 큰 얼굴을 지니고 있다. 머리뼈는 두껍고 위에서 보면 눈굼뒤 줄임이 뚜렷하게 있다. 머리뼈 가운선에 가운마루가 앞쪽에서 발달해 있는데 특히 굳세 보이는 남성에서 잘 나타나 있다. 목덜미 마루가 잘 발달해 있으며 앞이마는 납작하고 공기를 많이 포함하고 있는 꼭지뼈가 특징적이다.

사지뼈는 별로 남아 있지 않으나 오스트랄로피테사인스는 1~1.5m의 키를, 그리고 몸무게는 27~45 kg 정도였을 것으로 가늠되며 남 · 여 사이에 심한 성적차이를 보이고 있어 남성이 여성보다 큰 몸집을 지니고 있다. 이른 호미니드들의 사지와 엉덩뼈 및 등뼈들은 이들이 두발로 걸어 다녔음을 보여주나 일부 종에서 보이는 긴 팔뼈와 휘어진 손가락과 발가락뼈들은 이들이 나무 위에서 살았을 가능성도 함께 제시해 주고 있다.

대부분의 이른 시기의 호미니드는 440만 년 전부터 100만 년 전 사이에 아프리카에서 살았다(그림 8.1). 이 시기는 지질학적으로 플라이오세(500만~180만 년 전)와 플라이스토세(180만~10,000년 전)에 속하기 때문에 이 시기에 살았던 최초의 호미니드들을 플라이오-플라이토세 호미니드라고도 부른다.

가장 이른 호미니드 : 속 사헬란스로푸스

21세기에 들어오면서 인류의 기원은 과거에 생각했던 것보다 훨씬 오래 전에 시작되었다는 증거가 발굴되었다. 700만년 전 침팬지처럼 생긴 인류의 조상이 중앙 아프리카의 삼림지대를 어슬렁거리며 다니고 있었다.

프랑스의 미셀 블넷 Michel Brunet교수가 이끄는 프랑스-챠드 고생물학 탐사대는 1994년부터 8년 동안의 탐사 끝에 사하라 남쪽지역인 챠드의 사헬지역에서 가장 오래된 인류의 조상으로 보이는 머리뼈를 발굴하였다(사진 8.2) 이 화석의 중요성은 먼저 700만 년 전이라는 화석의 연대로 이 연대는 인류와 침팬지의 공통조상으로부터 갈라져 각기 다른 길로 진화해간 시점이라는 점이다. 또 다른 중요성은 이 화석이 발견된 지역이 아프리카 큰 골짝에서 서쪽으로 2,400km 정도 떨어진 지역이라는 점이다. 지난 반세기동안 고인류학의 중요화

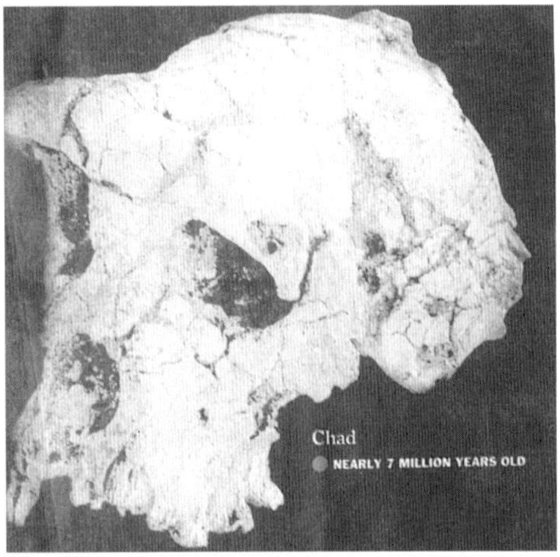

사진 8.2. 7백만 년 전에 살았던 사헬란스로푸스 챠덴시스의 화석

사진 8.3. 4.4백만년 전의 아르디피테쿠스 라미두스의 화석

석들은 하나같이 아프리카 큰 골짝을 따라 발견되었기 때문이다.

'투마이'로 알려진 이 화석은 '사헬란스로푸스 챠덴시스*sahelanthropust chadensis*'로 이름지어졌는데 지능이 낮은 원숭이와 지능이 높은 영장류의 특징을 아울러 지니고 있으며 특히 얼굴모습은 인류초기의 진화단계보다 훨씬 현생인류를 닮았다고 주장한다. 그러나 이 호미니드 화석이 풀어야할 문제는 출토된 층위의 연대가 동물화석을 바탕으로 하고 있다는 점이다.

600만년 전의 호미니드 : 속 오로린

200년 10월에 아프리카 케냐의 루케이노 퇴적층에서 두발로 걸었던 호미니드 화석이 발견되었다. 오로린 투게넨시스*orrorin tugenensis*가 그것이다. 한때 이 화석이 가장 이른 시기의 호미니드(600만년 전) 화석으로 알려졌으나 많은 학자들은 이 화석이 분류에 이견을 보이고 있다.

이른 호미니드 : 속 아르디피테쿠스

300만 년 이전에 살았던 이른 이른시기 호미니드는 많은 원시적 특징을 보이는 데, 이때 원시적인 특징은 이른 조상으로부터 물려받은 특징을 말한다. 이들은 늦은 호미니드에서는 볼 수 없는 유인원의 특징을 많이 지니고 있다. 아프리카 유인원과 호미니드가 공통조상으로부터 분화된 이후 이들은 각기 공통조상의 원시적 특징을 지니고 있는 데 이른 호미니드가 지닌 커다란 송곳니와 유인원을 닮은 이빨과 머리뼈 및 두발 걷기 등이 그것이다.

아르디피테쿠스 라미두스 : 600만 년 전 아프리카의 이티오피아 지역을 아프리카 유인원을 닮은 호니미드가 두발로 걸어다니고 있었는데 루시가 태어나기 7만 세대 이전의 일이다. 이 호미니드는 인류과와 아프리카 유인원의 공통조상과 별로 차이가 나지 않는 모습을 지니고 있었다. 1994~95년에 걸쳐 미국 캘리포니아 버클리대학교의 클라크J.D.Clark 교수와 화이트T.White교수가 이끄는 국제 조사팀이 이티오피아의 미들 아와쉬 지역에서 450만 년 전 층위를 가진 라미두스에서 찾은 새로운 호미니드 화석이 바로 이들이다(사진 8.3). 화석은 부서지고 파편으로 되어 있어 석고 틀에 보관된 상태로 복원 중이며 아직 화석에 관한 연구가 진행 중이다.

뼈대는 상당한 정도가 완전하게 찾아졌는데 7~8개의 손목뼈와 손가락뼈 모두가 찾아졌으며 손가락뼈는 길고 굽었다. 엉덩뼈와 아래 사지뼈 그리고 발뼈에 따르면 이 화석은 현재 살아 있거나 절멸한 어떤 영장류와도 다른 형태의 걷기 방법을 지니고 있었을 것으로 보인다. 화석의 머리뼈 신경굼이 비록 앞쪽으로 각이 져 있지만 두 발로 걸었다고 발굴자는 보고하고 있다. 화석들의 해부학적 특징은 전체적으로 침팬지에 더 가까운 특징을 지니고 있다.

1994년에 어른 이빨을 기준으로 하여 오스트랄로피테쿠스 라미두스로 발표되었던 화석은 1995년 『네이쳐』에 아르디피테쿠스라는 새로운 속으로 이름이 바뀌어 발표되었다. 아파 지역에서 사용하는 말에 의하면 'ardi'란 말은'땅' 또는 '평지' 라는 뜻이고 'ramid'는 '뿌리' 라는 뜻이며 'pithecus'는 그리스어로 '유인원' 을 나타낸다. 따라서 '*ardipithecus ramidus*'는 '땅위에서 사는 호미니드의 가장 뿌리가 되는 종'이라는 의미이다. 아라미스에서 발견된 화석은 4백만 년 전 이전의 층위에서 찾아진, 두발로 걸어다닌 호미니드의 화석으로 인류의 기원을 4백만 년 이전으로 끌어올린 최초의 증거라는 점에서 의미가 있다.

이른시기 이른 오스트랄로피테사인스

1925년 남아프리카의 요하네스버그에 소재 한 위트워터스랜드대학교의 해부학자인 레이몬드 다트 Raymond Dart교수는 남아프리카의 타웅taung유적에서 출토된 작은 어린아이 머리뼈 화석을 오스트랄로피테쿠스 아프리카누스*australopithecus africanus*라는 새로운 호미니드 이름으로 발표하였다(사진 8.4). 다트교수가 이름지은 오스트랄로피테쿠스는 라틴어와 그리스어가 복합된 말로서 'australo'는 라틴어로 '남방(쪽)의' 란 뜻이며, 'pithecus'는 라틴화 된 그리스어로'유인원'이라는 의미를 지니고 있다. 즉 이는 '남방의 유인원' 이라는 의미이다. 그러나 이름과는 다르게 '남방의 유인원'은 남아프리카에만 한정되어 나타난 것이 아니며 또한 유인원을 의미하는 것도 아니다. 오스트랄로피테쿠스는 바로 분류학상 속의 단계에서 호미니드를 나타내는 이름이다. 그러나 이 이름은 국제 동물 이름짓기 규칙 the rule of internatioal code of zoological nomenclature에 따라 이름을 바꾸지 못하고 계속 사용되고 있다.

사진 8.4. 레이몬드 다트와 타웅아이. 다트는 이 화석이 2백만년~3백만년 전의 인류를 닮은 유인원이라고 주장하며 '오스트랄로피테쿠스 아프리카누스' 즉 '아프리카의 남방원숭이'라고 이름지었다.

1939년에 와서 그레고리W.K.Gregory와 헬만Hellman은 남아프리카에서 출토된 이른 시기의 호미니드를 아과subfamily 단위인 오스트랄로피테시네australopithecine로 설정하고 또 다른 아과인 호미니네homininae와 구분할 것을 제의하였다. 그러나 이 호미니드는 그 분류방법에 따라 속의 단위로 구분되어 오스트랄로피테쿠스라고 일반적으로 알려져 있다.

이른 시기의 호미니드인 오스트랄로피테사인스는 때로는 '사람원숭이 man-ape'라고도 불리며 아프리카에서만 발견되는데 화석은 주로 동아프리카와 남아프리카지역에서만 출토되지만 실제로는 아프리카의 더 넓은 지역에까지 퍼져 살았을 것으로 추정된다.

지금까지 아프리카에서 출토된 오스트랄로피테사인스 중 가냘퍼 보이는 오스트랄로피테사인스는 200만 년 전에 절멸되었거나 인류과의 한 종으로 진화해 갔다. 굳세 보이는 오스트랄로피테쿠스는 120만 년 전에 절멸된 것으로 추정되는데 일부는 70만 년 전까지 살아남았다.

아프리카에서 이른 시기의 오스트랄로피테사인스는 남위 27도(타웅)부터 북위 11도 (하다)에 걸쳐 살았다. 이런 지역범위는 100년 전 토마스 헉슬리와 챨스 다윈 등이 인류와 가장 가까운 침팬지와 고릴라의 서식지를 바탕으로 인류의 고향을 아프리카로 추정했던 주장이 옳았음을 증명해 준다.

아프리카에서 호미니드 화석은 크게 두 지역에서 발견된다. 한 지역은 남아프리카의 북부 케이프 주와 트란스발 지역이며, 또 다른 지역은 동아프리카의 북쪽으로는 동부 · 중부

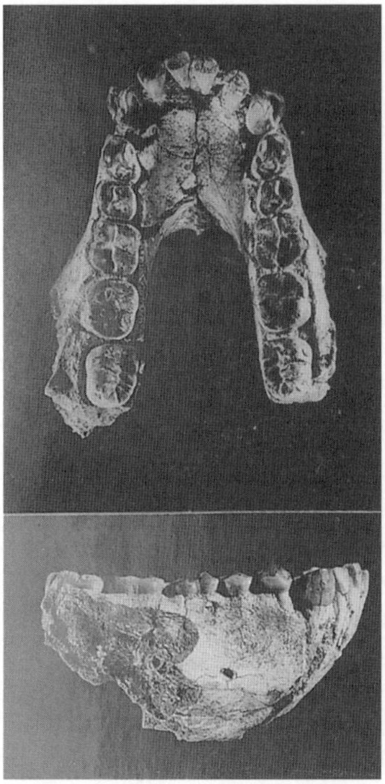

a) 오. 아나멘시스의 위턱과 아래턱

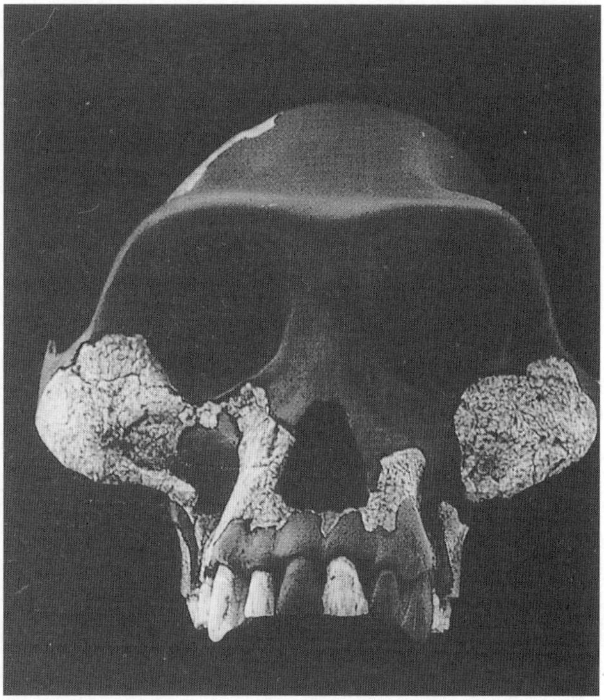

b)오. 아파렌시스

사진 8.5. 아프리카에서 출토된 이른 시기의 오스트랄로피테쿠스들

이티오피아로부터 남쪽으로는 북부 탄자니아에 이르는 아프리카 큰 골짝the rift valley지역이다. 이 지역은 열대 내지 아열대 지역으로 과거에 생각했던 인류의 지역분포보다 더 확장된 범위이다. 또한 최근에는 중부 아프리카의 챠드에서 가장 오랜 호미니드의 화석이 출토되기도 한다.

1973년과 1978년에 걸쳐 이티오피아의 하다유적과 탄자니아의 라에톨리유적에서 발견된 400만~300만 년 전의 화석들은 두 발로 걸었으며 이 특징을 바탕으로 오스트랄로피테쿠스 아파렌시스라는 새로운 '종'이 생겨났다. 오. 아파렌시스는 많은 증거에도 불구하고 고인류학계에 많은 논쟁을 불러 일으켰다. 그러나 오늘날 고인류학계는 오. 아파렌시스의 후손이 300만~250만 년 전에 여러 종류의 오스트랄로피테쿠스와 호모 속으로 갈라져 진화해 갔다는 데에 의견이 모아졌다. 여기서는 이른시기 이른 오스트랄로피테사인스인 오. 아나멘시스와 오.아파렌시스에 관해 알아보자(사진 8.5).

오스트랄로피테쿠스 아나멘시스 : 카나포이 유적은 북부 케냐에 자리한 투르카나 호수의 남서쪽을 흐르는 케이로 강을 따라 75km 정도 떨어진 곳에 위치하고 있다. 카나포이의 퇴적은 400만~250만 년 전의 연대를 지닌 현무암층 아래에 형성되었는데 1965년 조사이후 이 유적은 이른 시기의 호미니드 화석이 출토될 가능성이 충분히 있는 지역으로 학계의 주목을 받았다. 그러나 그 중요성에 비해 너무 외진 곳에 자리하고 있어 조사가 이루어지지 못하다가 1994년 케냐 국립박물관의 미브 리키Mieve Leakey가 이끄는 발굴조사팀이 이 유적에서 긴급발굴을 실시하였다. 1965년 조사 이후 거의 30년 만에 이 지역에서 실시된 체계적인 조사였다.

아홉 개의 아래턱과 머리뼈 조각 및 사지뼈들이 찾아졌는데 이빨과 턱들의 해부학적 구조는 오. 아파렌시스와 닮은 점이 있으나 이들과는 또 다른 분명한 차이를 지니고 있었다. 따라서 이들 화석들에게 오스트랄로피테사인스에 속하는 새로운 종인 오. 아나멘시스란 이름이 주어졌다. 투르카나 지역에서 사용하는 'anam' 이란 말은 '호수lake' 란 뜻으로 카나포이 유적의 위치가 수백만 년 전에는 옛 호수의 한 끝이었기 때문에 아나멘시스라는 이름이 주어졌다. 사지뼈는 아나멘시스가 두발로 걸었음을 보여준다. 또 기준 화석인 아래턱의 특징과 기타 이빨의 특징은 카나포이 출토 화석이 아파렌시스보다 더 오래된 원시적 특징을 지니고 있음을 알려준다.

한편 투르카나 호수 동쪽에 위치한 알리아만allia bay에서 발굴된 12개의 화석들도 카나포이에서 찾아진 화석과 같은 종으로 분류되었다. 호미니드 화석이 출토된 카나포이와 알리아만 지역의 층위는 아르곤/아르곤 방법으로 연대가 측정되었다. 카나포이의 동물화석들은 두 개의 층에서 출토되는데 오. 아나멘시스와 동물화석이 찾아진 아래층은 410만 년 전의 층으로 밝혀졌으며 처음 찾은 위팔뼈와 정강뼈는 410만~350만 년 전의 층으로 보고되었고 알리아만 화석은 대략 390만 년 전의 것으로 알려지고 있다.

오스트랄로피테쿠스 아파렌시스 : 이 호미니드는 가장 오래된 호미니드 중 하나로 이티오피아의 아파 지역의 하다hadar와 미들 아와쉬middle awashi에서 출토된 화석과 탄자니아의 라에톨리laetoli에서 발견된 발자국으로 잘 알려져 있다.

하다 유적은 이티오피아의 북부 지역인 아파 사막이라고 알려진 지역에 자리하는데 아파란 이름은 아파족이 지역에서 살기 때문에 얻어진 이름이다. 과거에 이 지역은 호수와 강바닥들이 수백 평방 마일에 걸쳐 있었고 습기가 많으며 죽은 동물들은 호숫가에 묻혔다. 오늘날 하다 유적 일대는 불모지로, 건조하고 사람이 살기에는 힘든 지역이며 기온은 한낮에 섭씨 40도를 오르내린다.

1973년 미국 · 프랑스 합동조사단이 하다 유적 일대를 조사하였는데 당시 미국 측 발굴단장은 클리브랜드 박물관의 젊은 고인류학자였던 도날드 조한슨이었다. 첫해 조사에서 호미니드의 입천장뼈 조각이 한 구릉에서 발견되었다. 구릉에서 나온 흙을 모두 체질하여 뼈조

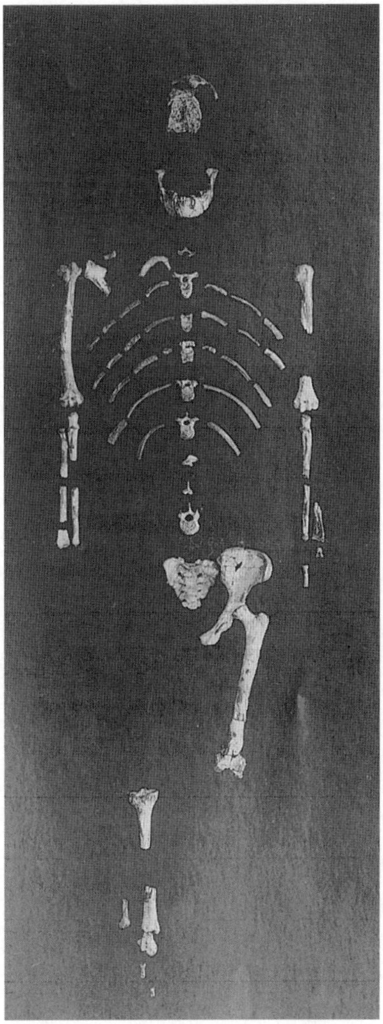
사진 8.6. 루시로 알려진 오. 아파렌시스의 뼈대

각들을 모았는데 발견된 뼈화석들은 한 개체에 속하는 것으로 거의 어른 뼈대의 46%에 달하는 양이었다. 이 뼈화석은 [루시lucy]라고 이름지어졌는데 이는 발굴되기 2년 전 유행하던 노래에서 따온 이름이었다. 약 300만 년 전에 살았던 루시는 곧 세상에서 가장 유명한 화석 중의 하나가 되었다. 루시는 약 90cm의 작은 키와 침팬지보다 더 가벼운 몸무게를 가지고 있었으며 여자 어른으로 밝혀졌다(사진 8.6). 루시의 중요성은 40%가 넘는 뼈화석의 발견이라는 점이나, 또는 키가 작다는 점에 있는 것이 아니라 이 호미니드가 두 발로 서서 걸은 인류의 가장 먼 조상들의 선상에 위치하고 있다는 데에 있다.

다음해 아파 지역 333(AL 333)으로 분류된 지역에서 13개체 분의 호미니드 화석이 함께 발견되었다. 이 발견은 루시에 버금가는 대단한 발견이었다. 조한슨과 그의 동료들은 이 13 개체의 호미니드를 홍수같은 천재지변에 의해 일시에 파묻힌 한 사회집단이라고 추측하였다. 따라서 이 화석집단은 [최초의 인류가족]으로 알려져 있다.

하다 유적의 연대는 아프리카 큰 골짝이 만들어질 때 진행되었던 화산 폭발로 생겨 쌓인 화산재층을 포타슘/아르곤과 분열자국 방법으로 측정하였다. 이런 연대 측정방법에 따라 하다 유적지에서 발견된 호미니드는 약 350만~300만 년 전에 살았던 것으로 밝혀졌다.

한편 아파 지역의 미들 아와쉬 유적조사는 1981년 버클리대학교의 인류학자인 데스몬드 클락크Desmond Clark 등에 의해 계속되었다. 이 유적에서는 400만 년 전의 연대를 가진 층의 위와 아래에서 호미니드 화석들이 발견되었다. 화석은 침팬지와 비슷한 크기의 앞머리뼈를 포함하여 허벅지뼈 등이 발견되었는데 이 뼈는 이 호미니드가 곧바로 서서 걸었음을 알려주며 이는 하다에서 발견된 호미니드와 같은 종으로 알려지고 있다.

라에톨리 유적은 탄자니아의 유명한 올두바이 골짝으로부터 남쪽으로 약 32km 정도 떨

사진 8.7. 라에톨리에서 발견된 호미니드 발자국. 1978년 북부 탄자니아에서 리차드 리키팀이 찾은 이 발자국은 이른 시기에 호미니드가 두발로 걸었다는 것을 보여주는 증거 중 하나이다.

어진 세렌게티 고원 남쪽 끝에 있는 경사면에 자리하고 있다. 라에톨리는 아파 지역처럼 불모지가 아닌, 세상에서 가장 장관인 동물의 이동을 볼 수 있는 지역으로 사자와 하이에나, 기린 및 코끼리 등의 동물로부터 기니아 닭과 돼지, 토끼와 영양들, 그리고 독사뱀과 진드기에 이르기까지 많은 종류의 동물들이 서식하고 있다. 이런 환경은 동아프리카의 사바나를 대표하는 모습으로 가장 이른 시기의 호미니드가 살던 350만 년 전의 풍경과 별로 다르지 않다.

라에톨리에서 호미니드 화석의 발견은 매우 귀한데 1974년에 메리 리키의 아프리카 조수인 멍게라 머어카가 라에톨리를 횡단하면서 호미니드의 아래 셋째 어금니 한 개를 찾았다. 이빨이 발견된 층을 덮고 있는 용암을 가지고 방사선동위원소측정(K/Ar)을 한 결과 240만 년 전이란 연대를 얻은 메리 리키는 이 유적을 연구하기로 결정했다. 1978년 이 유적을 방문한 영국의 인류학자인 앤드류 힐Andrew Hill을 포함한 학자들은 일부가 잘라져 나간 발자국이 단단하게 굳어진 화산재 바닥에 남겨진 것을 발견하였다. 이 발자국을 조사해 본 결과 이는 두 발로 걷는 세 명의 생물체가 남긴 것으로 판명되었다(사진 8.7). 발자국 중 하나는 크고 또 다른 하나는 작은데 이 발견은 대단히 중요한 의미를 지닌다. 왜냐하면 이 발자국은 360만 년 전에 살던 가장 이른 시기의 호미니드의 것으로 발자국의 주인공이 이미 두 발로 걷고 있었음을 증명해 주기 때문이다. 이 발자국을 남긴 호미니드는 인류의 직접조상으로 보여지는 선상에 있음이 틀림없다고 발굴자인 메리 리키는 주장하였다. 이 유적지의 연대는 375만~350만 년 전 사이로 알려졌다.

1970년대 후반에 버클리대학교의 팀 화이트가 조한슨의 진영에 가담하였다. 하다에서 발견된 풍부한 화석을 바탕으로 조한슨과 그의 발굴팀은 1978년의 연구발표에서 루시와 다른 화석들이 두 개의 서로 다른 종이 아닌 단일 종임을 주장하였다. 그들은 이 단일 종을 오스트랄로피테쿠스 아파렌시스라고 이름지었으며 이 새로운 이름의 호미니드는 제 3기말에 나타나고 모든 호미니드의 뿌리라고 주장하였다. 그들은 탄자니아의 라에톨리에서 발견된 발자국은 이티오피아의 하다와 수천 킬로미터 이상 떨어져 있지만 하다에서 발견된 화석과 같은 종인 오. 아파렌시스가 남긴 것이라고 주장하였다.

이른 오스랄로피테사인스 화석 발견의 의의 : 이티오피아의 하다에서 발견된 호미니드 화석은 서로 다른 종이 아닌 단일종이고, 인류과의 기원은 아주 오래 전이 아닌 제 3기말에야 시작되며, 하다와 라에톨리에서 나온 화석이 같은 종이라는 조한슨과 화이트의 주장은 이를 지지하는 학자와 메리 리키와 리차드 리키를 지지하는 학자들 사이에 격렬한 논쟁을 불러 일으켰다. 이 문제에 대한 논쟁은 적어도 20여 년 동안이나 진행되었는데 오늘날 많은 인류학자들은 오. 아파렌시스 만이 살았다는 주장에 견해를 같이하고 있다.

카나포이와 하다에서 출토된 호미니드 화석과 라에톨리 발자국은 고인류학적으로 중요한 발견인데 우리에게 다음과 같은 점들을 시사해 준다;

첫째, 오. 아나멘시스와 오. 아파렌시스가 인류의 가장 이른 시기의 조상 중에 하나라면 이는 다윈이 말한 [아프리카가 인류의 기원지]라는 가설이 옳다는 것을 증명해 준다. 19세기이래 학자들 사이에서는 인류가 어디서 처음으로 나타났는지, 또 어떻게 퍼져 나갔는지에 대해 많은 논란이 있어 왔다. 챨스 다윈과 토마스 헉슬리를 포함한 학자들은 아프리카가 인류가 처음 시작된 곳일 가능성이 가장 높다고 하였다. 특히 다윈은 일차적으로 인간과 해부학적으로 가장 닮은 침팬지가 아프리카에서만 산다는 점에 주목하였으며, 당시 유럽의 여러 학자들처럼 '검은 대륙'으로 인식되던 아프리카에 많은 호기심을 보였다. 그러므로 그러한 호기심이 그로 하여금 아프리카를 인류의 기원지로 가장 타당한 장소라고 생각하게 하였다.

그러나 다윈의 아프리카가 인류의 기원지라는 설 대신에 아시아가 인류의 기원지로 각광을 받은 때도 있었다. 다윈의 지지자로 동물학자인 언스트 헥켈Ernst Haekel은 아시아에서 살고 있는 오랑우탄과 긴팔원숭이가 인간과 가장 가깝다고 생각하여, 인류의 기원을 아시아에서 찾고자 하였다. 비록 헥켈의 생각이 정확하지는 않았으나 그의 가설은 듀보아E. Dubois를 위시한 많은 학자들로 하여금 아시아에서 '인류의 화석'을 찾게 하는 계기가 되었다. 따라서 19세기 후반에서 20세기 초반까지 인류 화석을 발견하고자 하는 노력은 주로 아시아에 집중되어 나타난다.

따라서 인류학계는 1925년 '아프리카에서 최초의 유인원-사람'으로 보고된 다트의 발견에 대해 알려고 하지 않았으며, 1931년 루이스 리키가 캠브리지대학교의 인류학 담당연구원들에게 선사인류를 찾기 위해 아프리카로 가겠다고 말했을 때 그들은 루이스가 정신이 돌았거나 잘못된 지식을 가지고 있다고 생각하였다. 그러나 20세기 이후 많은 인류화석이 아프리카에서 발견되었고 인류 최초의 조상인 오. 아나멘시스와 루시를 포함한 오. 아파렌시스의 화석이 발견됨으로써 다윈과 다트 그리고 리키 등의 가설이 옳았음이 증명되었다. 아프리카는 정말로 인류가 처음으로 태어난 곳이었던 것이다.

둘째, 루시와 라에톨리에서의 발자국 발견으로 스티븐 제이 굴드가 언급한 '큰 골 우선 가설' 에 관한 검증이 이루어졌다. 다윈은 영장류의 진화 중 네 발 대신 두 발로 걷기 시작한 변화가 인류를 다른 영장류와 구분하여 인류의 길로 접어들 수 있게 했던 여러 적응 중의 하나로 생각하였다. 다윈의 이론에 따르면 칼날 같은 송곳니가 줄어들면서 생기는 불이익은 바로 연모의 제작과 그것을 무기로써 사용하는 것에 의해 보상되었다고 한다. 물론 연모를 만들고 사용함으로써 두 손은 자유롭게 되었으며 따라서 두 발로 걷는 이점을 가져왔다고 생각하였다.

복잡한 기술의 발달은 지능의 발달을 촉진시켰으며 그 결과 두뇌가 더욱 커졌으며 이와 함께 좀더 복잡한 사회생활이 요구되었고, 이런 사회생활은 연모제작과 식량획득방법에 관한 일들을 강화시켰다고 생각하였다. 이 모든 요소들은 철저한 '피드백 작용' 의 범위에서 서로 연결되어, 옛 인류를 오늘날의 인류로 향하여 나아가게 하였다고 다윈은 생각하였다. 이렇게 인류가 두 발로 걷기 전에 이미 큰 머리를 지니고 있었다는 다윈의 이론은 사실상 처음부터 인류의 조상을 동물의 세계와 분리하는 생각이었다. 불행하게도 그의 피드백 이론은 모든 것을 설명할 수 있으면서도 어느 것도 설명하지 못하는 모순을 지니고 있었다. 그러나 그의 이론은 인류의 진화에 관한 생각에 오랫동안 많은 영향을 끼치면서 지속되었다.

그러나 1924년 다트교수가 타웅에서 어린아이의 화석을 찾은 이래, 미브 리키의 카나포이 화석과 메리 리키의 라에톨리 발자국, 그리고 조한슨의 이티오피아 화석의 발견은 호미니드가 인류처럼 사유할 수 있기 전, 즉 연모의 사용과 커다란 두뇌가 발달하기 이전에 이미 이들이 두 발로 걸을 수 있었다는 것을 보여주고 있다.

이른시기 늦은 오스트랄로피테사인스

1924년 남아프리카에서 최초로 발견된 오스트랄로피테사인스 화석의 발견은 인류의 기원과 진화에 관한 새로운 연구의 시작이었다. 이 새로운 화석의 발견 이전에 유럽학계는 인류의 기원에 관해 어떻게 생각했을 까? 를 간단히 살펴보자.

이야기는 1912년 영국의 필트다운piltdown이란 마을에서부터 시작된다. 이 마을에서 찰스 도슨Charles Dowson이 선사시대 사람의 이빨과 아래턱 및 머리뼈 부분을 찾았다. 그는 이 뼈화석을 '이오앤스로프스 도소니*eoanthropus dowsoni*(여명의 사람=dawn man)' 라고 이름지었는데 화석의 턱은 유인원을 닮았고 머리통은 오늘날 사람의 것만큼이나 컸다. 이런 모습의 머리뼈는 당시에 유행하고 있었던, 머리뼈가 커야만 인류의 조상이라고 생각했던 선입견과 일치하였다.

이오앤스로프스 화석이 발견되기 전에 도이치와 프랑스 등지에서는 이미 많은 네안데르탈사람의 뼈들이 동굴에서 발견되었으나 영국에서는 선사시대 인류의 뼈 화석이 발견된 것이 없었다. 이런 상황에서 도슨의 발견은 영국의 자존심을 살려준 것으로 받아들여졌다. 따라서 1953년 이 머리뼈의 발견이 거짓이라고 알려지기 전까지 모든 교과서에 이 화석은 '선사인' 이라고 실렸다. 그러나 도슨이 발견한 턱은 오랑우탄의 것이며 머리통은 현대사람의 것으로 화학적으로 처리되어 옛날 뼈처럼 보여지게 조작해 그 자리에 묻은 것이었다.

네안데르탈사람의 발견과 필트다운에서 발견된 뼈 화석이 선사인류의 표준이라는 생각이 유럽학계를 풍미하는 동안 아프리카를 포함한 다른 지역들에서는 인류의 조상을 찾고자 하는 노력이 계속되었다. 그리고 처음으로 두 발로 걸었던 영장류 화석은 사람들이 기대하지 않았던 남아프리카의 트란스발 지역에서 발견되었다. 여기서는 이른시기 늦은 오스트랄로피테쿠스인 오. 아프리카누스를 시작으로 파. 로보스투스, 파. 이티오피쿠스 및 파. 보이세이에 관해 알아본다(사진 8.8).

오스트랄로피테쿠스 아프리카누스 : 최초로 이른 시기에 속하는 호미니드 화석은 1922년 레이몬드 다트교수에 의해 발견되었다. 다트교수는 남아프리카의 요하네스버그에 있는 위트워터스대학교의 의과대학 해부학교실 부속박물관의 설립에 필요한 자료들을 얻기 위해 학생들에게 동물화석들을 구해 오도록 하였다. 그런데 1924년 한 학생이 요하네스버그에서 320 km 남서쪽에 위치한 북 케이프주의 타웅 마을 근처에 있는 한 석회암 광산에서 비비 화석 한 개를 다트에게 가져왔다. 이 화석에 흥미를 가진 다트교수는 지질학자인 친구를 통해 광산지배인에게 두 상자 정도의 각력암 덩어리breccia를 보내 줄 것을 요청하였다. 상자를 받아 조사하던 다트교수는 그 중 한 상자에서 머리 안쪽이 눌려 생긴 석회암 덩어리를 보는 순간 이것이 호미노이드 영장류의 것임을 알았다. 그 후 같은 상자에서 눌린 두뇌자국과 맞는 머리뼈 앞부분을 찾았으며 또 많은 시간동안 망치와 치과 연모, 또는 날카로운 끌 등을 사용하여 석회암 덩어리를 제거한 끝에 위턱과 아래턱이 들어 나면서 이빨이 솟는 정도를 알 수 있었다. 첫 번째 어금니가 막 솟기 시작하는 점으로 보아 이 화석은 어린 개체로 생각되었다.

다트는 이빨과 다른 특징들을 비교한 결과 이 화석을 유인원과 사람사이의 존재로 생각하였다. 실제 머리크기로 본다면 침팬지의 400cc 와 고릴라의 500cc 그리고 사람의 1,350cc

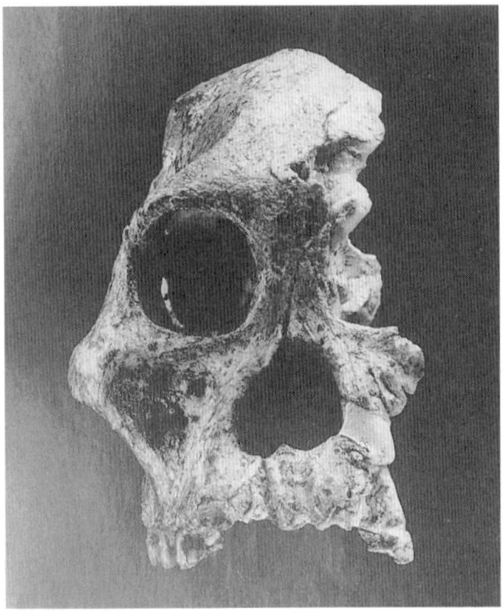

a)오. 아프리카누스, 스테르크폰테인 71

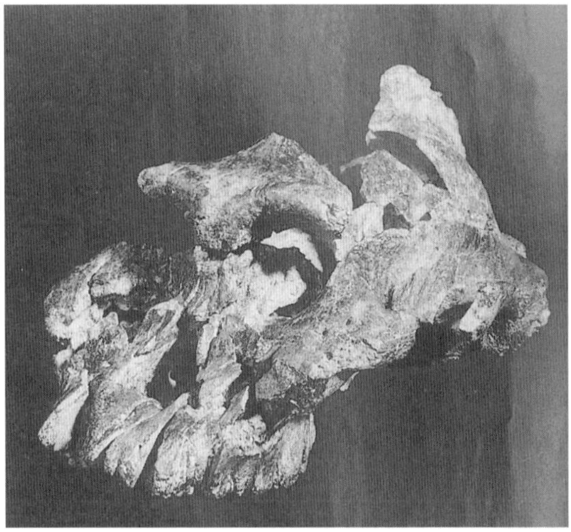

b)파. 이티오피쿠스, KNM WT 17000

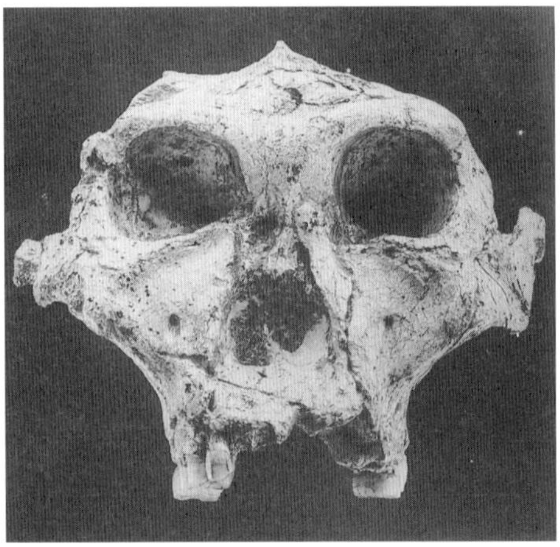

c)파. 로보스투스, 스와르트크란스 48

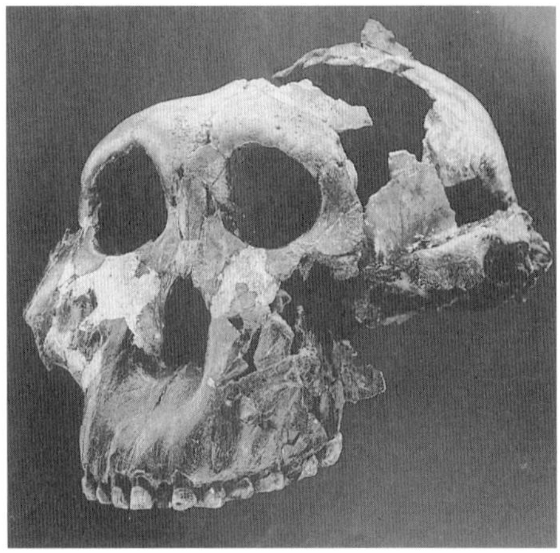

d)파. 보이세이, 올두바이 7 (파. = 파란스로푸스)

사진 8.8. 이른시기 늦은 오스트랄로피테사인스들

에 비교할 때 타웅아이의 머리크기는 유인원의 크기에 가깝다. 그러나 어린 송곳니는 침팬지의 이빨보다 작고 잇몸에서 덜 튀어나왔으며 머리뼈 신경굼의 위치도 머리 앞쪽에 위치하고 있는데 이런 특징을 다트는 두발걷기의 증거로 단정하였다. 다트에게 타웅 출토 아이는 두발로 걷는 존재로 인식되었다.

1925년 다트는『네이처』에 타웅화석을"인류와 살아 있는 앤스로포이드의 중간형" 으로 구분하여 오스트랄로피테쿠스 아프리카누스(= 아프리카의 남방원숭이)라고 이름지었다. 다트는 이 화석이 유인원과 인류의 중간형이라는 점과 현생 유인원이 살고 있는 지역 밖에서 발견된 점을 강조하였다. 타웅아이가 발견된 지역은 삼림지대가 아닌 곳으로 유인원이 살기에는 적합한 지역이 아니지만 과거에는 현생 유인원이 사는 지역과 비슷한 환경이었다고 다트는 생각하였다.

타웅아이가 새로운 인류의 조상이라는 다트의 주장은 여러 학자들에 의해 혹독하게 비판을 받았으며 곧이어 오. 아프리카누스는 단지 화석 유인원의 하나일 뿐이라는 주장이 대두되었다. 다트의 주장은 많은 논쟁을 불러 일으켰다. 왜냐하면 실제로 타웅아이의 머리뼈가 오래됐다는 것을 증명할 것들이 발견되지 않았으며, 함께 찾아진 비비들의 화석은 타웅아이에 비해 그리 오래되지 않았기 때문이다. 1891년 자바에서 발견된 피테칸스로푸스의 화석은 학자들로 하여금 인류의 기원지가 아프리카가 아닌 아시아라는 생각을 갖게 했다. 그러나 보다 중요한 점은 타웅아이 머리뼈 자체가 당시 유행하던, 인류의 조상은 모든 특징이 똑같이 원시적이라는 인류진화의 가설과는 다르게 타웅아이는 발전한 특징과 원시적 특징을 함께 지니고 있었다.

한편 선사인류의 한 전형적인 기준으로 인정되던 영국의 필트다운 출토 머리뼈를 연구한 학자들은 두뇌가 신체 다른 특징보다 먼저 진화되었다는 가설을 지지하는데 반해, 다트는 두뇌가 커지기 전에 두발로 걸었다는 의견을 제시하였다. 학자들은 다트가 제시한 인류를 닮은 머리안쪽 모형에 의문을 가졌으며, 타웅아이의 나이를 5살 내지 7살로 추정하였는데 만일 이빨이 나온 상태와 성장속도를 현생아이와 견주어 보면 타웅아이는 3~4살 정도라는 주장이 제기될 수도 있다. 다트가 주장한 타웅아이가 두발로 걸었다는 주장은 두발 걷기의 직접적인 증거인 사지뼈나 골반 등의 특징에 바탕을 둔 것이 아니라 머리뼈에서 보이는 특징에 바탕을 두고 있는 점이다. 따라서 학자들은 오스트랄로피테사인스가 두발로 걷지 않았을지도 모른다는 반론을 제기하였다.

불행히도 다트는 타웅을 답사하여 어른개체나 사지뼈들을 찾아 자신의 이론을 증명하려 하지 않았다. 1929년에 와서야 각력암에서 석회석을 떼어 내고 위·아래턱을 분리시킨 후 이빨을 완전히 맞추었다. 이빨의 모형을 본 해부학자인 그레고리는 타웅아이의 이빨은 유인원과 다른 호미니드의 것이라고 결론지었다. 그러나 그레고리의 지지에도 불구하고 이를 반대하는 학자들을 설득하기 위해서는 더 많은 증거들이 필요했지만 다트는 개인적으로 연구를 지속시키지 않았다.

파란스로푸스 로보스투스 : 남아프리카에서 오스트랄로피테사인스에 관한 연구는 스코틀랜드 태생의 의사이자 파충류화석 전문가인 로버트 브룸Robert Broom에 의해 계속되었다. 그는『네이처』에 타웅아이에 관한 내용이 실린지 2주 후에 다트의 연구실을 방문하여 타웅아이 화석을 살펴본 후 다트의 결론을 지지하였다. 다른 일에 쫓기던 다트는 1930년에 와

서야 오스트랄로피테사인스의 연구를 시작할 수 있었다.

1936년 요하네스버그에서 북동쪽으로 90km 떨어진 프레토리아의 트란스발 박물관에서 연구를 하던 브룸은 요하네스버그 북서 25km 정도에 위치한 크뢰거도르프 마을 근처의 스테르크폰테인sterkfontein목장의 한 동굴에서 출토된 각력암에 박힌 화석들에 주목하였다. 곧 이곳을 방문한 그는 어른 오스트랄로피테사인스의 머리뼈 부분을 발견하였다. 1938년 스테르크폰테인을 정기적으로 방문하던 중 동굴로부터 3km 동쪽으로 떨어진 크롬드라이kromdraai라는 곳에서 어른 머리뼈 하나를 얻었는데 이 머리뼈는 스테르크폰테인 출토 머리뼈와는 다른 특징을 지니고 있었다. 브룸은 이 머리뼈가 다른 종류의 오스트랄로피테사인스 화석이라고 결론지었다.

1939년 브룸은 타웅아이보다 어른 오스트랄로피테사인스가 유인원과 더 많은 차이를 보인다는 사실을 알았다. 브룸은 스테르크폰테인에서 허벅지뼈의 밑부분 하나와 크롬드라이에서 발목뼈 하나를 찾았는데 이들은 다트가 주장한 오스트랄로피테사인스가 두발 걷기를 했으리라는 주장을 뒷받침해 주는 증거들이다.

경제적인 이유와 세계 이차대전의 영향으로 1939년부터 1945년 사이에 발굴은 중단되었으나 이 기간 중에 브룸 등은 스테르크폰테인과 크롬드라이 출토화석의 보고서를 준비하여 1946년에 매듭지었다. 이들의 연구로 대개의 학자들은 오스트랄로피테사인스를 호미니드로 인정하게 되었다. 브룸은 다트와는 다르게 스테르크폰테인에서 출토된 화석은 플레시앤스로푸스*plesianthropus*로, 스와르트크란스에서 출토된 화석은 파란스로푸스*paranthropus*로 이름지었다. 오늘날 이들은 모두 오스트랄로피테쿠스로도 불리고 있는데 타웅과 스테르크폰테인에서는 가냘퍼 보이는 형태의 오스트랄로피테사인스인 오. 아프리카누스가 출토되었고, 크롬드라이에서는 명칭에 차이는 있지만, 군세 보이는 형태인 파(오). 로보스투스가 출토되었다.

1947년부터 그 이듬해까지 로빈슨John T Robinson과 브룸은 스테르크폰테인을 다시 발굴하였다. 여기서 이들은 머리뼈 일부와 골반을 발견하였는데 이들을 통해 오스트랄로피테사인스가 두발로 걸었음을 증명하였다. 또한 미세스 플레스Mrs Ples라는 애칭을 지닌 여성 오스트랄로피테사인스의 화석을 발굴하기도 했다.

그리고 1947년에 또 다른 유적이 보고되었다. 다트의 발굴에 참가한 제임스 키칭James Kitching이 요하네스버그에서 북쪽으로 300km 떨어진 북부 트란스발지역의 마카판스카트makapansgats에 자리한 한 석회암 광산동굴에서 오스트랄로피테사인스 화석을 하나 발굴하였다. 1948년에 로빈슨과 브룸은 스테르크폰테인에서 2km 정도 떨어진 스와르트크란스swartkrans의 동굴을 발굴하였다.

이렇게 1940년대에 들어와 스테르크폰테인과 스와르트크란스 그리고 마카판스카트의 석회암 동굴 등에서 많은 오스트랄로피테사인스의 머리뼈와 사지뼈, 골반, 그리고 이빨 화석이 발견되어 오스트랄로피테사인스가 두발 걷기를 했다는 사실이 확실히 증명되었다. 그러므로 1950년대에 들어와 오스트랄로피테사인스는 인류과의 한자리를 확고히 자리하게 되었다. 그러나 흥미있는 것은 타웅, 스테르크폰테인, 스와르트크란스, 마카판스가트 및 크롬드라이 같은 남아프리카의 트란스발 지역에서 발달한 돌로마이트 석회암 동굴에서는 오직 오스트랄로피테사인스의 화석만이 발견된다는 점이다.

파란스로푸스 이티오피쿠스 : 미국 볼티모어에 있는 존 홉킨스대학교의 고동물학자인 패트 쉬프만Pat Shipman은 남편 알렌 워커Alan Walker, 그리고 리차드 리키와 함께 아프리카 북부 케냐의 투르카나 호수 서쪽 해안에 있는 로메퀴romekwi 일대에서 발굴작업을 하고 있었다. 이 지역은 나무도 없는 황량한 퇴적구릉이 호숫가까지 이어진 곳이다. 1985년 어느 여름날, 발굴단원인 카모야가 한 구릉에서 검은 색을 띤, 거의 완전하게 남겨진 호미니드 머리뼈를 찾았다. 이 머리뼈는 케냐 국립박물관 화석대장에 KNM-WT 17000번 화석으로 등록되었으며 일반적으로 '검은 머리뼈 black skull' 로 더 잘 알려져 있다.

땅속에 녹아 있는 망간이 뼈 속으로 침투되어 검게 변한 이 화석은 인류의 진화과정 중에 호미니드가 얼마나 다양하게 존재했는가를 극적으로 보여준 실례이다. 250만 년 전의 이 화석은 또 다른 오스트랄로피테사인스로 파란스로프스 이티오피쿠스로 이름지어졌으며 늦은 시기의 호모와는 진화 중 아무런 관계가 없는 것으로 밝혀졌다. 비록 이 화석이 현생 인류와는 관련이 없지만 검은 머리뼈는 호미니드의 모습이 변하는 속도와 변화의 특징, 그리고 인류의 진화가 단일 종이 아닌 복수 종일 가능성 등을 제시하였다. 파. 이티오피쿠스는 이른 시기에 아주 번성했던 오스트랄로피테사인스 중의 하나로 지리적으로 널리 퍼져 살다가 절멸한 호미니드의 한 실례이다. 이는 굳세 보이는 오스트랄로피테사인스에서 이미 알려진 것과 같은 머리뼈와 이빨의 구조를 지니고 있다.

검은 머리뼈가 처음 발표됐을 당시 인류의 진화가계도는 'Y' 자 형으로 그려졌는데 이에 따르면 오. 아파렌시스가 줄기를 이루고 여기서 두 갈래로 갈라져 한가지는 굳세 보이는 오스트랄로피테사인스인 파란스로프스로 갈라져 나간 후 절멸하고, 다른 가지는 호모로 발전해 갔다는 것이 그 내용이다. 이때까지만 해도 300만~200만 년 전 사이에 속하는 호미니드 화석의 발견이 없었기에 위와 같은 해석이 가능하였다.

그러나 후에 발견된 검은 머리뼈는 이른 시기의 특징과 늦은 시기의 특징을 함께 지니고 있기 때문에 화석에 관한 해석이 다르게 발표되었다. 화석의 발견자는 KNM-WT 17000번 화석만이 지닌 특징을 강조해서 이 화석을 파. 보이세이로 단정하였다. 나아가 동아프리카에서는 굳세 보이는 오스트랄로피테사인스가 계속해서 이어져 왔다고 생각하여 이 화석을 파. 보이세이의 옛날형으로 인정하였다.

한편 미국 캘리포니아 버클리대학교의 팀 화이트 교수와 버클리 소재 인류기원연구소의 도날드 조한슨과 윌리암 킴블William Kimble은 KNM-WT 17000번 머리뼈를 관찰한 결과 파. 로보스투스와 보이세이 및 아파렌시스와 닮았다고 발표하였다. 그리고 화석이 출토된 250만 년 전이란 연대는 오. 아파렌시스와 파. 보이세이 출토연대의 중간이었다. 따라서 이 화석은 오. 아파렌시스도 아니며 또한 보이세이도 아닌 새로운 종으로 간주되어 파. 이티오피쿠스라는 이름으로 명명되었다.

그러나 KNM-WT 17000번 화석에게 주어진 파. 이티오피쿠스라는 이름은 이미 전에 사용되었던 이름이다. 1967년 이티오피아의 남부 지역을 흐르는 오모강 서쪽 지역의 층위를 조사하던 프랑스의 조사단은 이 층에서 250만 년 전의 것으로 추정되는 아래턱 하나를 찾았다. 조사팀을 이끌던 프랑스의 고인류학자인 카밀 아람버그Camille Arambourg와 예브 꼬팡스 Yves Coppens는 이 화석을 파오스트랄로피테쿠스 이티오피쿠스*paaustralopithecus aethiopicus*라고 이름지었다. 이들은 아래턱의 특징 중 특히 'V' 자형의 턱은 다른 굳세 보이는 오스트랄로피테사인스에서는 찾을 수 없는 특징이라고 단정하였다. 그러나 대부분의 고인류학자들은 이 화석의 이름을 받아들이지 않았다. 오모에서 출토된 이 아래턱은 검은 머리뼈와 직접 비교될 수는 없지만 같은 종으로 판정되어 파. 이티오피쿠스라는 이름이 다시 빛을 보게 되었다.

파란스로푸스 보이세이 : 1959년에는 인류화석에 대한 연구의 초점이 동아프리카로 옮겨졌다. 루이스 리키 Louis Leakey는 선교사의 아들로 동아프리카에서 자라났다. 그 후 영국에서 학위를 끝낸 후 그는 1930년대에 인류의 조상을 찾기 위해 아프리카로 돌아가 탄자니아의 세렌게티 고원의 올두바이 골짝으로 갔다. 올두바이 골짝은 넓은 평원에 생긴 약 50km 정도의 길이에 100m정도의 깊이의 골짝으로 골짝 단면은 과거에 흐르던 강에 의해 잘려져 나간 흔적이 남아 있다.

올두바이 골짝은 밑바닥에서 꼭대기까지 네 개의 서로 다른 층으로 이루어져 있는데 이 지역은 일찍이 1911년에 빌헬름 카트빙클Wilhelm Kattwinkel과 1913년에 한스 랙Hans Reck이 이끄는 독일 탐험대에 의해 발견된 옛날 호수의 바닥이었다. 한스 랙은 호수 바닥에서 호미니드 뼈대 하나를 찾았다. 대다수의 사람들은 이 뼈대가 호수에 빠져 그 자리에 묻혔을 뿐 호수바닥의 연대만큼 오래되지는 않았다고 생각했으나 이 바닥의 연대만큼이나 이 뼈대도 오래되었다고 믿는 한스 랙 등에 의해 설득된 리키는 그의 생각을 확인시켜 줄 증거를 찾고자 하였다.

1931년 아내 메리 리키와 어린 아들과 함께 올두바이로 돌아온 리키는 계곡 맨 밑층bed I에서 많은 동물화석과 원시적인 돌연모를 찾았다. 동물화석 중에 일부는 이미 절멸한 종이거나 아니면 학계에 소개되지 않은 것들도 있었다. 리키가 찾은 돌연모들은 분명히 가공된 것이었는데 그는 이들 연모들을 그 지역의 이름을 따서 '올도완 연모oldowan industry' 라고 명명하였다.

고인류학사상 가장 끈질긴 조사가 올두바이 골짝에서 이루어졌다. 이 지역에서 조사를 시작한지 28년이라는 세월이 지난 1959년 7월 17일 부인인 메리 리키가 골짝 맨 밑층에서 호미니드의 머리뼈 한 개를 찾았다. 이 머리뼈가 바로 오스트랄로피테쿠스의 세 번째 종인 파란스로푸스 보이세이이다. 머리뼈는 사랑니가 마모되지 않은 점으로 보아 청년 때 죽어 묻혀진 것으로 여겨지며, 비록 로보스투스의 이빨보다는 강건한 이빨을 지니고 있지만 어금니의 형태와 넓적한 얼굴모습 및 머리능선 등은 남아프리카에서 발견된 젊고 굳센 형의 호미니드와 매우 유사한 특징을 보이고 있다. 파. 보이세이의 넓적한 얼굴은 씹는 운동과 관련이 있는데 이는 턱모서리 힘살의 당김점이 머리 위와 앞쪽으로 이동할 경우 어금니로 음식을 씹는 것이 편리해지기 때문이다.

발견된 호미니드 화석은 남아프리카에서 발견된 굳세 보이는 형태의 화석과 관계가 있었다. 올두바이에서 화석이 발견된 후 채 한 달이 못된 어느 날 리키는『네이쳐』에 이 화석을 진잔스로푸스 보이세이*zinzanthropus boisei*라는 이름으로 발표하였다. '보이세이' 라는 이름은 리키의 재정 후원자인 '챨스 보이세 Charles Boise' 에서 따온 것이고 '진즈' 는 동아프리카라는 뜻의 옛 아랍 말이며 'anthropus' 는 그리스어로 '인간' 이라는 뜻이다. '호도까는 사람nut cracker' 이라고도 불리는 진잔트로푸스라는 이름은 '동아프리카 사람' 이란 뜻으로 리키는 이 호미니드가 동아프리카에서 기원한 인류의 직접조상일 것으로 믿었다.

그러나 대부분의 고인류학자들은 리키의 주장을 받아들이지 않았다. 그럼에도 불구하고 리키의 올두바이 출토 화석은 당시 인류조상의 화석의 연대가 60만 년 전을 넘지 못하리라는 당시 학계의 주장을 일축하였다. 이 화석은 뛰어난 해부학자인 필립 토바이어스Philip Tobias에 의해 연구가 진행되었다. 1967년에 토바이어스는 모두 264쪽의 연구보고서를 완성시켰는데 이 연구는 고인류학 연구의 이정표가 되었다.

올두바이 골짝에서 발견된 화석은 여러 면에서 고인류학 연구에 중요한 사건으로 기록되었다. 먼저 이는 현대 고인류학 연구에 통합적인 연구방법이 도입되는 계기가 되었으며 또한 인류화석의 연구가 남아프리카에서 동아프리카로 옮겨지는데 결정적인 역할을 하였다. 이후 아프리카 큰 골짝은 인류화석의 보고가 되었다. 즉 오스트랄로피테사인스의 생활 영역이 남아프리카에서 동아프리카까지 확장된 것이다.

올두바이 유적의 층위는 연대측정에 많은 문제를 지니고 있는 남아프리카의 동굴유적에 비해 응회암이나 화산재 띠층으로 이루어져 있기 때문에 정확한 칼륨/아르곤과 고지자기 측정방법을 통해 제법 정확한 연대측정이 이루어졌다. 호미니드 화석이 발견된 맨 밑층의 응회암을 가지고 연대측정이 이루어졌는데 그 연대는 180만 년 전으로 밝혀졌다. 이 연대는 오스트랄로피테사인스 화석에 관한 최초의 연대일 뿐만 아니라 당시 학계가 생각하고 있던 인류기원의 연대를 세 배 이상 증가시킨 의미를 가지는 연대이다.

지금까지 이티오피아와 탄자니아 그리고 케냐 등지에서 100개 이상의 이빨과 아래턱 그리고 완전한 모습의 파. 보이세이의 화석이 찾아졌다. 이 중 가장 오래된 화석은 이티오피아의 오모지역 지표에서 찾아진 230만 년 전의 아래턱 조각이며 가장 늦은 시기의 화석은 120만 년 전의 것으로 올두바이 골짝에서 출토되었다.

진잔스로푸스 보이세이는 아마도 파. 로보스투스처럼 거친 식물성 음식을 먹었으리라 여겨지므로 '진즈'라는 '동아프리카 사람'이란 뜻보다는 '호두까는 사람'이란 표현이 더 적절하다. 나중에 발견된 증거들에 따라 고인류학계는 진잔스로푸스를 현생인류의 직접조상이 아닌 오스트랄로피테쿠스의 한 종으로 분류하고 이를 오. 보이세이로 분류하였다가 최근에는 파란스로푸스 보이세이로 다시 분류하였다. 파. 보이세이는 1985년 쿠비포라에서 '검은 머리뼈'로 불리는 파. 이티오피쿠스의 화석이 발견되기 전까지 남아프리카에서 살던 파. 로보스투스가 지리적으로 떨어져서 생긴 변형으로 인식되었다.

쿠비포라 등지에서 출토된 화석들은 파. 보이세이의 얼굴 구조가 굳세 보이는 오스트랄로피테사인스 중에서도 특이하다는 점을 확인시켜 주었다. 비교해부학과 기능해부학 연구에 따르면 파. 보이세이의 얼굴의 모습은 이 화석만이 가지고 있는 특징을 잘 보여주고 있는데, 입천장이 아주 낮아지고 광대뼈가 앞쪽으로 이동하여 턱모서리 힘살을 받쳐 주며, 눈두덩 부위가 얼굴 가운선으로부터 경사져 마치 얼굴 표정이 슬퍼 보이는 것 등이 이 화석의 얼굴 특징이다.

파. 보이세이는 250만 년 전을 경계로 진화 중 하나의 분기점을 마련하고 있다. 굳세 보이는 오스트랄로피테사인스는 그들이 살던 환경에 변화를 맞이하면서 음식에서 다른 동물들과 경쟁을 하게 되고 이로써 그들은 점차 변화를 겪게 되었다. 변화는 아마도 다양하게 펴져 살던 비비에 의해 일어났을 것으로 보인다. 이들은 쉽게 맹수들의 공격대상이 됐을 것으로 짐작되는데 브레인C.K Brain 등이 남아프리카의 스와르트크란스 등의 동굴에서 찾은 맹수의 이빨 자국이 남은 머리뼈 화석이 이를 증명한다. 굳세 보이는 오스트랄로피테사인스들은 변하는 환경에 빨리 적응하기에는 너무 특수화되어 결국은 진화과정에서 절멸하였을 것으로 추정된다.

오스트랄로피테사인스 화석이 출토된 아프리카 유적들

마이오세 말 인류의 요람지로 알려진 아프리카와 그 주위의 모습은 어떠했는지를 살펴보자. 중동지역의 아키바만과 사해, 그리고 이 지역을 연결하는 골짝은 오늘날 요르단과 이스라엘의 국경선을 이루고 있는데 이 지역은 지구의 얇은 지각들이 서로 맞닿아 있는 곳이다. 지구 내부의 대류작용에 의해 지각에 변동이 생기면 지각이 맞닿는 부분이 움직여서 벌어지는데 그 결과 지각이 맞닿는 부분에 골짝이 형성되며, 동시에 맞닿은 부분을 따라 활발한 화산활동이 생긴다. 아키바만과 사해는 바로 이런 지각운동에 의해 생긴 큰 골짝의 부분이다.

표 8.1 이른시기 호미니드 화석이 발견된 유적

국가	유적지	연대(백만년)	종명
챠드	사헬	7.0	사헬란스로프스 챠덴시스
케냐	루케이노층	6.0	오로린 투게넨시스
이티오피아	아라미스	4.4	아르디피테쿠스 라미두스
케냐	알리아만	4.1	오스트랄로피테쿠스 아나멘시스
케냐	카나포이	4.2-3.9	오스트랄로피테쿠스 아나멘시스
케냐	동 투르카나	4.0+	오스트랄로피테쿠스 아파렌시스
챠드	바엘 가잘	3.0-4.0	오스트랄로피테쿠스 아파렌시스
이티오피아	페제즈	3.6+	오스트랄로피테쿠스 아파렌시스
탄자니아	라에톨리	3.8-3.6	오스트라로피테쿠스 아파렌시스
이티오피아	하다	3.5-2.9	오스트라로피테쿠스 아파렌시스
이티오피아	오모	3.0-2.6	오스트랄로피테쿠스 아파렌시스
이티오피아	갈리	조사필요	오스트랄로피테쿠스 아파렌시스
케냐	서 투르카나	2.5	파란스로프스 이티오피쿠스
남아연방	마카판스가트	3.0?	오스트랄로피테쿠스 아프리카누스
남아연방	스테르크폰테인	3.0-2.5	오스트랄로피테쿠스 아프리카누스
남아연방	타웅	2.5?	오스트랄로피테쿠스 아프리카누스
남아연방	스와르트크란스	2.0-1.5	파란스로프스 로보스투스
남아연방	크롬드라이	2.0?	파란스로프스 로보스투스
이티오피아	오모	2.5-1.2	파란스로프스 보이세이
탄자니아	올두바이 골짝	1.8	파란스로프스 보이세이
케냐	바링고 호수	2.0-1.5	파란스로프스 보이세이
탄자니아	나트론 호수	1.5	파란스로프스 보이세이
케냐	동 투르카나	1.5	파란스로프스 보이세이

중동지역에 발달한 골짝은 남쪽으로 향해 계속 이어져 더 거대하고 오래된 골짝과 맞닿아 있다. 이 연속된 계곡의 일부분에 물이 차여 있는데 홍해와 아덴만이 그것이다. 한편 홍해와 아덴만이 갈라지는 곳에서 다른 갈래의 골짝은 이티오피아로 뻗어 나가는데 이 부분은 물이 차 있지 않고 아프리카의 큰 골짝the rift valley을 이루고 있다. 이티오피아의 큰 골

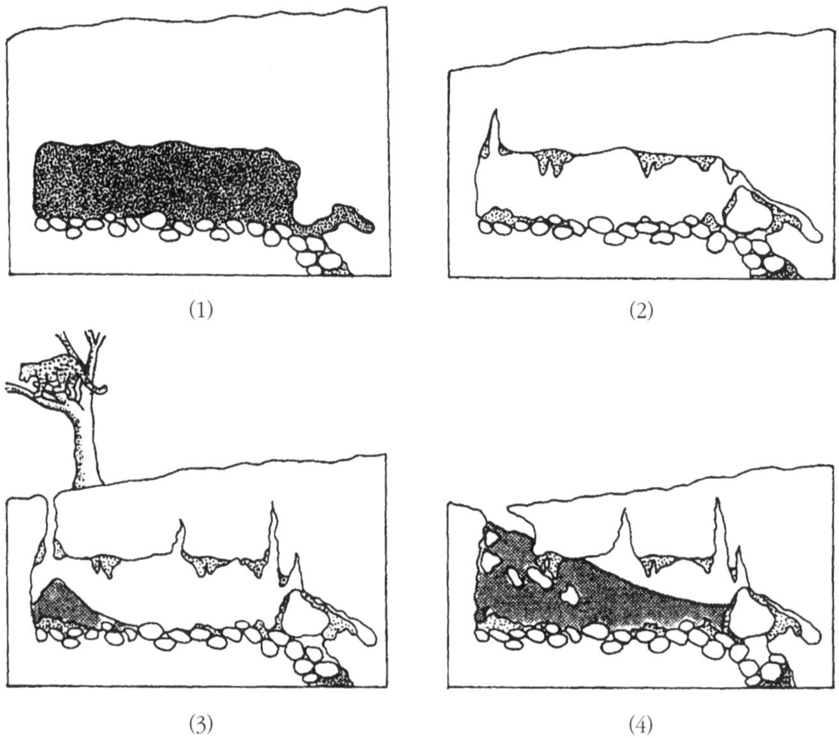

그림 8.9. 이른시기 호미니드 화석이 출토된 남아프리카 동굴유적의 형성과정. 스테르그폰테인, 크롬드라이, 스와르트크란스 및 마카판스카트 동굴은 위의 단계를 걸쳐 발달하였다. 후에 동굴들은 석회암을 채굴하는데 이용되었다.

짝 안에는 강과 호수들이 형성되어 있으며 이 지역에서 강물이나 흐르는 물에 떨어진 것들은 호수로 흘러가 퇴적되었다. 이런 작용은 수백만 년 동안 반복해서 진행되고 있는데 바로 이런 요인에 의해 화석들이 이 지역에서 퇴적되고 발견된다.

이티오피아에서 시작된 아프리카 큰 골짝은 동아프리카를 지나 남쪽으로 수천 킬로미터를 따라 이어져 있는데 이 큰 골짝 안에서 가장 이른 시기의 호미니드 화석과 동물화석 및 인류조상의 흔적들이 발견되고 있다. 동아프리카에서 호미니드 화석이 출토된 유적들은 남아프리카 유적과는 다르게 한데 유적으로 옛 호수나 강가 근처에 형성되었다(표 8.1). 화석들은 호수로 흘러드는 강물에 의해 호수가나 강기슭에서 발견되기 때문에 제자리가 아닌 곳에서 발견되거나 아니면 발견 전에 이미 노출된 것들이다.

올두바이 골짝과 라에톨리, 페제즈, 카나포이, 쿠비포라, 오모강 골짝하류, 서투르카나, 하다, 그리고 미들 아와쉬 등이 잘 알려진 유적이며, 유적의 연대는 화산폭발로 인해 생긴 화산재tephra가 층위 속에 포함되어 있어 포타슘/아르곤 방법에 의해 가려진다.

올두바이 골짝 Olduvai Gorge

올두바이 골짝은 탄자니아 북부지역에 있는 세렌게티 평원의 얕은 지역에 화산재와 호수 및 바람에 날린 토양들로 형성된 지형이다. 길이는 총 50km에 달하고 깊이는 100m 정도에 이른다. 노출된 퇴적은 지도를 작성할 수 있는 계속된 7개의 층(Beds = Formation)을 형성하고 있는데 연대는 210만~15,000년 전에 이르기까지 비교적 다양하다. 층은 아래부터 위를 향해 bed I, II, III, IV, 마세크masek, 누투ndutu 그리고 맨 위층의 내슈슈naisiusiu층으로 구분되어 있다(그림 8.10). 올두바이 골짝의 퇴적은 이 지역에서 왕성하게 일어난 단층작용에 의해 복잡하게 구성되어 있는데 각 층에서 보이는 화산재 띠층은 지층의 수평 · 수직관계를 이해하고 지질도를 작성하는데 도움을 준다.

굳세 보이는 오스트랄로피테사인스(파. 보이세이)화석은 bed I과 bed II의 아래층과 bed II의 위층에서 발견되며 손쓴사람의 화석은 bed I과 bed II 아래 부분에서 나타나는데 방사성 동위원소 연대 측정법에 따르면 bed I 의 용암들은 210만 년 전에 형성되었으나 화석이 포함된 대개의 층들은 186~170만 년 전 사이에 형성되었다. 곧선사람은 bed II의 밑부분과 bed III, bed IV층에서 발견되며 이른 시기 슬기사람의 조각뼈들은 누트층 아래부분에서 발견되고 있다.

올두바이 유적에서는 돌연모 또한 연속적으로 나타나는데 bed I과 II의 아래층에서는 올도완 돌연모가 출토되고 bed II 위층과 bed IV에서는 올도완과 아슐리앙 돌연모가 출토된다. 마세크층에서는 아슐리앙 돌연모가 출토되며 누트층 아래 부분 가까운 곳과 바로 위층에서는 중기구석기가 출토되고 내슈슈층에서는 후기구석기 연모들이 출토된다. 마세크층 윗 부분과 같은 층에서 출토된 누트 호수 출토 머리뼈는 아슐리앙 연모와 관계가 있는 것으로 보여진다.

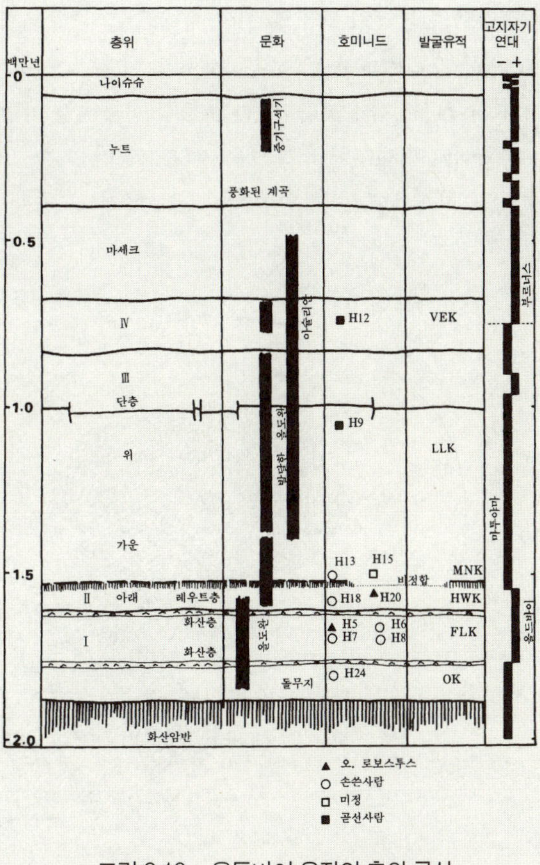

그림 8.10. 올두바이 유적의 층위 구성

남아프리카의 모든 유적지는 각력암과 모래.뻘 속에 있는 화석들로 채워져 있는 동굴(그림 8.9)들로 발파를 하거나 굴착기를 이용하여 발굴을 한다. 지금까지의 연구에 따르면 동굴 내에 남겨진 화석들은 식육류가 가지고 들어온 것으로 알려지고 있으며 오스트랄로피테사인스의 행위를 알려줄 수 있는 증거는 없다. 남아프리카 유적은 절대연대를 알 수 없기 때문에 출토된 동물상을 절대연대 측정값를 가지고 있는 동아프리카 유적에서 출토된 동물상과 비교해서 연대를 결정한다. 타웅과 스테르크폰테인, 스와르트크란스, 크롬드라이 그리고 마카판스가트 등에서 이른 호미니드 화석이 출토되었다.

오스트랄로피테사인스의 해부학적 특징

지금까지 알려진 오스트랄로피테사인스는 모두가 두 발로 걸었다. 이들을 늦은 시기 호미니드인 호모와 비교해 볼 때 일반적으로 해부학적 특징에서 다음과 같이 차이가 난다;

먼저 머리뼈의 용량이 호모에 비해 작다. 오스트랄로피테사인스들의 머리뼈 용량은 400 ~550 cc 정도이고 얼굴은 호모의 코보다도 더 앞으로 튀어나와 있으며 특히 두터운 사기질의 옆니와 어금니가 특징이다. 이런 공통적인 특징을 바탕으로 오스트랄로피테사인스는 종들마다 나름대로의 해부학적 특징을 지니고 있다.

오스트랄로피테사인스가 지닌 여러 해부학적 특징 중 가장 중요한 변화는 음식을 씹을

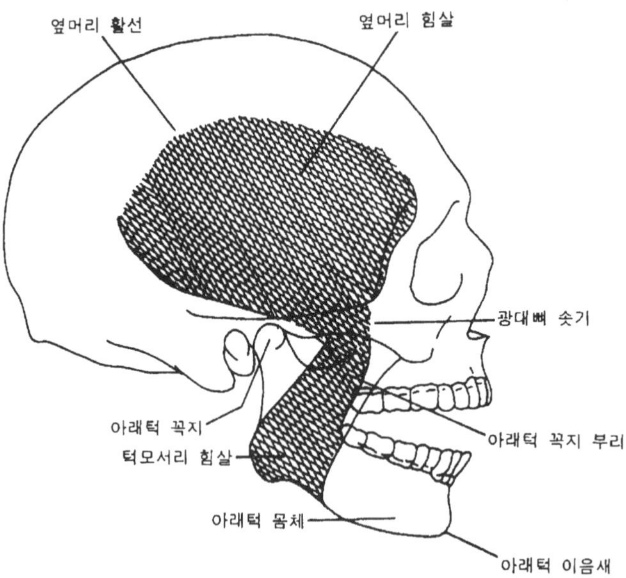

그림 8.11. 사람의 머리뼈 저작힘살 자리

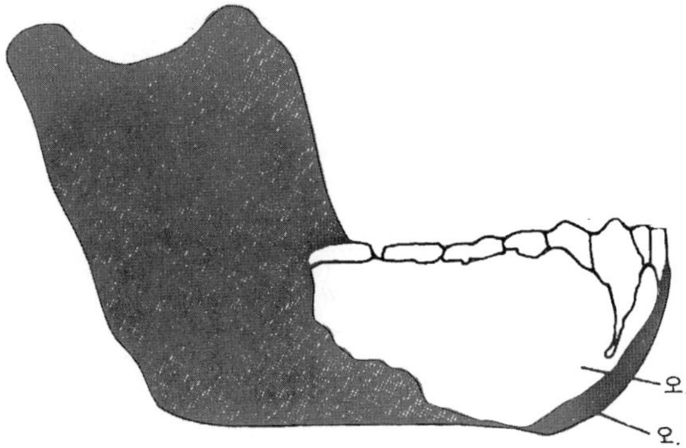

그림 8.12. 오. 아나멘시스와 오. 아파렌시스의 아래턱 비교. 오. 아나멘시스의 아래턱이 다른 오스트랄로피테사인스보다 더 뒤로 향해 있다.

때 관련이 되는 턱모서리힘살과 옆머리힘살이 붙는 머리뼈 부위의 위치에서 찾아진다. 이른 시기의 호미니드는 먹은 음식에 따라 이들 힘살이 붙는 위치와 옆니 및 어금니의 모양에 차이가 난다(그림 8.11).

가냘퍼 보이는 오스트랄로피테사인스

일반적으로 가냘퍼 보이는 오스트랄로피테사인스는 동아프리카와 남아프리카 등지에서 주로 발견된다. 이들은 대부분 이른시기의 이른 오스트랄로피테사인스로 오스트랄로피테쿠스 아나멘시스와 오. 아파렌시스 및 오. 아프리카누스가 대표되는 화석이다.

오스트랄로피테쿠스 아나멘시스 : 지금까지 오. 아나멘시스의 화석은 모두 9 개의 아래턱과 머리뼈 파편 및 사지뼈들이 찾아졌다. 이빨과 턱들의 해부학적 구조는 오. 아파렌시스와 닮은 점이 있으나 또한 뚜렷한 차이점을 지니고 있다. 기준 화석인 아래턱은 턱가지는 없으나 이빨이 완전하게 남아 있다. 턱은 작고 폭이 좁으며, 마이오세 유인원과 닮은 특징을 지니고 있다. 또 이빨 틀은 아파렌시스보다 더 평행을 이루고 있다. 옆에서 볼 때 아나멘시스의 턱은 뚜렷하게 뒤쪽으로 뉘어져 있으며 몸체가 두텁고 뒤쪽으로 길게 발달해 있다. 이런 턱의 특징과 기타 이빨의 특징은 이 화석이 아파렌시스보다 더 오래된 원시적인 특징을 지니고 있음을 보여준다(그림 8.12).

정강이뼈의 위 · 아래 부위의 특징을 보아 아나멘시스는 두발로 걸었음을 알 수 있다. 즉 허벅지뼈와 맞닿는 정강이뼈의 위쪽 도르래가 인류처럼 파였으며 발목뼈와 맞닿는 정강이뼈의 밑 부분에는 두발로 걸을 때 오는 충격을 흡수해 주는 구조를 지니고 있다.

새로운 종인 오. 아나멘시스는 다른 종에서는 보이지 않는 호모를 닮은 특징과 유인원을

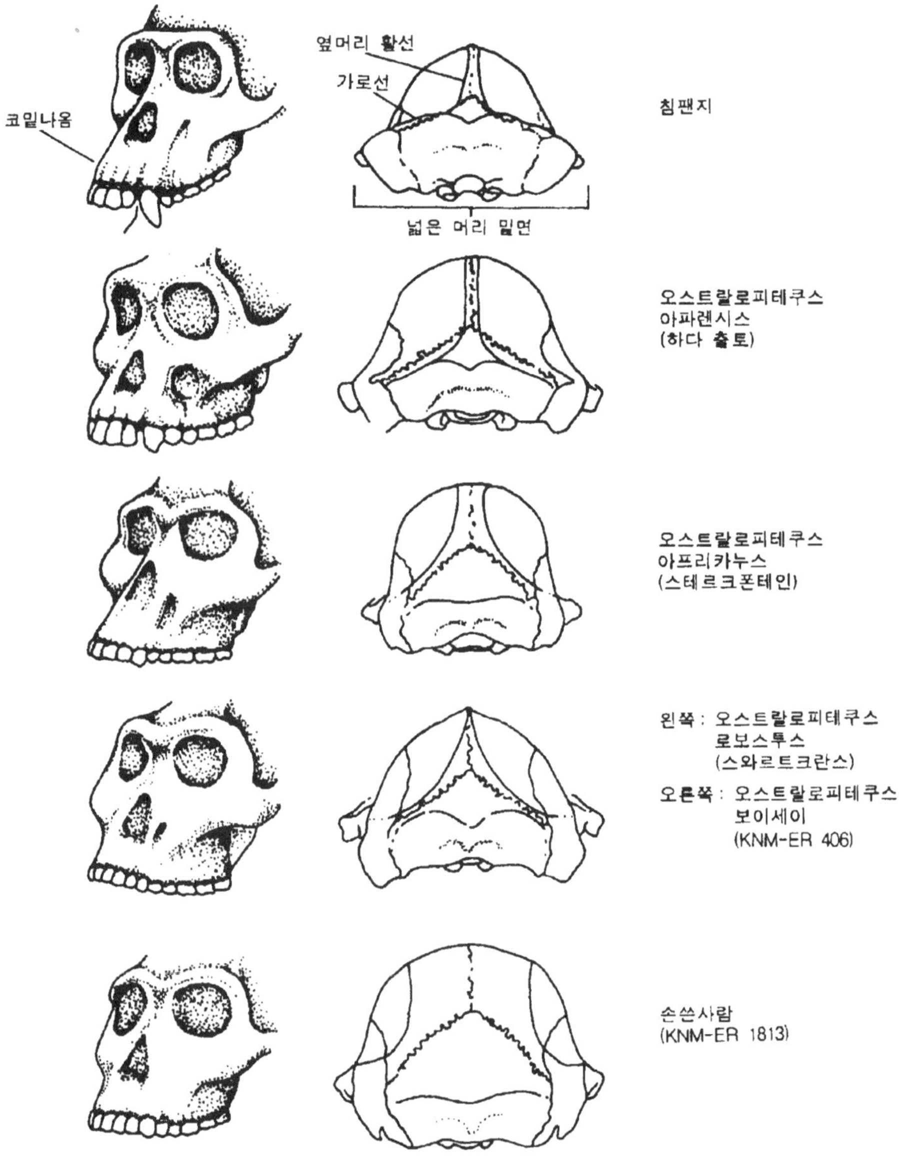

그림 8.13. 침팬지와 오. 아파렌시스, 오. 아프리카누스, 파. 보이세이 및 손쓴사람의 머리뼈

닮은 특징이 나타난다. 이 화석보다 늦은 연대의 오. 아파렌시스는 머리뼈와 사지뼈가 유인원과 비슷한 점이 있는데 반해 아나멘시스의 머리뼈는 마이오세에 살던 유인원과 닮았으나 사지뼈는 발전한 호모와 닮았다. 이런 특징을 설명하기 위해서 앞으로 더 많은 화석들이 발견되어야 하나 현재로서 아나멘시스는 아파렌시스를 가장 많이 닮았으면서도 더 오래된 특

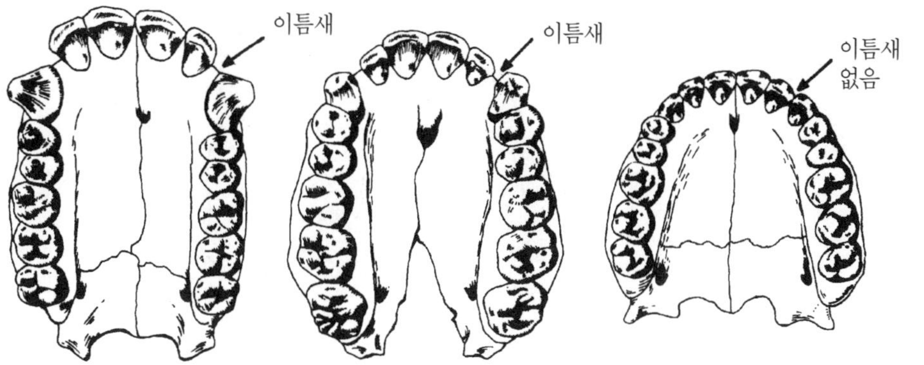

그림 8.14. 침팬지 · 오 아파렌시스 · 현생인류의 위턱 비교

징을 지닌 종으로 알려져 있다.

오스트랄로피테쿠스 아파렌시스 : 오. 아파렌시스의 해부학적 특징은 비교적 잘 연구가 되었는데 이 화석의 머리뼈와 이빨의 특징은 다음과 같다(그림 8.13, 8.14);

머리뼈의 경우, 유인원을 많이 닮았으며, 머리뼈의 용량은 380~450cc이다. 꼭지뼈와 주변 머리뼈 부위가 밖으로 향해 발달해 있고, 머리뼈 밑면의 굴곡이 약하며 머리뼈 근육이 닿는 옆머리선과 목덜미선이 목덜미마루에서 합쳐져 상대적으로 옆머리힘살의 뒷부분이 발달하였다. 뒷머리뼈에서 목덜미마루가 급하게 경사져 있고, 얼굴이 앞쪽으로 튀어나와 있는데 코밑 부분이 다른 호미니드에 비해 많이 앞으로 나와 있다.

위턱의 경우 위턱의 이빨 틀이 뒤쪽으로 가면서 좁아들고, 이빨틈새가 위 두 번째 앞니와 위 송곳니사이에 있다. 위 앞니들은 크며 이빨이 휘어져 있고, 위 첫 번째 앞니는 두 번째 앞니보다 아주 넓적하다. 일반적으로 위 송곳니는 비대칭이며 송곳니 끝은 앞쪽에서 뒤쪽으로 향하여 굽어져 있으며, 송곳니는 수놈의 것이 암놈의 것보다 크다.

아래턱의 경우 아래턱 몸체가 입술 쪽에서 뚜렷하게 우묵한 형태를 보이며, 몸체에 있는 신경굼은 앞.뒤쪽으로 향해 있다. 송곳니와 첫 번째 옆니 사이에 이빨틈새가 있다. 송곳니는 튀어나와 있으며 위쪽 송곳니와 이빨 뒤쪽에서 맞닿아 닳은 면을 지니고 있다.

사지뼈의 해부학적 특징은 다음과 같다 ; 오. 아파렌시스는 유인원과 같은 특징을 지니고 있다. 다리뼈에 비해 상대적으로 긴 팔과 머리뼈 쪽으로 향한 주걱뼈굼과 휘어진 발과 발가락뼈 및 손가락뼈가 그 증거이다. 이런 구조는 아마도 아파렌시스가 음식을 구하거나 맹수를 피해 나무로 오르던 행위 때문으로 알려져 있다. 그러나 머리뼈 밑면에 자리한 신경굼이 밑으로 향한 점으로 보아 아파렌시스는 능숙하게 두 발로 걸어 다녔음을 알 수 있다. 발바닥은 기본적으로 인류처럼 휘어져 있으며 엄지발가락은 밖으로 향해 있지 않다. 가장 뚜렷

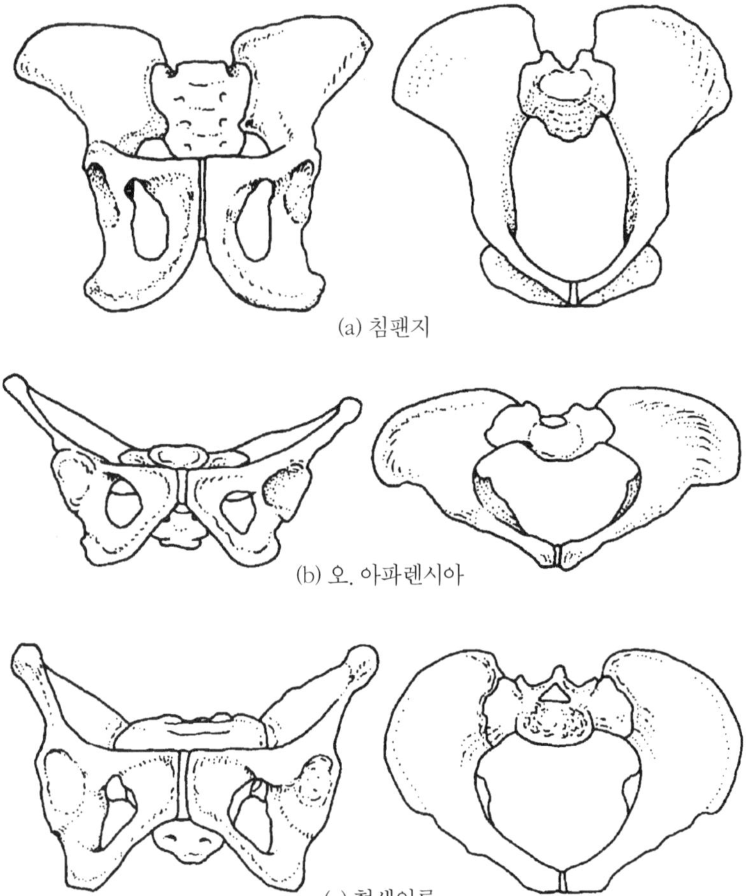

그림 8.15. 침팬지와 오. 아파렌시스 및 현생인류의 골반. 오. 아파렌시스의 골반은 침팬지 보다 현생인류에 더 가깝다. 이는 오. 아파렌시스가 두발 걷기를 했다는 증거로 이용된다.

한 특징은 각이 진 허벅지뼈와 정강이뼈 밑 부분의 관절 면이 정강이뼈 몸체의 긴 축과 수직을 이루는 무릎에서 찾아진다. 그리고 엉덩뼈는 짧고 넓으며 앉음뼈 마루가 뒤쪽을 향해 넓게 벌려져 있다. 이런 특징들은 아파렌시스가 현생인류와 매우 닮았음을 보여주는 증거들이다(그림 8.15).

그럼에도 불구하고 아파렌시스의 사지뼈는 인류와는 다른 특징을 보여 준다; 앉음뼈 마루가 인류는 바깥쪽으로 벌어져 있는데 반해 아파렌시스는 보다 더 뒤쪽으로 향해 있으며, 허벅지뼈 밑 부분의 안도르래와 바깥도르래는 인류의 경우 바깥도드래가 안쪽에 비해 월등히 큰데 비해 아파렌시스는 비교적 차이가 없으며, 바깥도드래가 인류는 계란형인데 반해

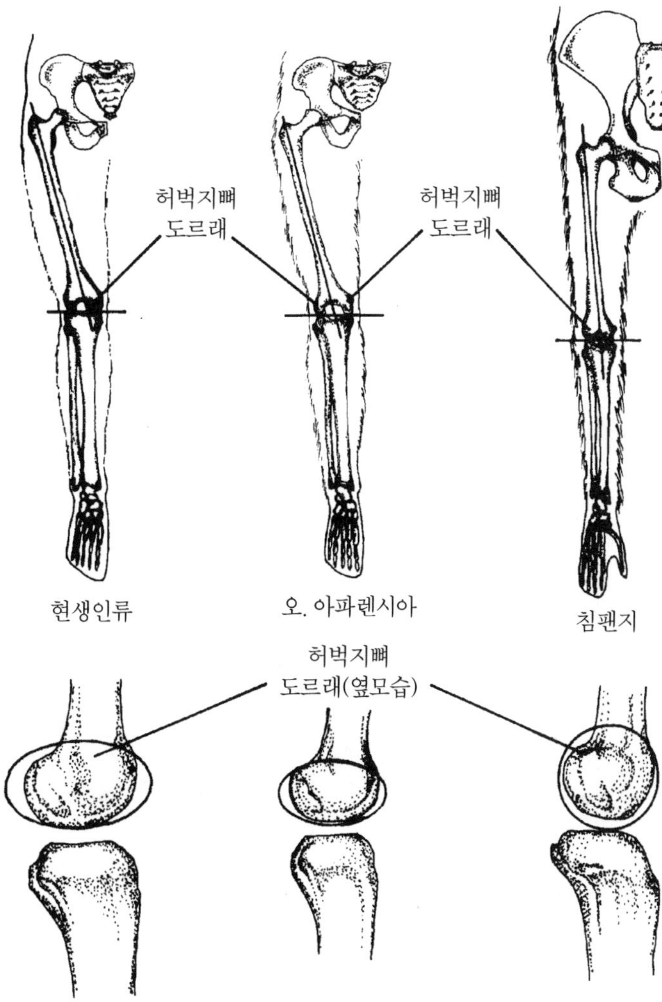

그림 8.16. 인류와 오. 아파렌시스 및 침팬지의 무릎 얼개. 위 그림은 인류와 오. 아파렌시스 및 침팬지의 무릎얼개를 보여주며 아래 그림은 무릎에서 허벅지뼈와 정강뼈가 맞닿는 부분의 특징을 보여주고 있다.

아파렌시스는 둥근형이다(그림 8.16). 이런 해석을 바탕으로 오. 아파렌시스는 약간 굽은 엉덩뼈에 휘어진 무릎 그리고 침팬지 같은 두 다리를 가졌다고 설명되고 있다.

반면에 걷는 모습은 근본적으로 현생인류와 구별될 수 없다는 주장이 제시되었다. 발꿈치가 땅에 닿을 때 바닥에 생기는 뒤꿈치의 자국과 다른 발가락과 나란한 엄지발가락, 그리고 라에톨리에서 발견된 발자국 등은 의심할 바 없이 오. 아파렌시스가 두 발로 걸었음을 보여주는 증거인 것이다. 한편 아파렌시스의 엉덩뼈가 현생인류와 일부 닮았으나 일부 구조에 차이가 있다. 엉덩뼈의 변화는 태아의 머리뼈가 커지면서 이에 따라 여성의 산도가 커지기 시작하는 데서 기인하는데 이런 변화는 약 200만 년 전 호모의 진화과정 중에서 처음 나타나기 시작한다.

사지뼈의 근육과 인대의 부착점을 보면 오. 아파렌시스는 근육이 잘 발달된 몸집을 지니고 있었다. 이들의 몸집은 약 33kg 의 몸무게에 1m 정도의 키에서부터 68kg의 몸무게에서 1.7m의 키에 이르기까지 매우 다양하다. 이렇게 다양한 몸의 크기는 한때 극도의 성적차이로 해석되었다. 그러나 성적차이의 범위가 다른 호미노이드의 범위를 넘어선다는 주장이 제기되고 있는데 이런 경우 오. 아파렌시스가 실제로 단일 종이 아닌 두 종이나 그 이상의 종일 가능성이 있다. 또한 머리뼈 밑면과 코의 형태 그리고 턱과 이빨의 형태를 바탕으로 오. 아파렌시스가 이른 시기의 굳세 보이는 오스트랄로피테사인과 이른시기의 호모로 분화되었다는 주장도 제기되었다.

오스트랄로피테쿠스 아프리카누스 : 머리뼈에서 오. 아프리카누스는 여전히 원시적인 특징을 지니고 있지만 오. 아파렌시스보다는 발전한 형태를 지니고 있다; 머리뼈의 평균 용량은 440(430~520cc)cc로 오.아파렌시스보다는 약 10% 정도 더 크다. 머리뼈 밑면의 굴곡은 심하지 않고, 머리밑면이 바깥쪽으로 튀어나오는 정도가 줄어들었으며, 옆머리선과 목덜미선이 뒷머리에서 서로 만나지 않는다. 옆머리 선에 따르면 옆머리힘살의 앞쪽부위가 크게 발달했음을 알 수 있다. 양 쪽 옆머리선의 앞부분이 머리뼈 가운선을 따라 만나는 경우가 있는데 이는 가운마루의 발달을 증진시키는 역할을 한다. 또 목덜미선은 거의 수평으로 이어져 있고 아래턱파임 앞쪽은 볼록한 형태를 취하고 있다.

얼굴은 오. 아파렌시스에 비해 매우 짧으며 코밑부위가 아파렌시스에 비해 덜 앞으로 튀어 나왔는데 이는 앞니의 크기가 작아진 것과 관련이 있다. 광대뼈솟기는 길고 단단해 보이며 위턱에 수직으로 발달해 있어 여기에 붙는 턱모서리 힘살은 오. 아파렌시스의 턱모서리 힘살보다 앞쪽에 위치한다. 입천장은 비교적 깊고 앞 위턱에서 경사가 완만해짐을 뚜렷하게 볼 수 있다.

송곳니에서는 남 · 여에 따른 성적차이가 보이지 않는다. 위 두 번째 앞니와 송곳니 그리고 아래 송곳니와 첫째 옆니 사이에 있는 이빨틈새도 거의 보이지 않는다. 어금니는 크며 옆니는 어금니화 되는 경향이 있다. 아래턱은 오. 아파렌시스의 턱에 비해 아주 굳세 보이는데 특히 턱이음새가 두텁게 맞붙어 있다.

오. 아프리카누스의 머리뼈와 이빨의 구조는 오. 아파렌시스와는 다르나 사지뼈의 경우 오. 아파렌시스와 매우 유사하다. 오. 아프리카누스는 두 발로 걸었으며 때때로 재빠르게 나무위로 올라갔는데 이 점이 호모와 다른 점이다. 오. 아프리카누스의 엉덩뼈는 이 호미니드가 비교적 작은 머리를 가진 아이를 생산했음을 보여준다. 오. 아프리카누스의 몸무게는 변이의 폭이 꽤 큰 데 이는 아프리카누스의 뼈대가 사람을 포함한 살아 있는 영장류를 바탕으로 계산되었기 때문이다. 따라서 어떤 영장류를 기준으로 이용했는 지에 따라 오. 아프리카누스의 몸무게는 차이가 난다. 그러나 이런 문제들에도 불구하고 최근 진행된 연구에 따르면 어른 아프리카누스의 몸무게는 평균 46kg(33~67kg)정도이며 키는 1.45m 정도에 달할 것으로 계산되었다. 이렇게 몸무게의 변이 폭이 있는 것은 남 · 여에 따른 성적차이로 여겨지나 오. 아파렌시스보다는 변이의 폭이 좁다.

굳세 보이는 오스트랄로피테사인스

일반적으로 굳세 보이는 오스트랄로피테사인스의 한 종인 파란스로푸스 로보스투스와 파. 보이세이는 같은 시기에 동아프리카와 남아프리카에서 널리 퍼져 살았기 때문에 로보스투스와 보이세이는 단일 종이 지역에 따라 차이가 나는 것으로 설명되기도 한다. 한편 이들은 가냘퍼 보이는 오스트랄로피테사인스와는 뚜렷하게 구분되기 때문에 파란스로프스 *paranthropus* 속으로 분류하기도 한다.

파란스로푸스 이티오피쿠스 : 파. 이티오피쿠스는 여러 면에서 오. 아파렌시스를 닮은 특징을 지니고 있다. 얼굴은 앞으로 많이 나와 있으며 머리뼈의 용량은 매우 작고(420cc) 오. 아파렌시스의 대표되는 특징인 머리뼈 뒤쪽에 있는 가운마루가 파. 이티오피쿠스에서도 나타난다. 한편 이 호미니드는 늦은 시기의 굳세 보이는 오스트랄로피테사인스가 지니고 있는 특징을 함께 지니고 있는데 뚜렷한 가운마루와 잘 발달한 어금니 등이 그것이다.

파란스로푸스 로보스투스 : 파. 로보스투스의 굳세 보이는 턱은 이들이 특별히 식물성 음식을 먹었기 때문인 것으로 보이며 잡식을 했던 오. 아프리카누스는 덜 특수화된 턱과 이빨을 가졌다는 주장이 제시되었다. 그러나 아직까지 이런 가설을 입증하기에 충분한 연구가 진행되지는 못하였다. 파. 로보스투스가 낮고 뭉뚝한 어금니의 도드리를 가진 어금니를 지녔으며 어금니의 씹는 면이 편편하게 닳았으며 그리고 어금니의 씹는 면에 대한 현미경 분석 등에 따르면 이 호미니드의 식성은 다른 오스트랄로피테사인스와는 다르다는 것을 보여준다. 이런 이빨의 형태를 통해 이들이 가끔 고기를 먹었는지는 알 수 없으나 파. 로보스투스가 오. 아프리카누스보다는 단단하고 섬유성질의 식물성 음식을 주로 먹었을 것으로 가늠된다. 이빨에 관한 현미경 분석에 따르면 파. 로보스투스는 아마도 과일을 선호했으며 나뭇잎이나 잔디 씨앗 같은 것들은 먹지 않았을 것으로 보인다. 그리고 이빨로 뼈를 깨뜨린 흔적도 찾을 수 없다.

파란스로푸스 보이세이 : 파. 보이세이는 올두바이 골짝에서 찾아진 '진즈 (OH 5)'와 쿠비포라에서 출토된 KNM-ER 406과 732번이 대표되는 화석이다. 특히 파. 보이세이의 해부학적 특징은 '진즈'를 바탕으로 설명된다. 커다란 머리뼈와 넓적하고 파인 얼굴 등을 지니고 있는 보이세이의 모습은 인류의 진화과정 중 다른 호미니드에서는 볼 수 없는 특징이다. 진즈는 남아프리카에서 출토된 로보스투스와 여러 면에서 닮은 형태이지만 보이세이의 머리뼈가 아주 굳세 보인다는 점에서 차이가 난다. 비록 남 · 여 사이의 성적차이 (OH 5는 남자이며 KNM-ER 732는 여자로 알려짐)가 크게 나타나기는 하지만 음식을 씹는 머리뼈의 구조는 남.여의 차이가 별로 나타나지 않는다. 남자의 경우 가운마루가 머리뼈 가운데를 따라 뚜렷하게 발달하여 강한 옆머리힘살을 지녔음을 알 수 있다. 얼굴은 굳세게 발달했으며 광대뼈가 둥글게 휘면서 뒤로 향해 있고, 턱모서리 힘살은 두텁고 강하게 발달해 있다.

사지뼈를 보면 파. 로보스투스와 파. 보이세이는 어느 정도 차이를 보이지만 전체적으로는 오. 아프리카누스와 유사하다. 몸무게는 46~62kg 정도이고 평균 키는 1.5~1.6m 정도로 추정된다. 그리고 남.여에 따른 성적차이는 오. 아프리카누스에서 나타나는 차이와 비슷하다.

오스트랄로피테사인스에 관한 주요 연구들

오늘날 우리가 알고 있는 인류진화에 대한 엄청난 자료와 지식은 화석을 통해서 얻어진 것이 아니라 진화의 산물인 우리 자신들과 현재 살고 있는 동물들로부터 얻어진 것들이다. 다윈이『종의 기원』을 출간한 이래 지금까지 호미니드를 포함한 많은 영장류의 화석이 발굴되었으며 관련된 연구가 진행되었다. 그 결과 인류의 기원과 진화에 관한 연구는 괄목할만하게 이루어졌다. 여기서는 20 세기이래 진행된 인류의 생물학적 특징과 행위에 대한 고인류학계의 주요연구를 살펴보기로 한다.

인류의 두발 걷기

20세기 초반에 고인류학계의 주요연구 중의 하나는 인류의 두발 걷기에 관한 것이었다. 인류의 머리가 커지고 두발로 걷게 되었다는 주장이 오랜 동안 학계를 지배한 전통적인 설명이었으며 반면에 일단의 학자들은 두발로 걸은 후에 머리가 커졌다고 주장하였다. 인류의 두발 걷기란 인류의 조상이 나무 위의 생활에서 벗어나 땅위에 살면서 얻어진 걷기 방법으로 지금까지 연구된 두발 걷기에 관한 가설들을 살펴본다.

두발 걷기의 증거들 : 네발 걷기는 영장류가 오랜 동안 지녀온 걷기 방법이다. 자연선택에 의해 인류의 조상은 두발로 걷는 방법을 택했으며 이런 걷기 방법을 지닌 채 인류는 머나먼 진화의 길을 떠났다. 인류의 조상이 두발로 걸었다는 해부학적 증거는 몸체와 엉덩뼈, 사지뼈 그리고 발뼈 등에서 찾아진다. 인류의 조상이 두발로 걷기 시작한 후 인류의 근육과 특히 뼈대에서 변화가 일어났다.

두발로 걷기를 시작한 호미니드는 다른 영장류와는 다르게 엉덩뼈가 넓적하고 높이는 낮지만 곧게 섰으며 몸체는 안쪽으로 휘어진 엉덩뼈를 이룬다. 또한 엉덩뼈와 허벅지뼈를 연결하는 근육이 네발로 걷는 영장류와는 다르게 발달하여 호미니드가 두발로 걸을 때 몸의 균형을 유지하게 한다. S자형으로 휘어진 등뼈대 또한 엉덩뼈에 붙은 근육과 함께 몸의 균형을 잡는데 도움을 준다.

허벅지뼈는 호미니드가 걸을 때 온 몸을 받쳐주는 기능을 지니고 있다. 길고 뭉뚝한 허벅지뼈는 윗 부위인 둥근 머리가 엉덩뼈굼에 들어있다. 허벅지뼈의 경우 뼈대가 비스듬하여 허벅지뼈 밑 부분 끝에 자리한 무릎이 몸체 바로 밑에 자리하게 하고 있다. 따라서 걸을 때 몸이 좌우로 기우는 것을 감소시키고 몸의 유동성을 더해준다. 무릎의 구조는 몸의 무게가 최대로 전해지고 무릎뼈가 옆으로 나가지 않도록 설계되어 있다.

발은 땅바닥과 직접 닿는 부분으로 특히 발바닥은 두발로 걷기에 알맞은 구조를 지니고 있다. 다른 영장류는 발로 물체를 잡는 데 이때 엄지발가락은 밖으로 향해 있다. 이에 비해 두발로 걷는 호미니드의 엄지발가락은 다른 발가락과 나란하며 발을 앞으로 밀어내는 역할을 한다. 발바닥은 가운데가 휘어진 아치형으로 이는 발이 땅을 밟을 때 충격을 흡수해 준다.

고인류학계에서는 가장 이른 시기의 호미니드와 오스트랄로피테사인스가 두발로 걸을 수 있는지에 관해 오랜 동안 논쟁을 했는데, 다행히 두발 걷기를 증명해 줄 인류조상의 화석뼈대가 발견되었다. 호미니드의 경우 머리뼈 밑 부분에 난 큰 신경굼이 아래를 향하고 있으며 큰 신경굼 밑에 등뼈가 머리를 받쳐주고 있다. 이에 비해 네발로 걷는 영장류는 큰 신경굼이 머리뼈 뒤쪽을 향해 있다. 이렇게 머리뼈 큰 신경굼의 위치는 호미니드가 두발로 걸었는 지를 보여주는 중요한 해부학적 증거이다. 다트가 남아프리카의 타웅에서 출토된 머리뼈를 기술할 때 바로 큰 신경굼의 위치를 들어 이 화석이 두발로 걷던 인류의 조상으로 단정하였다.

그러나 두발 걷기를 증명할 때 머리뼈 하나만으로는 불충분하며 머리뼈와 더불어 엉덩뼈와 아래 사지뼈가 발견되어야만 한다. 남아프리카에서 출토된 오스트랄로피테사인스의 엉덩뼈와 아래 사지뼈 및 오. 아나멘시스위 사지뼈에서도 일부 두발 걷기를 보이지만 가장 완벽한 경우는 동아프리카에서 출토된 오. 아파렌시스에서 찾을 수 있다. 이티오피아의 하다에서 발견된 엉덩뼈와 사지뼈는 오. 아파렌시스가 훌륭히 두발로 걸었다는 사실을 보여준다. 이를 밝히는데는 처음 발견된 루시의 화석이 중요한 역할을 하였지만 하다유적에서 나중에 발견된 아래 사지뼈들이 결정적으로 뒷받침해 주었다.

학자들은 출토된 루시의 엉치뼈와 왼쪽 엉덩뼈를 이용하여 완전한 형태의 엉덩뼈를 복원하였다. 엉덩뼈를 복원한 결과 엉덩뼈의 중요한 부분은 현대인의 엉덩뼈와 차이가 없게 엉덩뼈 높이는 짧고 몸체는 안쪽으로 휘어졌다. 현대인의 엉덩뼈와 비교해 볼 때 앉음뼈의 몸체에서 약간 차이가 있는 데 이는 오. 아파렌시스가 현대인처럼 완벽하게 두발로 걷지 않았기 때문이다(그림 8.17). 비교적 커다란 허벅지뼈 머리와 두터운 허벅지뼈 목은 두발로 걸을 때 생기는 힘에 의한 손상을 막는 역할을 한다.

루시의 허벅지뼈 몸체는 각을 이루고 있기 때문에 몸의 무게는 일차적으로 허벅지뼈 밑부분의 바깥쪽으로 불룩한 부위를 통해 무릎부위로 전해진다. 이 불룩한 부위의 편편한 부위가 정강뼈와 맞닿아 있으며 몸무게가 정강이뼈로 전달된다. 한편 허벅지뼈 밑부분은 가운데가 파여 있는 데 이는 무릎뼈가 옆으로 나가는 것을 막아주는 역할을 한다(그림 8.18).

오. 아파렌시스가 두발로 걸었다는 보다 명확한 증거는 발목에서 정강이뼈와 발앞축뼈가 맞닿는 발목부위에서 찾을 수 있다. 특히 엄지발가락의 관절면에 따르면 오. 아파렌시스의 엄지발가락은 돌릴 수 없으며 엄지발가락은 다른 발가락과 나란하다.

물론 오. 아파렌시스의 사지뼈는 오늘날 우리의 뼈대와 같지 않은 점이 많이 있다. 사실 짧은 허벅지뼈와 약하게 휘어진 손가락뼈와 발뼈들, 넓적하기보다는 오히려 좁은 손끝과 아주 자유로운 손목, 그리고 굳센 팔 같은 원시적인 특징은 현대인에서는 찾아 볼 수 없는 특징이다.

이렇게 오. 아파렌시스에서 두발로 걷기에 특수화된 특징과 원시적인 특징이 왜 같이 나타나는 지가 논쟁의 대상이다. 일단의 학자들은 오. 아파렌시스의 두발 걷기 특징을 강조하여 이 호미니드는 나무 위에서 살지 않고 땅위에서 두발로 걷던 존재라고 결론짓고 있다. 그리고 이들이 지닌 원시적인 특징은 나무 위에서 살던 조상으로부터 물려받은 특징으로 설명한다. 또 다른 가능성을 주장하는 학자들에 따르면 오. 아파렌시스는 많은 시간을 나무 위에서 살았을 가능성이 높다고 주장한다. 이들은 오. 아파렌시스의 원시적 특징은 맹수로부터 피해 음식을 구하거나 아니면 밤에 나무 위에서 자기 때문에 생긴 것이라고 믿는다. 그러나 엉덩뼈와 무릎 그리고 발뼈의 해부학적 특징은 오. 아파렌시스가 나무를 기어오르는 행위보다는 두발 걷기 때문에 지니게 됐다는 설명이 더 설득력있다.

오. 아파렌시스가 두발로 걸었다는 또 다른 증거는 화석으로 남아있다. 1978년 탄자니아의 라에톨리에서 발견된 360만 년 전에 화산이 폭발하며 쌓인 화산재 위에 남겨진 27m 정도의 발자국 화석이 그것이다. 유적에서는 오직 오. 아파렌시스의 화석만이 발견되는 점으로 보아 이 발자국은 이들이 남긴 것으로 단정된다(그림 8.7 참조).

메리 리키와 발굴팀은 라에톨리에서 출토된 발자국 화석이 현생인류가 젖은 모래 위를 걸어 갈 때 남긴 발자국과 같은 유형을 보인다고 실험결과를 발표하였다. 발자국 화석을 보면 발뒤축 바깥쪽이 깊이 파였는데 이는 걸을 때 몸무게가 이 부분에 실렸기 때문이다. 또한 엄지발가락 부위도 깊게 파였는데 이는 몸이 앞으로 나아갈 때 뒤로 미는 힘이 이 부위에 실리기 때문이다. 발자국 화석의 엄지 발가락은 다른 발가락과 나란하고 단지 두 번째 발가락과 엄지발가락사이가 약간 벌어져 있는 데 이런 모양은 오늘날 맨발로 살고 있는 집단에서 관찰된다. 무엇보다도 중요한 것은 발바닥의 가운부분이 움푹 파인 형태를 지녔다는 점인데 이는 바로 두발로 걸을 때 충격을 흡수하는 역할을 한다.

남아프리카의 한 해변가에서 십만 년 전의 발자국이 발견되고, 유럽의 경우 동굴유적에서 두발로 걸은 발자국이 발견되었으나 이는 모두 현생인류인 슬기사람이 남긴 것들이다. 그러나 라에톨리에서 찾아진 발자국 화석은 360만 년 전의 것으로 가장 이른 시기의 호미니드가 남긴 움직일 수 없는 두발 걷기의 증거이다.

다윈의 시나리오 : 다윈은 당시 자신이 알고 있던 해부학의 지식만을 가지고 과거에 일어났던 일을 재구성하고자 노력하였다. 다윈은 인간과 침팬지를 비롯한 유인원들을 관찰하고 해부학적 삼각측량 방법을 사용함으로써 이들의 공통조상을 추론하였다. 그 결과 다윈은 인간을 땅에서 사는 유인원의 한 종류로 단정하였으며, 나아가 어떻게 인간이 땅위에서 살아남을 수가 있었는지, 또 어떻게 맹수들과 대항할 수 있었는지를 설명하고자 하였다.

영장류들은 각기 나름대로 외부의 공격에 대항하는 방어수단을 가지고 있다. 예로 어떤 영장류는 빠른 속도를 가지고 맹수와 대항하며 고릴라 같은 영장류는 커다란 몸집을 가지고 있는데 큰 몸집 때문에 어떤 맹수들도 고릴라를 공격하려 하지 않는다. 비비 같은 영장류는 맹수의 공격에서 자신을 방어하기 위해서 복잡한 사회적 행위라든지 송곳니 같은 해부학적 구조들을 발달시켰다. 그러나 인류는 다른 영장류가 가지고 있는 어떤 해부학적 특징도 지니고 있지 않다는 사실과 다른 영장류들이 가지고 있지 않는 한 가지 특징, 즉 연모를 가지고 있다는 점에 착안해서 1871년 다윈은 인간의 두발 걷기를 설명하고자 하였다.

다윈은 인류가 두발로 걷게 된 직접적인 이유를 연모의 사용 때문이라고 설명하였다. 그에 따르면 가장 이른 시기에 살던 인류의 조상 중 수놈들은 커다란 송곳니를 가지고 있었는데 이들은 연모를 사용하게 되자 점점 송곳니가 줄어들고 턱을 덜 사용하게 되었다고 생각했다. 그들의 손과 팔은 걷는데 사용되는 한 연모를 만드는데 사용될 수 없으므로 연모 사용의 필요성 때문에 두발로 걷는 것이 발달되었으며, 연모를 사용하기 위해서 두뇌가 점점 커졌다고 가정하였다.

그래서 다윈은 인간은 유인원과 다르게 연모를 만드는 기술을 소유하였고 그 결과 송곳니가 줄어들고 머리가 발달했으며 이에 따라 두발로 걷기가 발달했는데 이런 작용은 되풀이해서 일어났다고 생각하였다. 다윈은 여기서 '연모의 사용'이 인류로 향한 핵심적인 전환점으로 파악하고 있다. 이런 다윈의 진화에 대한 '피이드 백' 시나리오는 침팬지를 닮은 한 동물이 어떻게 인류로 진화되어 갈 수 있었는지를 설명하고 있다.

오늘날 우리는 우리 자신과 유인원들에 대해서 다윈 당시보다 더 많이 알고 있다. 인류 이외에 오늘날 살고 있는 유인원 중에 침팬지도 초보적인 도구사용 능력을 지니고 있다는 사실이 밝혀졌다. 그러나 침팬지는 여전히 네발로 걷는다. 다윈은 침팬지가 도구를 사용한다는 사실을 몰랐으며, 돌연모는 두발로 걷기가 시작된 이후 한참 후인 250만 년 전에 처음으로 만들어지기 시작했다는 사실을 알지 못했다.

최근에 출토된 화석과 지구환경의 변화를 바탕으로 종합적인 새로운 가설들이 성립되었는데 러브조이의 모델과 로드만/멕켄리의 모델이 그것이다.

러브죠이의 먹거리 획득[Attraction Provisioning] 모델 : 인류가 왜 두발로 걷게 되었는가를 설명할 때 두발 걷기는 네발로 걷기에 비해 빠르지 못하고, 동작이 어설프며 걷는 도중에 부상을 당할 기회가 더 많을 뿐만 아니라 두발 걷기는 네발로 걷기에 비해 에너지 소모에 차이가 없다고 한다. 또한 두발로 걷기는 맹수의 눈에 잘 띠는 약점을 지니고 있다. 그러나 인류의 조상은 이렇게 두발 걷기가 여러 면에서 불리한 점이 많음에도 불구하고 이 방법을 택하였다. 이는 인류로 향하는 진화과정 중에서 가장 중요한 변화이며 이 변화는 이른 시기의 호미니드가 재생산을 성공적으로 강화하기 위해 행위에 변화를 가져왔기 때문이라는 것이다.

두발 걷기에 관한 가장 종합적인 가설 중의 하나는 오웬 러브조이C. Owen Lovejoy에 의해 제시되었다. 미국 켄트대학교의 해부학자이자 고인류학자인 러브조이는 자신의 가설을 자연선택이라는 틀 안에서 세웠다. 곧바로 서서 두발 걷기는 어떤 이점이 있기 때문에 선택되었다는 것이다. 러브죠이는 '재생산'과 '먹기' 그리고 '안전'이라는 행위에 초점을 맞추었는데 이런 행위는 동물이 가장 에너지를 많이 소모하는 행위이다. 동물들의 절대적인 생존목표는 살고, 먹고 그리고 자식을 생산하는 것이다. 러브조이는 어떤 점에서 먹기와 안전을 위한 에너지보다는 재생산에 사용된 에너지가 진화에 중요한 영향을 끼쳤다고 지적하고 있다.

만일 어미가 새끼를 낳은 후에 곧 임신을 할 수 있다면 그 어미는 더 많은 자식을 가질 수 있으며 이는 결과적으로 다음 세대에도 생존할 수 있는 가능성이 확대되었다는 것을 의미한다. 그러나 빠른 출산간격 때문에 암놈은 먹이를 구하고, 자신과 새끼들의 안전을 위해서 에너지를 소모하지 못하게 되었다. 그런데 수놈이 암놈에게 먹이를 공급한다면 암놈은 더 많은 에너지를 새끼 키우는 데에 투자할 수 있다. 수놈이 영양을 공급하면 암놈은 먹이를 구하러 다니는 노력을 줄일 수 있고 사고와 맹수로부터 노출될 위험성도 줄어든다. 따라서 수놈과 암놈의 관계가 오랜 동안 지속되고, 수놈과 암놈이 짝으로 맺어지면 이런 관계는 진화 중 호미니드에게 중요한 의미를 갖게 한다.

러브조이는 400만 년 전의 호미니드인 오. 아파렌시스 화석을 연구한 후 두발 걷기에 관한 모델을 제시했다. 그는 자신의 모델에서 "생산율을 증가시키기 위해서 호미니드의 조상들은 자식들 사이의 출산 간격을 줄였는데, 이는 우리의 조상들이 자식을 더 많이 낳았다는 것을 뜻하며 이런 전략은 원숭이와 경쟁하는데 더 효과적이다."라고 가정하였다. 마이오세인 1천만~5백만 년 전 사이에 지구의 기후가 변하며 기온이 떨어졌다. 그 결과 기후가 변함으로써 식량자원 획득에 제한을 받게 됨에 따라 '원 유인원'들은 식량을 얻기 위해서 더 멀리 여행할 수 밖 에 없었다. 암놈 어미는 출산 간격이 좁게 두 명의 자식을 가짐으로 인해서 행동의 제약을 받았으나 어미 자신과 새끼를 먹여 살리기 위해 먼 거리를 여행하여야만 했다.

러브조이는 '원 유인원'이 당면했던 문제 즉, 나이 차이가 별로 없는 2 마리의 새끼를 데리고 식량을 얻기 위해 먼 거리를 여행해야 하는 일은 암놈의 '먹거리 획득 전략attraction provisioning'의 시작으로 해결되었다고 한다. 여기서 수놈은 부모가 되는 과정에서 중요한 역할을 하게 되었다. 그 결과 수놈은 기꺼이 암놈과 새끼들에게 식량을 가져오게 되었으며, 암놈과 수놈은 짝으로 맺어지고 이 결합은 성의 결합을 통해 더욱 강화되었다. 이때 암놈은 배란을 숨기기 때문에 수놈은 언제 배란이 일어나는지를 알 수가 없었다. 따라서 늘어난 성의 수용력에 의해 암놈은 수놈의 에너지를 이용할 수 있었다. 다른 동물들에서 수놈의 에너지는 새끼들을 키우는데 이용되었으나 '원 유인원'의 경우는 이와 달리 한번 수놈이 식량을 암놈에게 공급하기 시작하면 그 후 암놈은 생산에 이점을 가지게 되었을 것이다.

어쨌든 이런 일은 수놈이 자기가 먹이를 가져다주는 새끼가 자신의 새끼라는 것을 모르는 경우에는 일어날 수 없었을 것이다. 여기서 우리는 수놈이 자기가 아비라는 사실을 알고 했는지에 대해서 말하고자 하는 것이 아니라 수놈의 적응을 강하게 하는 유인원 사이에서의 결합에 대해 말하고자 한다. 늘어난 성의 수용력에 의해서 교미는 오랜 기간에 걸쳐서 일어날 수 있었으며 수놈은 새끼들이 자신의 새끼들이라는 인식이 늘어났다고 러브조이는 가정하였다.

한편 암놈들은 수놈들 중에 가장 멀리서도 많은 식량을 가져올 수 있는 수놈을 선호하였을 것이며, 이때 두 발로 걷는 놈이 네 발로 걷는 놈보다 더 많은 먹이를 나를 수 있었다. 따라서 두 발로 걸을 수 있는 수놈의 유전자만이 다음 세대로 전해질 기회가 주어졌으며, 많은 세대가 지나면서 두 발로 걷기는 더욱 완전해졌다. 또한 한 명의 암놈에 자기의 자식으로 구성된 일부일처의 사회조직은 집단 내에서 짝을 얻고자하는 공격적인 노력을 감소시켰을 것이고 수놈은 짝을 찾고자하는 노력 없이 식량을 찾으러 떠날 수 있을 것이다. 이런 일들이 '원 유인원'의 원숭이에 대한 경쟁력을 증가시켰을 것이다.

위와 같은 러브죠이의' 먹거리획득' 가설은 다윈의 이론에 반대되는 설이며, 인구의 통계적 연구(데모그라피)의 성과와 400만 년 전에 살았던 호미니드의 화석자료에 근거를 하고 있다.

로드만 . 맥켄리의 모델 : 한편 최근에 두 발로 걷기에 관한 중요한 연구가 캘리포니아대학교의 인류학자인 피터 로드만P. Rodmann과 헨리 맥켄리H. Mckenry에 의해 진행되었다. 그들은 '호미니드의 두발로 걷기와 네발로 걷기를 구분하는데 에너지가 절대적인 기준이 아니다' 라고 말하며 인류의 두발로 걷기는 침팬지가 두발로 걷는 것보다 더 효과적이라고 지적하고 있다. 따라서 두발로 움직임으로써 이점이 있었다면 인류의 조상은 침팬지처럼 걷기보다는 인류처럼 두발로 걷기로의 전환이 진화 중 유리하였을 것이라고 주장한다.

과연 600만~500만 년 전에 두발로 걷기는 어떤 점에서 유리하였을까? 로드만과 맥켄리에 따르면 중기 마이오세 이후 변화된 자연환경에 적응하기 위해서 두발로 걷기로의 전환이 일어났다고 주장한다. 다시 말해서 삼림지대가 드문드문 흩어져 있고 초원에 가끔 나무들이 자라는 환경으로 대체되자 '원 유인원'들은 식량을 얻기 위해 전보다 더 돌아다녀야 했는데 이때 경제적으로 효과적인 걷기 방법, 두발로 걷기가 이런 사바나 지역을 돌아다니기에 유리했다고 한다. 따라서 호미니드의 두발로 걷기란 '원 유인원'이 살 수 없었던 곳에서 이들이 살아가기 위한 방법'이라고 로드만과 맥켄리는 간략히 말한다.

이들의 가설을 요약하면 두발로 걷기는 식량의 운반이나 연모제작의 결과, 또는 식성의 변화 때문이 아니라는 것이다. 두발로 걷기는 단순히 '원 유인원'들이 자신들이 먹던 식량을 제공하던 환경이 변하자 이 변화에 맞추어 여기저기 돌아다니기에 좀 더 효과적인 방법으로 생태에 적응을 하다보니 두 발로 걷게 되었을 뿐이라는 것이다.

기타 가설들 : 다윈의 시나리오 이외에도 인류의 조상이 왜 두발로 걷게 됐는지를 설명해 주는 여러 가설들이 있는데, 그 중에 대표되는 모델들 중의 하나로 '유인원 도살자 가설the killer ape theory'을 들 수 있다. 이 가설은 근본적으로 다윈과 같은 논리로, 이른시기의 오스트랄로피테쿠스는 도살자로 이들은 동물을 죽이기에 필요한 연모를 쥐기 위해서 두 발로 걷게 되었다고 한다.

다른 모델로는 '정찰 가설the reconnaissance theory'을 들 수 있는데, 이 가설에 의하면 두발로 걷기는 동물이 일어서서 풀을 넘어 멀리 볼 수 있도록 하기 위해서 시작되었다고 한다. 그러나 이 가설은 논리상 많은 문제를 가지고 있는데, 예로 만일 풀이 키를 넘는 경우에는 멀리 볼 수가 없으며, 또 풀이 초식동물에 의해 먹어 치워졌다면 특별히 일어서서 볼 필요가 없다는 점이다. 보다 중요한 문제는 180여종이 넘는 영장류들의 대다수는 가끔 땅위에 내려와 일어서서 단순히 풀 너머로 볼 수 있다는 점이다. 그들은 일어서기 위해서, 그리고 주위를 둘러보기 위해서 특별히 두발로 걷기를 발달시킬 필요가 없다.

또 다른 모델로 '과일 따기 가설the fruit picking theory'을 꼽을 수 있다. 이 가설에 따르면 인류의 조상들이 나무에 열린 과일들을 좀 더 효과적으로 따기 위해 바로 일어서서 두 발로 걷게 되었다고 한다. 그러나 이 가설에서 주장하는 원인이 특별한 이유가 될 수 없는 것이 영장류들은 단순히 과일을 따기 위해서 나무 위로 기어오를 수 있다는 점이다.

'딱딱한 열매먹기 가설the seed eating model'은 영국의 인류학자인 글리포드 졸리Cliford Jolly에 의해서 세워졌는데, 이 가설은 이른 시기의 호미니드와 침팬지에서 보이는 이빨과 턱 구조의 차이에 근거를 두고 있다. 이른 시기의 호미니드는 열매를 먹는 질라다 비비처럼 음식을 먹는 중에는 똑바로 앉아서 먹는 결과 두 발로 걷기가 발달되었다고 한다. 그러나 중요한 문제는 질라다 비비가 여전히 두 발로 걷지 못하고 있다는 사실이다.

지금까지 인류의 조상이 두 발로 걷게 된 이유를 설명하는 대표적인 가설로 '연모 사용 가설'과 '유인원 도살자 가설', '정찰 가설', '과일 따기 가설' 그리고 '딱딱한 열매먹기 가설' 등을 간단히 살펴보았는데 이 중 어느 가설도 인류가 왜 두 발로 걷게 되었는지를 설명하기에는 그 논리들의 타당성이 부족하다.

위에서 인류의 조상이 언제부터, 왜 두 발로 걷게 되었는지를 설명하는 여러 모델들을 살펴보았다. 그러나 무엇보다 중요한 것은 어떤 가설이 더 과학적인가를 검증할 수 있어야 하며 이 과학적인 설명은 증거에 의해서만 가능하다.

오늘날 우리는 인류의 기원에 관한 많은 증거들을 가지고 있다. 다윈은 작은 증거를 가지고 연모의 사용에서부터 시작되는 피이드백 시나리오를 만들어냈다. 다윈의 가설은 당시의 증거만으로는 훌륭했으나 생리적이나 행위에 관한 연구가 이루어지지 않았으며 또한 고생물학상의 자료가 부족해서 그가 이용한 증거들은 충분하지 못하였다. 이와 동시에 그의 가설은 지난 세기에 발견된 호미니드 화석들에 의해 설득력을 잃게 되었다.

이런 점에서 러브조이와 로드만 · 맥켄리의 가설은 이를 검증할 수 있다는 점에서 매우 유용하다. 그러나 우리가 한 가지 염두에 두어야 할 점은 이들의 이론은 현대 사회가 아닌, 우리들로부터 아주 멀리 떨어진 몇 백 만년 전 일들에 응용된다는 점이다. 그들의 가설은 과거의 환경을 여러 각도에서 생각하게 하여 진화를 좀 더 종합된 방법으로 살펴볼 수 있게 한다. 이런 관점에서 우리가 인류의 진화를 비교 영장류학에만 근거하여 연구하는 것은 지양해야 할 일이다.

이른시기 오스트랄로피테사인스의 크기

이른 시기의 인류조상은 어떤 정도의 몸무게를 지니고 있었는지는 직접 알 수는 없으나 화석을 바탕으로 살아있는 유인원과 현대인을 비교하면 몸무게를 가늠할 수 있다(표 8.2). 학자들은 처음에 이빨의 크기와 몸의 크기는 아주 밀접하게 관련이 있다고 생각했었다. 그러나 이빨을 가지고 몸무게를 계산하기보다는 사지뼈를 바탕으로 하는 것이 더 믿을 만하다는 것이 밝혀졌다. 인류의 몸무게는 엉덩뼈와 아래 사지뼈 그리고 발을 통해 땅으로 전달되기 때문이다.

오늘날 완전한 사지뼈를 바탕으로 현대인과의 비교가 가능하게 되었으며 현대인뿐만 아니라 살아있는 유인원과도 비교되었다. 그러나 유인원은 네발로 걸으며 몸무게가 인류와는 달리 앞 · 뒤 사지뼈에 고르게 배분되기 때문에 인류조상의 몸무게는 두발로 걷는 현대인과 비교가 이루어져야 한다.

표 8.2 이른 시기 호미니드의 몸무게와 키

종 명	몸무게 (kg)		키 (m)	
	남	여	남	여
오. 아파렌시스	45	29	1.5	1.1
오. 아프리카누스	41	30	1.4	1.1
파. 로보스투스	40	32	1.3	1.1
파. 보이세이	49	34	1.4	1.2

위의 표에서 알 수 있듯이 남자 오스트랄로피테사인스의 화석은 여성보다 크며 모든 오스트랄로피테사인스에서 성적차이가 있음을 알 수 있다. 비록 파. 보이세이와 파. 로보스투스는 굳세 보이는 형의 오스트랄로피테사인스로 알려지고 있으나 이는 이빨의 모습에서 살펴본 경우이며 몸집은 오. 아파렌시스와 오. 아프리카누스보다 별로 크지 않다.

인류의 진화과정 중 오스트랄로피테사인스의 단계에서 남성의 몸무게는 40~49kg 정도이고 여성은 28~34kg 정도에 속한다는 것을 알 수 있다. 하지만 이런 몸무게는 인류가 시간이 지나면서 몸무게가 증가했으리라는 가정과는 잘 일치하지 않는다.

성적차이

인류는 다른 젖먹이동물처럼 남녀간에 크기와 행위에서 차이를 보이는 데 이를 성적차이라고 한다. 다윈은 수놈은 자신의 유전자를 지속하기 위해 자식을 생산하고자 하였으며 이에 따라 육체와 행위에서 선택을 갖게 되었다고 생각했다. 암놈과 짝짓기를 위한 경쟁 결과 수놈은 커다란 몸집을 갖게 되었으며 송곳니나 뿔 같은 특징을 발달시켰다. 이렇게 수놈으로 하여금 커다란 몸집을 갖게 한 선택요인은 특별한 동물의 경우 성에 따른 차이를 증진시킨다는 것이다.

다윈은 처음에 성적차이의 단계에 관심을 가지고 이를 성적선택이라고 불렀는데 이는 짝짓기를 성공시키기 위해 적응을 선호하는 진화과정을 말한다. 이런 성적선택의 형태는 수놈과 수놈간에 짝짓기를 위한 경쟁을 할 때 몸집이 더 큰 개체가 자식을 생산할 기회가 더 커지며 그 결과 짝짓기에 이로운 특징을 지닌 유전자가 다음 세대로 더 잘 전해지는 형태로 나타난다는 것이다.

이렇게 동물의 성적차이의 정도는 짝짓기와 관련이 있는 데 성적차이가 거의 없거나 정도가 작은 영장류는 일부일처제를 보여주고 있다. 한편 성적차이가 크고 수놈의 크기가 암놈의 2배정도 되면 수놈은 여러 마리의 암놈을 거느린다. 고릴라처럼 성숙한 수놈이 혼자 지내거나 아니면 비비처럼 여러 마리의 수놈과 암놈들이 함께 살기도 하는 것이 그 예이다. 그러나 성적차이와 관련된 몸의 크기에 관한 세부연구에 따르면 내용은 더욱 복잡해진다. 이는 일부일체를 지키는 종이 암 · 수간에 차이가 심한 경우도 있으며, 성적차이가 작은데도 일부다처제를 보이는 경우도 있기 때문이다.

성적차이에 관한 또 다른 일반적인 견해에 따르면 영장류의 몸의 전체적인 크기는 성적차이의 정도와 직접적으로 관련이 있다는 것이다. 이 경우의 예로 고릴라가 주로 인용되는데 고릴라는 영장류 중에서 가장 큰 몸집을 지녔으며 모든 영장류에서 가장 성적차이가 크게 나타난다. 물론 이런 경우에도 예외는 있다는 점을 다시 한번 염두에 두어야 한다.

수놈은 음식을 구하고 어린아이를 돌보는 암놈을 돌봐야 할 필요가 있는데 바로 이런 점이 성적차이의 정도를 결정하는 또 다른 요인이다. 사바나지대에서는 식육류에 의한 위험성이 높은데 큰 송곳니를 가진 커다란 수놈은 무리를 지키고 식육류를 쫓아버리는 데 이점이 있을 것이다.

성적차이는 암놈에게도 이점이 있는데 성적차이가 있는 영장류의 경우 암놈은 수놈보다 작다는 것을 알 수 있다. 몸집이 큰 수놈이 경쟁자와 식육류에게 도전을 하기에 이점이 있는 것처럼 몸집이 큰 것이 이점이 있다면 왜 암놈의 몸집은 크지 않을까? 하는 의문이 제기된다. 이런 의문은 비비에 관한 야외 관찰연구에 의해 어느 정도 설명이 된다. 이 연구에 따르면 암놈은 임신과 새끼에 젖을 먹이는데 엄청난 에너지가 소모되나 에너지가 별로 없는 식물성 음식을 먹는다. 따라서 암놈 비비는 임신 중에 영양을 충분히 공급하거나 아니면 새끼를 키우기 위해 필요한 젖을 충분히 생산해야 한다. 또한 어미 자신도 살기 위해서는 많은 음식을 먹어야 하는 데 이렇게 자신과 새끼를 위해서는 커다란 몸집보다는 작은 몸집이 더 이점이 있다.

한편 몸집의 크기에 따라 노동의 분화가 있는 것으로 보인다. 불규칙적인 사냥을 하는 비비와 침팬지의 경우 사냥은 늘 수놈에 의해 이루어진다. 암놈도 무리 근처에서 사냥을 하는 경우도 있지만 주로 식물성 음식을 얻으러 다닌다. 아마도 이렇게 각기 다른 방법으로 식량을 구하였기 때문에 암놈과 수놈사이에 음식을 얻기 위한 경쟁이 줄어들었을 것으로 가늠된다.

아프리카에서 출토된 많은 호미니드 화석은 이빨과 턱 그리고 뼈대의 다른 부분에서도 분명히 성적차이를 보이고 있다. 이른시기 오스트랄로피테사인스 중 몸의 크기가 잘 알려진 호미니드로 오. 아파렌시스를 들 수 있다. 이 호미니드의 경우 남자는 여자보다 훨씬 무겁다. 오. 아파렌시스의 남성과 여성의 비율은 1.52로 오. 아프리카누스의 1.32보다 크다. 현대인은 1.22이며 침팬지는 1.37 , 오랑우탕은 2.03, 고릴라는 2.09의 비율을 보여준다. 이렇게 볼 때 오. 아파렌시스는 현대인과 침팬지보다는 큰 비율이지만 고릴라와 오랑우탄보다는 작다.

오. 아파렌시스가 왜 성적차이를 보이는 지는 분명하게 알지 못한다. 그러나 이는 아마도 땅위의 생활과 관계가 있는 것으로 오늘날 땅위에서 사는 영장류가 뚜렷한 성적차이를 보여주는 것과 같은 것으로 가늠된다. 무엇보다 오. 아파렌시스에서 가장 두드러진 특징은 수놈의 송곳니의 크기가 줄어들고 송곳니에서는 암수의 차이가 적다는 점이다.

수놈이 커다란 송곳니를 지닌 것은 수놈이 공격적이거나 아니면 수놈사이의 경쟁 때문인데 오. 아파렌시스의 작은 송곳니는 아마도 수놈사이의 공격적인 성향이 줄어든 까닭으로 가늠된다. 수놈 영장류의 또 다른 중요한 역할은 식육류를 물리치는 것인데 이른시기 호니미드의 경우 커다란 송곳니가 없어져 수놈사이에서 공격성은 줄어들었으며 같은 지역에서 사는 식육류의 공격을 서로 협동하여 막았다. 이런 행위는 유전적으로 가까운 사이의 침팬지가 표범을 방어하는데서 찾아볼 수 있다.

하다와 라에톨리에서는 커다란 식육류가 돌아 다녔으며 오. 아파렌시스는 이들의 사냥감이었을 것이다. 또한 하다 지역은 오늘날 비비가 사는 장소와 같이 나무가 무성한 그런 환경이었는데 여기서 식육류는 쉽게 오. 아파렌시스를 사냥하였다. 이런 환경조건에서 살아남기 위해 이른시기 호미니드는 커다란 몸집을 가진 수놈 사이의 협동이 요구되었다고 가늠된다. 이런 행위 모델이 설득력이 있기 위해서는 더 많은 증거가 필요하나 암수에 따른 성적차이와 몸집과 송곳니의 크기 같은 해부학적 특징은 이른시기 호미니드의 행위를 이해하는 데 중요한 바탕이 된다.

오스트랄로피테사인스는 사냥꾼인가?

남아프리카 일대에서 조사를 계속하던 다트는 1947년 트란스발 부근의 마카판스가트 농장 근처 동굴에서 부러진 동물들의 뼈와 함께 오. 아프리카누스의 화석들을 발굴하였다. 여기서 출토된 동물들의 화석을 근거로 다트는 이른 시기의 인류는 동굴에서 살았으며 그들이 '뼈 · 이빨 · 뿔의 문화bone · tooth · horn(=osteodontokeratic) culture'의 기술을 가지고 있었던 사냥꾼들이었다고 주장하였다. 다윈의 '피이드 백 이론'의 영향을 받은 다트는 이른 시기의 오스트랄로피테사인스는 이미 송곳니가 줄어들고 연모를 사용했다고 생각했으며 인류가 진화해 가는 중요한 원인은 바로 이 사냥행위에 의해서라고 믿었다.

이른 시기의 인류가 사냥을 했으며 식인풍습이 있었다는 가설의 또 다른 근거는 스와르트크란스 동굴에서 찾아졌다. 이 동굴에서 윗머리뼈 부분에 두 개의 구멍이 나 있는 머리뼈 조각이 발견되었는데 다트는 이 구멍들을 이른시기 인류가 행한 살인의 증거로서 해석하였다.

다트에 의해 영향을 받았던 사람들 중의 하나로 『아프리카의 기원 : african genesis』을 쓴 아드레이Robert Ardrey를 꼽을 수 있다. 아드레이는 그의 책에서 타웅에서 발견된 머리뼈에 생긴 구멍에 대해 "어떤 동물도 이 구멍들을 뚫을 정도의 강력한 어금니들을 갖고 있지 않으므로 이 구멍들은 동물이 남긴 것이 아니다."라고 설명하고 이어 말하길 "어떤 동물도 뼈들을 주어 모으지 않는다. 따라서 동굴에 남은 뼈들은 바로 인류의 행위에 의한 것이다."라고 기술하였다. 그의 설명에 따르면 타웅에서 발견된 어린아이는 다른 사람들에 의해서 살해되었으며, 사람은 본능적으로 죽이려고 도구를 사용하는 살인본능을 가진 존재라고 단정지었다. 한 걸음 더 나아가 다트는 오늘날 우리가 보는 '폭력과 연모의 사용'은 이미 이때부터 시작되었다고 주장하며, 오. 아프리카누스를 연모를 사용하는 식육류로 보았다.

다트의 견해는 1950년~1970년대 사이에 유행하던 인류기원에 관한 해석인 '사냥이론'에 큰 영향을 미쳤다. 따라서 1960년대에 '인류는 사냥꾼(=man the hunter)'이란 견해가

그림 8.17. 표범에 의해 동굴에 남겨진 호미니드의 머리뼈. 남아프리카의 스와르트크란스 동굴에서 발견된 머리뼈는 150만년 전 표범에 의해 생긴 것으로 밝혀졌다.

인류학계의 주제로 한때 유행했으며, 또한 '연모의 사용' 이라는 그의 설명은 우리 조상을 진화의 길로 나아가게 한 요인으로 인식되어 한때 '인류는 연모를 만드는 존재(= man the tool maker)' 라는 말로도 설명되었다.

남아프리카에 있는 동굴들은 석회암 지대에 자리하는데 이는 남중국의 카르스트karst 지형의 동굴들과 비슷하게 형성되었다. 많은 동물화석들이 동굴 안에서 발견되었는데 이때 화석들은 석회암이 녹아 한데 엉켜 붙은 채로 발견되며 이렇게 만들어진 바위를 각력암(엉킨 바위)breccia이라고 부른다. 다트는 인류의 행위에 의하지 않고는 그렇게 많은 수의 뼈들이 동굴 안에 남아 있을 수 없으며 인류를 제외한 다른 동물들은 뼈를 모으지 않는다고 단정하였다. 그러나 실제로 아프리카 사바나 지대에 사는 줄무늬 하이에나는 뼈를 물고 들어와 자신들이 살고 있는 곳에 모은다. 그리고 모아진 뼈들은 다트가 동굴에서 관찰한 뼈화석처럼 깨어져 나갔는데, 이는 바로 하이에나 같은 식육류가 뼈들을 씹어 생긴 결과이다.

1960년대에 브레인은 스와르트크란스 동굴에서 발견된 머리뼈에 뚫려 있는 구멍들과 표범의 아래 송곳니가 일치한다는 사실에 주목하였다. 브레인은 남아프리카의 석회암지대에 발달한 수직동굴의 형성과정을 연구한 끝에 동물화석들이 왜 동굴에서 퇴적되어 발견되는지를 밝혀냈다(그림 8.17). 이 석회암 동굴 내에는 갈라진 틈들이 많이 있는데 많은 동물들이 그 안에서 살며 동굴 밖 입구는 약간 경사를 이루고 있는 저지대로 나무들이 자라기에 좋은 환경을 만든다.

표범은 가끔 그들의 먹이를 하이에나로부터 지키기 위해서 동굴 입구에 자라고 있는 나무 위로 가지고 올라간다. 시간이 지나 먹이가 부패하면 그 뼈들은 땅으로 떨어져서 동굴 안으로 쓸려 들어가며 동굴바닥에 쌓인 뼈들은 동굴 벽과 천장에서 떨어져 나간 바위부스러기와 밖에서 흘러 들어온 흙과 뒤섞였다. 수백만 년의 세월이 지나면서 안에 뼈가 묻힌 채로 엉킨 석회암 엉킴 바위가 되었다. 이것을 바로 다트가 발굴한 것이다.

인류의 진화가계도 : 최근의 가설과 문제들

대부분의 고인류학자들은 인류기원의 문제가 호미니드 화석을 바탕으로 풀려져야 한다고 생각한다. 또한 인류와 침팬지 그리고 고릴라 같은 호미노이드의 유전적 관계규명은 인류의 기원문제를 해결해 줄 수 있는 방법 중 하나 이다. 그리고 DNA 교배연구는 비록 어떤 종류의 유인원이 유전적으로 인류와 가장 가까운지를 정확하게 나타내지는 못하지만 인류와 침팬지가 유전상 98% 이상 서로 닮았다는 사실을 밝혀 주고 있다.

마이오세 호미노이드와 오늘날 살고 있는 유인원과 인류와의 진화관계를 밝히려는 그 동안의 학계의 노력은 큰 성과를 얻지 못하였다. 이는 1천2백만~500만 년 전 사이에 살던 호미노이드 화석이 거의 발견되지 않았기 때문인데 학자들은 이 시기에 아프리카에서 살던 여러 종류의 마이오세 호미노이드가 아프리카의 큰 유인원과 이른 시기의 호미니드로 진화했을 것으로 생각한다. 그러나 마이오세의 호미노이드 중 어느 종이 이른 호미니드의 직접 조상인지는 아직까지 밝혀지지 않고 있으며 그 동안의 연구성과를 바탕으로 여러 가능한 가설들이 제시되고 있다.

이른시기 호미니드 및 오스트랄로피테사인스 화석들 사이의 관계 및 이들과 호모 속의 화석들 사이에 진화적 관계와 생태학적 관계에 대해 논쟁이 있으며 오스트랄로피테사인스 중에서도 '가냘퍼 보이는 형gracile form'과 '굳세 보이는 형robust form'으로 나누어지는 기준과 이들의 진화 중 역할에 관해서도 각기 다른 설명이 제시되고 있다. 1920년대부터 제시된 인류의 진화에 관한 가설은 1970년대 이후부터 1990년대 중반까지 다양한 이론들이 제시되었는데 이 책에서는 이런 복잡한 호미니드에 대한 새로운 연구에 따라 전통적인 인류진화 가계도보다는 새로운 인류의 진화가계도를 따르고 있다. 1990년대 중반에 베르나르드 우드와 이안 터트셀을 포함한 일단의 고인류학자들은 전통적인 인류의 진화가계도와는 다른 새로운 가설을 발표하였다(그림 8.18).

인류속의 경우 최근에 인류의 조상과 침팬지의 공통조상으로부터 분화된 시기에 가장 가까운 연대를 지닌 사헬란스로푸스와 오로린, 아르디피테쿠스 및 오. 아나멘시스의 화석이 발견되어 인류의 기원을 밝히는 실머리를 제공하였다. 또한 오. 아파렌시스와 가장 이른 시기의 호모를 연결해 중간단계의 화석인 오스트랄로피테쿠스 갈리가 1990년대 말에 발견되었다. 호모에서의 문제는 손쓴사람의 진화자리에 관한 것이다. 올두바이 골짝에서 출토된 손쓴사람이 곧선사람으로 이어졌다는 전통적인 가설에 대해 이들이 현생인류로의 진화에

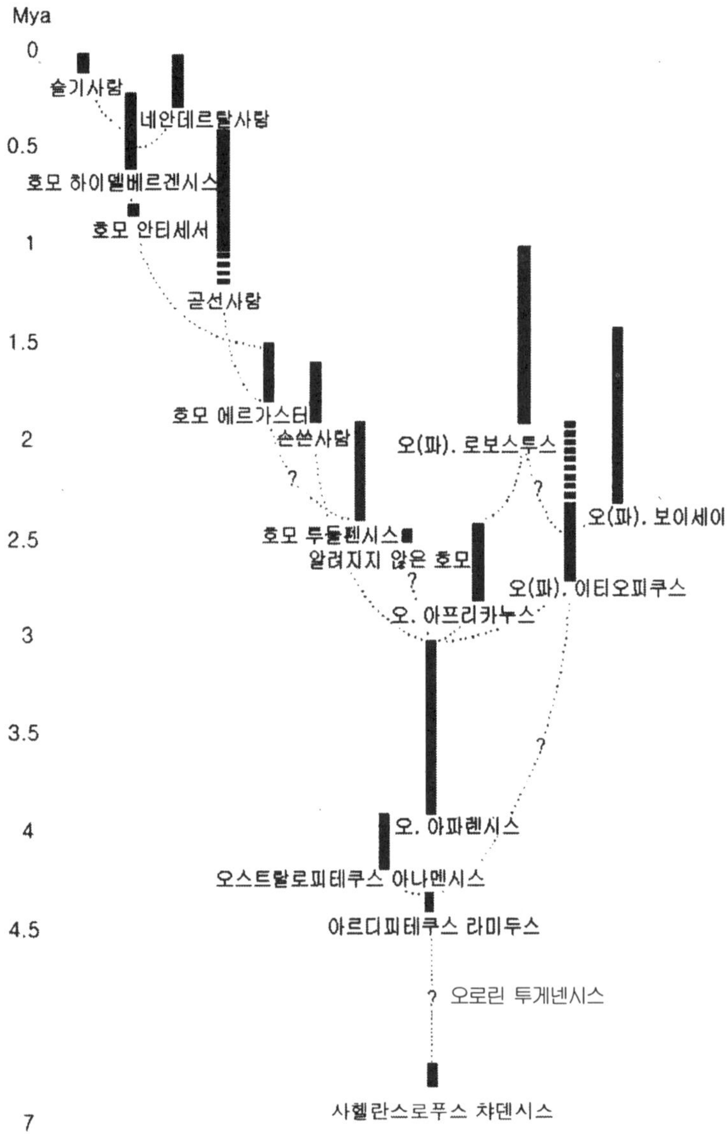

그림 8.18. 새로운 인류진화가계도

별로 역할을 하지 못했다는 주장이 점차 받아들여지고 있다. 그리고 호모 루돌펜시스가 그 자리를 대신하여 호모 에르가스터로 진화했다는 주장이 더 설득력을 지니고 있다. 호모 에르가스터가 곧선사람과 호모 하이델베르겐시스의 공통조상이라는 주장이 있는 반면 호모 에르가스터가 곧선사람으로 진화했으며, 곧선사람이 호모 하이델베르겐시스로 이어졌다고 보는 주장도 있다. 한편 네안데르탈사람을 독립된 종인 호모 네안데르탈렌시스로 구분해야 하며, 네안데르탈사람은 슬기사람에게 유전인자를 전하지 못했다는 주장이 더 지지를 받고 있다. 따라서 슬기사람은 호모 하이델베르겐시스로부터 진화해 왔으며 네안데르탈사람 또한 이들로부터 진화했다고 생각되므로, 호모 하이델베르겐시스는 해부학상 슬기사람과 네안데르탈사람의 공통조상이 된다.

위에서 설명한 인류의 진화가계도가 1990년대 중반부터 고인류학계에서 새로이 제시된 가설로 700만년 전의 호미니드로부터 오스트랄로피테사인스를 거쳐 우리 자신인 슬기사람까지 진화해 온 과정을 보여준다. 그렇다면 과연 앞으로도 우리에게 더 분화가 일어나 호모 컴퓨터렌시스 같은 종으로 진화해 갈 것인가? 하는 문제가 제기된다. 그러나 오늘날 인류가 살고 있는 환경은 진화 중 분화를 일으킬 조건이 아니기 때문에 새로운 종으로 진화할 가능성은 적다고 추측된다. 왜냐하면 오늘날 지구에서 인류는 더 이상 재생산이란 측면에서 고립되지 않으며 집단 내에서 분화를 일으키기에 충분한 필요조건이 없기 때문이다. 대신에 인류는 교통수단의 발달로 지구촌에서의 교류가 아주 활발하며 인류는 한 종으로 분류된다. 인류집단에서 분화가 일어나기 위해서는 고립된 집단이 요구되는데 아마도 우주에 식민지를 건설하는 경우가 생긴다면 가능할 수도 있을 것이다. 만일 우주에 정착한 인류가 아주 오랫동안 고립된다면 새로운 종류의 인류가 출현할 가능성도 있을 것이다.

제9장 이른 시기의 호모

☞ 호모 속genus 'homo'은 1758년 린네가 자신의 분류체계에서 살아 있는 인류를 분류하기 위해 처음으로 사용하였다. 린네의 연구 이후 지금까지 호모 속의 종들은 모두 8종으로 알려졌는데 호모 루돌펜시스*homo rudolfensis*, 호모 하빌리스(손쓴사람)*homo habilis*, 호모 에르가스터(일하는 사람)*homo ergaster*, 호모 에렉투스(곧선사람)*homo erectus*, 호모 안티세서*homo antecessor*, 호모 하이델베르겐시스(옛슬기사람)*homo heidelbergensis*, 호모 네안데르탈렌시스(네안데르탈사람)*homo neanderthalensis* 그리고 호모 사피엔스(슬기사람)*homo sapiens* 등이 그것이다. 이 장에서는 호모의 진화에 대해서 살펴보기로 한다.

호모의 진화과정은 매우 복잡한데 특히 가장 이른 시기의 호모에 관해서는 과거의 간단하고 단선적인 가설에 비해 많은 이견이 있다는 점을 알 수 있다. 이렇게 호모 속 안에서 여러 종들이 다양하게 나타난다는 사실은 현생인류의 진화가 직선적인 단일 방향으로만 진행되지 않고 다른 젖먹이 동물처럼 가지치기와 분화과정을 거치면서 진화해 왔을 가능성을 강하게 보여준다. 따라서 호모 속을 연구할 때는 오스트랄로피테쿠스 속에서 볼 수 있는 다양성이 호모에게도 나타날 수 있다는 점을 염두에 두어야 한다.

아직 종이 결정되지 않은 인류의 화석 : *Homo sp.* A.L. 666 - 1

미국 캘리포니아주 버클리 소재 인류기원 연구소institute of human origin의 아파 지역 조사팀은 이티오피아 하다 지역의 한 경사진 구릉에서 부서진 호미니드의 위턱 하나를 찾았다. 1994년 11월 초순의 일이다. 가운선에서 두 조각으로 갈라진 위턱에는 여러 개의 이빨이 남아 있었다. 이 위턱 화석은 그 동안 하다 지역에서 발견된 300개의 오. 아파렌시스 화석들과는 다른 해부학적 특징을 지니고 있었다. 이 위턱 화석(A.L. 666-1)은 호모의 특징인 포물선 모양의 턱 구조를 지니고 있어서 오스트랄로피테쿠스 속보다는 호모 속에 속하는 특징을 지니고 있다.

위턱 화석이 발견된 주변에서 20여 점의 몸돌과 격지들이 함께 출토되었는데 연모들은 날카로운 모서리를 가지고 있으며 지상에 노출된 지가 그리 오래되지 않은 것으로 보인다. 돌감은 주로 현무암과 쳐트이며 연모들은 탄자니아의 올두바이 골짝에서 출토된 올도완 연모와 유사하다. 연모들이 출토된 화산재층의 연대는 233만 ± 70만 년 전으로 아주 정확한 연대측정 방법인 단일 수정 레이저 결합방법으로 측정되어 화석의 연대는 최소한 230만 년 이전으로 추정된다.

위턱 화석의 연대가 230만 년 전이라는 사실은 매우 중요한 의미를 지닌다. 왜냐하면 아프리카에서 발견된 가장 이른 시기의 호모조차도 190만 년 전이라는 연대를 넘지는 못하고 있기 때문이다. 말라위에서 출토된 아래턱 화석은 같이 출토된 동물화석을 바탕으로 250만 년 전이라고 알려지고 있으나 이 연대는 동물 화석의 구성으로 볼 때 연대가 불확실하다. 따라서 지금까지는 아파 출토 위턱 화석이 가장 오래된 이른 시기의 호모 화석으로 알려지고 있다.

이 화석의 해부학적 특징은 다른 호모들, 예를 들어 하빌리스, 루돌펜시스, 에르가스터와는 다른 모습을 보이고 있다. 그러나 앞으로 완전한 머리뼈 화석이 발견되어야만 이 화석이 새로운 종인지 아니면 기존의 종에 속하는 지가 결정될 것이다. 이 화석은 지금까지 알려진 가장 오래된 호모 화석이며 같은 시기에 속하는 돌연모가 함께 출토되었다는 점에 그 중요성이 있다.

손쓴사람 *Homo habilis*(能人)

최초의 호미니드 중 하나인 오스트랄로피테쿠스 아파렌시스는 굳센 오스트랄로피테사인스와 오.아프리카누스로 갈라져 진화해 갔다. 굳센 오스트랄로피테사인스가 갈라진 시기에 또 다른 호미니드의 갈래가 처음으로 나타나 진화해 갔는데 호모의 출현이 그것이다. 호모 중 가장 오래된 호미니드는 손쓴사람으로 오스트랄로피테사인스와는 달리 커다란 머리에 작은 이빨을 지니고 있으며 무엇보다도 돌연모를 가지고 있다는 점이 특징이다.

1930년대에 루이스 리키와 메리 리키는 아프리카의 탄자니아의 올두바이 골짝에서 플라이스토세에 속하는 많은 동물화석과 돌연모를 발굴하였다. 오랜 동안 올두바이 골짝에서 돌연모를 남긴 호미니드 화석을 찾고자 하던 루이와 메리는 1960년에 아래턱 한 개와 몇 조각의 사지뼈를 175만 년 전 지층에서 찾았다. 1964년 루이스와 그의 동료들은 이 화석에 손쓴사람이라는 새로운 이름을 주었다.

손쓴사람의 화석의 발견

손쓴사람의 화석은 동아프리카와 남아프리카의 여러 유적지에서 발견되었는데, 중요한 화석들은 특히 동아프리카의 올두바이 지역과 투르카나 호수 동쪽지역에 위치한 쿠비포라 등지에서 발견되었다. 손쓴사람은 250만~150만 년 전까지 비교적 짧은 기간동안 오. 보이세이와 함께 아프리카에서 살았던 호모로 한동안 가장 이른 시기의 인류 조상으로 인정되어 왔다. 그러나 1980년 후반부터 새로이 발견된 화석을 바탕으로 한 연구는 기존의 연구와 여러 면에서 차이를 보이고 있다.

올두바이 출토 화석 : 1959년 메리 리키가 올두바이 골짝에서 진잔스로푸스의 머리뼈를 발견한 후 내쇼날 지오그래픽사는 1960년대 초 인류화석을 찾기 위한 계획의 일환으로 많은 연구비를 루이스 리키에게 투자하였다. 이를 바탕으로 리키는 동아프리카에서 인류의 조상을 찾는 연구를 진행시켰다. 이 연구의 결과로 루이스 리키의 큰아들인 조나단은 1960년에 OH (olduvai hominid) 7번 화석으로 알려진 섬세한 형태의 호미니드 머리뼈 부분과 턱, 손뼈들을 찾았다. 이 화석은 손쓴사람을 대표하는 화석으로 주인공은 10~12살 정도의 나이로 루이스와 메리 리키의 큰 아들의 이름을 따서 '죠니의 아이들' 이라는 애칭으로도 불려진다. 올두바이 골짝에서 발견된 손쓴사람 화석들의 연대는 185만~160만 년 전 사이로 밝혀졌으며 이는 바로 '진즈' 가 살았던 시기와 일치한다. 또한 OH 8번으로 알려진 어린 아이의 발뼈도 함께 발견되었다. 특히 OH 8번 화석은 거의 200만 년 전 이들이 두발로 걸어 다녔음을 알려주는 증거이며 이는 동아프리카에서 루시가 발견되기 전 처음으로 발견된 두발 걷기의 증거였다.

사진 9.1. 루이스 리키와 손쓴사람 화석. 1964년 4월에 발행된 『nature』잡지에 최초로 발견된 새로운 호미니드인 손쓴사람의 화석을 소개하고 있다.

1964년 리키와 나피어J.Napier 그리고 토바이어스는 복원한 OH 7번 머리뼈를 새로운 호미니드인 손쓴사람(*homo habilis*= handy man)이라고 이름지었다. 이 이름은 이미 40여 년 전에 다트가 자신이 찾은 오스트랄로피테쿠스 속에 속하는 화석을 염두에 두고 지은 이름이었다. 호모 하빌리스는 '손쓰는 사람handy man' 이라는 뜻으로 이 화석들은 리키 등에게 연모 제작자로 인식되었다(사진 9.1).

올두바이 골짝에서 새로 찾아진 화석에게 호모 하빌리스라는 새로운 종의 이름이 주어지자 고인류학자들 사이에서는 대단한 논쟁이 일어나게 되었다. 머리뼈의 모양은 오스랄로피테쿠스에 비해 눈굼뒤 줄임이 약하며 이빨의 형태도 앞니는 어금니에 비해 상대로 커지고 옆니는 작아졌기 때문이다. 실제로 손쓴사람은 몇 년 후 KNM ER-1470번 머리뼈 화석이 발견되고 나서야 비로소 그 존재를 인정받을 수 있었다.

올두바이 화석의 발견은 루이스 리키에게 두 가지 중요한 가설의 근거를 제공하였다. 첫째는 손쓴사람이 일찍이 올두바이에서 연모를 사용하였고, 같은 층에서 발견된 '진즈'는 손쓴사람의 먹이였으리라는 것과, 둘째는 손쓴사람의 화석을 증거로 볼 때 오스트랄로피테쿠스는 절대로 인류의 조상이 될 수 없다는 자신의 주장을 재확인하게 했다는 점이다.

올두바이 골짝에서 출토된 화석들이 오스트랄로피테사인스에 속하는 종류인지 아니면 인류에 속하는 호미니드인지에 관한 오랜 논쟁은 1972년 투르카나 호수에서 KNM ER-1470으로 알려진 머리뼈가 발견되어 루이스 리키의 손쓴사람이란 이름이 학계에서 받아들여진 이 후에도 계속되었다. 그러나 무엇보다 중요한 것은 리키의 연구가 라에톨리와 하다, 그리고 투르카나 호수 주위에 있는 오모, 그리고 쿠비포라 지역에서 호미니드 발굴의 기폭제가 되었다는 점이다.

1950년대부터 올두바이 골짝에서 수십 년 동안 연구를 진행해 오던 메리 리키는 1980년대 초반에 올두바이를 떠났다. 메리 리키는 그 동안 발굴한 유물들의 정리와 올두바이에서는 더 이상의 연모와 호미니드 화석이 발견되지 않을 것이라고 믿었기 때문이다. 이에 더하여 이 지역은 밀려드는 관광객으로 인해 오염되어 가고 있었다.

이티오피아 정부는 미국 캘리포니아주 버클리 소재 인류기원 연구소에 올두바이 골짝의 재조사를 의뢰하였다. 1986년 6월에 인류기원 연구소 조사팀은 단지 3일간의 탐사 끝에 골짝으로 향하는 길옆에서 뼈조각들을 발견하였다. OH 62번으로 알려진 이 화석은 파편으로 출토되었다.

어른으로 추정된 OH 62번이 화석의 중요성은 무엇보다도 사지뼈가 찾아졌다는 데에 있다. 사지뼈는 작은데, 특히 허벅지뼈가 작은 점으로 보아 OH 62번 화석의 키는 루시보다 작으며 화석의 주인공은 여성일 것으로 여겨진다. 실제로 OH 62번 화석은 지금까지 발견된 호미니드 중에 가장 작은 키로 약 1m 정도의 키를 지니고 있다.

사지뼈 중 또 다른 중요한 점은 위 · 아래팔뼈 사이의 비율을 계산할 수 있었다는 점이다. 비록 불완전하지만 위팔뼈와 허벅지뼈 사이의 비율이 계산되었는데 앞팔뼈 · 허벅지뼈 비율은 95로 이는 앞팔뼈의 길이가 허벅지뼈의 95%가 된다는 의미로 이는 곧 OH 62번 화석의 팔이 매우 길다는 것을 뜻한다. 현생인류의 지수는 70%이며 침팬지의 지수는 100%이다. 고인류학계에서는 OH 62번 화석이 발견되기 전까지, 호모 하빌리스가 침팬지와 비슷한 비율을 지니고 있으리라고는 예상하지 못하고 있었다.

과거에 호모 하빌리스의 몸의 구성 비율은 현생인류와 비슷하리라고 생각되었다. 그러나 OH 62번 화석의 경우 사지뼈의 비율은 오.아파렌시스(루시)와 유사하다. 만일 과거의 일반적인 주장대로 호모 하빌리스가 160만 년 전에 살았던 호모 에르가스터와 곧선사람의 조상이라고 한다면, 불과 20만 년 사이에 몸의 크기가 크게 증가했을 뿐만 아니라 위 · 아래 사지뼈 구성 비율이 엄청나게 변하였다는 사실이다. 그러나 인류의 진화과정에서 이렇게 빠른 속도의 변화는 일어나기가 불가능한 일로 여겨진다.

위에서 언급된 내용 이외에도 OH 62번 화석은 많은 중요한 연구과제를 숙제로 남겨 놓았다. 그 하나로 만일 OH 62번 화석이 여성이라면 동아프리카에서는 어떤 특징을 지닌 화석이 남성의 화석으로 분류될 수 있을까 하는 점이다. 투르카나 호수 주변지역에서 출토된 커다란 허벅지뼈들이 남성의 것이라면 성적 차이는 오. 아파렌시스에서 보이는 정도와 비슷할 것이다. 이런 점에서 OH 62번 화석의 발견은 이른 시기에 살던 호모에 대한 의문을 더욱 증가시키고 있다. 영국의 인류학자인 베르나르드 우드는 올두바이 골짝에서 출토된 대표적인 호모 하빌리스를 호모 에르가스터와 호모 루돌펜시스와는 분명히 구별되는 다른 종이라고 단정하였다. 이렇듯 이른시기 호모의 존재는 당시 고인류학계가 생각했던 것보다 훨씬 더 복잡한 성격을 지니고 있다. 그러므로 앞으로 인류의 진화과정에서 그 조상과 후손사이의 관계가 올바르게 정립되기 위해서는 완전한 형태의 머리뼈와 사지뼈 화석이 계속 발견되어야 한다.

쿠비포라 출토 화석 : 케냐의 투르카나 호수 동쪽의 쿠비포라 지역에서도 손쓴사람의 화석들이 출토되었다. 1973년에 출토된 KNM-ER 1813번 화석은 그 전 해에 찾아진 ER 1470번 화석과 함께 호모 하빌리스를 대표하는 호미니드로 오랫동안 알려져 왔다. 학자들은 ER 1470번 화석을 바탕으로 큰 머리에, 큰 얼굴 그리고 커다란 이빨을 가진 호모가 200만 년 전에 쿠비포라 지역을 어슬렁거리고 다녔다고 여겼다. 그러나 ER 1813번 화석은 작은 머리에, 작은 얼굴 그리고 작은 이빨을 지니고 있었으며 세 번째 어금니까지 모두 솟아 난 어른이었다. ER 1470번과 ER 1813번 화석의 이런 머리뼈 차이는 남녀에 따른 성의 차이로 설명되어 ER 1470번은 남성으로, ER 1813번은 여성으로 알려졌다(그림 9.2).

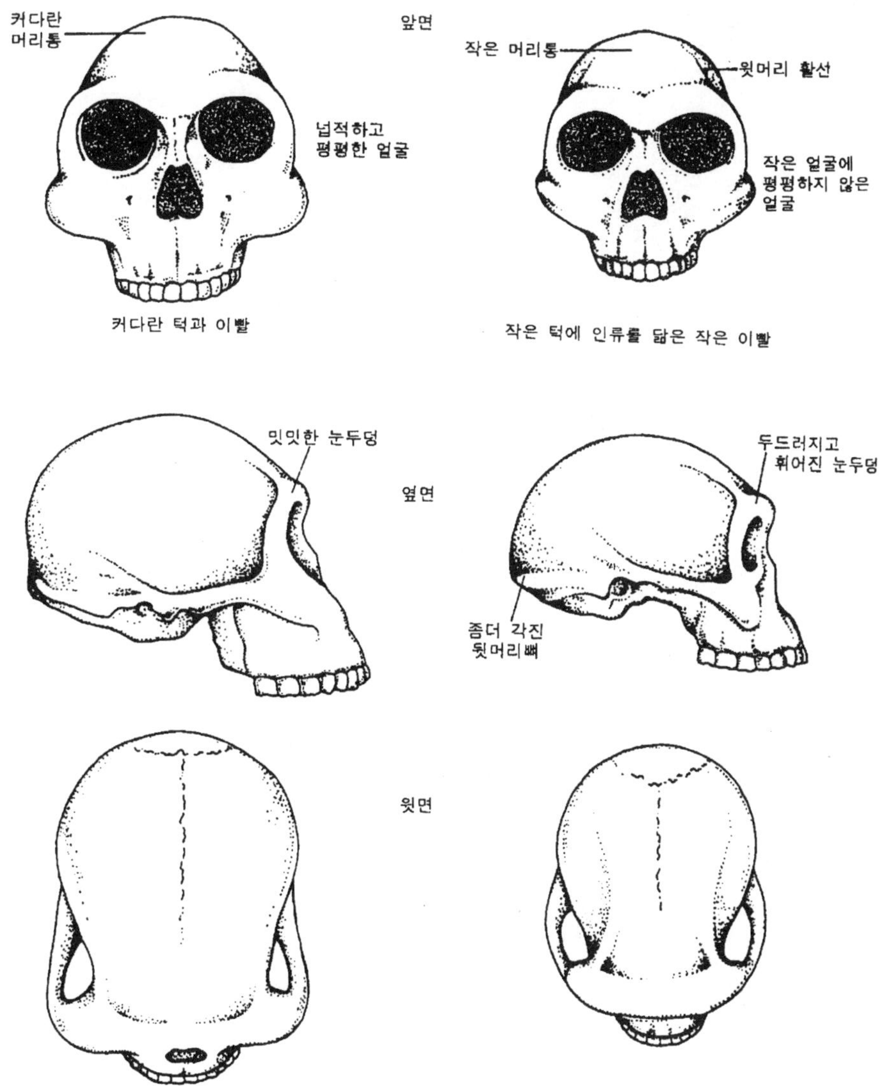

그림 9.2. KNM-ER 1470번과 KNM-ER 1813번 화석의 비교. (사진의 왼쪽은 호모 루돌펜시스(ER1470)로 알려진 화석이고 오른쪽은 손쓴사람(ER1813)의 화석이다. 이들 화석에서 보이는 차이는 성적차이라고 설명되기도 하였다.)

그러나 ER 1813번과 ER 1470번 화석에서 보이는 머리크기와 모습의 차이가 단지 성에 따른 차이라는 주장과 더불어 종이 서로 다르기 때문이라는 주장 역시 학계에서 꾸준히 제기되었다. 실제로 두뇌의 크기와 얼굴뼈, 전체적인 모습, 그리고 굳세 보이는 정도를 단순한

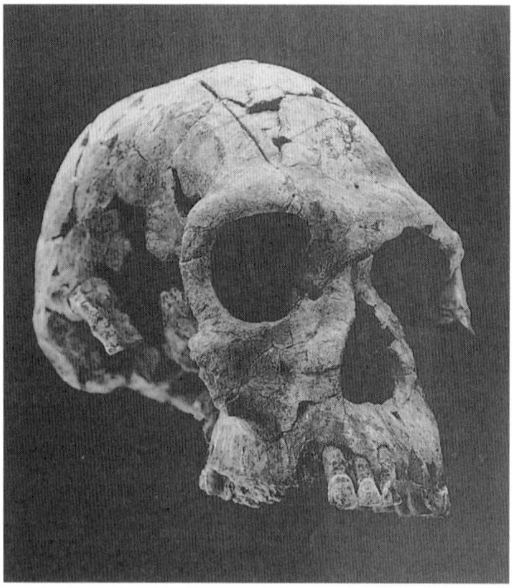

그림 9.3. 쿠비포라에서 출토된 손쓴사람인 KNM-ER 1813의 모습

남녀의 성적차이로 보기에는 두 화석간의 차이가 너무나 상이하다. 그러므로 오히려 그 당시 쿠비포라 지역에 적어도 두 종의 이른시기 호모가 살았으며 그 중 한 종은 곧선사람으로, 그리고 다른 한 종은 현생 인류의 길로 접어들었다고 보는 가설이 더 설득력 있다.

투르카나 호수 일대에서 출토된 가장 작은 머리를 지닌 ER 1813번 화석은 올두바이 골짝에서 출토된 호모보다도 작은 머리를 지니고 있다(사진 9.3). 이 화석의 머리 용량은 약 510cc 이며 (이 크기는 오스트랄로피테사인스의 평균치보다는 약간 크고, 호모의 기준치인 600cc보다는 작다) ER 1470번 화석의 용량은 775cc로 보고되어 있다.

이 책에서는 쿠비포라에서 출토된 ER 1813번 화석과 올두바이에서 출토된 OH 13번과 OH 24번 화석만을 손쓴사람으로 분류한 베르나르드 우드의 분류방식을 따르고 있다. 한편 리차드 리키는 처음에 ER 1813번 화석을 남아프리카 출토의 오.아프리카누스와 아주 가깝다고 결론 지었다. 그러나 최근에 그는 ER 1813번 화석의 이름을 정하는 것과 OH 13번 화석을 손쓴사람으로 부르는 것을 잠시 유보하고 있지만 해부학적 특징과 화석이 출토된 층위들은 ER 1813번 화석이 손쓴사람에 속한다는 주장을 지지해 주고 있다. 얼굴의 구조와 광대뼈 및 눈두덩의 모습은 호모 루돌펜시스보다 더 오래된 형의 호모임을 보여주고 있다.

손쓴사람의 해부학적 특징

손쓴사람은 오. 아프리카누스와 여러 면에서 비슷한 특징을 나누어 가지고 있지만 서로 구분될 수 있는 특징 또한 지니고 있다.

머리뼈의 경우 손쓴사람은 몸의 크기에 비해 커다란 머리를 지니고 있는데 머리 크기는 510cc~750cc(평균 630 cc)에 달하고 있다. 앞머리뼈와 특히 위머리뼈가 더 커졌으며 뒷머리뼈의 모양은 둥글어졌다. 머리뼈 밑면의 공동 또는 기포pneumatization는 줄어들었고 위턱의 잇몸이 좀 더 포물선 모양을 띤다. 옆에서 볼 때 턱이 얼굴 쪽을 향해 당겨졌으며 송곳니 융기canine juga는 보이지 않고 절치골(切齒骨)premaxilla이 덜 발달하였다. 손쓴사람의 아래턱은 작고 옆니의 사기질 층은 얇다.

사지뼈의 경우는 잘 알려져 있지 않으나 OH 7번 화석의 발뼈로 볼 때 손쓴사람이 두발로 걸었음을 알 수 있다. 1986년 올드바이에서 찾아진 손쓴사람의 일부 사지뼈에 따르면 이 화석의 주인공은 1m 정도의 매우 작은 키를 가지고 있는데 이는 오. 아파렌시스인 '루시' 보다도 작은 키이다. 팔은 다리에 비해 긴 편이며 손등뼈는 유인원의 특징을 지니고 있다. 이런 점들로 보아 손쓴사람은 두발 걷기를 하면서 오스트랄로피테사인스처럼 나무 위를 오르고 낮은 나뭇가지를 잡고 이동하던 존재였으리라고 짐작된다.

손쓴사람은 한 종인가 아니면 두 종인가?

최근에 고인류학자들은 호미니드 화석을 분류할 때 이들의 다양성이 조심스레 다루어지지 않았다는 점을 점차 깨닫기 시작했는데 특히 손쓴사람의 분류에서 이런 경향이 두드러지게 나타난다. 예를 들어 고인류학계에서는 전통적으로 아프리카의 여러 지역에서 출토된 이른 시기의 호모를 손쓴사람이라는 단일 종으로 분류하였다. 그러나 최근의 이른시기 호모에 대한 종합적인 연구에 따르면 아프리카 올두바이에서 출토된 호미니드 화석만이 손쓴사람으로 분류되고 있으며 쿠비포라에서 출토된 호미니드 화석들은 호모 루돌펜시스로 분류되고 있다.

손쓴사람에 관한 전통적인 개념은 올두바이 골짝 제 1층과 제 2층에서 출토된 화석을 바탕으로 하고 있는데 손쓴사람이 복수 종인지 아닌지를 논의하기 위해서는 다른 지역 즉 쿠비포라에서 출토된 화석을 검토해야 할 필요가 있다.

쿠비포라 지역에서는 일찍부터 많은 플라이오-플라이스토세의 호미니드 화석들이 발견되었는데 이 화석들은 오스트랄로피테사인스 중 '굳세 보이는' 형도 아니며 곧선사람으로 분류될 수 있는 특징들도 없다. 오히려 이 화석들은 임시로 이른 시기의 호모인 손쓴사람과 오. 아프리카누스의 중간형으로 여겨졌다. 이들 화석의 이름은 발견 초기에는 매우 조심스럽게 거론되었다. 그리고 1975년에 와서야 처음으로 진지하게 이 문제가 논의되어 이른 시기의 호미니드가 손쓴사람과 호모 에르가스터란 이름으로 나뉘어지게 되었다. 이런 분류 외에도 이 화석들은 더 많은 이름으로도 불려졌다. 1980년대 말까지 손쓴사람은 지역적인 차이를 기준으로 두 종으로 나누어 분류되었다. 올두바이에서 출토된 본래의 손쓴사람(*homo habilis sensu stricto*)과 쿠비포라와 남아프리카에서 출토된 호모 종들이 그것이다.

일반적으로 손쓴사람이라고 알려진 화석의 머리뼈와 얼굴 모습 그리고 이빨에 관한 연구에 따르면 기존의 손쓴사람은 여러 종의 호모로 나누어지는데 올두바이와 쿠비포라에서 출토된 화석들은 적어도 세 종의 호모 즉 기존의 손쓴사람, 호모 루돌펜시스 그리고 호모 에르가스터로 나누어진다. 이 연구에 따르면 기존의 손쓴사람은 쿠비포라와 올두바이에서 발견되는데 반해 호모 루돌펜시스와 호모 에르가스터는 투르카나 호수일대에서만 출토된다. 그리고 최근에는 말라위의 우하라에서 240만 년 전 층에서 호모 루돌펜시스로 알려진 화석이 발견되었다.

기존의 손쓴사람의 분류를 검증하기 위해서 쿠비포라에서 출토된 ER 1470과 1813번 머리뼈 화석은 특히 중요한 의미를 가진다. 대다수의 고인류학자들은 이들을 인류 속으로 분류하는 데는 이의를 제기하지 않고 있다. 그러나 문제는 화석들이 올두바이에서 출토된 손쓴사람과 같은 종이냐 하는 점이다. 머리뼈의 크기와 형태에서 두 화석은 차이를 보이는데 특히 눈두덩과 광대뼈 부위, 그리고 머리의 크기에서 뚜렷한 차이가 나타난다. 즉 ER 1813번 화석은 머리의 용량이 510cc이고 1470번 화석은 770cc 정도이다.

많은 학자들은 ER 1813번과 1470번 화석이 같은 종으로 분류되기에는 차이가 너무 많다는 데 견해를 같이 한다. 최근에 이루어진 한 클라디스틱 연구에 따르면 ER 1813번 화석과 올두바이에서 출토된 손쓴사람의 화석은 곧선사람의 자매 그룹이며, ER 1470번 화석과 투르카나 호수 주변에서 출토된 화석은 오스트랄로피테사인스와 많은 점에서 서로 비슷한 특징을 보이고 있음을 보여준다. 비록 머리뼈 크기를 비교한 최근의 한 연구는 한 종 이상의 호모가 살았다는 점에 의문을 제기하고 있지만, 복수 종 가설은 매우 논리적이고 설득력이 있다. 그러나 ER 1470번 화석은 수백 개의 조각을 이어 맞추어 복원되었다는 점을 염두에 두어야 한다.

호모 루돌펜시스*Homo rudolfensis* (e.f. *Homo habilis*)

동아프리카 케냐의 투르카나 호수 동쪽지역인 쿠비포라 일대는 오랫동안 사람의 손길이 닿지 않은 지역으로 인류의 화석이 풍부하게 묻혀 있는 인류화석 연구의 보고이다. 1972년 이 지역의 KBS 화산재 띠층 바로 밑에서 커다란 머리뼈가 하나 발견되었다. 이 화석의 발견은 리차드 리키가 쿠비포라 지역에서 성취한 중요한 업적 중의 하나로 군세 보이는 오스트랄로피테사인스와 같은 시기에 살던 인류조상의 머리뼈 화석이었다. 그 해 초반에 발굴되어 케냐 국립박물관 화석 대장에 KNM ER-1470번으로 기록된 이 머리뼈는 올두바이에서 출토된 어떤 이른 시기의 호모 화석보다 더 완전한 형태로 발견되었다(사진 9.4).

ER 1470번 화석은 오. 아프리카누스를 일부 닮았으나 775cc 정도의 큰 머리뼈와 전체적인 모습으로 볼 때 오. 아프리카누스와는 다른 종으로 구분되어 한동안 손쓴사람으로 분류되었다. 비록 오늘날에는 이 화석이 호모 루돌펜시스로도 재분류되지만 당시로서는 루이스 리키 등이 주장한 손쓴사람의 존재가 사실로서 증명된 것으로 학계는 받아 들였다.

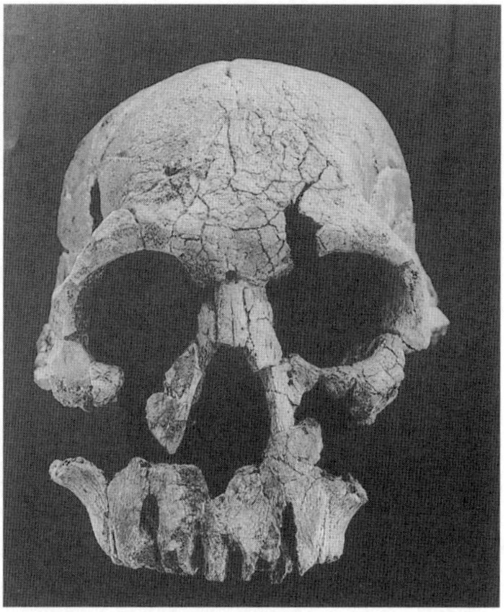

그림 9.4. 쿠비포라에서 출토된 호모 루돌펜시스인 KNM-ER 1470의 머리뼈

처음에 ER 1470번 화석이 발견된 KBS층의 화산재를 가지고 연대측정을 한 결과 이 머리뼈의 연대가 최소한 300만 년 전은 될 것이라고 발표하였다. 따라서 이 연대는 오스트랄로피테사인스가 인류의 조상이 될 수 없다는 리키 가문의 주장을 뒷받침하기에 충분하였다. 그러나 KBS 층에 대한 보다 정밀한 연구와 특히 화산재에 대한 미국 캘리포니아 주립 버클리대학교의 커티스Curtis의 정확한 포타슘/아르곤 연대 측정에 따르면 이 머리뼈가 발견된 층의 연대는 단지 180만 년 전인 것으로 밝혀졌다. 이 연대는 올두바이와 쿠비포라에서 나온 손쓴사람 화석(e.g. ER 1813)들의 연대와 일치한다. 그러나 오늘날 ER 1470번 화석의 재분류는 동아프리카에서 이른 시기의 호모의 진화 양상이 매우 복잡하다는 것을 보여주고 있다.

동물학자이며 리차드 리키의 부인인 미브 리키Meave Leakey는 모두 150여개의 뼛조각을 맞추어 ER 1470번 머리뼈를 복원하였다. 머리뼈는 두 분으로 나누어져 있는데 가장 두드러진 특징은 커다란 머리통에 넓적하고 편평한 얼굴을 지녔다는 점이다. 일부학자는 얼굴과 머리뼈의 일부 모습이 오스트랄로피테쿠스와 닮았다고 하지만 머리통이 옆으로 튀어나온 모습과 머리 용량이 775cc라는 점 때문에 이 화석은 호모로 분류된다.

1986년에 발레리 알렉세프는 ER 1470번 화석을 호모 루돌펜시스라고 이름지었다. 그리고 쿠비포라 지역의 190만~180만 년 전의 층에서 새로 발견된 화석들도 루돌펜시스로 재분류되었다. 이렇게 ER 1470번 화석을 새로운 종으로 분류하는 것은 이른 시기의 동아프리카에 적어도 두 종의 호모가 같은 시기에 살았다는 것을 의미한다. 이는 인류의 진화가 손쓴사람에서 곧선사람으로, 그리고 이어 슬기사람으로 진행되어 왔다는 지금까지의 일반적인 생각과는 다른 주장이다. 따라서 손쓴사람의 진화 자리를 재검토해야 하는 문제가 제기된다.

전기구석기 문화(올도완 문화)와 고인류의 삶 : 올두바이 골짝의 예

인류의 조상은 돌로 만든 연모들을 남겼는데, 바로 이 연모들이 구석기 고고학의 주된 연구대상이다. 이들이 남긴 연모들의 연구는 미술사 연구처럼 매우 기술적 방법으로 이루어져 연대순으로 정리되었기 때문에 마치 연모들이 진화했던 것처럼 여겨졌다. 그러나 진화한 것은 사람이지 연모가 아니다.

1960년대에 인류학자들은 유적지에 남겨진 연모와 동식물들을 연구하여 이를 남긴 인류의 행위를 알고자 하였는데 올두바이 골짝이 그 대표되는 유적이다. 1959년 리키 등이 올두바이에서 진즈의 화석을 발견할 때 일단의 돌연모가 진즈가 발견된 층에서 출토되었다. 처음에 이 연모들은 진즈에 의해 제작되었다고 생각했으나 곧 이들이 연모를 제작하기에는 너무 원시적이라고 생각을 바꾸었다. 올두바이 골짝에는 도처에 동물의 뼈와 돌들이 흩어져 있는데 가장 오래된 연모는 맨 밑층인 bed 1에서 나온 올도완 연모로 간단히 손질된 자갈돌 찍개가 대표되는 연모이며 몸돌연모와 격지 연모가 같이 출토된다. 모든 연모들은 주변 화산지대로부터 흘러드는 물에 의해 호수의 가장자리에 묻혔다. 이 유적에서 출토된 돌연모는 메리 리키 등의 고고학자들에 의해 자세히 연구되었는데 올두바이에서는 연모의 발달이 연속으로 나타나 인류가 어떻게 연모를 만들고 이를 발전시켰는지를 알 수 있게 해준다. 최근에 이들의 엄지손가락을 연구한 결과 연모를 제작할 수 있었으리라는 연구가 있지만 대부분의 학자들은 오스트랄로피테사인스의 어느 종도 연모를 사용하지 않았다는 데에 의견을 같이한다.

올두바이 유적의 맨 밑층인 bed I에서는 뼛조각들과 돌연모들이 함께 쌓여 있는 채로 발견되었는데, 이런 현상에 대한 해석은 1960년대에 메리 리키와 글린 아이작Glyn Issac에 의해 시도되었다. 그들은 약 180만 년 전부터 인류는 '사냥을 하고 옮겨온 돌들을 이용하여 연모를 만들고 그 자리에서 동물들을 도살하였으며, 먹다 남은 찌꺼기는 주어먹기 짐승들이 먹었고, 발견된 뼈들은 바로 호미니드와 주어먹기 짐승들이 남긴 것' 이라고 해석하였다. 그들에게 올두바이 유적지는 주거지로 인식되었다.

한 걸음 더 나아가 아이작에 의해 성립된 '음식분배행위 가설' 은 고고학계에 많은 영향을 끼쳤다. 아이작은 인류와 유인원을 구분하는 기준을 사냥 그 자체만으로는 강조하지 않았다. 그는 협동과, 특히 음식의 분배행위가 인류진화의 중심이었다고 주장했기 때문에 그의 이런 주장을 '음식분배행위 가설' 로 불리고 있다. 이 가설에 따르면 남자들은 연모들을 가지고 지속해서 사냥을 하고, 여자들은 식량을 채집하였으며, 이런 행위를 위해 호미니드 사이에 협동과 의사표현이 있었으리라고 가정하였다. 즉 동물성 음식과 식물성 음식은 남. 여에 의해 각각 얻어졌으며, 이들은 자기들이 얻은 음식을 주거지로 가지고 돌아와 거기서 분배했다고 주장하였다.

음식분배행위 가설은 오늘날 살고 있는 수렵·채집 집단들의 생활유형을 과거에 살았던 호미니드를 연구하는데 적용한 결과이다. 리차드 리키는 이런 형태의 경제행위를 '최초의 혼합경제' 라고 불렀는데 아이작은 음식 분배행위가 일어났던 사회 환경의 복잡성이 인류 진화의 추진력이지 사냥에서 요구되는 지식과 기술은 진화의 추진력이 아니라고 주장하였다. 이렇게 그의 가설을 사회 환경에 초점을 맞춤으로써 주로 기술과 조직적인 면을 강조했던 이전의 '사냥꾼 가설' 과는 구분된다.

1980년대에 들어와 아이작과 그의 제자들은 쿠비포라에 있는 150만 년 전 잠시 주거지로 이용됐던 50번 유적지의 주거지를 복원해서 이 음식분배행위 가설을 검증하려는 노력을 진행시켰다. 50번 유적지의 연구 결과 이 유적에 남겨진 돌들과 동물화석 및 식물성 음식들은 다른 곳으로부터 옮겨져 온 것이며, 당시의 호미니드는 동물들은 사냥하기보다는 다른 동물들이 먹다 남긴 나머지를 얻어먹던 주워먹기 짐승이었다고 아이작은 자신의 가설의 일부를 수정하였다.

아이작은 유적지에 남겨진 뼛조각들과 연모들은 주거지 주위에 있던 한 선사인류 집단의 행위를 보여주는 것으로 이런 형태의 행위를 '인류행위 중심지 이론' 이라고 부르는 가설로 설명하였다. 이 가설에 따르면 손쓴사람들은 '주거지를 중심으로 식량을 획득하여 분배하는 생활 행위' 로 설명할 수 있는 사회 조직유형을 가지고 있었다고 한다. 이렇게 아이작의 변화된 생각과 같은 의견이 이미 1970년대 중반부터 몇몇 고고학자들에 의해 제기되기 시작했다.

오늘날 고고학자들은 그들이 본래 생각했던 것만큼 알지 못한다는 사실을 인정한다. 과거에 고고학자들은 유적지에서 얻은 증거를 일정한 모델에 적용하여 과거 인류의 행위와 사회를 재구성하고자 하였는데 이는 정확한 연구 방법은 아니라는 점이 밝혀졌다. 과거에 일어난 사건들을 해결하고자 할 때 과거에 일어난 일은 단지 한 방법으로 행해졌는데, 오늘날 이에 대한 해석은 여러 가지 다른 결과로 나타난다는 사실을 우리는 알고 있으며 동아프리카에서 발견된 손쓴사람들의 행위에 관한 가설들이 그 좋은 실례라 할 수 있다.

인류조상의 행위에 관한 1970년대 초반까지의 연구에 관한 새로운 비평과 평가는 루이스 빈포드Lewis Binford에 의해 시작되었다. 그는 '사냥 가설' 뿐만 아니라 '음식분배행위 가설' 에도 회의를 나타내었다. 그는 고고학 유적지에서 뼈들을 발견했을 때 이 뼈들이 인류의 행위에 의해 거기에 남겨졌다는 생각을 거부했다. 심지어 연모 옆에서 나온 동물화석이나 뼈들은 연모들과 상관없이 거기에 있을 수도 있고, 또 그들이 서로 가까이 있는 것도 단지 우연일 수도 있다고 그는 주장한다.

빈포드는 유적지에 남겨진 뼈들이 어떻게 운반되는지를 알기 위해 현재에 일어나는 상황을 연구하여 자연조건 아래서 뼈들이 어떻게 서로 분리되고 흩어지는가를 관찰하였다. 그 결과 빈포드는 과거를 보는 우리들의 시야는 매우 좁기 때문에 오류가 생겨났다는 결론에 도달하였다. 그는 인류의 진화 중 늦은 시기에 살았던 호미니드 중에 특히 네안데르탈사람의 행위에 대한 재검토 이후 이른시기 호미니드의 행위에 관한 그 동안의 해석에 의문을 제기하여 리차드 리키와 아이작이 재구성한 이른시기 호미니드의 행위는 논리적으로 가능하지 않다고 주장하였다.

따라서 빈포드는 가장 이른 시기의 유적지인 올두바이 골짝에 관해 이미 발표된 고고학 기록들을 검토한 끝에 '올두바이 유적지는 사냥을 하던 식육류와 이들이 남긴 고기를 주어먹던 호미니드들이 죽은 장소'라고 자신의 견해를 밝혔다. 빈포드에게 올두바이 골짝에서 발견된 '알 수 없는 뼈들과 돌무더기들'은 단지 알 수 없는 더미일 뿐이며, 남겨진 뼈들은 골수를 얻으려고 몇 개의 쓸모 없는 뼈들을 깨뜨렸을 때 남겨진 뼛조각일 뿐이었다. 그에게 올두바이 골짝은 더 이상 호미니드가 살던 주거지가 아니었다. 빈포드에게 수렵·채집의 생활방식은 호미니드에게 생각보다 늦게 나타난 행위였다.

아이작과 빈포드의 논쟁에 자극을 받은 리처드 포츠Richard Pots가 최근에 올두바이 유적지에서 발굴된 뼈화석들을 재조사하였다. 이 작업에는 패트 쉬프만Pat Shipman과 아이작의 제자인 헨리 번Henry Bunn 등이 이 조사의 일익을 담당하였다. 이들의 연구는 두 개의 질문, " 돌들과 뼈화석이 어떻게 같은 장소에서 나타나는가? 하는 질문과 올두바이 유적지는 주거지인가?" 하는 질문에 집중되었다. 연구 결과 포츠는 올두바이 유적지에서 발견된 돌감들은 특별한 지점으로부터 의도적으로 운반되었다고 주장하고 있다. 한편 여기서 남겨진 뼈화석들에서는 인류가 행한 자른 자국과 동물들이 씹은 자국이 함께 나타난다고 쉬프만 등이 밝히고 있다(사진 9.5). 두 번째 질문에 대해서 그는 '아니다'라고 답하고 있다. 왜냐하면 주거지란 짧은 기간 중에 집중적으로 사회활동과 음식분배행위가 일어나야

그림 9.5. 올두바이에서 출토 된 동물뼈에 남겨진 자른 자국. 이 자국은 호미니드가 2백만 년 전에 동물을 도살했음을 보여주는 증거의 하나이다. 자른 자국은 동물의 이빨 자국과 겹쳐 나타나는데 이는 호미니드가 사냥뿐만 아니라 육식동물이 먹다버린 음식도 주워먹었음을 뜻한다.

하며, 나중에는 그 자리를 떠나는 그런 장소가 주거지로 정의되는데 올두바이 유적지는 이와는 반대로 오 년에서 십 년이란 기간에 가끔씩 사용되었기 때문이다. 따라서 포츠는 올두바이 유적지를 '선 주거지'란 용어로 표현하였다.

지금까지 200만 년 전에 살았던 이른시기 호미니드인 손쓴사람의 행위를 설명하는 여러 가지 연구를 살펴보았는데, 이들의 행위는 단 한 가지 행위유형으로는 설명될 수 없다는 점을 알 수 있다. 그러나 아이작 등에 의해 시도된 호미니드 행위에 관한 새로운 증거의 발견과 동시에 수반되는 의문은 우리를 옛 유적지에 대한 재조사와 새로운 연구의 장으로 안내하였다는 데 의의가 있다.

곧선사람 *Homo erectus*(直立人)의 출현

일반적으로 고인류학계에서는 인류가 손쓴사람에서 곧선사람으로 진화해 갔으며, 이어 슬기사람으로 진화해 갔다는 가설이 지지를 받았다. 그러나 새로이 발견된 이른 시기의 화석과 이들에 대한 재분류는 인류의 진화과정이 매우 복잡하다는 것을 보여주고 있다. 여기서는 한때 인류진화의 직접조상으로 알려진, -지금도 일부 학자들은 이를 지지하고 있지만 곧선사람의 발견역사를 뒤돌아보고(그림 9.6), 대표되는 화석들의 해부학적 특징을 살펴 이

그림 9.6. 호모 에르가스터와 곧선사람 화석이 출토된 유적지

호미니드의 진화자리에 관한 최근 고인류학계에서의 연구를 살펴보기로 한다.

곧선사람은 해부학적으로 우리와 꼭 닮지는 않으나 한때 우리 자신과 가장 가까운 종으로 자리하고 있었으며, 이들의 유전자가 슬기사람에게 남아 있다고 믿어졌다. 오늘날 곧선사람은 존재하지 않으나 이들에 대한 발견과 연구는 고인류 연구의 기폭제가 되었다. 곧선사람들은 아마도 아프리카에 출현한 호모 루돌펜시스의 후손으로부터 출발하여 180만~150만 년 전 이전에 아시아 대륙으로 이동해 추운 기후조건에 적응한 최초의 호미니드였을 것으로 짐작된다. 이렇게 새로운 환경으로의 이주는 곧선사람의 진화에 중요한 요인으로 해부학적 특징 및 행위와 관련이 있다.

곧선사람의 발견의 역사는 19세기로 거슬러 올라간다. 오. 아프리카누스가 발견되기 35년 전의 일이었다. 1800년대 중반, 유럽에서는 지구의 현재와 미래에 대한 연구에 관심이 모아졌다. 다윈의『종의 기원』과『인류의 기원』이 출판된 이후, 일련의 학자들은 인류와 유인원을 잇는 중간형의 존재가 있었다고 가정하였다.

오늘날 호미니드 화석에 관한 증거는 아주 훌륭하지만 1세기 전인 1800년대만 해도 증거가 불충분하여 오직 상상에 의해서 이론이 만들어지던 시기였다. 이 당시 다윈의 지지자였던 독일의 동물학자인 언스트 헥켈은 화석증거가 없는 데도 불구하고 '잃어버린 사슬'에게 '피테칸스로프스 아라루스 *pithecanthropus alalus*'라는 이름을 주었다. 이 학명은 그리이스말에서 온 pithekos 즉, 유인원 ape과 인류 anthropos라는 말이 결합된 단어이며, alalus는 말을 할 수 없는 존재 speechless 라는 뜻이다. 이런 헥켈의 이론은 듀보아 등에 영향을 끼쳐 아시아에서 곧선사람의 화석을 찾게 하는 기폭제가 되었다.

아시아 출토 곧선사람

인도네시아 출토 곧선사람 : 최초의 곧선사람 화석은 네덜란드 출신의 유진 듀보아에 의해 발견되었다. 당시에 알려져 있던 인류의 기원과 진화에 관한 여러 가설과 네안데르탈 화석에 많은 관심을 가졌던 듀보아는 특히 열렬한 다윈의 지지자인 언스트 헥켈로부터 커다란 영향을 받았다. 과거 유럽의 기후는 유인원과 인류를 잇는 중간형의 존재가 살기에는 너무 추운 날씨였기 때문에 이 존재의 흔적이 유럽 이외의 지역에서 찾아질 것이라는 헥켈의 생각은 당시 네안데르탈사람을 가장 오래된 인류라고 믿고 있던 듀보아에게 큰 충격을 주었다. 헥켈은 다윈과는 달리 아시아의 열대지역을 인류 기원의 이상적인 장소로 믿었는데 이는 지금도 이 지역에서 살고 있는 유인원이 선 인류protohuman를 닮았기 때문이다. 1866년 헥켈은 호미니드 화석을 직접 보지 않은 채 그의 뛰어난 상상력과 비교해부학의 연구만을 통해 유인원과 인류를 잇는 단계를'잃어버린 고리'로 생각하여 피테칸트로프스 아라루스라는 존재를 설정하였다.

한편 다윈과 월러스 또한 듀보아에게 영향을 끼친 학자들이다. 다윈과 헉슬리를 포함한 대다수의 학자들은 아프리카 대륙이 인류의 기원지일 가능성이 가장 높다고 생각했다. 즉 인류의 머리카락이 길지 않은 점과 인류와 가장 닮은 침팬지가 아프리카에서 살고 있다는 점, 그리고 당시 〈검은 대륙〉으로 인식되던 아프리카 대륙에 관한 호기심이 이들로 하여금 아프리카를 인류의 기원지로 보게 하는 요인으로 작용하였다. 이에 반해 오랜 동안 말레시아에서 살았던 월레스는 수마트라와 보르네오에 살고 있는 기본과 오랑우탄에 주목하여 만일 인류의 조상을 찾고자 한다면 유인원이 사는 열대지역에서 찾을 수 있을 것이라고 생각했으며 그 가능지역을 아시아로 점치고 있었다.

헥켈 등의 영향을 받은 듀보아는 1887년 자신의 꿈을 실현하기 위해 네덜란드 군대에 입대하여 군의관이 된 후 당시 네덜란드 식민지인 수마트라에 부임하였다. 훈련받지 않은 연구자가 호미니드의 화석을 찾기 위해서 알려지지 않은 지역으로 가서 실제로 화석을 찾은, 역사상 몇 안 되는 예 중의 하나이다. 현지에 부임 후 듀보아는 화석이 나올 만한 장소라고 생각되는 여러 개의 석회암 동굴들을 발굴하였으나 별 성과를 얻지는 못하였다. 그러던 중에 1890년 듀보아는 자바 근처의 와자크에서 흥미로운 머리뼈가 한 개 발견되었다는 소식을 듣게 되었다. 와자크를 방문한 듀보아는 두 번째 머리뼈를 찾았으나 두 개의 화석 모두가 기본적으로 현대사람을 닮았다는 사실에 실망하고 말았다. 그러나 오늘날 이 두 개체의 머리뼈는 해부학상 현대인을 대표하는 화석으로 받아들여지고 있다.

듀보아는 자바에 계속 남아 중부 자바지역에서 화석이 출토될 가능성이 있는 유적을 발굴하였다. 그런 발굴의 성과로 1891년 솔로solo강가의 트리닐trinil 마을 근처에서 와자크 출토 머리뼈보다 더 원시적인 모습을 지닌 머리뼈 하나를 찾았다. 이 머리뼈화석은 오늘날 곧선사람을 대표하는 트리닐 2번 화석으로 알려져 있다. 독일의 네안더 계곡에서 발견된 머리뼈와 사지뼈들이 고인류학 연구에 불을 당겼다면 트리닐에서 발견된 화석은 인류의 조상이 지역적으로 널리 퍼져 나갔음을 알려 주는 중요한 발견이었다.

트리닐에서 출토된 화석의 두터운 머리뼈는 납작한 앞머리와 대부분의 옆머리뼈 그리고 뒷머리뼈의 윗부분으로 이루어져 있다. 눈두덩은 많이 튀어나와 있으며, 눈굼 뒤 줄임이 아주 심하다. 머리뼈 표면은 닳아 매끄러우며 머리 가운데를 따라 가운마루가 발달해 있다. 머리부피는 850cc로 이는 유인원(275~750cc)과 현생인류인 슬기사람(1,000~2,000cc)의 중간에 해당되는 크기이다. 함께 출토된 동물 화석으로 볼 때 이 머리뼈 화석은 분명히 오래 전에 살던 호미니드의 머리뼈였을 것으로 판단되었다.

그 이듬해 머리뼈 화석이 발견된 곳과 같은 층이라고 여겨지는 층에서 현생인류와 닮은

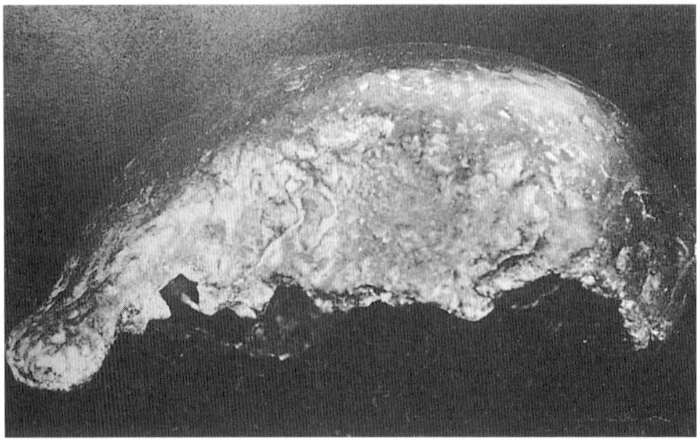

a) 듀보아가 찾은 자바 곧선사람의 머리뼈와 허벅지뼈

b) 자바의 트리닐 지역을 흐르는 솔로강. 여기서 피테칸스로푸스 에렉투스의 머리뼈와 허벅지뼈를 찾았다.

사진 9.7. 자바 곧선사람의 화석과 출토유적.

허벅지뼈 하나를 찾았다. 허벅지뼈는 병리적 현상을 보이고 있었는데 듀보아는 머리뼈와 허벅지뼈가 같은 개체의 것이며(사진 9.7) 이 뼈의 주인공을 유인원에서 인류로 넘어가는 -유인원에 더 가까운- 중간형의 단계에서 두발로 서서 걸어다녔던 존재로 규정하였다. 1894년 듀보아는 앞에서 헥켈이 설정한 '잃어버린 고리' 인 피테칸스로프스를 차용하여 자기가 발견한 화석을 피테칸스로프스 에렉투스*pithecanthropus erectus*(=erect apeman)라고 이름 지었다. 인류 역사상 최초로 이론에서 보여졌던 가능성이 실제로 실현된 것이었다.

그러나 듀보아는 자신이 발견한 화석이 묻혔던 트리닐 지역의 층위가 복잡하다는 사실을 알지 못했다. 그가 찾은 허벅지뼈는 현생인류의 것과 훨씬 닮아 있었으며 후에 실시된 정밀계측 결과 늦은 시기의 것으로 판명되었다. 듀보아가 발견한 화석에 대한 초기의 논쟁은 층위에 관한 것이 아니라 이들이 단일 종 인지의 여부와 유인원과는 다른 이른시기 인류의 것 인지에 집중되었다. 이런 논쟁은 중국과 자바에서 새로운 화석들이 발견된 이후에야 해결될 수가 있었다.

1950년대에 진화생물학자인 언스트 마이어Ernst Mayr는 자바에서 출토된 호미니드와 베이징에서 출토된 화석들을 같은 시기에 살았던 단일 종인 곧선사람 *Homo erectus*로 분류할 것을 제안하였다. 지금까지 인도네시아에서는 40여 개체의 곧선사람 화석이 출토되었으며 중국에서도 거의 같은 수의 화석이 출토되었다.

한편 자바에서 곧선사람과 관련되어 출토된 돌연모는 없다. 이는 매우 흥미 있는 일로서 대개 곧선사람들이 발견된 곳에는 아슐리앙 돌연모로 알려진 거칠게 손질된 묵직한 연모들이 함께 출토된다. 그러나 대나무가 풍부하게 자라나는 인도네시아와 아시아에서는 연모의 재료로 돌감이 이용되지 않고 대나무가 이용되었기 때문이라는 주장이 제기되었다. 나아가 모조케르토mojokerto와 상기란sangiran지역에서 아슐리앙 연모가 발견되지 않는데 이것은 곧선사람이 아프리카에서 아슐리앙 연모가 발달하기 이전에 대륙을 떠났기 때문으로도 생각된다. 그러므로 아프리카에서 발달한 아슐리앙 연모가 다른 지역으로 퍼져 나가긴 했으나 아시아로는 전해지지 않았다는 모비우스Movius의 가설이 서구 고고학계에서는 널리 받아들여졌다. 현재까지 알려진 증거로 보면 다윈이 예견한 것처럼 인류의 기원지는 아시아가 아니라 아프리카 대륙일 것으로 생각된다.

처음 트리닐에서 호미니드 화석이 발견된 이후 또 다른 중요한 화석이 자바 섬에서 출토되었다. 먼저 1936년에 자바 동쪽지역의 퍼닝(perning 또는 모조케르토로 알려짐)에서 인류의 화석이 찾아졌고 1937년과 1941에는 트리닐에서 65km 떨어진 중부 자바지역의 상기란에서 발굴이 실시되었는데 폰 쾨닉스발트G.H.R. Von Koenigswald가 호미니드의 화석을 찾았다. 폰 쾨닉스발트가 찾은 인도네시아 출토화석들은 세계 2차 대전 중에 무사하게 보관된 후 전쟁이 끝나면서 독일의 프랑크푸르트로 옮겨졌다. 프랑크푸르트로 보내진 화석은 현재는 그 일부만이 남아 있고 많은 중요한 화석들은 다시 인도네시아로 되돌려 보내졌다. 그러나 듀보아가 처음에 찾은 화석들은 네덜란드로 보내져 아직도 네덜란드의 라이덴에 보관되어 있다.

세계 2차 대전 이후 인도네시아에서 발견된 호모의 화석 중 가장 중요한 화석은 인도네시아 중부지역의 상기란에서 출토된 상기란 17번 머리뼈 화석이다. 고인류학자들은 듀보아가 트리닐에서 피테칸스로프스의 화석을 발견한지 80년이 지나서야 자바에서 출토된 호미니드 화석에 관심을 표명하기 시작했다. 그 계기가 된 것이 바로 상기란 17번 화석의 발견이다. 그 동안 인도네시아에서 여러 개의 호모 화석이 발견되었으나 얼굴부분을 지닌 화석의

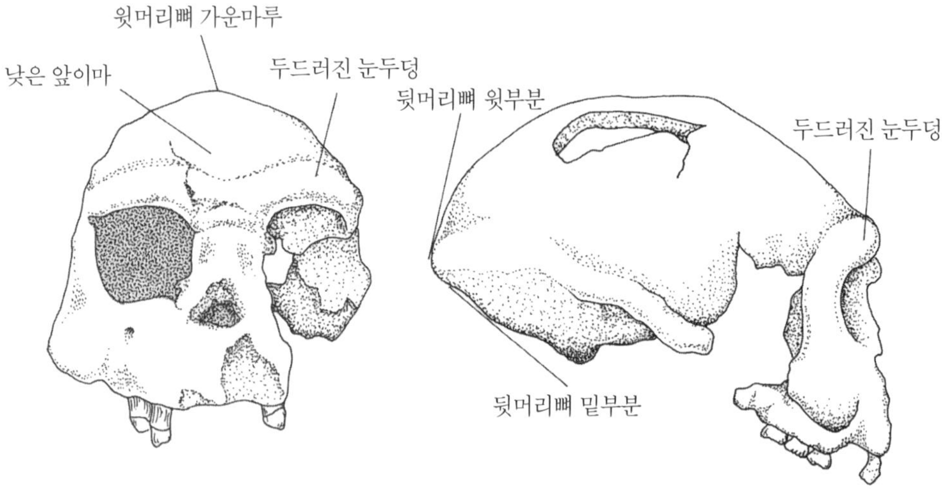

그림 9.8. 인도네시아의 상기란 출토 17번 화석의 모습. 이 화석은 곧선사람의 대표되는 특징인 두드러진 눈두덩과 낮은 앞이마, 윗머리뼈 가운마루와 각이 진 뒷머리뼈를 지니고 있다.

발견은 없었다. 그러나 1969년에 한 농부가 밭을 갈다가 모래질 땅속에 묻힌 머리뼈 조각들을 찾아냈다. 처음에는 눈굼이 있는 얼굴 일부가 찾아졌으나 이어서 여기에 붙는 뼛조각들이 찾아졌다. 뼛조각들이 맞춰지자 이는 자바에서 발견된 화석 중에 가장 잘 보존된 화석으로 평가되었으며 또한 고인류학계에 최초로 알려진 곧선사람의 남자 어른 머리뼈로 그 가치를 인정받게 되었다.

후에 상기란 17번 화석은 슬기사람의 기원을 설명하는 다지역 기원설의 이론적 근거를 제공하는 증거가 되었다. 상기란 17번 화석(그림 9.8)은 매우 두터운 머리통을 지녔는데 머리 옆면은 평평하다. 그리고 머리최대너비는 머리뼈 밑 쪽에 자리하며, 앞머리뼈와 뒷머리뼈의 면적이 줄어 이 부위의 두뇌가 줄었으며 머리뼈에 굳건한 근육이 붙는 흔적이 머리 옆과 뒤쪽에서 뚜렷하게 나타나다. 이런 특징들은 오스트레일리아에서 14,000~10,000년 전의 유적으로 알려진 코우 스왐프kow swamp 등지에서 출토된 늦은 시기의 화석에서도 나타난다. 그러나 최근에 얼굴의 구조와 기능관계를 다룬 연구에 따르면 이들에서 보이는 특징은 질긴 음식을 씹을 때 얼굴에 힘이 실리면서 생긴 것으로 설명되고 있는 데, 이런 설명은 아시아 출토화석의 얼굴 특징을 설명하는데 좋은 참고가 된다.

원칙적으로 다지역 기원설은 곧선사람이 중국과 자바에서 100만 년 동안 진화했다고 설명하고 있다. 그러나 새로운 아르곤-아르곤 연대측정법에 따라 상기란에서 출토된 화석의 머리뼈가 나온 층의 화산재를 측정 한 결과 166만 년 전이라는 연대를 얻을 수가 있었다. 물론 상기란 17번 화석의 연대는 이보다 훨씬 늦지만 조각난 뼈화석의 연대는 이 화석의 주인공이 거의 200만 년 전에 자바에서 살았다는 것을 암시하고 있다. 그러나 자바에서 출토된 화석들은 그 출토 층위가 분명하지 않기 때문에 166만 년 전 이라는 연대를 수용하기가 어렵다는데 그 문제가 있다. 더구나 다지역 기원설에 의하면 곧선사람이 한 지역에서 200만 년 동안 계속해서 살아 슬기사람으로 진화했다는 것으로 진화과정 중 한 좁은 지역에서 이렇게 긴 시간동안 유전자가 외부로부터 영향을 받지 않고 고립되어 내려왔다는 생각은 받아들여질 수가 없기 때문이다.

중국 출토 곧선사람 : 중국에서는 수세기 동안 민간요법으로 동물화석을 약으로 이용하였다. 1899년 한 유럽 출신의 의사가 베이징의 한약방에 진열된 동물화석 중에 사람의 것으

a) 발굴 당시의 저커우디엔 유적

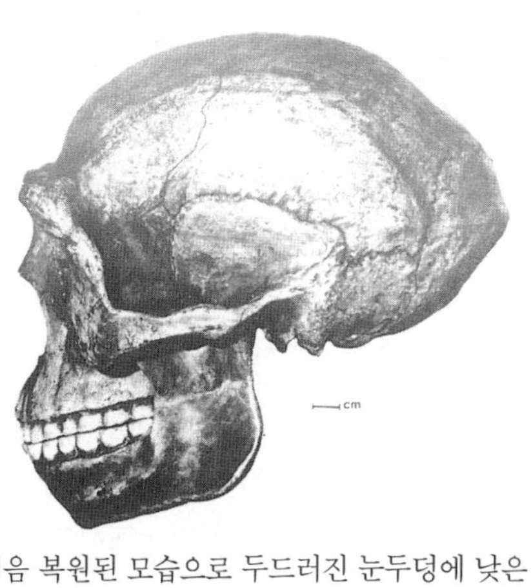

b) 처음 복원된 모습으로 두드러진 눈두덩에 낮은 앞이마, 윗머리뼈 가운마루, 각이 진 뒷머리뼈와 두드러진 윗머리뼈 둔덕, 및 튀어나온 잇몸을 지니고 있다.

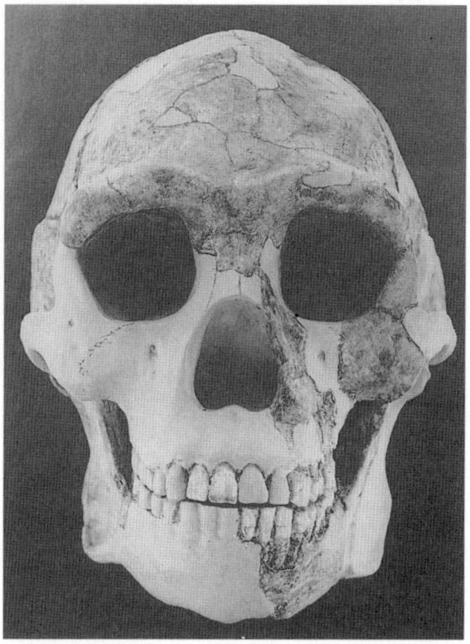

c) 최근에 이언 터트셀 등에 의해 다시 복원된 모습이다. 처음 복원된 모습보다 더 굳세 보이고 얼굴은 앞으로 튀어 나와 있으며 넓은 코굼을 지니고 있다.

사진 9.9. 주구점 유적과 출토 화석

로 보이는 이빨 하나를 찾아냈다. 이 이빨에 흥미를 가진 고동물학자들은 동물화석이 많이 나오는 석회암동굴을 찾았으며 특히 베이징에서 40km 남서쪽에 위한 저쿼우디엔周口店 마을에 있는 석회암 동굴에 주목하였다(사진 9.9). 1921년 스웨덴의 지질학자인 앤더슨J.G. Andersson이 저쿼우디엔 제1지점(loc.1)으로 알려진 붕괴된 동굴을 시굴하였다. 그는 이 유적을 선사시대 인류가 살았던 곳으로 판단하였으며 여기서 찾아진 석영조각들은 선사인류가 사용했던 연모라고 믿었다. 1923년 앤더슨과 함께 일하던 오스트리아 출신의 고동물학자인 오토 즈단스키Otto Zdansky는 제 1지점 출토화석 중에 인류의 이빨 1 점을 발견하였다. 1926년에 발굴이 중지된 후에도 그는 스웨덴으로 보내진 화석 중에서 인류의 옆니 한 개를 더 찾아냈다.

이 당시 베이징 연합의과대학에 캐나다 출신의 해부학자인 데이비슨 블랙Davidson Black이 와 있었다. 이빨에 흥미를 가지고 있던 그는 록펠러재단의 도움으로 제1지점을 재발굴 하고자 하였다. 재발굴은 1927년에 미국인 보린Birgir Bolin의 지도로 재개되었다. 같은 해 말에 이빨의 씹는 면에 주름이 있는 커다란 인류의 어금니 한 개가 찾아졌다. 이를 조사한 블랙은 이 이빨이 당시의 중국사람과 다른 인류가 남긴 것이라고 생각했다. 그는 단지 이빨에 근거해서 새로운 종인 시난스로프스 페키낸시스*sinanthropus pekinensis*라는 선사인류를 설정하였다.

이러한 블랙의 발표에 대해 많은 학자들은 너무 서두른다고 비판을 가했으나 이후 1928년 실시된 제 1지점의 발굴에서 두 개의 선사인류의 아래턱 부분과 머리뼈 조각들이 발견되었다. 그리고 1929년 발굴현장의 책임자였던 페이 웬 쭝裴文中이 머리뼈 하나를 찾았는데 이 화석의 발견으로 그 동안의 기우가 말끔히 사라지게 되었다. 블랙이 1933년에 젊은 나이로 요절하자 독일 출신의 뛰어난 해부학자이자 미국 시카코대학교의 교수인 프란츠 바이덴라이히Franz Weidenreich가 그 자리를 대신하였다. 저쿼우디엔에서의 발굴은 1937년까지 계속되었는데 이 기간 중 5개체 이상의 완전한 머리뼈와 9개의 머리뼈 조각, 6개의 얼굴뼈 조각, 14개의 아래턱 조각, 147개의 이빨 그리고 11개의 사지뼈가 찾아졌다. 이 화석들은 남녀 어린아이를 포함해서 모두 40개체 이상의 시난스로프스의 것으로 밝혀졌다.

1937년 일본군이 북부 중국을 점령하였고, 1941년에 베이징에 진주하였다. 바로 이전에 바이덴라이히는 뉴욕으로 돌아갔으며 중국정부는 화석의 안전한 보관을 위해 시난스로프스화석을 미국으로 보내기로 하였다. 그리하여 화석은 베이징 소재의 미국대사관을 돕기 위해 온 미해병대에게 넘겨졌다. 1941년 12월 7일 화석들은 미해병 호송대와 함께 베이징을 떠나 텐진의 한 항구에 도착되었다. 그 날은 바로 일본이 진주만을 공격한 날이었다. 미해병들은 체포되어 억류되었고 화석들은 사라져 버렸다. 오늘날 사라진 화석에 대해 많은 억측이 난무하고 있지만 아마도 화석은 그 중요성을 모르는 사람에 의해 버려졌을 것으로 생각된다. 다행히 바이덴라이히는 훌륭한 석고 복제품을 준비했는데 이들은 지금 미국자연사 박물관에 보관되어 있다.

1929년이래 저쿼우디엔에서 출토된 화석을 세밀하게 연구한 바이덴라이히는 오늘날 중국사람들이 여러 항목에서 저쿼우디엔 호미니드와 해부학적 특징을 함께 나누어 지니고 있다는 결론에 도달하였다. 바이덴라이히의 이런 연구는 오늘날 인류가 여러 지역에서 기원했다는 가설을 지지해주는 바탕이 된다. 바이덴라이히는 1936년부터 1943년 사이에 일련의 연구보고서를 발간하였는데 처음에 발견된 화석이 없는 상태에서 세밀하게 정리된 그의 연구는 저쿼우디엔에서 출토된 호미니드 연구에 중요한 역할을 하고 있다.

최근에 고인류학자들은 저쿼우디엔에서 출토된 화석에 관한 연구를 새로운 시각에서 접근하고 있다. 미국 자연사 박물관의 이안 테터썰Ian Tattersall 등은 저쿼우디엔에서 출토된 화석을 다시 복원하였는데 복원된 화석은 1930년대에 바이덴라이히가 복원한 화석과는 매우 다른 모습이었다. 1930년대에 복원된 화석은 얼굴이 없는 머리뼈와 두 개의 여성 아래턱, 그리고 아마도 여성의 것으로 보이는 위턱 한 개를 이용하여 복원되었다. 이에 반해 최근에 복원된 머리뼈는 중국에서 제공된 남자의 머리통과 위얼굴 화석들을 바탕으로 복원되었기 때문에 좀 더 베이징 사람의 본래 모습에 접근하고 있다. 거울상 원리를 이용하여 완벽하게 복원된 아래턱을 이용하여 전체 얼굴 중 얼굴의 가운데 부분이 정확하게 복원될 수 있었다. 이렇게 복원된 결과 저쿼우디엔 머리뼈는 초기에 복원된 머리뼈보다 전체적으로 얼굴이 앞으로 더 나오고, 더 투박한 큰 머리에, 더 넓적하고 긴 코를 지닌 모습을 드러냈다(그림 9.11b). 이런 모습은 다른 곳에서 출토된 곧선사람과 한 층 더 가까운 모습이었다.

저쿼우디엔에서 출토된 5개체 머리통의 평균용량은 1,043cc로 계산되었다. 눈두덩은 올두바이 9번(OH 9)과 상기란 17번 화석의 눈두덩보다는 작고 뒷머리뼈에서는 넓적한 마디가 가로로 발달해 있다. 머리뼈는 낮고 두터우며 옆머리 윤곽은 양쪽이 수직으로 이어져 있다. 또 얼굴은 투박하며 아래턱은 굳세 보이는 특징을 지니고 있다.

저쿼우디엔에서는 풍부한 호미니드 화석 이외에 많은 양의 동물뼈와 유물들이 출토되었다. 특히 제 1지점은 약 2십만 년 이상 된 호미니드와 식육류가 번갈아 가며 살았던 것으로 보고되고 있다. 때로는 호미니드와 식육류가 서로 잡아먹으며 동시에 동굴을 사용한 증거도 나타난다. 동굴에서 출토된 동물은 97종으로 분류되었으며 새도 62 종류로 나누어졌다. 돌연모는 모두 17,000여 점으로 돌감의 대부분은 석영이며 사암과 수정 그리고 프린트로 만든 연모도 일부 있다. 저쿼우디엔의 호미니드에 대해서는 비록 일부학자들에 의해 부정이 되고 있기는 하지만 일반적으로 동굴 안에 남겨진 재와 불에 탄 뼈들은 인류가 최초로 불을 사용한 증거로 알려지고 있다.

아프리카 출토 곧선사람 : 호모 에르가스터 *Homo ergaster*

1975년에 쿠비포라에서 출토된 KNM-ER 3733번 화석은 아주 잘 보존된 머리뼈로 후에 호모 에르가스터로 재분류되었다. 원래 호모 에르가스터라는 이름은 쿠비포라에서 출토된 아래턱 화석인 ER 992에 붙여진 이름이었다. ER 3733번 화석은 1984년에 WT 15000번 화석이 보고되기 전까지는 가장 완벽한 대표적인 에르가스터의 화석으로 인정되었다. ER 3733번 화석은 동아프리카에서 굳세 보이는 오스트랄로피테사인스와 함께 살았으며 이 화석의 재분류는 인류의 진화과정을 설명하는 단일 종 가설에 몇 가지 의문을 제기하였다.

ER 3733번 화석의 얼굴 일부와 아래턱은 찾지 못했으나 다른 부분은 거의 완전하게 남아 있어서 그 해부학적 특징을 비교적 잘 알 수가 있다(사진 9.10). 얼굴은 투르카나 호수 서쪽 지역에서 출토된 어린 남자아이인 WT 15000번 화석보다는 덜 굳세 보이는 모습으로 보아 ER 3733번 화석은 여성일 것으로 여겨진다. 그리고 머리뼈의 이음새와 이빨의 닳은 정도, 세 번째 어금니까지가 다 솟은 점으로 볼 때 이 화석은 다 자란 어른의 머리뼈로 보인다.

사진 9.10. 호모 에르가스터(KNM-ER 3733)의 화석. 이 화석은 투르카나 호수 동쪽지역인 쿠비 포라에서 출토된 화석으로 곧선사람의 대표되는 특징을 지니고 있으나 아시아 출토 화석과는 다른 모습을 지니고 있어 호모 에르가스터로 분류되고 있다.

ER 3733번 머리뼈는 낮은 머리통에, 가운 머리가 약간 솟아 오르고, 뒷머리뼈에 가로로 둥근 마디가 있으며, 머리최대너비가 머리 밑면에 자리한다. 머리용량은 850cc로 중국의 저쿼우디엔에서 출토된 화석과 비슷하며 옆머리뼈 윤곽은 현생 인류처럼 곡선이 아닌 곧게 내려 온 모습이다. 이런 특징들은 바로 아시아 출토 곧선사람의 화석에서 찾아지는데 이런 특징을 바탕으로 하웰 등은 ER 3733번 화석을 곧선사람의 범주에 포함시켰다.

그러나 ER 3733번 화석은 중국과 인도네시아에서 출토된 곧선사람과는 다른 특징을 지니고 있다. 얇은 머리뼈나 각이 진 뒷머리, 그리고 눈두덩 뒤에 파인 부위sulcus 등은 아시아 출토 곧선사람 화석에서는 나타나지 않는 특징들이다. 바로 이런 특징들을 바탕으로 ER 3733번 화석이 새로운 종인 호모 에르가스터로 다시 분류된 것이다.

호모 에르가스터에 속하는 또 다른 대표되는 화석으로는 1984년에 투르카나 호수 서쪽의 나리오코톰nariokotome에서 출토된 WT 15000번 화석을 꼽을 수 있다(사진 9.11). 이 화석은 어린 남자아이의 화석으로 리차드 리키와 앨렌 워커Allen Walker 등에 의해 발굴되었으며 160만 년 전에 살았던 것으로 보인다. 이 화석은 100만 년 전 이전에 살았던 이른 시기의 호모 화석으로는 거의 완전한 모습으로 출토되어 이 당시 호모에 관한 고인류학계의 의문을 풀어 주는데 한 몫을 담당하였다.

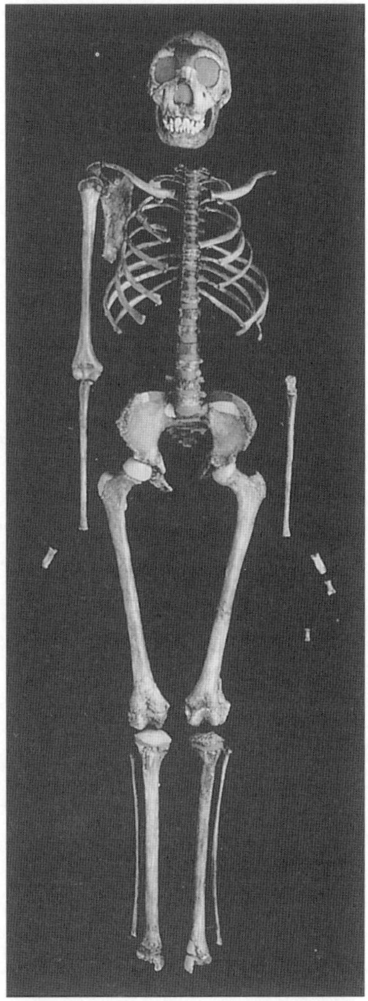

사진 9.11. 호모 에르가스터인 KNM-WT 15000번 화석의 뼈대. 리차드 리키 팀이 투루카나 호수 서쪽에서 찾은 1.65백만 년 전 호모 에르가스터의 화석이다. 나이는 12살 정도이며 160cm 정도의 키를 지니고 있다. 뼈대의 특징으로 보아 남자아이로 판명되었는데 지금까지 발견된 이른시기의 호모 중 가장 완전하게 남은 화석이다.

거의 완전한 모습의 머리뼈를 통해 머리용량을 정확하게 계산할 수 있어 두뇌의 크기와 머리의 성장 및 발달정도를 추정할 수가 있었다. 한편 80여 조각의 사지뼈들을 통해 화석 주인공의 사지뼈의 비율과 성숙, 임신 능력 및 언어능력까지도 짐작해 볼 수 있었다. 특히 이른 시기 호모의 갈비뼈는 나리오코톰에서 처음 발견되었다.

WT 15000번 화석의 주인공은 소년으로 호수로 흘러드는 삼각주의 낮은 곳에서 죽었으며 죽은 후에 퇴적이 빠른 속도로 시체를 덮어 뼈대를 보존하였다. 세월이 흘러 하마 같은 커다란 동물들이 시체 위를 밟고 돌아다녀 뼈대의 일부는 흩어졌지만 대부분의 뼈대는 아주 잘 남아 있었다. 만일 이 소년이 어른까지 살았다면 소년은 1.8m의 키에 68kg 정도의 몸무게를 지녔을 것으로 가늠된다. 화석으로 발견 될 당시의 소년은 이미 키가 1.5m에 몸무게는 47kg 정도였다. 몸의 모습과 사지의 비율로 볼 때 소년은 오늘날 아프리카 적도에서 살고 있는 소년들처럼 가는 몸매에 큰 키를 지니고 있었을 것으로 보인다. 어린 나이에도 불구하고 화석의 사지는 북미대륙의 백인 어른의 평균치에 육박하는데 아마도 소년이 속한 호모가 이른 시기의 어떤 호미니드 보다도 큰 종이었기 때문으로 생각된다.

WT 15000번 화석의 뼈대는 현생인류의 뼈대와 분명히 다른 특징을 보여준다; 등뼈솟기는 현생인류보다 더 길고, 신경굼이 좁기 때문에 목등뼈굼을 통과하는 신경의 수가 현생인류보다는 적을 것으로 생각된다. 또한 좁은 굼 때문에 허파에서 입으로 보내지는 공기의 양이 줄어들어 화석의 주인공은 말을 할 수 없었을 것으로 여겨진다. 엉덩뼈가 좁기 때문에 현생인류보다 더 잘 걷고 달렸을 것으로 보인다. 그러나 WT 15000번 화석은 전체적으로 오스트랄로피테사인스의 모습에서 벗어나 빠르게 현생인류와 같은 몸의 구조와 머리크기로 변해 가고 있다.

호모 에르가스터의 화석은 남아프리카의 스와르트크란스 동굴에서 찾아진 SK 847번 화석도 호모 에르가스터로 분류되었다. 이 화석은 유적에서 직접 발견된 것이 아니고 박물관 수집품을 정리하던 중에 발견된 화석이다. 두 조각의 뼈는 서로 맞붙게 되었으며 이미 텔란스로푸스 카펜시스*telanthropus capensis*로 알려진 위턱(SK 80)도 같이 맞붙어 한 개체를 이루었다. 바로 SK 847번의 탄생된 순간이다.

스와르트크란스에서 호모가 살았다는 사실은 흥미로운 일이다. 왜냐하면 이 동굴에서는 돌연모와 불의 사용이 발견되었고 동굴에서 찾아진 호미니드 화석의 95%가 굳세 보이는 오스트랄로피테사인스의 화석이기 때문이다. 그러나 지금까지의 연구는 굳세 보이는 오스트랄로피테사인스가 연모를 만들고 불을 사용했다는 증거를 찾지 못했다. 따라서 스와르트크란스 동굴에서 찾아진 돌연모와 불의 흔적은 바로 이른 시기의 호모 에르가스터가 남긴 것으로 보여진다.

곧선사람에 관한 분류와 최근의 연구

1939년 폰 쾨닉스발트는 저쿼우디엔과 자바 출토화석을 비교한 결과 이들 화석이 기본적으로 매우 닮았다는 점을 알 수 있었다. 그 후 바이덴라이히는 1940년에 피테칸스로프스와 시난스로프스를 단일종인 곧선사람의 아종으로 분류할 것을 제안하였다.

1950년에 마이어는 피테칸스로프스 에렉투스와 시난스로프스 페키넨시스에서 보이는 차이가 같은 종의 유인원에서 보이는 차이와 별로 다르지 않다는 점을 강조하였다. 1955년 해부학자인 르 그로스 클락크Le Gros Clark는 피테칸스로프스 안에 시난스로프스를 포함시킬 것과 1964년에 오면 피테칸스로프스를 호모(인류속)에 포함시킬 것을 주장하였다. 1980년대에 오면서 고인류학계에는 플라이스토세 초기인 180만~170만 년 전부터 시작해서 중기 플라이스토세에 걸쳐 아프리카와 아시아, 유럽에서 출토된 호미니드 화석의 분류에는 많은 문제가 있다는 주장이 강력하게 제기되었다.

오늘날 고인류학자들은 호미니드 화석의 분류에 관해 많은 논쟁을 벌이고 있는데 특히 진화 중 중간형의 화석이 주요 논쟁의 대상이 되고 있다. 1965년에 캠벌Bernard Campbell이 '종' 보다 더 세분된 단계로 '아종subspecies' 단계를 설정한 이후 많은 학자들이 그의 분류를 받아들였다. 그러나 아종 단계의 구분은 화석들 사이의 관계뿐만 아니라, 진화 중 선후관계를 설명할 수 없다는 단점을 가지고 있으며 실제로 '아종' 이란 지역사이에서의 차이만을 의미한다.

1980년 초부터 1990년대에 일련의 고인류학자들은 아프리카에서 출토되어 곧선사람으로 분류된 호미니드 화석을 아시아에서 출토된 곧선사람과 같은 종으로 분류하는 전통적 분류 방법를 재검토하기 시작하였다. 실제로 아시아 출토 곧선사람의 근거가 어디에 있는지 또 이들이 슬기사람의 진화에 제 역할을 했는지 등에 관한 문제가 제기되고 있다.

슬기사람과 손쓴사람 그리고 곧선사람의 관계가 다른 어떤 호미니드보다 가깝다고 설명해 온 전통적인 고인류학계의 견해는 최근에 우드와 크리스토퍼 스트링거Christopher Stringer 및 피터 앤드류Peter Andrews 같은 고인류학자들에 의해 도전을 받고 있다. 이들은 호미니드가 소위 그들의 공통조상과 어떻게 다른가를 설명하기 위해서 그들 사이의 클래디스틱 관계를 조사하였고, 또 곧선사람만이 지닌 해부학적 특징을 조사하였다. 이들에 따르면 인류의 진화는 아시아에서는 곧선사람을 거치지만 아프리카에서는 손쓴사람(호모 루돌펜시스)이 ER 3733번 화석(호모 에르가스터)과 ER 3883번 화석(호모 에르가스터)을 거쳐 OH 9(곧선사람)과 12(곧선사람) 단계를 지나 중기 플라이스토세의 호모 하이델베르겐시스(이른시기 슬기사람)로 진행되었으며 이 종이 네안데르탈사람과 슬기사람으로 분화되었다는 가설이 성립되었다. 그러나 이러한 결론에는 이의가 제기되고 있으며 특히 중국학자들은 동의를 하지 않고 있다.

오늘날 곧선사람이 슬기사람의 직접조상이 아니라는 가설과 직접조상이라는 두 개의 가설이 논쟁을 벌이고 있으나 그러나 새로이 발견된 이른 시기의 화석과 이들의 재분류는 인류의 진화과정이 매우 복잡했음을 보여주고 있다. 곧선사람들은 아마도 아프리카에 출현한 호모 루돌펜시스의 후손으로부터 출발하여 150만 년 전 이전에 아시아 대륙으로 이동해 가서 추운 기후 조건에 적응한 최초의 호미니드로 짐작된다. 이러한 새로운 환경으로의 이주는 곧선사람의 해부학적 특징 및 행위와 관련이 있는데 이는 새로운 환경이라는 선택요인이 곧선사람의 진화에 중요한 요인이 되었음을 의미한다.

또한 아프리카에서 진화한, 과거에는 곧선사람으로 분류되었던 일부 호미니드 화석(예 : KNM-ER 3773)과 곧선사람으로 알려진 호미니드 화석(예 : OH 9)과의 관계가 어떠한지를 밝히는 것이 중요하다. 실제로 호모 에르가스터의 일부는 아프리카의 곧선사람으로 진화하여 그 일부가 아시아로 이동하여 아시아 곧선사람으로 진화되었고, 일부는 아프리카에서 호모 하이델베르겐시스의 조상이 되었을 가능성도 있는 것으로 여겨진다.

곧선사람/호모 에르가스터의 연대

일반적으로 호모 에르가스터의 경우 아프리카의 투르카나 호수 동쪽의 쿠비포라와 투르카나 호수 서쪽의 나리오코톰에서 출토된 화석들에 관한 연대가 가장 잘 알려져 있는데 이들은 최근까지 가장 이른 시기의 곧선사람으로 알려진 화석들이다. 쿠비포라에서 출토된 호미니드의 연대는 이 지역에 발달한 화산재 띠층의 조사를 통해 얻어졌다. 포타슘/아르곤 방법으로 측정한 연대에 따르면 호모 에르가스터의 연대는 180만~170만 년 전으로 알려져 있다. 또 나리오코톰 출토화석의 연대는 160만 년 전으로 알려져 있고 오모지역에서 출토된 화석의 연대는 140만~130만 년 전으로 투르카나 호수에서 출토된 호모 에르가스터 화석이 가장 오래된 연대를 나타내고 있다.

올두바이 골짝에서 출토된 곧선사람 화석에 관한 측정된 절대연대는 없으나 고지자기와 유적의 퇴적물에 의해 연대를 가늠해 볼 수가 있다. 이를 바탕으로 측정된 결과에 의하면 bed Ⅰ의 위층에서 출토된 OH 9번 머리뼈의 연대는 120만 년 전이고 bed Ⅳ 위층에서 출토된 화석의 연대는 73만~62만 년 전으로 이는 브루네스와 마투야마 고지자기의 경계시기이다. 멜카쿤트레 (콩보레 Ⅱ)에서 출토된 곧선사람의 머리뼈 조각은 마투야마 시기에 퇴적된 것으로 포타슘/아르곤에 의한 측정에 따르면 130만~110만 년 전의 연대를 가진다. 동물상에 의한 연대측정에 따르면 이 유적의 연대는 130만~73만 년 전인 것으로 알려져 있다. 그리고 라인야목lainyamok에서 출토된 아래턱 부분과 허벅지뼈 조각은 고지자기와 포타슘/아르곤을 이용한 연대 측정에 따라 73만~38만 년 전 사이에 퇴적된 것으로 알려진 흙탕에서 찾아졌다. 또 이 유적과 가까이 있는 오로게사일리olorgesailie 유적의 같은 층의 연대는 76만~56만 년 전으로 나타나고 있다.

아프리카에서 출토된 소위 곧선사람 화석 중 나머지의 연대는 주로 함께 출토된 동물상에 의해서 결정되었다. 고지자기와 동물상에 의하면 터니파인ternifine 출토 아래턱들과 머리뼈 조각들은 올두바이 bed Ⅳ 위층에서 출토된 화석들과 같은 시대로 여겨진다. 시디 아브데라흐만sidi abderrahman과 토마스 쿼리thomas quarries 출토 화석은 약 50만 년 전 정도로 추정된다. 그리고 스와르트크란스 1층에서 나온 화석들은 연대가 오래된 것으로 동아프리카의 투르카나 호수에서 출토된 180만~160만 년 전의 화석과 비슷한 연대를 보이고 있는데 호모 에르가스터로 재분류되고 있다. 또한 한때 텔란스로프스 카펜시스로 알려지기도 한 스와르트크란 출토 화석의 연대는 100만~70만 년 전으로 알려져 있다.

동아시아에서 출토된 곧선사람 화석 중 중국에서 출토된 화석은 층위와 최근의 고지자기 연구에 힘입어 그 출토연대가 좀 더 분명히 알려지고 있다. 중국학자들은 고지자기 연구성과를 바탕으로 중국에서 밝혀진 기후변화를 바다퇴적연구에 응용하였다. 그러나 이런 연구는 종종 많은 문제를 동반하고 단지 지역적인 연구에 국한된 결과를 가져오기도 한다. 그들은 1)저쿼우디엔 제1지점 출토 곧선사람의 연대를 50만~24만 년 전 사이로 추정하며, 2) 헤시안 사람은 28만~24만 년 전으로, 3) 꽁왕링 출토 머리뼈는 80만~75만 년 전으로 추정하고, 4) 첸치아워 출토 아래턱은 59만~50만 년 전으로 추정하였다. 마지막으로 유안모우에서 출토된 이빨의 연대는 73만 년 전 이후가 타당할 것으로 보여진다. 그러나 주구점 유적의 동물상과 꽃가루 그리고 동굴퇴적을 재조사한 연구에 따르면 이 유적은 50만~24만 년 전 사이에 계속해서 쌓인 것이 아니라 50만 년 전 간빙기 중에 퇴적된 것이라는 연구도 있다.

한편 자바에서 출토된 곧선사람의 연대는 매우 불확실하다. 중부 자바의 상기란과 트리닐 지역은 두 개의 다른 층으로 이루어져 있으며 각 층의 동물상 또한 다르다. 두 개의 층 중 오래된 층인 푸캉간puangan층은 제티스 동물군djetis fauna(pucangan)으로 분류되며 곧선사람 등의 호미니드 화석이 거의 나오지 않는다. 대다수의 곧선사람 화석은 푸캉간층 보다 늦은 시기의 카부kabuh층에서 나타나는데 이 층은 트리닐 동물군trinil fauna으로 분류된다. 그러나 푸캉간층과 카부층의 동물층위학적 관계는 매우 복잡하며, 어떤 호미니드 화석의 경우 정확한 출토층위를 알 수 없는 경우도 있다.

출토된 곧선사람 화석의 연대를 알기 위해 불소를 이용한 연대측정이 시도되었으나 이는 단지 화석 출토지의 가능성만을 알려줄 뿐이었다. 그리고 푸캉간층의 화산재 띠층과 카부층의 화산재, 푸마이스, 텍타이트 등을 이용해서 실시된 고지자기와 포타슘/아르곤 방법, 그리고 피숀-트랙 방법 등에 의해 얻어진 연대와 화석과의 관계는 잘 알 수가 없는 형편이다. 푸캉간층은 200만~57만 년 전 사이에 그리고 카부층은 160만~47만 년 전 사이에 퇴적되었다. 그러나 이 퇴적층들의 연대를 밝히기 위한 방법으로 사용된 고지자기의 연대와 층위학적 연대는 서로 일치되지 않는다.

비록 지금까지 알려진 연대들이 자바출토 곧선사람의 연대를 추정하는데 크게 도움이 되지는 않았지만, 대다수의 화석은 80만 년 전 이후의 것으로 추정되었으며 가장 오래된 화석의 경우도 그 연대가 100만 년을 넘지 못할 것으로 추정되었다. 따라서 아시아의 경우 100만 년 이전에 인류가 살았다는 확실한 증거가 없었으나 최근에 상기란과 모죠케르토에서 출토된 화석의 새로운 연대는 160만 년 전 이전에 이 지역에서 인류의 흔적이 있었음을 보여준다.

한편 이 지역에서 곧선사람이 언제까지 살았는지는 확실하지 않다. 만일 낭동 출토화석이 곧선사람의 범주에 속한다면 자바에서 이들은 30만～25만 년 전까지 지속해서 살았을 것이다. 이 연대는 노토포로Notoporo층의 동물상과 피숀트랙에 의한 연대에 근거를 둔 것으로 이 시기에 중국에서는 곧선사람이 살고 있었으나 유럽과 아프리카에서 곧선사람들 대신에 옛인류(곧선사람 3기= 호모 하이델베르겐시스)가 이미 나타나고 있었다. 아직도 일부 학자들은 슬기사람이 곧선사람으로부터 진화하였다는 전통적인 이론에 따르고 있지만 최근의 연구는 슬기사람이 오히려 제 4기 중반에 유럽의 추운 기후나 아프리카의 매우 더운 기후의 혹독한 자연환경에서 살았던 호모 하이델베르겐시스로부터 출발되었다는 이론이 더 타당하다.

기타 곧선사람의 화석

최근까지 곧선사람으로 분류된 화석들이 자바와 중국에 이어 아프리카와 유럽 등지에서 발견되었다. 자바에서는 1952년부터 1975년 사이에 삼붕마찬과 상기란에서 사르토노 Sartono와 야곱Jacob같은 인도네시아 학자들에 의해 발견되었다.

중국에서는 1949년부터 1966년까지 저쿼우디엔에서, 1963년에 첸지아워陳家窩에서, 그리고 1964년에는 꽁왕링公王嶺에서, 또 1980～81년 사이에는 헤시안和縣의 론탄동龍潭洞 동굴에서 화석이 발견되었다. 그리고 1975년～1982년 사이에는 유안모元謀와 다른 6개 지점에서 화석이 출토되었는데 이 중 첸지아워와 꽁왕링 출토화석은 란티엔藍田 호미니드 화석으로 알려져 있다. 곧선사람의 이빨이나 턱들 그리고 기간토피테쿠스의 이빨 등이 남중국의 류쳉에 있는 기간토피테쿠스가 출토된 동굴과 북부 베트남에 있는 탐큐엔Tham khuyen동굴에서 보고되고 있다. 중국의 여러 유적지 중 가장 중요한 유적중의 하나는 저쿼우디엔 제 1지점 유적이다. 1979년에 다시 실시된 제 1지점 조사는 1985년에 시난스로프스 화석이 출토된 층위까지 도달하고 있다.

아프리카의 경우 최초의 곧선사람 화석은 1949년 남아프리카의 스와르트크란스에서 발견되었다. 이어서 중요한 화석들이 알제리, 모로코, 이티오피아, 케냐, 탄자니아 등에서 출토되었다. 아프리카에서 출토된 곧선사람 중 늦은 시기에 속하는 호미니드는 한때 이른시기 슬기사람으로 분류되었으나 이 책에서는 호모 하이델베르겐시스로 분류하고 있다.

아프리카 이외의 지역에서도 곧선사람 또는 이른시기 슬기사람(후에 호모 하이델베르겐시스로 분류됨)으로 알려진 화석들이 발견되고 있다. 그중 1982년 북부 인도의 나르마다 계곡에서 발견된 머리통과 1931~33년, 그리고 1976년에 중부 자바의 낭동(솔로)에서 찾아진

두 개의 정강뼈 조각과 15 개의 머리뼈, 그리고 유럽에서 찾아진 가장 오래된 호모의 화석들이 이에 속한다.

위에서 언급한 화석들 중 특히 낭동 출토화석들에 대한 해석에 문제가 있는데 이는 이들이 중요한 해부학적 특징에서 대표적인 곧선사람을 닮았기 때문이다. 그러나 낭동 출토화석의 연대는 다른 곧선사람의 연대에 비해 늦으며 아프리카와 유럽에서 출토된 슬기사람이 살던 시기와 겹친다는 점에서 곧선사람으로 분류되기에는 문제가 있다. 이와 반대로 논쟁이 되는 아프리카와 유럽 출토의 곧선사람 또는 옛슬기사람으로 불리는 화석은 비록 연대는 대표되는 곧선사람과 같은 시기이지만 대표적인 곧선사람의 특징과는 거의 일치하지 않는다. 이는 중기 플라이스토세에 호미니드가 지역에 따라 각기 다른 방향으로 진화를 진화해 갔기 때문이다.

인류 최초의 이동 : 구대륙(아프리카에서 유라시아로)에서 이동

19세기이래 학자들 사이에서는 인류가 언제, 어디서 처음으로 나타났는지, 또 어떻게 퍼져 나갔는지에 대해 많은 논란이 있었다. 그러나 그간에 이루어진 호미니드 출토 유적지의 연대와 화석의 해부학적 비교연구 및 당시 환경에 관한 연구에 힘입어서 이 문제에 관한 설명이 가능하게 되었다.

19세기 중 찰스 다윈을 포함한 많은 학자들은 아프리카가 인류의 기원지일 가능성이 가장 높은 지역으로 꼽았으며, 월러스 등은 인류의 기원을 아시아에서 찾고자 하였다. 19세기 후반부터 20세기 초반까지 인류 조상의 화석의 발견은 아시아에서 주로 이루어졌으나, 20세기 중반에 많은 호미니드 화석들이 아프리카에서 발견되기 시작하면서 아프리카가 인류의 기원지로 받아들여지기 시작하였다.

최근의 연구에 따르면 중기 마이오세 이후, 인류의 전 단계에 속하는 '선 호미니드 proto-hominid' 들은 아프리카에서 번성하였으며, 마이오세 말에 오면서 기후의 변화에 의한 환경의 변화는 아프리카에 사바나라는 독특한 환경을 제공하였음을 밝히고 있다. 인류의 조상이 살기 좋은 온도(임계온도) 는 약 섭씨 27° 로 알려져 있는데, 이른시기 호미니드가 살던 시기에 이런 조건을 가진 지역은 아프리카의 사바나지대 뿐이다. 따라서 아프리카 대륙이 인류의 기원지로 인식되었다. 이렇게 아프리카가 인류의 기원지로 인식된 후 인류의 이동에 관한 문제가 고인류학계의 중요 연구대상이 되었다.

1990년대에 들어오면서 고인류학계는 새로운 발견에 힘입어 언제 인류가 아프리카를 떠나 지구의 여러 지역으로 퍼져 나갔는지를 재검토하게 되었다. 1990년대 초반까지 고인류학계는 곧선사람이 100만 년 전을 전후해서 처음으로 아프리카를 떠나 유라시아 대륙으로 이주했다는 견해가 우세했다. 그러나 최근에 발견된 새로운 증거에 따르면 곧선사람/호모 에르가스터가 지금까지 알려진 시기보다 더 일찍이 아프리카를 떠난 것으로 가늠된다. 1994년에 재조사된 인도네시아 출토 호미니드의 연대가 그것이다. 인도네시아의 모죠케르토와 자바에서 출토된 호미니드들의 화석은 전통적인 견해에 따르면 100만 년 전의 것으로 알려져 있었다. 그러나 최근에 개발된 아르곤.아르곤 연대측정에 따르면 모죠케르트 출토 어린아이의 화석은 180만 년 전에 살았으며 상기란 출토 호미니드는 160만 년 전의 것으로 보고되고 있다.

아르곤 · 아르곤 측정방법은 연대를 측정하는 방법으로 알려져 있으나 문제는 과연 연대가 측정된 층에서 화석이 출토되었느냐 하는 점이다. 그러나 두 유적이 240킬로미터 이상 떨어져 있으나 비슷한 연대를 보여준다는 점에서 두 유적의 연대는 충분히 논의 할 가치가 있다. 모죠케르토와 상기란에서 출토된 호미니드의 연대에 따르면 이미 100만 년 전 훨씬 이전에 동아시아에 이른 시기의 호미니드가 살았으며 이들이 아시아를 거쳐 자바에 도달했다는 결론에 도달한다. 중국의 랑티엔에서 출토된 호미니드의 연대는 80만 년 전으로, 그리고 유안모우에서 출토된 호미니드 이빨은 70만 년 전의 것으로 알려지고 있다.

만일 곧선사람/호모 에르가스터가 100만 년 전 보다 훨씬 이전에 아프리카를 떠났다면 그 요인은 무엇이었을까 하는 의문에 학계는 아마도 아슐리앙 문화라는 새로운 연모제작기술의 발달이 그 요인이었을 것으로 가늠한다. 그러나 문제는 170만 년 전에 처음으로 아프리카에 아슐리앙 연모가 나타나는 데 그 이전에 아시아에 이미 곧선사람이 도달했다는 점이다. 또한 동아시아에는 주먹도끼 문화가 오랜 동안 존재하지 않았다고 알려져 있다.

새로운 화석증거도 곧선사람이나 호모 에르가스터가 일찌기 아프리카를 떠났을 가능성을 보여준다. 2001년 동그르지야 지방의 드마니시dmanish라는 한 중세 마을에서 출토된 호모 에르가스터의 아래턱이 그것이다. 아래턱 한 개와 동물들과 돌연모도 함께 출토되었다. 포타슘-아르곤 연대측정과 고지자기 연대측정에 따르면 이 호미니드는 180만 년 전의 것으로 계산되었다. 이는 유라시아에서는 처음으로 알려진 이른 시기의 인류의 화석으로 모죠케르토와 비슷한 연대를 지니고 있다. 드마니시에서 출토된 아래턱은 아시아 출토 곧선사람보다는 같은 시대에 아프리카에서 살았던 호미니드와 더 가깝게 닮았다. 따라서 이 화석은 호모 에르가스터나 또는 지금은 알려지지 않은 호미니드로 가늠된다.

아마도 이른 시기에 아프리카를 떠난 호미니드는 아시아로 향하기 이전에 먼저 지중해의 동쪽으로 이동했던 것으로 가늠된다. 중동의 요르단 골짝에 자리한 우베이디야ubeidiya 유적에서는 이른 시기의 찍개와 조잡한 형태의 아슐리앙 주먹도끼가 함께 출토된다. 이 유적의 연대는 각기 세 가지 방법으로 측정했는 데 120만 년 전과 140만 년 전으로 알려져 있다.

우베이디야 유적에서 출토된 연모는 비슷한 연대를 지닌 탄자니아의 올두바이 골짝의 bed II의 중간층과 위층에서 출토된 연모와 비슷하다. 한편 이스라엘의 요르단 골짝의 한 유적에서 아슐리안 주먹도끼와 큰 자르개가 출토되었다. 60만 년 전의 연대를 지닌 이 유적은 아프리카 큰 골짝의 북쪽 끝에 자리하는 데 동아프리카에서 호미니드가 살던 환경인 호수와 삼림지대 같은 생태계를 지니고 있다.

이른시기 호미니드의 이동에 있어 또 다른 문제는 곧선사람이 아시아로 향할 때 이들은 유럽으로는 이주하지 않았는가 하는 점이다. 유럽에서 출토된 그리스의 페트라로나와 프랑스의 아라고 등지에서 출토된 화석은 곧선사람으로 알려지기도 하지만 곧선사람보다는 늦은 시기의 호모 하이델베르겐시스로 분류하는 것이 더 타당하다.

많은 고인류학자들은 1907년에 독일의 마우어에서 출토된 하이델베르그 사람의 아래턱을 증거로 50만 년 전까지 이른 시기의 호미니드는 유럽에 도달하지 않았다고 주장한다. 그러나 최근에 발견된 호미니드의 화석들은 50만 년 전 이전에 이미 호미니드가 유럽에 이주한 것을 보여주는데 이런 주장을 뒷받침해주는 화석이 1994년 영국의 박스글로브boxgrove에서 출토되었다. 출토된 화석은 호미니드의 정강뼈로 50만 년 전의 것으로 알려졌는데 이때는 영국이 유럽대륙과 연결되어 있었을 때이다.

유럽에 50만 년 전 이전에 호미니드가 도달했다는 또 다른 증거로는 1995년에 발견된 유적으로 78만 년 전의 유적인 스페인의 아타프에르카의 그란 돌리나gran dolina 동굴에서 출토된 뼈조각들과 연모가 그것이다. 출토된 화석은 곧선사람이나 네안데르탈사람과는 다른 형태로 호모 안티세스로 분류되었는데 이른 시기의 호모 하이델베르겐시스로도 불리운다.

전기 구석기문화(아슐리앙 문화)와 고인류의 삶

140만년 전에 호모 에르가스터는 올도완 단계보다 발전한 제작기술로 돌연모를 만들었는 데 이를 아슐리앙 연모라고 한다. 아슐리앙acheulian이라는 이름은 프랑스의 선사시대 유적지인 쌩 아슐saint acheul의 이름을 따서 지었다. 아슐리앙 연모는 몸돌 앞과 뒤에서 격지를 떼어 자연 면이 남아있지 않게 만들어진 것으로 양면 연모인 비파스biface가 발전한 형태이다(사진 9.12). 석영과 화산암, 쳐트 그리고 프린트가 주로 돌감으로 사용되었다. 전체적으로 올도완 연모와는 다르게 아슐리앙 연모는 정형성을 띤 제작방법에 따라 만들어졌다. 이런 연모 제작방법은 약 100만 년 간 지속되었으며 지역적으로 아프리카와 유럽 그리고 중동아시아와 인도로 퍼져 나갔다.

아슐리앙 연모의 출현은 단순한 형태의 올도완 연모가 정교해지고 복잡한 기능을 가진 연모로 바뀌었음을 뜻하는 것으로 이는 인류의 지능이 진일보 발전했음을 보여준다. 끝이

사진 9.12. 대표적인 아슐리앙 연모

뾰족한 주먹도끼와 괭이pick, 그리고 편편한 날을 지닌 자르개 등이 대표되는 연모이다. 이런 종류의 연모를 제작하기 위해서는 알맞은 돌감의 선택부터 시작하여 격지를 떼어내고 잔손질을 하는 과정에서 일련의 정교한 제작기술이 요구된다. 이렇게 복잡한 단계를 걸쳐서 많은 품이 들어야 함에도 불구하고 주먹도끼와 자르개는 많은 아슐리앙 유적에서 높은 빈도로 나타난다.

가장 이른 시기의 아슐리앙 연모는 140만 년 전에 이티오피아의 유적에서 호모 에르가스터의 아래턱과 함께 처음 나타난다. 탄자니아의 올두바이 골짝에서도 가장 이른 시기에 속하는 아슐리앙 연모가 출토되었다. 유럽의 경우 가장 이른 시기의 유적에서 출토되는 연모는 아슐리앙 연모보다는 올도완 연모를 닮았는 데 이는 아마도 이 지역으로 처음 이주한 옛 인류가 주먹도끼를 바탕으로 한 돌연모 문화를 갖지 않았기 때문으로 가늠된다. 그러나 50만 년 전에 아슐리앙 연모는 유럽에 퍼져 나가기 시작하여 그 전통은 20만 년 전까지 지속되어 호모 하이델베르겐시스의 화석과 아슐리앙 연모가 같이 출토된다. 아슐리앙 연모는 동아시아까지는 전해지지 않았는데 이는 아마도 이 지역에서 풍부하게 얻을 수 있는 대나무가 연모로 이용되었거나, 아니면 지형학적인 장애에 의해 동아시아와 서아시아 지역에 생물학적 그리고 문화차이를 가져오게 했을 것으로 가늠된다.

약 100만 년 전을 전후해서 아슐리앙 주먹도끼는 더욱 얇아지고 대칭의 형태를 지니게 되는 데 마치 물방울이 떨어질 때의 모습이나 월계수 잎 모양의 모습이 대표된다. 아슐리앙 연모의 대표격인 주먹도끼의 용도에 관해서는 여러 설명이 있는데 다목적용으로 동물을 도살하고 나무를 다루는데 사용됐을 것이라는 설명에서부터 실제로 사용되기에는 불편하게 커다란 형태로 만들어져 아마도 제례적인 의미가 더 타당하다는 주장이 있다. 또한 어떤 유적에서는 유적의 면적에 비해 엄청난 양의 주먹도끼와 자르개 등이 출토되었는데 아마도 연모 제작소이거나 아니면 제례적인 의미가 있는 장소로 가늠된다.

곧선사람/호모에르가스터의 가장 중요한 행위는 불의 사용에 있다. 인류가 불을 사용한 증거는 50만 년 전의 저커우디엔 유적에서 처음 발견되었다. 그러나 인류가 최초로 불을 사용한 증거는 150만 년 전에 아프리카에서 나타나고 프랑스와 타이랜드에서는 각각 75만 년 전과 70만 년 전에 불을 사용한 흔적이 보인다.

불의 사용은 추운 지역에서 열을 제공하는 효과뿐만 아니라 맹수로부터 보호하는 역할과 먹기 쉽고 소화에 도움이 되도록 음식을 가공하는 기능을 지녔다. 무엇보다도 불은 인류에게 빛을 제공하여 인류로 하여금 일할 수 있는 시간을 연장해 주었을 뿐 아니라 사회구성원들의 활동에도 도움을 주었다는 점에서 매우 중요하다. 불을 사용함으로써 인류는 밤에 불가에 둘러앉아 서로의 경험을 나누고 의견을 교환함으로써 사회구성원으로서의 자신을 인식할 수 있었다. 또한 불의 사용은 인류로 하여금 심리적인 이점과 할 수 있다는 자신감을 주었을 것이고 자연과 에너지원을 조절할 수 있게 해 주었다.

곧선사람 / 호모에르가스터는 사냥꾼이었을까 아니면 여전히 대부분을 주어먹기에 의존했을까? 40만 년 전의 유적인 스페인의 토랄바와 암브로나의 연구가 이에 대한 해답을 줄 수 있는 유적이다 이 유적에서는 50 마리의 코끼리와 60 여 마리의 동물의 뼈가 출토되었다. 전통적인 설명에 따르면 이 유적에서 출토된 뼈들은 여러 계절동안 계절적인 사냥에 의해 남겨진 것으로 해석되었다. 고인류가 불을 사용하여 동물들을 늪지대로 몰아 넣은 후에 도살했다는 것이다. 도살 후 고기는 잘라져 주거지로 옮겨졌다고 설명되었다. 실제로 연모도 현장에서 출토되었다.

그러나 최근에 진행된 동물화석학 연구에 의하면 유적에서 출토된 뼈의 95% 정도는 부서져 인류의 행위를 뒷받침할 수 없을 뿐 아니라 전자주사현미경 조사결과 뼈에 남겨진 자른자국으로 알려진 흔적도 대부분 토양에 쓸리거나 나무뿌리에 의한 것으로 밝혀졌다. 일부 자른자국이 있지만 체계적인 도살 흔적은 아니며 식육류에 의한 씹은 자국도 없다고 밝히고 있다. 나아가 출토된 연모와 코끼리와는 아무런 연관이 없으며 말과 사슴 및 고양이과 동물의 사지뼈와 아래턱은 주어먹기 행위에 의한 것이라고 설명하고 있다. 즉 이 유적에서 살던 고인류는 죽은 동물의 고기를 먹기는 했으나 조직적인 사냥행위는 없었다는 것이다. 또 다른 유적인 올두바이와 오로게사일리에 유적에서도 조직적이고 협동적인 사냥의 증거를 찾을 수 없고 오히려 주어먹기가 주요 행위였을 것으로 밝혀지고 있다.

끝으로 곧선사람/호모 에르가스터의 지적능력과 언어능력은 어느 정도일까? 이들의 평균 두뇌용량은 현생인류의 최저용량보다는 약간 작지만 개개의 크기는 현생인류의 범주에 자리하나 머리의 크기와 지적능력과의 관계는 아직 정확하게 밝혀진바 없다. 한편 곧선사람의 두뇌를 연구한 홀로웨이는 이들에게서 약간의 언어를 사용할 수 있는 능력이 있을 지도 모른다고 밝히고 있으며 성대의 구조 또한 현생인류와 비슷하게 발달하여 여러 소리를 낼 수 있고 한다. 그러나 현생인류와 같은 범위의 소리를 낼 수 있는 단계는 네안데르탈사람이 등장할 때까지 기다려야 한다는 것이 일반적인 의견이다.

옛 슬기사람 :
호모 하이델베르겐시스 *Homo heidelbergensis* (e.f. Archaic *Homo sapiens*)

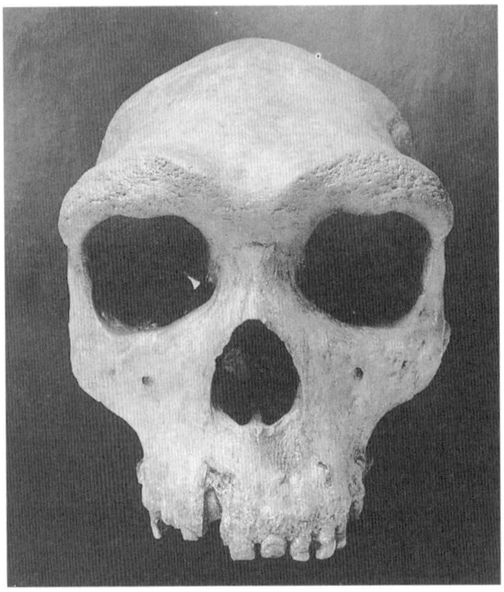

그림 9.13. 아프리카의 브로큰 힐에서 출토된 호모 하이델베르겐시스의 화석. 잠비아의 브로큰 힐에서 출토된 호모 하이델베르겐시스의 화석으로 곧선사람의 특징을 지니고 있으나 슬기사람의 특징인 큰 머리 통과 둥근 머리뼈를 지니고 있다.

일반적으로 고인류학계에서는 160만~50만 년 전 사이에 출토된 호미니드를 곧선사람으로 분류하였다. 그러나 늦은 중기 플라이스토세에 유럽과 아프리카 그리고 아시아에서는 곧선사람과 닮은 특징을 지니고 있으면서도 늦은 시기의 호미니드를 닮은 화석들이 발견되었다. 이 호미니드는 50만 년 전부터 10만 년 전까지 살았던 것으로 보이나 호모 안티세서로 알려진 스페인의 그란 돌리나 출토 화석을 가장 오래된 호모 하이델베르겐시스로 분류하면 시작은 80만 년 전까지 거슬러 올라간다.

이들이 지닌 두툼한 눈두덩과 낮고 편편한 앞머리, 머리최대너비가 머리밑면에 위치한 점, 그리고 두꺼운 머리뼈 등은 곧선사람에서도 보이는 특징들이다. 이외에도 비교적 굳세 보이는 턱에 파임이 없는 아래턱, 커다란 이빨 등이 곧선사람과 유사한 특징이다. 그러나 곧선사람의 머리보다 더 큰 머리에(〉1000cc), 더 둥근 뒷머리, 옆으로 불거져 나온 윗머리뼈, 더 넓고 휘어진 눈두덩 등은 곧선사람과는 다른 네안데르탈과 슬기사람같은 늦은 시기의 호미니드에서 보이는 특징들이다(사진 9.13). 이렇게 복합적인 특징을 지닌 화석들은 발전한 형태의 곧선사람, 또는 옛슬기사람, 이른 슬기사람 등으로 분류되었으나 최근에 호모 하이델베르겐시스로 분류하고 있다.

대표되는 호모 하이델베르겐시스 화석들

호모 하이델베르겐시스의 화석들은 아프리카와 유럽 그리고 아시아의 여러 지역에서 보고되고 있다(사진 9.14);

아프리카에서 호모 하이델베르겐시스로 분류되는 화석들은 이티오피아의 보도bodo 이외에 남아프리카의 엘란스폰테인elansfontein과 허스동굴cave of hearths, 잠비아의 브로큰 힐broken hill, 탄자니아의 누트ndutu와 에야시eyasi, 케냐의 캅투린kapthurin, 이티오피아

a) 보도, 이티오피아

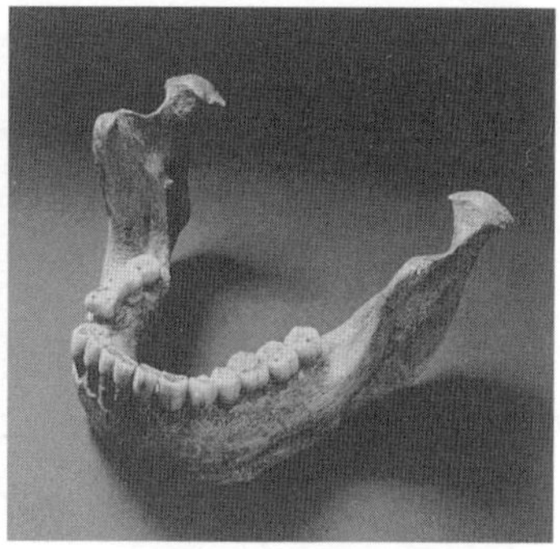
b) 마우어, 독일

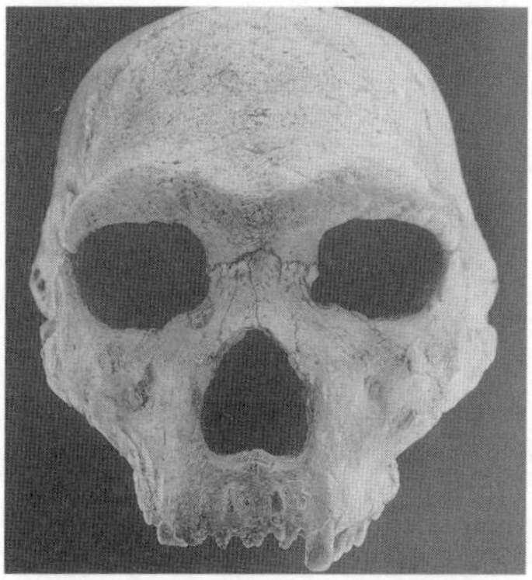
c) 페트라로나, 그리이스

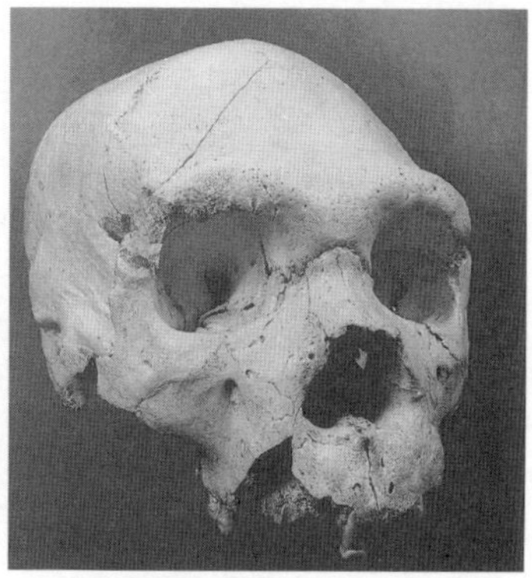
d) 아타푸에르카, 스페인

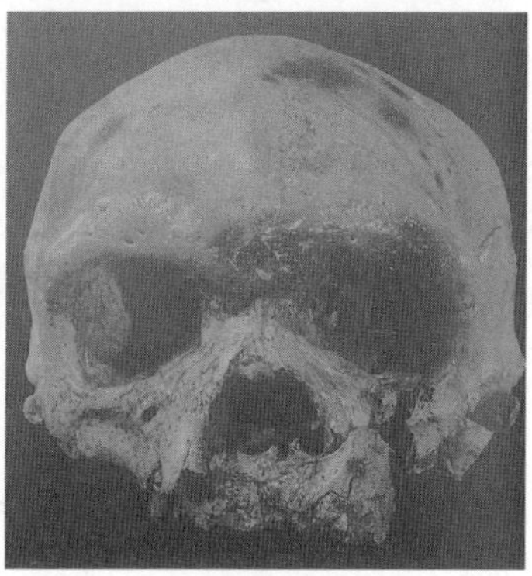
e) 진뉴산, 중국

그림 9.14. 아프리카 · 유럽 · 아시아에서 출토된 호모 하이델베르겐시스

의 멜카쿤투레melkakuntre, 지부티의 와디 다가드레wadi dagadle, 그리고 모로코의 캐비바트kebibat와 살레sale 등에서 출토되었다.

호모 하이델베르겐시스로 분류된 호미니드의 화석은 유럽 전역에서도 출토되었다. 영국의 스완스콤swanscombe과 폰트네위pontnewydd, 그리고 프랑스의 몽마우린montmaurin,

아라고arago, 라자레lazaret, 쉐즈 la chaise, 폰트쉐바드fontechevade, 비아쉬 쌩 바스트 biache-saint-vasst, 스페인의 아타푸에르카atapuerica, 독일의 마우어mauer, 스타인하임 steinheim과 빌징스레벤bilzingsleben, 헝가리의 베르테스쥈엘레스vertesszollos 그리고 그리스의 페트라로나petralona등이 대표적인 유적이다. 한편 스페인의 아타푸에르카의 그란 돌리나gran dolina 동굴에서 출토된 호미니드는 여러 면에서 슬기사람을 닮은 특징을 지니고 있으며 호모 안티세서*homo antecessor*로도 불리운다.

아시아에서 이른 시기 슬기사람early *homo sapiens*으로 알려졌던 호모 하이델베르겐시스 범주에 속하는 화석은 자바의 낭동ngandong(=solo)과 삼붕마챤sambungmachan에서 보고되고 있다. 중국에서는 다리大荔 dali, 휴지아요許家窑 xujiayao, 마바馬壩 mapa 그리고 진뉴산金牛山jinnushan에서 출토되었으며, 인도에서는 나르마다 계곡narmada valley에서 화석이 보고되고 있다. 중국에서 출토된 화석들은 동물화석과 우라늄계열측정으로 그 연대가 추정되었다. 그러나 우라늄 계열측정으로 얻은 연대는 시료가 오염되었을 가능성을 가지고 있어서 연대에 문제점을 가지고 있는데 특히 중국출토 화석 중 다리와 잉코우 출토 화석의 연대에 문제가 있는 것으로 보여진다.

호모 하이델베르겐시스(옛슬기사람)의 해부학적 특징

호모 하이델베르겐시스의 화석은 아프리카와 유럽 그리고 아시아의 여러 지역에서 출토되고 있는데 이들 화석에서는 곧선사람과 네안데르탈 및 슬기사람의 해부학적 특징이 함께 섞여 나타나고 있다. 대표되는 화석인 마우어와 브로큰 힐, 페트라로나 및 아타푸이르카와 다리에서 출토된 화석 등에서 보이는 해부학적 특징은 곧선사람과 네안데르탈사람 및 슬기사람에서 보이는 특징을 지니고 있다; 머리뼈는 넓적한 얼굴에, 두툼한 눈두덩은 앞으로 약간 나와 있고, 앞머리뼈는 길고 낮으며 눈굼뒤에 줄임이 있다. 윗머리뼈에는 머리 가운선을 따라 둔덕이 있고, 머리최대너비는 머리통 밑면에 자리한다. 이런 특징들은 곧선사람에서 보이는 특징이다. 한편 뒷머리뼈의 윗부분이 아래보다 더 넓고, 뒷머리뼈 둔덕위에 파임이 있다. 눈두덩이 이중의 굽은 모습의 화석도 있다. 이런 특징들은 네안데르탈사람에서 주로 보인다. 또다른 특징으로 아래턱은 굳세 보이나 곧선사람의 것보다는 가냘퍼 보이는 데 턱끝은 앞으로 나오지 않았으며 턱가지는 아주 넓고 곧게 서 있다. 어금니에서 타우로돈티즘이 보이나 네안데르탈사람과 는 다른 모습이며 어금니뒤에 빈공간이 있다. 이런 특징들은 주로 네안데르탈사람에서 나타난다. 끝으로 위머리뼈가 양 쪽으로 불거져 있고, 뒷머리뼈는 각을 이루지 않으며 둥글게 발달해 있다. 송곳니 파임도 보이며, 머리뼈의 크기는 1,100~1,400cc로 이런 특징들은 현생인류인 슬기사람이 지닌 특징이다.

이렇게 곧선사람과 네안데르탈사람과 슬기사람의 특징을 함께 지닌 호미니드는 지역에 따라 각기 다른 이름으로 불려졌다. 유럽에서 출토된 화석들은 옛슬기사람 archaic *homo sapiens*으로, 아프리카에서 출토된 화석은 발달한 곧선사람developed *homo erectus*로, 그리고 아시아에서 출토된 화석은 이른 시기의 슬기사람 early *homo sapiens*로 불리었다. 그리고 이들을 함께 묶어 곧선사람 3 단계stage III로 분류하기도 하였다. 그러나 어떤 이름도 이 무리에 속하는 호미니드의 종을 명확하게 나타내지 못한다. 물론 종의 이름이 진화 자체를 의미하는 것은 아니지만 종의 분류가 학계의 통일된 약속인 만큼 여기서는 학계에서 인정된 분류체계를 따르기로 한다. 그러나 동물 분류 체계로는 중간형의 존재를 적절하게 나타낼 수가 없기 때문에 여기서는 동물학 분류체계의 '우선의 규칙' 에 따라 늦은 중기 플라이스토세 호미니드의 기준화석인 마우어 출토화석에 주어진 호모 하이델베르겐시스를 이 무리에 속하는 종의 대표되는 이름으로 사용한다.

호모 하이델베르겐시스의 문화와 삶

비록 호모 하이델베르겐시스의 화석과 더불어 연모는 별로 알려져 있지 않으나 그들이 사용했던 연모가 일부 출토되었다. 50만년 전의 유적인 박스그로브가 그 예로 이 유적에서는 주먹도끼가 출토되었다. 20만년 전에 호모 하이델베르겐시스는 새로이 연모를 제작하는 기술을 발전시켰다. 거북등날 떼기(르발루와)가 그것으로 이 방법은 아프리카에서 처음 시작되어 후에 유럽으로 퍼져 나갔다. 이 방법은 준비된 몸돌에서 여러 개의 격지를 떼어내는 방법으로 떼어진 격지는 자르거나 꿰거나 구멍을 뚫는 연모 제작에 사용되었다.

한편 스페인의 그란 돌리나 근처의 아타푸에르카의 시마드 로스 후에소스 동굴에서 출토된 고인류와 동물뼈들은 당시 인류의 행위를 추론하는데 도움이 된다. 뼈대의 대부분은 어리거나 젊은 남녀들의 것으로 이들은 집단으로 병에 감염되어 사망한 후에 의도적으로 구덩이에 던져진 것으로 설명되고 있다. 아마도 이들은 집단으로 돌연히 사망하거나 아니면 짧은 기간 동안에 죽어 처리되었던 것으로 이들이 정신적으로나 문화적으로 환경에 적응했던 예를 추정된다.

제10장 늦은 시기의 호모

☞ 늦은 시기의 호모는 네안데르탈사람과 현생인류인 슬기사람을 말한다. 네안데르탈사람은 유럽과 서아시아 일대에서 현생인류인 슬기사람 바로 전 단계에 살았던 호미니드로 이른 시기의 슬기사람과 같은 시기에 살기도 하였다. 이들은 인류의 진화 중 가장 늦은 단계에 살았던 원시적인 호미니드에 속한다.

고고학 기록으로 보면 네안데르탈사람의 행위능력은 현생인류에 비해 뒤떨어지는데 이는 아마도 그들의 두뇌가 현생인류와는 다르기 때문으로 여겨진다. 물론 네안데르탈사람은 인류진화 과정 중의 한 구성원이지만 해부학적 특징이나 시간적으로 가장 이른 시기의 슬기사람과는 다른 모습을 보이고 있다. 그럼에도 불구하고 네안데르탈사람은 생김새와 행위에서 현생인류를 많이 닮았으며 어느 면에서는 슬기사람보다 더 발달한 모습을 보여주고 있다. 그러므로 현생인류와 많은 점에서 닮은 특징을 보이는 생김새와 행위 때문에 네안데르탈사람은 가끔 현생인류의 직접조상으로 인식되기도 하였다. 이 장에서는 우리에게 가장 잘 알려진 옛 인류인 네안데르탈사람과 슬기사람에 관해 알아본다.

네안데르탈사람 *Homo neandert(h)alensis*(旧人) 의 출현

네안데르탈사람은 유럽에서 살았던 호모 하이델베르겐시스의 후손으로 유럽과 서아시아 일대에 국한되어 살았다고 설명된다(그림 10.1). 또 같은 시기에 동아시아와 아프리카에서는 그곳에서 살던 호모 하이델베르겐시스를 조상으로 하는 다른 종의 호미니드가 살고 있었는데 특히 아프리카에서 살던 호미니드는 네안데르탈사람보다는 현생인류와 많은 점에서 닮은 특징을 보이고 있다. 따라서 오늘날 인류의 조상은 아프리카에서 살았던 호미니드일 것으로 가늠되며 네안데르탈사람은 점차 인류진화 과정 중 뒤안길로 사라져 현생인류와 혼혈과정을 거치지 않았다.

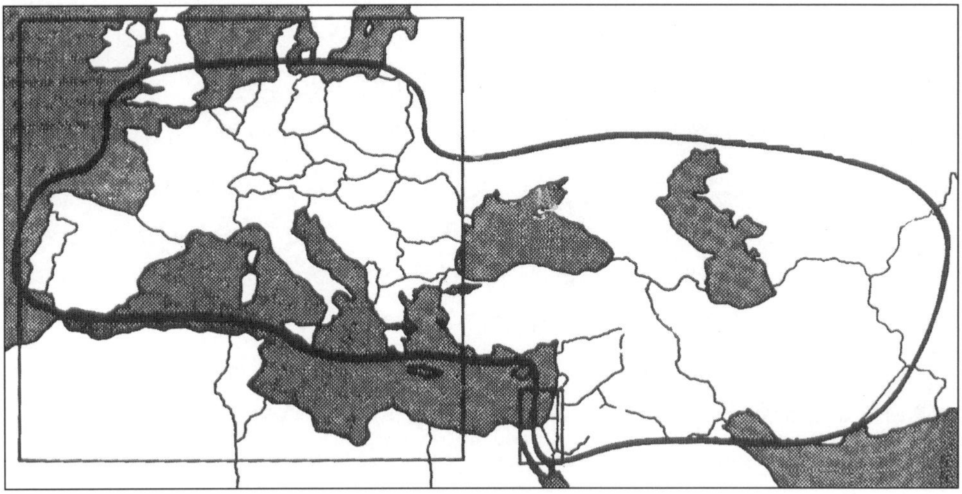

그림 10.1. 네안데르탈사람이 출토된 유적의 범위

네안데르탈사람 발견의 역사

네안데르탈사람의 발견은 고인류학적으로 매우 중요한 업적 중의 하나로 평가된다. 왜냐하면 네안데르탈사람은 최초로 찾아진 인류의 조상이며 현생인류인 슬기사람과 비교될 만큼 대중에게 널리 알려진 호미니드이기 때문이다. 그러나 이런 점들보다 더 중요한 것은 이들이 인류진화에 관한 최초의 과학적 증거이며 이들의 화석이 발견된 시기가 진화에 관한 개념이 학계와 일반사회에서 뜨겁게 논의될 때라는 점이다.

1829년부터 30년에 벨기에의 리거liege 근처의 엥기스engis동굴을 발굴한 슈멜링Schumerling에 의해서 찾아진 어린아이의 머리뼈 조각이 바로 네안데르탈사람에 대한 최초의 화석기록이다. 그러나 이 발견은 당시 과학적인 흥미를 크게 불러일으키지 못했으니 인간 이외의 존재에 관한 관심은 1세기가 지난 이후에야 비로소 관심의 대상이 될 수 있었기 때문이다. 1848년 북부 아프리카의 맞은 편에 있는 지브랄타르gibraltar의 동굴에서 발견된 네안데르탈사람의 어른 머리뼈도 발견 후 몇 십 년이 지나서야 그 중요성이 인식되었다.

네안데르탈사람의 중요성은 1856년에 발견된 화석에서부터 시작되었다. 독일의 뒤셀도르프dü sseldorf 근처에 있는 네안더 골짝의 한 광산 동굴에서 발견된 머리뼈 하나와 몇 개의 사지뼈가 바로 이 호미니드의 중요성을 인식시켜 주었다. 독일어로 tal은 골짝(계곡)이란 뜻으로 영어로는 thal로 쓰인다. 그러므로 찾아진 화석은 발견된 곳의 이름을 따서 neanderthaler 라고 불려졌으며 간단히 neanderthal이라고도 쓰였다.

광산 인부들은 네안데르탈사람의 뼈대에 대해 별 관심이 없었으며 이때 돌연모를 포함한 유물들도 함께 버려진 것으로 여겨지는데 불행히도 유물이 발견된 당시 동굴에 관한 기록은 거의 남아있지 않다. 광산 주인은 이 뼈들을 공룡의 뼈로 생각하였으며 후에 뼈들은 그 지방학교의 선생님으로 있던 풀로트J. K. Fuhlott에게 넘겨졌다. 풀로트는 이 뼈가 일반사람의 뼈가 아니라는 것을 알았다. 머리뼈는 두툼한 눈두덩과 낮은 앞머리가 특징이며 머리통은 양 옆이 불룩한 모습을 지니고 있었고 사지뼈는 두텁고 굳세 보였다. 그러나 풀로트는 뼈에 관해 전문적인 지식이 없었기에 이 뼈화석을 당시 잘 알려진 해부학자인 헤르만 샤프하우센Hermann Schaaffhausen에게 전해 주었다. 뼈들을 본 후 그는 이 뼈 화석을 게르만과 켈트족 이전에 북부유럽에 살던 한 종족에 속하는 사람의 것으로 단정지었다.

1859년『종의 기원』이 출판될 무렵 다윈은 이미 네안데르탈사람의 화석에 관해 알고 있었음에도 불구하고 인류의 진화라는 민감한 문제를 피하고자 애써 이 화석에 대한 언급을 회피하였다. 그 후 1863년 현대 지질학의 아버지로 알려진 챨스 라이엘은 슈멜링이 찾은 엥기스 출토화석과 기타 네안데르탈사람의 화석을 인류의 진화 중 별 중요성이 없는 존재라고 규정하였다. 네안데르탈사람이 진화과정에서 중요한 자리를 차지할지도 모른다는 가능성을 처음으로 언급한 사람은 다윈의 가장 열렬한 지지자였던 토마스 헉슬리였다. 그는 1863년에 네안데르탈사람이 비록 그 모습에서 원시성을 띠고는 있으나 유인원이나'잃어버린 고리'는 아니라고 그의 저서에서 기술하였다. 이러한 헉슬리의 견해는 오늘날 고인류학계의 네안데르탈사람에 대한 평가와 거의 일치하고 있다.

1864년 에이레 출신의 해부학자인 윌리암 킹William King은 네안데르탈사람을 절멸한 인류로 생각하여 이를 호모 네안데르탈렌시스*homo neandethalensis* 라고 이름지었다. 비록 많은 학자들이 네안데르탈사람을 독립된 종이라기보다는 슬기사람의 아종이나 또는 절멸된 변형으로 설정하고 있지만 그 외의 부분에 대해서는 일반적으로 킹의 견해를 따르고 있다. 어쨌든 킹 자신은 프러시아 출신의 병리학자인 루돌프 비르코Rudolf Virchow의 견해를 따랐는데 비르코는 네안데르탈사람을 질병에 걸린 현대사람으로 추정하였으며 머리에 난 상처는 죽은 후에 타격을 받아 생긴 것으로 단정하였다. 비르코의 이런 주장은 당시 학자들에 의해 널리 받아들여졌다.

1866년에 굳세보이는 아래턱과 위팔뼈 그리고 손등뼈가 각각 하나씩 벨기에의 한 동굴에서 발견되었다. 아주 오래 전에 살았던 맘모스와 털코끼리, 털코뿔소와 순록의 뼈대가 함께 발견되었다. 현생인류의 턱과는 다르게 동굴에서 출토된 아래턱은 턱이 휘어 들어가지 않았는데 당시에는 이 화석과 비교 될만한 다른 자료가 없었기 때문에 비르코는 이를 병리적 증상이라고 잘못 판단하였다. 오늘날 이 화석은 네인데르탈사람의 것으로 알려져 있다.

그러나 1886년 벨기에의 스피Spy 근처의 한 동굴에서 출토된 2 개체의 어른뼈 화석은 비

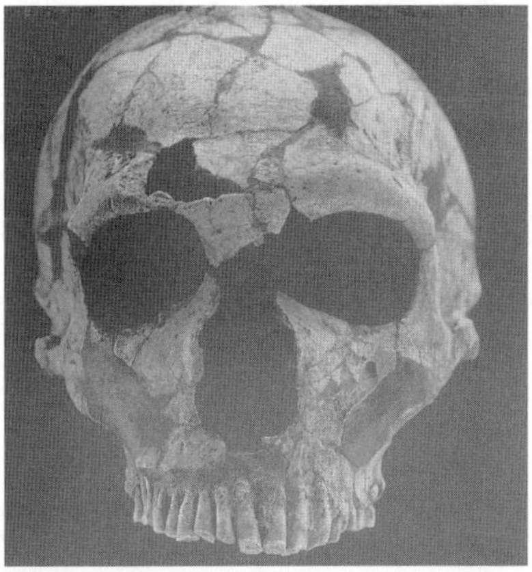

a)

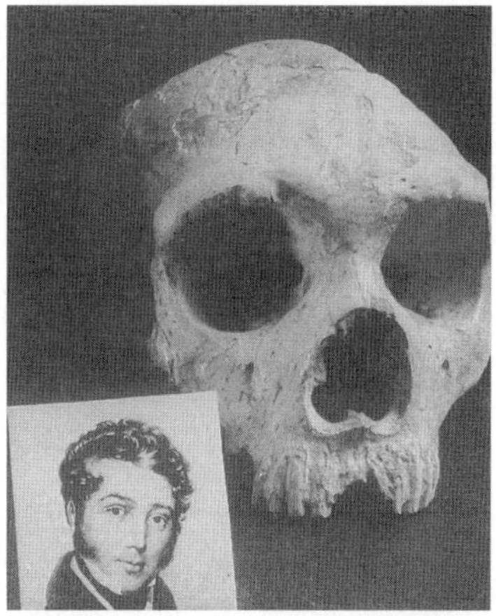

b)

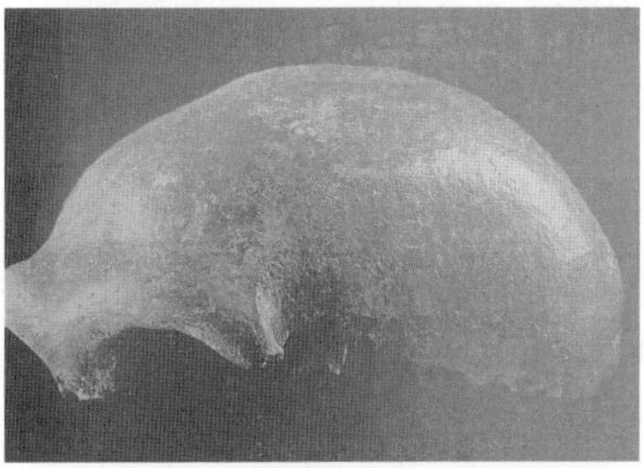

c)

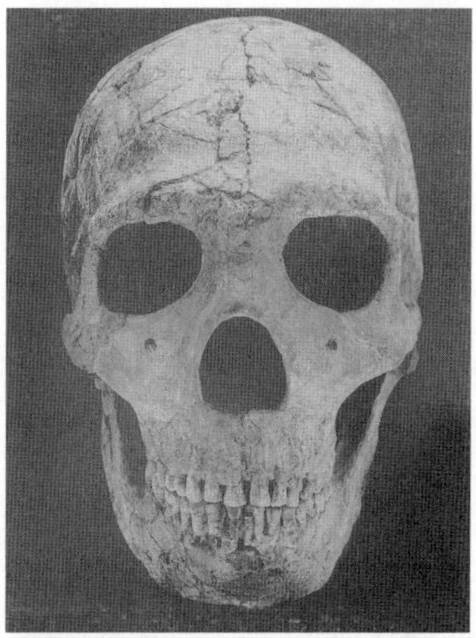

d)

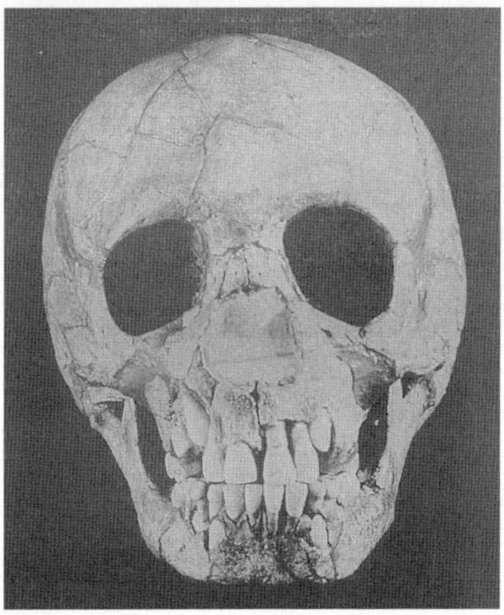

e)

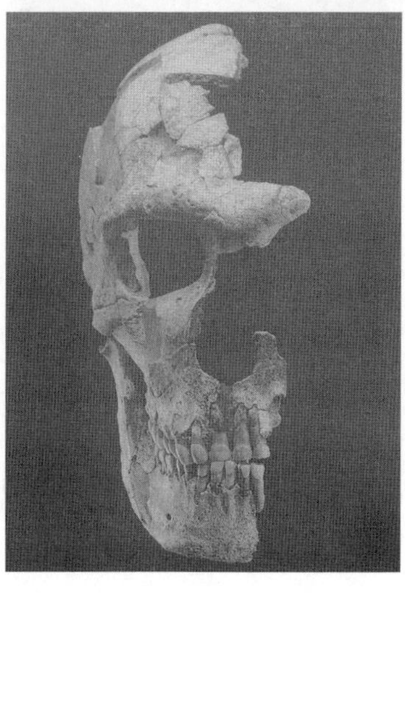

f)

사진 10.2. 유라시아에서 출토된 대표되는 네안데르탈 화석들 a) 페라시, 프랑스 b) 지브랄타르, 스페인 c) 네안더, 독일 d) 아무드, 이스라엘 e) 테식 타쉬, 우크라이나 f) 쌩 세제르, 프랑스

르코의 주장에 문제를 제기하였다. 스피 출토머리뼈는 네안더 골짝에서 출토된 화석과 많은 점에서 비슷한 특징을 보이는데 이는 두 지역에서 출토된 화석들이 마치 똑같은 병리학적 역사를 지니고 있는 것처럼 보여졌다. 스피 출토화석은 당시로서는 드물게 아주 조심스럽게 발굴되었으며 석기와 털코끼리, 털코뿔소, 순록 및 기타 옛 동물의 뼈화석이 함께 출토되었다. 이렇게 발굴된 스피 출토 머리뼈는 네안더 골짝에서 출토된 화석과 같은 종류인 것으로 인식되었다.

인류진화에 대한 일반적인 인식은 1891년 유진 듀보아가 인도네시아의 자바에서 최초로 피테칸스로프스를 발견한 때부터 변하기 시작하였으며 1908년과 1921년에 남서 프랑스에서 발견된 일련의 화석들은 그간 사람들이 지녔던 네안데르탈사람에 관한 의심을 털어버리게 하는데 충분하였다. 이 화석들은 바로 샤뻬엘 오 쌩 la chapelle-aux saint과 무스띠에 le moustier, 펠라시 la ferrassie, 그리고 끼나 la quina 동굴 등지에서 출토된 화석들이다. 이들 화석은 오늘날 네안데르탈사람을 대표하는 화석으로 이들의 행위까지도 밝혀주는 유명한 화석들이다.

프랑스의 유적들은 1899년과 1905년 사이에 옛 유고슬로바키아의 자그레브 근처 크라피나krapina 바위그늘에서 출토된 화석들에 의해 더욱 유명해졌다. 이 유적에서는 비교적 체계적인 발굴을 통해 800여개의 네안데르탈사람의 뼈조각이 수습되었다. 이는 남녀 · 노소를 포함하여 모두 14개체 분에 달하는 양이었다. 이곳에서는 스피와 프랑스 유적들에서 출토된 것과 같은 형태의 돌연모들이 출토되었으며 이곳의 동물상은 오래 전에 살았던 동물들로 이루어져 있었다. 그리고 크라피나 화석은 네안데르탈사람이 지리적으로 널리 퍼져 살았음을 밝혀주는 좋은 자료가 되었다.

1920년 이후 유럽에서 네안데르탈사람의 화석이 발견된 중요한 유적으로는 크리미아의 키크 코바 kiik-koba 동굴과 헝거리의 수발육 subalyuk 동굴, 독일의 에링스도르프 샘 ehringsdorf spring 유적, 이태리의 양달 유적인 싸코파스토레 saccopastore, 구아타리 guattari 동굴 그리고 프랑스의 르구르드regourdou, 오르뛰스hortus, 쌩-쎄제르saint cesaire 등을 들 수 있다. 오늘날까지 70개 이상의 유적에서 275 개체 이상의 네안데르탈사람 화석이 찾아졌다. 이들 중 대부분은 조각난 뼈들이지만 가장 오래된 무덤에서 찾아진 몇몇 개체는 완전한 형태로 남아 있는 것들도 있다(사진 10.2).

이러한 네안데르탈사람의 발견은 1920년을 전후로 차츰 줄어드는데 이는 이미 많은 중요한 유적들이 발굴되었기 때문이며 또한 고고학자들이 보다 정밀하게 유적을 발굴한 결과이기도 하다. 이런 상황에서도 네안데르탈사람의 중요한 유적은 계속 발굴되었다. 1930년대에 유적의 발굴은 서아시아 지역까지로 확대된다. 이스라엘 지역의 타분tabun 동굴과 우즈

베키스탄의 테식타쉬 teshik tash동굴의 발굴을 시작으로 1953년부터 60년까지 이루어진 이라크의 샤니다르 shanidar동굴 그리고 이스라엘의 아무드amud와 케바라 kebar동굴 등이 중요한 유적들이다.

네안데르탈 neanderthal 또는 네안데르탈로이드 neanderthaloid 란 용어는 아프리카와 동아시아에서 출토된 화석까지도 모두 포함하고 있다. 그러나 문제는 네안데르탈사람의 범주에 들어가는 아프리카와 동아시아 출토 화석들이 살았던 시기가 유럽과 서아시아에서 출토되는 '대표되는 네안데르탈사람classic neandethal'이 살았던 때보다 더 오래 되었다는 점이다. 보다 중요한 점은 이들이 지니고 있는 해부학적 특징들이다. 즉 커다란 눈두덩과 낮은 앞이마, 머리 최대너비가 머리 중간에 위치하고 있는 점등은 '대표되는 네안데르탈사람'이 지닌 특징과 구분될 수 없는 특징들이기 때문이다. 이에 반해 이들은 '대표되는 네안데르탈사람'에서 나타나지 않는 특징을 함께 지니고 있다. 약한 회전타원형의 머리뼈 뒤모습과 불룩이가 없는 뒷머리, 심하게 튀어나온 얼굴, 뒷머리뼈 둔덕위 파임, 그리고 커다란 뒷머리-꼭지뼈 마루 등이 바로 그러한 특징들이다.

아프리카와 동아시아 출토의 화석들이 비록 유럽과 서아시아 출토 네안데르탈사람과 일부 비슷한 형태를 나누어 지니고는 있지만 전체적으로 볼 때 다른 특징이 더 많다는 것이 학자들의 일반적인 견해이다. 따라서 아프리카와 동아시아에서 출토된 화석들을 네안데르탈이라고 부르는 것은 이들의 진화적 의미를 강조하기 위한 것으로 여기서는 네안데르탈사람과 같은 시기의 화석이란 뜻을 내포하고 있다.

네안데르탈사람의 기원과 연대

인류의 진화과정 중 네안데르탈사람의 기원과 절멸만큼 학계에서 논쟁의 대상이 된 호미니드는 없다. 지금까지의 연구는 이들이 제 4기 중 유럽에서 살던 늦은 시기의 호모 하이델베르겐시스로부터 출발했으리라고 주장한다. 이때 네안데르탈사람의 조상으로 여겨지는 유럽의 제 4기 중기에 살았던 늦은 시기 호모 하이델베르겐시스는 크게 두 무리로 나누어진다. 첫째가 대표적인 호모 하이델베르겐시스로 이들에게서는 네안데르탈사람의 특징이 나타나지 않는다. 페트라로나, 베르테스쵀엘레스, 마우어, 빌징스레벤, 아라고 및 아타푸에르카 출토화석이 이에 속한다. 반면에 두 번째 무리는 첫 번째 무리보다 좀 늦은 시기에 살던 호미니드로 이들은 네안데르탈사람과 많은 특징을 나누어 가지고 있다. 그 예로 스타인하임, 스완스콤, 몽마우린, 쉐즈la chaise 그리고 비아쉬 출토 화석들이 있다.

비록 위에서 살펴 본 화석들의 수는 많지 않으나 이를 통해 볼 때 유럽에서는 첫 번째 무리에 속하는 호미니드가 두 번째 무리의 호미니드로 진화해 갔으며 이 무리가 네안데르탈사람의 조상일 것으로 가늠된다.

오늘날 네안데르탈사람에 관해 해결해야할 많은 문제들이 있지만 네안데르탈사람은 유럽 내에서 발전한 호미니드로 인정되고 있다. 반면에 서아시아 출토 네안데르탈사람의 화석에 대해서는 이들이 유럽에서 왔는지 아니면 같은 시기에 독자적으로 발전했는지 불분명한 상태이다. 그러나 이 문제에 대한 보다 분명한 해답은 이스라엘의 쯔티예zuttiyeh 동굴에서 출토된 머리뼈가 이른 시기의 네안데르탈사람인지 아니면 덜 발달한 슬기사람인지가 규명되면 가능하다. 만일 이 화석이 덜 발달한 슬기사람이라면 네안데르탈사람은 마지막 빙하기에 서아시아에 도달해서 이 일대에서 먼저 살고있던 네안데르탈사람이 아닌 어떤 호미니드를 몰아내고 그 자리를 차지했다고 설명될 수 있다.

한편 호미니드가 살던 시기를 측정하는데 유용하게 이용되는 방법 중의 하나인 방사성탄소연대 측정법은 네안데르탈사람들이 지녔던 중기 구석기문화인 무스테리앙 문화시기를 밝히는 데는 별로 도움이 되지 못하였다. 이는 방사선 탄소연대 측정의 상한이 30,000년을 넘기 어렵기 때문이다.

가장 늦은 시기의 네안데르탈사람이 출토된 남부 프랑스의 쌩 쎄제르 유적에서 나온 꽃가루 분석과 돌연모에 따르면 이 유적의 연대는 35,000~34,000년 전인 것으로 추정된다. 그리고 북부 프랑스의 아르씨-쒸르-뀌르arcy-sur-cure에서 출토된 샤뗄페로니앙 연모와 관련이 있는 네안데르탈사람의 이빨도 쌩 쎄제르 유적과 비슷한 연대를 지니고 있다. 남서 아시아 유적의 경우 50,000 년 전 이전의 연대를 나타내는데 이는 불에 탄 프린트를 시료로 열형광 가열방법과 가속기가 달린 방사성 탄소연대측정의 결과이다.

지금까지 알려진 가장 오래된 네안데르탈사람의 화석은 북부 프랑스의 비아쉐 쌩바스트에서 출토된 작은 머리뼈로 19만년 전의 이 화석은 지금은 호모 하이델베르겐시스로 분류되어 네안네르탈사람의 조상으로 여겨지고 있다. 비아쉐 출토화석을 제외하고 제 4기 중기 늦은 시기에 살던'선 네안데르탈사람 ante neanderthals의 화석이 독일의 에링스도르프와 이탈리아의 싸코파스토레에서 출토되었다. 이들은 엄밀히 말해서 네안데르탈사람과는 구분되는 호미니드이다. 에링스도르프에서는 9개체 머리뼈조각과 아래턱들 그리고 사지뼈들이 석회암으로 이루어진 샘에서 출토되었다. 함께 출토된 식물과 동물상은 이 유적이 형성된 시기가 마지막 간빙기(stage 5)인 130,000~115,000년 전인 것으로 밝혀주고 있다.

네안데르탈사람 화석이 출토된 유적의 지질층 및 함께 출토된 동물상과 식물상을 보면 유럽에서 살던 대표되는 네안데르탈사람은 일반적으로 마지막 간빙기의 이른 시기(74,000~35,000년 전)에 살았던 것으로 여겨지며 일부는 좀 더 추운 시기인 마지막 빙하기(stages 5b,5d; 109,000~92,000년 전)까지 연대가 올라가기도 한다. 한편 중동지방에서 가장 오래된 네안데르탈사람 화석은 마지막 간빙기의 이른시기 유적지에서 출토된다. 이스라엘의 쯔티예 동굴에서 출토된 앞머리와 얼굴부분화석과 타분tabun동굴에서 출토된 허벅지뼈 몸체가 이 시기에 속하는 화석들이다.

오늘날 일반적으로 네안데르탈사람은 늦은 제 4기 중 이른 시기인 130,000~35,000년 전 사이에 살았다고 여겨지는데 이들이 언제 절멸했는지는 지역에 따라 달리 나타나고 있으며 이는 지리적 범위와 관련이 있기 때문인 것으로 생각된다.

네안데르탈사람의 해부학적 특징과 연구들

슬기사람과 가까운 호미니드로 평가되는 네안데르탈사람의 화석은 다른 호미니드에 비

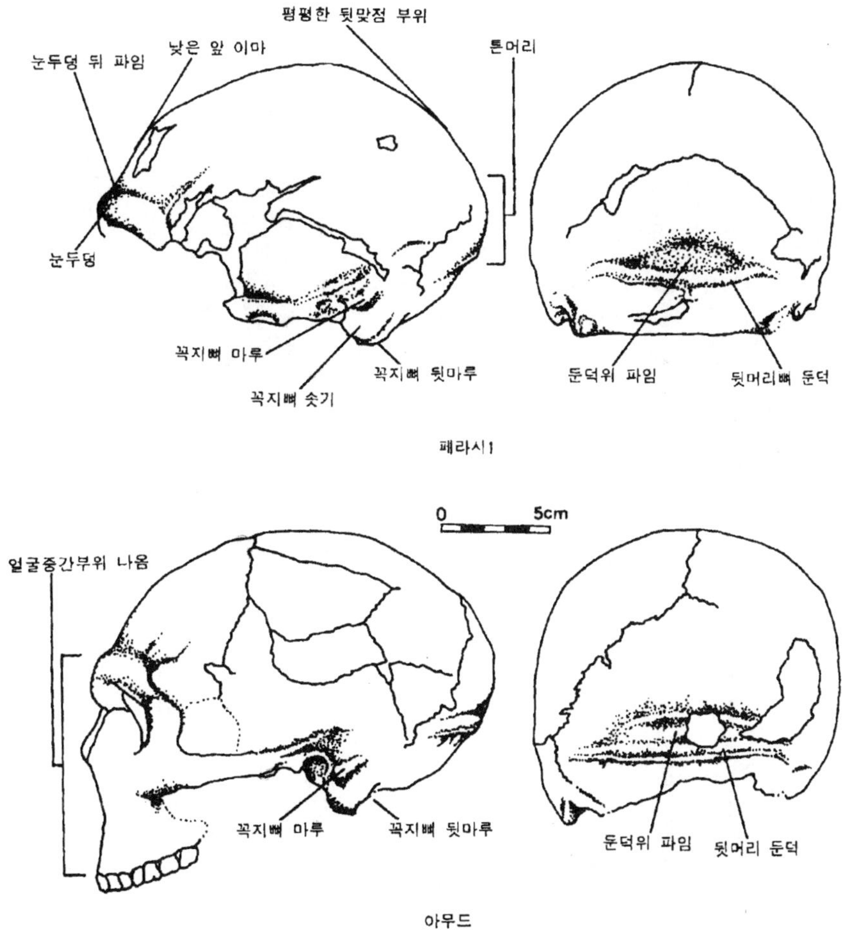

그림 10.3. 프랑스 페라시와 이스라엘 아무드 유적에서 출토된 대표되는 네안데르탈사람의 머리뼈 특징

해 발견된 화석이 많아 해부학적 특징과 비교 연구가 잘 이루어져 있다. 네안데르탈사람의 해부학적 특징은 프랑스의 페라시 유적과 이스라엘의 아무드 유적에서 출토된 화석을 바탕으로 한다(그림 10.3).

해부학적 특징 : 네안데르탈사람의 머리뼈에서 보이는 특징 중 길쭉하고 낮은 머리, 곧바른 위얼굴과 송곳니 파임이 없는 위턱, 커다란 코굼 그리고 앞으로 튀어나온 가운얼굴은 모두 얼굴 가운부분의 구조와 관련이 있다. 또 네안데르탈사람의 아래턱이 지니는 특징도 이러한 얼굴 모습과 관련성을 가지고 있다.

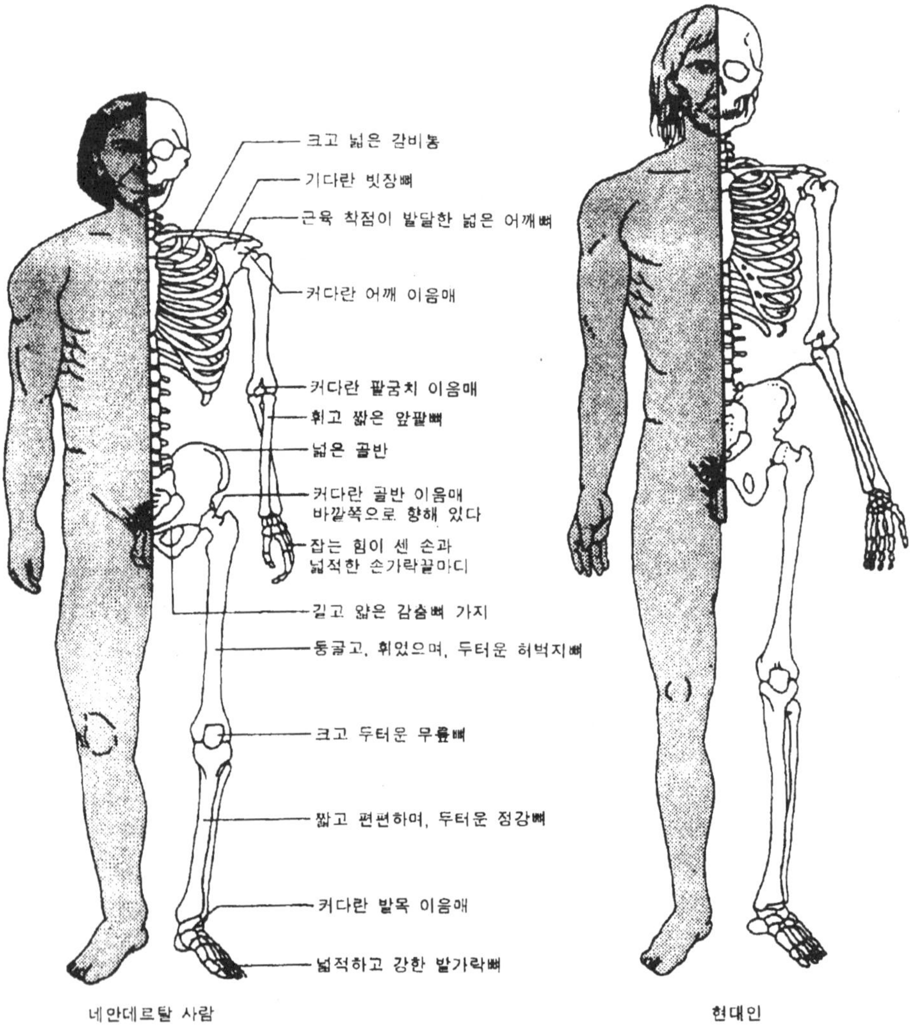

그림 10.4. 네안데르탈사람과 현생인류의 뼈대 비교

뼈에 미치는 외부의 힘과 내부의 힘의 작용을 연구하는 생체역학 모델에 의하면 네안데르탈사람의 씹는 기관은 주로 앞니에 힘이 실리고 이 힘을 견디어 낼 수 있도록 턱의 구조가 이루어져 있다. 이를 뒷받침해주는 증거로는 상대적으로 크고, 아주 많이 닳은 앞니와 작은 조각이 떨어져 나간 앞니의 모습을 들 수 있다.

네안데르탈사람의 사지뼈 또한 머리뼈만큼이나 많은 해부학적 특징을 보여주고 있다(그림 10.4). 일반적으로 네안데르탈사람은 현생인류에 비해 굳센 뼈대를 지니고 있어서 이들의 모습은 단단하고 힘있게 보인다. 사지뼈의 비율에서 네안데르탈사람은 현생인류에 비해 하체가 짧다는 것을 알 수 있다. 네안데르탈사람의 낮은 사지뼈 지수(앞팔뼈/위팔뼈지수와 정강뼈/허벅지뼈지수)는 연중 평균기온과 관련이 있다는 것이 밝혀졌다. 즉 네안데르탈사람이 지닌 지수는 오늘날 추운 기후에서 사는 랩족과 에스키모와 같은데 이는 열의 손실을 줄이기 위한 적응의 결과로 설명된다. 반면에 아프리카의 열대지방이나 이집트같이 더운 지방에 사는 주민들의 경우 열의 손실을 촉진시키기 위한 적응의 결과로 사지뼈 지수가 높은 것을 볼 수 있다. 이는 알렌의 법칙에 좋은 예가 된다. 알렌의 법칙에 따르면 네안데르탈사람 이후의 현생인류는 사지뼈의 비율에서 볼 때 네안데르탈사람보다 기후에 의한 압박을 덜 받았다고 여겨진다. 이는 아마도 현생인류의 기원지가 따뜻한 지역이기 때문일 것이다. 또 한편으로는 현생인류가 불을 사용하고 주거지와 의복 등을 발전시켰기 때문이라는 주장도 제기되고 있다.

해부학적 특징 연구들 : 오늘날까지 네안데르탈사람들의 해부학적 특징에 대해서 많은 연구들이 이루어졌는데 그 중 근육이 매우 발달했고 앞팔뼈와 허벅지뼈가 휘어져 있음을 강조하고 있다. 네안데르탈사람의 휘어진 앞팔뼈는 물건을 잡는데 힘을 발휘하기 위해서이며 몸체가 두텁고 휘어진 허벅지뼈는 오랫동안 걸을 때 유리하게 작용한다. 한편 앞팔뼈와 다리뼈가 다른 사지뼈들과 비교해 볼 때 상대적으로 짧은데 이는 알렌의 법칙에서 볼 수 있듯이 네안데르탈사람들이 추운 환경에 적응하며 살았기 때문인 것으로 보여진다.

비교적 길고 두텁지 않은 감춤뼈 또한 네안데르탈사람이 지닌 특징 중에 하나이다. 네안데르탈사람의 산도(자궁에서 아이가 통과하는 관)는 현생인류와 비교해 볼 때 큰 편인데 이는 네안데르탈아이가 현생인류에 비해 큰 머리와 짧은 몸체를 지녔기 때문으로 생각된다. 다시 말해 네안데르탈 아이의 큰 머리가 통과하기 위해서는 당연히 큰 산도가 요구되기 때문이다. 이때 네안데르탈 아이의 머리가 큰 이유는 아이의 두뇌성장이 태반에서 빠르게 진행되었거나 또는 발육기간이 현생인류에 비해서 길기 때문이라고 설명되고 있다. 자궁 내에의 발육기간이 긴 데에는 몇 가지 이점이 있는데 먼저 뱃속에서 오래 있는 경우 아이의 근육을 조절하는 신경과 면역체계가 더 잘 발달할 수 있으며, 두뇌가 성장하는 이른 시기에 환경에의 노출로부터 두뇌를 보호할 수가 있기 때문이다. 그러나 현생인류에 비해 뱃속에 오래 있을 경우 출산 기간이 길수록 불리한 점도 있다.

지금까지 설명한 골반의 구조가 네안데르탈사람의 특징이라는 연구에 대해 이스라엘의 케바라 출토화석은 다른 설명을 가능하게 한다. 즉 이 유적에서 출토된 네안데르탈사람 골반의 경우 현대사람의 것과 비교해 그리 큰 차이가 없기 때문이다. 따라서 네안데르탈사람의 골반뼈 특징은 자식을 생산하는 데서 오는 결과라기보다는 단지 네안데르탈사람이 지닌 습관적인 자세와 걷기 방법에 따른 차이로도 설명되고 있다.

네안데르탈사람이 지닌 또 다른 특징으로 낮고 긴 머리에 튼머리bun가 있다. 이런 머리뼈의 특징은 태어난 후 상대적으로 머리통이 성장하는 속도에 비해 두뇌의 성장속도가 느리기 때문에 생겨나는 모습이다. 이렇게 두뇌의 성장 속도가 느리다는 것은 지적능력의 성장과 발달이 지체됨을 의미한다.

전체적으로 볼 때 네안데르탈사람은 전 단계의 호미니드에 비해 커다란 머리를 지니고 있는데 이는 인류진화 과정 중 현생인류로 가까이 올수록 두뇌가 증가하는 경향을 보이는 증거가 된다. 그러므로 네안데르탈 사람은 작은 두뇌를 지닌 전 단계의 호미니드보다는 더 발달한 지능을 지니고 있다.

네안데르탈사람의 머리가 현생인류보다 큰 원인에 대해 여러 가지 연구가 있는데 그 중 환경이 중요한 요인이라고 설명하고 있다. 즉 추운 기후조건에 살던 네안데르탈사람의 두뇌에서는 왕성한 신진대사가 일어났기 때문에 그로 인해 머리가 커졌다는 설명이다. 또 몸체의 크기에 비해 근육과 뼈대의 양이 더 많기 때문이라는 설명도 있다. 그러나 어느 한가지 이론이 우선되기보다는 위에서 언급된 요인들이 복합적으로 작용했기 때문이라는 설명이 더 설득력을 가진다. 실제로 추운 기후조건에서 살고 있는 에스키모사람들은 커다란 두뇌를 지니고 있으며 동시에 몸 전체 크기에 비해 많은 양의 근육과 뼈대가 발달해 있다.

네안데르탈사람들의 두뇌를 연구한 학자들에 따르면 이들의 두뇌구조는 현대인과 같은 유형이라고 한다. 즉 왼쪽 뒷머리뼈 엽lobe이 오른쪽보다 더 크고 오른쪽 앞머리뼈 엽이 왼쪽보다 더 큰 데 이런 형태의 두뇌 구조를 가진 현대인들이 오른손잡이임을 감안한다면 네안데르탈사람들도 같은 유형을 지녔으리라고 생각된다. 한편 네안데르탈사람들은 머리뼈의 밑 부분 구조가 비교적 편편하기 때문에 이들에게는 현대인처럼 완전한 소리를 낼 수 있는 능력이 없었던 것으로 보인다.

네안데르탈사람이 지닌 또 다른 해부학적 특징은 얼굴에 있는데 앞으로 튀어나온 얼굴과 턱, 그리고 커다란 앞니가 그것이다. 이들의 앞니는 음식을 씹는 기능이 아닌, 물건를 꽉 물고 있는 기능을 했던 것으로 추측된다. 앞니에서 심하게 조각난 사기질과 미세하게 금이 간

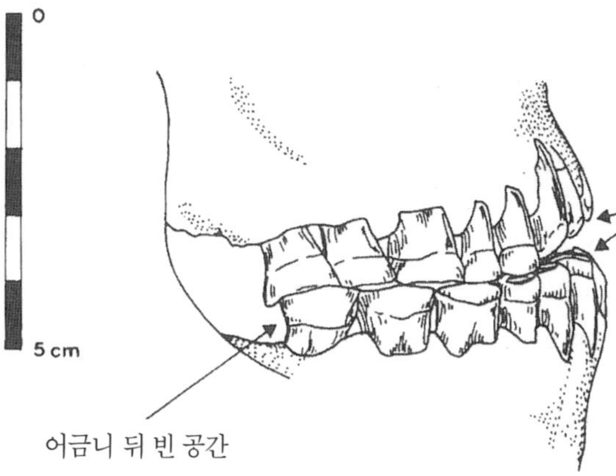

그림 10.5. 이라크 샤니다르에서 출토된 네안데르탈사람(1번)화석의 이빨 모습

흔적 및 앞니 표면에 생긴 가는 선들이 바로 그러한 증거들이다. 나이 든 네안데르탈사람의 앞니의 입술 쪽 부분이 둥글게 닳은 것도 앞니를 사용했기 때문이다(그림 10.5).

생체 역학적으로 볼 때 저작기능이 아닌 용도로 앞니를 계속해서 습관적으로 사용하면 얼굴 전면에 힘이 실리며 그 결과 기다란 얼굴에 잘 발달된 눈두덩 그리고 길고 낮은 형태의 머리뼈가 형성되고 뒷머리.꼭지뼈 부위에 붙는 근육이 발달하게 된다. 따라서 네안데르탈사람들이 지닌 대표적인 특징은 환경에 의한 직접적인 영향이라기보다는 기능에 따른 결과라는 설명이 더 적절하다.

그리고 네안데르탈사람의 코는 다른 호미니드에 비해 크고 뇌에서 멀리 떨어져 있는데 이에 관해서는 여러 가지로 설명이 되고 있다. 한 때 이런 특징은 폐에 찬 공기 대신 따뜻한 공기를 전달하기 위해서라고 설명되었다. 그러나 따뜻한 서아시아지역 출토의 호미니드도 이러한 특징을 가지고 있으므로 이 부분도 함께 설명될 수 있어야만 한다. 그러므로 네안데르탈사람이 지닌 커다란 코굼은 따뜻한 공기를 받아들이기 위한 기능이라기보다는 종종 일어나는 격렬한 활동 중에 몸 안에서 발생한 열을 몸밖으로 쉽게 내보기 위해서라는 설명이 보다 설득력을 가진다.

네안데르탈사람의 모습을 설명해주는 가설 중 네안데르탈사람의 앞으로 튀어나온 얼굴에 대해서는 '추운 기후에 적응하기 위해서' 라는 가설과 '서서히 팽창한 커다란 코굼 paranasal sinus 때문' 이라는 가설, 그리고 '음식을 씹을 때 앞 이빨에 걸리는 힘 때문' 이라는 가설이 대표적인 설명이다. 이 세 개의 가설은 그 요인이 아마도 서로 관련이 있는 것으로 여겨지는데 예를 들어 코굼이 커진 것은 후기 플라이스토세의 춥고 메마른 기후에서 격렬한 활동을 할 때 요구되는 부족한 습기를 충당하기 위한 생리적 요구의 적응 결과로 생각된다. 또한 앞니에 힘이 실리기 때문에 그 힘을 지탱해주기 위해서 얼굴이 앞으로 돌출 되었을 것으로 생각되며 어금니는 앞니에 비해 작아졌는데 이는 아마도 중기·후기 플라이스토세 중에 각기 서로 다르게 진화해 가는 과정에서 생겨난 변화로 보여진다. 분명한 사실은 네안데르탈사람의 앞니가 옆니와 어금니와는 다르게 선택적인 압박을 받았다는 것이다.

네안데르탈사람의 문화와 삶

일반으로 네안데르탈사람들이 담당한 문화시기를 중기구석기라고 하나 엄밀히 말하면 중기구석기시대의 돌연모는 무스떼리앙 연모와 동아시아와 아프리카에서 출토된 연모들 중 상고안sangoan과 파우레스미스fauresmith에서 출토된 유형의 연모를 다 포함하는 개념으로 쓰인다. 중기구석기로 분류되는 무스떼리앙 연모는 약 20만 전부터 40,000년 전까지 지속된 구석기문화로 프랑스의 무스띠에le moustier 유적에서 따온 이름이다. 무스떼리앙 연모는 몸돌에서 떼어낸 격지를 한쪽 면이나 양 면을 조심스럽게 잔손질하여 특별한 용도에 맞는 연모로 제작되었는데 63 개의 유형으로 구분되고 있다.

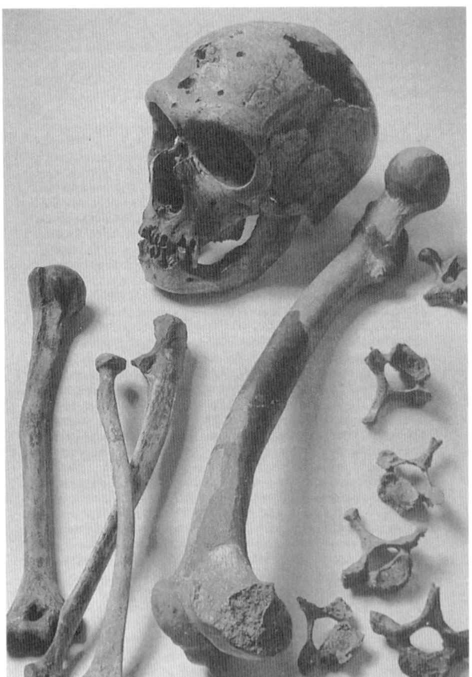

사진 10.6. 프랑스 샤뻬엘 오 쌩에서 출토된 네안데르탈 노인 화석

케바라에서 출토된 무스테리앙 연모를 전자주사현미경을 이용하여 그 사용을 밝히고 있는데 동물을 도살하거나 나무를 다루는데, 그리고 뼈와 뿔에 새기거나 가죽을 처리하는데 사용되었으며 처음으로 찌르개의 잡이도 사용한 것으로 알려지고 있다.

네안데르탈사람이 사냥꾼이었는지 주어먹기가 주요 행위였는지는 아직도 논쟁의 대상이지만 그들은 플라이스토세에 풍부했던 동물들인 순록과 사슴, 영양, 소, 말, 털코뿔소, 들소, 그리고 곰 같은 동물을 먹이로 했다.

네안데르탈사람이 살던 시기에 매장된 무덤은 아마도 가장 일찍이 신앙과 관련된 증거로 알려져 있다. 이 시기에 많은 무덤은 자연적으로 만들어진 것으로 알려져 있으나 지금까지 적어도 36개의 네안데르탈 유적에서는 의도적으로 죽은 자를 매장한 흔적이 나타난다. 무덤에서 함께 출토된 연모와 동물뼈 그리고 의도적으로 묻은 것으로 보이는 꽃 등이 그 증거이다. 이들의 매장습속이 제례적인 의미를 지니고 있었는지는 논쟁 중인데 과연 그들은 죽은 자의 사후 세계를 염두에 두고 매장을 한 것인지 아니면 단지 죽은 자를 처리하기 위한 방편이었는지를 유추할 뿐이다. 무덤에서 출토된 동물뼈는 인류가 의도적으로 묻은 건 지, 동물이 물어 갔다놓은 건지 아니면 자연적으로 그 자리에 있었는지도 밝혀져야 한다. 이라크의 샤니다르 동굴의 무덤에서 출토된 꽃가루는 동굴 밖에서 운반되어 온 것으로 설치류가 물고 왔는지 아니면 바람이나 물에 의해 옮겨졌는지도 여전히 논쟁 중이다. 어쨌든 네안데르탈사람은 그 이유를 알 수는 없지만 죽은 자를 매장한 최초의 선사인류였다.

유럽에서는 한때 네안데르탈사람이 동굴곰 신앙을 가졌다고 알려져 있었다. 지금은 절멸된 동굴곰은 섰을 때의 키가 4m에 달하는 커다란 몸집을 지니고 있었다. 스위스와 프랑스의 동굴들에서 많은 동굴곰의 머리뼈가 동굴벽이나 돌곽위에서 출토되어 네안데르탈사람들이 의도적으로 남긴 것으로 해석되었으나 최근의 조사결과 이는 자연적으로 남겨진 것으로 판명되었다. 또한 곰의 뼈에서 자른 자국 등이 보이지 않는 점으로 보아 곰은 도살당한 것이 아니라 동면 중에 죽은 것으로 추론된다.

네안데르탈사람들의 행위를 설명하는 또 다른 예로 그들은 늙거나 부상당한 동료를 돌봐주었으리라는 것이다. 그 예로 프랑스의 샤펠 오 생에서 출토된 유명한 노인화석old man은 나이가 들고 생전에 이빨이 다 빠졌으며 심한 관절염으로 고생했기에 같은 집단에 의해 도움을 받고 살았으리라고 해석되었다(사진 10.6) 그러나 최근에 이 화석을 재조사한 결과 이 화석 주인공의 이빨은 죽은 후에 빠졌으며 관절염 때문에 거동이 불편할 정도는 아니라고 결론지었다. 사망 당시 나이도 다른 대다수의 네안데르탈사람처럼 40세 전으로 밝혀졌다. 그러나 이라크의 샤니

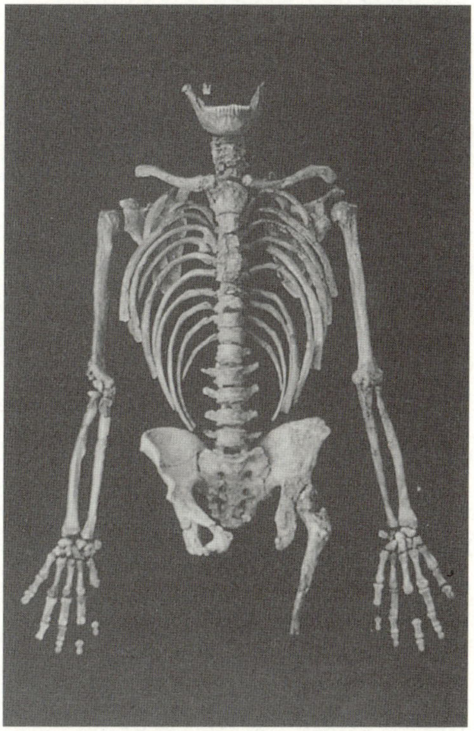

사진 10.7. 이스라엘의 케바라에서 출토된 네안데르탈사람의 화석으로 혀뼈가 출토되었다.

다르 동굴에서 출토된 한 네안데르탈사람은 부상으로 눈이 멀고 한 쪽 팔이 없이 상당 기간 살았던 것으로 밝혀져 동료들의 도움을 받았을 것으로 추정된다.

네안데르탈사람은 언어를 사용했을까? 하는 문제도 연구의 중요대상이다. 한 때 네안데르탈사람의 경우, 머리뼈 밑면의 굴곡이 없기 때문에 후두가 높게 자리하여 사람처럼 소리를 낼 수 있기보다는 유인원 쪽에 가까운 성대를 지니고 있다고 생각되었다. 그러나 최근에 네안데르탈사람도 언어를 사용했었다는 것을 증명해 줄 화석이 이스라엘의 케바라 유적에서 출토되었다(사진 10.7). 거의 완전한 혀뼈hyoid bone의 발견이 그것인데 혀뼈는 후두와 근육으로 연결되어 있어 언어를 사용할 수 있도록 하는 역할을 한다. 케바라에서 출토된 혀뼈는 기본적으로 침팬지와는 다르게 현생인류의 뼈와 형태가 닮은 점으로 보아 네안데르탈사람은 우리처럼 거의 모든 소리를 낼 수 있었을 것으로 가늠된다.

네안데르탈사람은 혹독한 자연환경에 잘 적응하며 살았던 인류의 조상이었으나 35,000년 갑자기 우리자신인 슬기사람에게 자리를 넘겨주고 진화의 뒷길로 사라져 갔다.

슬기사람 *Homo sapiens* (新人) : 해부학적 현생인류Anatomically Modern Man

현생인류인 슬기사람이 언제, 어디서 출현했는지에 대해서는 많은 논쟁이 있으나 현재까지 알려진 슬기사람 화석의 발견과 분자생물학의 연구에 따르면 슬기사람은 200,000~150,000년 전 사이에 아프리카에서 진화했으리라고 생각된다(그림 10.8).

슬기사람이 출현하기 이전에 이미 인류의 해부학적 형태와 행위는 조금씩 진화해 왔다. 그러나 슬기사람 단계에 오면 기본적으로 인류의 해부학적 특징은 완성된 모습을 보이고 행위를 나타내는 문화는 극적으로 변화하기 시작하였다. 특히 40,000~30,000년 전에 인류의 두뇌는 오늘날과 같은 정도의 문화발달을 가능하게 하고 이들이 이룩한 문화는 자신들이 당면했던 자연으로부터의 압박을 극복하기에 충분하였다. 문화는 인류가 신체적으로 환경에 적응하는 것보다 더 잘 적응하여 발달했으며 문화의 변화는 인류의 생물학적 변화보다 더 빠르게 진행되었다. 그 결과 인류는 아주 짧은 기간에 자신을 지구에서 가장 성공한 존재로 변모시킬 수가 있었다. 이 장에서는 현생인류인 슬기사람의 기원과 대표적인 슬기사람 화석의 해부학적 특징 및 최근까지의 고인류학의 연구성과를 정리하고 특히 슬기사람에게서 자신들의 조상의 행위와 닮은 점과 다른 점이 어떻게 나타나는가를 살펴보도록 한다.

유럽의 경우 34,000년 전 동부 유럽에서 현생인류인 슬기사람이 먼저 나타나고 서부 유럽에서는 이보다 늦은 시기인 30,000~28,000년 전 사이에 나타난다. 이들의 등장으로 인해 10여 만년 이상을 유럽에서 살아온 네안데르탈사람은 갑자기 짧은 기간동안에 이 지역에서

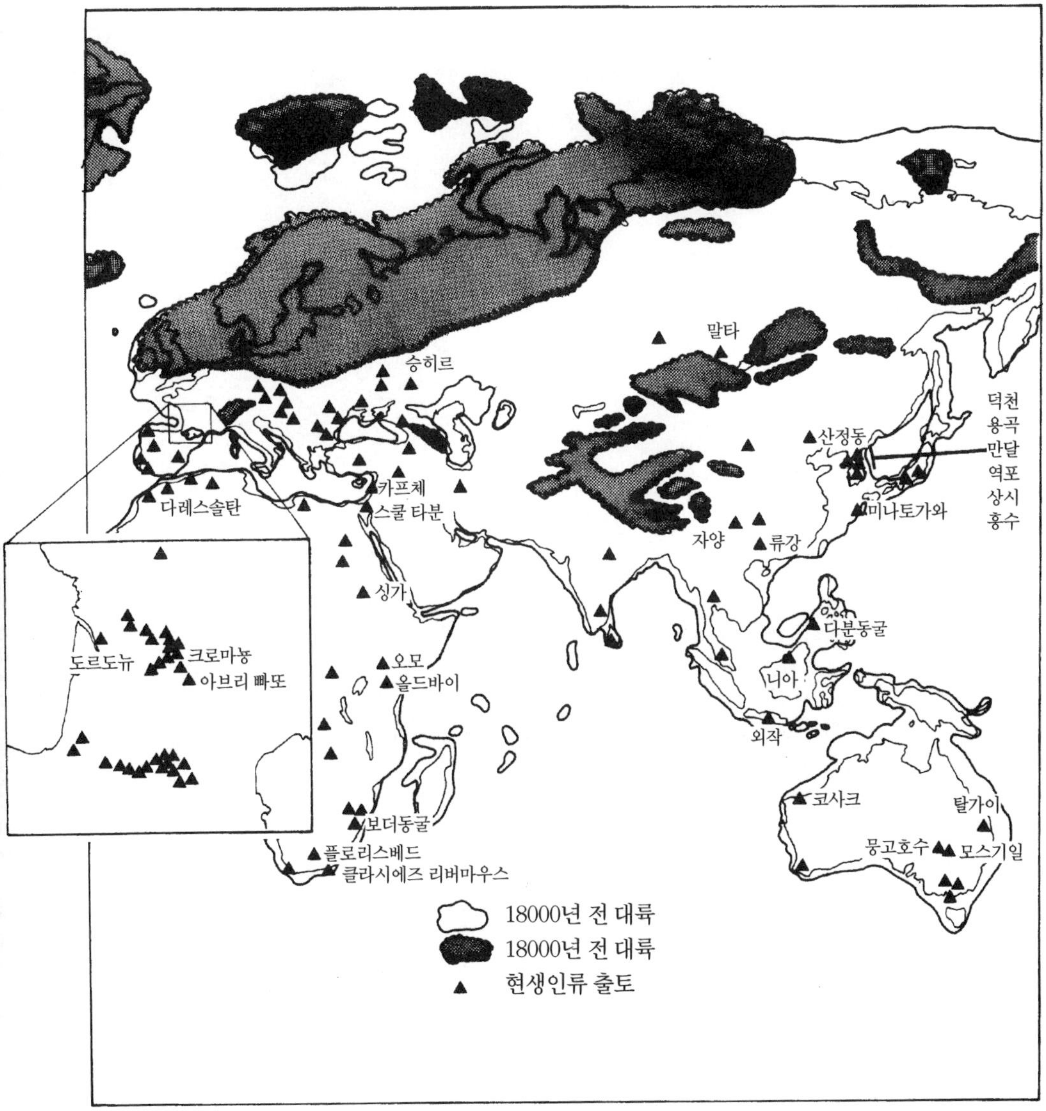

그림 10.8. 대표적인 슬기사람 화석이 출토된 구대륙의 유적들

사라진다. 유럽에서 중기 구석기문화에서 후기 구석기문화로의 변화는 이미 45,000~40,000년 전부터 시작되는데 고고학 증거들에 따르면 이런 변화는 새로운 후기 구석기문화인 오리나시앙 문화를 가진 슬기사람의 출현 때문인 것으로 설명된다. 유럽과 기타 지역에서는 짧은 시간이나마 네안데르탈사람의 무스테리앙 문화와 슬기사람의 문화가 겹쳐서 나타나는 것을 볼 수 있다.

슬기사람 발견의 역사

19세기 중반 유럽의 여러 동굴에서는 슬기사람들의 화석이 절멸된 동물화석과 함께 여러 차례 반복해서 발견되었다. 물론 발굴은 조잡하고 부정확하게 이루어졌고 당시만 해도 유럽은 주대오.크리스챤 전통이 지배하는 사회였기 때문에 발굴된 유물들은 모두 부정되었다. 이러한 현상은 1822년에 영국 남부 웨일즈 지방의 파비랜드의 고트 동굴을 발굴한 옥스퍼드대학교의 윌리암 버크랜드교수의 연구가 좋은 예가 된다. 그는 동굴에서 찾아진 사람의 뼈대와 함께 출토된 껴묻거리를 로마시대에 남겨진 유물로 단정지었다. 그러나 후에 이루어진 방사성 탄소연대 측정에 따르면 이 유적의 연대는 18,500년 전으로 맘모스가 살던 시기와 같은 시기인 것으로 밝혀졌다.

파비랜드 발굴 이후 가장 잘 알려진 발견은 남부 불란서의 오리그냑 근처의 토끼굴에서 도로작업을 하던 인부가 발견한 사람 뼈대이다. 인부가 언덕에 도랑을 파던 중 입구가 무너진 석회암 동굴을 발견하였다. 그리고 무너진 바위 뒤에 17개체의 뼈대와 절멸된 동물의 뼈가 함께 발견되었다. 사람의 뼈는 근처 기독교인 묘지에 다시 묻혀졌으나 당시 불란서의 선구적인 선사학자인 에도아르드 라르텟트Edouard Lartet는 이 동굴에 상당한 관심을 보였다. 1860년에 이 동굴을 체계적으로 발굴한 라르텟트는 절멸된 동물뼈와 함께 사람의 뼈를 일부 찾아냈으나 이들 사이의 관계는 밝혀지지 않은 채 숙제로 남겨져 있었다. 그러나 사람뼈는 신석기시대 사람으로 보여지고 동물은 구석기시대에 살았던 것으로 여겨진다.

가장 유명한 현생인류의 발견은 1852년 남부 불란서의 도르도뉴 지방의 레 제지 마을 근처 유적에서 찾아졌다. 네안데르탈사람의 화석이 발견된 지 12년 후의 일이었다. 도르도뉴 지방은 중생대 말에 형성된 석회암이 발달한 지대로 강과 냇물에 의해 생긴 동굴들과 바위그늘들이 발달해 있으며, 사냥감이 풍부하여 후기 구석기시대에 인류가 살기에 좋은 환경을 제공하는 지역이다. 바로 이곳 마을 근처에서 철도작업을 하던 일단의 인부들이 크로마뇽이라고 불려지던 석회암 바위그늘에서 슬기사람의 뼈대를 찾아낸 것이다. 그후 에도아르드 라르텟트의 아들인 루이스는 이 유적에서 적어도 5 개체 분에 해당하는 슬기사람의 뼈대와 절멸된 맘모스, 사자, 순록 그리고 많은 연모들을 발굴하였다. 사람의 뼈는 중년 남자 한 명과 젊은 남자 한 명 내지 두 명, 여자 한 명 그리고 어린이 한 명과 2주 내지 3주정도 된 아기의 뼈들로 이루어졌다. 뼈대들은 현대인들과 유사한 특징을 보이고 있으며 함께 프린트로 된 돌연모와 구멍 뚫린 바다조개, 장식으로 쓰인 동물 이빨들이 발견되었다.

크로마뇽 유적의 연대는 1950년에 이 유적에서 출토된 연모와 같은 연모가 출토된 근처 아브리 빠또abri pataud 유적의 연대로부터 추론되었는데 유적의 연대는 30,000년 전으로 알려졌다. 그리고 이 호미니드 화석은 유적지의 이름을 따서 크로마뇽사람으로 불려졌다.

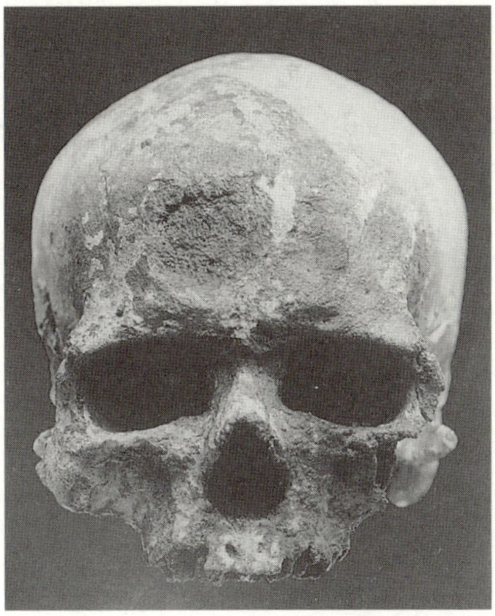

a) 크로마뇽, 프랑스

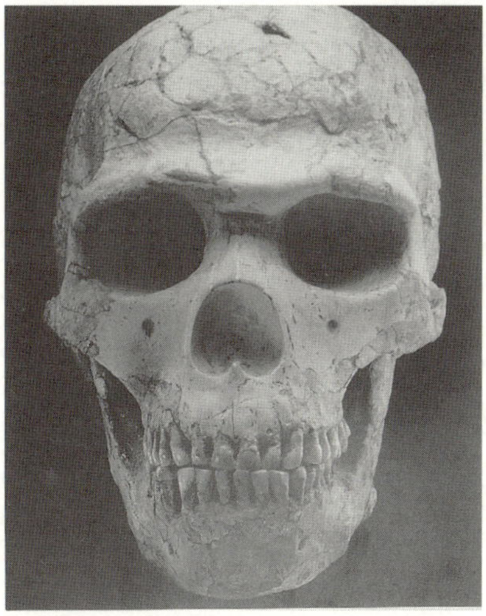

b) 스쿨, 이스라엘

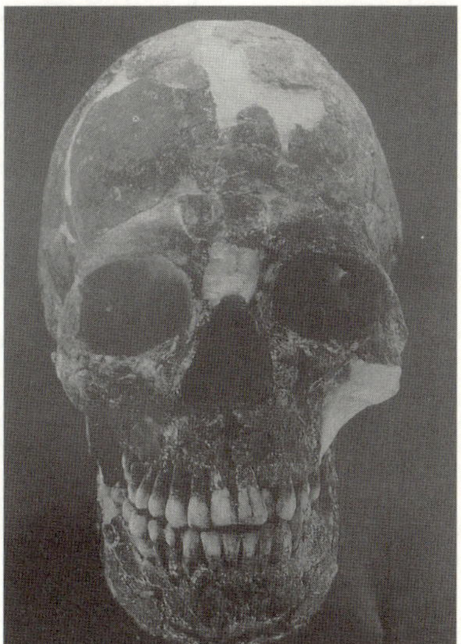

c) 카프체, 이스라엘

그림 10.9. 대표되는 슬기사람 화석

그러므로 고고학과 고인류학에서 사용되는 크로마뇽이란 이름은 엄밀히 말해 35,000~10,000년 전 사이에 남서 프랑스지역에서 후기 구석기문화를 담당했던 선사인류를 의미하나 이 말은 일반적으로 40,000년 전 전후한 시기에 지구에 나타난 늦은 시기의 슬기사람을 총칭하는 의미로 사용된다.

크로마뇽 유적의 발견에 뒤이어 유럽의 여러 지역에서는 슬기사람과 연모들 그리고 이들과 관련이 있는 동물뼈들이 발견되었다. 모라비아 지역의 라우트쉬lautsch, 부르노brno, 그리고 프레스티predmosti 유적과 프랑스의 샹쓸라드chancelade 바위그늘과 꽁브 쎄뻬엘combe-chapelle 동굴 그리고 이탈리아의 그리말디grimaldi동굴 등이 대표적인 슬기사람 화석이 출토된 유적들이다.

아시아에서도 유럽보다는 적은 수이지만 중요한 슬기사람의 화석이 일부 출토되었다. 맨처음 발견된 화석은 1890년 인도네시아의 와자크에 출토된 머리뼈들이다. 가장 잘 알려진 슬기사람의 화석은 1933년부터 34년에 걸쳐 북중국의 저쿼우디엔의 싼징뚱山頂洞유적에서 찾아졌다. 이외에 중요한 슬기사람의 화석들이 중동아시아와 북아프리카, 아시아, 오스트레일리아 및 북아메리카와 남아메리카 등 전 세계 지역에서 발견되었다(사진 10.6). 이들 크로마뇽사람은 곧선사람과 네안데르탈사람과는 해부학적으로 다른 모습을 지니고 있다.

크로마뇽으로 대표되는 슬기사람(사진 10.9)은 파여 들어간 턱과 높은 앞이마 그리고 작은 이빨들을 지니고 있으며, 머리뼈의 크기는 현대인과 큰 차이를 보이지 않는다. 그러므로 전체적으로 오늘날 살고 있는 인류와 똑같은 해부학적 특징을 보이고 있다. 그러나 무엇보다도 중요한 점은 크로마뇽사람에게서 처음으로 우리들이 사용하는 것과 같은 언어와 자의식 그리고 이를 표현할 수 있는 미적 감각능력이 나타난다는 점이다. 바로 우리와 같이 생각하고 행동하는 인류가 35,000년 전을 전후한 시기에 최초로 출현하여 후기 구석기문화를 꽃피운 것이다.

슬기사람의 해부학적 특징

현생인류인 슬기사람의 해부학적 특징은 변이의 폭이 앞서 살던 조상들보다 매우 크기 때문에 정확하게 밝혀지기가 어렵다. 그럼에도 불구하고 슬기사람을 다른 호미니드들과 구별할 수 있는 특징이 머리뼈(그림 10.10)와 사지뼈에서 찾아지고 있다(그림 10.4 참조).

슬기사람의 해부학적 특징은 네안데르탈사람에 비해 얼굴이 편편하고 뒤로 향해 들어갔으며 앞니를 도구로 사용하는 정도가 줄었다는 점이다. 가장 중요한 차이는 두뇌의 구조에서 찾아진다. 사지뼈의 경우 슬기사람은 네안데르탈사람에 비해 약한데 이는 네안데르탈사람에 비해 육체적이기 보다는 문화적인 생활을 했기 때문인 것으로 설명되고 있다.

슬기사람의 화석이 풍부하게 발굴된 유럽에서는 슬기사람이 출현한 이후 20,000년 동안에 몸의 비율과 굳센 정도가 감소하였는데 이런 현상은 문화의 발달과 상관관계가 있다. 앞 · 뒤팔뼈와 정강이뼈 등이 상대적으로 커지는 것은 우리의 조상이 비교적 따뜻한 기후에서 살았음을 보여주며 이는 인류의 조상이 아프리카에서 시작되었기 때문이다. 짧고 두툼한 엉덩뼈는 슬기사람이 분만할 때 아기가 통과하는 산도가 좁아졌기 때문인데 이는 아마

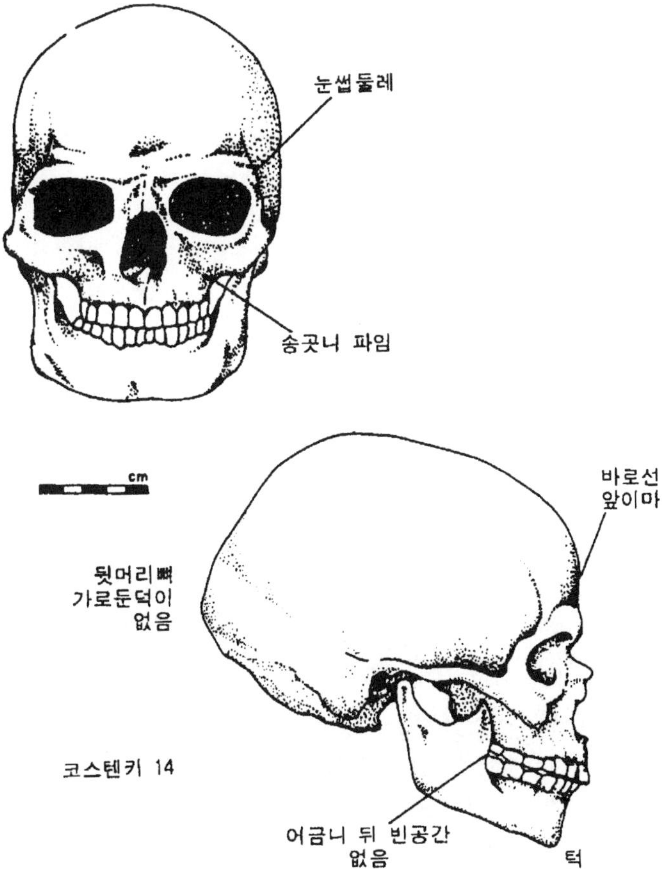

그림 10.10. 슬기사람의 머리뼈 특징

도 문화의 발달로 임신기간이 줄어들었기 때문이다. 따라서 임신기간이 줄어들었으므로 태아는 충분히 성장되지 못한 채로 출산되었을 것이며 미숙아인 상태로 출생한 유아는 환경으로부터 많은 영향을 받았을 것으로 짐작된다. 그러나 무엇보다도 네안데르탈사람과 슬기사람의 가장 큰 차이는 아이를 생산하는 생리적인 현상보다는 일상생활에서의 자세와 걷기 방법에 있다.

일찍부터 이른시기 슬기사람들의 유사성에 관해 많은 연구가 있는데 때때로 일부 연구는 이들이 역사적으로 존재하지 않았던 지역에서 '인종유형' 이 발생했다고 주장하기도 한다. 예를 들어 유럽에서 흑인이 살았고(이탈리아의 그리말디출토 화석과 러시아의 코스텐키16호 화석), 유럽에서 에스키모의 존재(프랑스의 샹쓸라드 출토화석)가 확인되며 북중국에서 멜라네시안과 에스키모가 출현(중국의 싼떵둥)했다는 주장들이 그것이다. 그러나 인종적 특징을 보면 이른 시기의 슬기사람은 그 지역에서 살던 사람들과 거의 비슷한 모습을 지녔을 것으로 짐작된다. 그리고 이 문제는 오늘날 유럽에서 살고 있는 사람들의 다양성을 비교하면 더욱 확실해진다.

슬기사람의 기원과 발달에 관한 연구들

슬기사람인 현생인류에 관한 초기의 연구는 유럽 중심의 사고에 지배되어 유럽이 슬기사람의 기원지로 인식되어 왔다. 이러한 인식의 바탕에는 몇 가지 이유가 있는데 첫째, 선사인류 화석의 연구는 1800년대에 프랑스와 독일 등의 유럽국가에서 처음 시작되었기 때문이다. 둘째, 인류는 체질적으로 일찍이 현대인이 되었음에도 불구하고 인류의 전파과정 중 늦게 아메리카와 오스트레일리아에 도달했으며, 끝으로 선사인류의 화석은 유럽국가들에서 보존상태가 아주 좋은 채로 발견되었으며 또한 집중적으로 그에 대한 연구가 진행되었으나 아프리카나 아시아에서는 화석들이 별로 나타나지 않았기 때문이다.

1970년대와 80년대에 걸쳐 동아프리카 케냐의 쿠비포라에서 발견된 손쓴사람과 곧선사람의 화석들, 그리고 탄자니아의 라에톨리에서 발견된 370만 년 전의 호미니드의 발자국, 이티오피아의 하다에서 발견된 '루시'를 포함한 오. 아파렌시스의 발견 및 카나포이에서 출토된 오. 아나멘시스 등과 2000년대 초에 발견된 사헬란스로푸스 등은 인류의 기원과 진화에 관한 그 간의 고인류학적 연구에 많은 논란을 불러 일으켰다. 같은 시기에 슬기사람의 기원에 대해서도 많은 연구가 진행되었다.

최근에 고인류학자들과 유전학자들의 연구에 의해 슬기사람의 기원에 관한 새로운 해석이 제시되었다. 특히 현재 진행되고 있는 유전학적 연구는 모든 슬기사람이 비교적 최근에 아프리카에서 살던 한 집단으로부터 시작되었음을 밝히고 있으며, 고고학적 · 고인류학적 증거 또한 이를 뒷받침해 주고 있다.

슬기사람 기원에 관한 연구의 초점은 지리적인 차이에 따른 진화의 유형에 집중되었으며, 이에 대한 연구는 크게 다지역 기원설the multiregional continuity model과 단일지역 기원설 hybridization and replacement model로 나누어진다(그림 10.11). 다지역 기원설은 촛대형 모형설candelabra model로, 그리고 단일지역 기원설은 노아의 방주 모형설noah's ark model로도 부르고 있다.

다지역 기원설에 따르면 현재 인류가 지니고 있는 인종적 특징은 이미 그들이 오늘날 발견되는 지역에서 오랜 세월동안 진화해 왔기 때문이라고 주장한다. 슬기사람은 여러 지역에서 살던 곧선사람들로부터 진화하여, 유전자 교환이나 유사진화의 과정을 거쳐 오늘날에 이르고 있기 때문에 아주 깊은 뿌리를 가지고 있다고 할 수 있다. 이 설을 지지하는 학자들의 주장에 따르면 특히 유럽사람들과 아프리카 사람들은 20,000년 전부터 그들만이 지닌 해부학적 특징을 유지해 왔다고 한다.

이 다지역 기원설은 여러 해 동안 월포프Wolpoff를 위시한 고인류학자들에 의해 지지를 받았다. 만일 이들의 가설이 옳다면 인종을 분류하는데 이용되는 여러 체질적 특징들은 오래 전에 형성된 것으로 보인다. 예를 들어 유럽사람들의 커다란 코라든지, 오스트레일리아 원주민들에게 나타나는 굳세 보이는 광대뼈 등은 30,000~20,000년 전에 유럽에서 살았던 네안데르탈사람과 중기 플라이스토세의 자바 곧선사람들로부터 이어져 온 특징이라고 할 수 있다.

다지역 기원설의 변형인 다지역기원 유전자 교환설candelabra model with gene flow은

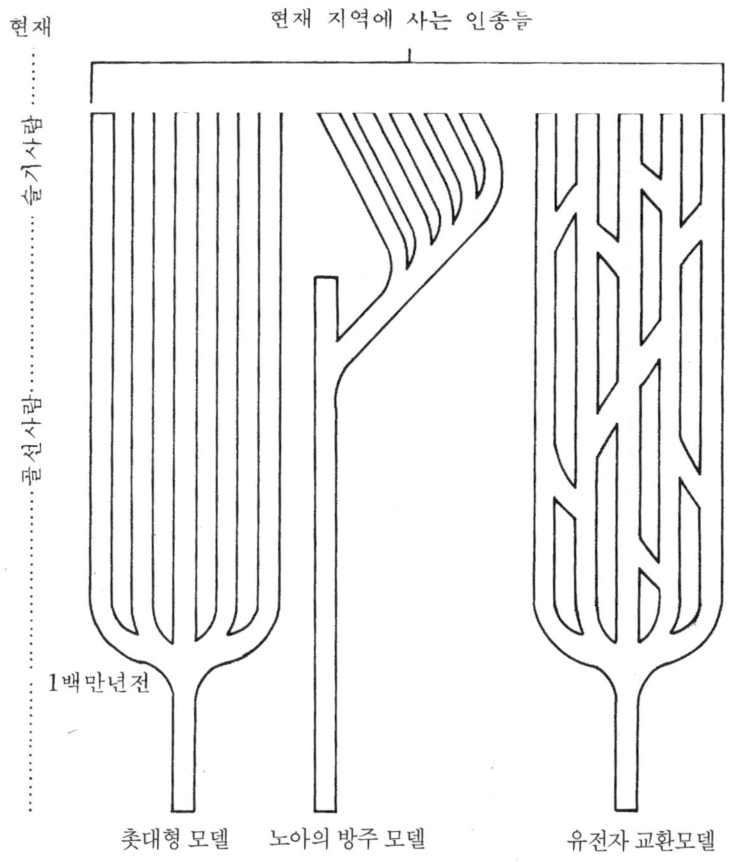

그림 10.11. 슬기사람 기원에 관한 다지역 기원설과 단일지역 기원설. 다지역 기원설(촛대형 모델)과 단일지역 기원설(노아의 방주 모델)로, 단일지역 기원설은 남아프리카의 클라시에 리버 마우스와 기타 유적에서 출토된 고고학 · 고인류학적 발견과 mtDNA 연구에 의해 지지를 받고 있다.

옛사람 계통이 지역에 따라 다르게 나타나긴 하지만, 이들이 슬기사람으로 진화해 오는 과정에서 유전자 교환비율이 점차적으로 증가하였다고 설명한다. 이 설은 트링카우스E. Trinkaus와 스미스F.H. Smith 등에 의해 지지를 받고 있다.

한편 단일지역 기원설에 따르면 현생인류의 뿌리는 매우 짧으며 이들은 지구의 한 지역 - 아프리카 -에서 호모 하이델베르겐시스(=archaic *Homo sapiens*)로부터 진화해 왔는데, 인종적으로 별다른 차이가 없는 일단의 슬기사람 조상이 전 세계로 퍼져 나갔으며 이들이 먼저 살던 하이델베르겐시스들을 몰아내고 그 자리를 대신하였다고 주장한다. 이러한 과정 중에 슬기사람은 새로운 환경에 적응해가며 차차 인종적인 특징을 발전시켜 나갔다는

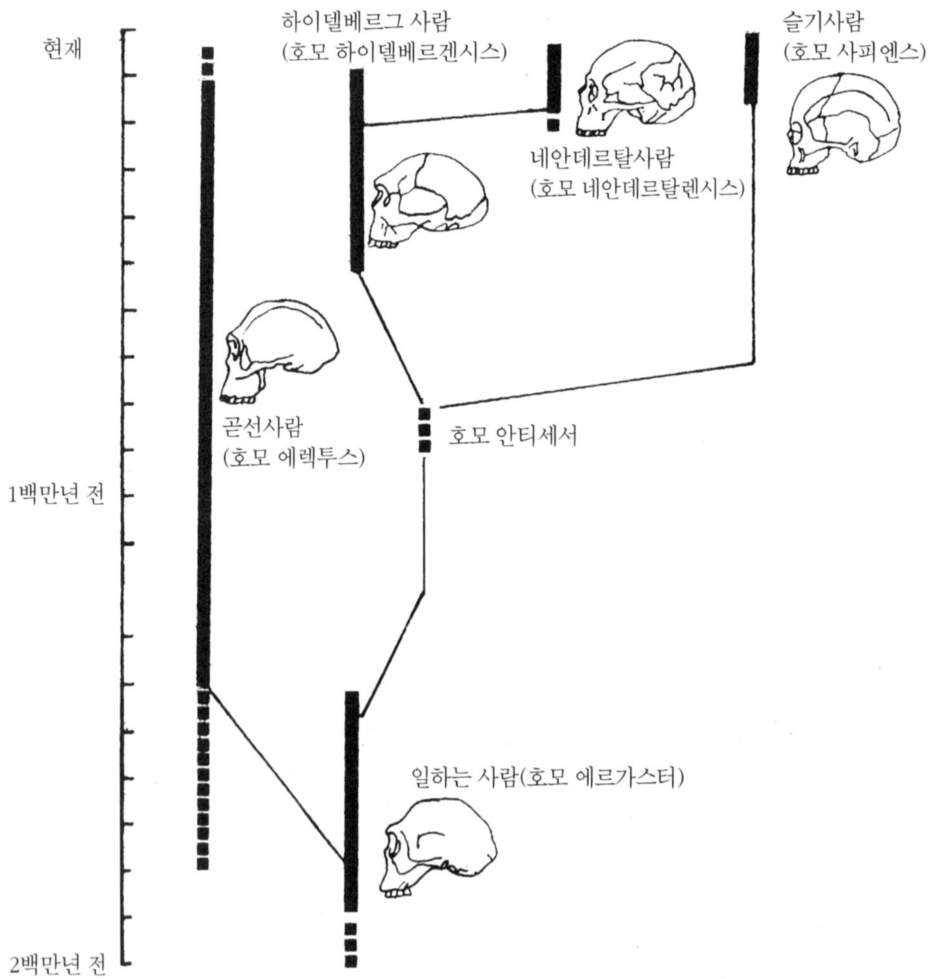

그림 10.12. 최근에 발표된 아프리카 단일지역 기원설로 본 호모의 진화관계

것이다.

단일지역 기원설은 다지역 기원설에 비해 보다 더 설득력을 지니는데 이 설에 의하면 슬기사람이 호모 하이델베르겐시스(또는 호모 안티세서)로부터 진화한 이후 적어도 어느 지역(예 : 유럽)에서만은 좀 더 일찍이 출현하였다고 주장한다(그림 10.12). 이 설은 또한 모든 슬기사람이 최근의 공통조상(약 10만년 전 내외)으로부터 시작되었다고 인정될 수 있는 멘델의 유전적인 특징을 가지고 있다는 자료에 지지를 받고 있다.

최근에 단일지역 기원설은 미국 주립 캘리포니아 버클리대학교의 윌슨A.Wilson과 영국 자연사 박물관의 스트링거C. Stringer 등이 이끄는 일단의 학자들에 의해 확고한 지지를 받고 있다. 이들의 연구에 의하면 유럽에서 살던 네안데르탈사람과 인도네시아에서 살던 솔로사람(이들은 아마도 자바사람들의 지역적 후예로 인정된다)은 이른 시기의 슬기사람과는 유전자 교환이 일어나지 않았으며 이른 시기의 슬기사람이 이들을 몰아내고 그 자리를 대신하였다고 한다. 최근 이디오피아의 미들 아와쉬에서 출토된 16만년 전의 현생 인류인 이달투*homo sapiens idultu*란 이름의 화석도 이를 증명한다고 팀 화이트 T.White교수는 주장한다.

또 단일지역 기원설의 변형으로 슬기사람이 진화해 가는 과정 중 특히 아시아의 경우, 그 지역에서 살던 선주민들과 어느 정도 유전자 교환이 이루어져 지역적인 특징이 슬기사람을 통해 전해졌다는 주장이 제기되고 있다.

위에서 슬기사람의 기원과 진화에 관한 대표적인 두 개의 가설들과 그 변형된 가설들을 살펴보았는데 슬기사람의 기원에 관한 가설들은 다음과 같은 점에서 의견의 일치를 보이고 있다. 즉 현대인들이 지닌 체질적 특징은 늦게 진화된 결과들이며 인종적 특징들은 지역에 따라 진화의 결과가 다르게 나타났기 때문이라고 보고 있다. 그러나 인종의 차이들이 언제 시작되었는지에 대해서는 근본으로 다른 입장을 취하고 있다. 다지역 기원설은 인종의 특징이 슬기사람이 나타나기 이전에 형성되었다고 주장하는 반면 아프리카 단일지역 기원설은 그 반대의 입장을 견지하고 있다.

오늘날 우리는 이들 두 가설을 평가할 수 있는 고고학 · 고인류학 · 생물학적으로 충분한 증거들을 가지고 있는데 여기서는 생물학적 증거를 주로 살펴본다.

미토콘드리아 핵산 mt DNA 연구 : 유전학자들은 처음에 눈의 색깔이나 단백질의 구조 등과 관련된 유전자 연구를 시작하였다. 그러나 지난 20여 년간의 연구성과는 핵산을 구성하는 뉴클레오타이드 자체를 분석할 수 있는 단계까지 유전학을 발전시켰다.

유전학 연구의 대상중 하나인 인류와 유인원의 분화시기는 수 백만 년이라는 연대가 요구되지만 슬기사람의 기원에 대한 논쟁에는 100만 년보다는 작은 범위 내의 연대가 필요하다. 이처럼 시간의 범위가 좁기 때문에 미국 캘리포니아 주립 버클리대학교의 윌슨교수와 그의 동료인 레베카 칸Rebecca Kahn 등은 인류와 유인원이 갈라진 시기를 추정하는데 사용되는 분자시계 대신 극히 짧은 시간을 알려주는 보다 정밀한 분자시계를 찾고자 하였다.

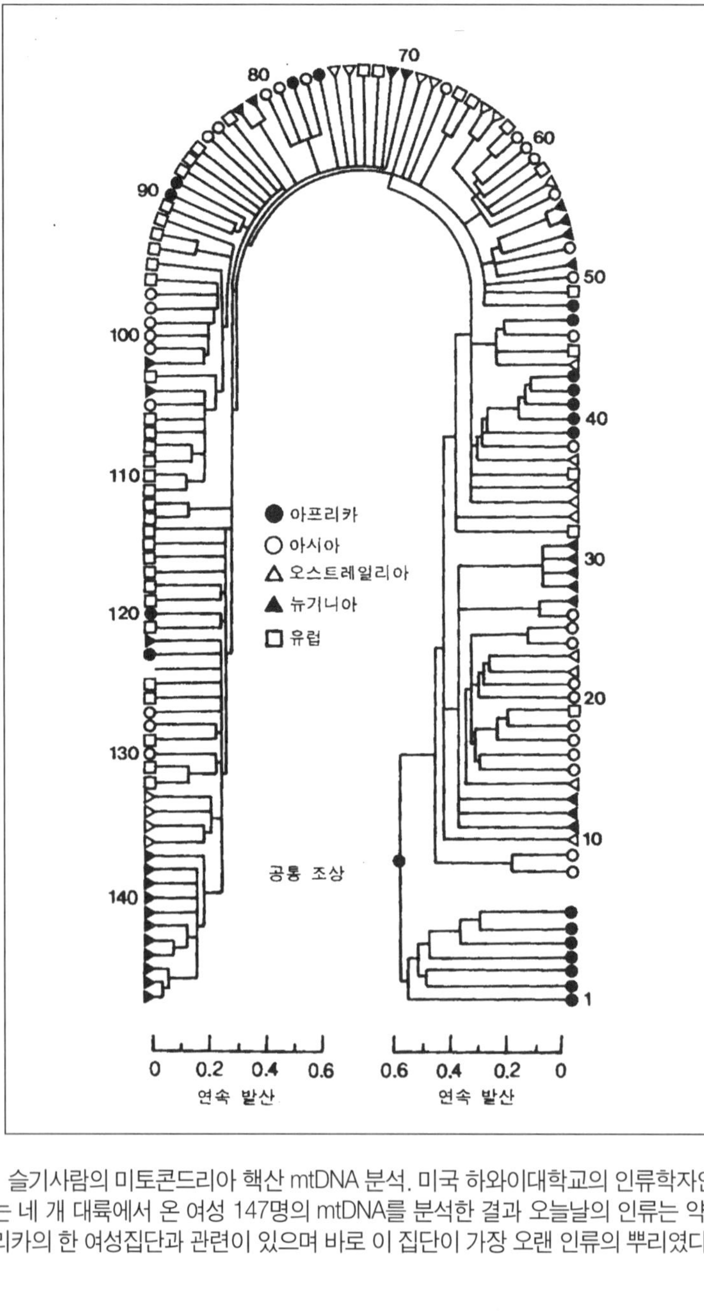

그림 10.13. 슬기사람의 미토콘드리아 핵산 mtDNA 분석. 미국 하와이대학교의 인류학자인 레베카 칸과 그녀의 동료는 네 개 대륙에서 온 여성 147명의 mtDNA를 분석한 결과 오늘날의 인류는 약 20만 년 전에 살았던 아프리카의 한 여성집단과 관련이 있으며 바로 이 집단이 가장 오랜 인류의 뿌리였다고 주장한다.

그들은 이 시계를 세포 안에 있는 미토콘드리아에서 찾아냈다. 이 미토콘드리아는 동물의 각 세포조직에서 글리코즈를 에너지로 전환시키는 기능과 유전물질인 핵산을 가지고 있으며 이 핵산은 세포핵에 있는 핵산보다 열 배나 빠른 속도로 돌연변이를 일으킨다. 따라서 핵산의 변이는 극히 짧은 시간에 일어나며 그 시간을 측정해 낼 수가 있는 것이다.

미토콘드리아가 지니고 있는 또 다른 기능은 무엇일까? 여성의 난자가 남성의 정자와 결합하여 태아를 형성할 때 정자가 난자 속으로 자신의 염색체를 주입하지만, 자궁 안에서 정자가 활발히 움직일 수 있도록 동력을 공급해 주는 미토콘드리아는 뒤에 남으며 아이가 만들어질 때는 언제나 어머니의 미토콘드리아만이 아이에게 전달된다. 따라서 우리가 지니고 있는 미토콘드리아의 핵산은 오직 여성 쪽으로만 전해지는 유전물질로 우리들의 어머니, 할머니, 그리고 증조 할머니 등을 거쳐 우리들 자신의 역사 중 가장 먼 시기까지 거슬러 올라갈 수가 있다. 따라서 미토콘드리아 유전학을 이용함으로써 지구상에서 누가 누구와 서로 관계가 있는지를 규명하는 일이 가능해진다. 윌슨 등은 세계를 지리 구분에 따라 아프리카, 아시아, 유럽, 오스트레일리아 및 뉴기니아 등으로 나누어 이 지역들에서 온 150명의 여성들로부터 미토콘드리아 핵산을 찾을 수 있었다. 이러한 연구의 결과는 1987년에 발표되었다(그림 10.13).

그러나 미토콘드리아 핵산에서 일어나는 돌연변이를 이용해 가계혈통이 갈라져 나가는 시간을 측정할 수 있는 분자시계는 아래와 같은 가정이 사실일 때만 그 신빙성을 인정받을 수 있다. 즉 생물체의 유전 동일성이 서로 관련을 갖고 동시에 그러한 성질이 공통조상으로부터 분화되는 시간의 비례와 직접적으로 관련되어 기능을 발휘해야 한다. 이때에 연구대상의 유전물질들은 일정한 비율로 돌연변이가 일어나며 돌연변이가 어떤 자연선택을 선호하지 않는다는 것을 전제조건으로 한다.

분자시계가 유용하기 위한 또 다른 전제조건으로는 생물체가 분화된 후 진화과정 중 많은 유전자 교환이 일어나서는 안 된다는 점이다. 그렇지 않으면 그들이 실제 분화된 시기보다 더 늦은 시기에 갈라져 나간 것처럼 보이기 때문이다. 다행히도 미토콘드리아 핵산의 일부가 바로 이런 전제조건에 부합된다.

많은 유전학 연구에 따르면 슬기사람이 기본적으로 크게 사하라 이남 지역과 다른 지역의 인류집단으로 이루어져 있음을 알 수 있다. 그러나 이 유전가계에서 진화 연대는 문제가 있을 수 있다는 점을 유의해야 한다. 어떤 학자들의 연구에 따르면 살아 있는 슬기사람 중에서 나타나는 유전차이는 10만~20만년 전 사이에 이루어졌던 집단간의 유전자이동 때문에 그들에게 보이는 차이가 실제보다 더 오래된 것처럼 보인다고 주장하기 때문이다.

아프리카 단일지역기원 모델 : 최근에 발견된 화석들과 고고학 · 유전학 · 언어학적 증거들은 슬기사람의 아프리카 단일 기원설을 뒷받침해주며 많은 학자들의 의견도 단일 기원설을 지지하지만 이 가설이 더욱 설득력을 갖기 위해서는 아래와 같은 몇 개의 중요한 의문점들이 해결되어야 한다.

먼저 아프리카에서 슬기사람이 기원했다는 사실을 주장하기 위해서는 궁극적으로 아프리카만이 인류를 위해 제공할 수 있었던 조건이 어떠한 것이었는지 설명되어야 한다. 이 조건들은 인류의 행위와 이에 관련된 생태 문제들인데 실제 이 시기에 아프리카의 생태조건이 어떠했는지 거의 대부분을 모르고 있다.

또한 아프리카로부터 서아시아로, 그리고 이어 지구의 기타 지역으로 왜 이른시기 현생인류가 퍼져 나갔는지에 대해서도 설명되어야 한다. 아마도 이른시기 슬기사람의 이주는 기후변화나 인구증가 등의 환경에 대한 인류의 적응능력에 변화가 생겼기 때문에 나타난 현상이라고 여겨진다. 실제로 인류를 확산시킨 중요한 '선택적 요인' 이 무엇이었는지에 대해서는 아직 밝혀지지 않았으나, 그 요인들은 150,000~50,000년 전 사이에 작용했을 것으로 생각되며 이 요인들이 슬기사람들로 하여금 약 10,000 년 전까지 계속해서 이주하여 살도록 영향을 미쳤을 것으로 보인다.

보다 중요한 점은 슬기사람들이 언어를 사용하고 이에 따른 일련의 행위를 지니고 있었기 때문에 이러한 점이 슬기사람들로 하여금 먼저 살던 호미니드의 자리를 대신하게 하는데 유리하게 작용되었을 것으로 여겨진다. 학자들은 그러한 변화가 대개 70,000 년 전을 전후해서 일어난 것으로 보며 왜 이 시기에 이러한 변화가 일어났는지를 알고자 노력하고 있다. 많은 고고학자들은 이른 시기의 슬기사람이 다른 호미니드에 비해 뚜렷한 이점을 가지고 있지 않았으며 슬기사람이 지닌 문화특성 역시 이른 시기의 슬기사람이 사라진 후인 30,000 년 전에 발달했다고 말하고 있다.

한편 다지역기원설과 단일지역기원설 그리고 교배 · 교체설 등의 충돌을 막기 위해서는 호모 하이델베르겐시스와 이른시기 슬기사람 사이의 유전자 교환문제가 해결되어야만 한다. 미토콘드리아 핵산연구에 바탕을 둔 아프리카 단일지역 기원설은 전적으로 슬기사람이 먼저 살던 호미니드를 대신하였다고 주장한다. 그러나 이러한 주장에는 어떤 수렵 · 채집 집단이 지구의 도처에서 전혀 유전자 교환을 일으키지 않고 다른 호니미드를 대신할 수 있었을까 하는 문제가 제기된다.

일련의 학자들은 동유럽 지역에서 늦은 시기의 호모 하이델베르겐시스와 가장 이른 시기의 슬기사람사이에 유전자 교환이 일어났던 흔적이 나타난다고 주장한다. 또한 네안데르탈사람에 대해서 다음과 같은 내용들이 일반적으로 받아들여지고 있다. 즉 네안데르탈사람은 같은 시기에 살던 이른 호미니드들에 의해 사용되었던 연모 제작기술을 받아들여 그들의 오랜 연모 제작기술들을 변화시켰다고 한다. 그러므로 여기에서는 네안데르탈사람들이 사용했던 연모 제작기술의 변화가 새로 이주해 온 주민들로부터 배워서 얻어진 결과인지 아니면 유전자 교환을 이루면서 얻어진 것인지에 대한 문제가 해결되어야 한다.

그리고 인류화석에서 과연 유전자 교환의 흔적이라고 설명될 수 있는 특징들이 찾아질 수 있는가 하는 점도 설명되어야 한다. 또 설사 유전자 교환이 일어났다 하더라도 유전자 교환은 지역에 한정되어 일어났을 것이기 때문에 이종간의 유전자 교환에서 생긴 자손들의 유전자는 슬기사람에게 아주 낮은 빈도로 전해지거나, 아니면 전혀 전달되지 못했을 것이다. 그러므로 잡종의 특징을 지닌 화석이 발굴되었을 경우 현대 유전학 연구로는 그 경로를 추적할 수가 없다는 데에 문제가 있다.

아프리카 단일지역 기원설은 위에 제기된 여러 문제들을 논리적으로 설명해야 하는 과제를 가지고 있다. 그러나 멀지 않은 장래에 새로운 인류화석과 연모들이 발견되리라고 생각되며 유전학 연구를 통해 이들에 대한 새로운 사실이 밝혀질 것으로 여겨진다. 또 인류화석으로부터 미토콘드리아 핵을 추출해낼 수 있는 기술이 더욱 발달될 것이며, 그 결과 현생인류에서 얻을 수 있는 모든 자료와의 비교가 가능해질 것이다. 그러므로 과거에는 알지 못했던 새로운 방법과 기술의 발달로 인해 우리는 슬기사람의 기원과 그들이 지구를 정복해 가는 과정에 필연적으로 일어났던 이동문제에 관해 이해할 수 있으며 또 그 과정을 재구성할 수 있을 것이다.

슬기사람의 이동 : 오스트레일리아와 신대륙으로의 이동

아프리카를 떠난 호모 에르가스터와 곧선사람은 유라시아 대륙으로 퍼져 나갔으나 북아메리카와 오스트레일리아에는 도달하지 못했으며 슬기사람에 와서야 인류는 전 세계로 퍼져 나갔다. 현생인류가 언제 처음으로 지구의 여러 지역으로 퍼져 나가는지에 관해서는 각 지역에 사는 주민집단의 유전연구가 중요한 실마리를 제공한다. 유전자 분포도에 따르면 아프리카 사람들은 100만 년 전에 다른 주민집단과 갈라졌음을 보여준다.

남동아시아와 오스트레일리아 주민집단은 60,000 년 전에 갈라졌으며, 아시아와 유럽에서는 40,000년 전에, 그리고 동아시아와 아메리카 대륙에는 30,000년 전 이후부터 현생인류가 살았음을 보여준다. 태평양지역은 오스트레일리아와 사울 지역에 처음으로 인류가 나타났으며 폴리네시아에는 3,500년 전에야 인류가 처음으로 살기 시작하였다. 또 다른 유전자 연구에 따르면 현생인류인 슬기사람은 100,000 년 전에 최초의 슬기사람이 중동에 도달했으며 이어서 인류는 유럽과 아시아로 이동하였고 아시아를 거쳐 인류는 태평양을 건너 아메리카에 도달하였다고 주장한다.

한때 고인류학계에 유행하던 유럽 중심적인 사고에 따르면 오스트레일리아는 최근에 인류가 이주했던 마지막 지역으로 알려졌었다. 그러나 오스트레일리아의 북부의 한 바위그늘에서 출토된 유물의 연대에 따르면 오스트레일리아에 60,000년 전에 최초로 인류가 도달했을 가능성을 보여준다. 또한 북부지역에서 출토된 물감은 53,000년 전에 사용되었던 것으로 가늠된다. 한편 오스트레일리아 남부지역에서 출토된 고고학 증거들에 따르면 슬기사람들은 40,000년 전에 오스트레일리아에 흩어져 살고 있었다.

오스트레일리아에 이어 슬기사람은 신대륙으로 이동하였다. 1932년 멕시코의 클로비스 clovis 근처에 자리한 물이 마른 호수에서 돌연모와 절멸한 털코끼리의 갈비뼈가 출토되었다. 연모인 찌르개는 슴베 형태로 나무에 꼽아 동물을 잡는 데에 사용되었다. 이 연모는 출토된 지명을 따라 클로비스 찌르개clovis points로 알려지고 있다. 클로비스 문화 담당자는 아마도 북아메리카에서 지금은 절멸한 털코끼리와 마스토돈, 소, 낙타, 말 그리고 나무늘보 같은 초식성 동물을 사냥하였다. 클로비스 찌르개가 출토되는 층 위에서는 폴솜 찌르개folsom points가 출토된다.

클로비스 찌르개는 쳐트와 칼세도니를 돌감으로 하였으며 북미대륙 48개 주와 남부 캐나다, 그리고 남쪽으로는 티에라 델 휴고tierra del hugo에 이르기까지 전 아메리카 대륙에서 출토된다. 방사선 탄소연대측정에 따르면 클로비우스 찌르개가 출토되는 유적들은 11,000~11,500년 전의 것으로 계산되었다. 이 연대 이전의 유적이 발견되지 않는 점으로 빙하기 말인 시기에 고인디안으로 알려진 인류가 아시아에서 얼어붙은 베링해를 건너 북미대륙으로 건너 간 것으로 가늠되나, 클로비스 찌르개가 언제 북미대륙에 들어 왔는지는 정확하게 알려져 있지 않다.

한편 클로비스 이전 단계에 인류가 북미대륙에 살았다는 주장이 제기되고도 있으나 대부분 유적에서 연대 측정시료와 방법에 문제가 있을 뿐 아니라 유물이 출토된 층이 확실하지 않다는 문제를 지니고 있다. 그럼에도 오늘날 많은 학자들은 클로비스 전 단계의 유적이 존재한다고 주장하는데 만일 이들의 주장이 옳다면 고인디안은 12,000년 전 이전에 이미 아메리카에 도달했다는 결론에 도달한다.

후기 구석기 문화

유럽에서 약 40,000년 전에 나타난 슬기사람인 크로마뇽 사람들이 담당했던 문화를 후기 구석기라고 부르는데, 이 말은 유적의 지층 위쪽에서 나온 연모라는 뜻이다. 후기 구석기문화 담당자들은 네안데르탈사람들이 지녔던 무스떼리앙 연모와는 다른 돌연모를 사용하였다.

250만 년 전 인류가 처음으로 연모를 제작한 이후 돌연모 제작기술은 후기 구석기시대에 와서 급격히 발달한 양상을 보여준다. 후기 구석기시대는 중기 구석기시대의 무스떼리앙 연모에 비해 보다 다양한 연모와 정교한 제작기법을 그 특징으로 한다. 그러나 후기 구석기 시대 연모는 그 다양성에도 불구하고 쉽게 구분이 된다. 전기와 중기 구석기시대 연모들은 한 종류의 연모가 여러 목적으로 사용된 반면, 후기 구석기시대 연모는 주로 한가지 기능으로만 사용되었다.

후기구석기시대 연모는 뗀 격지로 만들었으나 네안데르탈사람들이 격지를 만드는데 사용한 방법과는 다른, 새로운 방법을 사용하여 돌날격지라고 불리는 특별한 격지를 만들었다. 돌날격지는 양쪽의 날이 나란하며 길이가 너비에 비해 두 배 이상이 되는 얇은 격지를 말한다. 이때 돌날격지는 대고 떼기 방법으로 만들어졌으며 이 방법으로 하나의 돌감에서 많은 격지를 얻을 수 있는데 이는 결과적으로 한 개의 몸돌에서 얻을 수 있는 자르는 면의 수를 아주 증가시키는 효과를 가져왔다. 때때로 돌날은 깨트려서 작고 삼각형 모습의 세석기를 만드는 데에 이용되었다. 후기구석기를 포함하여 각기 다른 네 단계의 돌연모 문화를 비교해 볼 때, 같은 무게의 돌감에서 얻어진 연모의 자르는 면의 전체길이는 아래 표 10.1와 같다.

표 10.1 돌감에서 얻어지는 돌날의 길이

	450g의 돌감에서 얻어지는 날의 전체길이
후기 구석기	305 cm
무스떼리앙	102
아슐리앙	20
올도완	5

위에서 볼 수 있듯이 후기구석기 시대에서는 돌감을 아주 아껴 썼으며 많은 격지를 얻기 위해 다양한 연모 제작기술이 발달하였다. 무스떼리앙 연모의 경우 지역에 따라 다른 형태의 돌연모들이 나타나는 데 후기구석기 시대에는 더 많은 돌연모 문화들이 나타난다. 30,000년 동안의 후기구석기 시대에 나타난 연모를 모두 112개의 유형으로 분류하였는데 이 유형의 수는 전기 · 중기 구석기 시대에 62개의 유형에 비해 엄청난 증가를 보여주고 있다.

한편 뼈와 뿔 그리고 이빨들이 연모의 재료로 이용되었는데 이들의 이용은 후기 구석기시대의 연모를 대표하는 특징 중의 하나이다. 중기 구석기시대 무스떼리앙 문화에서 일부

손질되지 않은 뼈조각들이 연모로 사용된 경우는 있어도 뼈를 손질하여 만든 연모들은 나타나지를 않는다.

후기 구석기를 대표하는 연모로는 새기개를 들 수 있다. 이 연모는 비스듬히 잘려져 나간 단면의 끝을 사용한 연모로 오늘날의 끌과 같은 기능과 모양을 가지고 있다. 새기개는 뼈나 돌에 그림을 새기거나 연모의 손잡이로 사용되던 나무나 뼈에 홈을 파 넣는 데 사용되었다. 후기 구석기시대에 연모 제작기술과 문화의 대변혁은 선사인류로 하여금 더 복잡하고 발전한 행위를 가져오게 하는 데 불의 사용과 죽은 사람의 장례의식, 의복과 주거공간의 발달 및 예술행위 등이 그것이다.

슬기사람들의 문화들

전기 구석기 및 중기 구석기와는 다르게 후기 구석기문화는 빠른 속도로 다양해지면서 지역에 따라 나름대로의 독특한 스타일을 지닌 문화들이 지속해서 나타난다(그림 10.14).

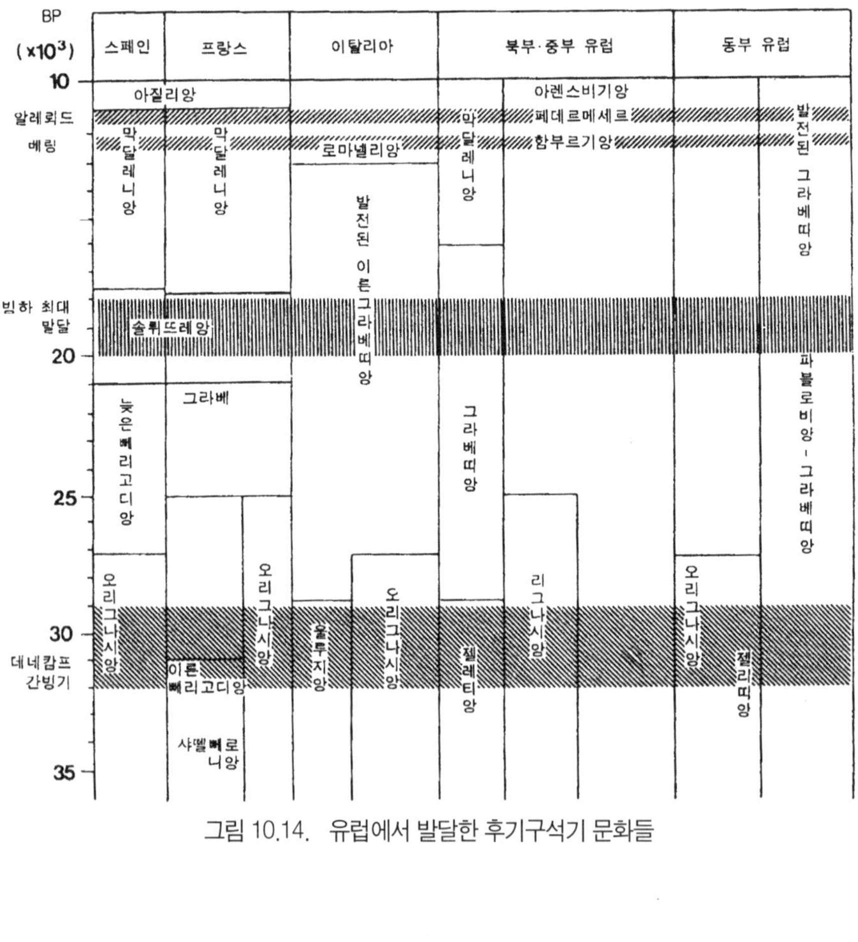

그림 10.14. 유럽에서 발달한 후기구석기 문화들

이 기간 중에 유럽은 빙간기로 따뜻한 기후가 시작되었으나 30,000년을 전후하여 추운 시기로 바뀌었다가 20,000년 전에 다시 따뜻한 기후가 잠시 지속되었다. 18,000년을 전후해서 유럽에는 마지막 빙하기가 도래하여 혹심한 추위를 몰고 온 바이첼 빙하기가 시작되며, 11,000 년 전을 전후해서 현재 시기인 홀로세가 시작된다.

후기구석기 시대에 사용된 연모들에 관한 연구는 유럽에서 출토된 연모들을 바탕으로 이루어졌는데 돌칼과 찌르개, 홈날연모, 뚜르개, 밀개들과 창던지개와 창, 그리고 창을 바르게 펴는 연모 등이 특징으로 나타난다. 이들 연모들은 주로 프랑스의 도르도뉴 지역을 포함한 남서부 프랑스의 여러 유적지에서 발견되었다. 이 지역의 20㎢ 범위 안에서 약 200개가 넘는 후기 구석기유적들이 발견되었으며, 어떤 유적의 퇴적층은 60~80cm에 달한다. 후기구석기연구는 이 지역을 중심으로 진행되었으며 그 결과 오늘날 선사고고학에서 사용되는 후기 구석기 문화의 이름과 연모에 관한 용어들은 이 지역을 중심으로 한 연구 결과이다.

한편 후기구석기시대를 대표하는 동굴벽화와 예술품들도 함께 발견된다(사진 10.15). 프랑스를 중심으로 유럽에서 이루어진 후기구석기 문화들은 아래와 같다;

오리나시앙Aurignacian : 프랑스에서 가장 이른 시기의 후기구석기문화는 오리나시앙 문화로 40,000~28,000년 전까지 계속되었다. 이 문화의 연모는 1860년 피레네 산맥 끝자락에 자리한 오리냑 바위그늘에서 처음으로 보고되었으며 유적의 이름을 따서 오리나시앙으로 불린다. 오리나시앙 연모는 크로마뇽 유적에서 현생인류의 화석과 함께 출토되었으며 유럽 전역에 걸쳐 나타나고 있다. 중동아시아에서는 적어도 32,000~17,000년 전 사이에 이 문화가 나타난다.

대표되는 연모로 밀개와 새기개, 뼈로 된 찌르개와 상아 구슬과 목걸이 그리고 사람과 동물의 조각 등을 꼽을 수 있다. 최근에 오스트리아에서 출토된 초록색의 사암蛇岩으로 만든 춤추는 비너스가 한 대표되는 예이다. 이렇게 오리나시앙 문화를 가진 크로마뇽 사람들은 예술가로 이들은 비너스로 알려진 여인의 조각상을 남기었다. 이런 조각상은 풍요와 임신을 기원하는 그들의 염원이 상징으로 담겨있다고 해석된다. 최근에 새로운 해석은 추운 시기에 유럽 전역에서 발견되는 비너스상은 혹독한 추위에서 살아 남기 위해 작은 집단의 크로마뇽 사람들이 사용한 정보의 수단으로 설명되고 있다(사진 10.15) 이 시기에 속하는 동굴벽화는 프랑스의 쇼베 동굴과 꼬스께 동굴에서 찾아졌는데 늦은 시기의 오리나시앙에 속하는 유적으로 연대는 32,000~27,000년 전 사이로 가늠된다.

샤뗄뻬로니앙Chatelperronian : 오리나시앙 문화가 유행하던 시기에 함께 발달한 후기구석기문화로 샤뗄뻬로니앙 문화를 꼽는데 문화 이름은 프랑스의 샤뗄뻬롱chatelperron 동굴에 따온 것이다. 중기 구석기문화를 담당한 네안데르탈사람의 운명에 관한 문제는 해결

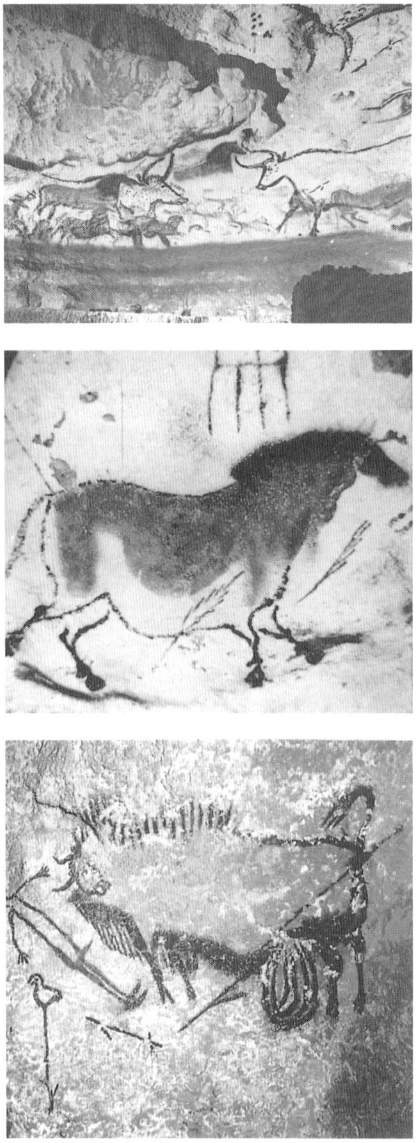

a) 동굴벽화들

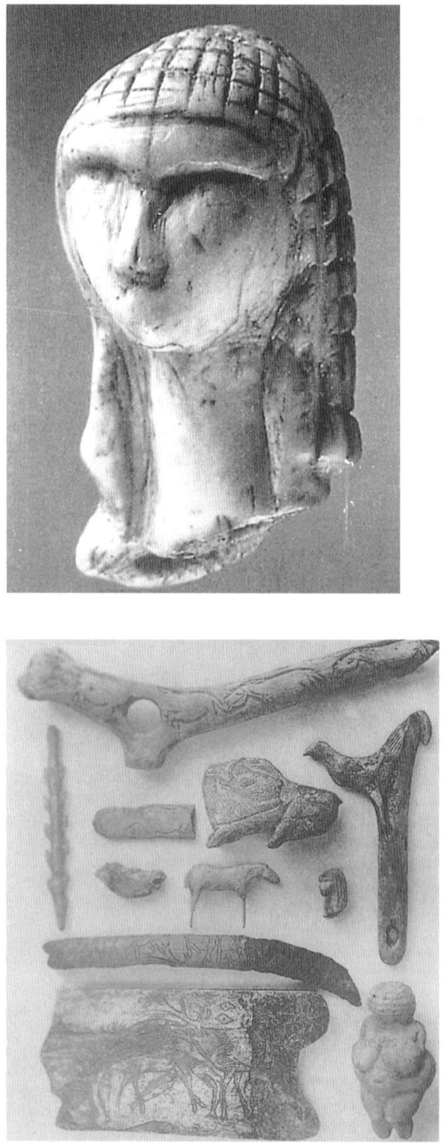

b)지닐 예술품들

사진 10.15. 후기구석기시대의 예술

되지 않았지만 네안데르탈사람들이 지닌 돌연모 제작기술의 전통은 얼마동안 후기 구석기 시대 연모에서 찾아진다. 32,000년 전에 시작되는 이른 시기의 후기구석기 문화인 샤뗄뻬로니앙 문화는 무스떼리앙 문화와 직접적인 관계가 있다. 프랑스의 쌩 쎄제르 유적 등에서 출토된 네안데르탈 아이 화석이 샤뗄뻬로니앙 연모와 함께 출토되었다. 이 돌연모에는 다양한 밀개와 무스떼리앙 찌르개 및 무스떼리앙 문화전통의 흔적이 남아있다. 따라서 샤뗄뻬로니앙 문화는 아마도 중기 구석기시대에서 후기 구석기시대로 넘어가는 과도기적인 시기에 오리나시앙 문화와 함께 유행하거나 아니면 서부유럽에 오리나시앙 문화가 소개되고 이를 수용한 네안데르탈사람들이 지녔던 문화로 가늠된다. 샤뗄뻬로니앙 문화는 34,000년 전 네안데르탈사람이 갑자기 사라지면서 이 문화도 함께 사라진다. 이 시기 이후 바로 오리나시앙 문화를 비롯하여 여러 후기 구석기문화 단계가 슬기사람에 의해 담당되었다.

그라베띠앙Gravettian : 오리나시앙 문화는 뒤이어 일어난 그라베띠앙 문화에 의해 대체된다. 그라베띠앙 문화는 약 28,000~22,000년 전 사이에 프랑스 남부지역에 퍼져 나갔다. 이 문화가 시작될 시기에 유럽의 기후는 제법 따뜻하였으나 곧이어 혹독한 추위로 바뀌었다. 그라베띠앙 연모에서는 샤뗄뻬로니앙 연모의 전통이 나타나고 있다. '등이 뭉뚝한 찌르개'가 대표되는 연모이며 뼈의 사용이 증가하여 뼈로 만든 뚜르개와 펀치 및 간단한 찌르개 등이 나타난다. 이 문화시기 중 상아로 만든 구슬로 목거리를 만들어 무덤에 넣어든 증거가 나타나며, 상아에 여성의 모습을 새겨 만든 비너스상 등이 동부와 중부 그리고 서부 유럽 등지에서 출토된다(그림 10.16).

솔뤼뜨레앙 Solutrean : 그라베띠앙과 오리나시앙문화는 21,000년 전에 갑자기 사라지고

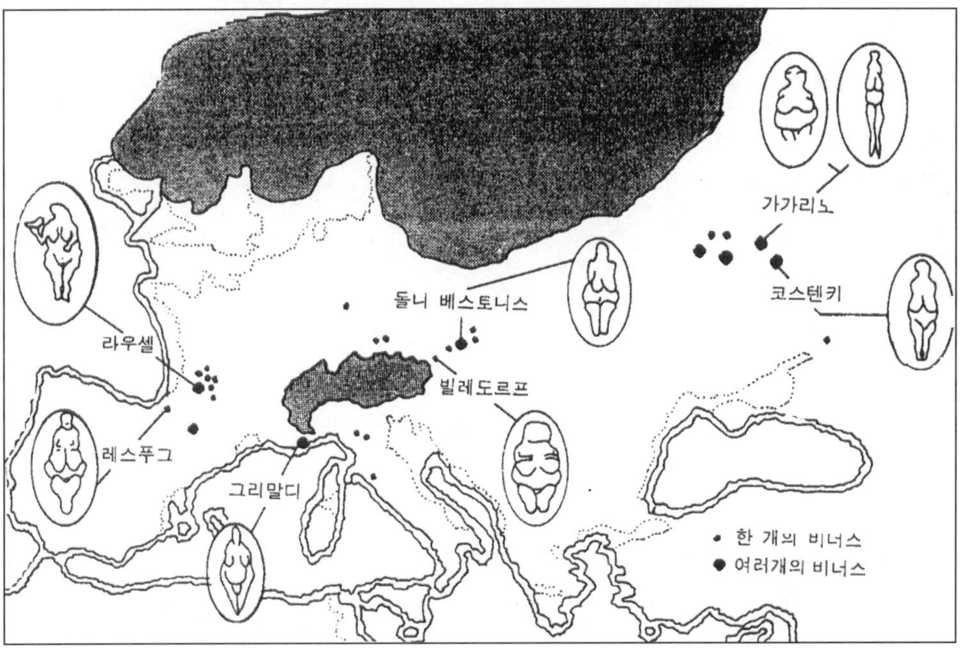

그림 10.16. 그라베띠앙 문화기(27,000~20,000년 전)에 유럽에서 출토된 비너스상들. 그라베띠앙 시기에 유럽 전역에서 동시에 출토된 비너스상들은 후기구석기인들의 정보교환 수단으로 설명되고 있다.

솔뤼뜨레앙 문화가 이들을 대신한다. 이 문화는 19,000년 전까지 지속되었다. 솔뤼뜨레앙 문화 담당자들이 누구이며 어디서 왔는지는 아직 수수께끼로 남아있지만 이들이 프랑스 남동 지역에 고립되어 살던 네안데르탈사람의 후예라고 가늠되고 있다.

솔뤼뜨레앙 문화는 유럽에서 빙하가 최고에 달했을 시기에 발달한 문화로 이 문화의 존속기간은 불과 3,000~2,000년에 불과하다. 그러나 솔뤼뜨레앙사람들은 프린트를 재료로 눌러떼기수법으로 만든 월계수 잎 모양의 정교한 자르개를 만들었다.

막달레니앙Magdalenian : 부싯돌을 재질로 정교한 연모를 만들던 솔뤼뜨레앙 문화담당자들 또한 알 수 없는 이유로 갑자기 사라지고 이 자리는 막달레니앙 문화담당자들에 의해 대신된다. 이 문화는 18,000~12,000년 전까지 지속되었다. 솔뤼뜨레앙 문화담당자들이 뛰어난 돌연모 제작자인데 반해 막달레니앙 문화담당자들은 돌감을 잘 다루지는 못하였다. 따라서 막달레니앙 문화담당자들을 솔뤼뜨레앙 문화담당자들과 관련을 지울 수 없다.

막달레니앙이라는 이름은 프랑스의 바위그늘인 막델레이네la madeleine에서 따온 이름이다. 이 문화담당자들이 어디서 왔는지는 알 수 없지만 이들은 제 4기 마지막 빙하기의 여러 문화 중 가장 다양한 연모의 제작기술을 지니고 있었다. 이 시기에 세석기 사용이 증가하였는데 이 세석기들은 화살과 여러 모양의 작살 같은 복합연모를 만드는 데에 사용되었다. 나무로 만든 창던지개와 뼈와 뿔을 사용하여 다양한 모양의 연모를 만들었으며 연모들은 아름답게 치장되었다.

이렇게 발전한 연모를 통해 이 문화의 담당자들이 다양한 종류의 동물을 사냥하였음을 알 수 있다. 서부 유럽의 툰드라 환경에서 살던 순록은 이들의 주요 식량자원이었으며 털코끼리와 야생말, 들소 그리고 작은 몸집의 동물들이 사냥의 대상이었다. 막달레니앙 문화담당자들은 유럽에 널리 퍼져 동굴유적과 한데유적에서 살았으며, 이전에 살던 주민들에 비해 인구밀도가 증가하였다.

한편 그라베띠앙 문화에서 시작된 후기 구석기시대의 예술인 동굴벽화는 막달레니앙 기에 와서 절정에 달하였다. 이런 동굴벽화와 조각품들은 프랑스 남서지역과 스페인의 북동쪽의 여러 유적지에서 발견되는데, 유명한 스페인의 알타미라 동굴과 라스코 동굴의 채색벽화들도 이 시기에 완성되었다.

현생인류의 특징 : 언어에 관한 해부학적 증거

언어는 인류만이 지니고 있는 특징이다. 인류은 언어를 통해 자신들의 생각과 세계에 관한 지식을 서로 교환하고 다음 세대에 전달한다. 이렇게 언어는 인류의 중심적인 특징으로 학자들은 오랜 동안 언어의 기원을 찾고자 노력하였다.

일단의 고인류학자들에 따르면 언어는 약 50,000~40,000년 전에 현생인류인 슬기사람부터 시작되었으며 두뇌구조에 갑자기 생긴 돌연변이가 그 원인이며 후기구석기 때 꽃피었던 문화의 번성을 그 증거로 꼽는다. 이에 반해 고인류학계의 전통적인 견해는 언어란 거의 200만 년 전 호모 속이 출현할 때부터 시작되었다고 주장해 왔다. 그런데 문제는 이렇게 다른 두 개의 가설 중에 어느 가설이 더 논리적인지를 구분하기는 쉽지 않다는 데에 있다.

언어의 시작이 언제였는지를 풀어줄 증거로 호미니드의 머리뼈 화석을 꼽을 수 있다. 머리뼈 화석 안쪽에 새겨 있는 두뇌의 홈이 바로 그것으로 두뇌 바깥쪽의 형태를 보고 두뇌의 기능을 가늠해 낼 수 있기 때문이다. 두뇌 구조를 연구하는 학자들은 두뇌가 비대칭의 모양을 하고 있는 점에 주목하고 현대인의 언어를 담당하는 브로카와 베르닉크 부위 및 기타 언어를 담당하는 두뇌의 구조가 손쓴사람과 오. 아프리카누스에서도 보인다고 한다.

그러나 언어를 담당하는 구조가 두뇌에 있는지, 그리고 있다면 그 위치는 어디인지에 관해서는 서로 의견의 차이를 보이고 있다. 언어를 담당하는 베르니크 부위가 두뇌 안쪽 어디에 자리하는지는 정확하게 알지 못한다. 브로카의 부위 경우 전통적으로 이 부위는 언어를 조절하는 운동의 중심기관으로 알려져 왔다. 그러나 최근에 진행된 연구에 따르면 언어를 담당하는 부위는 두뇌 여러 곳에 자리하며 브로카 부위는 일반적으로 다른 부위에 비해 운동기능이 좀 더 많을 뿐이라고 보고되고 있다.

한편 영장류를 연구하는 일단의 학자들은 언어는 인류의 진화과정 중 이른 시기에 발달했음이 틀림없다고 한다. 호미니드는 사회적 영장류로서 커다란 무리를 이루고 살았는데 아마도 무리 구성원을 함께 묶을 어떤 필요가 요구됐으며 언어가 사회적인 연대감을 제공하는 역할을 했다는 것이다. 무리 구성원을 묶는 수단으로 언어가, 좀 더 정확히 말하면 발달한 소리에 의한 전달이 단지 으르렁거리는 수단보다는 필요한 지식을 교환하고 전달하는 데 더 유용했다는 것이다. 그러나 문제는 오늘날 커다란 무리에서 살며 소리로 의사를 교환하는 영장류가 인류와 같은 언어를 지니고 있지 않다는 점이다. 그럼에도 불구하고 다른 동물에서 보이는 사회 내에서의 의사 전달 정도를 보면 인류의 언어는 사회 조직 내에서 시작됐음을 알 수 있다.

인류의 언어발달은 아마도 두뇌의 발달과 불가분의 관계를 지니고 있으며 인류의 두뇌는 200만 년 전부터 점차 커지면서 발달해 왔기 때문에 언어가 갑자기 두뇌에서 일어난 급격한 돌연변이에 의해 생겨났다고 보기는 어렵다. 인류의 두뇌는 실제로 언어를 사용하기 전에 오랜 동안 언어를 담당하기에 충분한 구조를 발달시켰을 것으로 여겨진다. 이른시기 호모의 두뇌가 확장되는 것은 복잡한 인식을 조정하는 역할과 계산 그리고 언어가 요구되는 그런 형태의 기술과 관련이 있다. 이렇게 언어는 플라이스토세 때에 두뇌가 확장된 결과 언어가 발달했기보다는 언어와 두뇌의 확장은 분리할 수 없이 동시에 발달했을 것으로 가늠된다.

그러나 호미니드가 사용했을 언어는 고고학적 증거로 남아 있지 않다는 데에 문제가 있다. 비록 인류가 최초로 연모를 만들었을 때 언어도 함께 시작되었다고 주장하는 학자도 있지만 올도완이나 아슐리앙 같은 이른 시기에 연모를 제작한 인류의 경우, 기본되는 연모와 격지 제작방법 이외에 새로운 기술의 혁신이나 이를 전파했다는 흔적을 찾을 수 없다. 더욱 중요한 점은 만일 언어가 일찍이 사용되어 의미를 전달하고 실제에 대한 상징적 의미를 담고 있다면 언어에 관한 고고학적 증거들은 왜 불과 50,000～40,000만 년 전부터 나타나는가 하는 점이다. 이 시기에 나타나는 연모들은 종류가 매우 다양하고 돌감과 모양, 기능 그리고 지역에 따른 유형들에 따르면 아마도 이런 형태의 새로운 문화를 발달시키고 보급을 위해서 언어가 필요했을 것이다. 더불어 이 시기에 출현하는 동굴벽화와 지닐 예술품 등의 선사예술 또한 상징적 의미를 지니고 있다. 오늘날 우리가 생각하는 완전하게 발달한 통어론적 구조와 상징을 가진 음운적인 언어가 이 시기에 출현했다고 가늠된다.

위에서 지적한 내용들에 따르면 언어란 호미니드 중 단지 현생인류만 사용했을까? 하는 의문을 제기한다. 적어도 현생인류와 가까운 사촌인 네안데르탈사람도 아마 언어를 지녔을 것으로 가늠되었다. 네안데르탈사람의 머리뼈 밑 부분을 분석한 결과 이들의 성대가 자리한 후두개는 언어를 사용하기에는 원시적인 구조를 보이고 있다고 생각했었다. 사람의 경우 후두는 혀보다 낮은 곳에 자리하여 넓은 범위의 소리를 낼 수 있으며 사람으로 하여금 동시에 마시고 숨을 쉴 수 있게 한다. 네안데르탈사람의 경우 머리뼈 밑면의 굴곡이 없기 때문에 후두가 높게 자리하여 사람처럼 소리를 낼 수 있기보다는 유인원 쪽에 가까운 성대를 지니고 있다고 생각되었다.

그러나 최근에 네안데르탈사람도 언어를 사용할 수 있었다는 것을 증명해 줄 화석이 이스라엘의 케바라 유적에서 출토되었다. 거의 완전한 혀뼈hyoid bone의 발견이 그것인데 혀뼈는 후두와 근육으로 연결되어 있어 언어를 사용할 수 있도록 하는 역할을 한다. 케바라에서 출토된 혀뼈는 기본적으로 침팬지와는 다르게 현대인의 뼈와 형태가 닮았다. 따라서 케바라에서 출토된 네안데르탈사람은 현대인과 같은 성대를 지녔으며 현대인과 같은 범위의 언어를 사용할 수 있었다고 가늠된다.

언어가 언제 시작됐는지 하는 문제와 더불어 이해하기 어려운 것은 왜 언어가 진화했는가 하는 점이다. 언어는 자연선택의 대상이 아니라 이차적인 출현이라고 주장하는 가설이 있는데 스티븐 핑커Steven Pinker같은 언어학자는 언어란 특별한 적응 때문에 진화한다고 지적하였다. 언어란 이야기를 하거나 글로 나타내거나 간에 오늘날 인류사회에서 사용되며 과거 사회에도 존재했었다. 모든 언어들은 복잡한 문법과 어떤 비기능적인 규칙을 가지고 있으면서도 국제적으로 통용되는 규칙을 지니고 있다. 따라서 언어가 지닌 이런 특징은 문화현상이 아닌 두뇌의 기능에 따른 인류의 본질적인 특징이라 할 수 있다.

인류의 두뇌

인류학자들은 호미니드의 진화과정 중 두뇌의 변화에 많은 관심을 가지고 있다. 두뇌의 크기는 지난 300만 년 동안에 빠르게 변하였는데 여기서는 두뇌의 얼개와 그 기능, 및 인류의 두뇌가 어떻게 변하였는지를 살펴본다.

두뇌의 얼개 : 두뇌는 사람에 있어 가장 복잡한 구조로 되어 있으며 단백질과 지방 그리고 탄수화물로 되어 마치 말랑말랑한 두부 같은 형태로 1.12~1.35 kg 정도의 무게가 나간다. 두뇌는 약 1백억 개의 신경세포가 있는데 이 신경세포들이 신경에 충동을 보내고 받아들이는 역할을 한다. 이때 신경세포와 세포사이의 신경충동의 전달은 '전기작용'과 '화학작용'에 의해 조절된다.

대표되는 신경세포는 세포 자신이 몸체를 가지고 있는데 신경충동을 가지로 보내고 받아들이는 역할을 한다. 신경충동은 세포사이에 있는 신경세포 연접을 신경전달물질이라고 하는 화학물질을 통해 통과한다. 신경전달물질에는 많은 종류가 있는데 그 중 하나가 도파민이라 불리는 물질로 이 도파민이 부족하면 나이 먹은 사람에게 주로 나타나는 파킨슨씨병에 걸리게 된다.

그러나 두뇌의 신경세포에 대해서 알기 시작한 것은 불과 100여 년 전부터이며, 특히 신경전달물질에 관한 연구가 시작된 것은 불과 50여 년이 되지 않는다. 실제로 두뇌는 영양을 공급하고 보호해 주는 다른 조직들에 의해 둘러싸여 있기 때문에 보기가 매우 힘들지만 두뇌에 착색을 한다든지 또는 다른 방법에 의해서 관찰할 수 있다. 두뇌의 갈색 바깥부분은 세포 몸체들을 감싸고 흰색의 안쪽부분은 세포의 부분을 감싸고 있다.

두뇌의 얼개로 볼 때 사람의 두뇌는 특별하지 않으며 오랜 진화 중의 계열과 일치한다. 해파리같은 생명체에도 신경세포가 있으며, 모든 젖먹이동물은 사람과 같은 기본구조의 두뇌를 가지고 있다. 두뇌는 골간과 작은골cerebullum, 그리고 큰골cerebrum을 가지고 있는데 동물의 지능은 크게 큰골의 크기와 몸의 크기에 비해서 결정된다. 사람은 다른 동물과 비교해 볼 때 몸의 크기에 비해 큰 두뇌를 가지고 있으나 두뇌의 크기와 지능간에는 관련이 없다.

두뇌의 기능 : 두뇌는 매우 섬세하며 유액 층과 세 겹의 조직 그리고 뼈로 둘러싸여 있다.

만약 두뇌가 심하게 타격을 받으면 의식을 잃지만 죽지는 않는다. 즉 숨쉬고 심장이 박동하고 또 다른 주요 기능들은 계속되는 데 이런 행동들은 두뇌의 가장 깊은 곳에 있는 골간에 의해서 조정되기 때문이다.

골간에 의해 조정되는 중추신경은 생각이나 밖으로부터의 조절 없이 두뇌의 기본행동들을 조절하는데 두뇌의 남은 부분을 일깨우고 혈압을 조절하며, 침을 만들어 내고, 기타 살아가는데 필요한 기능들을 조절한다. 만일 이 중추신경에 손상이 오면 중풍에 걸리거나 아니면 혼수상태에 빠지거나 심하면 죽음의 원인이 된다.

작은골은 근육을 조절하며 배고픔과 다른 행동들을 조절한다. 작은골은 사람이 원하는 행동을 통해 근육을 부드럽게 조절하고 몸의 평형을 유지하게 한다. 사람이 한 가지 행동을 반복하면 작은골은 그만큼 기능이 더 좋아진다. 동맥경화는 작은골이 몸의 근육과 함께 운동하는 것을 방해한다. 작은골은 두뇌의 중추신경처럼 그 기능이 자동으로 작동하나 이런 기능은 밖으로부터의 반응에 의해서 일어난다.

사람들의 자발적인 행동들은 큰골에 의해서 조절되는데, 큰골은 세 부분으로 나누어진다. 가장 안쪽 부분은 자동적으로 체온과 배고픔, 졸음과 다른 기능들을 조절하며 가운 부분은 감정이라든지 배움, 그리고 냄새를 맡는 기능을 조절한다. 다른 감각기능들은 가장 바깥 층에 모여있다.

인류 두뇌의 진화 : 두뇌의 크기만을 따지면 인류보다 더 큰 두뇌를 가진 동물은 없다. 코끼리는 사람의 4배 정도가 크며 또한 코끼리보다 더 큰 두뇌를 지닌 고래도 있으나 몸집에 비하면 사람보다는 작은 두뇌를 가지고 있다. 이렇게 젖먹이동물은 커다란 몸집을 유지하기 위해서 몸집에 맞는 크기의 두뇌가 요구된다. 젖먹이동물의 경우 두뇌의 무게는 몸무게가 증가하는 정도의 3분의 2 정도의 속도로 증가한다. 따라서 가장 큰 몸집의 젖먹이동물은 큰 두뇌를 지녔지만 몸집에 비해 상대적으로 작은 두뇌를 지니게 된다.

위에서 말한 몸집과 두뇌 크기에 관한 일반적 관계와는 상관없이 영장류는 비교적 커다란 두뇌를 지니고 있다. 영장류는 시각이 발달하였고 색깔을 볼 수 있는 입체적인 시각을 위해 복잡한 신경연결이 필요하다. 원숭이와 침팬지 그리고 인류는 땅위에서 사는 어떤 젖먹이동물에 비해 커다란 두뇌를 지니고 있다.

인류의 두뇌는 유인원의 두뇌와 비교할 때 구조에서 아주 다른 모습을 보인다. 즉 두뇌의 각 부분은 일정하게 성장하지 않으며 인류에게 지능을 부여한다. 인류 두뇌의 어떤 부분은 거의 변하지를 않는가 하면 어떤 부위는 겨우 알 수 있을 정도로만 변한다. 인류의 두뇌 앞부위에서 아주 심한 차이를 나타내고 있는데 배움을 담당하는 부위인 작은 뇌과 큰 뇌를 감싸고 있는 신피질neocortex이 놀랄만하게 확장되어 있다. 큰 뇌 피질은 인류의 경우 두뇌의

80%에 이른다. 앞 뇌는 본래 냄새 맡는 기능을 지녔는데, 냄새를 맡는 부위가 줄어들었으며 다른 새로운 기능을 지니고 있다.

인류의 경우 냄새를 맡는 부위는 뇌 왼쪽편의 앞면에 자리한다. 두뇌의 크기가 인류 정도인 영장류는 인류의 두뇌보다 200%나 적은 앞부분 피질을 지니고 있는데 머리에서 이 부위에는 말을 만들고 이해하는 기능을 담당하는 브로카와 베르니크 부위가 자리하고 있다. 유인원과 비교하여 인류는 이 부위의 크기와 신경세포 연결이 아주 확장되어 있다. 이와는 반대로 인류의 운동신경을 담당하는 부위는 원숭이의 두뇌에 3 분의 1 정도를 차지한다. 그 결과 인류는 보고 듣는 능력이 감소한 대신에 상상하고 계산할 수 있는 새로운 기능이 발달하였다.

인류의 두뇌는 또한 감각과 관찰을 담당하며 아주 다양한 범위의 복잡하고 자세한 정보를 입력하여 보존하고 상기시킨다. 그 결과 인류의 두뇌는 문화를 발전시키고 지구상에서 다른 생명체에서는 볼 수 없는 수준의 두뇌를 발전시켰다. 따라서 두뇌의 크기만을 가지고 인류의 정신적인 능력을 설명할 수는 없으니 중요한 것은 두뇌 안에 무엇이 있으며 이것들이 어떻게 배열되어 있는가에 있다. 인지신경과학cognitive neuroscience은 아주 흥미 있고 빠르게 발달하는 학문분야이지만 사실 두뇌의 기능에 관해 극히 일부분만을 설명하고 있을 뿐 두뇌의 크기와 복잡성 그리고 지능과의 관계를 명확하게 설명하지 못한다.

인류의 두뇌가 왜 진화했는지를 정확하게 설명할 수는 없으나 호미니드의 화석은 언제 두뇌가 진화했는지를 보여준다. 약 200만~70만 년 전 사이인 전기 · 중기 플라이스토세 시기에 호미니드의 두뇌는 2배로 확장되어 440cc정도의 머리부피가 900cc정도로 되었다. 이런 변화는 주로 머리뼈의 옆쪽과 앞 뒤쪽인, 다시 말해 앞머리뼈와 뒷머리뼈 그리고 머리밑면에 영향을 끼쳤다. 머리 크기가 두 배로 확장된 것은 부분적으로 몸집이 커지는 것과 관계가 있으나 머리뼈가 커지는 비율과 정도는 자연선택이 특별히 머리용량에 작용했음을 알 수 있다.

호미니드의 두뇌가 폭발적으로 증가하는 것은 약 50~10만 년 전 사이인 중기 · 후기 플라이스토세 사이에 일어난다. 바로 늦은 시기의 호모 하이델베르겐시스와 이른 시기의 슬기사람 단계의 일이다. 이 시기에 일어난 두뇌의 크기와 형태의 변화는 젖먹이동물의 진화역사에서 가장 괄목할만한 형태의 전환으로 두뇌용량의 증가 뿐 만 아니라 두뇌구조가 급격하게 변하였으며, 머리뼈 중 앞머리뼈가 곧바로 서면서 급격한 앞머리뼈neurocranium의 성장이 진행되었다. 윗머리뼈와 옆머리뼈도 팽창되었으며 뒷머리뼈는 둥글게 변하였다. 이후 후기 구석기시대부터 지금까지 인류의 머리뼈는 중요한 변화가 일어나지 않았는데 현대인의 두뇌무게는 평균 1.3kg으로 평균 용량은 1,350cc이다.

인류의 두뇌를 말할 때 네안데르탈사람의 두뇌가 왜 현대인보다 큰 지가 고인류학 연구의 대상이었다. 만일 큰 머리를 가진 그들이 우수한 지능을 지녔다면 그들은 왜 절멸하였는지를 설명해야 한다. 이들의 절멸은 아마도 네안데르탈사람의 큰 두뇌가 몸의 크기와 기온과 관련이 있기 때문이다. 후기 플라이스토세의 추운 기후에서 살았던 서부유럽의 대표되는 네안데르탈사람은 추운 기후에 적응하기 위해 비교적 큰 두뇌에 작은 키를 지녔으리라 가늠된다. 남자 네안데르탈사람의 평균 두뇌 용량은 1,582cc이다. 오늘날 주민과 쎄매 주민 그리고 그린랜드의 이누이드 에스키모주민처럼 위도 상 높은 지대에서 사는 주민들도 왜소한 사지뼈에 통통한 몸체, 그리고 커다란 두뇌용량을 지니고 있는 데 이런 모습은 네안데르탈사람과 같은 환경에서 살고 있기 때문인 것으로 설명된다.

한반도 출토 슬기사람 : 그 증거와 문제

구석기시대 한반도에서 살던 옛 인류에 대한 화석 연구는 1970년대 중반부터 시작되었다. 출토된 구석기시대 호미니드의 화석은 대부분 후기 구석기시대 유적지에 집중되어 나타나는데 지금가지 여섯 개의 동굴유적과 한 개의 바위그늘 유적이 보고되고 있다. 그러나 호미니드 화석에 대한 초기 연구는 대부분 유적 발굴보고서의 일부로서만 간단히 언급되고 있을 뿐 이들에 관한 본격적인 인류학적 연구는 1990년 초부터 시작되었다.

한반도의 구석기시대 호미니드 화석은 대부분 동굴유적에서 출토되었다(그림 10.17). 최초의 호미니드 화석은 북한에서 발견되었는데 북한의 호미니드 화석 출토 유적으로는 승리산과 역포, 금천, 용곡, 그리고 만달 유적이 있다. 그리고 남한에서는 1980년 이후에 보고된 상시와 흥수동굴 출토화석이 보고되고 있으며 해부학적 특징은 긴머리를 제외하고는 현대 한국사람과 여러 면에서 비슷한 모습이다(사진 10.18).

한반도 출토 슬기사람의 기원 : 지금까지 한반도에서 출토된 구석기시대 호미니드 화석은 해부학적 특징으로 볼 때 시간적으로 차이는 있지만 모두 단일종인 늦은 시기의 슬기사람sapiens으로 분류된다. 오늘날 한국사람의 뿌리로 알려져 있는 후기 구석기시대의 슬기사람이 어디에서 왔는지 하는 문제는 고인류학계에서 논쟁이 되고 있는 슬기사람의 기원문제와 밀접하게 관련을 맺고 있다.

실제로 많은 고인류학자들은 현생인류인 슬기사람의 기원이 아프리카에서 시작되었다는 단일지역 기원설을 지지하고 있다. 남아프리카에서 처음 나타난 해부학적 현생인류는 10만 년을 전후해 아프리카 대륙을 떠나 중동지방에 도달한 것으로 알려져 있다. 이들의 이동경로는 크게 세 방향으로 가정해 볼 수 있으며 최근의 유전자 연구는 30,000년 전 후에 슬기사람이 동북아시아에 도달한 것으로 설명하고 있다. 마지막 빙하기가 시작되는 24,000~20,000년 전에 황해가 육지로 변하자 이 지역에 도달했던 갈래의 일부가 한국과 일본으로 퍼져나간 것으로 여겨진다. 최근 한국의 서해와 남해 지방과 일부 내륙지방, 그리고 일본과 중국에서 발견되는 작은 몸돌석기의 닮은 점은 바로 이 시기에 같은 문화전통을 지닌 후기 구석기문화 담당자들이 동북아시아일대에 작은 집단을 이루며 널리 퍼져 살았음을 보여주

그림 10.17. 한반도의 구석기 유적지(* : 호미니드 화석이 출토된 유적)

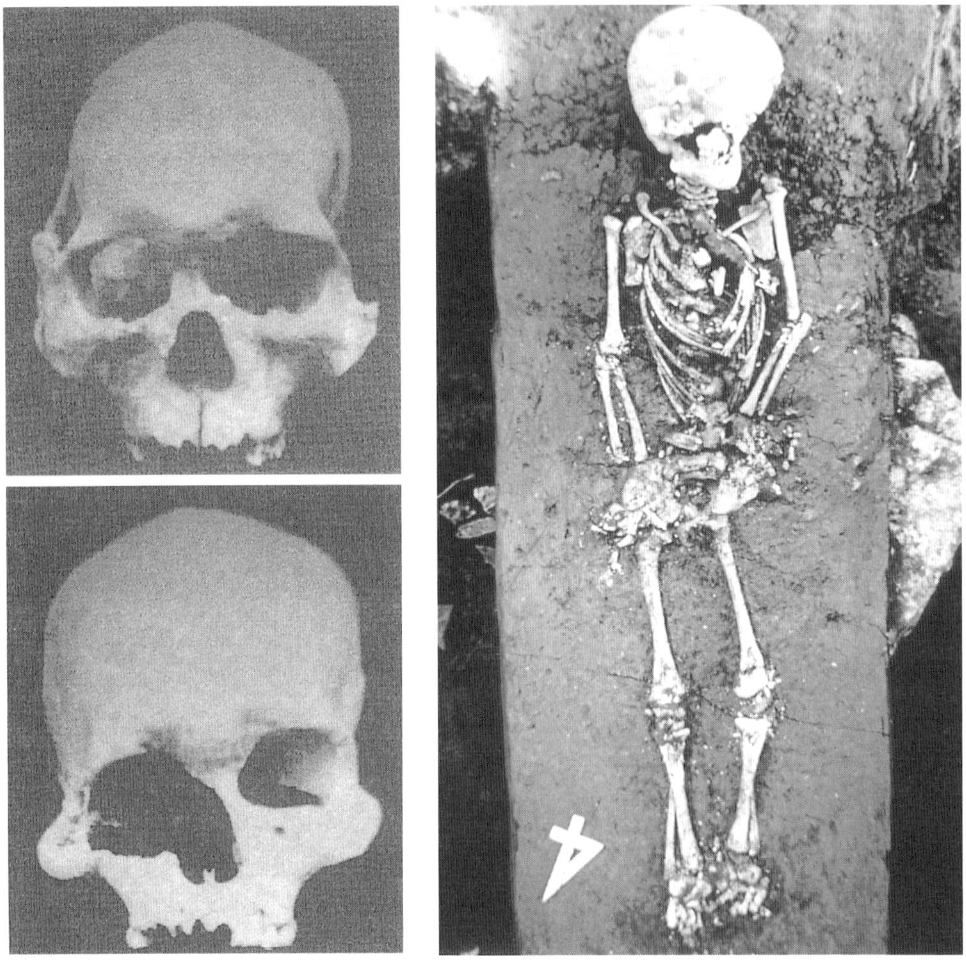

a) 용곡 동굴 출토 7호(남성:위)와 3호(여성: 아래) 화석

b) 홍수굴 출토 홍수아이

그림 6.4. 한반도 출토 슬기사람의 화석

는 증거로 이해되어진다.

한편 고고학적으로 볼 때 지금까지 아시아대륙에서 발견된 중기 구석기 유적지는 후기 구석기시대의 유적지에 비해 그 수가 매우 적으며, 중기 구석기 유적으로 알려진 유적의 문화특징 또한 서구식 개념의 중기 구석기 문화의 특징을 충분히 지녔다고 보기 어려운 점이 있다. 그러므로 아시아지역에서는 이른 시기(전기)의 구석기 문화와 늦은 시기(후기)의 구석기문화만이 존재했으며 이들 문화의 담당자들은 서로 유전적인 관계를 갖지 않았던 것으로 보여진다. 이런 경우 아시아출토 슬기사람들은 남쪽으로부터 이동해왔다는 가설이 더

타당할 것이다. 한편 용곡과 중국의 류강의 연대가 정확하다면 여기서 출토된 호미니드 화석은 아시아 대륙에 일찍이 이동한 이른 단계의 슬기사람으로 추정될 수 있다.

늦은 시기(후기) 구석기시대 사람들이 동북아시아 일대로 퍼져나가는 과정 중에 이 지역에서 먼저 살고 있던 호모 하이델베르겐시스를 닮은 호미니드와 유전자 교환이 일부 일어났으며 그 결과 이들의 유전적 특징이 (예 : 이빨 등) 슬기사람에게 이어져 왔다고 생각된다. 한편 20,000년 전을 전후한 시기에 만주일대를 통과한 후기 구석기시대 사람의 일부가 바이칼호 주변지역에 도달했으리라 추정되며 이 지역에서는 20,000~10,000년 전 사이에 시베리아 초원지대의 회랑을 지나 동쪽으로 이동해 온 유럽사람의 조상인 유럽의 후기 구석기시대 사람의 갈래와 동북아시아에서 이동해 온 후기 구석기시대 사람들과의 유전자 교류가 있었을 것으로 가늠된다.

한편 한반도에서 출토된 용곡 출토 호미니드가 직접 만달로 이어졌으며 이들이 곧장 신석기시대로 이어졌다는 주장이 제기되고 있으나 이러한 가설과는 다르게 만달 출토 호미니드는 늦은 시기에 한반도로 이동한 슬기사람의 큰 한 갈래일 가능성도 있다. 또한 신석기시대 사람뼈에서 보여지는 특징인 짧은 머리는 이들이 한반도 후기 구석기시대 사람들의 직접 후손이라고 보여지기보다는 다른 유전자의 유입에 의해 생겨난 존재라는 것을 시사해 준다. 물론 이 과정 중에 먼저 집단과의 유전자 교환이 일어났을 가능성을 무시할 수는 없다. 이런 점들을 종합해 보면 한국사람의 기원은 신석기시대에 형성되어 청동기시대에 완성되었으며 일부 후기구석기사람의 유전적 특징이 바탕을 이루었다고 말할 수 있다.

지금까지 한반도에서 출토된 구석기시대 호미니드 화석은 그 연대가 불확실함에도 불구하고 나름대로의 자료를 바탕으로 설명을 하고 있다. 그 결과 유적의 연대와 호미니드 화석 그리고 함께 출토된 동물화석과 연모들의 관계가 일치하지 않는 모순을 보이고 있다.

용곡에서 출토된 화석은 머리뼈의 전체적인 특징으로 보아 40,000~30,000년 전 이후에 동북아시아에 도달한 슬기사람으로 주변지역 출토 호미니드 화석과 비교해 볼 때 머리뼈의 모습은 슬기사람 진화단계 초기에 큰 틀이 형성되었다는 단일지역 기원설의 한 예가 된다. 또 한반도와 주변지역 출토 후기 구석기시대 호미니드 화석에서 보이는 곧선사람의 특징은 이들이 동북아시아 지역으로 퍼져나가는 과정 중에 이 지역에서 먼저 살던 곧선사람의 후손들과 일부 유전자 교환을 일으켰기 때문에 나타나는 현상으로 여겨진다.

앞으로 한반도 출토 구석기시대 호미니드들의 정확한 연대를 찾고 이를 바탕으로 용곡 출토 호미니드와 만달 등의 구석기시대 내지 중석기시대 호미니드와의 유전적 관계, 그리고 이들과 신석기시대 사람과의 관계가 밝혀지면 한반도의 구석기시대 호미니드의 정확한 자리가 찾아질 수 있으며 한민족의 기원과 발달이란 문제에도 보다 접근할 수 있을 것이다.

그러므로 이를 위해서는 앞으로 더 많은 구석기시대와 중석기 그리고 신석기 · 청동기 시대 호미니드의 화석이 발견되고, 이들에 대한 보다 정밀한 연구가 함께 이루어져야 그 진화 자리가 밝혀지리라 생각된다.

제4부 다양한 인류

제11장 인류의 다양성
제12장 인류의 적응과 성
제13장 인류의 질병과 인구통계학
제14장 사회생물학 소개

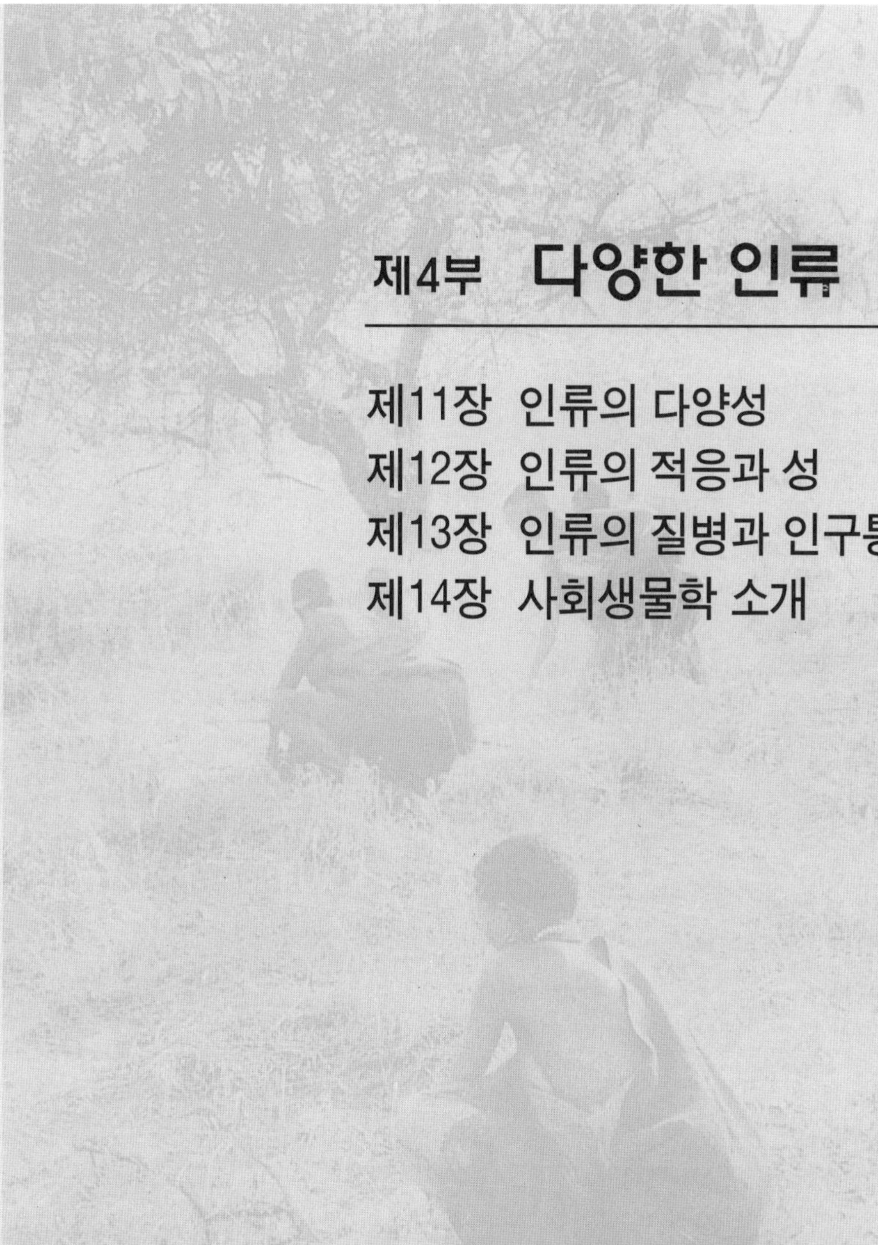

제11장 인류의 다양성

☞ 만일 우리가 뉴욕의 지하철을 탄다면 다양한 모습의 사람들과 만날 것이다. 이렇게 사람들은 왜 각기 다른 모습을 보일까? 하는 질문에 많은 사람들은 인종이 다르기 때문이라고 생각한다. 그러나 인류학자들은 이런 다양성이 진화요인에 의해 일어난 것으로 파악할 뿐 인종이나 인종적 분류에는 관심이 없다. 인종이란 단지 서술적인 개념이지 분석의 도구는 아니며 인종이란 인류의 다양성에 관해 잘못된 생각을 심어줄 뿐이기 때문이다.

그러나 실제로 인종이란 개념은 사회와 우리들의 사고 구조에 단단히 뿌리를 내리고 있기 때문에 인종이란 뜻에 관해 정확하게 그 내용을 파악할 필요가 있다. 이 장에서는 이 책의 앞부분에서 설명한 인류의 생물학적 차이에 대한 내용을 바탕으로 일반적으로 사용되는 인종의 개념과 진화에서는 어떻게 이를 설명하는지를 살펴보기로 한다.

인류의 다양성 측정

인류의 다양성은 인종적 관점과 생물학적 관점에서 연구되는데 이때 무엇보다 중요한 것은 '인류의 다양성(차이)이란 무엇을 뜻하는 것인가?' 라는 점을 먼저 정의해야 한다. 여기서 다양성이란 물론 집단 내에서 보이는 차이를 뜻한다. 앞에서 말했지만 우리는 다양한 모습의 사람들을 볼 수가 있다. 키가 큰 사람, 검은 피부의 사람, 또는 앞이마가 튀어 나온 사람 등등이 그것이며 혈액 체계가 다른 것도 여기에 속한다. 이런 인류의 다양성을 측정한다는 것은 단지 그들의 외모에서의 차이만을 조사하는 것일까? 하는 점이다. 만일 그렇다면 우리가 말하는 차이는 과학적 분석이라기보다는 너무 주관적 판단일 수 있기 때문이다. 예를 들어 키가 '크다' 또는 '작다' 할 때나 피부가 '희다' 또는 '검다' 할 때 그 기준을 어디에 두어야 할 지가 문제로 이런 특징은 일련의 연속적인 특징을 나타낼 뿐이며 혈액 시스템 같은 많은 유전적 특징은 눈으로 볼 수 없기 때문이다.

생물인류학에서는 인류의 다양성을 측정하는 여러 방법이 있는데 여기서는 그 중 일부를 간단히 소개한다.

생화학적 다양성

여기서는 먼저 살아있는 동안 환경에 영향을 받지 않고 유전형과 표현형사이의 관계를 보여주는 '간단한' 유전적 특징을 살펴본다. 혈액 유형이 그 중 하나인데 이런 특징은 생화학적으로 차이를 지니고 있다.

혈액 유형 : 사람의 다양성을 연구하는 데 가장 일반적으로 사용되는 유전적 측정방법으로는 사람의 혈액 시스템 분류방법인 ABO 또는 MN 혈액 분류방식을 들 수 있다. 혈액형 분류 시스템은 적혈구(붉은 핏톨) 표면에 있는 분자유형에 의해 구분된다. 각 혈액 분류 시스템은 혈액형을 나타내는 특별한 항체-항원antibody- antigen 반응을 보인다. 항체란 항원에 침입해온 외부 물질에 대해 반응하는 물질로 바로 이 항체-항원 반응이 혈액형을 구분할 수 있게 해준다.

예를 들어 ABO 혈액시스템을 살펴보자. 이 시스템은 세 개의 유전형질(A, B, O)을 가지고 있다. A 형과 B 형은 공우성이고 O 형은 열성이며 표현형은 A형(유전형은 AA 과 AO)과 B형(유전형은 BB 또는 BO), O형(유전형은 OO) 및 AB형(유전형은 AB)의 4 개가 있다. 이 시스템에는 특별한 항원에 반응하는 두 개의 항체가 있다. 즉 anti-A는 A 형의 분자에 반응하고(A 형의 사람) anti-B 는 B형의 분자에 반응한다(B형의 사람). 각 혈액형은 A와 B 항원과 다른 결합을 보이기에(표12.1) 이런 반응을 통해 사람들의 혈액형을 판정할 수 있다. 예를 들어 A 형인 사람은 A항원을 가지며, B 형의 사람은 B 항원을 가진다. 만일 어떤 사람의 혈액형을 찾고자 할 때 그 혈액이 anti-A 항체에 나타나고 anti-B 항체에는 안 나타나면 그 사람의 혈액형은 A형이다. 다른 혈액형도 같은 방식으로 결정된다.

표 11.1 ABO 혈액형의 결정방식

혈액형	혈액에 있는 항원	항체와의 반응	
		Anti-A	Anti-B
A	A	Y	N
B	B	N	Y
AB	A 와 B	Y	Y
O	없음	N	N

(Y= 예, N= 아니오)

기타 유전적 특성 : 혈액형 조사 이외에 적혈구 효소와 단백질 그리고 혈청의 단백질을 분석하는 방법이 있는데 그 중 한 방법으로 전기이동electrophoresis 방법이 있다. 이 방법은 실험 혈액을 전기가 통할 수 있는 겔 상태로 만든 다음 전류를 보내면 핏속의 단백질은

전자를 따라 음극에서 양극으로 이동하는데 이때 어떤 단백질은 더 빠른 속도로 흐른다. 이렇게 단백질이 이동하는 차이를 가지고 사람의 유전형을 결정한다.

또 다른 방법으로 핵산의 배열을 분석하는 방법이다. 핵산의 조사는 머리카락 같은 작은 양의 샘플로도 분석이 가능하기에 인류학 연구에 많이 이용된다. 이 방법 중 하나로 restriction fragment length polymorphi(RFLPs)를 들 수 있다. 이 방법에 따르면 사람의 어떤 효소는 제한 효소라고 하는 박테리아에 의해 생산된다. 이 효소는 핵산의 마디를 묶고 그리고 어느 지점에는 핵산을 자르는 기능을 가지고 있다. 사람에 따라서 핵산의 배열은 이 효소가 자르는 지점에 따라 다르며 그 결과 핵산마디의 길이가 다르다. 바로 이런 핵산 배열의 길이가 다른 점을 이용하여 인류의 다양성을 구분한다.

복합적 특성에 의한 다양성

인류의 다양성 연구에서 보다 중요한 것은 복합적 특성에 의한 것으로 이런 특성들은 성장과정과 환경에 영향을 받으며 유전형과 표현형 사이에 복잡한 관계를 나타낸다.

인류의 몸체 측정 : 머리와 얼굴을 포함하여 사람의 몸체를 측정하는 것을 인류의 몸체측정anthropometrics이라고 한다. 인류의 몸체측정에서는 사지의 크기와 키와 몸무게가 이용되며 머리측정도 중요한 부분이다. 인류의 몸체측정은 살아있는 사람뿐만 아니라 죽은 사람의 경우에도 이용된다.

피부색 : 과거에는 사람의 피부색을 표준 타일 색깔에 비교하여 측정하였다. 그러나 이 방법은 너무 주관적이고 부정확하여 최근에는 reflectance spectrophotometer라는 기계를 이용하여 측정한다. 이 기계는 목표물에 각기 다른 전파를 발사하여 반사하는 정도를 측정하는 것이다. 피부색 구분의 정확도를 높이기 위해 햇빛에 노출되지 않는 위팔 안쪽 부위를 측정한다. 따라서 판정은 '검다' 또는 '희다'라고 하지 않고 정도를 수치로 나타낸다.

기타 방법 : 이빨크기를 측정하는 것odontometrics도 한 방법이다. 이빨 모형을 떠서 이빨의 길이와 너비를 측정한다. 또한 지문을 조사하는 피문학dematoglyphic 도 인류의 다양성을 조사하는데 유용한 방법이다. 인류학자들은 혈압이라든지 심장병에 걸릴 확률 또는 에어로빅 기능 같은 다양한 생리적 특성들도 측정한다.

인종의 다양성

오늘날 인류의 다양성은 진화적 요인에 의한 것으로 이해하나 과거에는 다양성을 인종의 분류라는 관점에서 연구하였는데 이런 관점은 오늘날에도 일상적으로 사용된다. 문제는' 인종'이라는 용어를 어떻게 정의하는가? 하는 점이다. '백인종'이니 '히스패닉'이니 하는 말들이 내포하고 있는 뜻은 무엇일까? 실제로 인종이란 용어는 아주 혼동을 주는 말로 피부색이나 출신국가 또는 종교 같은 요인들을 나타내는 데에 사용된다. 이 용어는 생물학적으로 사용되기도 하고 사회적인 의미로도 사용된다.

오늘날 인종은 더 이상 학문적 연구의 대상은 아니다. 그럼에도 불구하고 이 용어는 여전히 신문이나 방송 등에 자주 오르내린다. 인종이란 용어는 차별과 박해 뿐 만 아니라 우월한 신분을 인정하는 뜻으로도 사용된다. 인종에 관한 통계자료는 지방과 도시, 국가 그리고 국제기구 등에서 광범위하게 조사할 뿐만 아니라 정치-경제 정책도 가끔 인종에 근거해서 이루어진다.

이렇게 인종은 분명히 우리가 생활에서 부딪치는 중요한 개념 중의 하나이다. 그러나 정확히 이 용어의 의미는 무엇일까? 지구상에 인종은 얼마나 있으며 그 차이는 무엇일까? 하는 질문에 관한 답을 찾아보자.

생물학적 개념으로 본 인종

생물학적 입장에서 보면 "종이란 구성원들이 지닌 유전특성의 빈도에 의해 종을 구성하는, 다른 집단모임과 구분되는 하나의 집단모임"이라고 정의한다. 앞에서 언급한 정의에 따르면 인종은 두 개의 특징을 지니고 있는데, 첫째 인종이란 어떤 생물학적 특징을 나누어 지닌 하나의 집단의 모임이며, 둘째 이 집단의 모임은 그들이 지닌 생물학적 특징 때문에 다른 집단모임과 구별된다는 것이다. 인종이란 인류 전체와 수많은 지역의 주민집단사이에 자리하는데 결국 인종이란 생물학적으로 유사한 주민집단을 나타내는 것이다.

인종이란 개념은 생물학적으로 어떤 생명체에 더 잘 적용된다. 예를 들어 생명체가 다른 환경에서 고립된다면 인종이란 개념은 개략적이지만 생물학적 다양성을 나타내는데 유용하게 쓰일 수 있다. 그러나 사람의 경우 이 개념은 별로 쓸모가 없다. 왜냐하면 사람은 널리 흩어져 살며 서로 자주 이동하기 때문에 주민집단사이에서 유전자 이동은 높으며 또한 집단사이의 경계가 분명하게 성립될 수가 없기 때문이다.

이런 이유 때문에 오늘날 통계학과 컴퓨터를 이용하여 과거에 비해 인류의 생물학적 다양성을 더욱 세밀하게 분석해 낼 수 있지만 인류학자들은 인종이란 개념을 더 이상 사용하지 않는다. 심지어 인종이란 개념은 생물학적으로 전혀 의미가 없다고 주장하는 학자들도 있다. 여기서는 인종이란 개념이 지닌 문제를 간단히 살펴본다.

인종 개념의 문제

인류 집단을 인종으로 분류할 때 제기되는 문제는 무엇일까? 하는 점을 살펴보자.

사진 11.1. 검은 피부에 곱슬머리를 지닌 오스트레일리아의 원주민

인종의 수효 : 인종 개념을 말할 때 가장 큰 문제는 인종의 수효에 관한 것이다. 지구에는 얼마나 많은 수의 인종이 있으며 또 그들은 어떻게 생겼는가? 하는 것들이다. 일부학자들은 크게 유럽인, 아프리카인, 그리고 아시아인의 세 개의 인종으로 나눌 것을 주장한다(과거에는 코카소이드(백인종), 니그로이드(흑인종), 몽고로이드(황인종)로 불렀으나 더 이상 학문적인 용어로는 쓰이지 않는다). 그러나 많은 집단은 이런 기본적인 분류에 맞지 않는다. 오스트레일리아 원주민의 경우 이들은 검은 피부에 곱슬머리를 지니고 있으며 가끔 갈색 머리에 얼굴에는 수염이 나 있다(사진 11.1). 피부색으로 보면 이들은 아프리카인으로 구분되어야 하며 머리털과 얼굴의 수염으로 보면 유럽인으로 구분되어야 한다. 아니면 4번째 인종인 '오스트랄로이드' 로 분류되어야 한다.

1758년 린네가 인류를 4개의 인종으로 분류한 이래 많은 분류방법이 제시되었으나(표 12.1) 인종의 분류에 관해 공통된 의견은 없으며 이들 연구를 살펴보면 두 개의 중요한 점을 찾을 수 있다. 첫째 학자들이 사용하는 인종개념이 모호하다는 것이고, 둘째 인종을 나누는 기준이 애매하다는 것이다. 피부색이나 지리적 경계에 의한 구분이 그것이다.

연속적인 다양성 : 인종이란 개념이 인류가 지닌 생물학적 다양성을 정확하게 나타내는데 실패하는 이유는 많은 다양성이 연속적이라는 점 때문이다. 다시 말해 이런 다양성을 몇 개의 범주로 나누려 하기 때문이다. 예를 들어 사람의 키를 말할 때 '크다', '작다' 또는 'small', 'medium', 및 'large' 등으로 구분하는데 이에 대한 기준이 애매하다는 것이다.

표 11.1 다양한 인종의 분류

Linnaeus, 1758	Blumenbach, 1781
Homo europaeus	Caucasian
Homo asiaticus	Mongolian
Homo afer	Malay
Homo americanus	Ethiopian
	American

E.A. Hooten, 1926

Primary Race	Primary Subrace	Composite Race	Composite Subrace	Residual Mixed Types
White	Mediterranean	Australian	Armenoid	Nordic-Alpine
	Ainu	Indo-Dravidian	Dinaric	Nordic-Mediterranean
	Keltic	Polynesian		
	Nordic			
	Alpine			
	East Baltic			
Negroid	African Negro	Bushman-Hottentot		
	Nilotic Negro			
	Negrito			
Mongoloid	Classic Mongoloid	Indonesian-Mongoloid		
	Arctic Mongoloid	Americna Indian		
	Secondary Subrace			
	Malay-Mongoloid			
	Indonesian			

Stanley M. Garn, 1965

Geographical Races : " A collection of race populations, seperated from other such collections by major geographical barriers."

Amerindian	Melanesian-Papuan	Indian
Polynesian	Australian	European

Micronesian	Asiatic	African

Local Races : "A breeding population adapted to local selection pressures and maintained by either natural or social barriers to geninterchange."
There are examples of local races; there are many, many more.

Northwest European	East African	North Chinese
Northeast European	Bantu	Extreme Mongoloid
Alpine	Tibetan	Hindu
Mediterranean		

Micro-Races : Not well defined but apparently refers to neighborhoods within a city or city-itself.

(Nelson, et al., 1992 p.74 에서 인용)

위에서 언급한 내용은 인종을 말할 때에도 같은 문제로 대두된다. 서구사회에서 인종을 구분할 때 가장 많이 이용하는 기준은 피부색이다. 그러나 피부색은 연속적인 변화 중의 하나이기에 피부색을 바탕으로 인종을 구분하는 것은 애매 모호하다. 그럼에도 불구하고 아직도 많은 사람들은 인종을 쉽게 나눌 수 있다고 생각한다. 실제로 '검은색'과 '흰색'은 쉽게 구분할 수 있으나 어떤 사람의 피부를 보고 '까무잡잡하다' 한다면 이는 어느 범주로 구분 되야 하는가? 하는 점이다.

물론 모든 생물학적 특성이 연속적인 다양성을 보여주는 것은 아니다. 혈액형과 눈 모양 같은 특성은 명확하게 구분되는 특성이나 이런 특성들도 인종을 구분하는 데 좋은 기준은 아니다. 예를 들어 아시아인들에서 주로 보이는 '쌍꺼풀"이 없는 눈은 눈꺼풀이 안 쪽으로 접혔기 때문이다. 이런 까닭에 이 특성은 아시아인을 밝히는 좋은 인종적 특성으로 가늠되지만 이런 특성은 아프리카나 유럽인 조상에게서도 나타난다.

만일 인종이 생물학적 특성으로 구분된다면 아마도 수많은 독립적인 특성이 인종분류에 이용될 것이다. 피부색 뿐 만 아니라 머리모양과 코 모양, 머리색깔 등등이 그것인데 이들 특성에 따라 인종의 분류가 변할 것이다. 낫꼴 적혈구 빈혈증 형질의 분포와 락타제 분포 또한 기준이 되지 못한다.

이렇게 위에서 언급한 특성들을 기준으로 한다면 인류는 많은 집단으로 구분되어 분류가 일치되지 않을 것이다. 지리적 경계를 바탕으로 인종을 구분할 수도 있으나 이 또한 인종의 다양성을 설명하기에는 부적당하다. 왜냐하면 다양성은 집단사이에서 뿐만 아니라 집단 내에서도 존재하기 때문이다.

인종 개념의 사용 : 앞에서 이미 언급했듯이 인류의 다양성을 다루는 과학적 연구에서는 인종이란 개념을 사용하지 않는다. 이는 단지 서술하기에는 편리하나 분석적인 방법이 아니기 때문이다. 1950년대까지 많은 인류학자들은 인종을 구분하고 이를 서술하려고 노력하였다. 오늘날 생물인류학자들은 인종을 설명할 과학적 방법이 없기 때문에 인종을 하나의 개념으로 취급하지를 않는다.

그럼에도 오늘날 많은 사회에서 인종이란 말은 여전히 사용된다. 이 책에서 사용되는 인종이란 뜻은 생물학적 의미가 아니라 사회적 통념으로 사용하는 것이다. 다인종 국가로 알려진 미국은 인종을 자신들의 편의대로 구분하는데 미국 주정부나 연방정부에서 사용하는 '인종'이란 뜻은 출신지와 종족(민족)신분을 나타내는 뜻이다. 예를 들어 '흑인'은 아프리카나 아프리카-아메리카 출신을 말하며 '히스패닉'은 스페인어를 사용하는 모든 사람들로 멕시코인부터 남미의 볼리비아인까지를 모두 망라한다. 한국인은 일본인 및 중국인과 더불어 아시안 중의 하나로 구분된다.

인류의 다양성은 소진화의 요인들을 이용하여 개인이나 지역집단을 단위로 분석하는 것이 가장 좋은 방법이다. 컴퓨터의 발달과 최신 통계방법의 도움으로 이런 연구방법은 인종 개념보다 훨씬 좋은 설명을 제공한다. 어떤 경우든 사회적 의미와 생물학적 의미를 혼동해서는 안 된다. 인종이란 개념은 인류의 생물학적 다양성을 분석하는데 더 이상 의미가 없으며, '사회적' 인종이란 용어도 잘못 이해되고 있다는 점을 염두에 두어야 한다.

인류 다양성의 분류

인류의 생물학적 다양성을 설명하기 위해서는 알맞은 방법이 요구된다. 이에 관한 방법으로 인종개념은 과학적이지 못하다는 것을 앞에서 지적하였다. 인종개념에 대체되는 방법으로 돌연변이와 유전자 이동, 유전자 표이 및 자연선택 같은 진화의 요인으로 다양성을 설명하는 진화적 방법을 살펴보자.

인류의 다양성을 분석하기 위해 사용되는 방법은 질문의 내용에 따라 다르다. 만일 어떤 집단의 내력을 알고 싶으면 유전자 이동과 관련된 결혼이나 이민, 그리고 집단의 크기에 변화를 일으키는 요인을 밝혀야 한다. 이런 경우 전체적인 유전적 유사성의 측정을 위해 가능한 많은 특성들로부터 필요한 정보를 얻어야 한다. 만일 ABO 혈액형이나 피부색 같은 특별한 특성에 관한 다양성에 대해 알고자 하면 특별한 특성에 연구 초점을 맞추어야 한다. 이를 위해 단일 변량이나 다변량 분석방법이 사용되는 데 유전자 이동이나 유전자 표이 같은 요인의 연구에는 전자가, 자연선택 같은 요인 연구에는 후자가 더 유용하다.

연구의 기본은 유전자 이동과 유전자 표이는 모든 좌위에 똑같은 정도의 영향을 미치나 자연선택은 각 좌위에 다르게 영향을 미친다는 데서 출발한다. 만일 한 집단에서 다른 집단으로 이동하여 그 집단에서 자식을 낳는다면 모든 유전적 자료는 이동하여 모든 좌위에 같은 영향을 미친다.

유전자 이동과 유전자 표이의 분석 : 인류의 다양성 유형에 영향을 미치는 유전자 이동과 유전자 표이를 증명하는 방법들은 많은 데 여기서는 두 가지 일반적인 방법을 살펴본다.

유전자 거리 분석 집단사이의 많은 생물학적 특성을 비교할 때 주로 유전적 거리를 측정하는 데 이는 많은 특성을 바탕으로 집단사이의 가까운 정도를 측정하는 것이다. 간단히 말해 두 집단 사이에 유전적 거리가 크면 클수록 가까운 정도는 덜하다. 예를 들어 A, B, C 라는 세 집단의 많은 특성을 조사하여 유전적 거리를 아래와 같이 산출하였다고 가정해보자 ;

A 와 B 의 유전적 거리 = 6
A 와 C 의 유전적 거리 = 15
B 와 C 의 유전적 거리 = 20

위와 같을 경우 결과는 간단하다. 집단 A와 B의 거리가 가장 짧은 데 이는 두 집단이 가장 서로 닮았다는 것을 뜻한다. C는 가장 먼 거리로 유전적으로 가장 닮지 않았다는 것을 뜻한다. 여기서 왜 C가 가장 먼 거리에 있는 지를 분석하기 위해 집단의 역사와 집단사이의 거리 등을 조사해 보았더니 집단 C가 산너머에 떨어져 있었기 때문이라면 이때 산은 유전자 이동의 장애로 작용해 유전적으로 집단 사이의 가까운 정도를 막는 원인이라고 설명한다.

그러나 세 집단 이상의 집단을 다룰 때는 설명이 쉽지 않다. 따라서 집단사이의 유전적 거리를 측정하여 유전거리 지도를 작성하는데 이 지도는 해석하기가 쉽다(그림 11.2). 예를 들어 그림 11.2처럼 다섯 개의 집단 중 A,B,C는 서로 유전적으로 가깝고 D, E 와는 멀다는 것을 보여준다. 이럴 때 D,E는 왜 다른 세 집단과 거리를 두고 있는 지를 조사할 수 있다. 지리적인 차이 때문인지, 아니면 종교적인 이유로 고립되어 사는지, 아니면 어떤 문화요인들이 있는 지를 밝혀낼 수 있다.

인구의 통계적 측정 유전자 표이에 대한 정보들은 집단의 크기와 이민 같은 인구의 통계

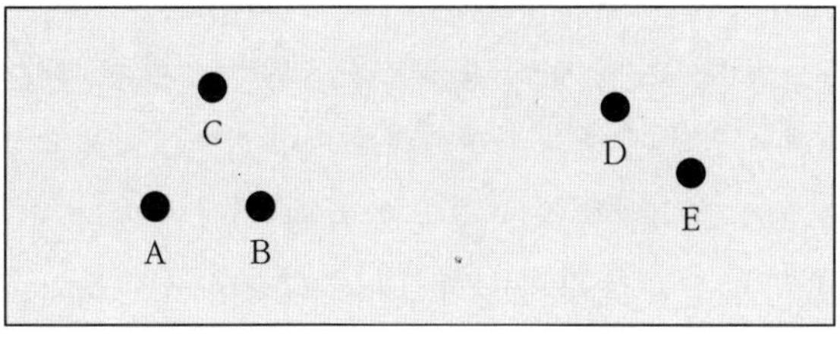

그림 11.2. 다섯 주민집단(A.B.C.D.E)의 유전거리 지도. 지도상에서 거리가 가까울수록 유전적으로 가까운 사이를 나타낸다.

적 측정을 통해 추출할 수 있다. 인구의 통계적 측정은 많은 수학적 방법을 통해 가능하며 이를 바탕으로 유전자 표이와 유전자 이동의 영향을 평가할 수 있다. 평가는 실제 관찰된 상황과 비교되는데 이때 비교의 유형을 가지고 여러 종류의 모델들을 테스트하고 유전자 이동과 유전자 표이의 상대적 영향을 결정한다. 만일 유전적 특성이 여의치 않으면 인구의 통계적 측정의 분석은 어떤 상황아래서 유전적 변화의 정도가 어느 정도일까?를 예측하게 해준다.

유전자 표이의 정도는 집단의 크기와 관련이 있기 때문에 (작은 집단일수록 유전자 표이의 영향은 크기 때문에) 집단의 크기를 통해 유전적 표이의 영향을 평가할 수 있다. 유전자 이동의 많은 부분은 이민과 관련이 있기에 결혼기록과 기타 통계적인 자료들을 기초로 유전자 이동의 정도를 추론할 수 있다. 만일 적절한 모델을 사용할 수 있다면 유전자 이동과 유전자 표이가 미치는 영향을 보여주는 유전자 거리를 예측하고 이를 실제 유전자 거리와 비교할 수 있다. 이런 방법을 통해 유전적 자료가 없는 과거 집단의 인구의 통계적 경향을 추론할 수가 있다.

자연선택의 분석 : 자연선택의 연구는 실험실이 아닌 자연상태에서 비교를 해야하기 때문에 인류 집단에서 자연선택이 어떻게 작용하는 지를 분석하기는 쉽지 않다. 예를 들어 기후와 젖먹이동물의 크기와의 관계를 설명하는 가설을 실험하고자 할 때 작은 짐승의 경우 어느 정도 실험실에서의 연구가 가능하나 코끼리 같은 커다란 동물의 경우는 불가능하다. 만일 사람을 대상으로 한다면 실험실에서의 연구는 많은 사회에서 도덕적으로 또 법률적으로 문제를 일으킬 뿐만 아니라 실제로 실험을 할 수가 없다. 이런 경우 연구는 실제 지구의 여러 지역에서 살고 있는 사람들의 크기와 기후에 관한 자료를 수집하여 관계의 가정을 증명할 수 있다. 그러나 어느 자료가 가장 적절한지는 여전히 문제로 남아있다.

인류 집단에서 자연선택을 측정하는데는 여러 방법이 있는데 그 중 가장 직접적 방법은 다른 유전형을 지닌 개인사이에서 나타나는 생존과 적응도(재생산)를 측정하는 것이다. 또 다른 방법으로는 어떤 특성이 기후나 환경에 따라 어떻게 분포되어 나타나는 지를 살펴보는 것이다. 마지막으로 인구학적 자료에서 출산율과 사망률을 이용하여 자연선택의 가능성을 가늠하는 방법도 있다.

개인의 유전적 관련 자연선택이란 어떤 유전적 특징이 개인의 생존이나 재생산에 더 유리한가를 보여주는 과정이기에 어떤 유전형이 개인에게 더 생존이나 재생산의 가능성에 유리한지를 알아 볼 수 있다. 만일 MN 혈액 시스템에 대한 자연선택의 영향을 알고자 한다면 시험하고자 하는 사람들을 유전형(MM, MN, NN)에 따라 구분을 한 다음 이들 사이의 사망률과 출산율을 살펴보는 것이다. 사망율과 출산율의 관계는 각기 다른 유전형 사람들의 건강과 생존 또는 출산율 등을 측정함으로써 그 연관성을 가늠할 수 있다.

환경과의 일치 : 자연선택의 영향을 관찰하는 방법으로는 넓은 지역에 걸쳐 일어난 변화의 유형을 분석하는 것이다. 자연선택이 환경의 다양성과 관련이 있다면 지역에서의 차이는 환경과 유전형의 변화를 반영한다. 이런 경우 물리적인 환경과 유전형 사이에 어떤 관계가 있는 지를 조사한다. 만일 기후와 몸집의 관계를 규명하고자 하면 몸의 크기 분포와 기후의 분포가 어떻게 관련이 있는지를 조사한다. 이런 조사를 할 때 주의할 점은 조사대상의 생물학적 다양성에 영향을 미치는 요인들을 배제해야 한다. 예를 들어 피부색과 위도와의 관계를 조사할 때 이민자들은 조사대상에서 제외 되야 한다는 것이다.

인구의 통계적 측정 : 자연선택이 사망과 출산에 각기 다르게 작용하는 지의 여부는 인구의 통계적 기록을 통해 측정된다. 한 집단의 사망률은 어떤 시기에 일어난 사망의 비율을 나타내며 출산율은 한 집단의 출산을 측정하는 것이다. 이런 사망률과 출산율을 통해 자연선택을 이해할 수 있다. 물론 이런 내용은 자연선택이 어떤 특정한 좌위에 특별한 영향을 끼쳤는지는 알려주지 않을 뿐 아니라 또한 문화적 요인에 의해 영향을 받는다.

그럼에도 불구하고 인구의 통계적 측정은 자연선택이 어떻게 작용하는지에 관한 가능성을 말해 준다. 직접적인 생물학적 자료가 없을 때 치밀한 조사방법으로 생물학적 가정을 시험할 수 있다. 예를 들어 역사적 기록으로 남아있는 사건을 조사하면 이들이 내포하고 있는 생물학적 의미를 가늠해 낼 수 있는 것을 말한다.

분석의 문제 인류 집단의 자연선택에 관한 연구는 특별한 방법론이 발달해 있어도 문제가 있으나 위에서 언급한 방법들은 적응도와 어떤 환경 요인과의 관계를 설명해 준다. 그럼에도 유전적 요소와 환경 그리고 자연선택의 관계를 밝히기 위해서는 그 인과관계가 보다 논리적으로 설명되어야 한다. 또 다른 문제는 현재 추론되는 내용들이 실제로 과거에는 일어나지 않았을지도 모른다는 점이다. 과거에 어떤 특별한 유전형질에 작용했던 자연선택이 오늘날에는 더 이상 작용 안 할 수도 있다.

여기서 지적해야 할 것은 자연선택이 '전혀' 아니면 '전체'로 영향을 끼치는 것이 아니라 사실 유전형에 아주 작은 변화를 줄 뿐 이라는 점을 염두에 두어야 한다. 물론 작은 변화가 미치는 영향이 한 세대에서는 측정될 수 없지만 이 작은 변화가 오랜 시간이 지나면서 커다란 영향을 미치는 것이다.

제12장 인류의 적응과 성

☞ 지난 500만 년 동안 호미니드는 진화과정 중, 생물학적 변화와 정체를 되풀이하면서 기술의 발달을 보여주고 있다. 이와 더불어 호미니드는 성에 따른 특징이 점차 줄어들었으며 이런 과정은 다른 동물들에 비해 아주 빠른 속도로 일어난 것이다. 머리크기는 200만 년 사이에 세 배로 늘어났으며 이들이 펴져 살던 지리적 범위도 급속히 확대되었다. 가장 이른 시기의 인류조상인 오스트랄로피테사인스와 손쓴사람은 아프리카에서 태어나서 대륙을 벗어나지 못했다. 호모 에르가스터 또는 곧선사람에 와서야 비로소 유라시아 대륙으로 펴져 나갔으며 오스트레일리아와 신대륙으로의 이주는 현생인류인 슬기사람에 의해서 이루어진다.

예술은 30,000년 전 동굴벽화에서 시작하여 컴퓨터 예술까지 발달하였다. 인류의 조상과 인류가 지녔던 경제체계는 기회주의적인 주어먹기로부터 수렵·채집단계를 거쳐 10,000년 전을 전후해서 이르러 생산단계로 접어들었다. 오늘날 슬기사람인 현생인류는 지구 곳곳에 펴져 살고 있으면서 채식, 육식 또는 잡식을 하면서 번성하며 살아가고 있다.

이렇게 인류가 번성할 수 있는 중요한 열쇠는 인류가 지니고 있는 행동의 유연성 때문이라고 할 수 있다. 인류는 조상들이 축적해 온 지식을 배우기 때문에 오늘날에 존재한다. 한 세대에서 얻어진 문화의 특징은 라마키안의 이론처럼 다음 세대로 전달된다. 오늘날의 인간은 그들의 조상보다 더 영리하지는 않지만 지식은 빠르게 확대되고 축적되어간다. 이렇게 축적된 지식은 바로 다음 세대로 전해지며 즉각 유용하게 쓰여질 수 있다.

이 장에서는 지구의 각기 다른 환경에서 사는 현대 인류 집단이 어떻게 환경에 생물학적 적응을 하는가를 살펴본다. 환경에 따른 인간의 적응을 연구하는 분야는 '생물인류학'의 한 분야이다. 이 분야의 연구는 단순히 환경에서 오는 추위와 더위, 그리고 높은 지대의 생활 등이 현대인에게 미치는 영향을 관찰함으로써 시작된다. 인간에게 영향을 주는 갈등의 요인들을 살펴보기 전에 사람의 몸은 압박을 받을 때 몸을 일정한 상태로 유지하기 위해서 다양한 방법으로 반응한다는 점을 알아야 한다.

다양한 인류의 사회구조에서 나타나는 남녀의 차이와 성의 다양성 또한 인류가 지닌 변하는 사회 환경에 적응하는 중요한 특징이다. 사회환경에 어떻게 적응하는 지를 이해하기 위해 남녀의 차이와 성의 다양성의 기본적 내용도 살펴보기로 한다.

적응의 형태

인간은 주어진 환경에 '적응adaptation'과 '생리적 조절physiological adjustments' 방법으로 자신과 환경과의 관계를 조절한다. 일반으로 적응이란 말은 유전적, 생리적 그리고 문화적 반응을 나타낼 때 쓰인다. 그러나 엄밀히 '적응'이란 개념은 '생물학적 적응genetic adaptation'과 '문화 적응cultural adaptation'을 의미한다. 사람이 살아있는 동안에 차용하는 생리적 조절로는 '순응acclimatization'과 '순화acclimation'란 조절방법이 있다.

생물학적 또는 유전적 '적응'이란 자연선택을 통해서 얻어진 유전인자가 개인에 있어 오랜 세월에 걸쳐 진행되는 진화과정을 의미한다. 이에 대해 '순응'은 오랜 기간동안 환경에 대한 개인의 비유전적 조절방법을 뜻한다. 이에 반해 짧은 기간동안의 조절 방법을 '순화'라고 부른다. 한편 인간은 생물학적 '적응'과 생리적 순응 · 순화' 이외에 '문화 적응'으로 주어진 환경에 맞추어 살아간다.

기후와 인류의 적응

추위에 의한 갈등 : 사람은 항온동물이기 때문에 항상 일정한 체온을 유지해야만 한다. 기온이 낮아지면 사람은 몸 안에서 더 많은 열을 만들어 체온을 일정하게 유지하고, 만일 기온이 올라가 더워지면 스스로 체온을 떨어뜨린다. 추위에 대한 적응, 즉 날씨가 추울 때 사람은 체온을 일정하게 유지하기 위해 유전학적 적응과 생리학적 조절 그리고 문화 적응 등의 방법에 의존한다.

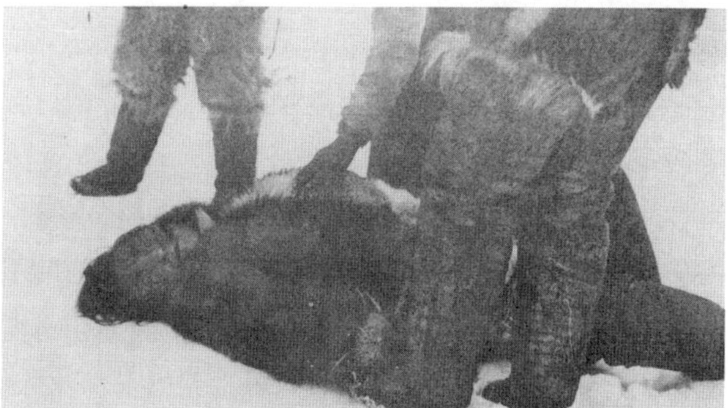

사진 12.1. 추운지방에서 나타나는 몸떨림 현상hyposia. 추위에 적응하는 생리학적 방법이다.

추위를 덜기 위한 비의도적 운동으로는 유전적 적응인 몸떨림이 일어난다(사진 12.1). 이때 몸떨림은 사람에 따라 그 정도가 다르다. 한 예로 미국의 생태학자인 폴 베이커Paul Baker는 퀘추아quetchuas 인디언과 백인 학생들을 대상으로 손가락이 추위에 노출됐을 때의 적응 정도를 비교하였다. 그의 조사에서 '인디언과 백인 학생들의 추위에 대한 적응은 환경과 생리적 조절보다는 유전 차이에서 오는 것'이라고 설명하고 있다.

한편 의도적인 운동으로는 생리적 조절과 문화 적응을 들 수 있다. 사람은 손발이 원활히 움직일 수 있도록 근육을 항상 따뜻하게 유지해야 하며 특히 손가락과 발가락에 따뜻한 피가 원활히 공급되어야 한다. 날씨가 추워지면 손가락과 발가락을 통해 열의 손실이 일어나 몸의 내부 온도가 떨어지게 된다. 체온의 급격한 하락은 죽음의 원인이 되기 때문에 열 손실을 막아 손가락과 발가락을 따뜻하게 유지하여야 한다. 사람이 추위에 노출되면 제일 먼저 손가락과 발가락에 혈관수축이 일어나는데 이런 현상은 열 손실을 막기 위해 사지로 가는 피의 흐름을 줄이기 때문이며 다시 따뜻해지면 혈관확장이 일어난다.

이렇게 기온이 변했을 때 사지에서 주기로 반복되는 혈관수축과 확장은 사람의 체온이 급격히 떨어지는 것을 예방하는 생리 반응이다. 사람들은 추울 때 몸을 움추리는 데 이는 추위에 노출되는 몸의 면적을 줄이기 위한 생리적 적응방법이라고 할 수 있다.

한편 문화 적응이 추위를 이겨내는 가장 좋은 방법이다. 여기에는 여러 가지 방법이 있는데, 그 중 사람이 사는 건물 주변에 불을 피워 기온을 따뜻하게 하는 방법이 있다. 그러나 무엇보다도 중요한 것은 옷을 입어 추위를 막는 단순한 방법에 의한 적응이다. 한 예로 에스키모 사람들이 입는 파커는 옷 속의 열이 전혀 밖으로 새어 나가지 않도록 고안되어 있어 열의 손실을 최소화한다(그림 12.2).

더위에 의한 갈등 : 더운 기후에 적응하는 것도 추위에 적응하는 것만큼 복잡한 조절작용을 필요로 한다. 밖의 온도가 섭씨 30° 정도 되면 사람은 땀을 흘려서 체온을 시원하게 조절한다. 그러나 실제로 사람에게 스트레스를 주는 것은 열 그 자체보다는 열과 습도가 함께 나타날 때로 열과 습도는 사람의 몸에서 땀이 나는데 영향을 미친다. 즉 덥지만 건조한 환경에서는 땀이 잘 증발하지만 습도가 높은 공기에서는 수분의 증발이 잘 일어나지 않고 몸이 끈적거린다.

동물은 사람처럼 더위에 대한 조절작용으로 땀을 흘리지 않는다. 사람이 이렇게 땀을 흘리는 것은 건조하고 더운 환경에 매우 효과 있게 순응하는 생리적 조절방법이다. 사람은 1시간에 1리터 정도까지 땀을 흘릴 수 있다. 그러나 이렇게 땀을 흘리는 것은 체온을 조절하는데 효과적이기는 하지만 몸에 수분과 소금이 모자라게 하는 원인이 된다.

만일 우리가 사하라 사막에 물 한 병만 가지고 길을 잃었다고 가정해보자. 곧 우리의 몸에서는 땀이 나기 시작할 것이다. 땀은 잠시 동안 우리의 생명을 연장해 줄 수 있으나 곧이

그림 12.2. 에스키모의 방한복. 옷 안의 열이 밖으로 새지 않도록 고안되어 있다.

어 우리는 이 땀에 의한 탈수 때문에 죽어갈 것이다. 진화라는 면에서 볼 때 적응이란 생존에 이로움을 뜻한다. 이 이로움은 행동일 수도 있고 또는 해부적 특징으로 나타날 수도 있고 아니면 생리적인 이로움으로 나타날 수 있다.

오늘날 살고 있는 사람들이 땀을 흘리는 데에는 어떤 차이가 있는가? 모든 사람은 일평방 센티미터의 면적에 같은 수 (약 200 만개)의 땀구멍을 가지고 있다. 땀을 흘리는 것은 바로 땀구멍의 운동에 달렸다. 땀흘림에 대한 연구 결과에 따르면 개인에 따라 그 정도가 다르지만 유전적인 차이는 없다고 한다.

또 다른 더위에 대한 적응으로 몸에서 나타나는 해부학적 반응을 들 수 있다. 19세기에 생태학자인 베르그만Bergmann과 알렌Allen은 젖먹이동물을 해부하여 몸의 크기와 형태에 따른 열 손실의 관계를 공식화하였다. 베르그만의 법칙bergmann's rule 에 따르면 같은 모양을 지닌 동물의 경우, 몸집이 큰 동물은 몸의 부피에 비해 표면적이 적어서 열을 잘 보존할 수 있기 때문에 추위에 더 잘 적응한다고 한다. 이와 반대로 몸집이 작은 동물은 그 크기에 비해 아주 큰 표면적을 가지고 있기 때문에 열을 더 많이 잃는다고 한다. 이는 두 개체의 몸집을 둥근 물체(구)라고 가정하면 부피가 큰 개체일수록 표면적이 줄어든다는 기하학의 이론을 응용한 것이다(그림 12.3).

베르그만의 법칙은 일반적으로 젖먹이동물의 경우에는 실제로 적용된다. 한 예로 아메리

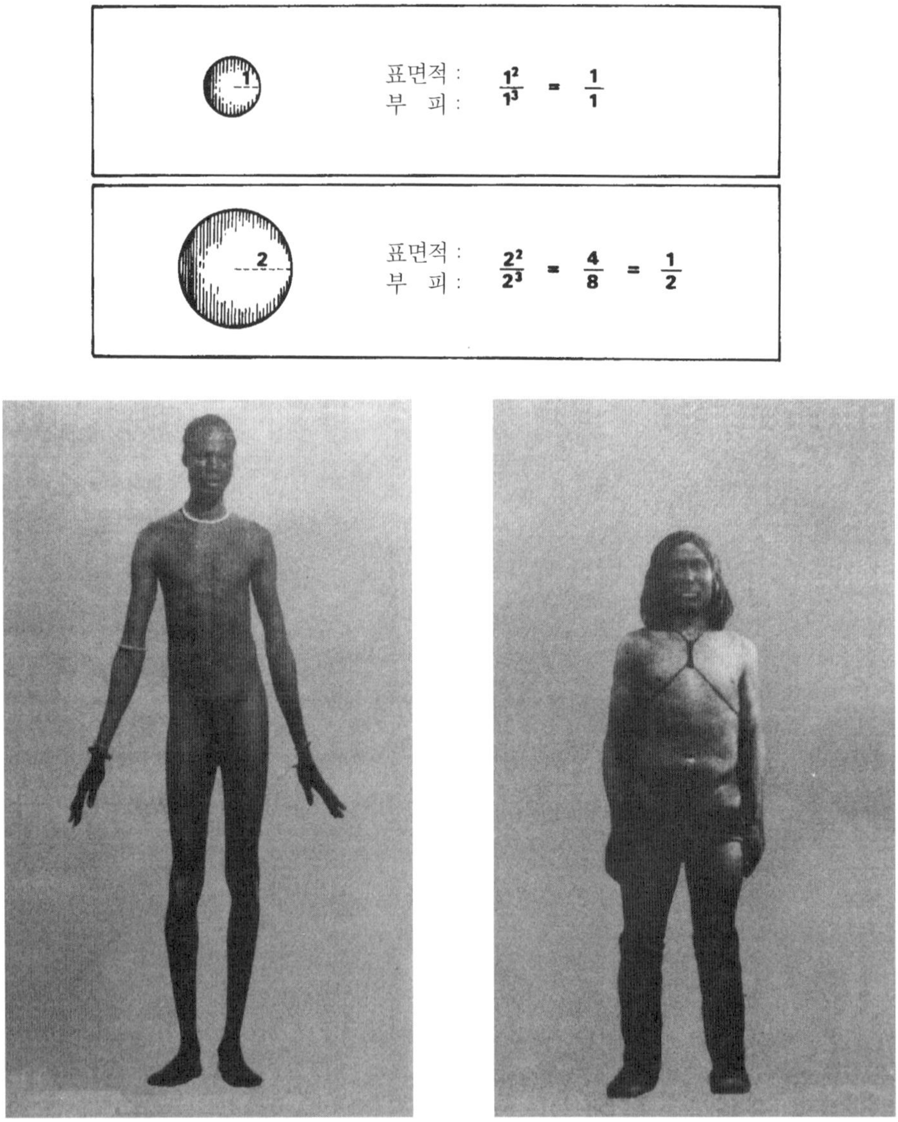

그림 12.3. 베르그만의 법칙으로본 몸의 크기와 열손실과의 관계. 몸의 표면적이 작을수록 열의 손실이 적다.

카 대륙의 표범은 살고 있는 지역의 기온이 떨어질수록 몸집이 커짐을 알 수 있다. 한편 환경과 사람의 몸무게에 관한 여러 연구는 더운 지역에서 사는 사람의 몸무게는 추운 지방에 사는 사람의 몸무게보다 작다는 것을 보여준다.

몸의 크기 이외에 몸의 형태도 기후에 따라 변한다고 베르그만의 법칙은 말하고 있다. 기하학적으로 볼 때 원은 고정된 표면적에 최대의 부피를 지니고 있다. 따라서 길고 가는 형태는 표면적에 따른 부피가 적어지기 때문에 열을 분산시키기에 가장 좋은 형태이다. 반대로 단단하고 통통한 몸집은 열을 잘 보존한다. 이렇게 기후에 따라 각기 다른 형태의 몸집을 지닌 예로 사하라 사막 남쪽 지역에서 사는 사람들은 가늘고 긴 몸집을 지녔으며, 북극 지역에서 사는 에스키모 사람들은 키가 작고 단단한 몸집을 지녔다는 데서 찾아진다.

또 다른 생태적 법칙으로 몸과 사지부분과의 비율을 다룬 알렌의 법칙allen' s rule을 들 수 있다. 그의 법칙에 따르면 더운 지역에서 사는 사람들이 긴 팔과 다리를 지니고 있는 것은 열을 분산시키기 위해 몸의 표면적을 극대화하기 위해서라고 설명하고 있다. 추운 지방에서 사는 사람은 이와 반대로 표면적을 줄여 열 손실을 방지할 수 있도록 팔다리가 짧다고 한다. 실제 긴 몸집과 팔 다리를 가진 사하라 사막 이남에 사는 주민과 땅땅한 몸매에 짧은 팔다리를 지닌 에스키모 주민들에게 베르그만과 알렌의 법칙이 모두 적용됨을 알 수 있다.

위에서 살펴본 생태적 법칙들은 물론 예외도 있으나 사람의 몸이 어떻게 생리적 방법으로 더위라는 압박을 조절하는지를 보여준다. 이외에도 음식이라든지 혈관의 확장 같은 생

사진 12.4. 안데스 고산지대의 아도베adobe벽돌집. 4000m 이상의 고지대에서 추위와 폭우를 견딜 수 있도록 고안되었다.

리적 조절로 더위에 의한 압박을 조절한다.

한편 사람은 문화 방법으로 더위에 적응한다. 옷을 입는 것은 그 중의 한 방법인데, 옷을 입는 행위는 지역의 습도 정도에 따라 효과가 다르다. 특히 덥지만 습도가 높지 않은 사막에서 옷은 아주 훌륭한 조절 효과를 가져다준다. 옷은 태양으로부터 받는 열이 직접 피부에 닿는 것을 차단하는 역할을 하여 마치 그늘에 있는 것과 같은 효과를 가져온다. 이때 증발작용에 의해 몸의 열을 잃게 하는 데는 헐렁한 옷이 더 효과적이다. 그러나 습도가 높은 지역에서 옷은 도움이 되지 않는다.

더위에 적응하는 또 다른 문화 방법으로 집의 역할을 들 수 있다. 고산지대에서 흔히 볼 수 있는 햇빛에 말린 벽돌집(아도비)과 돌로 지은 집들은 추운 지역뿐만 아니라 덥고 건조한 지역에서 효과가 있다(사진 12.4). 태양열이 비치면 벽돌은 열이 내부에 도달하기 전에 많은 열을 자체에 흡수시킨다. 따라서 낮에는 시원하고 밤이 되면 방출된 열에 의해 집안이 따뜻해진다. 이에 곁들여 창문의 구조라든지, 칠이라든지 또는 집 주변에 심는 나무들은 모두 더위에 적응하는 문화방법이 된다.

한편 열대 삼림지역처럼 습기가 많고 더운 지역의 경우 햇빛은 나무들에 의해 충분히 차단되나 습기가 문제가 된다. 따라서 공기의 순환작용이 매우 중요한 이런 환경에서는 풀처럼 가볍고 공기의 유통이 자유로운 재료로 집을 짓는다(사진 12.5). 때때로 공기의 순환을 극대화하기 위해 땅위에 얼마간의 공간을 두고 집을 짓기도 한다.

고산지대에의 적응 : 페루와 히말라야 고원지대 같은 높은 지대에서 사는 사람에 관한 연

사진 12.5. 아프리카 열대우림 지역의 집들. 풀로 지어 가볍고 공기의 유통이 자유롭다.

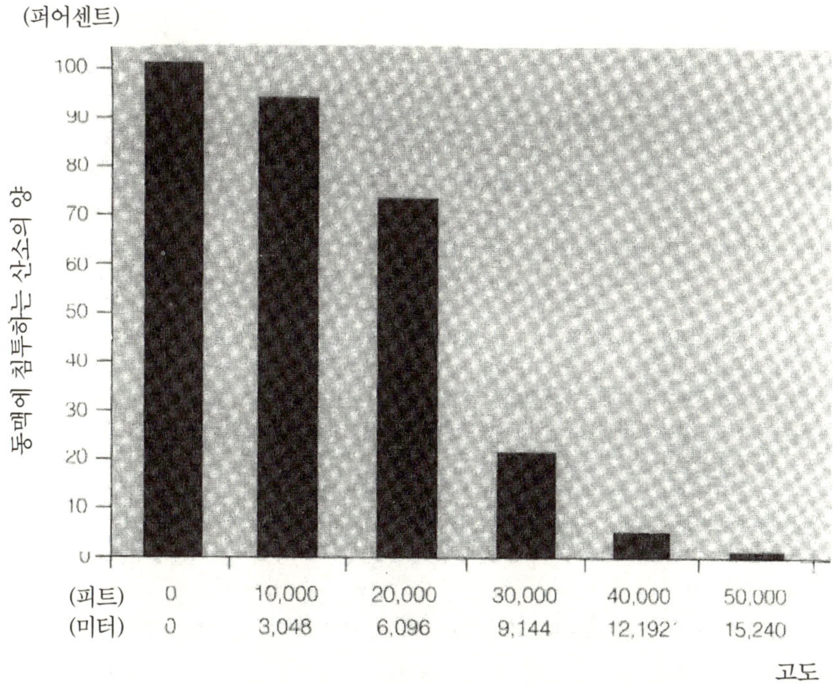

그림 12.6. 고도와 동맥에 산소침투와의 관계

구는 주로 페루의 안데스 고원에서 사는 주민을 대상으로 진행되었다. 페루의 안데스 평원은 해발높이가 평균 2,500m 가 넘으며 어떤 인디언 주민들은 5,200m 이상의 지역에서도 산다. 비록 짧은 시간이지만 어떤 인디언들은 6,100m 이상의 지역에 있는 광산에서 일한다. 이렇게 높은 지대에서 사는 주민들은 낮은 지대에서 사는 주민과는 다른 압박을 받게 되는데 이들이 당면하는 가장 큰 압박으로 산소의 부족을 들 수 있다. 사람은 5,500m 높이까지는 살 수 있는데 45,00m의 높이에서는 해수면 높이에서 호흡할 수 있는 산소의 58% 정도만이 가능하다(그림 12.6). 이는 대기에 산소의 양이 줄어들기 때문이 아니라 고산지대에서는 기압이 줄어들기 때문이다. 기압의 감소는 산소를 폐와 핏줄로 보내는 힘을 감소시킨다. 기온 또한 같은 위도상의 낮은 지역보다 더 떨어진다. 따라서 추위 또한 고산지대에서 사는 주민들의 생활을 위협하는 압박요인이다.

오늘날 우리는 환경의 변화에 따른 기압의 변화를 조절함으로써 산소부족에서 오는 문제를 해결한다. 예로 비행기 내부가 높은 고도에서 정상적인 기압을 유지하고 적당한 산소를 공급한다든지, 높은 산을 등반할 때 사용하는 산소통 등은 기압의 변화에 따른 산소부족을 해결하는 방법들로 이런 방법들은 최근의 기술발달에서 나온 결과이다. 그러나 고산지대에서 사는 주민들은 기술방법이 없이 오랫동안 이런 조건에서 살아왔다.

보통 사람은 산소탱크나 기압 조절장치 없이 산소부족을 견디어 낼 수 있는 방법은 없다. 따라서 학자들은 고산지대에서 사는 주민들에게 맞는 생리적 적응이 있으리라고 생각해 왔다. 고산지대에서 살고 있는 인디언을 연구한 폴 베이커 등의 연구 결과 고산지대에 사는 사람들은 평지에 사는 사람들에 비해서 더 많은 양의 적혈구와 모세관 그리고 아주 큰 폐활량을 가지고 있음이 밝혀졌다. 그러나 이 모든 현상은 환경에 대한 생리적 조절이지 유전적 차이는 아니다. 모든 사람은 고산지대에 적응할 수 있는 능력을 가지고 있기 때문이다.

고산지대에서 사는 사람에서 태어나는 아이는 낮은 지대에서 사는 사람의 아이들보다 작은 몸무게를 가지고 태어나는데 이는 어린아이의 생존율을 높이는 구실을 한다. 결과로 고산지대에서는 작은 몸무게를 지닌 유전인자가 큰 몸무게를 지닌 유전인자보다 유리하리라고 가늠되어 생물학적 적응의 한 예로 한 때 인용되었다. 그러나 최근의 연구에 따르면 고산지대에서 사는 사람은 생물학적 적응에 필요한 유전인자를 거의 가지고 있지 않은 것으로 밝혀지고 있다. 이는 아마 고산지대라는 환경에서 살아온 지 불과 수 천년 정도밖에 되지 않아 진화가 일어나기에는 충분한 시간이 아니기 때문으로 여겨진다.

낮은 지대에서 사는 사람이 고산지대라는 환경에 접했을 때 두 단계의 생리적 조절방법으로 압박에 반응한다. 먼저 고산지대의 주민들이 겪는 압박 중의 하나인 추위를 극복하기 위해 이들에게는 숨쉬기와 맥박이 빨라지고 혈압과 심장의 박동이 증가하며 혈관의 팽창이 일어난다. 그러나 이런 생리적 조절은 세포에 필요한 산소를 더 얻고자 하는 작용 때문에 심장에 무리를 가져온다.

보다 효과적인 방법으로는 더 많은 적혈구와 헤모글로빈의 생산을 통해 심장의 부담을 줄이는 방법이다. 따라서 고산지대에서 사는 사람들에게는 더 많은 산소를 각 조직에 운반 할 수 있도록 피의 양이 증가한다. 한편 산소가 부족한 지역에서 성장한 사람은 평지에서 사는 사람보다 더 커진 폐와 폐활량를 가지게 되어 고산지대에서 사는 사람들로 하여금 그들이 처한 압박을 극복하게 해준다. 그러나 이런 순응의 조절방법은 오랜 시간을 필요로 한다.

위에서 언급한 생리적 조절과 생물학적 적응 및 문화 적응의 실례는 고산지대에서 사는 메스티조스(스페인사람과 인디언사이의 혼혈)들에 관한 많은 연구로부터 알려졌다. 메스티조스의 임신한 여성이 유산을 할 빈도는 평지에서 임신한 사람의 빈도보다 높다. 따라서 이들은 임신한 여성을 평지로 내려보내 출산율을 증가시킨다. 또한 메스티조스 여성들은 평지에 사는 여성보다 일찍 결혼하며, 오랜 기간동안 아이를 생산한다. 이런 문화 적응은 이들의 인구수를 일정하게 유지하는 방법 중의 하나이다. 이들 여성의 경우 초경은 평지의 여성보다 늦게 시작하나 첫 번째 임신은 평지에 사는 여성보다 빠르다. 결혼 후 고산지대의 여성은 오랜 기간동안 아이를 가지는데 반해 평지에 사는 여성은 결혼한 지 몇 해가 지나면 출산율이 뚝 떨어진다. 고산지대의 주민들은 위에서 언급한 방법으로 추위 때문에 높아진 태아 사망률을 상쇄한다.

더위와 추위 그리고 고산지대라는 환경이 인류에게 주는 압박을 어떻게 극복하는가 하는 연구는 지구의 도처에서 광범위하게 진행되었다. 많은 연구들에 따르면 사람은 서로 다른 환경에 생리적 순응보다는 주로 문화 적응을 한다는 사실을 밝혀 주고 있다. 다시 말해 기술에 의해 환경과 사람사이의 관계가 조절되는 것이다. 그럼에도 불구하고 어쨌든 다른 환경에서 사는 현대인들에게는 해부학적 차이들이 있음을 알 수 있다.

성적 특징과 성Sexuality and Gender

남 · 여의 성에 따른 차이

여기서 우리는 집단이 아닌 개인간의 가장 중요한 차이는 어디에 있는지를 살펴보기로 한다. 개인에 있어 가장 중요한 차이는 바로 성(性 : sex)이 다르다는 점이다. 이른 시기의 생물은 암수 구분이 없었으며 오늘날도 암수 구별이 없는 생물들이 많다. 본래 모든 생물은 여성이었으며 남성은 겉으로 보아서는 기능장애를 가지고 있다. 암수 양성에 의해 생산을 하는 생물의 경우 전체의 절반은 남성이 차지하고 있다. 이 절반을 차지하는 남성은 다음 세대로 계속 전할 알을 생산하지 못하기 때문에 미래의 '종'에 대해 별로 공헌을 하지 못한다. 따라서 암수 양성에 의한 생산은 다양성을 증가시키거나 아니면 남성은 새끼들을 증가시키는데 도움이 된다는 가정은 별로 받아들일 수 없다 .

영장류는 남 · 여라는 두 개의 다른 성을 가지고 있다. 사람의 경우는 언제, 그리고 왜 성의 차이가 생겨났는지가 연구의 초점인데 이를 위해서 다윈의 진화론을 더 깊이 살펴보아야 한다. 다윈의 진화론은 일반으로 생물은 자식을 번식시켜 주는 방법으로 행동한다는 점을 밝히고 있다. 남성과 여성은 생리적으로 구조가 다르며 적응도를 높이기 위해서 각기 다른 방법을 사용한다. 사람의 경우 여성은 임신을 할 수 있는 기회가 일년에 단지 12번인데 반하여 남성은 어느 때나 여성을 임신시킬 수 있다. 임신을 하고 아이를 낳고 또 아이를 키우는 과정에서 여성의 투자는 생물학적으로 볼 때 절대적인 것이지만 남성의 투자는 여성의 경우와는 다르다.

여성은 일생동안 한정된 수의 자식만을 만들기 때문에 남성은 여성보다 더 많은 자식의 아버지가 될 수 있다. 한편 남성은 위험성은 많으나 반면에 많은 자식을 얻을 수 있는 조건을 가지고 있다. 여기서 위험은 남성사이에 일어나는 경쟁으로부터 오는 것이며, 이때 경쟁에서 승리한 남성은 적응도가 증가하는데 반해, 경쟁에 패한 남성의 적응도는 감소한다. 여성의 경우 적응도는 조심스런 배우자의 선택에 의해 높아진다.

일반으로 남성과 여성의 행위가 서로 다른 까닭은 이들이 문화에서 배우는 것이 다르기 때문이라고 한다. 이런 일반적인 통념이 옳은지를 시험하기 위해 문화들을 서로 비교하여 각기 다른 문화에서 여성의 매력의 기준이 무엇인지를 밝히고자 하였다. 이 연구는 임신할 수 있는 나이에 찬 여성 모두가 고르게 남성에게 매력을 주는 것은 아님을 보여 주고 있다. 나아가 이 연구는 어떤 문화권에서 사는 남자를 막론하고 매력을 주는 이상적인 짝은 공통으로 아래와 같은 조건을 충족시켜야 한다고 결론짓고 있다;

1. 막 결혼 적령기에 든 여자일 것.
2. 몸이 건강하며 특히 피부가 고운 여자일 것.
3. 몸매가 비교해서 통통한 여자(몸의 지방이 몸무게의 1/3 정도)일 것.
4. 좋은 가문의 여자일 것.
5. 적극적으로 사랑을 표현하는 여자일 것.
6. 헌신해서 자식을 키우는 여자일 것.

만일 위에서 언급한 조건을 충족시키는 여자가 남성들에게 매력을 주는 여자라는 이론이 옳다면, 각기 다른 문화권에 사는 남성들은 어떻게 이런 조건을 가진 여자가 매력이 있는 여자라는 것을 공통적으로 느끼게 했을까? 기존의 통념처럼 그들은 무엇이 매력인지를 그들의 문화 안에서 배워서 인식할까? 아니면 남성의 유전자 중에는 매력을 알게 하는 유전인자가 있을까? 또는 미리 남성이 그런 여성들에게 매력을 느끼게 하는 유전인자가 선별되어 적응하는가? 하는 질문에 대한 설명을 찾아야한다. 우리는 어떤 설명이 더 타당한지는 아직 알 수 없으나 지구상의 여러 사회가 지니고 있는 결혼제도와 관습은 이 문제를 푸는 실마리를 제공해 준다.

오늘날 지구에 존재하는 대다수 사회는 완전하지는 않지만 일부일처제의 결혼제도를 가지고 있다. 그러나 각기 다른 사회의 결혼제도와 관습에 관한 연구에 따르면 지구상에 있는 약 849개의 사회 중 83 %에 달하는 708개의 사회가 과거에 일부다처제를 경험했었고, 아직도 이 사회 중 40% 정도의 사회가 일부다처제를 유지하고 있으며, 나머지의 절반 정도의 사회는 때때로 일부다처제의 관습을 갖고 있다. 일부다처제 관습은 때때로 수렵과 채집경제 사회에서 나타난다. 일부일처제 사회는 모두 137개로 전체의 약 13 %에 달하며, 일처다부제사회는 모두 4개의 사회로 전체의 1.5% 정도일 뿐이다.

남성과 여성의 차이를 거론할 때 앞으로 우리가 집중해서 연구를 진행해야 할 과제는 아래와 같은 문제를 일으키는 근본 원인을 밝히는 데에 있다;

1. 왜 남성이 여성보다 더 공격성을 지니나?
2. 대입 학력고사를 보면 남학생의 성적이 여학생보다 더 높은데 그 까닭은 무엇일까?
3. 오늘날 사회문제로 등장하는 혼음은 여성보다 남성에게서 더 높은 비율로 나타나는 까닭은 무엇 때문일까?
4. 일반으로 모든 사회에서는 왜 남창보다 창녀가 더 많은가?
5. 왜 모든 사람이 성(sex)에 흥미가 있어하는가?
6. 왜 남성이 절대로 포르노 산업을 지탱하는 데 큰 역할을 하는가?
7. 왜 형무소의 죄인들은 처음에 투옥될 때보다 남성 호르몬testosterone의 양이 증가하는가?
8. 사람이 저지르는 범죄는 사회의 영향 때문일까? 아니면 범죄를 유발시키는 유전인자가 있기 때문인가?
9. 사람이 가지는 느낌feelings은 무엇이며, 왜 우리는 느낌을 가지고 있는가?

우리가 매일 대하는 학생들의 행위를 하나 살펴보면, 강의시간에 교실에 들어 온 학생들은 대개가 언제나 같은 의자에 앉는다. 이때 여학생은 대개 앞자리에 앉고 남학생은 주로 뒷자리에 앉는다. 이들은 자기의 이름이 어떤 의자에 특별히 새겨져 있기 때문에 같은 자리를 매번 찾아갈까? 아니면 그들은 어려서부터 정해진 의자에 앉도록 교육을 받았기 때문일까? 혹은 본능으로 같은 자리를 택하도록 하는 유전인자의 역할 때문일까? 아니면 생리상 환경이 학생들을 편안하게 만드는 무엇이 있기 때문일까?

우리는 사람의 몸에서 일어나는 신진대사와 인체 내부에서 생겨나는 호르몬은 단백질을 구성하는 유전자 코드에 의해 조절된다는 사실을 알고 있다. 유전자 코드는 사람의 행동에 영향을 미친다는 사실 또한 우리는 알고 있다. 그렇다면 우리는 유전자 코드를 조절하여 위와 같은 문제들을 해결할 수가 있지 않을까?

위에서 제기된 질문들은 사람의 구성과 행동을 조절하는 유전인자를 규명하고자하는 인류의 야심에 찬 연구인 게놈계획이 순조로이 진행된다면 이에 관한 해답을 얻을 수 있다.

성의 다양성 Variation of Human Sexuality

인류의 행위를 관찰해 보면 사람들 사이에 차이가 있는 데 특히 성의 행위에 관해 다양한 차이가 있음을 알 수 있다. 다양성이란 사회가 다원화되고 복잡해지면서 역동적으로 나타나는 사회현상이다. 특히 성의 다양성은 인간의 성적행위와 경험, 개인과 집단의 정체성 및 이들간의 관계를 나타내준다는 점에서 인간의 성행위와 사회를 이해하는 데 중요하다. 이런 성의 다양성은 인간이 지닌 생물학적 특성일까? 아니면 문화 영향일까? 하는 점이 논의되어야 한다.

오늘날 한국사회는 성의 정체성에 대한 사회적 편견과 교육의 미비로 인해 성의 다양성을 잘 이해하지 못하고 받아들이지 못하고 있다. 최근에 사회 일각에서 성의 담론이 활발하게 진행되고 일부 성전환자에 대한 사회적 관심이 고조되고는 있으나 이는 단지 일시적인 호기심에 불과 할 뿐 본질적으로 성의 다양성은 이해하고 있지는 못한 것으로 생각된다. 현대처럼 다원화된 사회에서 다양한 성의 문제를 이해하기 위해서는 종합적이고 심층적인 연구가 요구되나 여기서는 그 기초적 내용을 시론적으로 살펴봄으로써 바른 성의 이해를 돕고자 한다.

성 행위의 정의 : 인간의 행위가 사회에서 '정상인지' 또는 '관습적인지' 아니면 '비정상인지' 또는 '비관습적인' 지를 가늠하는 기준은 무엇일까? 하는 점이다. 사실 어떤 행위가 정상인지 아닌지를 가늠하기가 어려운 것은 문화의 차이 때문이며, 심지어 같은 문화 안에서도 시간에 따라 그 기준이 달라질 수 있기 때문이다. 따라서 일반적으로 사람들의 성적 행위가 '정상인지' 아니면 '비정상인지'는 다음과 같은 방법에 따라 결정한다.

먼저 통계적 접근방법으로 많은 사람들이 받아들이면 '정상'' 또는 "관습적"이며 받아들이는 사람이 적으면 '비정상' 내지 '비관습적'으로 가른다. 이때 일부 학자들은 '비정상' 또는 '비관습적'이란 용어 대신에 '수적으로 소수'라는 용어를 사용한다. 따라서 소수의 행위를 나쁘다든지 아니면 잘못됐다든지 하지 않는다. 그러나 이 접근 방법은 단지 수에 의해 결정된다는 한계를 지니고 있다. 따라서 성적 행위의 다양성을 분석하는 데는 사회학적이거나 심리학적 접근방법이 더 좋다고 하겠다.

사회학적 접근은 사회에서 관습이 아니면 인습에 구애되지 않는 행위라고 부른다. 관습이란 문화마다 다르다. 이 접근방법을 선호하는 학자들은 비정상적인 행위를 불러일으키는 사회적 조건뿐만 아니라 사회 안에서 비정상적이라고 분류된 사람들 사이의 상호작용에 관심을 갖는다.

심리학적 접근방법은 개인의 심리적 건강 상태와 건강상태에 영향을 미치는 행위에 초점을 맞춘다. 따라서 성적 행동이 만일 당사자가 죄의식을 느낀다거나 정상적인 사회에서 문제를 야기한다면 그런 행동은 문제가 있는 행위로 생각한다.

성도착증의 유형 : 유럽에서는 빅토리아 시대 때 비정상적인 성적 행위를 '변태'나 '성적

편향' 으로 인식하였다. 성적 행위를 성적 편향으로 처음 분류한 사람은 리차드 본 크라푸드 에빙이다. 그는 1886년에 발간된 『psychopathia sexualis』에서 이런 성적편향의 원인을 유전적으로 이미 정해져 있다고 주장하였다. 물론 오늘날 이런 그의 주장은 무시되지만 그의 케이스 연구는 여전히 사용되고 있다.

프로이드는 남녀가 성기를 통한 접촉 이외의 성적행위도 성 심리 발달에 문제가 있기 때문이라고 믿었다. 다시 말해 이성간의 성적 내방이 아닌 어떤 행위도 성적으로 편향된 것으로 인식되었다.

오늘날 미국 정신과 학회에서 사용하는 diagnostic and statistical manual of mental disorders(1994)에서 성심리적 장애를 성도착증paraphilias으로 분류하여 일종의 질환으로 인정하고 있다. 그러나 통계적으로나 사회학적으로 볼 때 비일상적인 행위가 모두 성도착증은 아니다. 성도착증을 보이는 사람의 행위에서 관찰되는 특징은 그의 성적유발과 성적만족은 반드시 행위에 대해 상상에 빠진다는 점이다. 그러나 일반인들도 가끔 상상에 의한 성적행위를 생각하는 경우가 있는데(예 : 관음증, 노출증) 이런 경우 성도착증이 있다고 하지는 않는다. 성도착증은 성적으로 만족을 얻기 위하여 우선적으로 택하는 방법이 있을 때를 말하며 일반인들이 생각하는 성적행위와 상상은 성적변형sexual variants라고 한다.

성도착증은 여러 유형이 있는데 이는 자신에게 육체적으로 학대를 하거나(피학증 masochism), 남에게 육체적으로 또는 심리적으로 학대를 하는 유형이 있다(새디즘 sadism, 노출증exhibitinism, 관음증voyeurism). 후자는 법에 위반되어 처벌을 받는다. 그러나 어떤 유형은 남에게 해가 되지 않는데 집에서 이성의 복장을 입는 행위transvestism (cross- dressing) 가 그것이다. 일부 임상의사들은 죄의식이나, 부끄러움, 자책 같은 느낌이 없이 하는 행위는 부정적으로만 볼 수 없다는 주장을 하나 다른 편에서는 무해하지 않은 성도착증은 없다고 한다. 왜냐하면 성적만족을 얻는 유일한 길은 다른 사람과 비정상적인 성 관계를 유지해야 하기 때문이다. 여기서는 성도착증의 종류를 살펴본다.

패티시즘 fetishism : 신체의 특별한 부위나 생명이 없는 사물을 만지거나 상상을 함으로써 성적만족을 얻는 행위 (예 : 여성의 속옷, 하이힐 같은 신발, 냄새)로 대부분 남자들이 이런 행위를 보인다.

트란스베스티즘transvestism : 성적유발과 만족을 얻기 위해서 이성의 복장을 입는 행위를 말한다. 단 유행을 따르거나 같은 성에서 눈에 띠기 위해 이성의 복장을 입는 것은 이 행위에 속하지 않는다.

노출증exhibitionism : 성적만족을 얻기 위해 일반에게 생식기를 노출시키는 행위를 말한다. 운동 경기장에서 보이는 스트리킹은 일반 앞에서 보이는 행위이지만 노출증과는 다르다. 노출증의 특징은 강박충동에 의한 것으로 대부분 여성이나 어린아이 앞에서 저질러진다.

음란성 전화 obscene phone calls(telephone scatologa) : 기본적으로 성적 유발과 만족을 위해 음란 전화를 하는 행위를 말한다. 이는 노출증의 한 종류로 인식되며 전화를 받는 사람의 충격, 공포, 구토 같은 반응을 통해 성적 유발과 만족을 느낀다.

관음증voyeurism : 다른 사람의 누드를 동의 없이 몰래 훔쳐 봄으로써 성적유발과 만족을 느 끼는 행위를 말한다. 이의 변형인 스캅토필리아scoptophilia는 반복적으로 남의 성행위를 엿봄으로써 성적유발과 만족을 얻는다. 관음증의 대부분은 남성에 의해 일어난다.

수간bestiality와 수간도착증zoophilia : 수간은 동물과 성행위를 하는 행위로 남성은 암놈 동물을, 여성은 애완용 동물과 관계를 갖는다. 남성은 직접 동물과 관계를 하나 여성은 동물의 성기를 애무하거나 동물로 하여금 자신의 성기를 애무하게 한다. 성적만족을 얻기 위해 수간을 택하는 성도착증을 수간도착증이라고 한다.

어린아이 성도착증 pedophilia : 기본적으로 어린아이와 관계를 함으로써 성적유발과 만족을 느끼는 행위를 말한다. 이때 어린아이의 나이는 일반적으로 13세 이하로 정의한다. 우리 사회에서 문제가 되는 원조교제도 기본적으로는 이 증세의 변형이라고 할 수 있다. 희생자는 오랜 동안 감정과 심리적 문제를 지니게 된다.

가학 피학성 변태성욕sadomasochism : 새디즘sadism은 다른 사람에게 고통을 가하여 성적 유발과 만족을 얻는 행위이며, 마죠키즘masochism은 자신이 고통을 느낌으로써 성적 유발과 만족을 얻는 것을 말한다. 이 두 행위를 합쳐 새도마죠키즘이라고 한다. 마죠키즘의 변형인 스티그마토필리아stigmatophilia는 자기 몸 중 생식기나 항문 또는 젖꼭지등에 이물질을 삽입하여 느끼는 고통에서 성적유발과 만족을 얻는 행위를 말한다. 성행위 중 일반적인 행위로는 엉덩이 때리기, 구타, 꼬집기, 손톱자욱내기 등이 있다. 이들의 상당수는 자신들의 행위가 정상이라고 생각한다. 과거와 달리 오늘날 전문가들은 새도마죠키즘의 특징은 극단적인 고통을 통해 쾌감을 얻는 것이 아니라 아주 잘 짜여진 각본에 따라 주인dominator(master)과 노예submissive(slave)역할을 함으로써 쾌감을 느낀다고 한다. 행위는 파트너사이에 신뢰를 바탕으로 서로의 동의하에 이루어진다.

일부 전문가들은 새디마죠키즘의 원인을 어릴 때 엄마에 대한 분노(새디즘)나 사람들에 대한 분노(마죠키즘)가 원인이라고 하는 반면 S & M은 신체구조의 고통 때문이라는 주장도 있다. S & M에 관계된 노예역할을 맡은 남성의 대부분은 잘 교육받은 사람뿐 아니라 사회적으로 성공하고 두각을 나타낸 사람들이 담당하고 주인역할은 평범한 사람들이 맡는

다는 점으로 보아 이런 행위는 사회적인 현상으로 이해해야 한다는 주장이 최근에 제기되고 있다.

위에서 거론한 성적 행위들은 일반적으로 잘 알려진 성도착증들이다. 이외에도 여러 형태의 성도착증이 있다. 이들을 보면;

남이 소변을 보는 것을 보면서 성적유발을 느끼는 유로필리아urophilia(golden showers), 분뇨를 보고 자위를 하거나 심지어는 이를 먹으며 성적쾌감을 느끼는 코프로필리악스corprophiliacs가 있는 데 이는 매우 드문 경우이다. 한편 오물을 보고 쾌감을 느끼는 마이소필리아mysophilia 와 관장을 통해 쾌감을 느끼는 크리스마필리아klismaphilia, 공공장소에서 자신의 생식기를 다른 사람에 문질러 쾌감을 얻는 프로터리즘frotteurism, 그리고 가장 별난 행위로는 사체와 관계를 가짐으로 성적유발과 만족을 느끼는 네크로필리아necrophilia 가 있는 데 이런 행위자는 감정이나 심리적으로 심각하게 파탄된 사람으로 분류한다.

지금까지 여러 유형의 성도착증을 살펴 보았는 데 이에 관한 연구는 성도착증환자의 상당수가 여러 형태의 성도착증세를 함께 보인다는 것을 밝히고 있다.

성도착증의 원인 : 사람들이 성도착증을 갖는 원인에 프로이드파 학자들은 성도착증을 감정적 갈등을 해결하지 못하는데서 온 성 심리의 발달이 억제된 결과라고 믿으며 성도착증은 분노를 줄이는 방어적 수단의 역할을 한다고 생각한다. 예를 들어 이성의 복장을 입는 행위는 기분나쁜 감정을 완화하고 달래며 편안함을 느끼게 하는 역할을 한다고 말한다. 이런 프로이드의 이론은 매우 신축적이기는 하나 성도착증을 치료하는 심리적 효과에 대해서는 논쟁이 있으며 거의 사용되지 않는다.

한편 행위론자들은 성도착증을 일단의 공통의 경험을 가진 특정한 관계로 인식한다. 그러나 이들의 접근방법은 나름대로 설득력이 있지만 여전히 문제는 남아있다. 왜 대부분의 성도착증을 가진 사람들은 남성인가? 하는 점이다. 이들 남성 대부분은 자신이 이성과 성관계를 갖는다고 한다. 그러나 이들은 사회적으로 신분이 낮고, 남과 잘 어울리지 못하며, 어렸을 때 추행을 당하거나 성은 악이라고 믿는 가정에서 자랐으며 또한 여성에 대한 적개심을 가지고 있다. 따라서 성도착증을 가진 사람은 특히 성적관계를 갖고자 할 때 어려움을 지니게 된다. 다시 말해 성적유발을 위해 많은 노력이 필요한 성도착증을 가진 사람에게 평범한 성 관계는 너무 강박관념과 두려움을 느끼게 한다.

사회조직 관점에서 보면 여성을 지배하고자 하는 일부 남성들이 여성에 대한 실패가 두려워서 비정상적 방법으로 성적유발을 일으키고자 하는 필요에 의해 성도착증이 생긴다고 주장한다.

위에서 지적한 설명에 따르면 이런 행위를 일으키는 기본적인 요인으로는 먼저 어린 시절의 경험이 중요한 역할을 한다는 것이다. 어린아이가 가진 '사랑의 지도lovemap'는 이상적인 사랑하는 사람, 사랑의 장면, 에로틱한 행동과 발달 등이 어른이 되는 중에 형성되는 데 이런 사랑의 지도가 심하게 손상되고 제한을 받으면 성도착증을 가지게 된다고 한다.

오늘날 많은 학자들은 성도착증과 극단적인 강박관념사이에 유사점이 있음을 알게 되었다. 즉 먼저 강박관념을 가진 사람은 전례적 행위를 보이며 이는 곧이어 성적행위로 이어진다. 이런 행동은 곧 절망을 낳고 불안을 줄이기 위해 다시 강박관념 상태로 돌아간다. 과도한 성행위는 성도착증과는 다르나 성도착증을 가진 많은 사람들은 강박관념을 지니고 있다. 사실 성도착자들의 일차적 동기는 스트레스와 불안을 줄이기 위한 것으로 알려져 있다.

성도착증의 치료 : 성도착증의 치료는 심리적 치료와 약물치료가 병행되어야 한다. 약물치료 방법은 남성호르몬인 테스토스테론의 양을 줄이는 항안드로겐제를 투약하는 것이다. 물론 이 방법이 최선은 아니나 페티시즘과 노출증, 트란스베스티즘 같은 도착증에는 효과가 있다.

다방면에 걸친 치료방법도 사용된다. 전통적인 심리적 또는 집단치료 방법도 유용하다. 유쾌하지 못한 충격을 주는 혐오치료aversion therapy나 신체에 즐거움을 주는 organic reconditiong 방법도 있다.

그러나 무엇보다도 성도착증을 가진 사람은 가까운 사람과, 그리고 남과 잘 어울리지 못하는데서 오는 불안감을 지니고 있기에 근본적으로 이런 문제가 해결되지 않으면 언제든 다시 성도착행위로 되돌아간다. 따라서 불안감을 해소하기 위해서는 desensitization 방법을 택하며, 사회적응기술을 익히기 위한 치료도 병행되어야 한다.

성의 변이Gender Variation

전통적인 인류사회는 태어날 때부터 남녀의 구분과 역할에 대해 분명한 차이를 나타낸다. 태어나자마자 성에 어울리는 이름이 주어지고 성에 맞는 옷을 입혀 키운다. 사람들은 이런 사회의 규범에 따라 알고 있는 인간의 성 자체를 의심해 본적이 별로 없다. 그러나 태어날 때 결정된 성이 세월이 지남에 따라 행동과 행위에서 변하는 경우가 있다. 여기서는 일반적인 남성과 여성과는 다른 행위를 보이는 대표적 경우인 transvestites(이성의 옷을 입는 사람) transsexulas(자기를 심리적으로 이성과 동일시하는 사람) 에 관해 살펴본다.

이성 트랜스베스타이트heterosexual transvestites : 이성의 옷을 갈아입는 행위는 어려서

뿐만 아니라 심지어는 결혼 후에도 시작된다. Transvestism은 가끔 동성애자와의 구분에 혼란이 있기도 하다. 일부 동성애 젊음이들은 어른이 되거나 그전에 동성애자들만의 문화와 접하며 자기가 남자라는 자신을 갖지 못한다. 이들은 이성의 옷을 입는 것을 더 좋아하고 거기서 만족감을 느끼며 여자와 같은 특징과 특성, 태도를 갖는다.

이성 트랜스베스타이트는 대부분 가정을 가지고 결혼 생활을 유지하거나 이성 친구를 가지고 있다. 이들은 일을 끝내고 집으로 돌아오면 여성 복장으로 갈아입고 생활하며 성 관계 때는 별다른 도구를 사용하지 않고 남장의 역할을 한다. 때로는 성적유발이 생기지 않아 성적불구가 되는 경우가 있는데 여성 파트너가 성적유발을 하여 관계를 가진다. 이들은 잠재적인 동성연애자가 될 수 있으나 대부분은 동성애에는 흥미가 없다고 하며 동성연애자의 행동과는 거리를 보인다.

여장을 하는 남자 호모drag queen (homosexual transvestite) : 자신을 동성연애자로 생각하는 일단의 transvestite를 말하는데 이들 중 가장 심한 사내답지 못한 동성연애자는 여성을 흉내내고 싶어하며 주로 동성연애자의 창녀 노릇을 한다.

트랜스섹슈알transsexuals : 이들은 동성연애자는 아니지만 자기를 이성과 동일시한다. 이들은 남자의 몸에 여자가 갇혀 있다고 믿으며, 남성 트랜스섹슈얼은 수술과 여성 호르몬의 도움으로 여성이 되기를 바란다. 이들은 동성애를 금기시하며 실제로는 여성인 자신들이 해부학적으로 잘못 나타난 것으로 인식한다. 이들은 여성의 복장을 입거나 여성처럼 행동하는 것은 근본적인 성의 혼동을 해결할 수 없다고 믿기에 외과적 수술이 자신의 고통을 완화시킬 것이라고 믿는다.

트랜스베스타이트는 가끔 잠시 사용하기 위해 비싸고 고급스런 옷을 사는데 이는 페티시즘이나 본인의 자괴감 때문으로 알려져 있다. 이들 중 일부는 결혼생활을 유지하고 있으며 이들의 의상이나 이성의 옷을 입는 행위는 부인들도 알고 있다. 많은 경우 이혼을 하지만 일부는 이를 참으며 살고 있다. 이런 트랜스베스타이트는 두 개의 이름을 가지고 있는데 하나는 본래 사용되는 남성의 이름이고 다른 하나는 여성의 이름이다.

트랜스베스타이트가 부딪치는 갈등은 이들이 만족을 얻으려는 생각을 일반대중 속에서 얻으려 할 때 생긴다. 예를 들어 이들은 사람들이 자신에게 관심을 보이면 분노를 느끼어 자신을 억제하지 못하며 반대로 사람들이 관심을 보이지 않으면 실망감으로 괴로워한다는 점이다.

대부분의 국가에서는 성의 정체성을 바꾸어 다른 성의 구성원인 체하는 것은 법을 위반하는 것으로 취급한다. 실제로 여성의 복장으로 여자화장실을 간다든지 하는 것은 경범죄로 처벌 받게된다.

성Gender의 구분 방법

오늘날 매스컴 등에서는 성전환자에 관해 자주 보도함으로써 일반의 흥미와 관심을 촉발하고 있다. 그러나 대부분의 사람들은 단지 성전환자라는 사실에 호기심을 가질 뿐 이들을 어떻게 구분하는 지를 알 지 못한다. 실제로 우리 사회에도 많은 트랜스베스타이트가 있는 것으로 가늠되나 그들의 정확한 실상은 전혀 규명되지 않고 있다.

유럽에서는 성경의 영향으로 오랜 동안 인간의 성을 남성과 여성으로만 구분하였다. 그러나 19세기에 오면서 남성과 여성 안에 동성애의 존재를 인정하면서 인간의 성은 네 종류로 분류되기도 하였다. 즉 남자동성애자 중 여성특질을 지닌 사람과 여자 동성애자 중 남성의 특질을 지낸 사람의 성이 그것이다.

과학이 발달하면서 18~19세기에 성적 특징과 성을 다룬 것은 바로 약물이었다. 19세기에 동성애자와 그들의 행위를 병적으로 취급하였다. 20세기 오면서 성과학sexology의 발전에 힘입어 동성애와 이성애를 구분하는 계량적 방법이 소개되기 시작했다. 이런 계량적 방법은 먼저 의학적 발달에 힘입어 동성애가 '유전적인지' 아니면 '획득된 것인지'를 가늠하고자 하였다. 이 방법에 의하면 태어날 때부터 동성애적 특성을 가진 사람이 더 동성애 행위를 보인다고 설명한다.

킨제이는 동성애자를 구분하기 위하여 사람의 행위를 7 단계로 구분하였으며 벤자민도 행위에 따라 성gender을 6 단계로 구분하였다. 세 번째 설명은 동성애자는 태아일 때나 현재 호르몬 상태에 이상과 두뇌의 특별한 부위가 있고 없음에 의한다는 주장도 있다. 여기서는 행위를 계량적으로 구분하는 킨제이 방법을 소개한다.

여기서는 성을 구분하는 벤자민과 킨제이의 방식을 간단히 소개하여 성에 대한 이해를 돕고자 한다.

Kinsey Scale (1~6 단계)

0 : 완전히 이성간의 단계
1 단계 : 기본적으로는 이성 단계이나 일부 동성단계
2 단계 : 기본적으로 이성인 단계이나 가끔 동성 단계
3 단계 : 이성과 동성이 절반인 단계
4 단계 : 기본적으로 동성인 단계이나 가끔 이성 단계
5 단계 : 기본적으로 동성인 단계이나 우연히 이성인 단계
6 단계 : 아주 동성인 단계

벤자민의 구분방법(Benjamin Scale)

1 단계 : 정상적인 남 · 여의 성 단계

2 단계 : 여성의 속옷이나 하이힐 같은 사물을 만지거나 상상을 함으로써 성적만족을 얻는 단계(Fet tv),

3 단계 : 이성의 복장을 하는 단계,

4 단계 : 자신을 이성과 동일시 하지만 수술까지는 필요하지 않은 단계

5 단계 : 자신을 이성과 동일시하는 정도가 더 심하여 수술을 필요로 하는 단계

6 단계 : 성전환 수술로 자신을 이성과일시 한 단계(=트랜스 젠더)

지금까지 인간에서 보여지는 성의 다양성을 간단히 살펴보았다. 인간은 성에 관한 행위에서 사회관습으로는 수용하기 어려운 많은 다양성을 보여주나 이는 하나의 성적 질환으로만 인식되고 있다. 그러나 오늘날처럼 사회가 다양해지고 성sex에 관해 관대해지면서 다양한 성행위를 비정상이니 비관습적이니 하고 백안시하고 금기시하기 보다는 이런 행위를 보이는 사람들이 소수이긴 하지만 이들을 이해하고 감싸안는 노력이 필요하다.

한편 인간을 태어날 때의 성gender에 따라 남성과 여성으로만 구분하던 우리의 고정관념을 더 이상 고집만 할 것이 아니라 남성과 여성이외에 다른 성도 존재한다는 인식의 전환과 이들의 성과 행위를 이해하고 받아들여야 할 준비가 필요하다. 따라서 기존의 도덕과 윤리 및 관념의 토대 위에 만들어진 여러 법과 사회적 통념이 이제는 비록 소수지만 다양한 성을 가진 사람들을 위해 신축성 있게 유지되어야만 한다.

제13장 인류의 질병 및 인구학

☞ 최근 인류의 생물학적 특성 중 가장 빠르게 변하는 특성 중의 하나로 질병 유형을 들 수 있다. 19세기 이후 개발도상국가들의 경우 사망자의 주요 원인은 전염성 질병에서 비전염성 질병으로 점차 전환되었음을 알 수 있다. 아직도 말라리아나 주혈흡충병 같은 질병은 적도지역에서 여전히 기세를 떨치지만 많은 지역에서 수두 같은 전염성 질병은 거의 사라지고 다른 전염성 질병들도 발병률이 감소하고 있다 (그러나 최근에 변형된 말라리아가 온대 지역의 중진국 지역에서도 다시 발병하고 있다는 보고가 있으며 전쟁이 장기간 지속되는 지역에서는 여전히 전염성 질환이 유행하고 있다). 한편 선진국의 경우 당뇨 같은 비전염성 질병의 발병률이 증가한다.

이런 질병 유형의 변화는 공공 보건시설과 공중위생의 개선 및 의료 기술과 시설의 발달로 인해 전염성 질병의 요인이 상당히 제거되었기 때문이다. 또한 국민건강 관리체계의 변화는 보다 많은 사람들로 하여금 의료치료를 가능케 하였다.

인류 질병의 연구

이 장에서는 진화적 관점에서 인류의 건강과 질병을 다루고자 한다. 인류학자들은 단지 현재의 시각이 아닌 과거와 현재 그리고 미래를 함께 엮어서 다루고자 한다. 이런 관점은 단지 학문적인 흥미가 아니며 실제로 많은 의료 종사자들이 진화적 관점에서 연구와 치료를 진행하고 있다. 우리는 하루가 다르게 변하는 세상에서 살기 때문에 이런 관점에서의 연구는 매우 중요하다. 인류문화의 발전은 인류의 유전적 변화를 훨씬 앞지르기는 하지만 전염성 질병을 유발하는 병균들 또한 진화를 하기 때문에 진화적 관점에서 인류의 전염성 질병을 이해하는 것이 매우 유용하다. 무엇보다도 현대의료기술로 치료할 수 없는 병균의 빠른 진화를 우리는 가장 우려하고 있다.

역학(유행병학)조사

인류 질병의 유형과 그 원인을 종합적으로 규명하는 분야를 역학(유행병학 : epidemiology)이라고 한다. 질병은 전염성과 비전염성 질병으로 구분되는 데 전염성 질병이란 사람의 몸에 바이러스나 박테리아 같은 병균이나 또는 기생충 등에 의해 발병하는 질병이다. 이 전염성 질병은 사람을 통해 전파되는 질병과 기생충 등에 의해 전파되는 질병으로 나눈다. 홍역은 전자의 대표되는 질병이며 말라리아는 후자에 대표되는 질병이다. 한편 당뇨는 대표적인 비전염성 질병이다.

인류 집단의 질병의 전파는 전염성과 비전염성 질병의 경우 각기 다르다. 전염성 질병은 병균과 인간의 진화와 생태적 조건 및 병균의 전파 방법 등과 관련이 있는데 반해 비전염성 질병은 개인의 유전적 요인 및 환경요인이 함께 어울어진 요인에 의해 발병한다.

역학조사는 전염성 질병과 비전염성 질병이 언제 발병하고, 어떤 지역으로, 어느 정도 비율로 전파하는 가를 조사하며 비율은 인구집단의 크기에 따라 결정된다. 발병율incidence rate은 어떤 시점에서 한 집단에 생기는 새로운 질병의 발병율을 말한다. 예를 들어 한 집단에서 어떤 질병의 발병율이 일년에 4/100,000 이라면 이는 이 집단에서 일년에 발병하는 사람이 100,000 명 중 4명이라는 뜻이다. 유행율prevalance rate은 어떤 시점에서 한 집단의 어떤 질병의 전체 비율을 말한다. 예를 들어 어떤 시점에서 한 질병의 유행율이 90/100,000 이라면 이는 현재 100,000 중 90이 이 질병을 지니고 있다는 뜻이다.

질병의 전체 발병율의 정도를 나타내기 위한 여러 용어들이 있다. 급성유행epidemic pattern은 새로운 질병이 빠르게 전파되는 것을 말하고, 만성유행endemic pattern은 질병의 전파는 느리지만 꾸준히 진행되는 것을 말하며, 창궐유형pandemic은 급성유행으로 삽시간에 넓은 지역에 퍼져 나가는 경우를 말한다. 중세 때 유럽에서 창궐했던 흑사병이나 1918년에 창궐했단 인플렌자influenza pendemic가 그 예이다.

발병율과 유행율은 질병이 언제/어디서 발병했는지를 알려준다. 어느 지역에서 발병율이 높은 지에 따라 질병의 원인을 규명할 수 있다. 말라리아 발병율이 높은 지역에서는 모기가 질병을 옮기는 원인으로 알려져 있다. 따라서 이렇게 질병에 관한 지역적 분석은 질병의 예방과 치료에 매우 중요하다.

역학 조사는 또한 시간이 지남에 따라 질병의 발병율이 어떻게 변하는 지를 연구한다. 한 집단에서 질병율이 증가하는 것은 급성유행의 시작을 말하는 것이다. 시간이 지남에 따른 변화는 질병의 유행율과 환경의 변화를 알려준다. 역학 조사자들은 계절에 따른 질병율의 변화를 관찰한다. 볼거리(유행성 이하선염)는 겨울에 기승을 부리다 날씨가 더워지면서 가라앉는다. 이 질병은 겨울에 학교의 밀폐된 공간에서 많은 학생들이 함께 생활하며 볼거리에 걸린 학생과의 접촉이 용이하면서 전염이 빠르게 진행된다.

또한 질병이 언제 갑자기 만연하는지를 통해 병의 원인을 추론 할 수가 있다. 그 예로 1980년 후반에 아프리카의 세네갈의 세네갈 강을 따라 리프트 벨리 열병이 창궐하였는데 이는 댐에서 흘려 내리는 물과 관련이 있는 것으로 댐에 저장된 물에 모기가 번성했기 때문으로 밝혀졌다. 개인의 특성 또한 역학조사에 중요한 연구 대상이다. 나이와 성별, 출신지, 생리적 상태와 위생상태 및 직업 등이 조사대상이다. 예를 들어 성 관계가 복잡한 사람은 이와 관련된 질병에 걸릴 확률이 높으며 휴전선 부근에서 근무하는 장병들은 유행성 출혈열에 걸릴 가능성이 높은 것이 그것이다.

개인의 특성에 따라 비전염성 질병에 걸리는 정도가 다르다. 고단백질과 지방이 많은 음식을 좋아하는 사람은 고혈압과 심장질환 및 당뇨 등에 걸릴 위험성이 높으며 햇빛에 노출이 심한 경우는 피부암에 걸릴 확률이 많다.

이렇게 질병은 많은 요인들이 함께 발병하기 때문에 그 원인을 규명하기가 쉽지 않다. 예를 들어 건축현장에서 일하는 남성들이 공장에서 일하는 여성들보다 피부암에 걸릴 가능성이 높은데 이는 직업적 차이 때문인지 아니면 성에 따른 차이 때문인지를 쉽게 알 수 없다.

인류학과 역학

역학은 인류학의 한 분야는 아니나 인류학에서는 역학 연구 결과 중 필요한 내용을 인용하여 사용한다. 역학조사에서 인류학과 관련된 내용은 무엇인지를 살펴보자.

의료인류학 : 인류학적 입장에서 질병을 연구하는 분야를 의료인류학medical anthropology이라고 한다. 의료인류학은 인류의 건강과 질병을 인류가 겪었던 모든 경험의 한 구성 요소로써 간주한다. 종합적인 방법을 사용하여 의료인류학자들은 한 사회에서 질병율과 처방 그리고 치료와 문화적-환경요소들 사이에서의 관계를 밝히고자한다. 이들은 사회 계급에 따른 건강관리와 질병의 차이, 신앙습관과 건강관리 관계, 그리고 사냥 · 채집사회와 농업사

사진 13.1. 아프리카 궁!산의 치료사가 부족 여인에게 치료를 하는 모습. 이들 사이의 믿음이 효과적인 치료효과를 나타내기도 한다.

회사이에서 질병의 차이 등을 규명하고자 한다. 이들은 건강과 질병을 생화학적 측면이 아닌 더 큰 사회 시스템의 한 부분으로 간주한다.

의료인류학자들은 비교방법을 사용한다. 이들은 각각 다른 환경에서의 문화를 관찰함으로써 질병과 예방에 관한 실마리를 찾는다. 의료인류학자들은 문화가 어떻게 질병을 진단하고 질병을 처리하는가에 관심을 가진다(사진 13.1). 이런 관심은 단지 학문적인 것이 아니라 오늘날 서구사회에서 사용하는 많은 방법들은 다른 문화에서 시작 된 것들이다. 침술과 마취 때 사용되는 근육이완제인 쿠라레가 그 예이다.

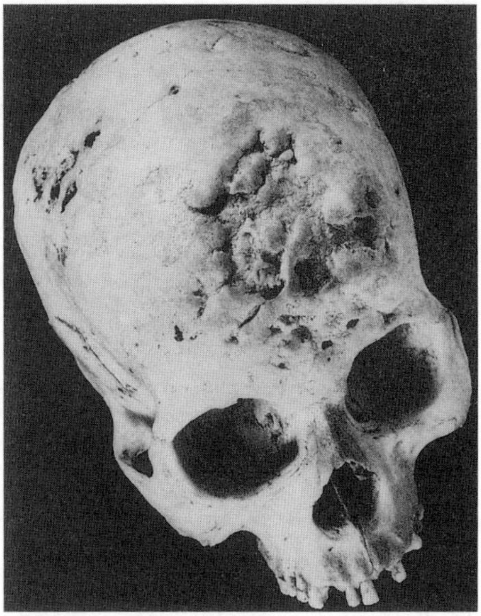

사진 13.2. 매독에 감염된 선사시대 에스키모인의 머리뼈. 앞머리뼈에서 오랜동안 매독에 감염된 흔적이 보인다.

생의료 인류학 : 인류학은 건강과 질병에 두 개의 다른 방법으로 접근한다. 문화인류학자들은 생물학적 요인보다는 건강관리 시스템에 더 초점을 맞춘다. 이들은 한 문화를 구성하는 사람들이 질병을 분류하는 방법과 어떻게 이를 치료하는가에 관심을 가진다. 생물인류학자들은 생물학적 측면에서 건강과 질병에 초점을 맞추기 때문에 특별한 질병에 대해 유전적 요인과 환경적 요인을 찾고자 한다. 그들은 특히 문화적/생물학적 입장을 엮어 연구하는 생의료인류학 방법을 견지한다.

고병리학 : 인류학자들은 건강과 질병 및 사망 원인에 관한 자료를 고병리학의 방법을 이용하여 얻는다. 고병리학은 옛날 사람들의 건강상태뿐만 아니라 진화적 측면에서 인류의 질병에 관한 정보를 제공한다. 예를 들어 수렵 · 채집사회에서 농업사회로 바뀌면서 질병과 건강이 어떻게 변했는지를 알려준다.

고병리학의 일차적 자료는 인골로부터 얻는다. 옛날 사람들의 뼈를 x-ray로 촬영하거나 화학적 분석 등을 통해 개인의 건강과 질병상태 및 사망원인과 사망 당시의 나이 등을 가늠할 수 있다. 뼈 관절염이라던지 매독, 및 결핵 같은 질병은 그 흔적을 뼈에 남겨 놓으며(사진 13.2) 뇌종양이나 치료 등에 관한 정보도 뼈를 통해 얻는다.

고병리학은 또한 당시의 건강관리와 의료지식을 알게 해준다. 가장 잘 알려진 예로 머리뼈 수술trephination을 들 수 있다. 옛날 사람들은 두통이나 기타 병들의 원인이라고 생각되는 요인demons을 치료하려고 머리뼈를 일부 잘라 내었다(사진 13.3). 이런 방법은 옛날이

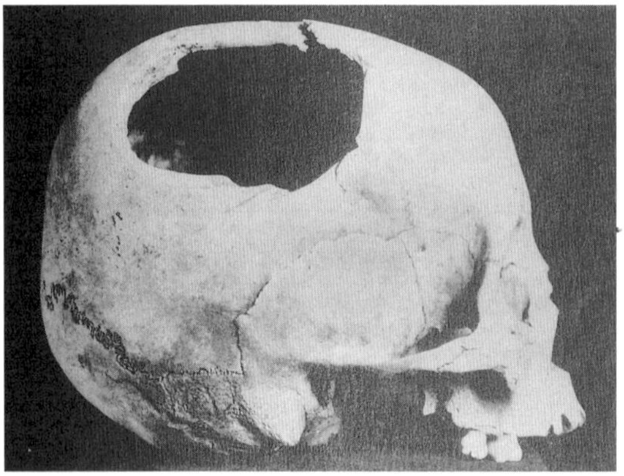

사진 13.3. 치료 흔적이 남은 페루 출토 선사시대인의 머리뼈

나 오늘날에도 이용된다. 이런 수술 방법은 그 위험성에도 불구하고 많은 사람들에게 시술되었으며 페루에서의 연구에 의하면 시술자의 75%가 치료되었다는 연구가 있다.

법인류학 : 고병리학의 여러 기술들은 법인류학에 매우 유용하다. 법인류학자들은 법 시행의 자문으로 활동한다. 예를 들어 미국 자연사박물관의 우브레이커Ublaker 박사는 미연방수사위원회FBI의 자문관으로 유명한데 그는 『Bones : a Forensic Detective' s Casebook』에서 살인과 실종자를 수사하는 데 필요한 법인류학의 방법들을 기술하고 있다.

의학적으로 법의학forensic 이라는 용어는 '죽은 사람들의 감식' 이라는 뜻이다. 예를 들어 항공기 사고 등으로 사망한 사람들을 감식하는 것을 법의학적 감식이라고 한다. 이들은 남겨진 뼈대를 바탕으로 나이와 성, 키 등을 찾아낸다.

인류 질병의 진화

인류학이 역학조사에 끼친 특별한 공헌은 인류 질병의 진화를 밝히고자 하는 데 있다. 약 12,000년 전 인류는 경제체제를 수렵 · 채집사회에서 농업사회로 전환하였다. 지난 수세기 동안 물질문명의 변화로 인류는 다시 산업사회로 진입하였다. 이렇게 급격한 경제체제의 변화와 이에 따른 환경 및 문화 변화는 인류의 건강과 질병에 어떤 영향을 미쳤을 까? 하는 문제를 살펴보자.

이 질문에 대한 답은 부분적으로 오늘날 각기 다른 사회 · 경제체제를 지닌 집단을 통해 얻을 수 있으며 또한 고고학적 자료와 화석들을 통해 질병의 변화를 가늠할 수 있다. 여기서는 일반적으로 수렵 · 채집사회에서 농업사회로, 그리고 산업사회로 이행되면서 경제체제의 변화와 맞추어 일반적으로 질병이 어떻게 변화해왔는지를 살펴보기로 한다.

수렵 · 채집사회와 질병

농업이 발달하기 전까지 인류는 주로 주어먹기와 수렵 · 채집경제에 의존하였기 때문에 인류가 지닌 유전자의 상당부분은 이런 생활에 적응하도록 되어 있다(사진 13.4). 이런 사실은 질병을 분석하는 데 절대 필요하다. 각기 다른 환경에서 다른 경제체제에 적응하면서 질병에는 어떻게 반응했는지를 알아보자.

사진 13.4. 식량을 채집하고 있는 궁!산부족의 여인들. 작은 규모의 수렵·채집집단에서는 전염성질병이 크게 확산되지 않는다.

전염성 질병 : 수렵·채집 집단의 경우 가장 일반적인 전염성 질병은 기생충과 동물로부터 전염되는 병충zoonoses에 의한다. 기생충에 의한 질병은 인류와 더불어 오랜 동안 적응해 왔다. 수렵·채집 사회에서 이런 기생충으로 이와 요충이 대표된다. 동물을 통해 감염되는 질병은 곤충에 물렸을 때나 동물이 부상을 당했을 때 또는 오염된 고기를 먹었을 때 발병한다. 체체 파리에 의한 졸음병이라든지 파상풍, 주혈흡혈충 등이 이에 속한다. 이들 질병의 유행율(감염율)은 수렵·채집 사회의 환경조건에 따라 다르다. 극지방이나 온대지역에서 살고 있는 미생물은 적도지역에서는 발견되지 않는다.

일반적으로 수렵·채집 집단에서 전염성 질병의 급격한 확산은 일어나지 않는다. 작은 규모의 집단(20~50인)과 이동하는 생활유형 때문에 주민사이의 접촉이 적기 때문이다. 수렵·채집사회에서 질병은 급성감염보다는 만성감염을 보인다.

비전염성 질병 : 산업사회에서 흔히 볼 수 있는 심장병이라든지, 암, 당뇨 그리고 고혈압 같은 비전염성 질병은 수렵·채집사회에서는 별로 찾을 수 없다. 이런 질병의 발생빈도가 적은 것은 음식과 생활 방식이 다르기 때문이기도 하지만 가장 기본적인 이유는 이들의 수명이 산업사회의 수명에 못 미치기 때문이다.

수렵·채집집단의 영양은 다양하고 균형이 있으며 적당한 운동의 결과 심장질환 같은 질

사진 13.5. 농업사회의 모습

병은 별로 나타나지 않는다. 단 가뭄 때에는 식량조달에 어려움이 있기 때문에 어느 정도 몸의 성장과 크기를 통해 부족한 음식부족을 상쇄한다. 어째든 대부분의 수렵 · 채집집단의 경우 영양실조와 기아의 비율은 매우 낮다.

수렵 · 채집집단에서 비전염성 질병의 발병율이 낮은 것은 이 집단 내에서 평균 수명이 낮다는 것을 나타낸다. 많은 비전염성 질병은 발병하는 데에 오랜 시간이 걸린다. 그런데 수렵 · 채집 집단의 평균 수명은 대개 20～40세로 낮은데 이렇게 낮은 평균수명은 유아 사망률이 높은 것을 의미한다. 만일 어떤 집단에서 많은 사람들이 일찍이 사망한다면 그 집단의 평균나이는 줄어들 것이다.

기타 사망원인 : 대부분의 환경조건에서 수렵 · 채집 집단은 만성적인 전염성 질병 이외에 화상이라든지 사냥 중의 부상이 주요 사망원인이다. 극지방 집단인 경우는 추위와 익사가 원인이다. 여성의 경우는 어릴 때 사망률이 높다. 또한 인류학적 연구에 의하면 수렵 · 채집집단에서는 유아 살해와 고려장, 희생 및 전쟁 같은 사회적 요인이 사망의 원인이다.

농업사회와 질병

화전농업이나 집약농업을 막론하고 농업사회에서 인류의 질병 유형은 전에 비해 아주 다르다. 농업은 더 큰 집단과 정착생활이 요구되기 때문이다(사진 13.5). 이렇게 주민집단의 크기의 증가와 비이동성은 질병의 전파에 중요한 의미가 있다.

전염성 질병 : 커다란 집단에서는 질병에 감염되기 쉬우며 병균이 잘 전염된다. 농업사회가 바로 이런 조건을 구비하고 있는데 주민집단이 증가하고 질병을 지닌 사람과 접촉할 수 있는 기회가 많기 때문이다. 결과적으로 농업사회에는 천연두와 홍역, 볼거리 및 수두 같은 질병이 자주 만연한다. 질병의 급성 전염은 주민집단의 크기에 따라 변하는데 커다란 주민집단에서만 급속히 전염되는 질병도 있다.

정착생활은 여러 방법으로 전염성 질병을 전파시킨다. 커다란 주민집단이 같은 지역에서 계속해서 살면 시궁창에 물이 고이고 열악한 하수시설과 오염된 식수로 인해 질병이 급격하게 진행된다.

농사짓는 방법 또한 생태 변화를 가져와 특정한 질병을 일으킨다. 집 주위에 쌓인 가축의 배설물도 질병의 원인이 되며 농사를 지을 때 비료로 사용되는 배설물과 접촉함으로써 질병에 걸릴 수 있다. 관개수로 또한 질병을 전파하는 역할을 하는 데 적도 지역의 농업사회에 유행하는 주혈흡혈충은 관개수로에 사는 달팽이가 옮기는 것으로 알려져 있다.

영양결핍에 따른 질병 : 농업은 인류에게 더 많은 식량을 공급하는 효과를 가져 왔지만 영양상태까지 개선시키지는 못했다. 쌀이나 옥수수같이 한 종류의 식량을 집중적으로 재배함으로써 오히려 인류에게 영양결핍에 의한 질병을 가져왔다. 예를 들어 옥수수를 주식으로 하는 사람들에게는 비타민 B 복합체인 니코틴산의 결핍으로 인한 펠라그라병과 단백질 결핍 증상이 나타나고 쌀을 주식으로 하는 경우는 단백질과 비타민 결핍을 초래한다. 그러나 무엇보다도 단일 곡물에 의존할 때 가장 큰 문제는 그 곡물의 작황이 나쁘면 식량부족 사태가 발생한다는 점이다.

농업 생산물은 또한 인류의 이빨에 심한 마모와 충치를 가져오는데 이런 점으로 보아 농업이 인류의 건강을 증진시킨다고는 할 수 없다. 오히려 농업으로의 전환에 의해 인류는 전염성 질병의 증가와 영양결핍 그리고 영양압박을 받게 되었다. 이렇게 생물학적 진화와 문화적 변화는 이점과 대가를 동시에 치러야 한다.

도시화와 질병

농업의 발달에 뒤이어 많은 집단이 도시화되었다. 도시 지역이란 주변 지역에 다양한 경제적 상품과 서비스를 제공하는 전문적인 직업집단이 있고 규모가 크고 인구밀도가 조밀한 주민집단을 말한다. 도시는 산업화된 근대 도시와 산업화되기 전의 중세형 도시preindustrial city로 나뉘며 각기 관련된 건강문제를 가지고 있다.

중세형 도시의 질병 : 이런 형태의 도시는 기원이 수 천년 전으로 올라가며 본래 지역의 행정 중심이나 시장으로부터 발달하였다. 주민이 증가하고 인구밀도가 높아지며 전염성 질

사진 13.6. 산업사회의 모습

병이 급격하게 퍼져 나갔다. 많은 초기 도시들은 오물이 싸이고 식수가 오염되어 유행성 질병의 전염에 원인이 되었다. 도시 주민들을 먹여 살리기 위해 주변지역으로부터 옮겨온 곡식이 도시 안에서 보관되었는데 중세 유럽의 경우 곡식을 집안에 보관하였다. 그 결과 쥐들과 해충들이 들끓어 질병의 확산이 용이하였다. 중세형의 도시이지만 메마른 지역에 있던 도시에서는 토기 등에 보관하여 해충의 접근을 막았다.

14세기 유럽에 창궐하였던 흑사병은 산업도시로 진입하기 전 단계의 도시에서 발생했던 잘 알려진 질병이다. 페스트로 알려진 이 질병은 대표적인 전염성 질병으로 들쥐의 이를 통해 페스트균이 전염된다. 유럽에서 도시화된 지역이 확대되면서 쥐의 수효도 급격히 팽창하였다. 1346년부터 1352년까지 유럽에서는 페스트로 인해 무려 2 천만 명 정도의 인구가 사망하였다. 이렇게 유럽에서 산업화에 따라 생태적 변화가 오면서 이와 쥐 그리고 질병이 빠르게 전파되었다. 오늘날에도 공중복건의 발달에 의해 발생율이 낮기는 하나 여전히 페스트는 남아메리카 지역 등에서 발병하고 있다.

산업화 도시의 질병 : 17세기에 시작된 산업화는 도시 지역의 인구를 증가시켰다(사진 13.6). 기술의 발달로 농업기술이 향상되어 더 많은 식량을 생산 할 수 있었다. 인구는 도시지역에서 팽창하였고 초기에 전염성 질병은 널리 퍼져 나갔다. 산업화가 진행되면서 점차 전염성 질병은 감소하고 비전염성 질병이 증가하였다. 이런 질병의 변화에 따라 사망률의 감소하였는데 특히 유아 사망률이 줄어들었고 사람들의 평균 수명이 증가하였다. 진화적으로 볼 때 이런 변화는 최근에 일어난 것이다.

문화 접촉

15세기부터 시작된 발견의 시대 이후 각기 다른 지역에서 살던 사람들 사이의 접촉이 활발해졌다. 이렇게 활발한 접촉은 집단사이에 문화적, 경제적, 및 정치적 문제를 불러왔을 뿐만 아니라 전염성 질병도 함께 전해졌다. 특히 어떤 질병에 면역성이 없는 집단에게 그 결과는 엄청난 것이었다.

문화접촉에 따른 역학적 영향은 많은 주민집단에서 찾을 수 있는데 특히 남아메리카 원주민과 태평양 섬 주민들의 경우가 그 대표되는 예이다. 수두와 홍역 볼거리 같은 전염성 질병이 이 시기에 신세계에 들어와 면역성이 없는 많은 원주민들이 사망하였다. 이 당시 질병은 기본적으로 구대륙에서 신대륙으로 전해졌으나 매독은 예외인 것으로 알려졌다. 매독은 구대륙과 신대륙사이에 교류가 시작된 15 세기 이후 유럽에 빨리 확산되었다. 신대륙의 유럽 식민지에서 많은 신대륙 원주민들이 매독에 걸렸다는 보고가 있다. 매독은 유럽에서 발병하여 신대륙으로 전파되었을까? 아니면 그 반대일까? 하는 것이 한때 논쟁의 대상이었다. 고병리학적 증거들에 의하면 유럽인들이 신대륙에 들어오기 전에 매독의 증거들이 신대륙에서 있었던 것으로 알려져 있다. 따라서 매독은 유럽인들이 신대륙에 오기 전에 이미 신대륙에서 발병하였던 것으로 보여진다.

역학적 전환

사망의 원인이 전염성 질병에서 비전염성 질병으로 바뀐 경향을 역학적 전환모델이라고 한다. 이 모델에 의하면 전환이전의 집단에서 사망률이 높은 데 특히 전염성 질병에 의한 어린아이들의 사망율이 높다. 의료기술의 발달과 공중보건 및 하수시설 등의 개선으로 유행병의 발병과 유행이 점차 줄어들었다. 사망의 일차적 요인은 전염성 질병에서 비전염성 질병으로 변해 갔다. 이런 경향은 평균수명의 증가와 맞물려 진행되었다.

역학적 전환은 인류의 수명에 영향을 미쳤다. 한 예로 1900년대 미국에서 평균수명은 49살이었으나 1994년에는 75.7세로 크게 증가하였다. 이렇게 인류의 평균수명은 산업화를 이룬 사회에서 역학적 전환과 함께 증가하였다. 지난 한 세기동안 유아 사망률은 감소하였고 사망의 원인으로는 전염성 질병보다 비전염성 질병이 증가하였으며 전체적으로 평균수명이 길어졌다. 그러나 인류의 평균수명은 늘어났으나 이는 개인의 최대 수명이 증가한 것은 아니다.

인류의 질병과 평균수명이 급격하게 변한 이유는 무엇일까? 산업사회에서 문화 변화는 건강관리와 공중위생 및 수질의 향상을 가져왔다. 이런 요인들에 의해 특히 어린아이들에 관한 전염성 질병의 전파와 영향이 감소되었다. 그 결과 많은 사람들의 수명이 연장되고 비전염성 질병이 증가하게 되었다. 이런 질병들이 진행되려면 오랜 시간이 필요하기 때문에 일찍이 사망하면 비전염성 질병이 진행될 기회는 그만큼 줄어든다.

도시화와 산업화는 또한 생태 환경의 변화를 가져왔다. 산업화에 따른 공기와 수질의 오염은 암과 기타 비전염성 질병을 유발하였다. 기술과 사회변화에 의해 알코홀과 흡연이 증가하여 질병을 증가시켰다. 저개발국가에서 유아와 어린아이에 대한 영양공급의 부족은 심각한 건강문제를 불러왔다. 생활관습, 압박, 조밀한 인구밀도 그리고 소음 같은 요인들도 질병을 일으키는데 한 역할을 하였다.

오늘날 문화적 변화와 질병의 발병율과의 관계에 관한 많은 연구가 있으나 인류의 모든 집단이 이를 경험한 것은 아니다. 많은 제 3 세계국가에서 유아와 어린아이들은 부적절한 건강관리와 엉망인 공중위생, 오염된 식수, 열악한 식량과 전쟁 등으로 사망률이 높다. 세계 어린아이의 8%가 태어난 첫 해에 사망한다는 보고가 있다.

인류 성장의 변화

역학적 전환은 질병과 사망률 이외에 아이들의 성장에 영향을 미친다. 지난 20세기에 많은 산업화된 국가에서 아이성장에 관한 여러 변화가 있었다. 여기서 변화란 단지 세대를 거치면서 성장의 유형이 어떻게 변하였는가를 말한다.

지난 세기에 관찰된 아이들의 변화로 키와 몸무게, 그리고 월경의 변화를 꼽는다. 많은 서구화된 나라에서 아이들의 키와 몸무게는 한 세기 이전 같은 나이의 아이들에 비해 크게 성장하였다. 여자아이들의 초경이 훨씬 빨라졌는데 이는 인류의 성장발달에서 가장 뚜렷한 변화를 보여준다. 이렇게 산업화된 국가에서 아이들의 성장의 변화는 유전적이기보다는 환경의 변화와 관련이 있다. 환경의 변화는 유전적 성장 잠재력을 증가시키나 앞으로 한 세기 안에 어느 선에서 성장이 멈출 것으로 가늠되며 이미 실제 성장이 저하되거나 멈추었다는 보고도 있다 .

위에서 언급한 변화는 개선된 영양상태와 어린아이 질병의 감소, 발달한 건강관리, 삶의 질의 개선과 가족의 축소 같은 환경요인들이 복합적으로 작용했기 때문으로 생각되지만 무엇보다도 개선된 건강조건으로 인한 어린아이들이 질병감소가 가장 중요한 요인이라는 연구가 있다. 따라서 인류의 역학적 전환은 인류성장에서의 오랜 변화와 관련이 있다고 하겠다.

현재의 문제들

인류의 건강과 질병의 진화는 역학적 전환으로 종말을 고하는 것이 아니라 지금도 계속되고 있다. 오늘날 문화의 변화에 의해 인류의 건강에 많은 변화를 가져오고 그 결과 건강상 문제를 가져오고 있으나 여기서는 후천성면역결핍증과 단백질-칼로리 결핍증을 살펴본다.

후천성 면역 결핍증acquired immune deficiency syndrome(AIDS) : 에이즈는 오늘날 세계 도처에서 발병하여 인류에게 가장 어려운 의료문제로 자리한다. 이 질병은 사람의 면역체계를 파괴시켜 마침내 사망하게 한다. 이 병은 사람의 면역결핍을 일으키는 바이러스HIV (human immuno-deficiency virus)에 감염됨으로써 발병한다. 이 바이러스는 성 관계를 통해 감염되는데 주로 항문 접촉 관계에 의해 감염된다. 또한 에이즈는 이 바이러스에 감염된 혈액을 수혈 받거나 약물사용자들에 의해 감염 된 주사바늘을 통해 전염된다. 감염된 산모의 경우 태아에게 감염된다.

미국에서 20세기 중반까지의 보고에 의하면 에이즈 감염자 어른의 경우 대부분은 남자에서 나타나는데 (82%), 특히 남자끼리의 성 관계를 가졌을 때 가장 높게 나타나며(44%) 정맥주사를 이용하는 마약사용자들이 다음으로 높게(20%) 나타난다. 여성 마약사용자가 감염된 경우는 7% 정도이며 여성이 남성과의 성 접촉으로는 7% 이하로 나타나며, 남성의 경우 여성과의 접촉으로는 4% 정도가 감염되었다.

미국 이외에 에이즈에 감염되는 유형은 국가에 따라 다르다. 예를 들어 아프리카의 많은 국가에서 에이즈의 초기 감염은 이성간의 성 접촉에 의해 발생한다. 에이즈 발병률이 미국에서는 감소하고 있지만 아프리카와 아시아에서는 증가하고 있다. 1993년도에 전 세계적으로 1천2백만 명 정도가 에이즈 바이러스를 지니고 있는 것으로 추산됐다.

에이즈가 비록 최근에 알려진 질병이지만 이미 문화에 중요한 영향을 미쳤다. 에이즈가 치명적인 질병으로 알려지면서 동성애자들에 대한 격리와 비난이 점증하는가 하면 미국에서는 에이즈에 걸린 아이의 집을 불태우는 사건이 발생하였다. 그러나 무엇보다 중요한 변화는 여러 파트너와의 성 관계가 줄어들거나 아니면 신분이 확실한 파트너와 관계를 갖는다는 점이다.

간단히 말해 에이즈의 확산은 질병이 생물학적으로 그리고 문화적으로 사회에 어떻게 영향을 미칠 수 있는 지를 보여주는 좋은 예로 물론 이는 새로운 현상은 아니다. 중세에 흑사병이 창궐한 이후 유럽의 예술과 문학에 끼친 영향은 지대한 것이었다.

에이즈나 흑사병 같은 질병을 연구하면서 의료인류학자들은 질병의 확산을 이해할 뿐만 아니라 질병과 사회와의 관계를 이해시키고자 한다. 건강과 질병은 동전의 앞뒤와 같은 것으로 우리 삶의 모든 면에서 영향을 끼친다.

단백질-칼로리 영양결핍 : 오늘날 세계가 당면하고 있는 중요한 문제는 낮은 질과 부족한 영양 상태로 수많은 유아와 성장기의 아이들에게 영향을 미친다는 점이다. 유아기에 영양이 부족하면 육체적으로 뿐만 아니라 정신적으로 심각한 영향을 미친다. 적절한 음식을 공급받지 못하면 유아와 어린아이들은 질병에 잘 걸린다. 제 3 세계 국가는 심각한 영양부족

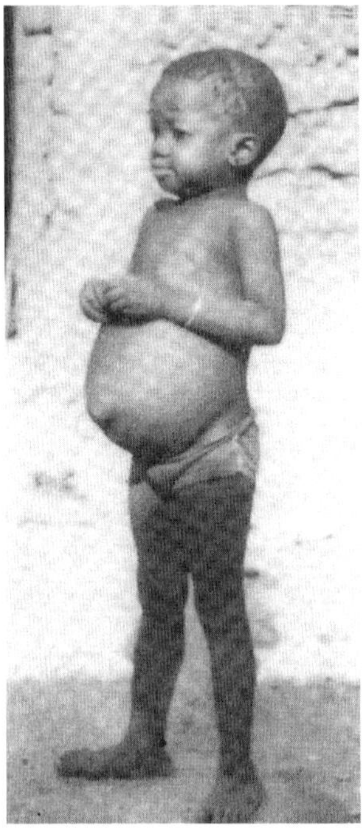

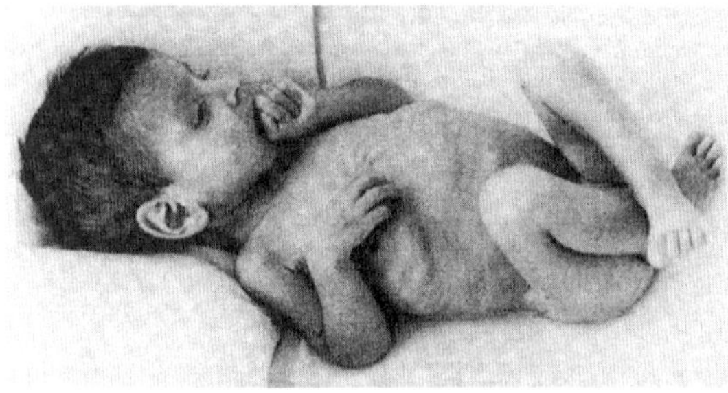

△ 마라스무스 질병은 단백질과 칼로리 결핍으로 인한 어린아이 질환이다.

◁ 카쉬오르코르를 앓고 있는 어린아이

사진 13.7. 영양실조에 걸린 어린아이들.

상태를 보이는 데 이는 과밀한 인구와 가난, 오염된 식수, 전염성 질병의 높은 발병률 및 경제, 정치적 혼란이 이런 상태와 관련이 있다.

단백질-칼로리 영양결핍으로 알려진 많은 영양 문제는 음식에 함유된 단백질이나 칼로리가 충분하지 못하기 때문이다. 바로 이 단백질-칼로리 문제가 오늘날 우리가 당면한 가장 심각한 영양문제이다. 유아나 어린 아이 때 단백질-칼로리를 충분히 섭취하지 못하면 성장장애의 문제가 발생하며 마침내 사망에 이르게 된다.

가장 심각한 단백질-칼로리 결핍은 카쉬오코르kwashiorkor(심각한 단백질의 결핍에 의함)와 마라스무스marasmus(심각한 단백질과 칼로리의 심각한 결핍에 의함)라는 질병으로 나타난다(사진 13.7). 카쉬오코르는 유아와 어린아이가 엄마의 젖에 단백질이 부족할 때 생긴다. 이 질병에 걸린 아이들은 성장장애와 근육무력증 및 질병에 대한 면역의 저하 등으로 고생한다. 이 질병에 걸린 아이들은 복부가 불록하게 나온다. 마라스무스병 또한 어린아이들에게 성장장애와 근육무력증을 가져오며 마침내는 사망에 이르게 한다. 이 병에 걸린 아이는 바짝 말라 뼈만 앙상한 상태가 된다. 영양결핍에 따른 이 병들은 개발도상국가에서 5~45 %에 이르는 아이들이 이 병으로 고통을 겪고 있는 데 이는 인류의 장래에 심각한 문제를 일으킨다는 점에서 소홀히 다루어서는 안된다.

비록 카쉬오코르와 마라스무스에 걸린 아이들의 겉모습은 다르지만 모두가 부족한 음식 때문에 생기는 질병이다. 인구의 증가와 가난이 이들 병의 발생에 중요한 요인이긴 하지만 영양을 무시하는 문화적인 요인, 즉 음식의 질보다 양을 강조하거나 젖을 떼는 시기가 너무 늦다던지 하는 것들도 원인이라는 연구가 있다. 따라서 이 질병을 예방하기 위해서는 적절한 음식의 공급과 더불어 영양에 대한 교육이 필요하다.

인류진화와 인구통계학적 연구

인류 집단의 경우 문화적 · 생물학적 관계는 인구의 통계적 연구에서 잘 나타난다. 인구의 통계적 연구인 데모그라피demography는 집단의 크기와 구성 그리고 분포를 연구하는 종합적인 학문으로 인류학자와 경제학자, 사회학자 등에 의해 연구가 진행된다. 인류의 건강과 질병 연구처럼 인류학에서는 인구의 통계적 연구를 진화적 관점과 비교 · 종합적인 관점에서 연구를 진행시킨다. 연구대상은 수렵 · 채집사회로부터 농경사회, 그리고 산업사회까지를 모두 망라한다. 여기서는 진화적 관점에서 인류의 진화 과정 중 인구 통계적 내용이 어떻게 변하였는지를 규명하고 종합적인 관점에서 인구의 통계적 과정이 생물학적 다양성과 문화적 다양성과 어떻게 연계되는가를 살펴본다.

인구 통계학적 연구

인구의 통계적 연구는 출산과 사망 그리고 이주의 과정에 초점을 맞춘다. 연구의 기본이 되는 자료는 정기적인 인구조사 자료나 출생통계와 사망통계 같은 자료를 바탕으로 한다. 이런 자료들이 없는 경우는 직접 인터뷰를 통해 인구통계자료를 얻는다.

집단의 전체적인 크기는 출산과 사망 그리고 이민에 의해 결정된다. 출산은 집단의 크기를 증가시키고 사망은 집단의 크기를 감소시킨다. 일반적으로 사망보다 출산이 높으면 인구는 증가한다. 인류집단의 출산과 사망 및 이민 같은 주제들은 문화적이고 생물학적 요인에 의해 영향을 받으며 이 주제들은 문화적이고 생물학적인 다양성에 영향을 미친다.

인류집단의 구성 또한 인구의 통계적 연구의 중요 내용으로 특히 집단을 구성하고 있는 남녀와 성의 구성이 연구대상이다. 집단 피라미드 방법은 어느 시점에서 나이와 성을 나타내주는 좋은 방법이다. 한편 출산과 사망 유형은 집단 구성원의 나이분포에 영향을 준다. 출산율과 사망률이 높은 집단은 다른 집단보다 더 많은 수의 유아와 어린이들이 있다. 경제가 발달하는 사회에서는 사망률이 감소하고 인구는 증가하고 나이든 사람들의 수효가 증가한다. 나아가 선진국에서는 출산율과 사망률이 감소하고 젊은 층의 수효가 줄어들며 나이 먹은 계층의 수효가 증가한다.

인구의 통계적 연구의 변화

오늘날 세계는 지속적으로 변하고 있으며 정보통신 수단의 발달로 세계는 더욱 가까워지고 있다. 인류의 수명은 점점 더 길어지고 국가간의 경제시스템도 서로 밀접하게 연관되어 있다. 인구의 통계적 상황 또한 사회, 정치 및 경제 변화에 의해 변하고 있다. 이런 변화에 의해 중요한 인구의 통계적 변화 내용을 살펴보자.

오늘날 많은 산업국가에서 진행된 인구의 통계적 변화는 인구의 통계적 전환모델로 설명되고 있다. 물론 이 모델이 모든 국가에 적용되는 지는 논쟁이 되나 많은 사회의 경우 변화에 대한 설명으로 유용하다.

이 모델에 의하면 집단은 경제가 발달하면 제일 먼저 사망률이 줄어들고 이어 출산율이 감소한다고 한다. 이 모델은 이런 과정을 세 단계로 구분하여 설명한다. 제1단계가 미개발국지역의 집단으로 높은 사망률과 출산율을 보여준다. 이런 경우 집단의 크기는 비교적 안정적이며 나이·성의 구조는 전형적인 피라미드형으로 밑은 넓고 위는 좁은 모습이다(그림 13.8).

제2단계는 개발도상국가들에서 보이는 유형으로 인구의 통계적 요인과 경제적 여건이 빠르게 변화하고 높은 출산율과 낮은 사망률을 보인다. 이는 공중보건과 의학 기술의 발달

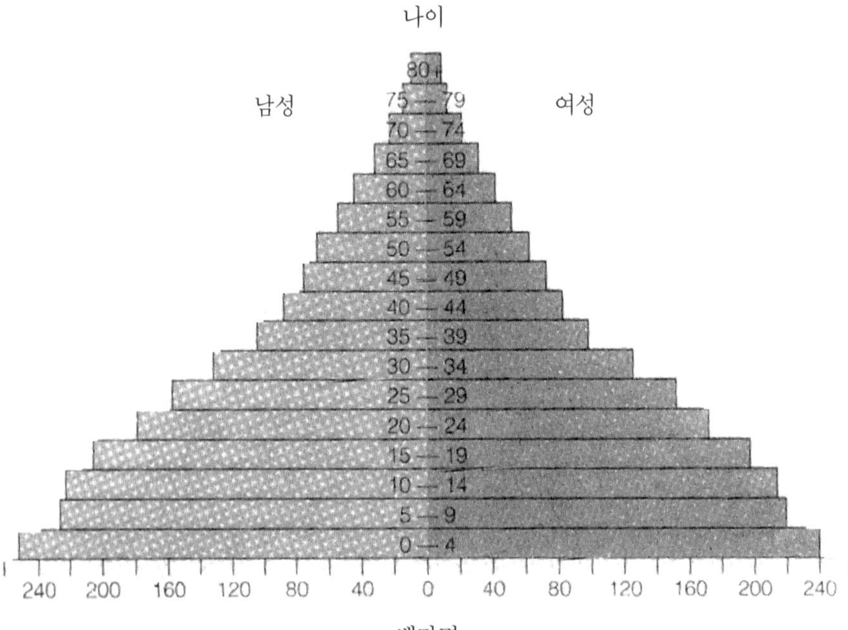

그림 13.8. 개발도상국의 나이와 성의 관계(1984년도)

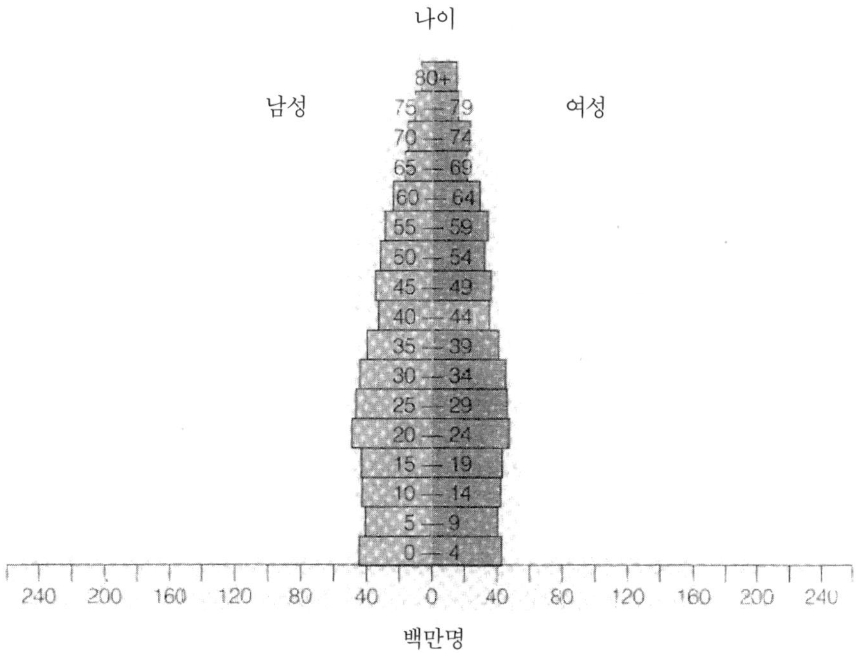

그림 13.9. 선진국에 진입한 사회에서의 나이와 성의 구조(1984년도)

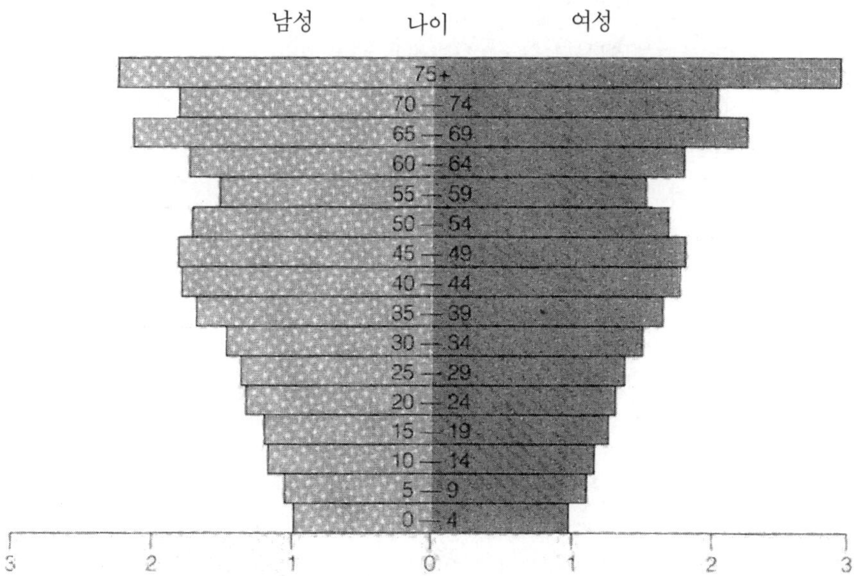

그림 13.10. 2034년도에 예상되는 독일에서의 나이와 성의 구조

에 기인하며 인구증가가 수반된다. 나이 · 성의 구조는 높은 출산율로 아직도 전형적인 피라미드형을 보인다(그림 13.9).

제3단계는 선진국에서 나타나는 유형으로 낮은 출산율과 사망율을 특징으로 한다. 기술적이고 사회적, 경제적인 변화와 교육의 혜택으로 사람들은 가족의 크기를 조절한다. 출산율은 감소하고 사망율도 감소하여 인구가 감소한다. 나이 · 성의 구조는 점점 네모형으로 변한다(그림 13.10).

이런 인구의 통계적 전환 모델은 사망율과 출산율의 경우 '높고' '낮음'의 기준을 설정하기가 쉽지 않다는 등의 여러 문제를 내포하고 있지만 사회변화에 따른 대체적인 윤곽을 그릴 수 있다는 점에서 유용하다.

세계 인구의 성장

세계 인구의 수효는 인류의 진화와 더불어 늘었는데 특히 지난 수세기 동안 엄청나게 그 수가 증가하였다. 선사시대 인구 수효는 정확하게 추론할 수는 없으나 여러 연구들에 의하면 50,000년 전에 세계인구는 약 130만 명 정도로 가늠하고 있다. 10,000년 전에는 600만 명 정도에 이른다. 이 수효는 수렵 · 채집사회와 그들의 땅의 이용 정도와 자원사용 정도carrying capacity를 추정하여 산출하였다.

농업의 발달과 확장이 진행되면서 세계 인구수효는 아주 빠르게 증가하였다. 가장 급격한 증가는 산업혁명 시기에 일어났다. 이 시기이후 세계 인구 수효의 증가는 현재와 같은 지수율로 증가하였다. 1750년부터 1950년까지 세계 인구는 3배로 증가하였다. 1950년부터 1990년 사이에 세계인구는 25억만 명에서 53억만 명으로 무려 112 % 증가하였다. 1995년 세계인구는 56억만 명이며 매일 39만 명 정도가 출산하고 14만 명 정도가 사망하여 매년 25만 명 정도가 증가하는 것으로 보고되고 있다. 2000년에는 60억만 명이 넘어섰으며 이런 정도로 인구가 증가하면 2050년에는 세계 인구 수효는 80억만 명이 넘으리라는 전망이다. 한편 선진국과 개발도상국가들이 계속해서 출산율을 조절한다면 2034년을 전후로 인구 증가율이 감소하리라는 연구도 있다. 이런 연구들에도 불구하고 현재의 경향은 인구가 계속해서 증가하는 추세이다.

국가들 사이에 인구성장이 다양하게 진행됨으로써 필연적으로 세계 인구의 통계적 윤곽에 중요한 변화가 있으리라 가늠되는 데 가장 큰 변화는 세계 10대 도시의 변화이다. 1990년대에 세계에서 가장 큰 도시는 도쿄와 뉴욕 및 서울이었으나 2034년에는 멕시코시와 샹하이, 그리고 베이징이 가장 큰 도시로 바뀔 것으로 전망된다.

21세기 전반기에 여러 국가들이 선진국 대열에 합류하면서 많은 문화적 변화를 가져올

사진 13.11. 서비스 · 정보사회의 모습. 미국 국회 도서관에서 사용 중인 컴퓨터. 디스크 한 장에 약 10,000쪽 이상의 정보가 수록되어 있다.

것으로 가늠한다(사진 13.11). 먼저 사회구성원의 나이 구성에 변화가 있어 네모형의 모습을 보이다가 2034년을 기점으로 서구 유럽사회는 산업사회에서 정보 · 서비스 사회로 전환되면서 나이든 계층이 다수를 이루는 사회로 변할 것으로 전망한다.

이렇게 나이든 계층의 수효가 증가하면 많은 문화적 변화가 함께 수반된다. 예를 들어 나이가 들어 정년 퇴임한 계층이 증가하면 사회에서 일하는 계층이 줄어드는데 이런 추세는 많은 일자리를 제공한다는 이점도 있으나 젊은 층이 더 많은 세금을 부담해야 한다는 문제가 발생한다. 나이든 계층의 증가는 많은 사회 · 경제적 문제를 제기하는 데 예를 들어 나이든 계층의 증가는 이들을 위한 사회복지 시설의 확충과 사회보장제도 및 건강관리 체계의 확립 등이 절대로 요구되기 때문이다. 한편 젊은 계층 및 나이 어린 계층의 감소로 모든 교육 시스템에 변화가 오며 이런 변화에 따라 경제적인 구조 또한 엄청난 변화를 수반한다.

이렇게 인류는 미래에 엄청난 변화를 예측하고 있지만 이런 문제들을 해결한 방법은 아직 알지 못한다. 그러나 이런 문제들을 바르게 인식함으로써 다양한 정치적, 경제적, 그리고 사회적인 요인들이 함께 하여 급격한 변화에 올바른 방향으로 대처할 수 있도록 준비해야 한다.

제14장 사회생물학의 소개

☞ 1975년 미국 하버드대학교의 동물학자인 윌슨E.O Wilson이 『사회생물학 : 그 새로운 이론 : sociobiology the new synthesis』 이라는 제목의 저서를 출판하였다. 이 책의 내용 중 90%는 동물의 행동에 관한 연구를 요약한 것으로 이 부분의 내용은 세계에서 격찬을 받았다. 그러나 그의 저서 중 나머지 10%는 사람에 관한 것인데 이 부분은 많은 학자들로부터 비난과 함께 많은 논쟁을 불러 일으켰다. 사람에 관한 이 부분의 연구는 윌슨에게 인종주의자, 남녀차별주의자, 엘리트 양성주의자, 생물학 결정론자 그리고 환원지지자 (과학에서 복잡한 이론 따위를 하나의 통일된 원리로 단일화하는 사람을 말함)라는 명칭을 가져다주었다. 그러나 실제로 대다수의 사회과학자들이 윌슨의 연구에 반대한 보다 중요한 이유는 동물학자가 그들의 분야에 침입해온 것을 환영하지 않았기 때문이다.

사회과학자들에 따르면 사람의 행위는 어떤 강요 없이 수없이 많은 문화 방법으로 배워서 얻는다고 한다. 이에 반해 사회생물학은 동물과 사람에 있어 나타나는 모든 형태의 행위에 영향을 미치는 것을 생물학적 요인(유전)으로 파악한다. 윌슨은 진화의 이론에 근거해서 동물과 사람의 행위에 관한 어떤 면을 체계 있게 설명하고자 하였다. 다시 말해 사회생물학은 동물집단에서 관찰되는 행위들을 설명할 수 있는 일반 법칙을 발전시켜 이 법칙을 인간에게 적응시키고자 한다. 이런 윌슨의 연구는 생물학자들과 사회과학자들에게 동물과 사람의 행위에 대한 연구를 진행하게끔 커다란 영향을 주었으며, 동시에 사회과학자들로부터 많은 비난을 불러 일으켰다.

생물의 집단에서 관찰되는 행위들

윌슨은 집단사회의 진화를 가장 잘 보여주는 동물들로 곤충을 꼽았다. 곤충의 세계는 사람들의 이해를 넘어 자기희생과 협동의 행위에 근거를 두고 있다. 이들 곤충의 사회는 매우 복잡하나 개개인의 행위는 상대로 단순하다. 예로 레몬이나 오렌지 등의 감귤류citrus나무에 살고 있는 위버 개미weaver 들의 집단을 보면 각각의 개미들은 아주 단순하게 행동하며 환경에 대한 적응능력이 거의 없으나 집단 그 자체는 뛰어난 적응능력이 있다. 이들 집단이 다른 나무 가지로 옮기거나 또는 어느 곳으로 이동할 때 개미들은 자신들의 몸으로 다리를 만든다. 많은 개미들이 잎사귀를 함께 운반하며 이 때 한 개미가 실크를 생산하기 위해서 유충 개미에게 자극을 주며 또한 잎사귀 가장자리에 망을 짜기 위해서 유충 개미를 조정한다. 이런 일들은 아주 고도의 작업이라 할 수 있는데 비록 이런 행위가 복잡하기는 하나, 각각의 개미들은 기계같이 행동한다. 그들은 자신들이 행하는 협동이란 행위를 알지 못하고 단지 그들이 갖고 있는 유전인자의 명령에 복종하는 것이다.

한 무리의 개미가 밤을 지낼 때는 약 70만 마리의 개미들이 함께 있다. 이들이 밤에 잠을 잘 때는 모두가 단단히 얽혀 있어 마치 한 마리의 생물체와 같다. 이때 개미들은 개인이 아닌 집단의 관계를 이루고 있다고 할 수 있다. 이런 경우 집단을 구성하는 구성원 사이에는 계속적인 전달이 있으나 집단 안에서 개인이라는 인식은 없다. 새벽이 되면 얽혀 있던 상태가 깨지고 개미들은 움직인다. 이렇게 자신을 생각지 않고 집단 행위를 유발하는 유전인자는 특히 새끼를 못 낳는 개미들에게 어떻게 전달되는가?

개미들의 이런 행위에 대한 답은 여왕개미에서 찾아진다. 각 일꾼개미들은 여왕개미 유전인자의 일부분을 가지고 있기 때문에 여왕개미와 일꾼개미들은 아주 가까운 관계가 있다고 할 수 있다. 결과로 집단을 돌보는 일꾼개미들은 그들 자신의 유전인자를 증가시킨다.

꿀벌도 그들의 세계에서 개미와 비슷한 관계를 가지고 있다. 개미들은 그들의 생활주기의 과정에서 새로운 여왕개미가 필요할 때는 완전히 자기를 버리고 남을 생각하는 마음과 행동인 자기희생이 조금 약해진다. 두 마리 내지 더 많은 새로운 여왕벌들이 그들의 집단 내에서 한 마리가 남을 때까지 싸우는 것은 한 본보기이다.

협동과 자기희생 그리고 응집력 등은 사회생활을 하는 동물들에게서 나타나는 행위인데, 이런 종류의 행위는 단순한 동물보다는 복잡한 동물일수록 약하게 나타난다. 키티웨이크라는 새는 암초 위에서 새끼를 키운다. 이 새들의 행위는 개미보다는 아주 복잡하지만 곤충들의 사회생활에서 보이는 협동과 자기희생 그리고 응집력 등의 어떤 행위도 이들에게서는 나타나지 않는다. 그럼에도 불구하고 개미와는 다르게 어른 키티웨이크 새는 살아남아서 진화한다. 이때에 이웃에 있는 키티웨이크들은 서로간에 아무런 관계가 없다.

이에 반해서 이웃을 잘 도와주는 놈은 자기의 유전인자를 자식에게 제대로 전하지 못하므로 남을 잘 도와주는 행위의 특징이 다음 세대로 잘 전달되지 못한다. 물개의 경우에도 이들의 사회행위는 개인에게 달려있기 때문에 대개 공격성을 띤 수놈의 유전인자가 주로 다음 세대로 전달된다.

젖먹이동물의 세계에서는 먼저 개인사이에 결합이 일어나고 그 다음에 집단 내에서 개인의 인식이 생겨난다. 한 예로 질라다 비비의 경우 수놈은 자기의 암놈 모두를 유지하고자 하며 또 모든 새끼들이 자기의 새끼임을 확인하고자 한다. 여러 수놈 중에 뛰어난 수놈은 자기의 자리를 지킬 것이며, 이들 사이에서 일어나는 갈등은 적절한 행위에 의해서 둔화된다. 실제로 많은 젖먹이동물의 경우 이들의 행위는 곤충에서처럼 협동하기보다는 질라다 비비처럼 갈등을 둔화시키게끔 고안되어 있다.

사회생물학자들은 질라다 비비의 이런 행위를 가능한 한 많은 새끼를 만들어 내려는 생물학적 전략으로 인정하고 있다. 우리는 이렇게 비비에 적용되는 생각을 사람에게 적용할 수 있다. 그런데 문제는 사람을 동물들과 같은 방법으로 다루는 것이 과연 타당한가 하는 데에 있다. 과연 사람의 부모는 가능한 한 많은 유전인자를 다음 세대에게 전하려 한다고 인정할 수 있을까?

동물이 자식을 생산하여 키우는데는 크게 두 가지 전략을 사용한다. 하나는 가능한 한 많은 자식을 생산하여 그 중 얼마가 살아남아 어른이 되기를 바라는 것이며, 또 다른 전략으로는 적은 수의 새끼를 낳고 이들이 살아남게 하기 위해 많은 투자를 하여 돌보는 방법이다.

사람의 경우 자식을 생산하여 키우는데는 한 가지 전략에 한정되어 있지 않다. 인간은 영양의 공급이 충분하지 않은 지역에서는 일부다처제를 지니고 있는데 이는 한 여자로 하여금 자식을 적게 갖게 하는 역할을 한다. 그렇게 함으로써 그들의 생존은 보다 확실하게 된다. 한편 일처다부제인 사회에서는 두 형제가 부인 하나를 공유하는데 이때 모든 아이들의 유전인자는 양쪽(아버지가 누구인지 상관없이) 남자로부터 물려받는다.

남아메리카에서 야나마토 원주민을 연구하는 한 인류학자는 이들의 마을들은 가까운 가족들 끼리로 이루어져 있음을 알았다. 그들은 자원이 풍부한 처녀림에서 살고 있는데 마을 하나의 규모는 매우 작아 주민은 120명이 넘지 않으며, 모든 마을을 본래 하나의 마을로부터 갈라져 나왔음을 알았다.

야나마토 부족은 다른 사람에 대해 공격적 행위를 보여 주는데 자기들과 혈연관계가 없는 사람들에게 더욱 그러하다. 그리고 마을은 그들이 충분히 커졌다고 생각되면 갈라져 새로운 마을을 만들며, 이때 이들이 지녔던 혈연관계 또한 깨져버린다. 야나마토 부족들에게 선물의 교환은 다른 부락들간에 협동을 가져올 수 있다.

사회생물학자에 의하면 인간은 자신의 유전인자를 공유하고 있는 사람만을 돕고자 하는 경향을 지니고 있는데, 이런 경향은 야나마토 부족들에게서 보이는 선물교환 같은 사회활동을 통해서 극복할 수 있다고 믿는다. 또한 야나마토 사회는 오랜 동안의 진화를 통해 이루어진 사회들과 같은 조건을 가지고 있으므로 이들에 대한 자세한 연구를 통해서 우리는 우리 자신들의 행위에 관한 생물적 근거를 더 명확히 그려낼 수 있다.

윌슨의 연구에 따르면 남성과 여성 사이에서의 노동의 분화는 유전 요인에 의해 일어난다고 한다. 예를 들어 사냥에서 필요한 협동을 위한 유전인자는 자식을 생산하는 데 이로움을 갖고 있어 이 인자는 집단에 퍼진다고 한다. 사회생물학자들은 남성과 여성이 다르게 행동하는 것은 그들의 행위를 일으키는 유전인자가 각기 다르기 때문이라고 주장하고 있다. 이런 사회생물학자들의 주장에 대해 많은 비판이 제기되고 있다. 비판자들은 어느 행위도 사회생물학자들이 주장하는 유전 요인에 의해서 일어난다는 증거가 없다고 지적하고 있다.

인간은 수 백 만년 동안 작은 무리를 이루고 살아왔다. 만일 무리에 있는 어떤 사람들이 서로 짝을 구하지 못하면 그들의 유전인자는 다음 세대로 전달되지 않을 것이다. 이렇게 부모의 특징은 세포의 염색체 안에 있는 유전인자라는 유전물질 안에 저장되어 자식에게로 전해진다. 유전인자의 기본구조는 뉴클레오타이드로 불리며 나선형으로 나타나며 이때 각각의 염색체는 수많은 유전인자를 가지고 있다. 그러나 어떤 유전인자 하나가 직접으로 인간의 행위에 영향을 주지 못한다. 윌슨이 지적하듯이 하나의 유전자가 한 행위에 책임이 있다는 일부 사회생물학자들의 주장은 잘못된 생각으로, 오히려 많은 유전자들이 서로 엉키어 각 행위의 범주에 영향을 미친다. 이 유전자들은 하나의 행위를 만드는 것이 아니라 가능한 범위를 짜는 것이다. 따라서 개인은 환경 자체가 변할 때 그 변한 환경에 다른 방법으로 반응할 수 있다.

그러나 문제는 이런 내용을 과학적으로 증명하기가 불가능하다는 점이다. 비판자들에 따르면 사회생물학자들은 그들 자신의 관념에 의해 인간의 행위를 잘못 이해하고 있다고 주장한다. 예로 개인들 사이에서 보이는 공격성은 때때로 전쟁을 설명하는 데에 이용된다. 그러나 실제로 전쟁이란 정치성 이유에서 일어나는 것이지, 개인이 지니고 있는 공격성과는 하등 상관이 없다는 점이다. 전쟁에서 사람들이 싸우는 것은 어떤 이데올로기에 대한 신념이나 아니면 군대에 징집을 당했기 때문이지, 적군 개개인에 대한 적개심을 가지고 있기 때문은 아니다.

사회생물학자를 비판하는 학자들은 배워서 얻어진 행위의 전달방법은 생의 시작만큼이나 중요하다고 말한다. 한 예로 지난 25년 간 뉴기니아의 부족은 트랙터를 운전하고 비행기를 조종하며, 의사가 되고 국회를 만들고 하는 것을 배웠다. 이들 중 어느 것도 유전인자 안에 있는 것이 아니라 배워서 알게 된 것이다.

그러나 사회생물학자들은 비록 행위에는 문화 요소들이 있지만 전 세계에 살고 있는 사람들의 행위에는 서로 공통되는 특성이 있으며 이에 대한 설명이 필요하다고 믿는다. 한 예로 이스라엘의 키브즈에 사는 사람들은 인간행위에 관해 놀랄만한 면을 보여주고 있다. 키브즈에서 대등한 조건을 가진 아이들끼리 모인 집단에서 아이들은 부모와 떨어져서 자랐다. 아이들은 서로가 오빠와 누이들 같았으며 이렇게 자라난 아이들은 비록 그들이 서로 인척이 아니라도 결코 서로 결혼을 하지 않는다.

모든 인간사회는 근친상간을 금기로 한다는 점을 일반으로 인류학자들은 문화 측면에서 규명하고자 한다. 그러나 사회생물학자들은 키브즈에서 자란 사람들은 대등한 집단에서 자란 사람과 결혼을 하지 않는다는 사실에 근거해서 근친사이에 결혼을 피하고자 하는 유전요인이 있다고 생각하였다. 실제로 가까운 인척사이에 결혼을 기피하는 것은 유전 문제를 야기할 수 있는 근친교배를 막는 데 도움이 될 것이다.

죠셉 쉐퍼Joseph Sheffer라는 이스라엘의 한 교수는 원래 키브즈 구성원의 다수는 주로 개인주의 교육을 받은 유럽사회에서 이주해 왔다고 지적한다. 키브즈에서 이주민들은 본래가 아주 신앙심이 있기도 하였지만, 함께 모여 배우기 시작하면서 불가지론자가 되었다고 한다. 이런 변화는 강력한 이념에 의해서 이루어졌다. 키브즈의 특징은 아이를 기르는데 있어서 경험을 중요시했을 뿐만 아니라, 성에 따른 노동의 구분이 없다는 데에 있다. 다시 말해 키브즈에서는 이론상 남 · 여라는 성에 따른 노동의 구분이 없다. 그러나 여성들은 여전히 부엌이나 세탁장에서 일하며, 남자들은 들판에서 일하거나 경영 또는 경찰업무 같은 일들을 주로 담당한다. 이렇게 키브즈의 남 · 여에서 관찰되는 이런 행위들은 유전적 근거에 바탕을 두고 있는 것일까? 아니면 대다수의 사람들이 믿고 있는 것처럼 단지 강제성을 띤 사회규범 때문일까? 하는 의문이 제기된다. 심지어 여자가 남자들과 함께 일하는 곳에서도 여자들은 낮에 아이들을 방문할 권리를 위해 투쟁했으며, 또한 밤에 자식들과 떨어져 있는 것에 불만을 터뜨렸다.

쉐퍼는 어떤 강력한 이념에 의한 효과도 아직은 우리들의 유전인자의 효과만큼 강력하지 못하다고 주장한다. 그러나 인간은 자신의 운명을 변하게 할 수는 있지만 한계가 있음을 알 수 있다. 키브즈 사회는 사회적, 정치적 그리고 생물학적 측면에서 볼 때 일반 사회와는 달리 제한된 사회이다. 그러나 키브즈가 아닌 일반 사회구조를 사회, 정치 그리고 생물학적인 측면으로 따로따로 나누어 본다는 것도 불가능하다는 점을 염두에 두어야한다.

사회생물학 연구의 문제와 전망

윌슨 등은 사람의 행위를 곤충의 행위를 통해 살펴보고자 하였다. 그러나 인간은 곤충과는 다르게 사회윤리의 관점에 근거해서 자신들의 행동을 선택하는 자유를 가지고 있다.

그러나 윌슨과 그에 동조하는 학자들은 인간으로부터 그들만이 누리고 있는 이런 선택의 자유라는 특성을 빼앗아갔다. 따라서 인간을 생물학적 측면에서 분석하는 학자들은 인간의 윤리적 측면을 강조하는 철학자들에게 인간 개개인들이 보여주는 특별한 행동에 관해서 그런 행동들이 왜 일어나는지, 또 그 행동들을 어떻게 생각하는지를 설명해야 할 과제를 가진다.

『이기적 유전자the selfish gene』라는 책의 저자인 리차드 도킨스Richard Dawkins는 복잡한 원리를 하나의 통일된 원리로 단일화하기를 좋아하는 사회생물학자인데 그는 유전인자란 단지 '복제를 조절하는 유전 요소들' 이라고 기술하였다. 그에 따르면 지금 이들 유전인자는 인간의 몸 안에 있으며, 이들이 인간을 만들었고, 인간은 유전인자의 생존을 위한 기계일 뿐이라고 지적한다. 그리고 성이란 유전인자가 한 세대에서 다른 세대로 전해지는 수단일 뿐이라고 한다.

지금까지 위에서 거론된 내용들은 우리들에게 인간의 행위를 진화라는 입장에서 살펴보아야 한다는 점을 암시하고 있다. 그러나 인간을 오직 생물학적인 측면에 보는 것을 비판하는 측에서 두려워하는 것은 인간이 저지르는 나쁜 행위의 근거는 유전 요인에 기인하기 때문에, 따라서 이를 방지하고 근절하기 위한 사회제도와 노력은 소용없다는 결론을 내리지나 않을까 하는 데 있다.

오늘날 발달한 유전학의 연구 결과 우리는 어떤 유전 질환들을 치료할 수 있다. 그러나 인간의 어떤 유전성 질환을 완전히 치료하기 위해서는 인간의 유전 특성을 완전히 이해한 후에야 치료가 바람직하다. 발달한 유전학의 지식은 인간으로 하여금 그들이 싫어하는 자신들의 유전인자들을 제거할 수 있는 시기가 곧 현실로 다가오고 있다는 사실을 알려주고 있다. 그러나 보다 중요한 것은 인간이 자신들의 유전인자들에 관해 충분히 이해한 후 에야만 바람직하다는 점이다.

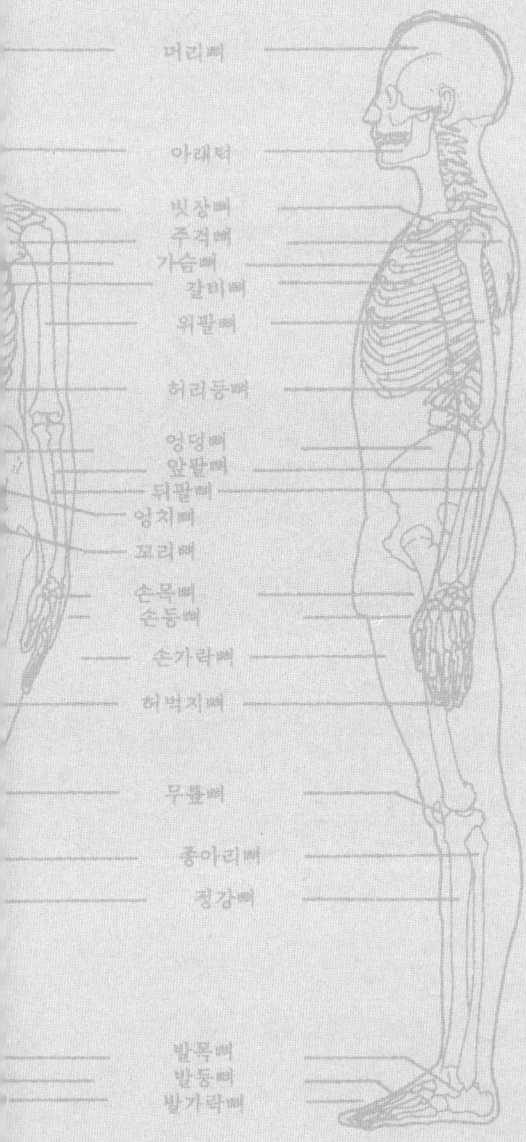

부록

- 사람의 뼈대
- 참고문헌
- 찾아보기
- 생물인류학의 오늘과 내일

사람의 뼈대

사람 몸의 얼개는 매우 복잡하고 많은 부분으로 나누어지는데, 몸의 얼개 중, 뼈대의 모양과 기능은 해부학의 중요한 한 분야이다. 뼈와 이빨은 자연 부패 과정에서 화석으로 잘 남을 수 있기 때문에 사람이 죽어 땅에 묻힌 후 잘 보존되는 부분이다. 인류학자들은 이들 화석을 통해 이 주인공이 얼마나 큰 몸집을 가졌는지, 얼마나 오래 살았는지, 또 건강상태는 어떠했는지 등을 알 수 있다. 더욱 중요한 것은 이들 화석의 연구를 통해서 화석 주인공들의 행위에 대한 실마리를 얻을 수 있는데, 가장 중요한 것으로는 걷기 방법과 이들의 행위 그리고 이들이 먹던 음식 등을 가늠할 수 있다.

복원은 기능과 연관 있는 이빨이나 뼈들의 모양이나 형태를 관찰함으로써 가능하다. 복원된 모습을 통해 유전적 특징을 알 수 있으며, 또한 해부학적 모습은 이들이 살았던 환경과의 관계에서 형성되었기 때문에 이들의 모습은 유전 특징의 산물이자 또한 이들이 살았던 환경의 산물이라고 말할 수 있다.

뼈와 이빨

뼈의 얼개, 기능 그리고 성질

뼈의 얼개(구조) : 뼈는 살아 있는 복잡한 유기체이다. 뼈는 1/2이 무기질이고, 1/4이 유기질, 1/4이 물로 되어 있으며 그 안은 골수로 채워져 있다. 노란 골수는 지방을 함유하고 있고 붉은 골수는 붉은 철세포를 만든다. 뼈는 살아 있는 물체로 자라나는 과정 동안 변하며 심지어는 어른인 경우에도 모양이 바뀔 수 있다. 뼈는 한창 성장하는 나이일 때 많이 자라며 어른이 되었을 때는 성장이 멈춘다.

긴뼈의 경우, 뼈 양끝이 자란다. 뼈의 끝 부분은 연골로서 세포들로 형성되어 있다. 이 세포들은 광물질을 받아들여 그 수가 줄어들며 주위는 핏줄로 채워져 있다. 특별한 세포는 안으로 이동하여 점차 무기질화 된 연골로 변하면서 뼈 안으로 들어간다. 긴뼈들의 경우, 오스테온 또는 하버시안체계(osteon 또는 haversian system)라고 부르는 세포안에 하버시안관이 있는데 이 관을 통해서 핏줄이 뼈와 다른 조직과 연결되어 있다.

뼈대의 기능 : 많은 머리뼈 화석들이 조각난 상태로 발견되는데, 머리뼈는 모든 감각기관들을 감싸고 있기 때문에 중요하다. 특히 골을 감싸고 있고 몸에 에너지를 공급하기 위해 절대적으로 필요한 입이 있다. 뼈대는 동물의 몸체를 바쳐주고 보호하는 구실을 하며, 또한 동물이 재빨리 그리고 효과적으로 움직이게 하는 기능을 가지고 있다. 즉 뼈대는 몸체를 지탱, 보호하고, 운동할 수 있는 기능을 지닌다.

해파리같이 뼈대가 없는 동물들은 천천히 움직일 뿐이다. 곤충들이나 거미들과 게들은 갑옷겉뼈대를 가지고 있는데 이는 단단하고 가벼운 키틴질로 떼어질 수 있다. 몸 안의 뼈대들은 몸을 자유롭게 구부리며 빨리 움직일 수 있도록 도와준다. 사람의 경우 뼈들은 특별한 기능을 가지고 있는데 머리뼈에서는 단지 아래턱만이 움직일 수 있다.

등뼈대는 머리등뼈, 가슴등뼈, 허리등뼈로 이루어진 기둥으로 중추신경을 보호한다. 사람에게는 보통 12쌍의 갈비뼈들이 있으나, 20명 중 1명은 13쌍을 가지고 있으며 갈비뼈통은 내장을 보호한다.

사람은 팔뼈와 다리뼈들로서 몸체를 움직일 수 있고, 발뼈로 바로 설 수 있으며 또한 걸을 수 있다. 팔굼치, 무릎과 턱은 돌쩌귀 같이 움직인다. 손목은 부드럽게 움직이고 어깨는 볼과 소켓형태로 만난다. 많은 뼈들은 언제나 함께 움직이는데 이것으로 사람은 부드러운 동작을 할 수 있다.

한편 머리뼈 부위에서 근육과 머리뼈가 어떻게 서로 작용하는지를 살펴보기로 하자. 뼈들은 몸에 있어 기본구조의 역할을 하면서 동시에 스스로가 움직일 수 있다. 뼈들의 운동은 결국은 근육들의 운동에 달려 있다. 한 예로 음식이 입안으로 들어오면 입은 씹는 운동을 하게 되는데 이는 음식을 잘게 부수어 뒤로 보내기 위한 운동이다.

옆머리뼈힘살temporalis m.은 아래턱과 옆머리뼈에 붙어 있다. 이 근육의 수축에 의해서 아래턱이 위턱에 당겨 붙어 있게 된다. 턱의 바깥쪽에 붙어서 아래턱을 잡아 당기는 역할을 하는 또 다른 근육으로 턱모서리힘살masseter m.이 있다. 턱안쪽으로는 또한 이들 외에 턱을 잡아 당기는 역할을 하는 턱안힘살pterigoid m.이 있다. 턱모서리힘살과 탁안힘살은 함께 멜방 같은 모양을 하며 턱의 안팎에서 턱을 잡아 당기는 역할을 한다.(그림5.3)

뼈의 성질 : 뼈는 그 무게에 비해 매우 강하기 때문에 몸체를 유지하는 데 매우 유용하다. 한 예로 72kg의 몸무게가 나가는 사람은 약 13kg 정도의 뼈를 가지고 있을 뿐이다. 이에 비해서 같은 무게의 철근 구조물이 같은 강도를 유지하기 위해서는 사람 비해 4-5배 정도의 철근무게를 가져야 한다. 다른 예로 참나무로 된, 속이 빈 낚시대와 속이 찬 낚시대를 비교해 보면 속이 빈 낚시대가 약 50 % 정도 더 강하다.

뼈는 구성하고 있는 화학 성분 때문에 또한 강하다. 뼈의 약 1/4을 이루고 있는 유기질인 단백질에 의해 뼈는 매우 탄력을 갖게 되며, 뼈의 약 1/2 정도를 이루는 무기질은 뼈를 강하게 하지만 뼈를 갈라지게 한다. 그러나 실제로 뼈는 유기질과 무기질의 성질이 합쳐서 단단한 성질을 이루며 이처럼 단단한 뼈의 성질과 뼈 속이 빈 구조 때문에 뼈는 가장 가벼우면서도 가장 강도가 센 특성을 지니고 있다.

이빨의 얼개와 기능

이빨의 얼개 : 이빨의 얼개는 고인류학자들에게 인류의 진화에 관해 많은 정보를 제공한다. 인류의 이빨에서 찾아지는 특징은 영장류를 비롯하여 젖먹이 동물 모두에게 적용된다.

젖먹이 동물은 앞니incisor, 송곳니canine, 옆니premolar, 어금니molar의 모양이 서로 다른 모양의 이빨을 가지고 있다. 젖먹이 동물들은 이빨의 수에 차이가 있는데 표준 이빨 틀은 I 123/123, C 1/1, P 1234/1234, M 123/123으로 표시되는데 , 이를 간단히 표시하기 위해 가운선을 기준으로 한쪽만 3.1.4.3/3.1.4.3 으로 표시한다. 인류는 2.1.2.3의 구조를 지니고 있다.

인류는 젖먹이동물의 기본적인 이빨 얼개를 지니고 있다. 젖먹이 동물의 앞니는 비교적 작고 편편한 모양을 하고 있다. 송곳니는 크고, 이빨 끝이 날카로우며 다른 이빨보다 더 솟아나 있다. 옆니는 작은 편이며 씹는 면이 불록 솟아나 있는데 이를 도드리cusp 라고 부른다. 또한 옆니는 이빨 표면 사기질에 돌아가면서 덧띠가 발달해 있었는데 진화과정 중 이 덧띠는 옆니와 어금니에서 곁도드리로 변하였다.

또한 도드리는 낱개로 찾아진 이빨의 위치와 순서를 결정하는 데 이용된다. 도드리를 뜻하는 단어 끝에 -cone가 붙으면 위 이빨을, -conid 는 아래 이빨을 나타낸다. 사람과 유인원의 경우, 위어금니의 경우 protocone 은 항상 이빨 앞 · 안쪽(mesial-lingual)에 자리하며, 아래어금니의 경우, protoconid는 이빨 앞 · 바깥쪽(mesial-labial 또는buccal)에 자리한다.

기본적인 해부학 용어들

뼈대를 다루기 위해서는 해부학 용어에 관한 정확한 의미를 알아야 한다. 이 용어들은 사람뿐만 아니라 젖먹이동물 모두에게 적용된다. 해부학에서 사용되는 가장 기본 용어들은 아래와 같다.

1. 해부학적 자세 anatomical position : 해부학상 자세란 사람이 똑바로 두 발을 모은 차렷자세를 하고 오른손의 손바닥이 앞을 향해 있는 모습을 말한다. 이런 자세로 서 있으면 긴 뼈들이 서로 교차되지를 않는다. 만일 손등이 앞으로 향하면 앞팔뼈와 뒤팔뼈가 서로 교차

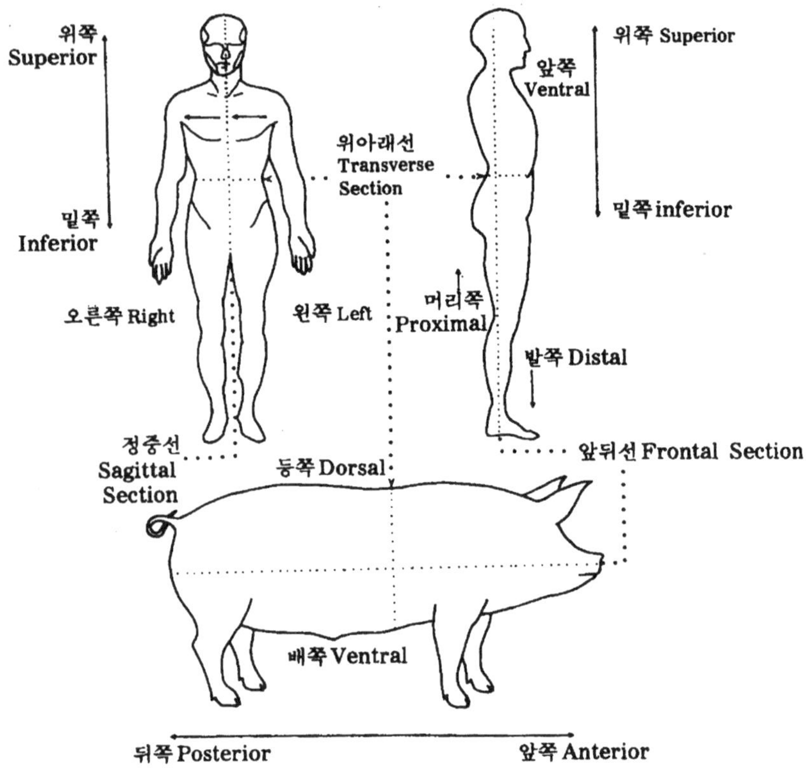

그림 1. 몸체의 방향

되는데, 팔꿈치에서 앞팔뼈는 뒤팔뼈보다 밖에 있으나 손목에서는 반대 위치에 있다.

한편 뼈의 방향에 관해 말할 때(그림 1), 뼈대는 항상 우리 자신이 서 있는 자세에서 시작된다. 사람이 이렇게 해부학적 자세로 서 있을 때는 아래와 같은 3 개의 기본선planes으로 나누어진다.

1) 정중선 (sagittal 또는 midsagittal plane) : 몸을 좌우로 이등분하는 선

2) 앞뒤선 (frontal 또는 coronal plane) : 몸을 앞뒤로 이등분하는 선

3) 위아래선 (transverse 또는 horizontal plane) : 몸을 위아래로 이등분 하는 선

2. 몸체와 뼈대에서 쓰이는 방향에 관한 낱말 : 여기에서 방향을 나타내는 데 쓰이는 낱말은 상대적인 뜻을 지닌다.

1) 몸체

앞쪽 (anterior) : 몸체의 앞쪽 부분

뒤쪽 (posterior) : 몸체의 뒤쪽 부분

위쪽 (superior) : 머리쪽에 가까운 부분

밑쪽 (inferior) : 발쪽에 가까운 부분

가운면 (median plain) : 몸을 오른쪽과 왼쪽으로 나누는 면

안쪽 (medial) : 가운면에 가까운 부분

갓쪽 (lateral) : 가운면에서 먼 부분

2) 사지뼈

머리쪽 (proximal) : 머리쪽에 가까운 부분

발쪽 (distal) : 머리에서 먼 부분

3. 이빨의 방향(그림 2)

앞쪽 (mesial) : 이빨이 턱앞쪽에 가까운 경우

뒤쪽 (distal) : 이빨이 턱앞쪽서 먼 경우

입술쪽 (labial 또는 buccal) :

혀쪽 (lingual) :

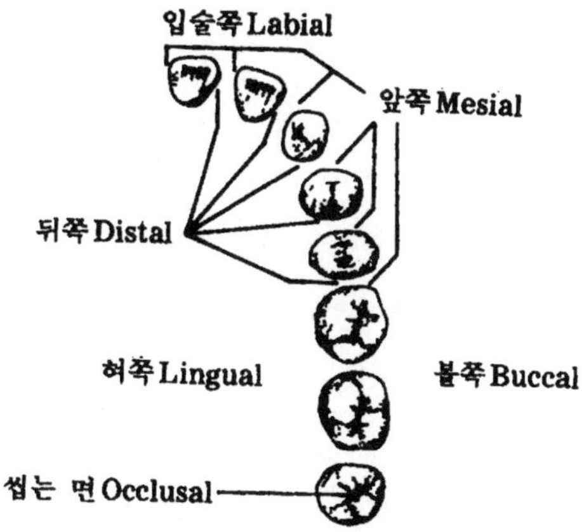

그림 2. 이빨의 방향

4. 모양에 따른 뼈의 구분

뼈는 모양에 따라 긴뼈, 짧은뼈, 납짝뼈 그리고 불규칙뼈로 나누어진다.

1) 긴뼈 : 사지뼈를 이루고 있는 뼈로 몸무게가 일부 여기에 실리고, 근육이 붙어, 몸이 움직이기에 필요한 지렛대의 기능을 가지고 있다.

2) 짧은뼈 : 손등뼈와 발등뼈를 말한다. 뼈는 단단하고 신축성이 있다.

3) 납짝뼈 : 머리뼈와 엉덩뼈 그리고 주걱뼈를 포함한다. 이 뼈들은 감싸고 있는 기관을 보호하고, 근육이 와서 닿는다.

4) 불규칙뼈 : 등뼈와 손가락, 발가락뼈, 머리뼈의 일부가 여기에 속한다.

이외에 뼈대에는 인대가 붙는 자리가 뼈에 남아있게 된다. 이런 자리를 크기에 따라 볼록점tubercle, 불룩점tuberosity, 솟은점trochanter, 솟기process등으로 부른다.

뼈대의 이름

몸의 힘살과 힘살띠(인대) 그리고 두터운 덧(건)들은 모두 뼈대에 걸리는데 뼈대를 이루고 있는 각 뼈들은 모두 이름을 갖고 있다(그림 3). 어른의 뼈대는 206개의 뼈들로 구성되며 그 중 상당수가 쌍으로 되어 있다. 태아일 때는 800개의 뼈를 만드는 부분이 있고 400개는

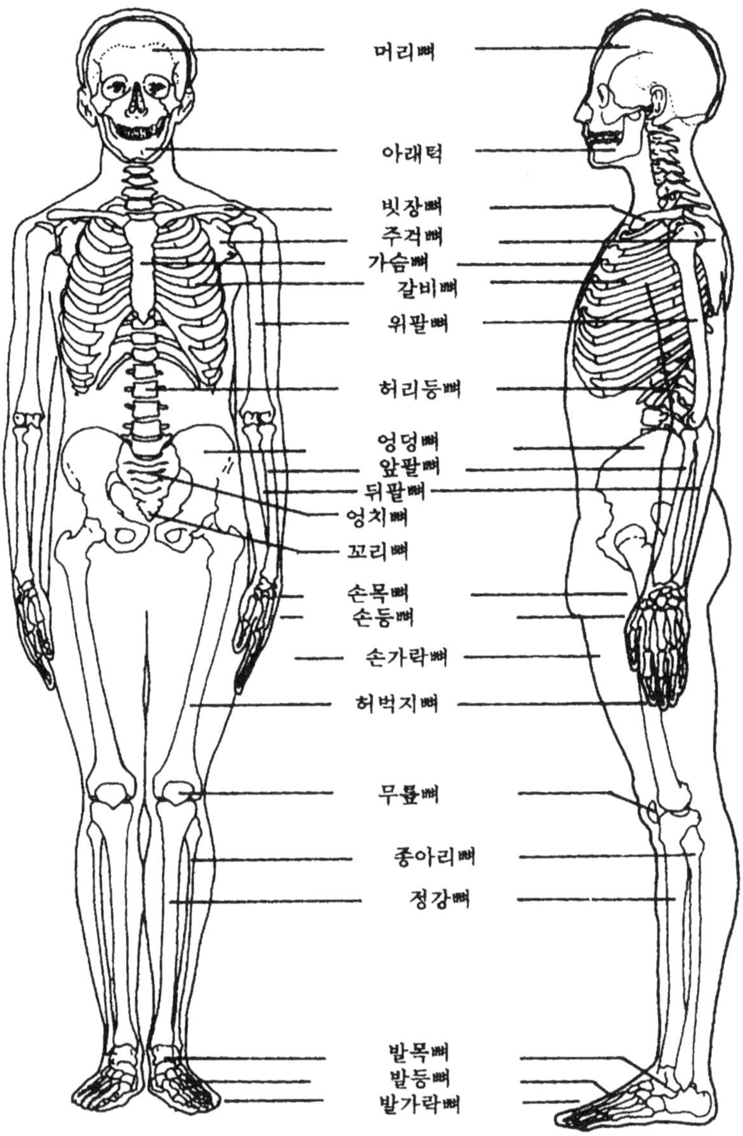

그림 3. 사람의 뼈대

태어날 때 뱃속에 남으며, 자라서 어른이 되면 206개의 뼈만 남는다.

뼈대를 이해하는 데는 사람 자신이 훌륭한 길잡이가 된다. 즉 자신의 몸의 구조를 생각하는 것이 가장 좋은 방법이다. 뼈대는 크게 머리뼈cranium와 몸체뼈대로 구분된다.

1. **머리뼈**(Ossa cranii) : 머리뼈는 이음새(縫合 : sutura ; sutures)라고 불리우는 접합에 따

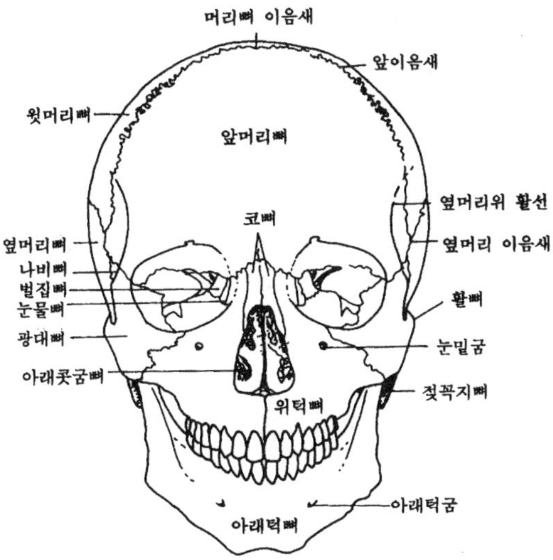

머리뼈 이름(앞면)

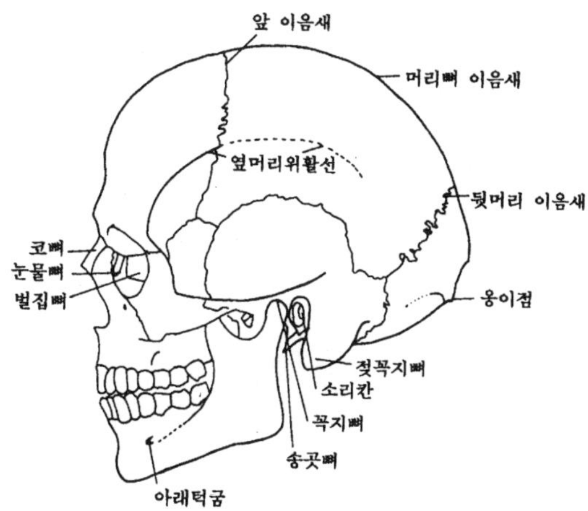

머리뼈 이름(옆면)

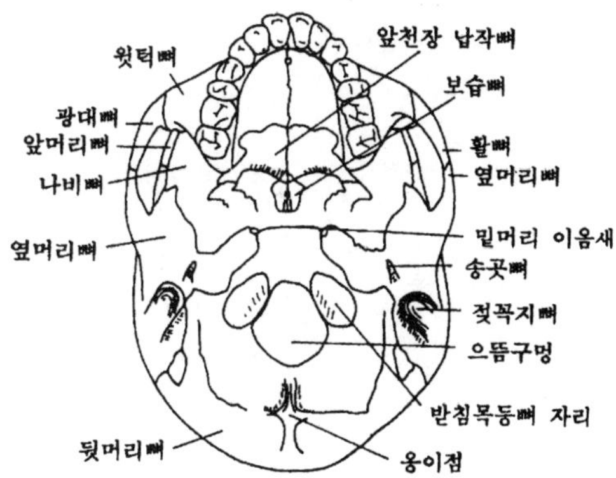

머리뼈 이름(밑면)

그림 4. 머리뼈 각 부위의 이름

라서 여러조각으로 나누어진다. 머리뼈는 어느 부분은 한 개의 뼈로 이루어져 있으며, 어느 부분은 쌍으로 이루어져 있다(그림 4).

머리뼈 이음새

앞머리 이음새 (Sutura coronalis : 冠狀縫合) : 앞머리뼈와 양 윗머리뼈를 잇는 이음새

윗머리 이음새 (Sutura sagittalis : 矢狀縫合) : 윗머리뼈를 잇는 이음새
뒷머리 이음새 (Sutura lambdoidea : 人字縫合) : 양 윗머리뼈와 뒷머리뼈를 잇는 이음새
옆머리 이음새 (Sutura squamosa : 鱗狀縫合) : 옆머리뼈와 윗머리뼈를 잇는 이음새

머리뼈대 이름과 수 (그림 5.10-5.12)

하나로 된 뼈		수
앞머리뼈 (Os frontale)	前頭骨	1
뒷머리뼈 (Os occipitale)	後頭骨	1
나비뼈 (Os sphenoidale)	蝶形骨	1
아래턱 (Mandibular)	下顎骨	1
벌집뼈 (Os ethmoidale)	篩 骨	1
보습뼈 (Vomer)	鋤 骨	1
목젖뼈 (Os hyoideum)	舌 骨	1
모듬		7
쌍으로 된 뼈		
윗머리뼈 (Os parietale)	頭頂骨	2
옆머리뼈 (Os temporale)	側頭骨	2
코뼈 (Os nasal)	鼻 骨	2
위턱 (Maxilla)	上顎骨	2
광대뼈 (Os zygomaticum)	頰 骨	2
눈물뼈 (Os lacrimale)	淚 骨	2
입천장뼈 (Os Palatinum)	口蓋骨	2
아래뼈콧굼 (Concha nasalis inferior)	下鼻骨	2
말레우스 귀뼈 (Malleus)		2
인카스 귀뼈 (Incus)		2
스티에프 귀뼈 (Stapes)		2
모듬		22

2) 몸체뼈대

하나로 된 뼈		
목등뼈 (Vertebrae cervicales)	頸 椎	7
가슴등뼈 (Vertebrae thoracicae)	胸 椎	12
허리등뼈 (Vertebrae lumbales)	腰 椎	5
엉치뼈 (Os sacrum)	仙 椎	1
꼬리뼈 (Os coccygis)	尾 椎	1
가슴뼈 (Sternum)	胸 骨	1

모듬		27
쌍으로 된 뼈 (몸체 윗부분)		
주걱뼈 (Scapula)	肩甲骨	2
빗장뼈 (Clavicula)	鎖　骨	2
갈비뼈 (Costae)	肋　骨	24
위팔뼈 (Humerus)	上腕骨	2
앞팔뼈 (Radius)	橈　骨	2
뒤팔뼈 (Ulna)	尺　骨	2
손목뼈 (Ossa carpi)	手根骨	16
손등뼈 (Ossa metacarpi)	中手骨	10
손가락뼈 (Ossa digitorum manus)	基節骨	28
모듬		88
쌍으로 된 뼈 (몸체 아래 부분)		
엉덩뼈 (Os Coxae)	骨　盤	2
밭침뼈 (Os ilium)	腸　骨	
감춤뼈 (Os pubis)	恥　骨	
앉음뼈 (Os ischii)	坐　骨	
허벅지뼈 (Femur)	大腿骨	2
무릎뼈 (Patella)	膝蓋骨	2
정강뼈 (Tibia)	脛　骨	2
종아리뼈 (Fibula)	骨	2
발목뼈 (Ossa tarsi)	足根骨	14
발등뼈 (Ossa metatarsi)	中足骨	10
발가락뼈 (Ossa digitorum pedis)	基節骨	28
모듬		62
모든 모듬		206

사람뼈 재기

사람의 체질 특징을 비교하기 위한 방법으로 해부학적 형태를 비교하는 방법과 특징을 객관화하기 위해 수치로 표시하는 재기방법을 사용한다. 일부 학자들은 재기 방법의 중요성에 의문을 제기하고 있으나 이는 방법 자체보다는 오히려 단지 재기목록을 만들기 위해 재기를 하는 것을 지적한 것이다. 다시 말해 단순히 뼈의 크기와 각도 등을 재서는 정확히 설명하는데 도움을 주지 못한다는 점을 의미하는 것이다.

재기방법은 오히려 정확하게 사람 뼈대의 특성에 관한 자료를 얻기 위한 객관적인 수단으로, 다양한 통계학 방법을 이용하여 잰 값이 지니는 의미를 설명할 수 있다. 따라서 정확한 사람뼈 재기와 잰 값은 개인의 특징뿐만 아니라 한 집단의 형태와 주변집단과의 친연성을 밝히는 데 중요한 구실을 하며, 특히 옛사람의 뼈는 진화과정에서의 관계를 규명하는 한 방법으로 이용된다. 특히 머리뼈는 주민집단의 형태비교에 비교적 객관성을 띠기 때문에 인종의 구분이나 친연성을 연구하는 데 주로 이용된다.

그동안 사람뼈 재기에 관한 다양한 방법들이 마틴Martin, 게일즈Giles, 게일즈와 엘리오트Giles & Elliot 그리고 하웰즈Howells 등의 학자들에 의해서 제시되었다. 이 책에서는 마틴의 『LehrBuch Der Anthropologie, 1928』를 바탕으로 하웰스의 연구를 함께 표시한다.

뼈를 재기 전에는 다음과 같은 점에 주의해야 한다. 먼저 모든 뼈의 정확한 재기점의 위치를 알아야 한다. 특히 머리뼈에는 많은 재기점들이 있기 때문에 이들의 위치를 정확히 파악해야 한다. 다음에 모든 뼈의 재기는 같은 조건 아래서 진행되야 하는데, 무엇보다도 머리뼈는 국제학계에서 정한 기준선frankfort plane의 위치에 놓고 재야 한다. 이 기준점은 오른쪽과 왼쪽 귓점과 왼쪽 눈굼 밑점의 세 점을 통과하는 수평면에 놓인다. 그림이나 사진 그리고 도판 등을 만들 때도 머리뼈는 이 기준선에 위치해야 한다. 여기서 사용되는 기준점과 해부학상의 용어는 리말 연구를 바탕으로 한다.

재기를 통해 얻어진 자료들과 이 해석은 체질인류학의 다른 연구 분야 (예 : 살아있는 사람의 체질적 특징과 뼈의 형태, 지문과 혈액형의 비교, 그리고 유전학적 연구등)와 결합하여 사람뼈에 관한 우리의 이해를 도와준다.

사람뼈 재기anthropometry는 살아있는 사람뿐만 아니라 죽은 사람의 뼈를 재는 기술로, 대상에 따라 아래와 같이 네 개의 분야로 나누어진다.

Somatometry - 살아있는 사람의 몸 재기

Cephalometry - 살아있는 사람의 머리와 얼굴 재기

Osteometry - 사람뼈 재기

Craniometry - 사람의 머리뼈 재기

사람뼈 재기 중 특히 머리뼈 재기에 필요한 기준점이 여러 곳에 있는데 크게 두 개의 형태로 나눌 수 있다. (그림 5)

1. **홑점** : 홑점은 머리나 몸체의 가운면에 있는 점으로 하나씩 밖에 없다. 예를 들어 코 끝에는 오직 하나의 점이 있다.

2. **마즛점** : 마즛점은 머리뼈의 가운선을 중심으로 양쪽 같은 거리에 쌍으로 있는 점을 말한다. 예로 오른쪽 귀끝에 있는 한 점은 반대쪽의 같은 위치에 있는 점과 대칭된다.

재기방법은 재기점 사이에서 이루어지며 그 결과 두 점 사이에 거리가 얻어진다 (예 : 머

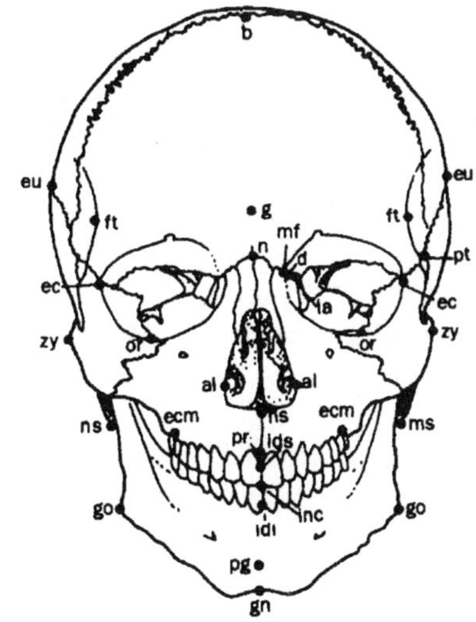

재기점(앞면)

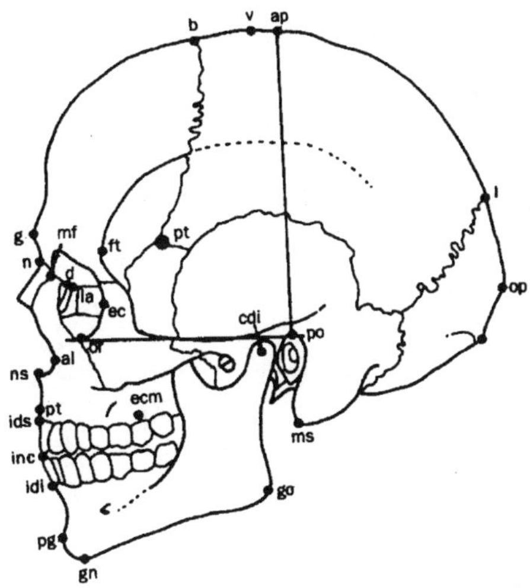

재기점(옆면)

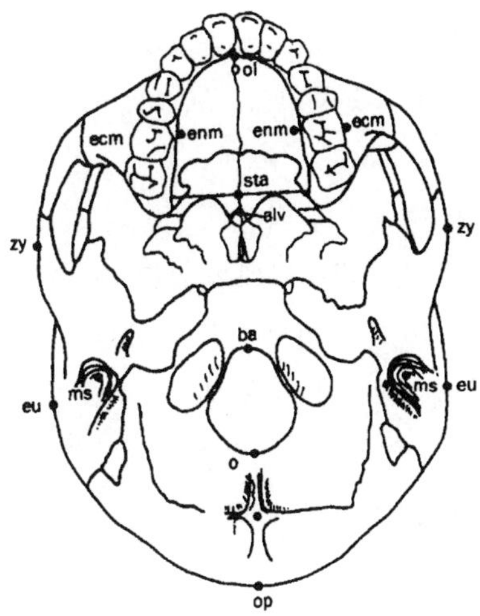

재기점(밑면)

그림 5 머리뼈 재기점

리뼈 길이는 190mm이다.). 이때 길이는 밀리미터 단위로 표시되며, 오른쪽과 왼쪽에서 잰 값을 둘다 얻을 때 비교는 같은 쪽의 잰값에서 이루어짐을 원칙으로 한다. 잰값들은 뼈의 특징을 나타내기 위해 지수로 표시된다 (예 : 머리뼈지수는 머리뼈 너비/길이의 비율을 나타낸다.)

사람 이빨 재기

사람은 2.1.2.3/2.1.2.3 (앞니 2, 송곳니 1, 옆니 2, 어금니 3 을 뜻함)의 이빨틀에 여러 모양의 이빨heterodont을 지니고 있다. 어른 경우 모두 32개의 이빨을 지니고 있는데 유인원도 사람과 같은 이빨 틀을 지니고 있다.

어금니의 경우, 도드리는 기본으로 젖먹이동물과 같은 모양을 지니고 있으나, 위어금니는 protocone 뒤에 hypocone이 발달해 있으며, 아래어금니는 첫째 어금니가 대표적인 모양을 하고 있는데 여기서는 trigonid 부분에 paraconid가 없다.

일반으로 사람의 이빨은 높이와 길이, 너비 그리고 전체크기를 잰다. 그러나 연구의 대상이 되는 옛 유적지에서 출토되는 이빨의 경우, 이빨이 심하게 닳아 높이를 정확히 잴 수 없기 때문에 이빨과 뿌리의 경계선에서 현재 남아있는 씹는 면까지의 높이로 대신한다.

1) 이빨길이 (Mesiodistal diameter) : 이빨길이는 때때로 이빨너비, 이빨폭이란 뜻으로도 사용된다. 이빨 앞.뒤의 다른 이빨과 맞닿는 점사이의 길이를 말한다.
2) 이빨너비 (Buccoligual diameter) : 1)번과 수직되게 입술-혀 방향의 길이.
3) 이빨의 전체크기 (Crown module) : 이빨길이 + 이빨너비 / 2

이빨의 재기와 더불어 이빨의 형태들은 현재 사람의 집단에서의 차이를 보여주며 또한 그들의 조상과의 관계를 알려 줄 수 있다는 점에서 매우 중요하다. 이빨의 형태는 크게 이빨의 수효와 자리에 따른 다양성과 이빨 형태의 다양성으로 나누어 설명되는데 후자가 집단의 차이와 나아가 조상과의 관계를 알려주는 좋은 근거를 제공한다.

사람뼈의 인류학적 조사

남녀 가늠하기

뼈대로써 남녀를 가늠하기에는 엉덩뼈가 가장 좋은 기준이 되며, 머리뼈와 사지뼈들도 이용된다. 머리뼈와 사지뼈의 경우 남녀가늠은 뼈대의 일반 특징에 바탕을 둔다. 남성의 뼈는 여성보다 더 크고 굳세 보이며 근육이 닿은 면이 뚜렷하다. 그러나 절대 차이가 있는 것은 아니어서 중간형이 제법 발견된다. 이들에서 보이는 분명한 특징들은 다음과 같다.

머리뼈

1) 얼굴

• 남성의 눈두덩이 여성보다 더 튀어나왔다.
• 눈굼의 위 가장자리가 여성의 경우 날카롭고 남성은 둔하다.
• 입천장뼈는 남성의 것이 여성에 비해 더 크다.
• 이빨은 남성이 더 크다.

2) 머리통

• 여성의 머리뼈가 남성에 비해 더 작고 선이 부드럽다. 또한 여성의 머리뼈는 앞머리뼈, 윗머리뼈가 어린아이처럼 두드러지게 솟아있다.
• 남성의 뒷머리뼈는 여성에 비해 크고 근육이 닿는 마루가 더 잘 발달했다.
• 남성의 광대뼈 솟기의 뒷부분이 여성에 비해 더 발달되어 있다.
• 젖꼭지뼈의 경우 남성이 여성의 것보다 크다.
• 앞머리뼈속의 빈 공간인 앞빈굼 sinus frontalis은 남성이 더 크다.

2) 아래턱

• 남성의 경우 턱의 각이 져 있으며 여성의 경우 턱 끝이 남성에 비해 뾰족하며 둥글다.
• 이빨은 남성이 더 크다.

엉치뼈

• 일반으로 옆에서 볼 때 남성의 엉치뼈가 여성보다 더 휘어져 있다.
• 남성의 경우 엉치뼈 날개가 몸체보다 작으며 여성은 날개와 몸체가 같은 크기를 보인다.

엉덩뼈 : 남녀를 가늠하기에 가장 좋은 부위로 정확도가 가장 높다.

1) 감춤뼈

• 여성은 뼈가 길고 길기 때문에 두 감춤뼈 아래각이 남성에 비해 크다. 또 집게 손가락을 감춤뼈 이음새와 나란히 놓았을 때 여성의 것은 엄지손가락이 잘 움직일 수 있는 데 비해 남성의 것은 약간 움직일 수 있다.
• 활모양 인대가 닿는 면의 형태 - 감춤뼈와 앉음뼈 · 감춤뼈가지ischiopubicramus에 남녀를 가늠해 주는 감춤뼈의 이음새 모양, 감춤뼈 아래의 각도, 앉음뼈, 감춤뼈가지의 옆모양의 세 가지 대표되는 특징이 있는데 이것은 95%이상 정확하게 남녀를 가늠할 수 있다.

위의 세 특징이 잘 관찰되지 않을 때는 각 표본의 가장 두드러지는 특징에 기초를 두고 결정을 해야만 한다. 감춤뼈의 이음새 모양은 위의 세개의 기준 중 가장 중요한 것이다. 이외에도 남녀를 가늠하는 데 유용한 몇 개의 해부학상 특징들이 있다.

- 앉음뼈 큰 활홈incisura ischiadica major이 여성은 넓고 남성은 좁다. 여기에 손가락을 넣었을 때 남성의 경우는 간신히 움직일 수 있으며 여성은 제법 움직임이 자유롭다.
- 엉치뼈 · 받침뼈 닿는 면sacro-iliac articulation이 여성에게서 두드러진다. 또한 앉음뼈 큰활홈과 엉치뼈.받침뼈 닿는 면 사이에 홈preauricular sulcus이 여성에게서 주로 발견된다.
- 일반으로 남성의 엉덩뼈가 굳세보이고 근육 닿는 면이 두드러진다.
- 엉덩뼈구멍foramen obturatum은 남성이 더 크고 계란형이며 여성은 작고 삼각형이다.
- 여성의 골반은 분만을 해야하기 때문에 골반통의 공간이 남성보다 더 넓다.
- 엉덩뼈굼acetabulum은 남성이 여성보다 더 크다.

나이찾기

나이는 머리뼈 이음새, 이빨의 닳음새, 이빨신경구멍 길이와 너비, 몸체뼈들의 붙음새 등을 종합해서 가늠해야 정확하게 찾을 수 있다. 머리뼈에 이빨이 박혀있는 경우 이빨이 솟아나는 정도와 이빨 닳음새 정도가 좋은 기준이 된다.

사람의 이빨은 나이에 따라 나온 정도가 다르다. 태어날 때 잇몸에 이빨이 형성되어, 6달 내지 9달이 되면 잇몸 밖으로 이빨이 솟아나기 시작하여 3살까지는 어린니가 모두 나온다. 6살 때 첫째 어금니가 나오며 어린니들을 갈기 시작한다. 12살 정도에는 둘째 어금니가, 18살 내지 20살이 되면 셋째 어금니가 나오는데 이렇게 어금니가 나오는 정도를 바탕으로 발굴된 화석 인골의 나이를 추정할 수 있다.

그러나 우리가 사람의 뼈를 통해 나이를 가늠할 때 위에서 언급한 기준들은 개인들과 집단들에게 똑같이 적용되지는 않는다는 점을 염두에 두어야 한다.

키재기

사람의 키는 긴뼈의 잰값을 바탕으로 헤아려내는데 이에 관한 많은 연구들이 있다. 트롯터와 글래써Trotter & Glesser의 연구가 주로 이용되는데 이들의 방법은 긴뼈에 물렁뼈가 모두 붙어 있을 경우에만 믿을만한 값이 얻어지며, 특히 동북아시아 주민의 키를 가늠할 때 자주 사용된다(표 1). 물렁뼈들이 없을 때는 스테워트Stewart(1948)와 올리버Oliver(1969)의 방법이 유용하다.

표 1) 트롯터와 글래써의 키재기 공식 (Trotter & Glesser, 1958)

동북아시아 인종	
1.22 x (허벅지뼈+종아리뼈)	+ 70.24±3.18
1.22 x (허벅지뼈+정강뼈)	+ 70.30±3.24
2.40 x (종아리뼈)	+ 80.56±3.24
2.39 x (정강뼈)	+ 81.45±3.27
2.15 x (허벅지뼈)	+ 72.57±3.80
1.68 x (위팔뼈+뒤팔뼈)	+ 71.18±4.14
1.67 x (위팔뼈+앞팔뼈)	+ 74.83±4.16
2.68 x (위팔뼈)	+ 83.19±4.25
3.54 x (앞팔뼈)	+ 82.00±4.60
3.48 x (뒤팔뼈)	+ 77.45±4.66
흑인종	
1.20 x (허벅지뼈+종아리뼈)	+ 67.77±3.63
1.15 x (허벅지뼈+정강뼈)	+ 71.75±3.68
2.10 x (허벅지뼈)	+ 72.22±3.91
2.19 x (정강뼈)	+ 80.56±3.96
2.34 x (종아리뼈)	+ 72.57±4.02
1.66 x (위팔뼈+앞팔뼈)	+ 73.08±4.18
1.65 x (위팔뼈+뒤팔뼈)	+ 70.67±4.23
2.88 x (위팔뼈)	+ 75.48±4.23
3.32 x (앞팔뼈)	+ 85.43±4.57
3.20 x (뒤팔뼈)	+ 82.77±4.74
백인종	
1.31 x (허벅지뼈+종아리뼈)	+ 63.05±3.66
1.26 x (허벅지뼈+정강이뼈)	+ 67.09±3.74
2.60 x (종아리뼈)	+ 75.50±3.86
2.32 x (허벅지뼈)	+ 65.53±3.94
2.42 x (정강뼈)	+ 81.93±4.00
1.82 x (위팔뼈+앞팔뼈)	+ 67.97±4.31
1.78 x (위팔뼈+뒤팔뼈)	+ 66.98±4.37
2.89 x (위팔뼈)	+ 78.10±4.57
3.79 x (앞팔뼈)	+ 79.42±4.66
3.76 x (뒤팔뼈)	+ 75.55±4.72

다양한 이빨형태

어금니 도드리 형태 : 어금니의 씹는 면에 있는 도드리와 홈의 형태는 인류집단과 그들의 조상에서 차이를 나타낸다. 위 아래 어금니는 각기 다른 도드리 형태를 지니고 있다.

위어금니는 홈에 의해 분리된 3~4개의 도드리를 가지고 있다 ; 첫번째 윗어금니는 같은 크기의 4개 도드리가 있다. 두번째 어금니는 네번째 도드리인 hypocone 의 크기가 작아진다. 세번째 어금니는 hypocone이 완전히 사라지거나 뒤쪽에 흔적 cuspule이 남아 있다. 이러한 도드리의 형태 분류는 주로 달베르그A.A. Dahlberg(1951)의 연구에 따른다.

정상의 아래어금니는 4~5개의 도드리를 지니고 있다. 아래어금니 도드리는 'T' 또는 'Y'를 형으로 구분된다. 따라서 이빨은 도드리의 수,와 홈의 모양에 따라 Y5, Y4, +5, +4 형태로 분류된다. Y5 형은 많은 인류화석의 이빨에서 일반으로 나타나며, 나머지 세 개의 형은 현대 인류집단에서 주로 찾아진다. 일반적으로 인류의 이빨은 +5나 Y5 형이 +5나 Y4단계를 통해서 +4로 발전해 가는 것으로 추측된다. 현대인류의 경우 아래턱 첫째어금니는 Y5 형을 지니고 있으며, 두 번째 · 세 번째 어금니는 보통 나머지 세 개의 유형이 높은 빈도로 나타난다.

곁도드리 : 곁도드리는 위턱과 아래턱의 어금니에서 찾아지는데, 캬라베리 도드리carabelli' s cusps와 프로토스타일리드protostylid가 가장 대표되는 곁도드리이다.

캬라베리 도드리는 윗어금니의 혀쪽 앞부분에서 찾아진다. 이 도드리는 잘 발달된 도드리 형태로부터 흔적에 이르기까지 구분의 정도가 다양하기 때문에 주로 크라우스 (Kraus, 1959)의 방법을 사용한다. 이 곁도드리는 현대 모든 집단에서 다양한 빈도로 나타난다.

프로토스타일리드는 아래어금니의 바깥면 앞쪽에서 나타나난다. 이 곁도드리는 오스트랄로피테쿠스와 아시아 곧선사람에게서 나타나며, 현대인의 경우는 피마 인디언을 제외하고는 거의 나타나지 않는다. 조사할 때는 이 도드리가 있는지 없는지 만을 기록한다.

부삽모양 이빨 shovel shaped teeth : 이빨에서 가장 빈번히 논의되는 유전적 특징 중의 하나는 앞니의 씹는 면이 부삽모양인지 아닌지에 있다. 엘드리카Hrdlicka(1907)에 의해 최초로 언급된 이후로, 동북아시아 주민에서 상대로 높은 출현 빈도수를 나타낸다. 부삽모양은 씹는 면의 모양에 따라 몇 가지로 분류된다.

못 모양 이빨peg-shaped teeth : 이빨이 비정상으로 작고 못 대가리처럼 생겼다. 주로 셋째 어금니와 바깥쪽 앞니 자리에 나타난다. 이런 형태의 이빨은 모든 현대 주민집단에서 보고되고 있는데 선천성 결함으로 여겨진다.

타우로돈티즘taurodontism : 어금니 속의 빈 공간이 커지고 이뿌리가 줄어드는 것을 말한다. 이특징은 네안데르탈사람과 다른 인류화석에게서 자주 보이며 몇몇 현대 주민집단에서도 발견된다. 타우로돈티즘은 정도에 따라 cynodont, hypotaurodont, mesotaurodont, hypertaurodont 로 구분된다 (Shaw, 1928).

상아질 너더리와 혹enamel extension and pearls : 어금니와 옆니에서 상아질의 너더리가 뿌리사이에서 발견되는데 이런 너더리는 때때로 작은 덩어리(혹)로 나타나기도 한다. 이 특징은 많은 인류집단에서 발견되지만 진화 중 얼마나 나타나는 지는 알지 못한다.

위.아래 이빨 맞닿음새 : 윗니와 아랫니가 맞닿는 모양은 인종을 구분하는 데 도움이 된다. 동북아시아 주민은 바로 맞닿으며, 백인종은 약간 윗니가 아랫니를 덮는다 . 이와 반대되는 모양은 모든 집단에서 잘 나타나지를 않는다.

인종 나누기

인종 분류는 린네가 1758년 처음 시작한 이래 많은 학자들에 의해 거론되었다. 오늘날 일반으로 이용되는 살색을 바탕으로 분류된 코카조이드, 니그로이드, 몽고로이드의 분류는 후톤E.A. Hooton(1926)에 의해 제시되었다. 1960년대에 인종분류를 다시 정리한 쿤Carleton S. Coon(1962)은 케이드R.R. Gates(1948)의 연구를 바탕으로 코카조이드, 니그로이드, 몽고로이드 이외에 오스트랄로이드와 카포이드를 더 하고 있다.

그러나 현대 생물인류학에서는 인종을 분류하는 것에 별다른 의미를 주지 않고 인종이란 단지 지역적인 차이만을 나타낼 뿐이라고 말한다. 이들은 인류의 변이를 등고선분포clinal distribution라는 방법을 통해 체질적 특징이 어떻게 지역적으로 나타나는지를 연구한다. 인류생물학자들은 인류 집단사이의 차이보다는 집단 안에서의 차이에 연구를 집중하고 있다. 한 예로 하버드대학교의 집단유전학자인 레원톤R.D.Lewonton(1972)은 인류변이의 대부분은 같은 무리 안에서의 차이로 설명되어야지 지역적으로 떨어진 집단사이의 차이로 설명할 수 없다고 주장한다.

많은 학자들이 인종을 구분하는 것에 회의를 보내고 있지만 아직도 머리뼈를 바탕으로 인종을 규명하는 노력도 계속되고 있다. 머리뼈를 통해 인종을 구분하기 위해서는 1) 머리뼈가 지닌 형태적.해부학적 특징들, 2) 머리뼈의 잰값 등에 연구의 초점을 맞춘다. 인종에 따른 형태적 · 해부학적 차이는 그간 많은 학자들에 의해 거론되었는데 여기서는 바스W.M. Bass(1987)가 정리한 연구를 바탕으로 머리뼈의 앞모습과 옆모습을 통해 크게 코카조이드와 니그로 그리고 동북아시아 갈래인종의 차이를 살펴보기로 한다.

코카조이드

콧굼 둔덕 nasal sill : 콧굼 둔덕은 콧굼입구에 있는데 콧굼 입구와 위턱사이에 연필을 놓으면 연필은 콧굼 입구 쪽으로 서서히 구르다가 콧굼 입구에 있는 둔덕에 걸려 멈춘다. 코카조이드는 이 둔덕이 잘 발달해 있는 데 반해 니그로는 이 둔덕이 없어 연필이 콧굼 가운데로 굴러든다. 동북아시아 갈래는 중간정도를 보인다.

광대뼈 처짐 : 머리뼈의 얼굴이 위로 향하게 뒷머리뼈를 두 손으로 잡고 연필을 콧굼 입구에 놓은 다음 검지 손가락을 광대뼈와 연필사이로 밀어 넣는다. 코카조이드의 경우 얼굴 가운선이 앞으로 나와 있고 광대뼈가 앞으로 나와 있지 않기 때문에 손가락을 넣었을 때 연필은 떨어지지 않고 제자리에 있다. 동북아시아갈래는 넙적한 얼굴에 광대뼈가 발달해 손가락을 넣으면 연필이 굴러 떨어진다.

이외에 코카조이드의 턱은 수직에 가까운orthognathous 모습을 지니고 있는데 반해 니그로는 턱이 앞으로 나와prognathous 있다. 코카조이드는 얼굴이 길고 좁으며, 콧굼또한 좁다. 코맞점 부위가 꺼져 있으며, 코가 오뚝하다.

니그로이드

니그로는 코밑에 얕은 홈nasal guttering이 나 있으나 코카조이드에서 보이는 콧굼 둔덕이 없다. 니그로의 위턱과 아래턱에 앞으로 많이 튀어나와 있어 연필을 콧굼 입구에 놓으면 연필은 항상 콧굼 쪽으로 굴러간다.

이외에 니그로 머리뼈 특징으로는 코맞점 부위가 평평하고, 앞이마는 둥글며, 정수리점 부위가 약간 가라앉은 점 등을 들 수 있다. 콧굼은 넙쩍하며 뼈조직이 치밀하다.

동북아시아 갈래 (아메리카 인디안을 포함)

튀어나온 광대뼈 : 동북아시아 갈래의 머리뼈는 넙쩍하고 둥근 얼굴을 지니고 있다. 이런 특징은 광대뼈가 앞을 향해 발달해 있기 때문이다.

위. 아래 이빨 맞닿음새 : 동북아시아갈래는 입을 다물었을 때 코카조이드와 니그로와는 다르게 위.아래 앞니가 맞닿는다.

부삽모양 앞니 : 동북아시아갈래 중 많은 사람의 경우 위앞니의 혀쪽에 사기질이 발달해 부삽모양처럼 보인다.

이외에 광대뼈의 아래 부분이 앞으로 향해 있고, 코뼈는 위턱보다 앞으로 튀어나와 있다.

위에서 언급한 형태적 · 해부학적 특징에 따른 인종나누기와 함께 머리뼈 잰값을 이용해서 인종을 나누는 방법은 여러 학자들에 의해 제시되었다 (Giles and Elliot, 1962). 특히 길(Gill, 1984)은 머리뼈재기 중 세 개의 지수를 이용해서 북미대륙의 인디언을 구분하였는데 90% 이상의 정확도를 보여주고 있다.

참고문헌

일반 내용과 용어, 그림, 사진을 이용한 문헌

박선주, 1992. 『체질인류학』 (대우학술총서 78) (민음사)

박선주, 1996 『인류의 시대』(혜안)

박선주. 1999. 『고인류학』 (대우학술총서 445) (아르케)

박선주, 1999. 『인류의 기원과 진화』(충북대학교 출판부)

손보기, 1988. 『한국 구석기학 연구의 길잡이』 (연세대학교 출판부)

Aiello, L and Dean, C. 1990. An Introduction to Human Evolutionary Anatomy. San Diego : Academic Press. Inc.

Conroy, G.C. 1997. Reconstructing Human Origins : Modern Synthesis. New York : W.W. Norton Company.

Johanson, D. and Blake Edgar. 1997 From Lucy to Language. Simon & Schuster.

Juramin, R., Nelson, H., Kurashina, H. and Turnbaugh, W.A. 1981. Understanding Physical Anthropology and Archeaology. St. Paul : West Publishing Company.

Klein, R.G. 1989. The Human Career : Human Biological and Cultural Origins. Chicago and London : The University of Chicago.

Michael Alan Park, 1999. Biological Anthropology. (2nd ed.) Mountain View : Mayfield Publishing Company.

Robert B., and Silk, J.B. 1997. How Human Evolved. New York : W.W. Norton & Company.

Relethford, J.H. 1997. The Human Species- An Introduction to Biological Anthropology. (3rd ed.) Mountain View : Mayfield Publishing Company.

Weiss, M.L. and Mann, A. 1985. Human Biology and Behavior : An Anthropological Perspective. (4th ed). Boston & Toronto : Little, Brown and Company.

제 1 장

김광억 역 (리차드 리키/로저 레윈 공저), 1982. 『오리진』 (서울 : 학원사)

양승영 옮김 (N.D. 뉴엘 지음), 1989. 『창조와 진화 - 창조론 : 무엇이 문제인가』 (서울 : 명지사)

한국창조과학회편, 1981. 『진화는 과학적 사실인가?』 (서울 : 태양과학회)

Bowler, P. J. 1984. Evolution : The History of an Idea. Berkeley & Los Angeles : University of California Press.

Eiseley, Loren. 1961. Darwin's Century. New York : Doubleday Anchor Books.

Goerke, Heinz. 1973. Linnaeus. New York : Charles Scribner's Sons.

Goodenough, W.H. 1971. Culture, Language, and Society. (McCaleb Module in Anthropology) Reading, Mass. : Addison-Wesley.

Gould, S.J. 1980. "Wallace's Fatal Flaw." Natural History 89 : 26-40.

Huxley, T.H. 1863. Evidence as to Man's Place in Nature. Reprinted as Man's Place in Nature. Ann Arbor : University of Michigan Press, 1959.

Kelso, A.J. 1971. Evolution. New York : Time-Life Nature Library.

Leakey, R.E., and Lewin,R. 1977. Origins. London : Dutton.

Mayr, E., and Provine, W.B. 1980. The Evolutionary Synthesis. Cambridge : Harvard University Press.

Moorehead, Alan. 1969. Darwin and the Beagle. New York : Harper & Row.

제 2, 3, 4, 5 장

Anderson, W. French, and Diacumakos, Elaine G. 1981. "Genetic Engineering in Mammalian Cells." Scientific American 245 : 106-121.

Ayala, Francisco J., and Kiger, John A., Jr. 1980. Modern Genetics. Menlo Park, Calif. : The Benjamin/Cummings Publishing Co.

Bendall, D.S. (ed.) 1983. Evolution from Molecules to Men. Cambridge : Cambridge University Press.

Gilvert, Walter. 1978. "Why Genes in Pieces?" Nature 271 : 501.

Gould, Stephen Jay. 1980. The Panda's Thumb : More Reflections in Natural History. New York : W. W. Norton.

Kan, Y.W., and Dozy, A.M. 1980. "Evolution of the Hemoglobin S and C Genes in World

Populations." Science 209 : 388-391.

King, Mary C., and Wilson, A. 1975. "Evolution on Two Levels." Science 188 : 107-116.

Kitcher, Philp. 1982. Abusing Science : The Case Against Creationism. Cambridge, Mass. : MIT Press.

Lewin, Benjamin. 1983. Genes. New York : John Wiley.

Mayr, Ernst. 1963. Animal Species and Evolution. Cambridge, Mass. : Harvard University Press.

Myar, Ernst. 1969. Priciples of Systematic Zoology. New York : Mc Grow-Hill.

Mielke, James H., and Crawford, Michael H., eds. 1980. Current Developments in Anthropological Genetics. Vol. 1. New York : Plenum.

Mourant, A.E., Kopec, Ada C., and Domaniewska-Sobczak, Kazimiera. 1978. Blood Groups and Diseases : A Study of Associations of Diseases with Blood, Groups and Other Polymorphisms. Oxford : Oxford University Press.

Pagnier, Josee, Mears, J. Gregory, Dunda-Belkhodja, Olga, Schaeffer-Rego, Kim E., Beldjord, Cherif, Nagel, Ronald L., and Labie, Dominque. 1984. "Evidence for the Multicentric Origin of the Sickle-Cell Hemoglobin Gene in Africa." Proceeding of the National Academy of Science, USA 81 : 1771-1773.

Simpson, G. Gaylord. 1961. Priciples of Animal Taxonomy. New York : Columbia University Press.

Smith, John Maynard. 1978. The Evolution of Sex. Cambridge : Cambridge University Press.

Smith, John Maynard(ed.) 1982. Evolution Now : A Century after Darwin. San Francisco : W. H. Freeman.

Sober, Elliott, ed. 1984. Conceptual Issues in Evolutionary Biology : An Anthology. Cambridge, Mass. : MIT Press.

Stanley, Steven M. 1979. Macroevolution : Pattern and Process. San Francisco : W. H. Freeman.

Williams, R.C. 1982. HLA. Yearbook of Physical Anthropology 25 : 91-112.

Wyman, Arlene R., and White, Ray. 1980. "A Highly Polymorphic Locus in Human DNA." Proceeding of the National Academy of Science. USA 77 : 6754-6758.

제 6, 7 장

Altmann, S. A., ed. 1967. Social Communication among Primates. Chicago : The University of Chicago Press.

Bown, T. M., Kraus, M.J., Wing, S.L., Fleagle, J.G., Tiffaney, B.H. Simons,E.L., and Vondra, C.F. 1982. "The Fayum Primate Forest Revisited." Journal of Human Evolution 11 : 603-632.

Cartmill, M. 1974. 'Rethinking Primate Origins ." Science 184 : 436-443.

Cartmill, Matt. 1982. "Basic Primatology and Prosimian Evolution". In A History of American Physical Anthropology, edited by Frank Spencer. New York : Academic Press, pp. 147-186.

Chalmers, N. 1980. Social Behaviour of Primates. Baltimore : University Park Press.

Chivers, D. J. and Joysey, K.A.(eds.) 1978. Recent Advances in Primatology. Vol. 3 : Evolution. New York : Academic Press.

Ciochon, R. L. and Chiarelli, A. B., eds. 1980. Evolutionary Biology of the New World Monkeys and Continental Drift. New York : Plenum Press.

Ciochon, R. L. and Corruccini, R. S.(eds.) 1983. New Interpretations of Ape and Human Ancestry. New York : Plenum Press.

Clark, W. E. Le Gros. 1963. History of the Primates. (4th ed.) Chicago : The University of Chicago Press.

Dover, G. A. and Flavell, R. B., eds. 1982. Genome Evolution. London : Academic Press.

Fleagle, J. G. and Jungers, W. L. 1982. "Fifty Years of Higher Primate Phylogeny." In a History of American Physical Anthropology, ed. F. Spencer. New York : Academic Press, pp. 187-230.

Goodman, M., Tashian, R. E., and Tashian, J. H., eds. 1976. Molecular Anthropology : Genes and Proteins in the Evolutionary Ascent of the Primates. New York : Plenum Press.

Goodman, M., Weiss, M. L., and Czelusniak, J. 1982, "Molecular Evolution above the Species Level : Branching Patten, Rates, and Mechanisms." Systematic Zoology 31 : 376-399.

Hambur, D. A., and McCown, E. R.(eds.) 1979. Perspectives on Human Evolution. Menlo Park, Calif. : Benjamin/Cummings.

Hill, W. C. Osman. 1953. Primates : Comparative Anatomy and Taxonomy. Volume I : Strepsirhini. Edinburgh : The University Press.

______. 1955. Primates : Comparative Anatomy and Taxonomy. Volume II : Haplorhini : Tarsoidea. Edinburgh : The University Pess.

______. 1957. Primates : Comparative Anatomy and Taxonomy. Volume III : Hapalidae. Edinburgh : The University Press.

______. 1960. Primates : Comparative Anatomy and Taxonomy. Volume IV : Cebidae, Part A. Edinburgh : The University Press.

______. 1962. Primates : Comparative Anaomy and Taxonomy. Volume V : Cebidae, Part B. Edinburgh : The University Press.

______. 1966. Primates : Comparative Anatomy and Taxonomy. Volume VI : Cercopithecinae. Edinburgh : The University Press.

______. 1970. Primates : Comparative Anatomy and Taxonomy. Volume VIII : Cynopithecinae : Papio, Mandrillus, Theropithecus. Edinburgh : The University Press.

______. 1974. Primates : Comparative Anatomy and Taxonomy. Volume VII : Cynopithecinae. Edinburgh : The University Press.

Jolly, A. 1972. The Evolution of Primate Behavior. New York : Macmillan.

Kummer, H. 1971. Primte Societies : Group Techniques of Ecological Adaptation. Chicago : Aldine.

Le Gros Clark, W. E. 1971. The Antecedents of Man. (3rd ed.) Edinburgh : The University Press.

Luckett, W. P., and Szalay, F. S.(eds.) 1975. Phylogeny of the Primates. New York : Plenum Press.

Michael, R. P., and Crook, J. H.(eds.) 1973. Comparative Ecology and Behaviour of Primates. New York : Academic Press.

Morbeck, M. E., Preuschoft, Holger, and Gomberg, Neil(eds.) 1979. Environment, Behavior, and Morphology : Dynamic Interactions in Primates. New York : Gustav Fischer.

Napier, J. H., and Napier, P. H. 1967. A Handbook of Living Primates. New York : Academic Press.

Pilbeam, D. 1979. "Recent Finds and Interpretations of Miocene Hominoids." Annual Review in Anthropopology 8 : 333-352.

_______, 1984. "The Descent of Hominoids and Hominids." Scientific Amreican 250 : 84-96.

Schultz, A.H. 1969. The Life of Primates. New York : Universe Books.

Schwarz, J.H. 1984. "The Evolutionary Relationships of Man and Orang-utan." Nature 308 : 501-505.

Simons, E. L. 1972. Primate Evolution. New York : Macmillan.

Simpson, G. G. 1964. "Organisms and Molecules in Evolution." Science 146 : 1535-138.

Sussman, R. W., ed. 1979. Primate Ecology : Problem-Oriented Field Studies. New York : John Wiley and Sons.

Szalay, F.S., and Eric Delson, 1979. Evoltuionary History of the Primates. New York : Academic Press.

Tuttle, Russell, (ed.) 1972. The Functional and Evolutionary Biology of Primates. Chicago : Aldine.

Wolpoff, M.H. 1982. "*Ramapithecus* and Hominid Origins." Current Anthropology 23 : 501-522.

제 8 장

Andrews, P. and Van Couvering, J.H. 1975. "Paleoenvironments in the East African Miocene." In Approaches to Primate Paleobiology, Contribution to Primatology, vol. 5, ed. F.S. Szalay (Basel : Karger)

Bishop, W. W., and Miller, J. A. eds. 1972. Calibration of Hominoid Evolution. Edinburgh : Scottish Academic Press.

Cambell, B. G. 1985. Humankind Emerging. 4th ed. Boston : Little, Brown Cornwall, I. W. 1970 Ice Ages : Their Nature and Effects. New York : Humanities Press.

Flint, R. F. 1971. Glacial and Quaternary Geology. New York : John Wiley and Sons.

Holloway, R. L. 1983. "Human Paleontological Evidence Relevant to Language Behavior." Human Neurobiology 2 : 105-114.

Jolly, C.J. 1970. " The Seed-Eaters : A New Model of Hominid Differentiation Base on a Babbon Analogy." Man N.S. 5 : 5-26.

Lovejoy, C.O. 1981. "The Origin of Man." Science 211 : 341-350.

Leakey, R and Lewin, R. 1992. Origins Reconsidered : In Search of What Makes Us Human. New York : Anchor Books Doubleday.

Robinson, J.T. 1975 Early Hominid Posture and Locomotion. Chicago : The University of Chicago Press.

Tuttle, R.H. 1975. "Parallelism, Brachiation, and Hominoid Phylogeny." In Phylogeny of the Primates.(eds.) W.P. Luckett, and Szalay, F.S, New York : Plenum Press.

Washburn, S. L. 1968. The Study of Human Evolution. Eugene : Oregon State System of Higher Education. Reprinted in Background for Man,(ed.) P. Dolhinow and V. M. Sarich. Boston : Little, Brown, 1971.

제 9, 10 장

박선주, 1989. 「인류의 기원에 관한 연구」『박물관 기요』 5 : 69-90 (단국대학교 박물관)

박선주, 1990. 「유라시아대륙의 중기 홍적세 호미니드 화석」『박물관기요』 6 : 77-112 (단국대학교 박물관)

박선주, 1991. 「현생인류기원에 관한 연구」『박물관기요』 7 : 121-146.

박선주 譯(Roger Lewin 著), 1992. 『인류의 기원과 진화 : In the Age of Mankind』 (韓國學術振興財團飜譯叢書 敎保文庫)

Campbell, B. G. 1985. Humankind Emerging. (4th ed.) Boston : Little, Brown.

Clark, W. E. Le Gros. 1967. Man-Apes or Ape-men? New York : Holt, Rinehart and Winston.

Coppens, Y., Howell, F. C., Isaac, G. L., and Leakey, R. E. F.(eds.) 1976. Earliest Man and Environments in the Lake Rudolf Basin. Chicago : The University of Chicago Press.

Day, M. H. 1985. Guide to Fossil Man.. (4th ed.) Chicago : The University of Chicago Press.

Eric Delson ed., 1985. Ancestors : : The Hard Evidence. New York : Alan R. Liss, Inc.

Facchini, F. 1990. l'Homme ses Origines Flammarion.

Fagan, B.M. 1990. The Journey from Eden : The Peopling of Our World. London : Thames and Hudson Ltd.

Howell, F. C. 1978. "Chapter 10 : The Hominidae." In Evolution of African Mammals(eds.)

V.J. Maglio and H B. S. Cooke. Cambridge, Mass. : Harvard University Press.

Howells, W. W., ed. 1962. Ideas on Human Evolution : Selected Essays, 1949-1961. Cambridge, Mass : Harvard University Press.

Isaac, G. L., and McCown, E.R. (eds.) 1976. Human Origins : Louis Leakey and the East African Evidence. Menlo Park, Calif. : W. A. Benjamin.

Johanson, D. and Edey, M. 1981. Lucy : The Beginnings of Humankind. New York : Simon and Schuster.

Leakey, R.E.F., and Walker, A. 1976. "*Australopithecus, Homo erectus* and the Single Species Hypothesis." Nature 261 : 572-574.

L'Homo erectus et la place de L'Homme de Tautavel parmi les Hominides Fossiles, Congres International de Paleontologie Humaine, 1er Congres. 1982. Nice : Union Internationale des Sciences Prehistoriques et Protohistoriques.

McCown, T.D., and Keith, Sir Arthur. 1939. The Stone Age of Mount Carmel. Vol. 2. The Fossil Human Remains from the Levalloiso-Mousterian. Oxford : Clarendon Press.

Oakley, K. P., Campbell, B. G., and Molleson, T. I. 1971. Catalogue of Fossil Hominids. Part II : Europe. London : British Museum (Natural History).

______. 1975. Catalogue of Fossil Hominids. Part III : Americas, Asia and Australia. London : British Museum (Naural History).

______. 1977. Catalogue of Fossil Hominids. Part I : Africa. Rev. ed. London : British Museum (Natural History).

Pfeiffer, J. E. 1978, The Emergence of Man. (3rd ed.) New York : Harper & Row.

Reader, J. 1981. Missing Link : The Hunt for Earliest Man. Boston & Toronto : Little, Brown and Company.

Smith, F.H., and Spencer, F.(eds.) 1984. The Origins of Modern Humans. New York : Alan Liss.

Stringer, C and Gamble, C. 1993. In Search of the Neanderthals. New York : Thames and Hudson.

Trinkaus, E. 1982. "A History of *Homo erectus* and *Homo sapiens* Paleontology in America." In A History of American Physical Anthropology (ed.) F. Spencer. New York : Academic Press.

Trinkaus, E and Shipman, P. 1992. The Neandertals : Changing the Image of Mankind.

New York : Alfred A. Knopf.

Tuttle, R. H., ed. 1975. Paleoanthropology, Morphology and Paleoecology. The Hague : Mouton.

Weidenreich, F. 1949. Anthropological Papers of Franz Weidenreich, 1939-1948. Compiled by S.L. Washburn and D. Wolffson. New York : Viking Fund.

Wolpoff, M.H. 1980. Paleoanthropology. New York : Alfred A. Knopf.

제 10, 11, 12, 13, 14 장

에드워드 윌슨/이병훈.박시룡 옮김, 1992. 『사회생물학 I, II』. (대우학술총서 번역 55). (民音社)

Barash, David P. 1982. Sociobiology an Behavior. (2d ed.) New York : Elsevier.

Beall, Cynthia M. 1982. "A Comparison of Chest Morphology in High Altitude Asian and Andean Populations." Human Biology 54 : 145-163.

Caplan, A.L. ed. The Sociobiology Debate. New York : Harper & Row, Publishers.

Dawkins, R. 1978. The Selfish Gene. New York : Oxford University Press.

Frisancho, A. Roberto. 1979. Human Adaptation : A Functional Interpretation. St. Louis : C.V. Mosby.

Garn, Stanley M. 1980. "Human Growth". Annual Review of Anthropology 9 : 275-292.

Hanna, Joel M., and Brown, Daniel E. 1983. "Human Heat Tolerance : An Anthropological Perspective." Annual Review Anthroplogy 12 : 259-284.

Konner, M. 1982. The Tangled Wing : Biological Constraints on the Human Spirit. New York : Harper & Row, Publishers.

Moran, E.F. 1982. Human Adaptability. : An Introduction to Ecological Anthropology. Boulder : Westview Press.

Moore, Lorna Grindlay, and Regensteiner, Judith G. 1983. "Adaptation to high Altitude." Annual Review of Anthropology 12 : 285-304.

Ruse, M. Sociobiology : Sense or Nonsense. Dordrecht / Boston / Lancaster : D. Reidel Publishing Company.

Willson, E.O. 1980. Sociobiology : The Abridged Edition. Cambridge & London : The Belknap Press of Harvard University Press.

부록

손보기, 1988. 한국구석기학연구의 길잡이. (연세대학교출판부) 79-164 쪽

Anderson, J. E. 1962. The Human Skeleton: A Manual for Archaeologists. Ottawa : Department of Northern Affairs and National Resources.

Bass, W.S. 1987. Human Osteology: A Laboratory and Field Manual. (3rd ed.) Columbia : Missouri Archaeological Society.

Brothwell, D.R. 1981. Digging up Bones : The excavation, treatment and study of human skeletal remains. (3rd ed.) British Museum (Natural History & Cornell University Press.

Martin, R. 1928. Lehrbuch Der Anthropologie. Zweite Auflage Zweite Band. Jena : Gustav Fischer.

Shipman, P., Walker, A. and Bichell, D. 1985. The Human Skeleton. Cambridge and London: Harvard University Press.

Steele, S.G. and Bramblett, C.A. 1988. The Anatomy and Biology of the Human Skeleton. Texas A&M University Press.

찾아보기

ㅊ

ㅋ

ㅌ

ㅍ

ㅎ

■ 마치면서

생물인류학의 오늘과 내일

인류학은 인문과학과 자연과학 양쪽을 포괄하고 있는 학문이다. 과학은 "soft science"와 "hard science"로 구분될 수 있다. 미국 캘리포니아 주립 로스엔젤레스대학교UCLA의 다이아몬드 교수는 그의 한 논문에서 "soft science는 때로는 hard science 보다 더 hard 하다. "라고 그 차이를 설명하고 있다. 일반으로 '과학'이란 교육을 받은 사람들에게는 흰 가운을 입은 사람들에 의해서 소수점 이하 몇 자리까지 정확하게 계기를 사용해서 실험실에서 이루어지는 어떤 일들을 의미한다. 이런 경험은 반복해서 이루어지며 우리는 이런 경험을 조절할 수 있다. 물리학이라든지 화학, 분자생물학 같은 과학들은 어느 정도 위에서 언급한 설명에 부합된다.

그러나 다이아몬드 교수에 따르면 과학이란 개념은 이것보다 더 넓고 광범위하여, 과학이란 다시 말해 실험과 설명에 의해서 자연현상을 설명하는 모든 것을 뜻한다. 이런 점에서 볼 때 역사학, 문화인류학, 경제학, 생태학, 사회학 그리고 정치학 등은 모두 과학이며 이들은 자연과학의 여러 분야보다 더 난해한 학문분야이다. 왜냐하면 이 학문들은 대개의 경우 단지 한 개의 변화를 조절하던가 아니면 어떤 변화를 조절하던가 심지어 변화가 무엇인가를 알고자 하는 것이 가능하지 않기 때문이다. 실제로 인문 · 사회과학은 자연과학보다 사람들에게 더 많은 자극을 주어 왔다.

그러나 오늘날 자연과학의 발달은 인간에게 더 이상 이 분야에 대한 이해 없이는 인간의 과거와 현재 그리고 미래에 대해 말할 수 없다는 사실을 일깨워주고 있다. 특히 유전학이나 분자생물학 등의 발달은 우리가 아직 경험하지 못했던 방법으로 인류의 진화에 영향을 끼치고 있다. 이 분야의 연구 성과는 우리가 겪었던 고통과 고뇌를 누그러뜨리기도 하지만 또한 여기서 얻은 지식이 잘못 이용될 수도 있는 점을 인식해야 한다. 이제 우리는 유전학 등의 연구성과에 따라 파생되는, 우리 사회가 지금까지 경험하지 못했던 여러 문제들에 대해 윤리상의 결정을 위한 사회의 가치 기준을 세워야 한다.

우리가 인간을 다룰 때 그 대상이 생물학이던, 또는 사회의 문제이던 간에, 무엇보다도 염두에 두어야 할 점은 인간이란 존재는 생물학 특성을 배제한 문화의 산물이라거나 아니면 문화 능력은 무시한 채 동물 특성만을 지닌 존재로 이해되어서는 안 된다는 것이다. 오히려 인간이란 존재는 생물학 특성과 문화 특성을 함께 지닌 복합된 산물이란 점을 기억해야 한다.

저자 약력

박 선 주

1947년 생

연세대학교 사학과와 대학원에서 한국사와 선사고고학을 전공하고 미국 캘리포니아 주립 버클리대학교 인류학과에서 형질인류학과 고인류학을 전공하였다. 현재 충북대학교 고고미술사학과 교수로 재직 중이다.

저서로는 『체질인류학』『한국민족의 기원과 형성(공저)』『인류의 기원과 진화』『고인류학』『인류진화의 발자취』 등이 있고 역서로는 『인류의 기원과 진화』『인류의 시대』 가 있으며 「한국 홍적세 인류화석연구」「고조선주민의 체질연구」 외 60여 편의 논문이 있다.